SketchUp 2016 基础培训教程

陈英杰　马丽　綦雪　编著

人民邮电出版社

北京

图书在版编目（CIP）数据

SketchUp 2016基础培训教程 / 陈英杰，马丽，綦雪编著. -- 北京 : 人民邮电出版社，2020.1
ISBN 978-7-115-51709-8

Ⅰ. ①S… Ⅱ. ①陈… ②马… ③綦… Ⅲ. ①建筑设计－计算机辅助设计－应用软件－教材 Ⅳ. ①TU201.4

中国版本图书馆CIP数据核字(2019)第189882号

内容提要

本书全面系统地介绍了 SketchUp 2016 的基本操作方法，包括软件基础知识、常用工具、绘图工具、辅助设计工具、绘图管理工具、材质与贴图、常用插件、渲染与灯光、文件的导入与导出等内容。

本书内容以课堂案例为主线，通过对各案例的实际操作，学生可以快速上手，熟悉软件功能和三维图形绘制思路。书中的软件功能解析部分能够使学生深入学习软件功能；课堂练习和课后习题可以拓展学生的实际应用能力，让学生掌握软件使用技巧；综合案例实训可以帮助学生快速掌握室内和景观模型的创建方法，顺利达到实战水平。

本书适合作为高等院校和培训机构设计类课程的教材，也可以作为 SketchUp 自学人员的参考用书。

◆ 编　　著　陈英杰　马　丽　綦　雪
责任编辑　刘晓飞
责任印制　马振武

◆ 人民邮电出版社出版发行　　北京市丰台区成寿寺路 11 号
邮编　100164　　电子邮件　315@ptpress.com.cn
网址　http://www.ptpress.com.cn
固安县铭成印刷有限公司印刷

◆ 开本：787×1092　1/16
印张：17.25　　2020 年 1 月第 1 版
字数：441 千字　　2024 年 7 月河北第 16 次印刷

定价：49.00 元

读者服务热线：(010) 81055410　印装质量热线：(010) 81055316
反盗版热线：(010) 81055315
广告经营许可证：京东市监广登字 20170147 号

前言

SketchUp 2016 是直接面向设计过程的三维软件，一直享有“草图大师”的美誉。本书通过多个精选案例，由浅及深、循序渐进地介绍了 SketchUp 2016 的基本用法，以及在室内、建筑、园林、景观和规划领域的应用技巧，使读者迅速积累实战经验，提高技术水平，从新手成长为设计高手。

本书在编写时进行了精心的设计，按照“课堂实例—软件功能解析—课堂练习—课后习题”这一思路进行编排。力求通过课堂实例演练使学生快速熟悉软件功能和三维图形绘制思路；通过软件功能解析使学生深入学习软件功能和制作特色；通过课堂练习和课后习题，拓展学生的实际应用能力。在内容编写方面，力求通俗易懂、细致全面；在文字叙述方面，注意言简意赅、重点突出；在案例选取方面，强调案例的针对性和实用性。

本书配套资源中包含了所有案例的素材及效果文件。另外，为了方便教学，本书配备了课堂练习和课后习题的操作步骤详解电子书，以及 PPT 课件、教学大纲等丰富的教学资源，任课老师可以直接使用。本书的参考学时为 50 学时，其中实践环节为 25 学时，各章的参考学时见下面的学时分配表。

章节	课程内容	学时分配	
		讲授	实践
第 1 章	初识 SketchUp	1	
第 2 章	常用工具	1	1
第 3 章	绘图工具	3	3
第 4 章	辅助设计工具	3	3
第 5 章	绘图管理工具	2	2
第 6 章	材质与贴图	2	2
第 7 章	常用插件	1	2
第 8 章	SketchUp 渲染	3	2
第 9 章	SketchUp 灯光	1	2
第 10 章	文件的导入与导出	2	2
第 11 章	综合案例实训	6	6

本书由沈阳化工大学工业与艺术设计系的陈英杰、马丽、綦雪编著。由于编者水平有限，书中疏漏与不妥之处在所难免。感谢您选择本书，同时也希望您能够把对本书的意见和建议告诉我们。

编者

资源与支持

本书由数艺社出品，“数艺社”社区（www.shuyishe.com）为您提供后续服务。

配套资源

课堂练习与课后习题详解电子书

案例素材源文件

在线教学视频

教学课件

教学大纲和教案

资源获取请扫码

“数艺社”社区平台，为艺术设计从业者提供专业的教育产品。

与我们联系

我们的联系邮箱是 szys@ptpress.com.cn。如果您对本书有任何疑问或建议，请您发邮件给我们，并请在邮件标题中注明本书书名及 ISBN，以便我们更高效地做出反馈。

如果您有兴趣出版图书、录制教学课程，或者参与技术审校等工作，可以发邮件给我们；有意出版图书的作者也可以到“数艺社”社区平台在线投稿（直接访问 www.shuyishe.com 即可）。如果学校、培训机构或企业想批量购买本书或数艺社出版的其他图书，也可以发邮件联系我们。

如果您在网上发现针对数艺社出品图书的各种形式的盗版行为，包括对图书全部或部分内容的非授权传播，请您将怀疑有侵权行为的链接通过邮件发给我们。您的这一举动是对作者权益的保护，也是我们持续为您提供有价值的内容的动力之源。

关于数艺社

人民邮电出版社有限公司旗下品牌“数艺社”，专注于专业艺术设计类图书出版，为艺术设计从业者提供专业的图书、U书、课程等教育产品。出版领域涉及平面、三维、影视、摄影与后期等数字艺术门类，字体设计、品牌设计、色彩设计等设计理论与应用门类，UI 设计、电商设计、新媒体设计、游戏设计、交互设计、原型设计等互联网设计门类，环艺设计手绘、插画设计手绘、工业设计手绘等设计手绘门类。更多服务请访问“数艺社”社区平台 www.shuyishe.com。我们将提供及时、准确、专业的学习服务。

目 录

第 10 章 文件的导入与导出..........204

第 11 章 综合案例实训.................231

第1章 初识 SketchUp

本章介绍

在本章中，先大致了解 SketchUp 的发展及其在各行业的应用情况，然后了解 SketchUp 2016 的工作界面及其优化设置。

课堂学习目标

- 了解 SketchUp 的软件发展
- 了解 SketchUp 的应用领域
- 熟悉 SketchUp 2016 的工作界面

1.1 SketchUp 2016 软件介绍

SketchUp 是一套直接面向设计方案创作过程的设计工具，其创作过程不仅能够充分表达设计师的思想，而且完全满足与客户即时交流的需要。它使得设计师可以直接在计算机上进行十分直观的构思，是三维建筑设计方案创作的优秀工具。

1.1.1 SketchUp 的诞生和发展

SketchUp 是一款极受欢迎并易于使用的 3D 设计软件，官方网站将它比喻为电子设计中的"铅笔"。其开发公司 @Last Software 成立于 2000 年，规模虽小，却以 SketchUp 而闻名。为了增强 Google Earth 的功能，让使用者可以利用 SketchUp 创建 3D 模型并放入 Google Earth 中，使得 Google Earth 所呈现的地图更具立体感、更接近真实世界，Google 于 2006 年 3 月宣布收购 3D 绘图软件 SketchUp 及其开发公司 @Last Software。Google 不仅能为使用者提供丰富的模型资源，同时还是一个很好的分享平台，使用者可以通过一个名为 Google 3D Warehouse 的网站寻找与分享各种由 SketchUp 创建的模型，如图 1-1 所示。

图 1-1

自 Google 公司的 SketchUp 正式成为 Trimble 家族的一员之后，SketchUp 迎来了一次重大更新。这一次更新给 SketchUp 注入了新活力，优化了其原有性能，使其界面、功能更易于操作，设计思想、实体表现更易于表达。SketchUp Pro 2016 的软件开启界面与默认工作界面分别如图 1-2 和图 1-3 所示。

图 1-2

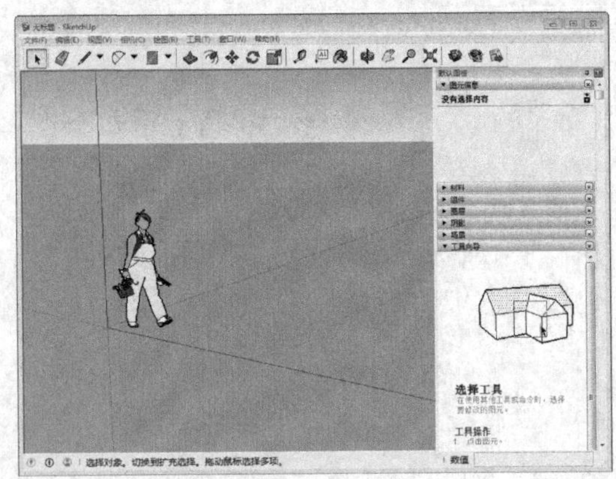

图 1-3

1.1.2 SketchUp 2016 简介

SketchUp 的界面简洁直观，命令简单实用，避免了其他类似软件操作复杂的缺陷，大大提高了工作效率。该软件能够让初学者快速上手，而经过一段时间的练习后，使用鼠标就能像拿着铅笔一样灵活，可以尽情地表现创意和设计思维。

SketchUp 直接面向设计过程，快捷直观、即时显现。SketchUp 提供了强大的实时显现工具，如基于视图操作的照相机工具，能够从不同角度、不同显示比例浏览建筑形体和空间效果，并且这种实时处理完毕后的画面与最后渲染出来的图片完全一致，所见即所得，不用花费大量的时间来等待渲染效果，如图 1-4 所示。

图 1-4

SketchUp 显示风格灵活多样，可以快捷地进行风格转换及页面切换，如图 1-5 所示。这样不但摆脱了传统绘图方法的繁重与枯燥，而且能与客户进行更为直接、灵活和有效的交流。

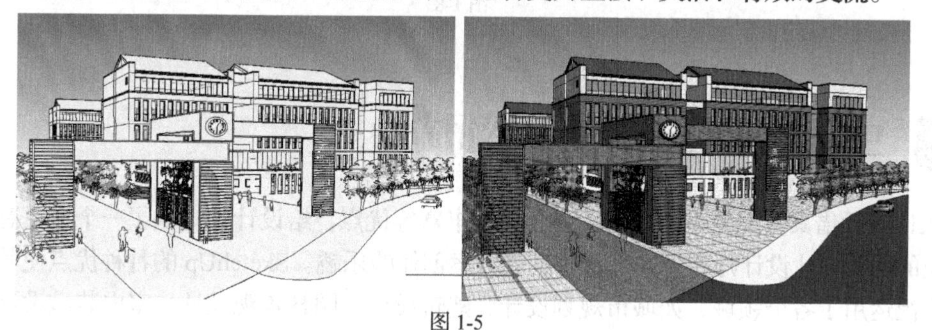

图 1-5

SketchUp 材质和贴图使用更方便，如图 1-6 所示，通过调节材质编辑器中的相关参数就可以对颜色和材质进行修改。同时，SketchUp 与其他软件数据高度兼容，不仅能与 AutoCAD、3ds Max、Revit 等相关图形处理软件共享数据文件，弥补自身的不足，还能完美地与 V-Ray、Piranesi、Artlantis 等渲染器相结合，实现丰富多样的表现效果。

图 1-6

SketchUp 可以非常方便地生成各种用于空间分析的剖切图，如图 1-7 所示。剖面不仅可以表达空间关系，更能直观准确地反映复杂的空间结构。另外，结合页面功能还可以生成剖面动画，动态展示模型内部空间的相互关系，或者规划场景中的生长动画等。

图 1-7

SketchUp 的光影分析非常直观准确，可通过设定某一特定城市的经纬度和时间，得到日照情况。另外，还可以通过此日照分析系统来评估一栋建筑的各项日照技术指标，如图 1-8 所示。

图 1-8

1.2 SketchUp 的应用领域

SketchUp 凭借其方便易学、灵活性强、功能丰富等优点，给设计师提供了一个在灵感和现实间自由转换的空间，让设计师在设计过程中享受方案创作的乐趣。SketchUp 的种种优点使其迅速风靡全球，广泛运用于各个领域，如城市规划设计、建筑设计、园林景观设计、室内装潢设计、户型设计和工业设计等领域。

1.2.1 在城市规划设计中的应用

SketchUp 在城市规划行业以其直观便捷的优点深受规划师的喜爱，不管是宏观的城市空间形态，还是微观的规划设计，都能够通过 SketchUp 辅助建模及功能的分析，大大解放设计师的思维，提高规划编制的科学性和合理性。目前，SketchUp 广泛应用于规划设计工作的方案构思、规划互动、设计过程与规划成果表达等方面。图 1-9 所示为结合 SketchUp 构建的几个规划场景。

1.2.2 在建筑设计中的应用

SketchUp 在建筑设计中的应用十分广泛，从前期场地构建，到建筑大概形体的确定，再到建筑造型及立面设计，涵盖建筑设计的方方面面。SketchUp 建模系统具有“基于实体”和“数据精确”

等特性，这些特性符合建筑行业标准，深受使用者的喜爱，因此SketchUp成为建筑设计师的首选软件。

目前，在实际建筑设计中，一般的设计流程是：构思→方案→确定方案→深入方案→施工图纸的绘制。SketchUp 主要运用在建筑设计的方案阶段，在这个阶段需要建立一个大致的模型，然后通过这个模型来推敲建筑的体量、尺度、空间划分、色彩、材质及某些细部构造，如图 1-10 所示。

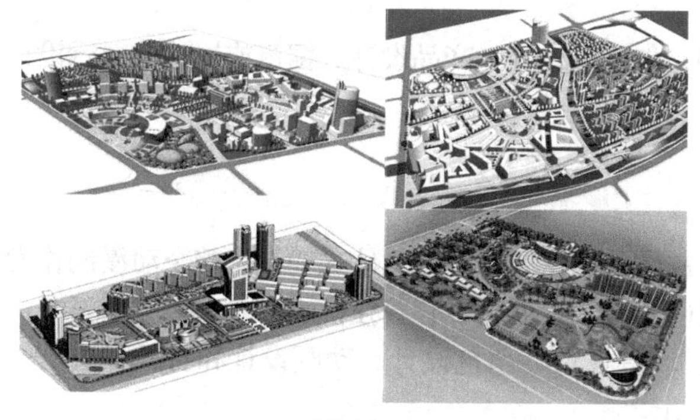

图 1-9

图 1-10

1.2.3 在园林景观设计中的应用

从一个园林景观设计师的角度来说，SketchUp 在园林景观设计中的应用与在建筑设计和室内设计中的应用不同，它以实际景观工程项目作为载体，可以直接赋予实际场景。SketchUp 在一定程度上提高了设计的工作效率和质量，随着插件功能和软件包的不断升级，在方案构思阶段推敲方案的功能也会越来越强大，运用 SketchUp 进行景观设计也越来越普遍。图 1-11 所示为结合 SketchUp 创建的几个简单的园林景观模型场景。

1.2.4 在室内设计中的应用

室内设计是根据建筑物的使用性质和所处环境，运用物质技术手段和建筑设计原理，创造功能合理、舒适优美、满足人们物质和精神生活需要的室内环境。这一空间环境既具有使用价值，能满足相应的功能要求，同时也反映了历史文脉、建筑风格、环境气氛等精神因素。SketchUp 作为一种全新的、高效的设计工具，能够在已知的房型图基础上快速建立三维模型，并快捷地添加门窗、家具、电器等物件，附上地板和墙面的材质，启动照明，直观、快速地向业主展现室内场景效果，表达设计师的设计理念。图 1-12 所示为结合 SketchUp 构建的几个室内场景效果。

图 1-11

图 1-12

1.2.5 在工业设计中的应用

工业设计是以工学、美学、经济学为基础对工业产品进行设计。工业设计的对象是批量生产的产品，凭借训练、技术知识、经验、视觉及心理感受，而赋予产品材料、结构、构造、形态、色彩、表面加工、装饰以新的品质和规格。

SketchUp 在工业设计中的应用也越来越普遍，如机械设计、产品设计、橱窗或展馆的展示设计等，如图 1-13 所示。

1.2.6 在游戏动漫中的应用

从早期的二维动漫制作到二维、三维的结合制作，再发展到三维立体式动漫，整个动漫制作发展的维度认知在不断更新。SketchUp 在多维度空间动漫场景创新中有着独特的魅力。

在游戏动漫的制作过程中，需要道具设计、场景设计、角色设计、动画设计和特效设计等，SketchUp 可以初步满足其制作要求，如图 1-14 所示。

图 1-13　　图 1-14

1.3 SketchUp 2016 的工作界面

SketchUp 2016 默认工作界面十分简洁，主要由标题栏、菜单栏、工具栏、状态栏、数值输入框、绘图区及右边的默认面板构成，如图 1-15 所示。其中，默认面板由不同的浮动面板构成，如“图元信息”面板、“材料”面板、“组件”面板和“图层”面板等，各个浮动面板可以相互吸附对齐，单击即可展开，具体内容后面的章节会详细介绍。

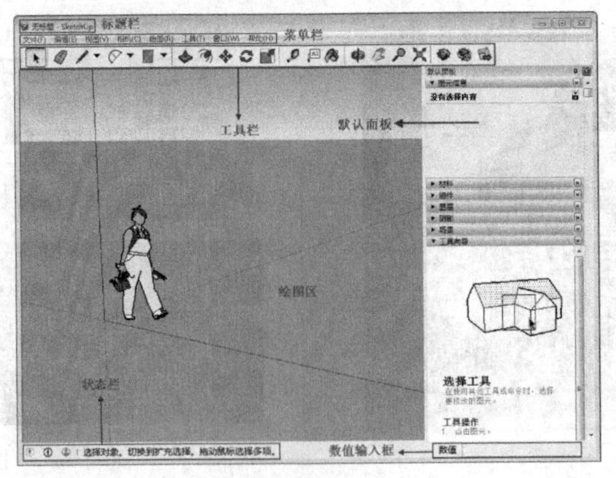

图 1-15

1.3.1 标题栏

标题栏位于工作界面顶部，包括右边的标准窗口控制按钮（最小化、最大化 / 还原、关闭）和当前打开的文件名称。对于未命名的文件，SketchUp 软件将为其命名为“无标题”，如图 1-16 所示。

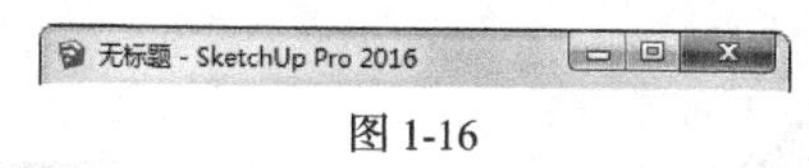

图 1-16

1.3.2 菜单栏

SketchUp 2016 菜单栏由“文件”“编辑”“视图”“相机”“绘图”“工具”“窗口”“帮助”8 个主菜单构成，单击这些主菜单可以打开相应的子菜单，如图 1-17 所示。

文件：用于管理场景中的文件，主要包含新建、保存、导入 / 导出、打印、3D 模型库及最近打开记录等命令。

编辑：用于对场景中的模型进行编辑操作，主要包含具体操作过程中的撤销 / 返回、剪切 / 复制、隐藏、锁定和组件编辑等命令。

视图：用于控制模型显示，主要包含各类显示样式、隐藏物体、显示剖面、阴影、动画及工具栏显示 / 关闭等命令。

相机：用于改变模型视角，主要包含视图模式、观察模式、镜头定位等命令。

绘图：包含 6 个基本的绘图命令和沙盒地形工具。

工具：主要包括对物体进行操作的常用命令，如测量和各类型的辅助、修改工具。

窗口：打开或关闭相应的编辑器和管理器，如基本设置、材料组件、阴影雾化、扩充工具等命令的弹出窗口栏。

帮助：可以打开帮助文件了解软件各个部分的详细信息和学习数据。

1.3.3 工具栏

默认状态下，SketchUp 2016 仅显示“使用入门”工具栏，“使用入门”工具栏主要包含“绘图”“相机”“编辑”等工具组按钮。通过执行“视图”→“工具栏”命令，在弹出的“工具栏”对话框中可以调出或关闭某个工具栏，如图 1-18 所示。

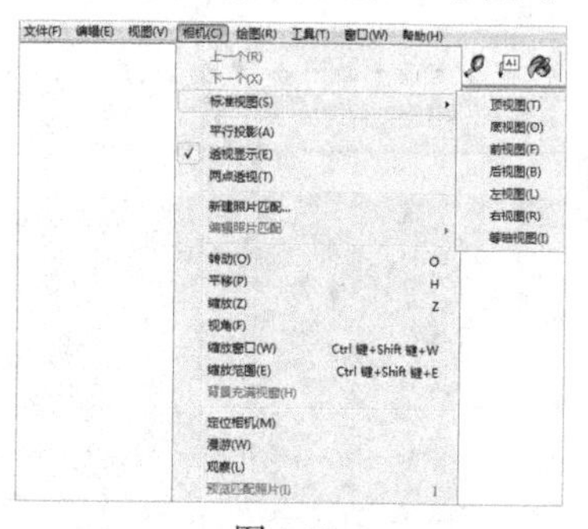

图 1-17

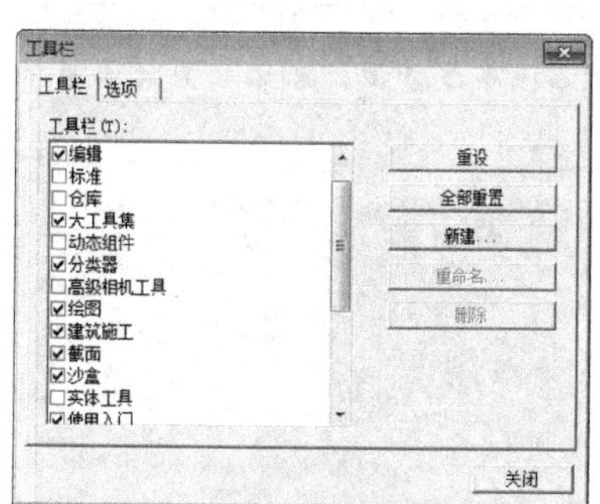

图 1-18

1.3.4 绘图区

绘图区占据了 SketchUp 工作界面的大部分空间，与 Maya、3ds Max 等大型三维软件的平面、立面、剖面及透视多视图显示方式不同，SketchUp 为了界面的简洁，仅设置了单个视图，通过对应的工具按钮或快捷键，可以快速地进行各个视图的切换，有效节省系统显示的负载，如图 1-19 ~ 图 1-21 所示。通过 SketchUp 独有的“剖面”工具，还能快速实现如图 1-22 所示的剖面效果。

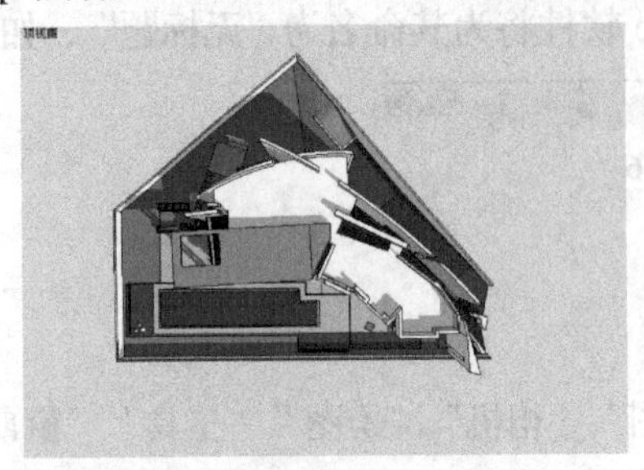

图 1-19

图 1-20

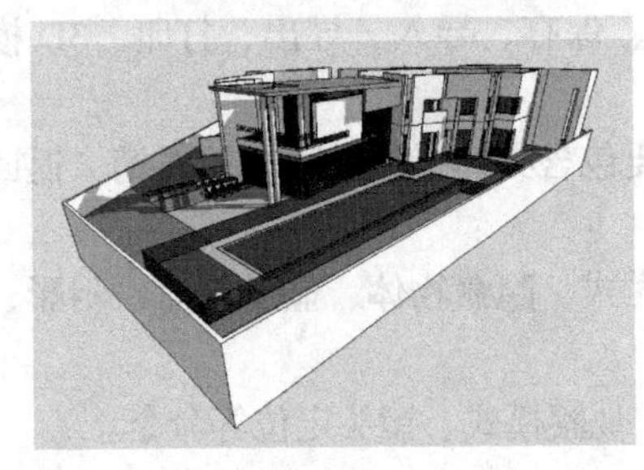

图 1-21

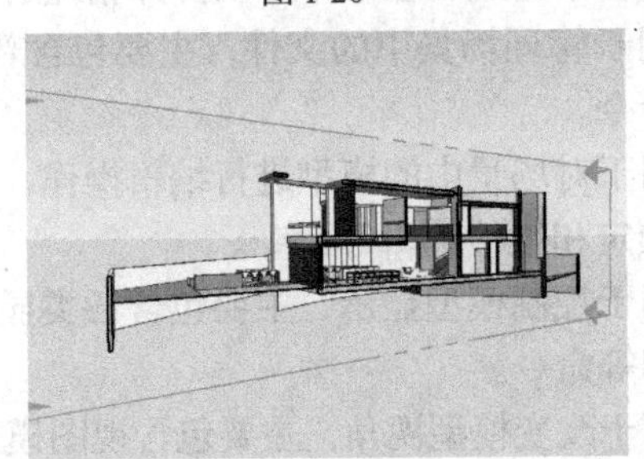

图 1-22

1.3.5 状态栏

当操作者在绘图区进行任意操作时，状态栏会出现相应的文字提示，根据这些提示，操作者可以更准确地完成操作，如图 1-23 所示。

1.3.6 数值输入框

在进行精确模型创建时，可以通过键盘直接在输入框内输入“长度”“半径”“角度”“个数”等数值，以准确指定所绘图形的大小和数量，如图 1-24 所示。

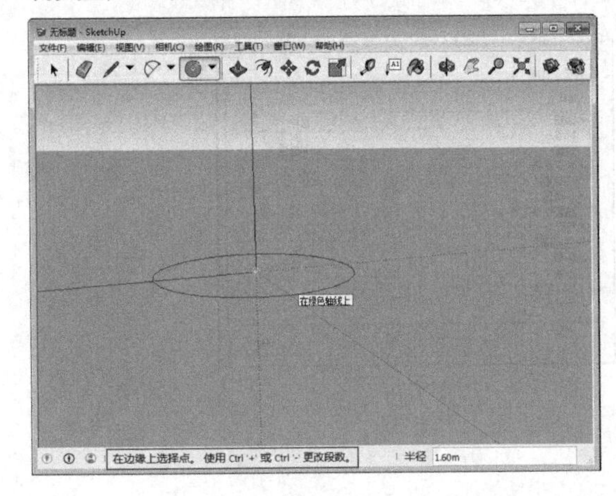

图 1-23

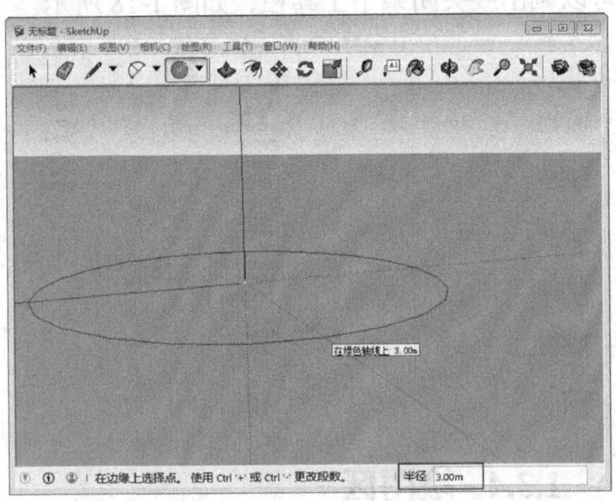

图 1-24

1.4 工作界面的优化设置

SketchUp 的属性设置功能可为程序设置许多不同的特性。通过对 SketchUp 工作界面进行优化，可以在很大程度上加快系统运行速度，提高作图效率。

1.4.1 设置模型信息

SketchUp 默认以英寸（英制）为绘图单位，而我国设计规范均以毫米（公制）为单位，精确度则通常保持为 0mm。因此在使用 SketchUp 时，第一步就应该将单位系统调整好。

执行“窗口”→“模型信息”命令，如图 1-25 所示。打开“模型信息”设置面板，在“单位”选项中单击“格式”下拉按钮，选择“十进制”选项，在其后面下拉列表中选择 mm，单击“精确度”下拉按钮，选择 0mm，如图 1-26 所示。

图 1-25

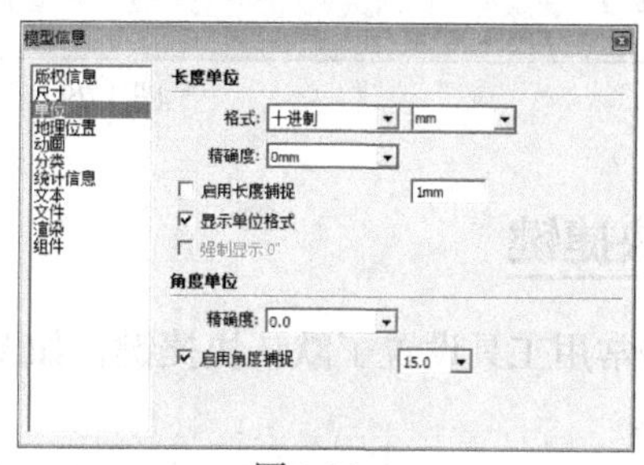

图 1-26

1.4.2 设置工具栏

默认设置下 SketchUp 工作界面中仅显示一行横向的工具栏，如图 1-27 所示。该工具栏罗列了一些常用的工具按钮，读者可以根据需要调出更多的工具栏。

执行“视图”→“工具栏”命令，弹出“工具栏”对话框，如图 1-28 所示。

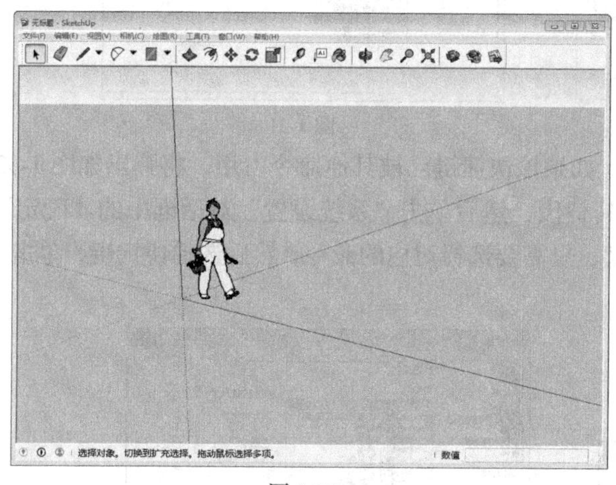

图 1-27

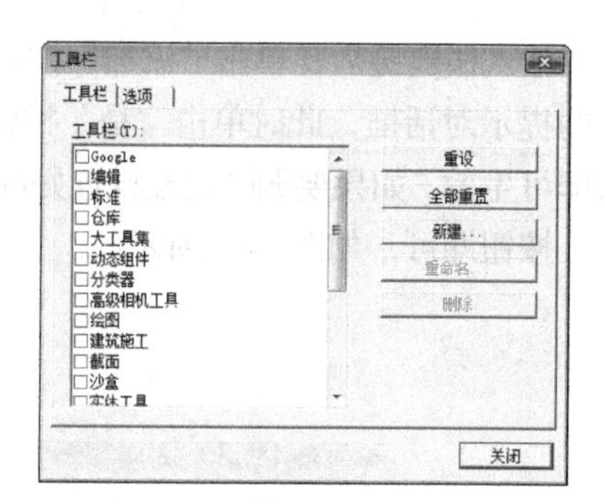

图 1-28

通过“工具栏”对话框调出“标准”“视图”“风格”“截面”“绘图”“图层”“相机”等工具栏，将其吸附在绘图区上方（“大工具集”一般位于左侧），如图 1-29 所示。

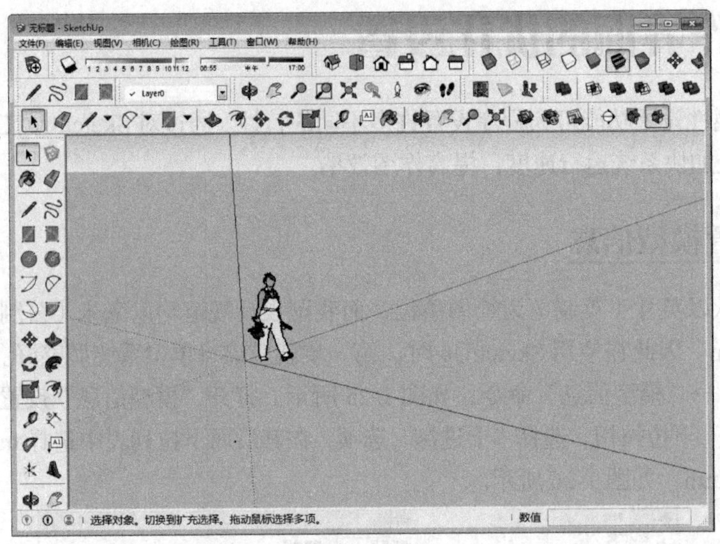

图 1-29

1.4.3 设置快捷键

SketchUp 为一些常用工具设置了默认快捷键，如图 1-30 所示。读者也可以自定义快捷键，以符合个人的操作习惯。

执行“窗口”→“系统设置”命令，在弹出的“系统设置”对话框中选择“快捷方式”选项，在“功能”列表中选择对应的命令，即可在右侧的“添加快捷方式”文本框内自定义快捷键，如图 1-31 所示。

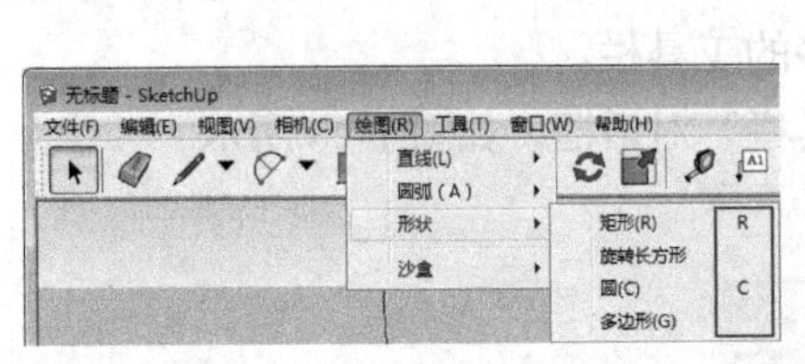

图 1-30

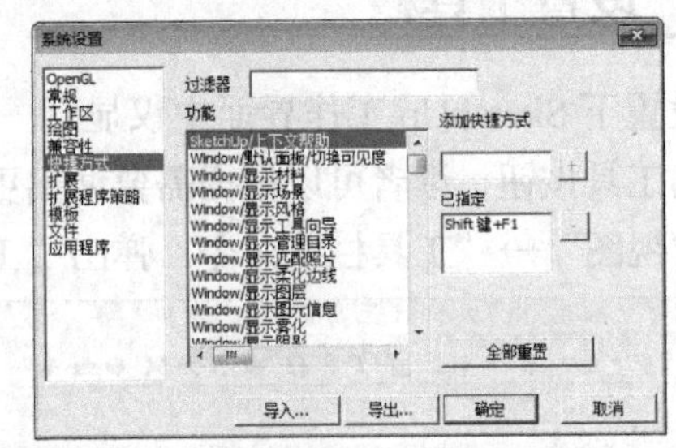

图 1-31

输入快捷键后，单击“添加”按钮即可，如果该快捷键已被其他命令占用，将弹出如图 1-32 所示的提示对话框，此时单击“是”按钮可将其替代，然后单击“系统设置”对话框中的“确定”按钮即可生效。如果要删除已经设置好的快捷键，只需要选择对应的命令，然后选择快捷键，单击“删除”按钮即可，如图 1-33 所示。

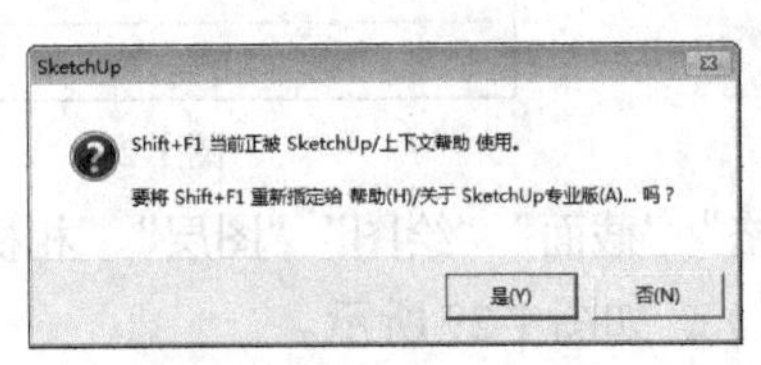

图 1-32

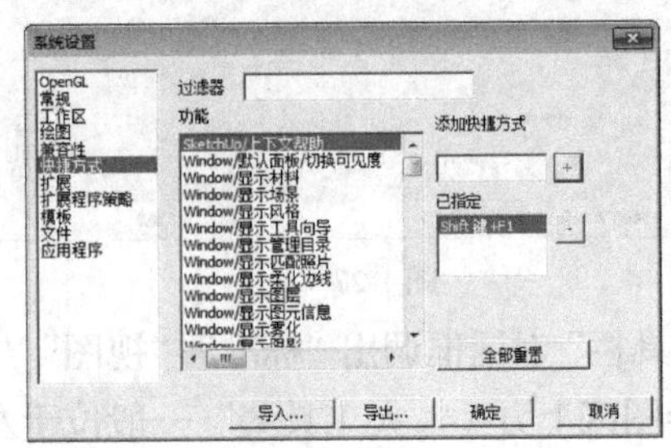

图 1-33

第2章 常用工具

本章介绍

本章介绍 SketchUp 的常用工具，包括基本绘图工具、主要编辑工具、漫游工具和群组工具。学习这些工具的用法后，可以掌握 SketchUp 基本模型的创建和编辑方法。

课堂学习目标

- 了解基本绘图工具
- 掌握主要编辑工具的应用
- 掌握漫游工具的应用
- 掌握群组工具的应用

2.1 基本绘图工具

SketchUp 2016“绘图”工具栏中包含了几种常用的基本绘图工具，在绘制复杂模型的过程中经常会用到这几种工具，包括“矩形”工具、“直线”工具和“圆”工具，如图 2-1 所示。

2.1.1 课堂实例——制作油画模型

【学习目标】直线工具、矩形工具、圆形工具、推/拉工具、路径跟随工具及偏移工具的使用方法。

【知识要点】通过绘图工具，并结合绘图编辑工具，制作油画模型，如图 2-2 所示。

【所在位置】素材\第 2 章\2.1.1\制作油画模型 .skp。

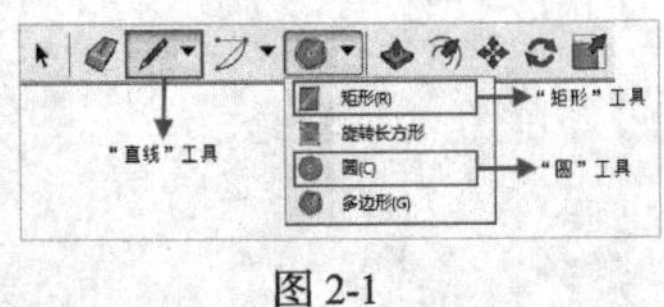

图 2-1

图 2-2

1. 制作画框

（1）启动 SketchUp 2016，执行“窗口”→“模型信息”命令，进入“模型信息”面板，选择“单位”选项卡，设置“长度单位”参数组，如图 2-3 所示。

（2）单击“绘图”工具栏中的“矩形”按钮，移动鼠标指针至绘图区域，当鼠标指针变成形状时，在绘图区单击确定矩形的第一个角点，通过跟踪 Z 轴（蓝色轴）创建起点，然后移动鼠标确定第二个角点，在绘图区右下角数值输入框内输入矩形长、宽数值，注意中间使用逗号进行分隔，创建一个 1000mm × 700mm 的立面矩形，如图 2-4 所示。

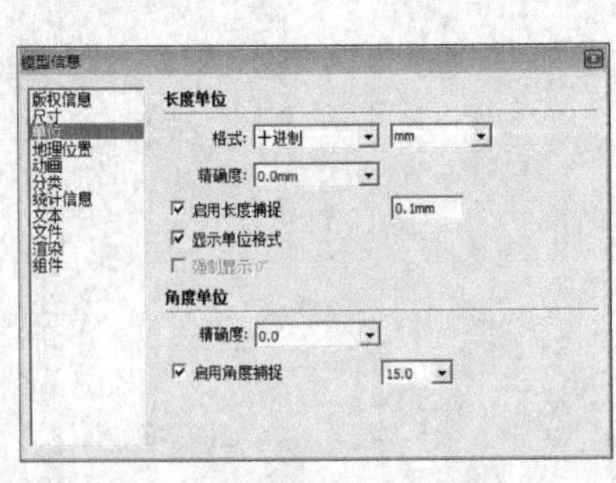

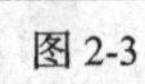

图 2-3

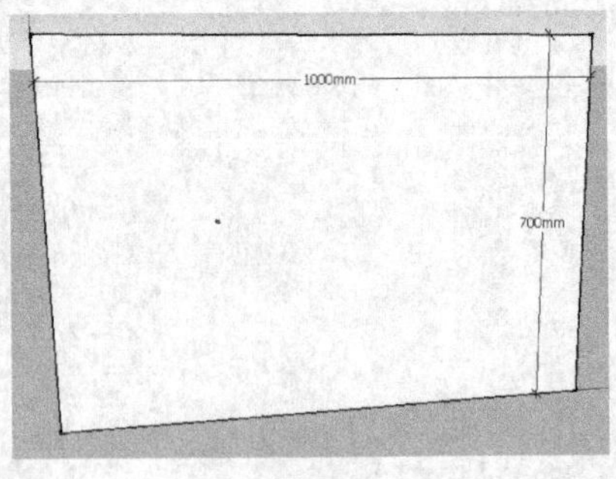

图 2-4

（3）单击“编辑”工具栏中的“偏移”按钮，将鼠标指针移动到矩形上，单击并向内拖曳鼠标，在绘图区右下角数值输入框内输入偏移距离为 50mm，如图 2-5 所示。

（4）执行“相机”→“标准视图”→“顶视图”命令，将视图调整到有利于绘制画框截面的视角，如图 2-6 所示。

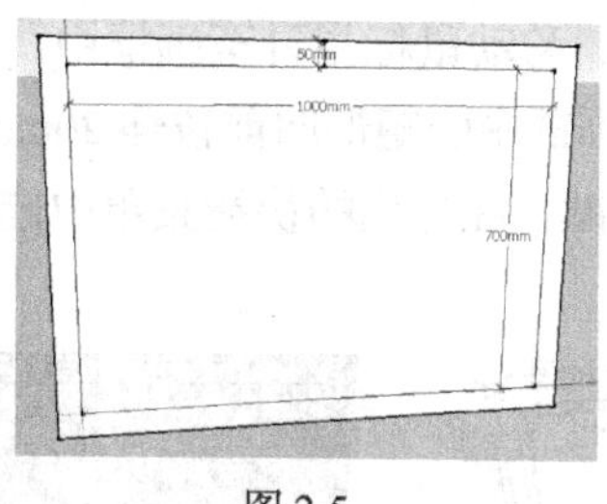

图 2-5

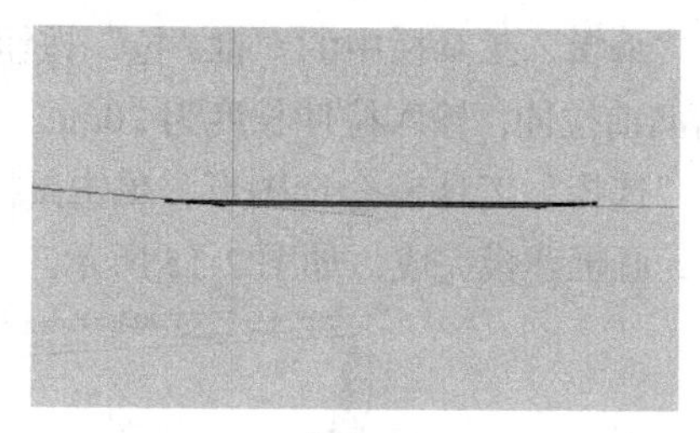

图 2-6

（5）继续使用“矩形”工具，在空白处绘制一个矩形，在右下角数值输入框中输入数值“30，50”。然后使用“选择”工具，选择下端的边线，并单击鼠标右键，在弹出的快捷菜单中选择“拆分”命令，输入段数为 4，将下端边线分成 4 段，如图 2-7 所示。

（6）单击“绘图”工具栏中的“直线”按钮，在矩形下端的两边各绘制一条垂直向下，长度为 13mm 的直线，用于绘制圆弧，如图 2-8 所示。

（7）单击“绘图”工具栏中的“圆弧”按钮，在矩形下端边线的中心位置指定圆弧的圆心，沿左侧移动鼠标到第一个分段点上，单击确定圆弧的半径，再向外侧移动鼠标形成圆弧，如图 2-9 所示。

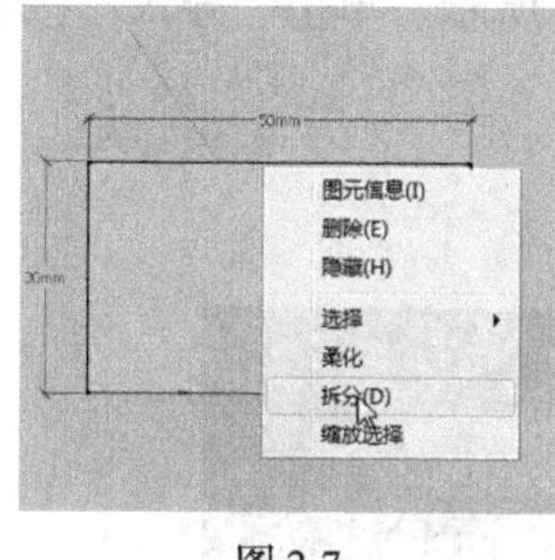

图 2-7

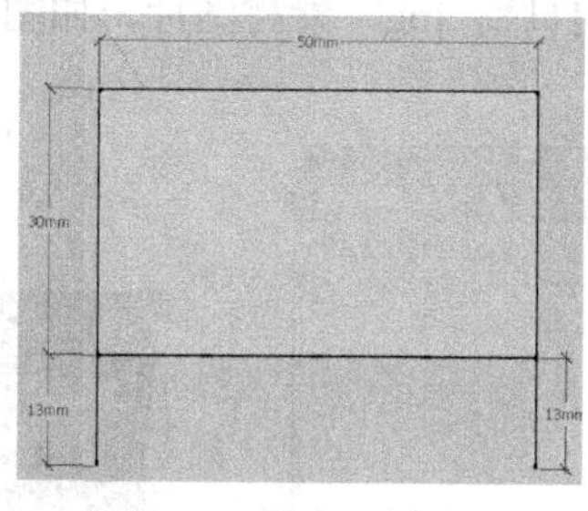

图 2-8

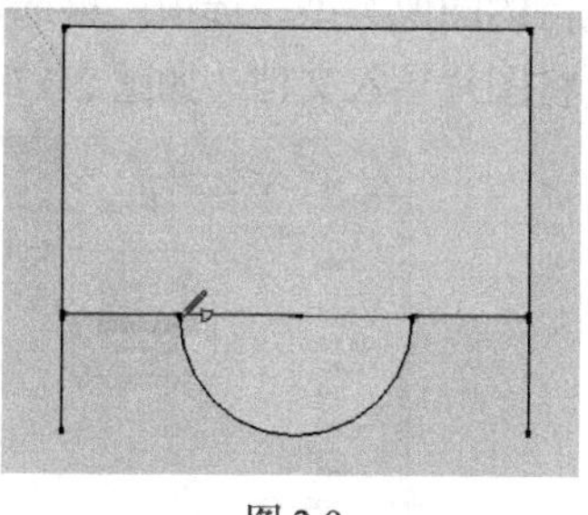

图 2-9

（8）继续使用“圆弧”工具，先单击矩形右下角端点，然后沿垂直线单击直线端点，再跟随提示单击边线的分段点，绘制出一个 90° 的圆弧，左边的弧形也依照上述步骤来完成，如图 2-10 所示。

（9）使用“擦除”工具，将图形内部的线段删除，到此，画框的截面基本绘制完成。

（10）执行“相机”→“标准视图”→“前视图”命令，并使用“环绕观察”工具，将视图调整到有利于绘制画框的视角，如图 2-11 所示

（11）将鼠标指针移动到画框截面处，用鼠标滑轮放大视图，然后使用“选择”工具，将绘制的截面全部选中，单击鼠标右键，在弹出的快捷菜单中选择“创建群组”命令，如图 2-12 所示。

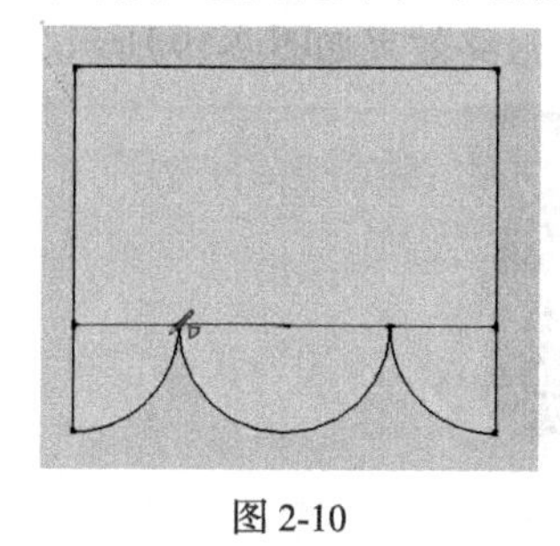

图 2-10

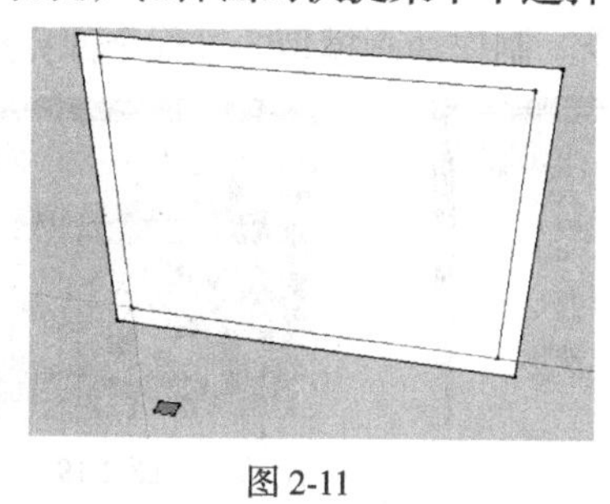

图 2-11

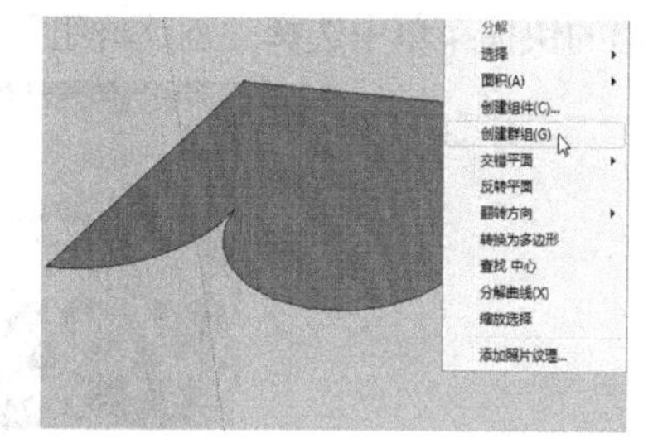

图 2-12

（12）使用“移动”工具移动截面到矩形左边的中点处，使截面与矩形边框对齐，如图 2-13 所示。

（13）使用“选择”工具单击截面，然后单击鼠标右键，在弹出的快捷菜单中选择“分解”命令，再单击矩形，执行“工具”→“路径跟随”命令，最后单击截面，即可生成画框，如图 2-14 所示。

（14）单击“编辑”工具栏中的“推 / 拉”按钮，移动鼠标指针至画框中，当鼠标指针变成形状时，单击向前拉伸，输入拉伸长度为 20mm，将画框中的矩形向前拉伸 20mm。

（15）使用“选择”工具全选图形，单击鼠标右键，在弹出的快捷菜单中选择“创建群组”命令，然后渲染，画框建模完成，如图 2-15 所示。

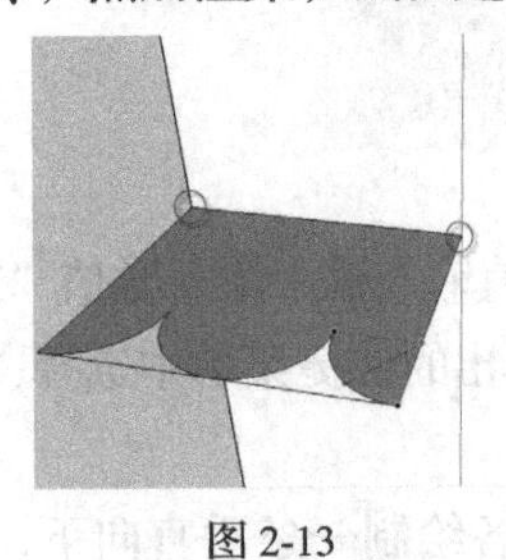

图 2-13

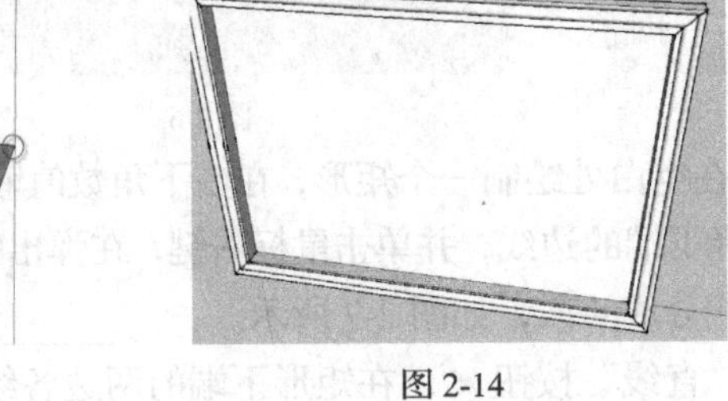

图 2-14

图 2-15

2. 合成油画模型

（1）执行“文件”→“导入”命令，在弹出的对话框右下角的文件类型下拉列表中选择“所有支持的图像类型”选项，再选择“向日葵 .jpg”素材图片，如图 2-16 所示。单击“导入”按钮，即可将图片导入文档，如图 2-17 所示。

图 2-16

图 2-17

（2）完成上述操作后，将鼠标指针移动到画框内矩形左下角端点上，向右上角拖曳鼠标到内部矩形的右上角端点上，单击鼠标右键，在弹出的快捷菜单中选择“分解”命令，如图 2-18 所示。

（3）使用“推 / 拉”工具，将图片向前推动 20mm，然后全选图形，单击鼠标右键，在弹出的快捷菜单中选择“创建群组”命令。制作油画模型的过程全部完成，最终效果如图 2-19 所示。

图 2-18

图 2-19

提示

关于“推 / 拉”工具的内容请参阅本书第 3 章的 3.2.2 小节。关于“偏移”工具的内容请参阅本书第 3 章的 3.2.3 小节。

2.1.2 “矩形”工具

“矩形”工具▣通过两个对角点的定位生成规则的矩形，绘制完成后将自动生成封闭的矩形平面。“旋转长方形”工具▣通过指定矩形的任意两条边和角度，绘制任意方向的矩形。单击“绘图”工具栏中的“矩形”按钮▣或“旋转长方形”按钮▣，或者执行“绘图”→“形状”→“矩形”命令，还可执行“绘图”→“形状”→“旋转长方形”命令，均可启用该工具。

◆ **通过鼠标创建矩形**

启用“矩形”绘图命令，待鼠标指针变成✎形状时在绘图区单击，确定矩形的第一个角点，然后向任意方向移动鼠标确定矩形对角点，如图2-20所示。

确定对角点位置后，再次单击，即可完成矩形绘制，SketchUp将自动生成一个等大的矩形平面，如图2-21所示。

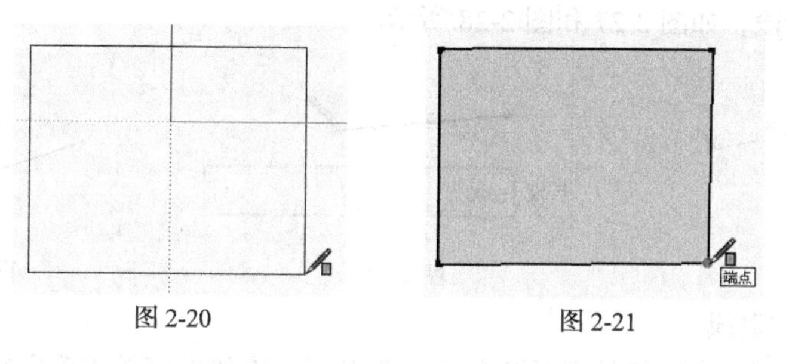

图2-20　　图2-21

提示

“矩形”工具默认快捷键为R。

◆ **通过输入数值新建矩形**

启用“矩形”绘图命令，待鼠标指针变成✎时在绘图区单击，确定矩形的第一个角点，然后在数值输入框内输入长、宽数值，数值中间使用逗号进行分隔，如图2-22所示。

输入数值后，按键盘上的Enter键进行确认，即可生成准确大小的矩形，如图2-23所示。

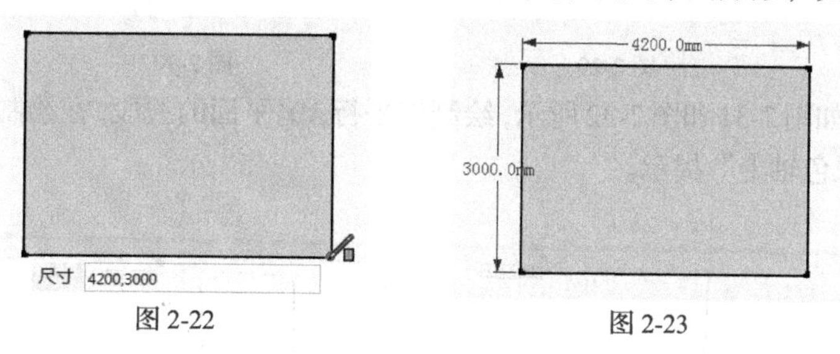

图2-22　　图2-23

2.1.3 “直线”工具

SketchUp“直线”工具✎功能十分强大，除了可以使用鼠标直接绘制外，还能通过尺寸、坐标点、捕捉和追踪功能进行精确绘制。单击“绘图”工具栏中的✎按钮或执行“绘图”→“直线”→“直线”命令，均可启用该绘制命令。

◆ **通过鼠标绘制直线**

启用“直线”绘图命令，待鼠标指针变成✎形状时，在绘图区单击确定线段的起点，如图2-24

所示。移动鼠标确定第 2 端点，如图 2-25 所示。

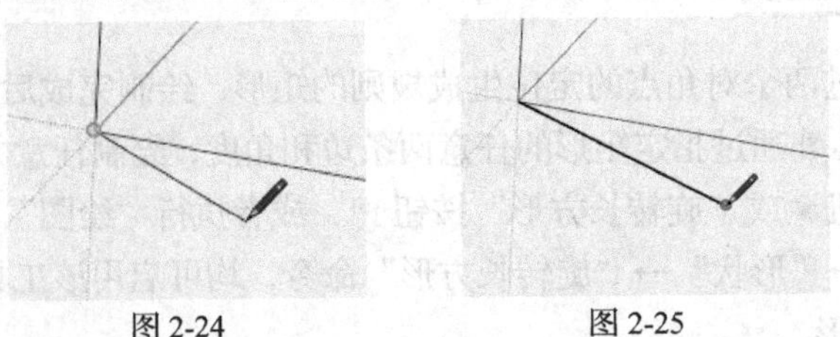

图 2-24　　　　图 2-25

◆ **通过输入数值绘制直线**

在实际工作中，经常需要绘制精确长度的线段，此时可以通过键盘输入的方式完成线段的绘制。

启用“直线”绘图命令，待鼠标指针变成 形状时在绘图区单击确定线段的起点，如图 2-26 所示。移动鼠标指针至线段目标方向，然后在数值输入框中输入线段长度，并按 Enter 键确认，即可绘制精确长度的线段，如图 2-27 和图 2-28 所示。

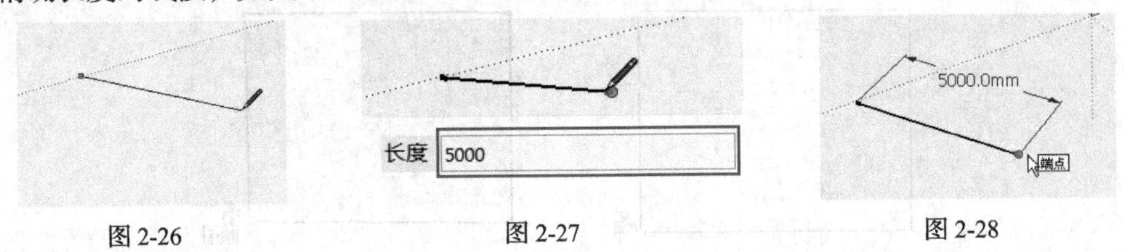

图 2-26　　　　图 2-27　　　　图 2-28

◆ **绘制空间内的直线**

启用“直线”绘图命令，待鼠标指针变成 形状时，在绘图区单击确定线段的起点，在起点位置向上移动鼠标，此时会出现“在蓝色轴上”提示，如图 2-29 所示。找到线段终点单击确认，即可创建垂直 XY 平面的线段，如图 2-30 所示。

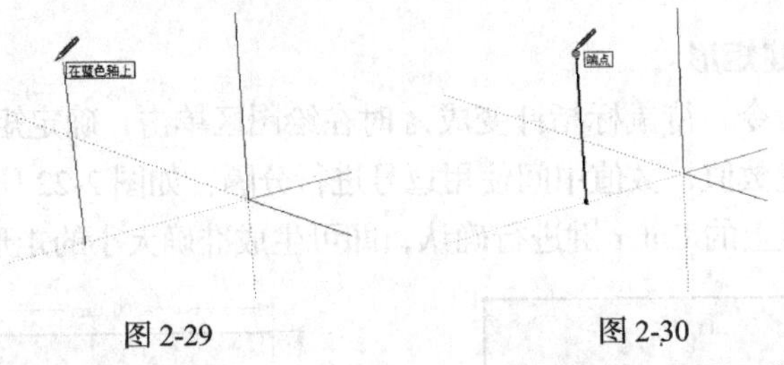

图 2-29　　　　图 2-30

继续绘制线段，如图 2-31 和图 2-32 所示，绘制出平行 XY 平面的线段，在绘制的过程中将出现“在红色轴上”或“在绿色轴上”提示。

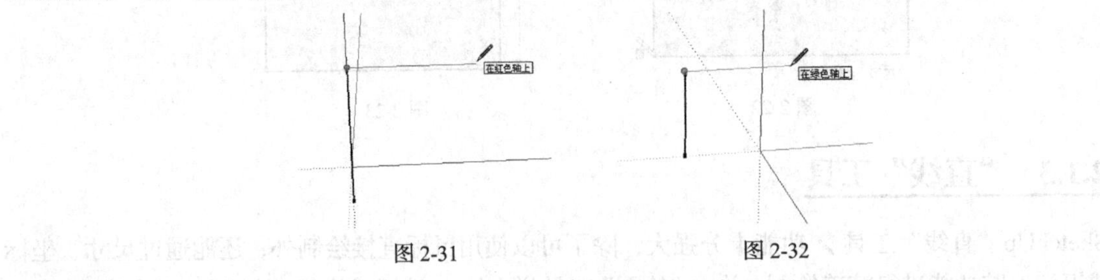

图 2-31　　　　图 2-32

提示

在绘制任意图形时，如果出现“在蓝色轴上”提示，则当前对象与 Z 轴平行；如果出现“在红色轴上”提示，则当前对象与 X 轴平行；如果出现在“在绿色轴上”提示，则当前对象与 Y 轴平行。

◆ **直线的捕捉与追踪功能**

与 AutoCAD 类似，SketchUp 也具有自动捕捉和追踪功能，并且默认为开启状态，在绘图的过程中可以直接运用，以提高绘图的准确度与工作效率。

捕捉是一种绘图模式，即在定位点时，软件能够自动定位到图形的端点、中点、交点等特殊几何点。SketchUp 可以自动捕捉到直线的端点与中点，如图 2-33 和图 2-34 所示。

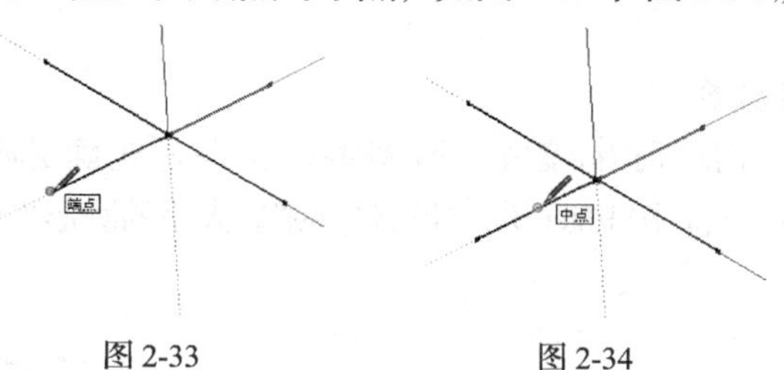

图 2-33　　图 2-34

追踪功能相当于辅助线，将鼠标指针放置到直线的中点或端点上，在垂直或水平方向移动鼠标即可进行追踪，从而轻松绘制出长度为一半且与之平行的线段，如图 2-35 ~ 图 2-37 所示。

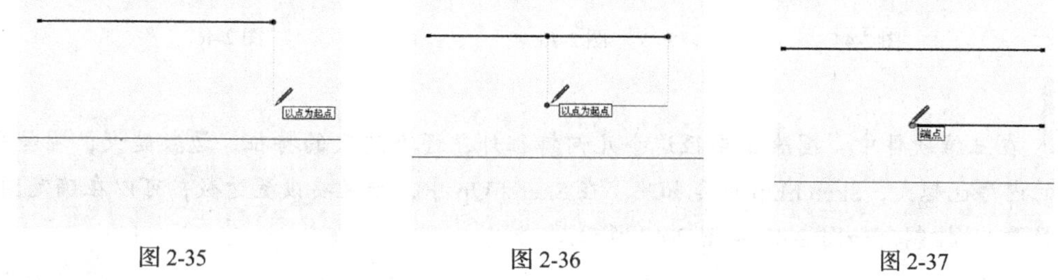

图 2-35　　图 2-36　　图 2-37

◆ **拆分线段**

SketchUp 可以对线段进行快捷的拆分操作。选择创建好的线段，单击鼠标右键，在弹出的快捷菜单中选择“拆分”命令，如图 2-38 所示。

默认将线段拆分为两段，如图 2-39 所示。向上轻轻移动鼠标即可逐步增加拆分段数，如图 2-40 所示。

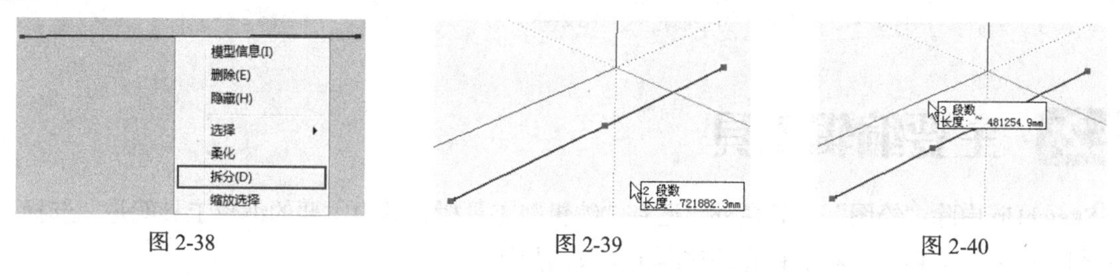

图 2-38　　图 2-39　　图 2-40

2.1.4　“圆”工具

圆形广泛应用于各种设计中，在 SketchUp 中绘制的圆，实际上是由直线段围合而成的。圆的段数越多、曲率越大，圆看起来就会越光滑。

单击“绘图”工具栏中的●按钮，或执行“绘图”→“形状”→“圆”命令，均可启用该绘制命令。

◆ **通过鼠标新建圆形**

启用“圆”绘图命令，待鼠标指针变成✐形状时，在绘图区单击确定圆心位置，如图 2-41 所示。移动鼠标确定圆形的半径，再次单击即可创建出圆形平面，如图 2-42 和图 2-43 所示。

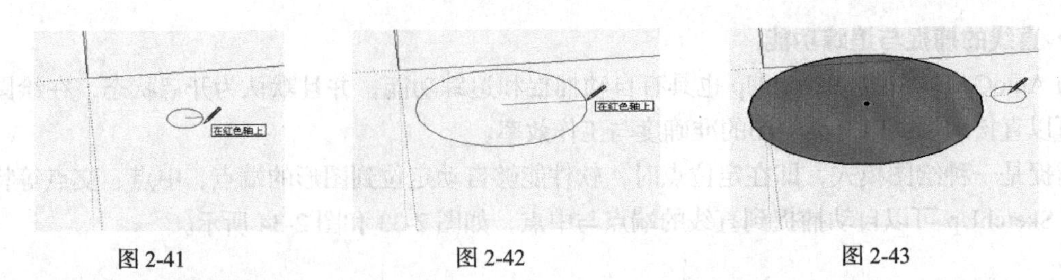

图 2-41　　图 2-42　　图 2-43

◆ **通过输入数值新建圆形**

启用“圆”绘图命令，待鼠标指针变成形状时在绘图区单击确定圆心位置，如图 2-44 所示。直接从键盘输入“半径”数值，然后按 Enter 键，即可创建精确大小的圆形平面，如图 2-45 和图 2-46 所示。

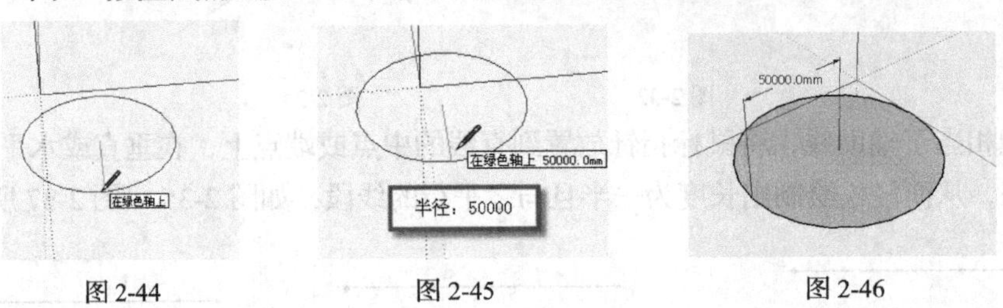

图 2-44　　图 2-45　　图 2-46

提示

在三维软件中，圆除了半径这个几何特征外，还有边数的特征，边数越大，圆越平滑，所占用的内存也越大，SketchUp 也是如此。在 SketchUp 中，如果要设置边数，可以在确定圆心后，输入“数量 s”控制，如图 2-47 ~ 图 2-49 所示。

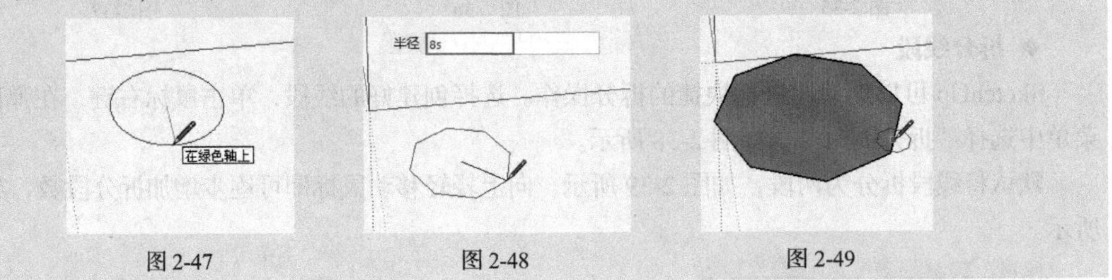

图 2-47　　图 2-48　　图 2-49

2.2 主要编辑工具

SketchUp 中除“绘图”工具栏外，还有“编辑”工具栏，其中主要的编辑工具就是“选择”工具和“擦除”工具。本节将介绍这两个工具的用法。

2.2.1 课堂实例——制作墙体

【学习目标】“选择”工具、“擦除”工具、“直线”工具和“矩形”工具的使用方法。

【知识要点】使用绘图工具，结合绘图编辑工具，制作墙体，如图 2-50 所示。

【所在位置】素材 \ 第 2 章 \ 2.2.1\ 制作墙体 .skp。

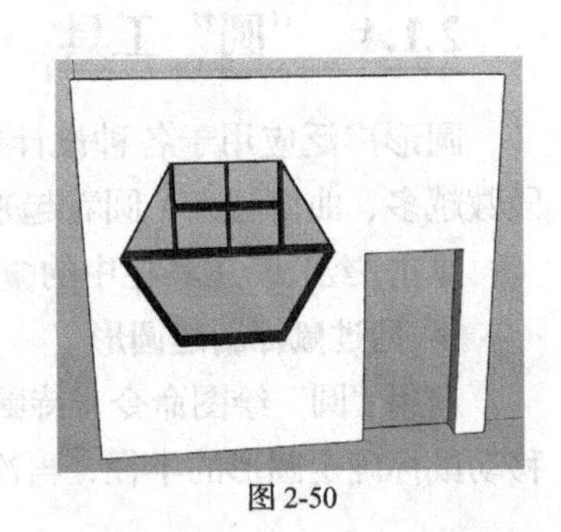

图 2-50

1. 制作墙体模型

（1）启动 SketchUp 2016，执行“窗口”→“模型信息”命令，进入“模型信息”面板，选择“单位”选项，设置“长度单位”参数组，如图 2-51 所示。

（2）单击“绘图”工具栏中的“矩形”按钮，移动鼠标指针至绘图区域，当鼠标指针变成形状时，在绘图区单击确定矩形的第一个角点，通过跟踪 Z 轴（蓝色轴）创建起点，然后移动鼠标确定第二个角点，在绘图区右下角的数值输入框内输入矩形长、宽数值，注意中间使用逗号进行分隔，创建一个 3600mm × 3300mm 的墙体矩形，如图 2-52 所示。

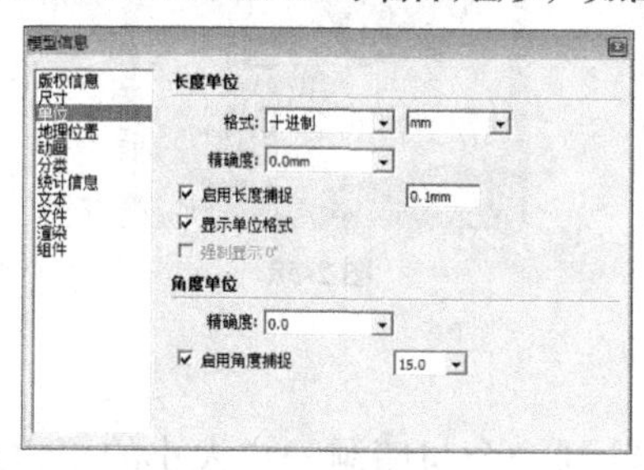

图 2-51

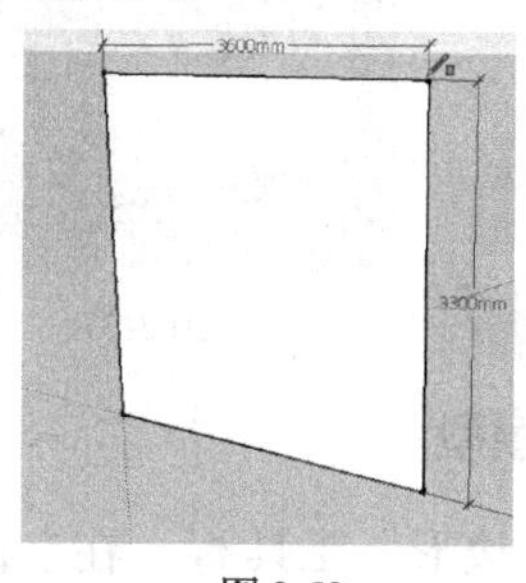

图 2-52

（3）继续使用“矩形”工具，在墙面的右下方再绘制一个矩形，在右下角数值输入框中输入数值“900,1800”，生成门洞矩形，如图 2-53 所示。

（4）单击“绘图”工具栏中的“多边形”按钮，待鼠标指针变成形状后，在绘图区单击确定多边形中心的位置，在门的左侧绘制一个多边形，然后在右下角的数值输入框中输入外切圆半径为 800，如图 2-54 所示。

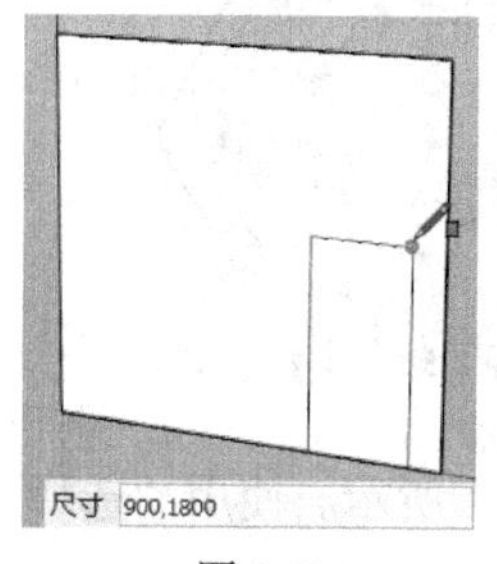

图 2-53

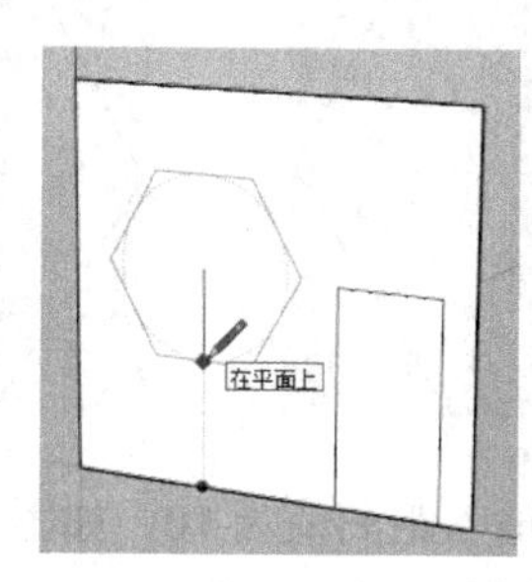

图 2-54

（5）使用“选择”工具，选中多边形和门洞矩形，按 Delete 键删除，得到一个墙体截面，如图 2-55 所示。

（6）单击“编辑”工具栏中的“推 / 拉”按钮，移动鼠标指针至墙体截面，当鼠标指针变成形状时，单击并向前拉伸，输入拉伸长度为 240，如图 2-56 所示。

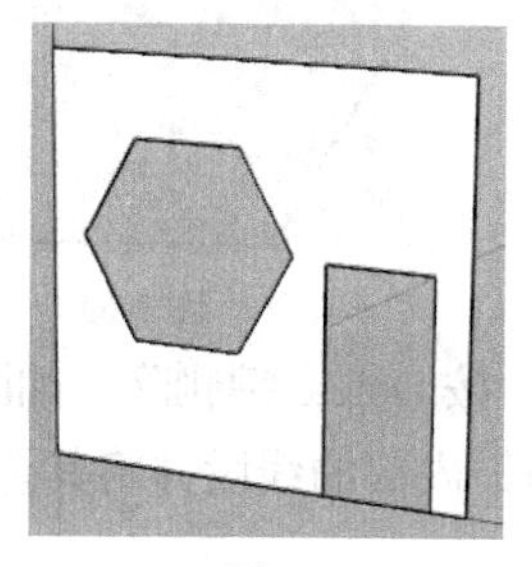

图 2-55

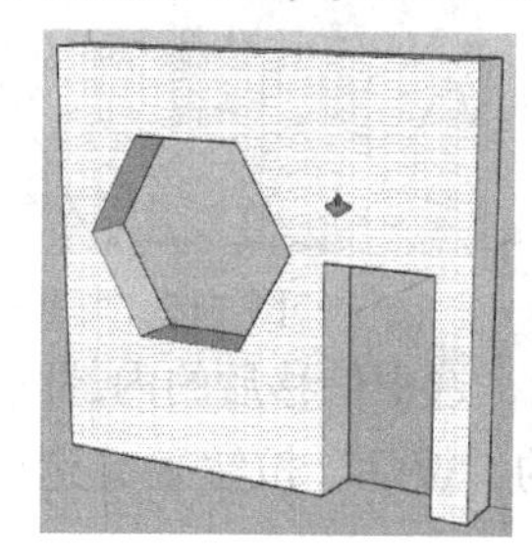

图 2-56

（7）使用“选择”工具，在左上角空白处按住鼠标左键，向右下角拖曳，直到全部覆盖模型，如图 2-57 所示。

（8）将鼠标指针移动到图形内部，单击鼠标右键，在弹出的快捷菜单中选择“创建群组”命令，将模型群组，如图 2-58 所示。

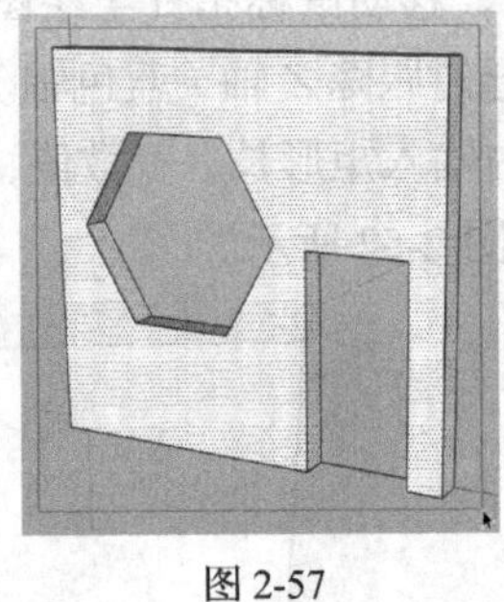

图 2-57

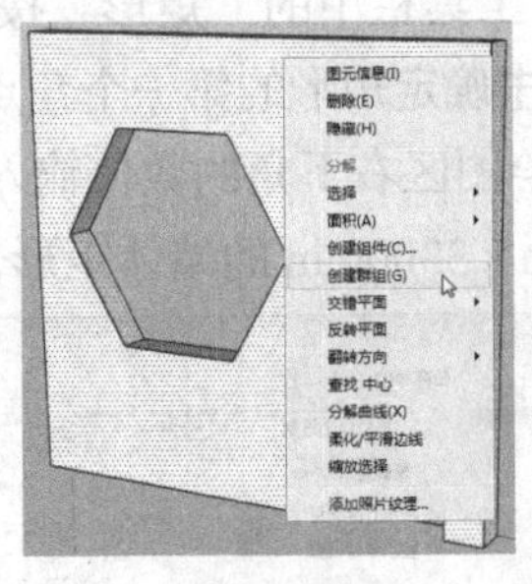

图 2-58

2. 制作窗户模型

（1）使用“多边形”工具，在空白处绘制一个与墙洞一样大小的正六边形，外切圆半径为 800。然后单击“绘图”工具栏中的“直线”按钮，在正六边形内绘制直线，如图 2-59 所示。

（2）单击“编辑”工具栏中的“偏移”按钮，将鼠标指针移动到正六边形下方的图形上，单击并向内拖曳鼠标，如图 2-60 所示。

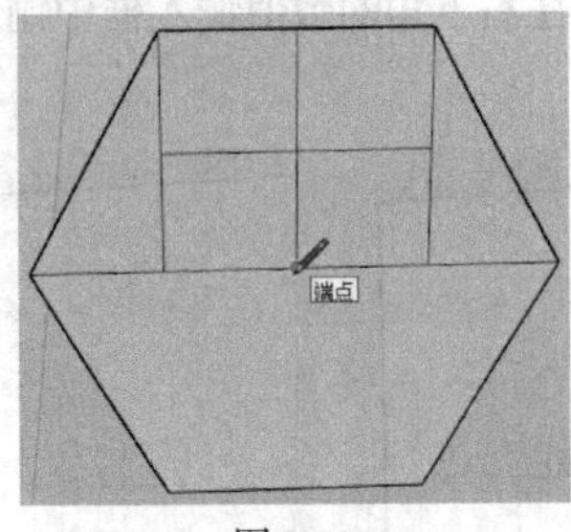

图 2-59

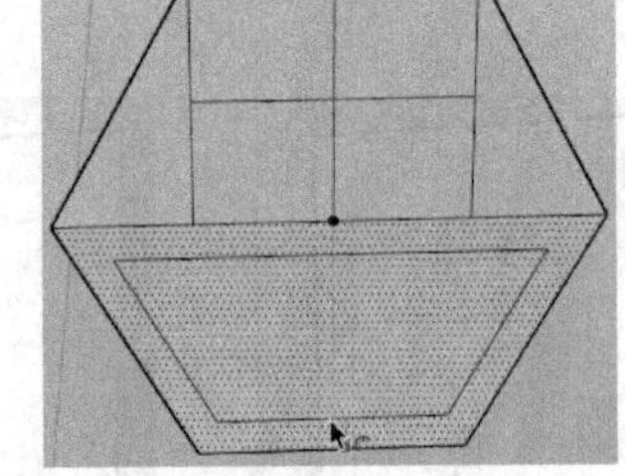

图 2-60

（3）在右下角的数值输入框中输入距离值为 10，如图 2-61 所示。使用“选择”工具，选中偏移后内部的图形，按 Delete 键删除，如图 2-62 所示。

（4）继续在正六边形上方的三角形和矩形图形中重复相同的操作，如图 2-63 所示。

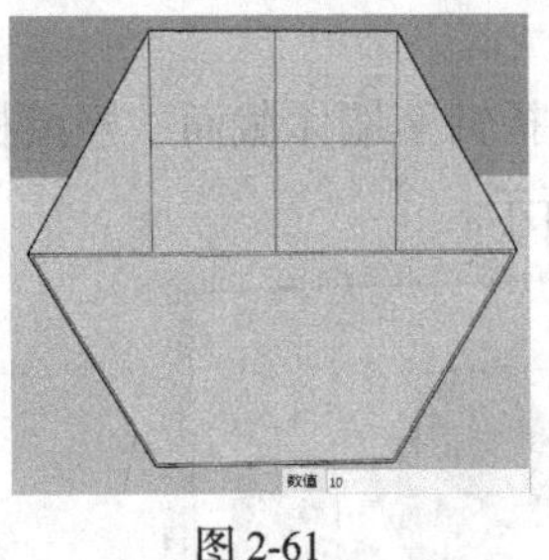

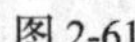

图 2-61

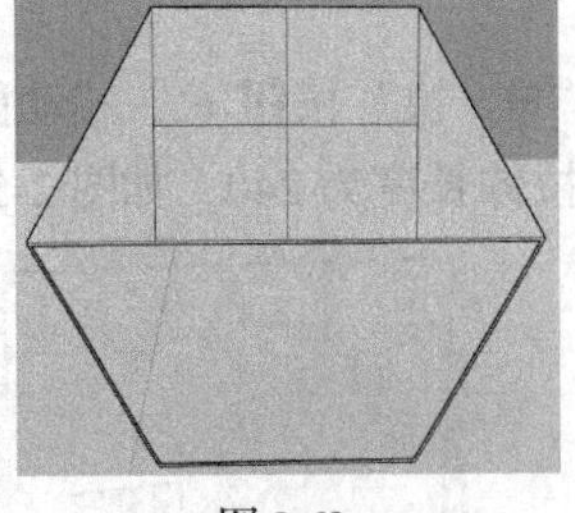

图 2-62

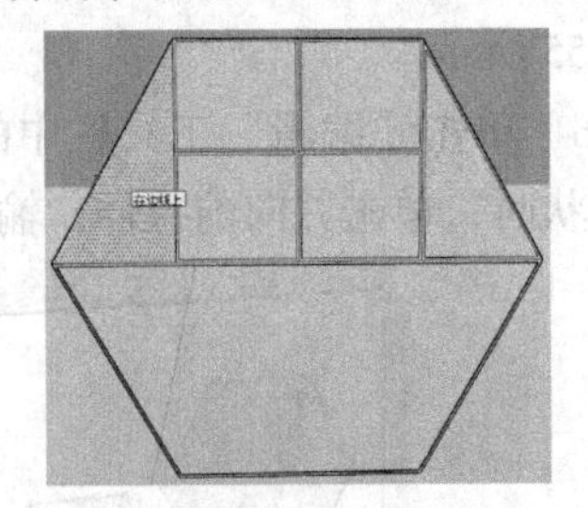

图 2-63

（5）同样使用“选择”工具，选中偏移后的内部图形，按 Delete 键删除，如图 2-64 所示。

（6）单击“主要”工具栏中的“擦除”按钮，选中边框内部的线段并将其全部擦除，如图 2-65 所示。

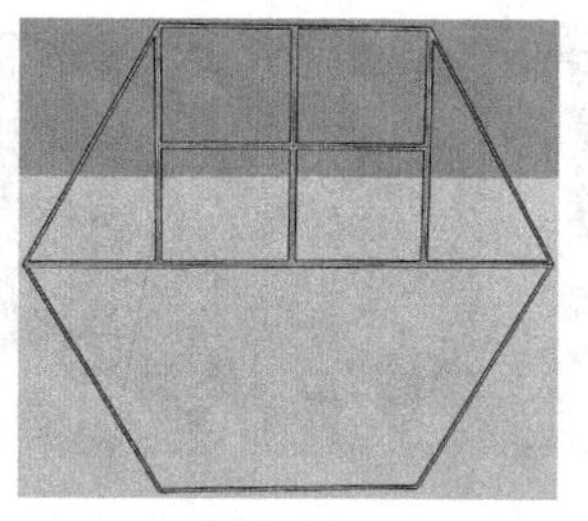
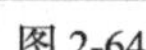
图 2-64

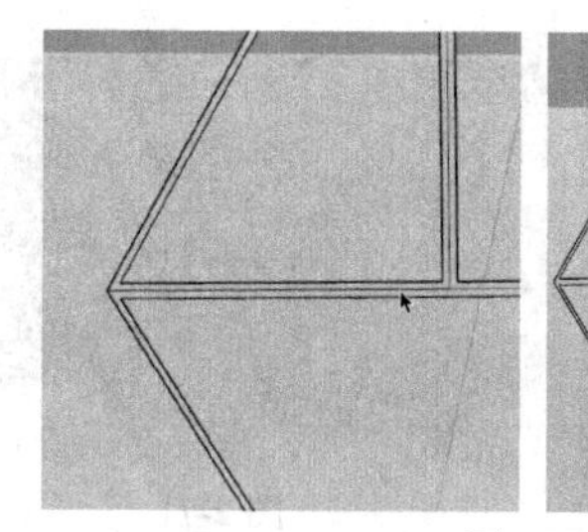
图 2-65

（7）使用“推 / 拉”工具，将图形向前拉伸，输入拉伸长度为 240mm，如图 2-66 所示。

（8）使用“选择”工具，全选该图形，单击鼠标右键，在弹出的快捷菜单中选择“创建群组”命令，将其群组，如图 2-67 所示。

（9）使用“移动”工具，选择窗户模型，将窗户移动到墙体模型的墙洞中，如图 2-68 所示。

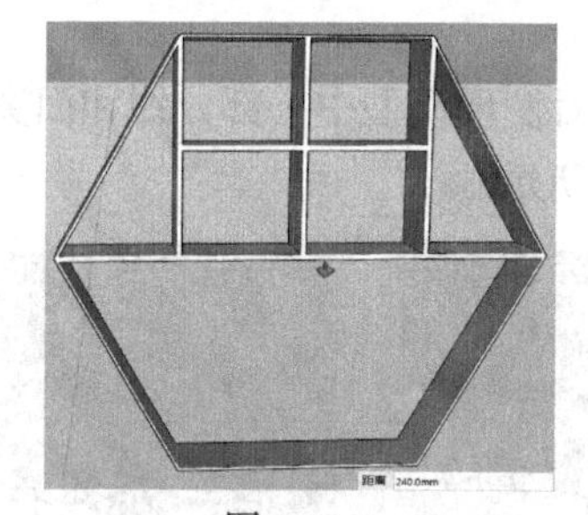
图 2-66

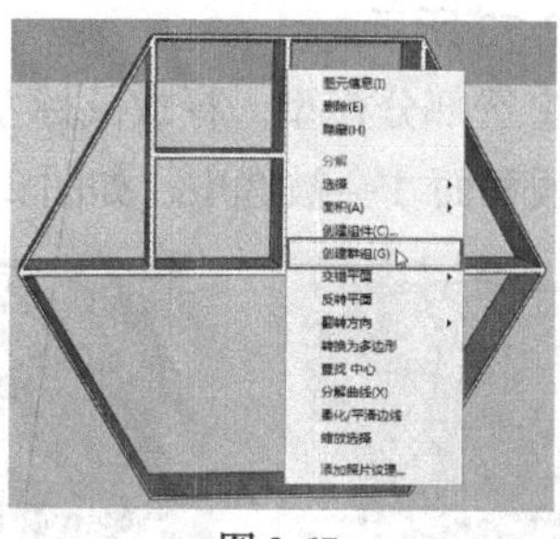
图 2-67

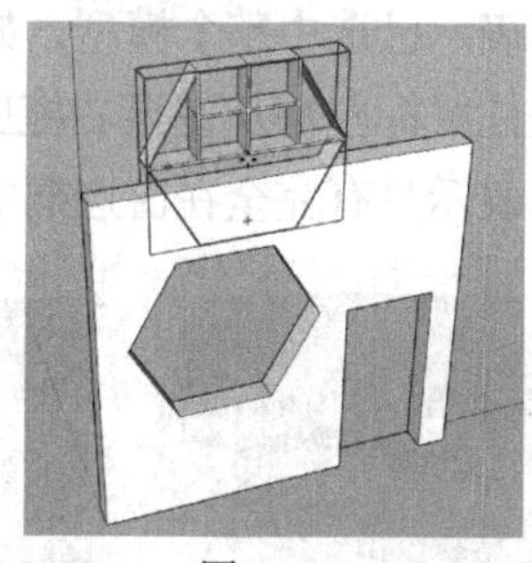
图 2-68

（10）多次移动，直到窗户模型与墙洞完全重合，如图 2-69 所示。最终模型效果如图 2-70 所示。

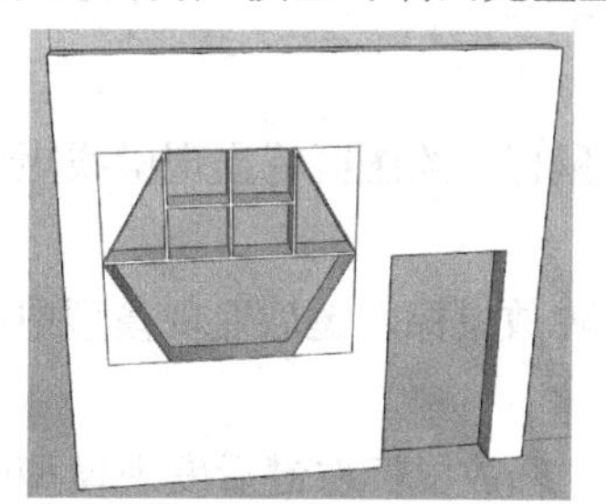
图 2-69

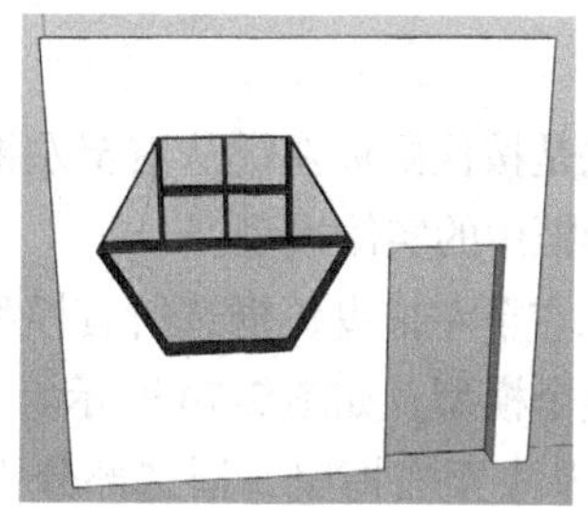
图 2-70

提示

在实际操作中，为便于移动模型到正确的位置，需要移动视图，此时可以使用“环绕观察”工具和“移动”工具来调整视图以寻找移动点，关于“环绕观察”工具的内容请参阅本书第 4 章的 4.2.2 小节。

2.2.2 “选择”工具

在对场景模型进行进一步操作之前，必须先选中需要进行操作的物体。在 SketchUp 中可通过“选择”工具选中物体。

◆ **点选**

“点选”就是在物体元素上单击、双击、三击等进行选择。在一个面上单击，即可选中此面；若在一个面上双击，将选中这个面及其构成线；若在一个面上三击，将选中与这个面相连的所有面、线及隐藏的虚线，如图 2-71 所示。

图 2-71

◆ **窗选**

“窗选”的方法是按住鼠标左键从左至右拖曳鼠标，绘图区中将出现实线矩形框，将选中完全包含在矩形框中的实体模型。

按住鼠标左键从左至右拖曳，窗选整个模型，释放鼠标左键后发现模型中所有线和面都突出显示，即表示已选中整个模型，如图 2-72 所示。

按住鼠标左键从左至右拖曳，窗选部分模型，释放鼠标左键后发现模型中一部分线和面突出显示，即表示只有完全在窗选框中的线和面才会被选中，如图 2-73 所示。

图 2-72　　图 2-73

◆ **框选**

“框选”的方法是按住鼠标左键从右至左拖曳鼠标，绘图区将出现虚线矩形框，将选中完全包含及部分包含在矩形框中的实体模型。

按住鼠标左键从右至左拖曳，框选所有模型，释放鼠标左键后发现模型中所有线和面都突出显示，即表示已选中整个模型，如图 2-74 所示。

按住鼠标左键从左至右拖曳，框选部分模型，释放鼠标左键后发现模型中一部分线和面突出显示，即表示线和面即使只有部分在框选框中也会被选中，如图 2-75 所示。

图 2-74　　图 2-75

提示

“窗选”常用于选择场景中几个指定的物体，而“框选”常用于选择场景中所有的物体。一般情况下，若想选中场景中的所有图元，可使用 Ctrl+A 快捷键。

◆ **鼠标右键关联选择**

利用“选择”工具 选中物体元素，再单击鼠标右键，将弹出快捷菜单，如图 2-76 所示。菜单中包含有 5 个子命令："边界边线""连接的平面""连接的所有项""在同一图层的所有项""使用相同材质的所有项"命令，通过对不同命令的选择，可以扩展选择物体元素。

◆ **取消选择**

在绘图区空白处单击，或执行"编辑"→"全部不选"命令，可取消选择图元，如图 2-77 所示。使用 Ctrl+T 快捷键也可取消当前场景中的所有选择。

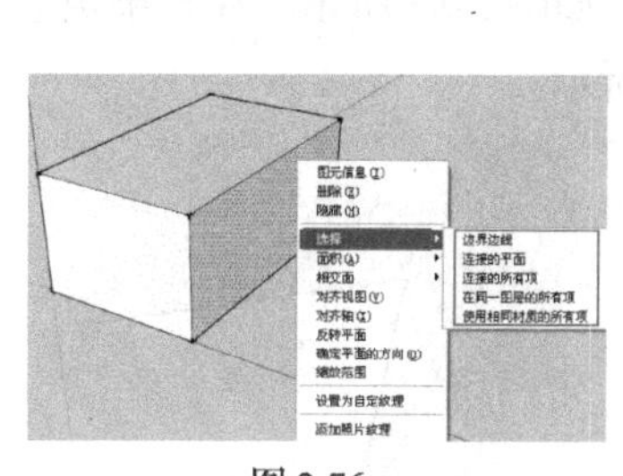

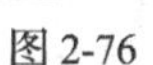

图 2-76

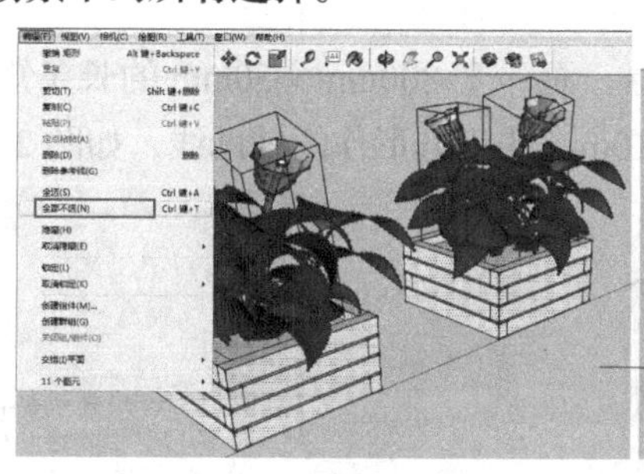

图 2-77

2.2.3 "擦除"工具

使用 SketchUp"编辑"工具栏中的"擦除"工具，待鼠标指针变成形状时，将其置于目标线段上方，单击即可直接将其删除，如图 2-78 和图 2-79 所示。该工具不能直接进行面的删除，如图 2-80 所示。

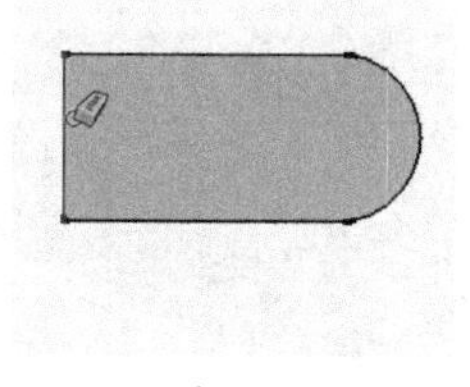

图 2-78

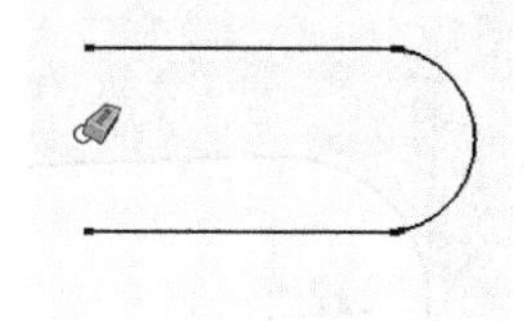

图 2-79

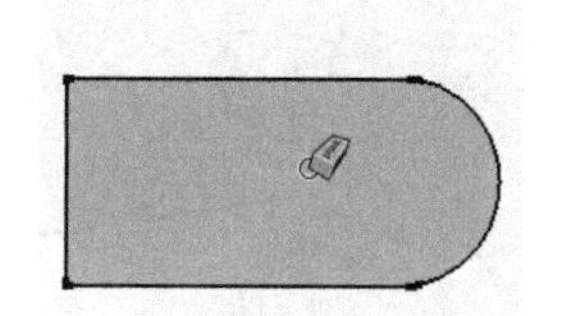

图 2-80

2.3 漫游工具

漫游工具中包含"定位相机"工具、"观察"工具和"漫游"工具 3 个工具，用于在视图中自由查看模型。

2.3.1 课堂实例——制作餐桌和方凳

【学习目标】主要学习"定位相机"工具、"观察"工具，并结合"直线""矩形""圆弧""推 / 拉""偏移"工具的使用。

【知识要点】使用绘图工具，结合"观察"工具等，制作如图 2-81 所示的桌椅组合。

【所在位置】素材 \ 第 2 章 \ 2.3.1\制作桌椅 .skp。

图 2-81

1. 制作餐桌模型

（1）在建模之前，要先了解基本数据。餐桌由桌面和桌腿构成，桌面长 1500mm、宽 800mm、高 50mm；桌腿部分则由上下部分的顶部横木、底部横木和桌腿组成，桌腿高 700mm、截面为 80mm × 80mm；支撑部分的横木横截面为宽 50mm、高 40mm，其底端离地 150mm，总体效果如图 2-82 所示。

（2）使用“矩形”工具，画一个 800mm × 50mm 的长条矩形，如图 2-83 所示。在长条矩形上部两角各自画一个 10mm × 10mm 的正方形作的辅助线，如图 2-84 所示。

图 2-82

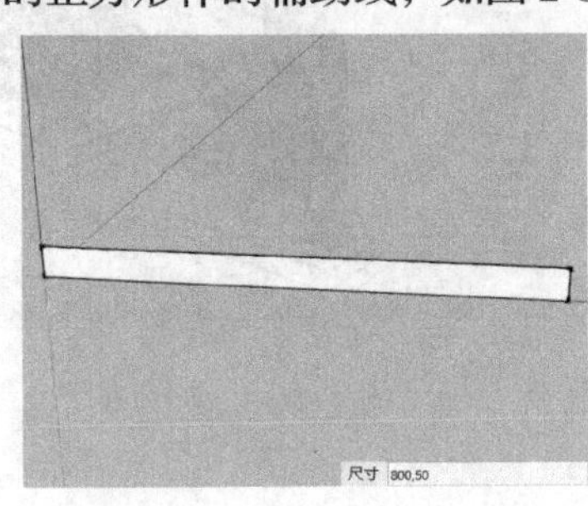

图 2-83

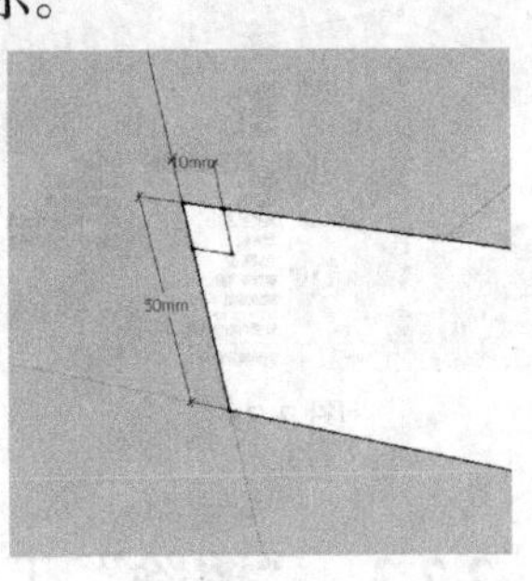

图 2-84

（3）以正方形的内角点为圆心，使用“圆弧”工具画一个 90°、半径为 10mm 的外圆角，先单击确定圆心，然后确定上角点，再确定侧角点，如图 2-85 所示。

（4）使用“擦除”工具，擦除两个正方形的相关线段，保留圆弧，如图 2-86 所示。使用“推 / 拉”工具向前拉伸截面，距离为 1500mm，如图 2-87 所示。桌面模型基本绘制完成。

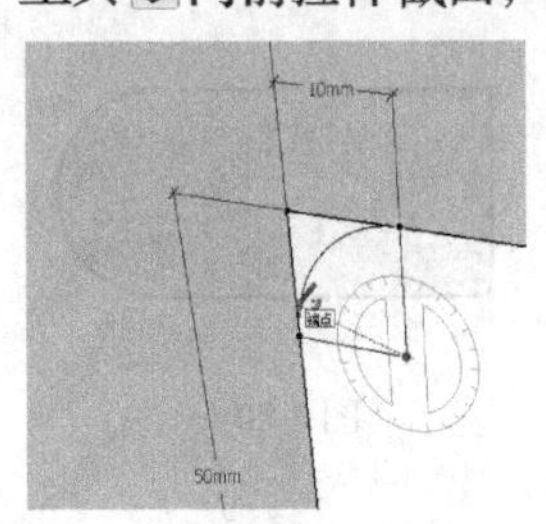

图 2-85

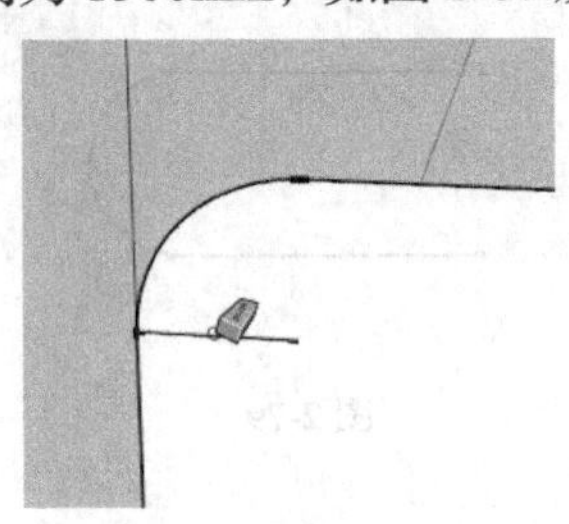

图 2-86

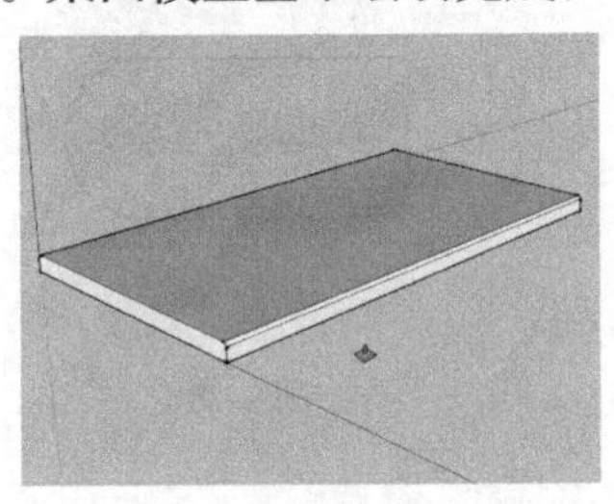

图 2-87

（5）使用“环绕观察”工具，将视图翻转过来，使得桌面的底部朝上，也可以执行“相机”→“标准视图”→“底视图”命令，结果如图 2-88 所示。

（6）使用“偏移”工具，选择底面的矩形，单击并向内拖曳鼠标，在数值输入框中输入 50mm，在底面的内部生成一个矩形，如图 2-89 所示。

（7）使用“选择”工具全选模型，单击鼠标右键，在弹出的快捷菜单中选择“创建群组”命令，完成后先保持当前的视图，如图 2-90 所示。

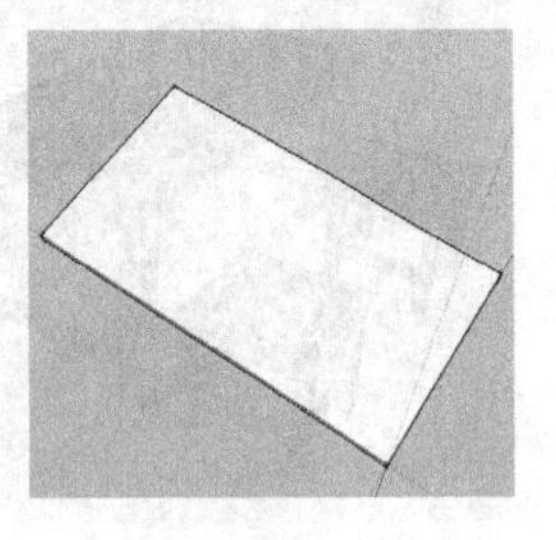

图 2-88

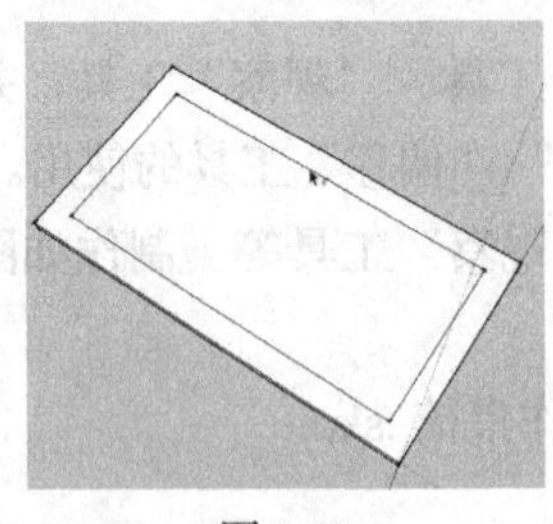

图 2-89

图 2-90

（8）使用“矩形”工具 和“推 / 拉”工具 ，采用上述操作方法创建出桌腿模型，绘制一个 80mm × 80mm 的截面，然后向上拉伸 700mm，并将其创建为群组，如图 2-91 所示。

（9）将桌腿模型移动到桌面模型底部，与之外角重合，如图 2-92 所示。

（10）复制 3 个桌腿模型到桌面模型的 4 角底部端点上，与之重合，如图 2-93 所示。

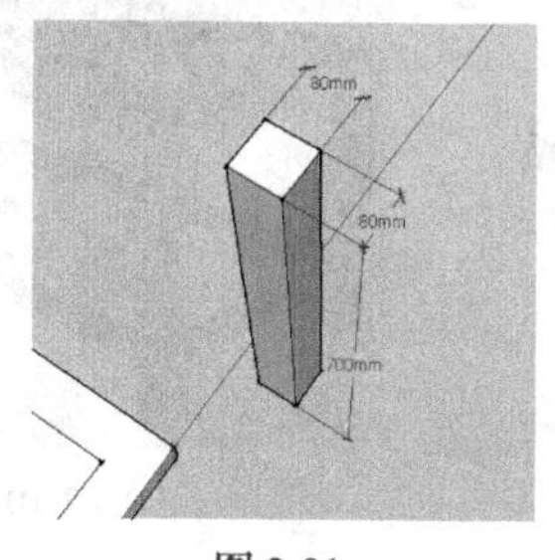

图 2-91

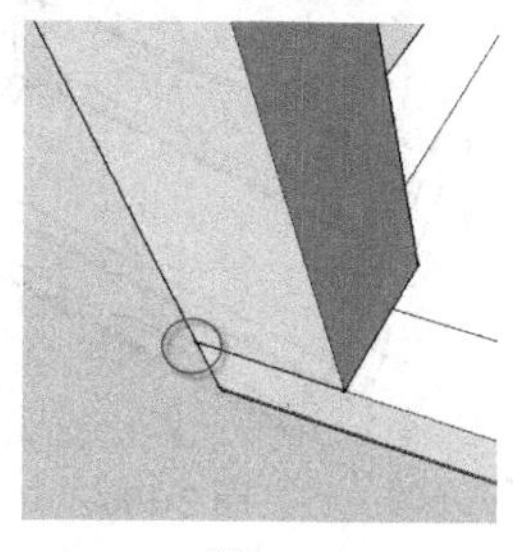

图 2-92

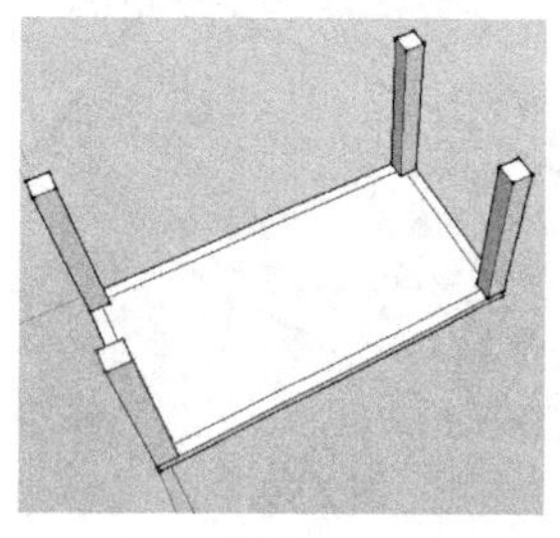

图 2-93

（11）单击桌面模型，选择桌面底部的矩形框，单击鼠标右键，在弹出的快捷菜单中选择“分解”命令，分解群组，如图 2-94 所示。

（12）选中矩形的边框，如图 2-95 所示。执行“编辑”→“复制”命令，在空白处单击，然后执行“编辑”→“定点粘贴”命令。

（13）选中复制后的矩形边框，使用“推 / 拉”工具 ，将其拉伸 40mm，如图 2-96 所示。

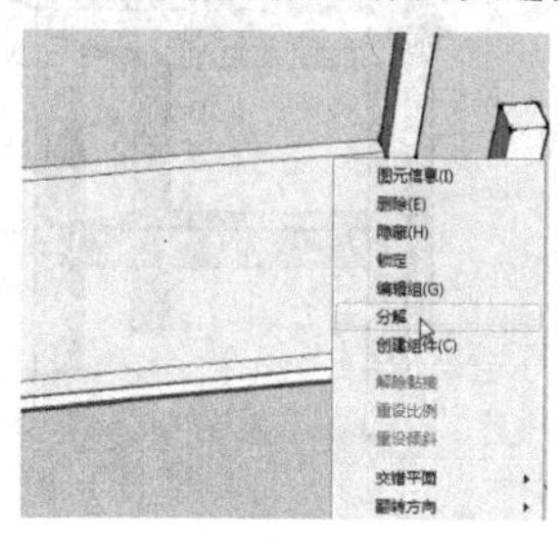

图 2-94

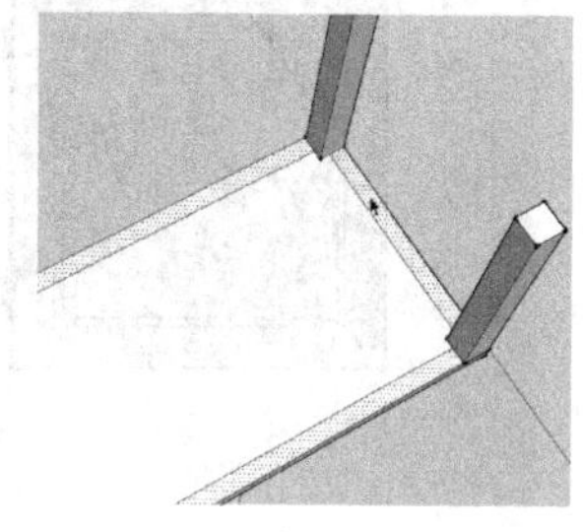

图 2-95

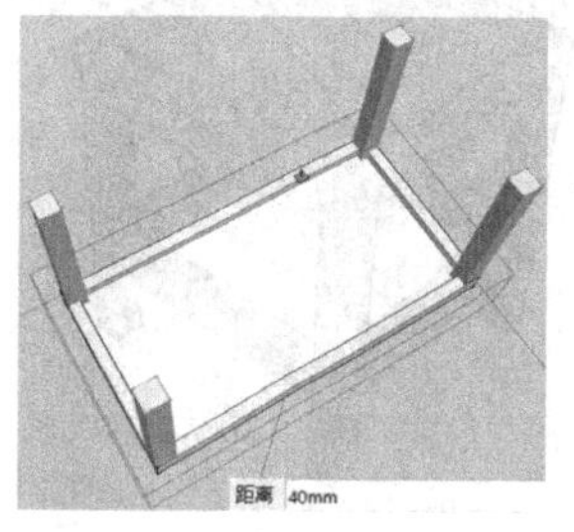

图 2-96

（14）全选模型，然后按住 Shift 键单击桌面和桌腿模型，以将其排除，再创建群组，如图 2-97 所示。

（15）使用“选择”工具 ，单击桌面模型，再单击鼠标右键，在弹出的快捷菜单中选择“隐藏”命令，在视图中隐藏选中的模型。同样，对 4 个桌腿模型进行隐藏。

（16）打开现有模型群组，然后在 4 个角上绘制 4 个边长为 80mm 的正方形，如图 2-98 所示。

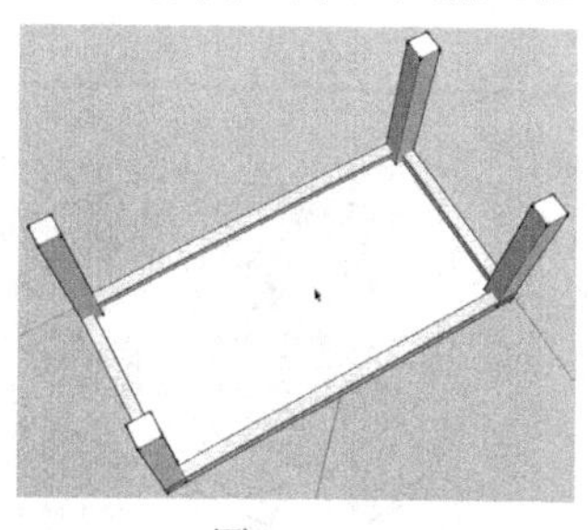

图 2-97

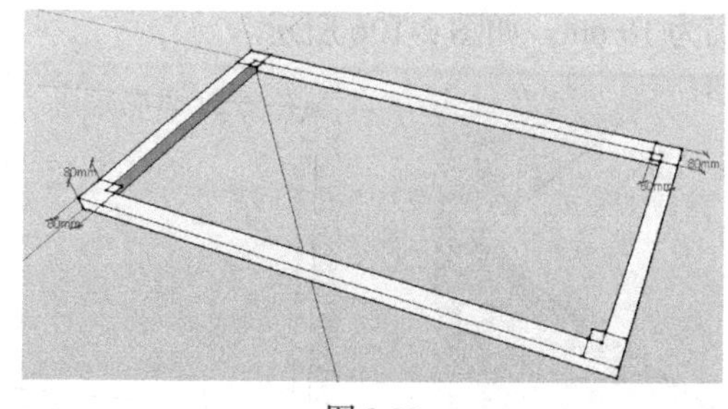

图 2-98

（17）使用“推 / 拉”工具 ，向下推动正方形中的部分模型，并擦除相关线段，留下 4 根横木模型，再分解群组，如图 2-99 所示。

（18）执行“编辑”→“取消隐藏”→“全部”命令，显示桌面和桌腿模型。

（19）将上述加工完成的横木模型复制到桌腿下方位置，如图 2-100 所示。

（20）将视图调整到桌面朝上的状态，并全选模型创建为群组，将模型渲染。执行“相机”→“标准视图”→“等轴视图”命令，实现视图转换，如图 2-101 所示。

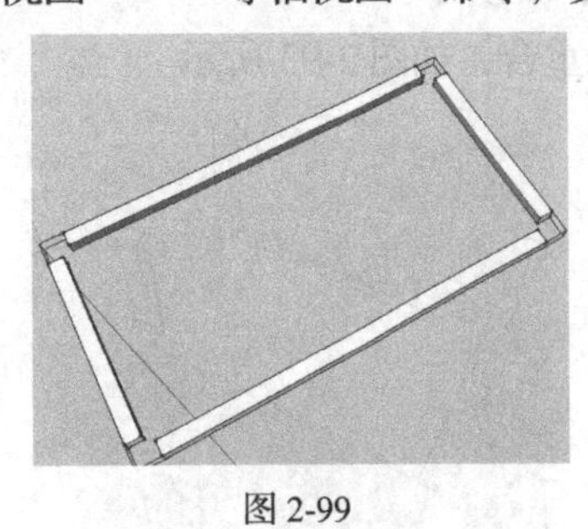

图 2-99

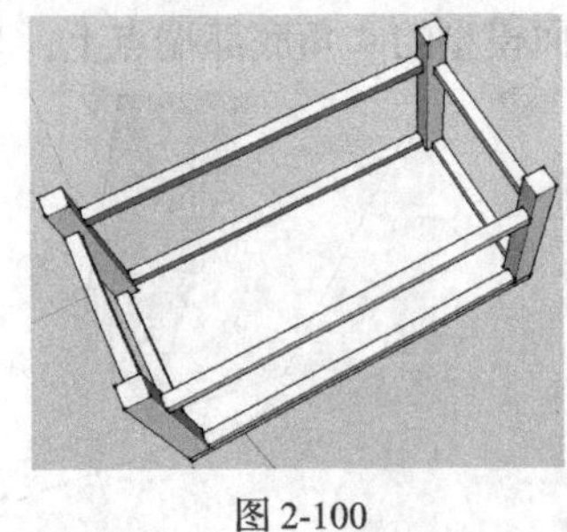

图 2-100

图 2-101

2. 制作方凳模型

（1）方凳的制作方法与餐桌的制作方法相同，使用与制作餐桌相同的操作方法制作出方凳模型，如图 2-102 所示，相关数据如图 2-103 所示。

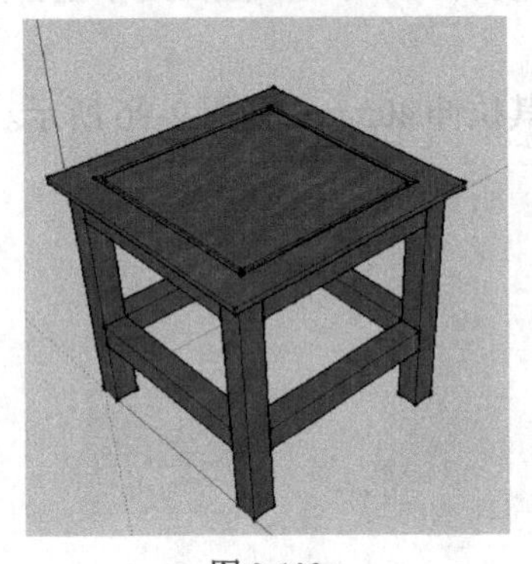

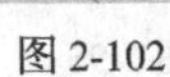

图 2-102

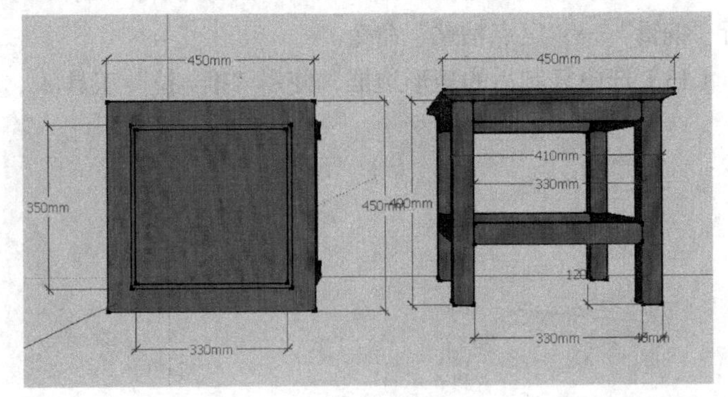

图 2-103

（2）使用“矩形”工具和“推 / 拉”工具，创建一个截面为 450mm×450mm、高 10mm 的长方体，如图 2-104 所示。

（3）使用“环绕观察”工具翻转视图，将长方体的底面使用“偏移”工具向内偏移 20mm，然后使用“直线”工具，连接底面外矩形和内矩形的 4 个角点，如图 2-105 所示。

（4）使用“移动”工具单击内矩形的面，垂直向上拉动（在蓝色轴上），在数值输入框中输入移动距离为 10mm，如图 2-106 所示。

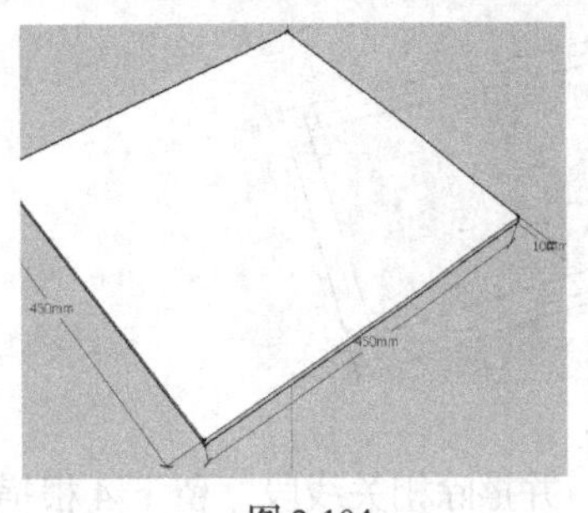

图 2-104

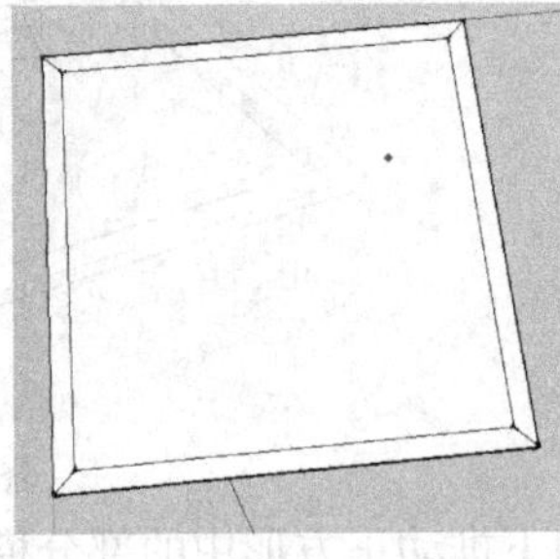

图 2-105

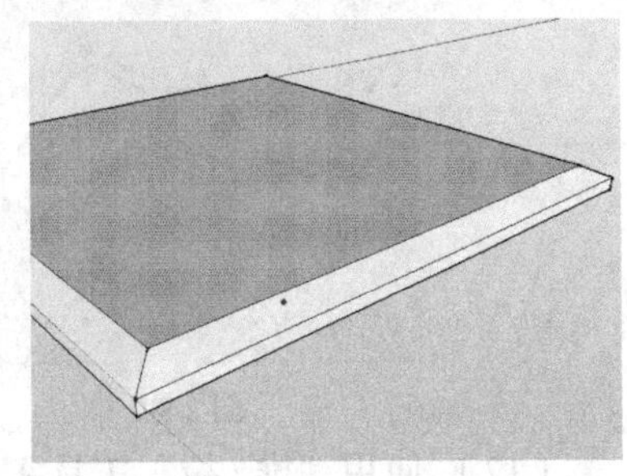

图 2-106

提示

在调整视图的过程中，如果不习惯拉动平面的方式，可选择先向上拉伸，再用直线连接，自动生成斜面。

（5）把视图调整回来，然后使用“偏移”工具在顶面上连续偏移两次，偏移距离分别为50mm和60mm。使用“推/拉”工具，将偏移形成的矩形框向下推5mm。至此，凳面部分建模完成，如图2-107所示。

（6）参照桌腿部分的建模方法，制作凳腿部分的模型，如图2-108所示。

（7）为构建完整场景，将方凳模型复制出3个，与餐桌模型相结合，得到如图2-109所示的效果。

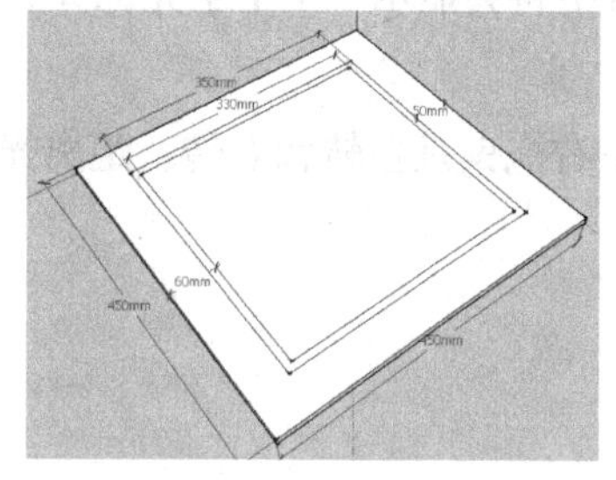

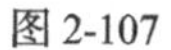

图2-107

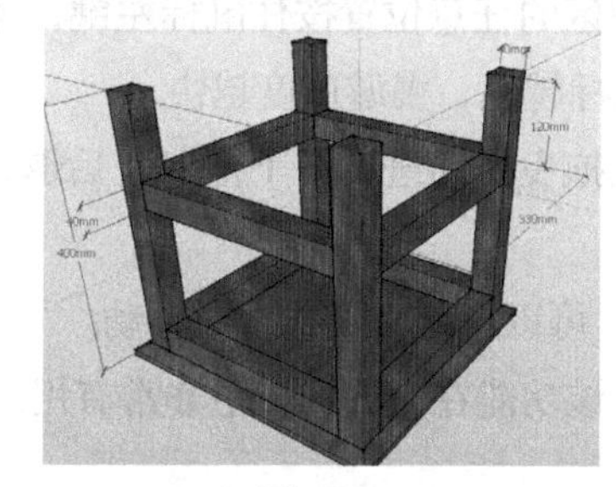

图2-108

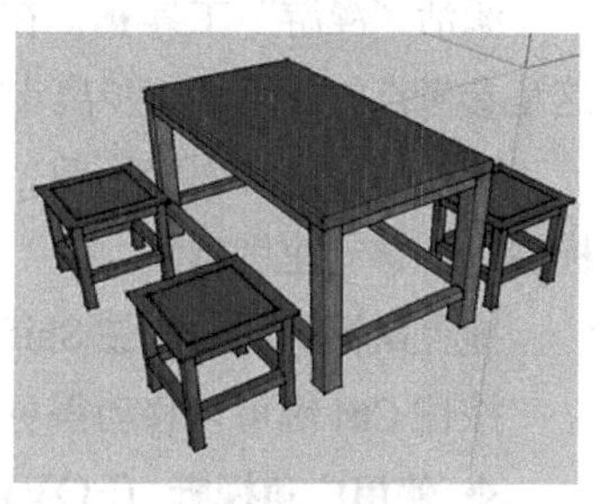

图2-109

2.3.2 “定位相机”工具

“定位相机”工具用于放置相机，以控制视点的高度。放置相机后，数值输入框中会显示视点的高度，读者可以输入自己需要的高度。

“定位相机”工具有两种不同的使用方法。如果只需要大致的人眼视角的视图，使用鼠标单击的方法就可以了。

◆ **鼠标单击**

鼠标单击方法使用的是当前视点方向，仅仅是将照相机放置在单击的位置上，并设置照相机高度为通常的视点高度。软件默认高度偏移距离为1676.4mm，在某处单击即可确定照相机的新高度，即眼睛高度，如图2-110所示。

◆ **单击并拖曳**

这个方法可以更准确地定位照相机和视线。先单击确定照相机位置，即人眼所在的位置，然后拖曳鼠标到要观察的点，再释放鼠标即可，如图2-111所示。

图2-110

图2-111

提示

若要比较精确地放置照相机，可以用鼠标单击并拖曳的方法。先使用“卷尺”工具和数值输入框来放置辅助线，这样有助于精确地放置照相机。放置好照相机后，会自动激活“环绕观察”工具可从该点向四处观察。此时也可以输入不同的视点高度来进行调整。

2.3.3 “漫游”工具

“漫游”工具可以像散步一样地观察模型，还可以固定视线高度，然后在模型中漫步。只有在激活透视模式的情况下，“漫游”工具才有效。

◆ **使用“漫游”工具**

激活“漫游”工具，在绘图区的任意位置按住鼠标左键，场景中将会显示一个十字光标，这是参考点的位置，脚步离十字光标越远，漫游速度越快。

继续按住鼠标左键不放，向上拖曳是前进，向下拖曳是后退，左右拖曳是左转和右转。距离光标越远，移动速度越快。

拖曳鼠标的同时按住 Shift 键，可以进行垂直或水平移动。

按住 Ctrl 键可以移动得更快，该功能在大的场景中非常有用。

◆ **使用广角视野（FOV）**

在模型中漫游时通常需要调整视野。要改变视野，可以激活“缩放”工具，按住 Shift 键，再上下拖曳鼠标即可。

◆ **临时绕轴旋转**

在使用“漫游”工具的同时，按住鼠标中键可以快速旋转视点，其实就是临时切换到“绕轴旋转”工具。

2.3.4 “绕轴旋转”工具

“绕轴旋转”工具可以让照相机以自身为固定点，旋转观察模型，如图 2-112 和图 2-113 所示。此工具在观察内部空间时极为重要，可以在放置照相机后用来评估视点的观察效果。

图 2-112

图 2-113

激活“绕轴旋转”工具，在绘图区按住鼠标左键并拖曳。使用“绕轴旋转”工具时，可以在数值输入框中输入一个数值，来设置准确的视点距离地面的高度。

提示

“旋转”工具与“绕轴旋转”工具的区别：“旋转”工具进行旋转查看时以模型为中心，相当于人绕着模型查看；而“绕轴旋转”工具以视点为轴，相当于站在视点处不动，眼睛左右查看。“旋转”工具与“绕轴旋转”工具的联系：通常，按住鼠标中键可以激活“旋转”工具，但若是在使用“漫游”工具的过程中，按住鼠标中键会激活“绕轴旋转”工具。

2.4 群组工具

“群组”即“组”，相当于AutoCAD中“块”的概念，是一些点、线、面或实体的集合，为在复杂场景中对模型进行局部修改提供方便。

2.4.1 课堂实例——制作落地窗

【学习目标】群组工具、“矩形”工具、“移动”工具的使用方法。

【知识要点】使用绘图工具，结合群组工具，制作落地窗模型，如图2-114所示。

图2-114

【所在位置】素材\第2章\2.4.1\制作落地窗.skp。

（1）使用“矩形”工具，通过跟踪Z轴（蓝色轴）创建起点，输入“3000,3600”创建一个墙体矩形，如图2-115所示。

（2）使用“推/拉”工具向前拉伸240mm，再使用“直线”工具，在矩形中心绘制一条辅助线，如图2-116所示

（3）根据中心线的位置，在墙体模型下方位置绘制一个3000mm×2400mm的矩形，如图2-117所示。

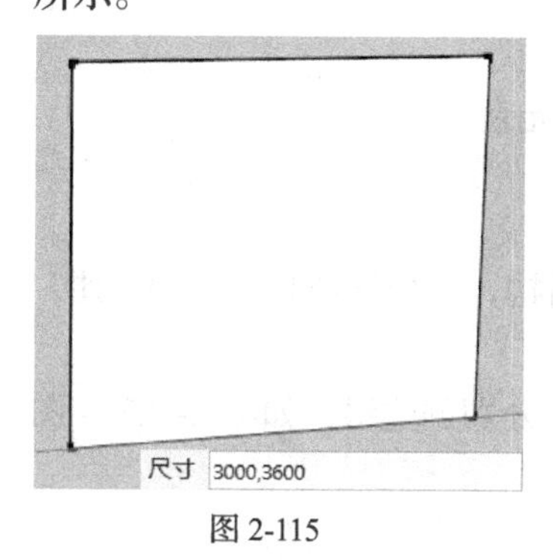

图2-115

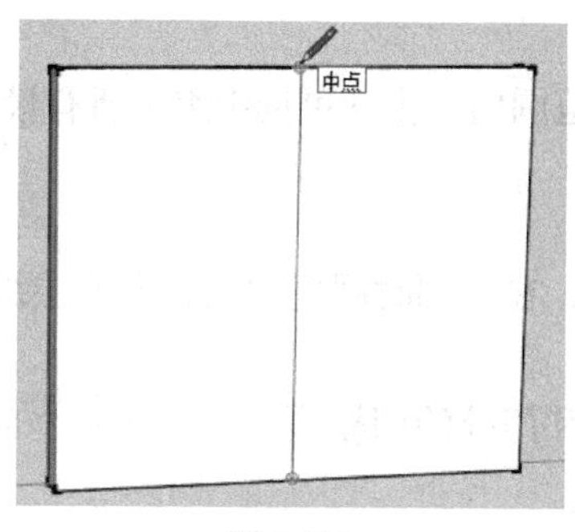

图2-116

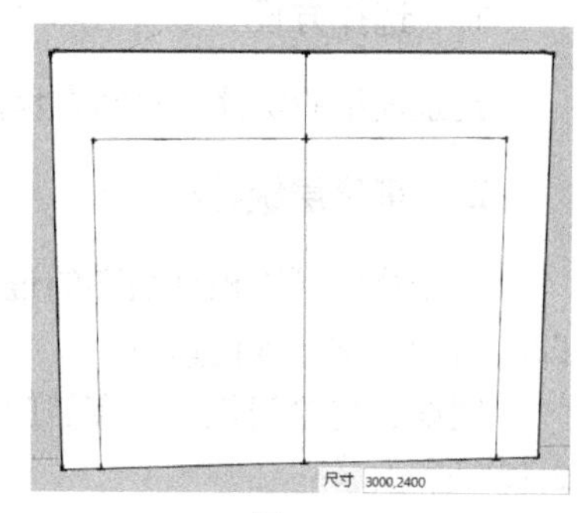

图2-117

（4）使用“擦除”工具将中心线擦除，然后使用“推/拉”工具，将下方的矩形向内推动30mm，如图2-118所示。

（5）使用“直线”工具，在内部的矩形上方绘制一条水平直线，然后使用“偏移”工具，将上、下两个矩形都向内偏移50mm，然后使用“推/拉”工具对偏移后的两个内部矩形向内推进15mm，并删除两个内部矩形，如图2-119所示。

（6）使用“选择”工具，将所有模型全部选中，单击鼠标右键，在弹出的快捷菜单中选择“创建群组”命令，群组模型。

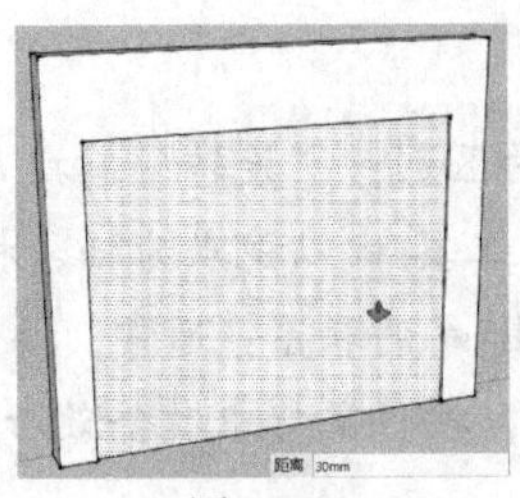

图 2-118

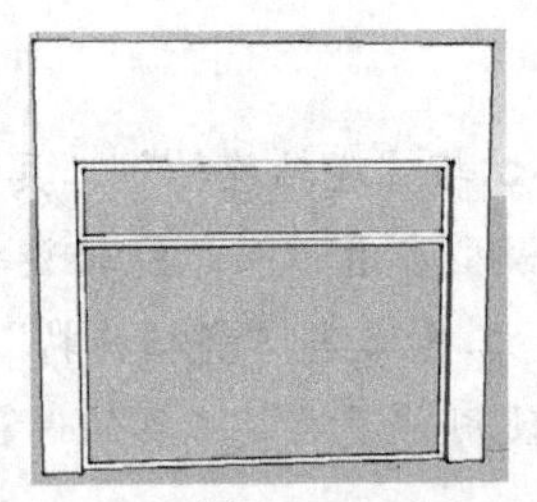

图 2-119

（7）执行“文件”→“导入”命令，打开素材“窗户.skp”，文件类型选择“SketchUp 文件（*.skp）”类型，单击 “打开” 按钮，即可将窗户模型导入文件，如图 2-120 所示。

（8）使用“移动”工具将其移动到墙体模型中，让窗体模型与墙体内的矩形部分重合，再水平向后移动，输入距离为 45，最后群组模型。模型效果如图 2-121 所示。

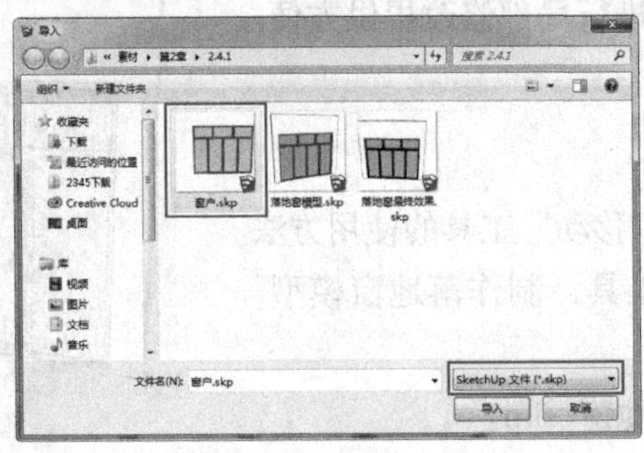

图 2-120

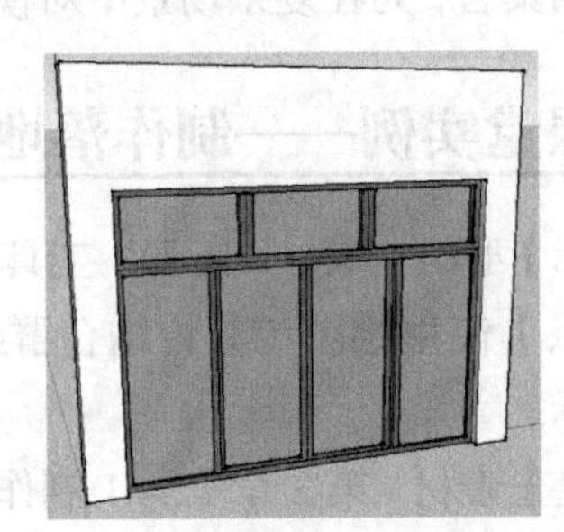

图 2-121

2.4.2 组的特点

“组”不会占用文件容量，也不会以单独的文件形式存在，只是将定义的元素组合起来，使用起来很方便。除此之外，“组”还具有以下特点。

1. 选择方便

凡是成组的实体，只需在物体范围内单击即可选中组中所有模型元素。

2. 可建层级结构

一个物体可以根据绘图的过程，在不同时间建立组，形成层级结构，这样管理起来更加方便，即在组的基础上再创建组。

例如，包含门锁、门套、门扇和门栓的门模型，可以将 4 个部分分别创建组，如图 2-122 ~ 图 2-125 所示。

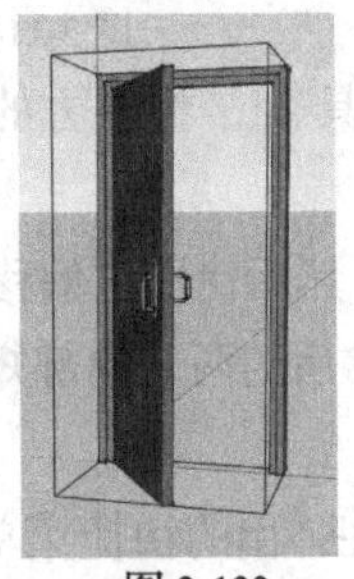

图 2-122

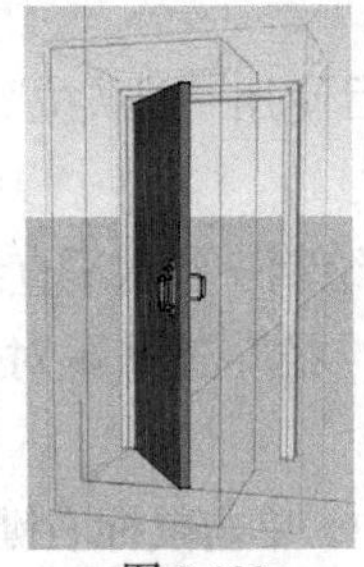

图 2-123

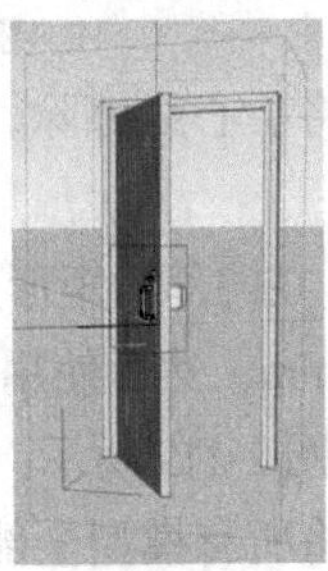

图 2-124

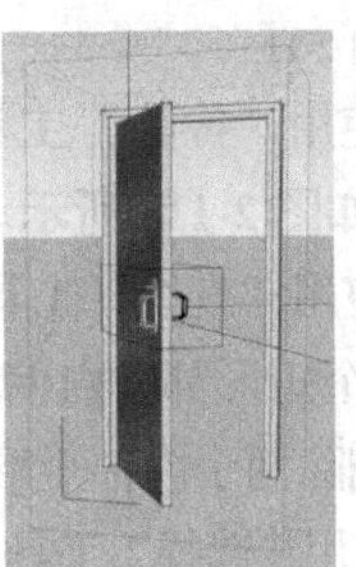

图 2-125

3. 隔离形体

组中的物体与其他的线或面完全隔离开来，不会发生线或面的关联，执行编辑命令十分方便。

4. 快速赋予材质

选中组后赋予材质，组中所有的面将会被赋予同一材质。材质将会由组内使用默认材质的几何体继承，而事先指定了材质的几何体不会受影响，这样可以大大提高赋予材质的效率。

2.4.3 创建与分解组

◆ 组的创建

选中要创建为组的模型元素，单击鼠标右键，在弹出的快捷菜单中选择“创建群组”命令，如图 2-126 所示。或者执行 “编辑”→“创建群组”命令， “编辑”菜单中的最后一项将会显示选中的模型元素的数量，如图 2-127 所示。

图 2-126

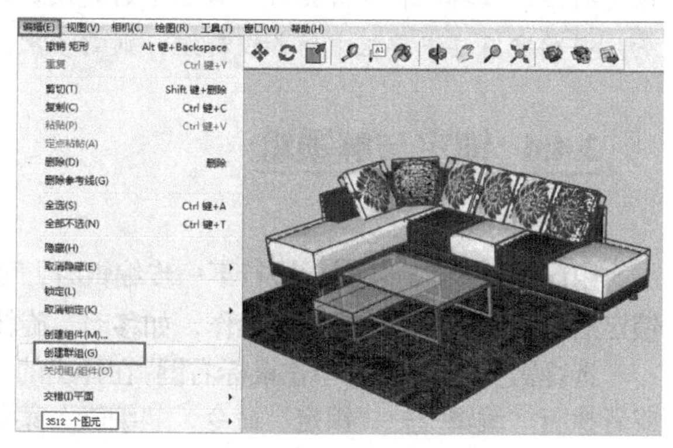

图 2-127

组创建完成以后，组外侧将会显示突出的边界框，如图 2-128 所示。

图 2-128

◆ 组的分解

组的取消与创建一样方便。选择需要分解的组，单击鼠标右键，在弹出的快捷菜单中选择“分解”命令即可，如图 2-129 所示。或者执行 “编辑”→“撤销组” 命令， “编辑”菜单中的最后一项将会显示场景中选中的需要分解的组的数量，如图 2-130 所示。

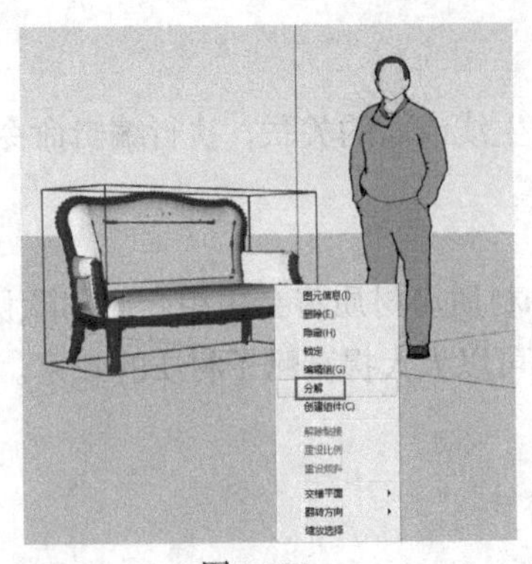

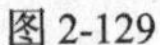

图 2-129

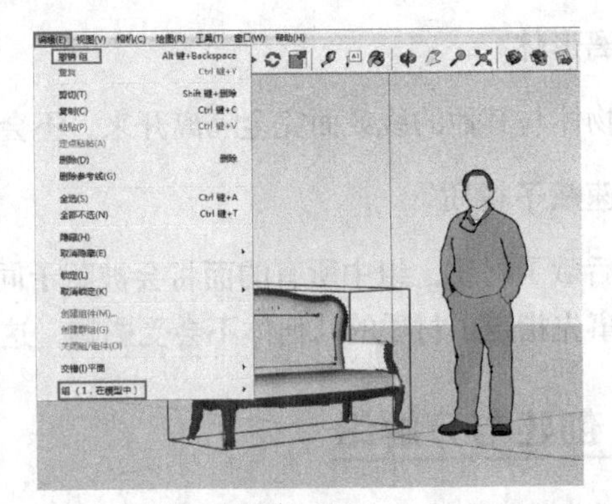

图 2-130

提示

在 SketchUp 绘图过程中，组的建立越早越好，通常做完一部分即可将其创建为组，再继续进行组的编辑。在分解组时，若选中的是层级群组，则取消最大的组，其中的小群组不会受到影响。若要取消层级群组中的各级群组，则需多次执行“分解”操作。

2.4.4 锁定与解锁组

◆ **组的锁定**

组确定以后，在不需要进行下一步编辑时，可以将组锁定，以免错误的操作将原有的群组损坏。锁定后的组不能进行任何修改操作，如移动、旋转、删除等。

选择需要锁定的组，单击鼠标右键，在弹出的快捷菜单中选择“锁定”命令即可，如图 2-131 所示。或者执行“编辑”→“锁定”命令，“编辑”菜单中的最后一项将会显示场景中被选中的需要锁定的组数量，如图 2-132 所示。

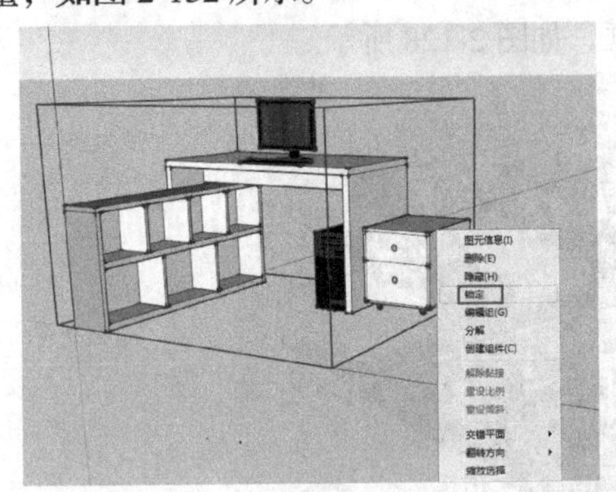

图 2-131

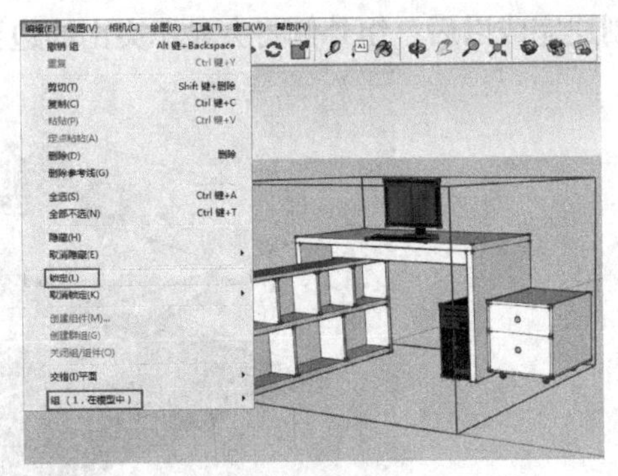

图 2-132

锁定组后，组外侧将会显示突出的边界框，且边框为红色，如图 2-133 所示。

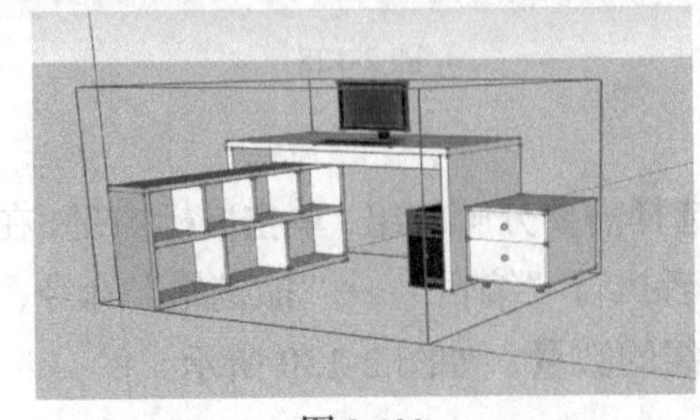

图 2-133

◆ **组的解锁**

组在锁定的状态下无法进行任何编辑，若要对组进行编辑，必须要将其解锁。

选择需要解锁的组，单击鼠标右键，在快捷菜单中选择“解锁”命令即可，如图 2-134 所示。或者执行“编辑”→“取消锁定”→“选定项”/“全部”命令，“编辑”菜单中的最后一项将会显示在场景中选择的需要解锁的组数量，如图 2-135 所示。

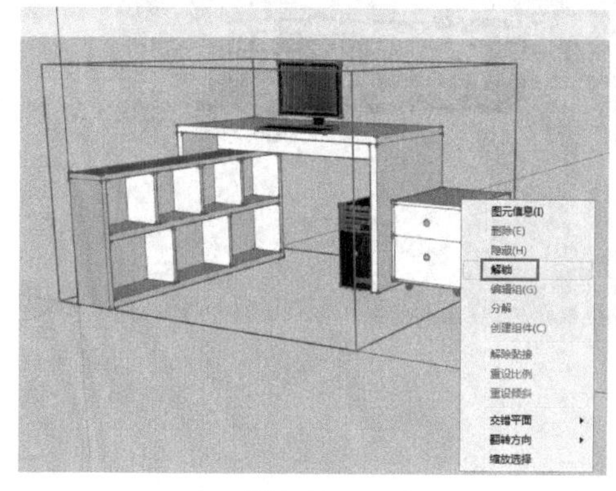

图 2-134

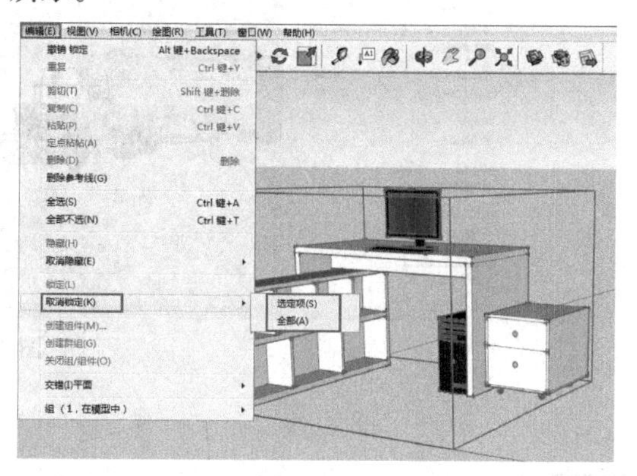

图 2-135

提示

若想在层级群组中锁定下级小群组，小群组仍会因为上级群组的编辑而移动或复制，只是本身的状态不会发生变化。

2.4.5 编辑组

当各种模型元素被纳入群组后，即成为一个整体，在保持组不改变的情况下，对组内的模型元素进行增加、减少、修改等单独的编辑即为组的编辑。

选择需要编辑的组，直接双击，或者单击鼠标右键，在快捷菜单中选择“编辑组”命令，即可进入组的编辑状态，以虚线外框显示组被激活，其余物体淡色显示，即可对组进行编辑，如图 2-136 所示。

执行“编辑”→“组”→“编辑组”命令，也可进入组的编辑状态，如图 2-137 所示。

图 2-136

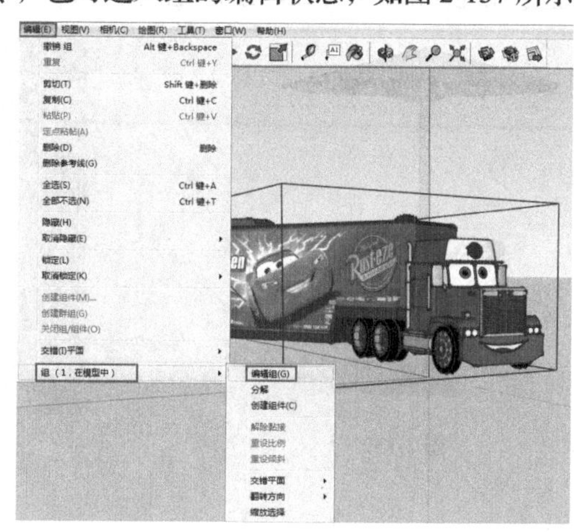

图 2-137

完成组的编辑后，可在组外单击退出编辑状态，也可执行“编辑”→“关闭组/组件”命令。退出编辑后，组外虚线框将会消失，如图 2-138 所示。

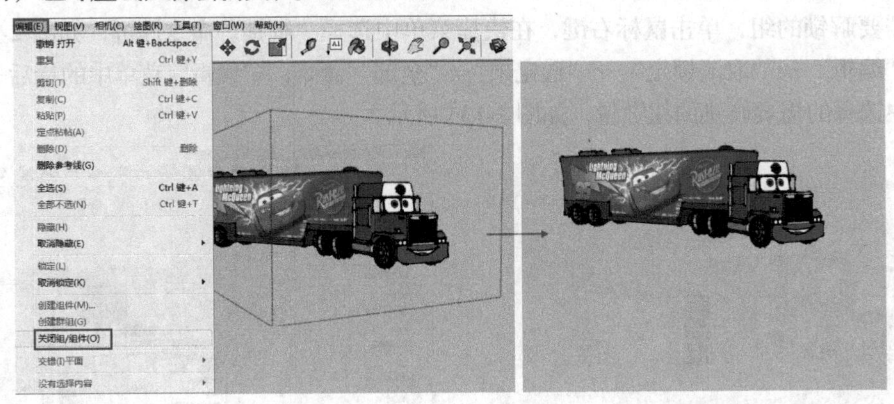

图 2-138

2.5 课堂练习——绘制室外座椅

【知识要点】使用基本绘图工具，并结合主要编辑工具和群组工具，创建如图 2-139 所示的室外座椅。通过分析可以知道，室外座椅主要由桌椅和太阳伞组成，其中桌椅主要由桌面、桌腿、椅座组成，太阳伞主要由伞座、伞柄、骨支架组成。

【所在位置】素材 \ 第 2 章 \ 2.5 \ 绘制室外座椅 .skp。

2.6 课后习题——绘制电视柜

【知识要点】使用基本绘图工具，并结合主要编辑工具和群组工具，创建如图 2-140 所示的电视柜。练习常用工具的使用，绘制电视柜的台面、抽屉、支撑脚。

【所在位置】素材 \ 第 2 章 \ 2.6 \ 绘制电视柜 .skp。

图 2-139

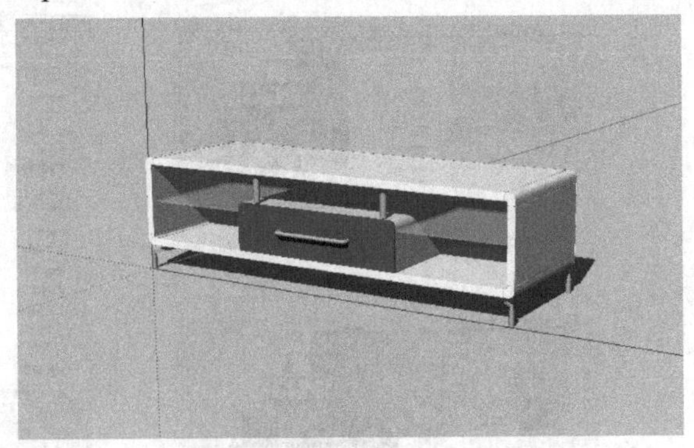

图 2-140

第3章 绘图工具

本章介绍

本章介绍 SketchUp 的绘图工具，包括绘图工具、编辑工具、实体工具和沙盒工具。从二维到三维是完成三维建模的一个重要过程，首先使用“绘图”工具栏中的二维绘图工具绘制好平面轮廓，然后通过“推 / 拉”等编辑工具生成三维模型。

课堂学习目标

- 了解绘图工具
- 掌握编辑工具的应用
- 掌握实体工具的应用
- 掌握沙盒工具的应用

3.1 绘图工具

在 SketchUp 2016“绘图”工具栏中，除了“矩形”工具、“直线”工具和“圆”工具，还有另外几种常用的绘图工具，包括“圆弧”工具、“多边形”工具、“旋转长方形”工具和“手绘线”工具，如图 3-1 所示。

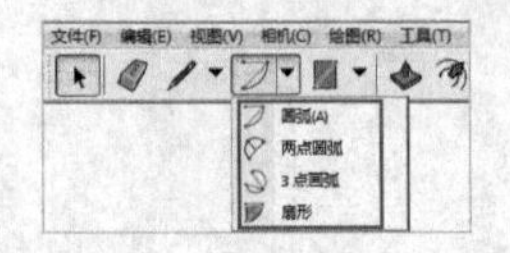

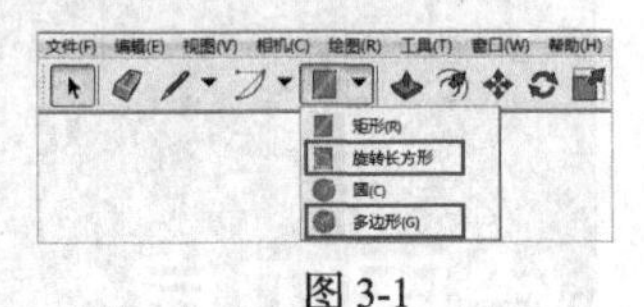

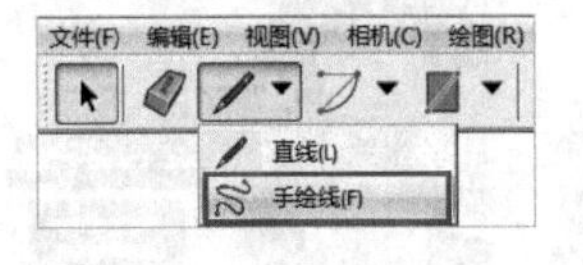

图 3-1

3.1.1 课堂实例——制作双阀水龙头

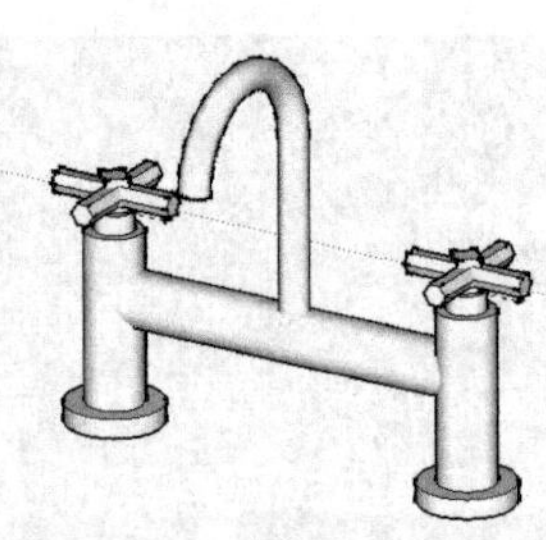

图 3-2

【学习目标】掌握绘图工具的使用方法。

【知识要点】通过“圆”“多边形”“圆弧”等绘图工具，并结合“偏移”“推/拉”路径跟随工具，制作双阀水龙头，如图 3-2 所示。

【所在位置】素材\第 3 章\3.1.1\双阀水龙头.skp。

（1）打开 SketchUp，执行“窗口”→“模型信息”命令，打开“模型信息”面板，在“单位”选项的参数组内设置场景单位为 mm。

（2）使用“圆”工具，绘制一个直径为 50mm 的圆形，如图 3-3 所示。使用“推/拉”工具，拉伸出 10mm 厚度，如图 3-4 所示。

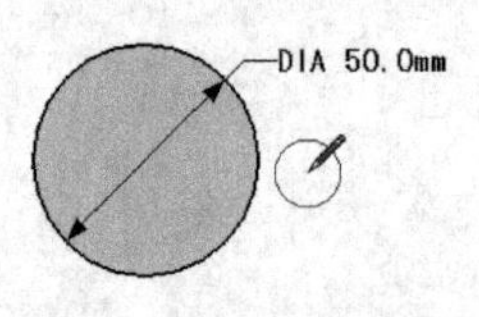

图 3-3

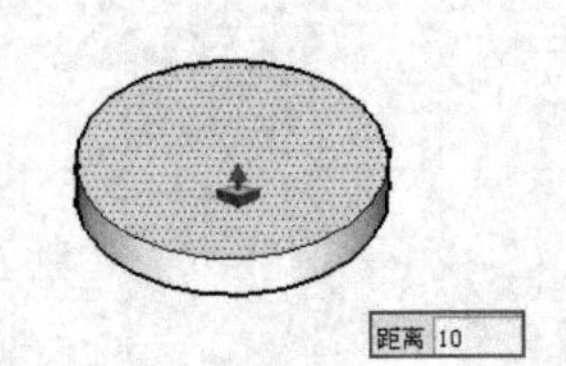

图 3-4

（3）使用“偏移”工具，将圆柱上表面向内偏移复制 10mm，如图 3-5 所示，然后向上推拉 90mm 高度，如图 3-6 所示。

（4）重复以上操作制作上部细节，如图 3-7 和图 3-8 所示。接下来制作旋钮细节。

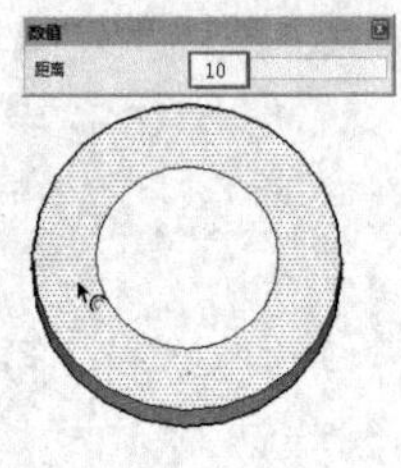

图 3-5

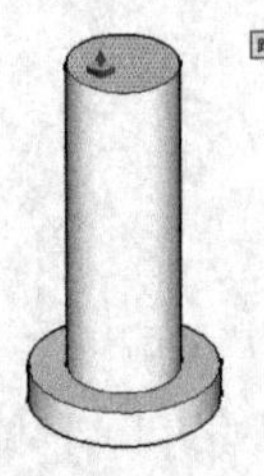

图 3-6

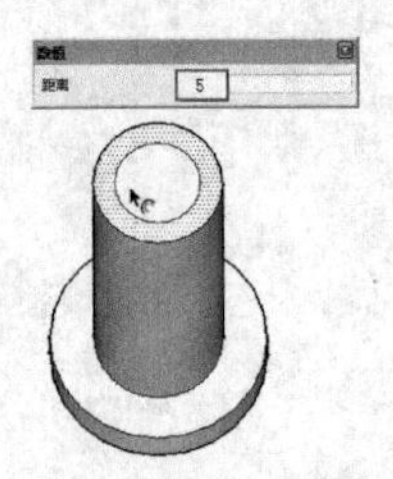

图 3-7

（5）使用“矩形”工具，在圆柱中心创建一个边长为 12mm 的正方形分割面，如图 3-9 所示。选择分割面，使用“旋转”工具旋转 45°，如图 3-10 所示。

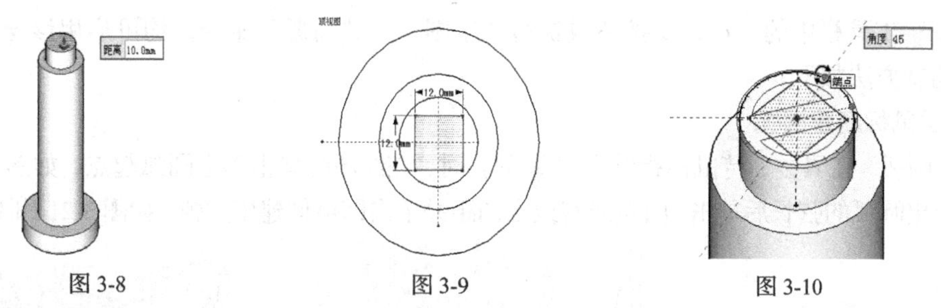

图 3-8　　图 3-9　　图 3-10

（6）使用“推 / 拉”工具，将正方形面向上拉伸 18mm 高度，如图 3-11 所示。

（7）在左视图中创建一个半径为 6mm 的正六边形，如图 3-12 所示。使用“推 / 拉”工具拉伸 65mm 长度，并进行中心对齐，如图 3-13 所示。

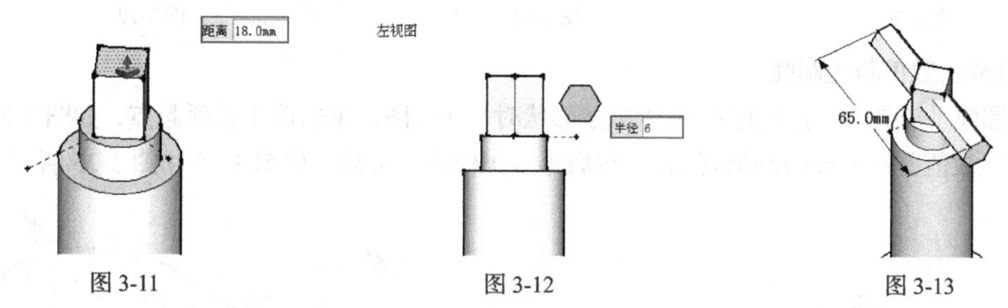

图 3-11　　图 3-12　　图 3-13

（8）选择创建好的旋杆，使用“旋转”工具以 90° 进行旋转复制，如图 3-14 所示。将创建好的模型整体以 200mm 的距离复制一份，如图 3-15 所示。

（9）创建一个直径为 36mm 的圆形，并使用“推 / 拉”工具进行连接，如图 3-16 和图 3-17 所示。接下来绘制水管。

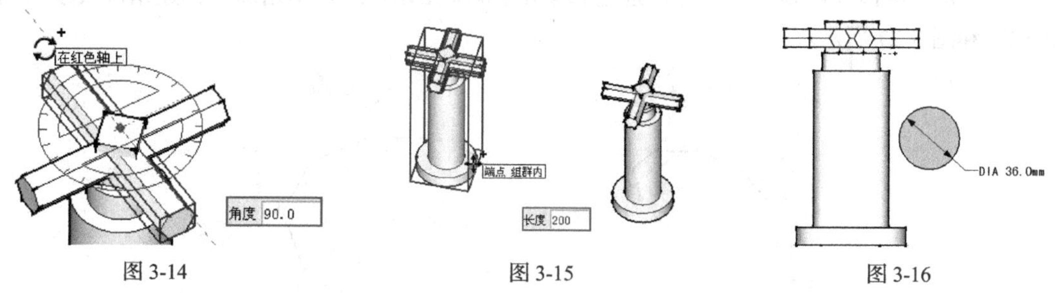

图 3-14　　图 3-15　　图 3-16

（10）参考已经制作的模型比例，结合使用“圆弧”工具、“圆”工具及“路径跟随”工具，创建水管模型，完成双阀龙头模型制作，如图 3-18 和图 3-19 所示。

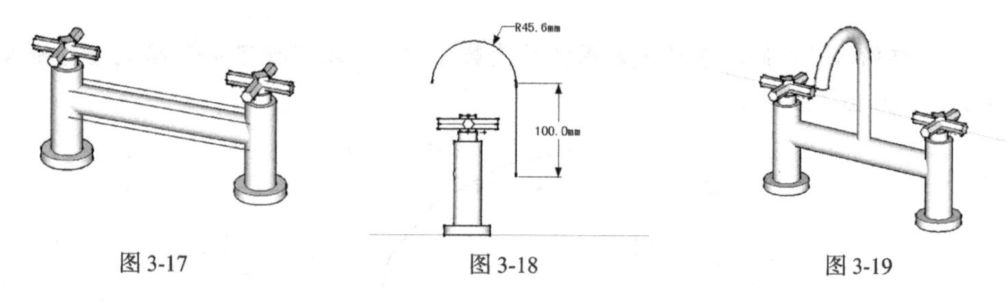

图 3-17　　图 3-18　　图 3-19

3.1.2 “圆弧”工具

圆弧虽然只是圆的一部分，但其可以绘制更为复杂的曲线，因此在使用与控制上更有技巧性。

单击“绘图”工具栏中的按钮或执行“绘图”→“圆弧”命令，均可启用该绘制命令。常用的圆弧绘制方法如下。

◆ **通过鼠标新建圆弧**

选择“圆弧”工具，待鼠标指针变成形状时，在绘图区单击确定圆弧起点，如图 3-20 所示。移动鼠标拉出圆弧的弦长后单击，向左或右拉出凸距并单击即可创建出圆弧，如图 3-21 和图 3-22 所示。

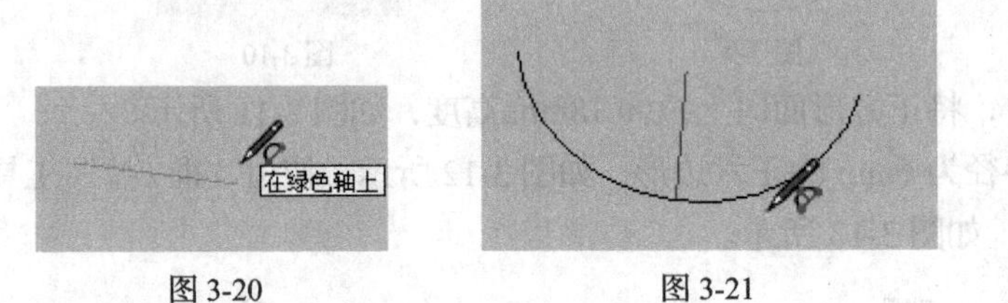

图 3-20　　图 3-21

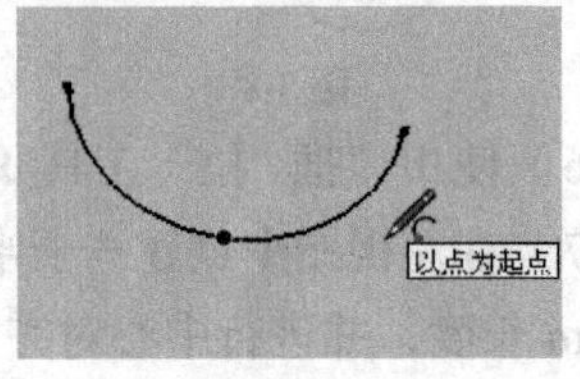

图 3-22

◆ **通过输入数值新建圆弧**

选择“圆弧”工具，待鼠标指针变成形状时，在绘图区单击确定圆弧起点，如图 3-23 所示。输入“长度”数值并按 Enter 键确认弦长，然后重复操作确定边数，如图 3-24 和图 3-25 所示。

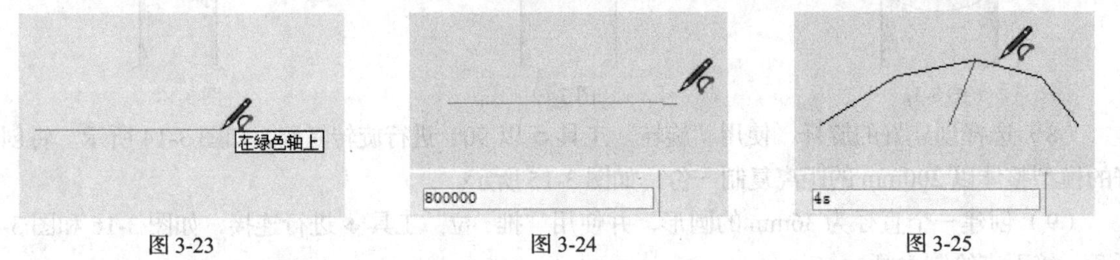

图 3-23　　图 3-24　　图 3-25

输入“凸距”数值并按 Enter 键，然后通过移动鼠标确定凸出方向，单击即可创建精确大小的圆弧，如图 3-26 和图 3-27 所示。

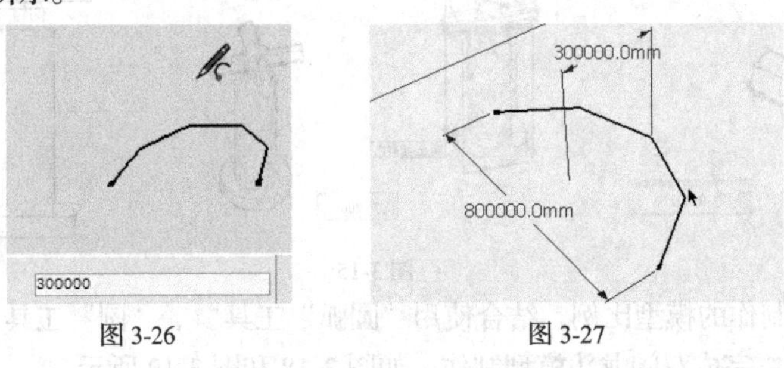

图 3-26　　图 3-27

提示

除了直接输入“凸距”数值决定圆弧的度数外，还可以“数字 +r”格式进行输入，以半径数值确定弧度，如图 3-28 所示。

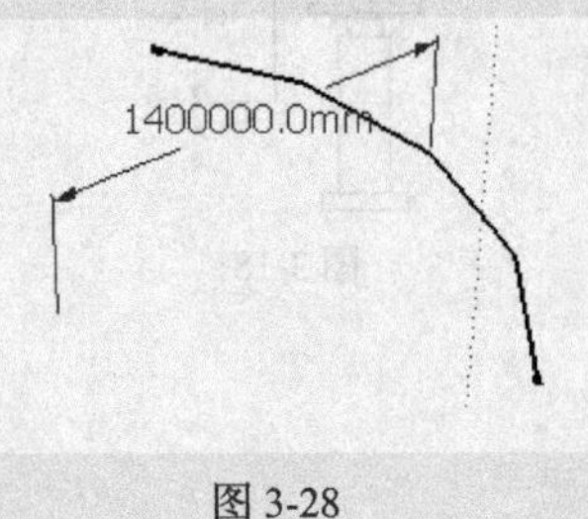

图 3-28

◆ **绘制相切圆弧**

如果要绘制与已知图形相切的圆弧，首先需要保证圆弧的起点位于某个图形的端点外，如图 3-29 所示，然后移动鼠标指针拉出凸距，当出现“在顶点处相切”的提示时单击，如图 3-30 所示，即可创建相切圆弧，如图 3-31 所示。

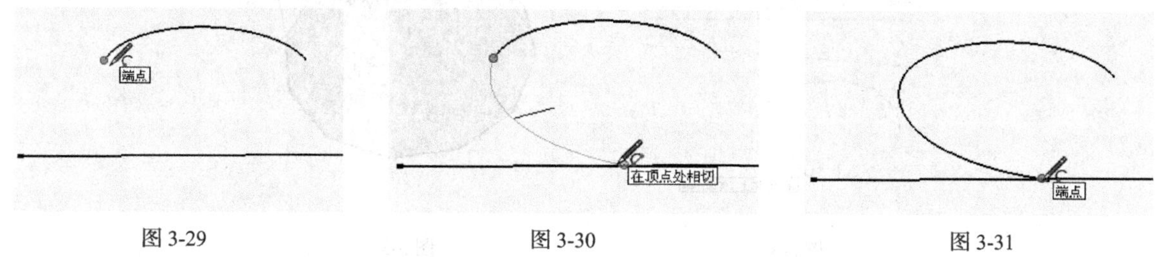

图 3-29　　图 3-30　　图 3-31

◆ **其余 3 种圆弧工具**

默认的“两点圆弧”工具允许用户选取两个端点，然后选取第三个点来定义凸出部分。“圆弧”工具则通过先选取弧形的圆心点，然后在边缘选取两个点，根据其角度定义弧形，如图 3-32 所示。“扇形”工具以同样的方式运行，但生成的是一个楔形面，如图 3-33 所示。“3 点画弧”工具则先选取弧形的中心点，然后在边缘选取两个点，根据其角度定义弧形，如图 3-34 所示。

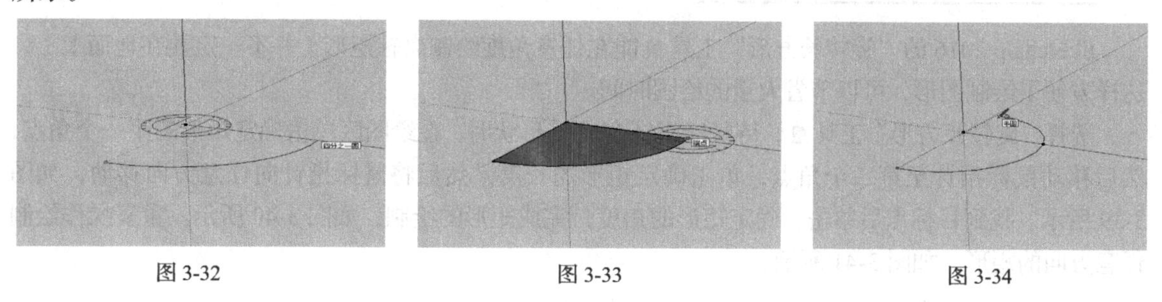

图 3-32　　图 3-33　　图 3-34

3.1.3 “多边形”工具

使用“多边形”工具，可以绘制边数在 3~100 间的任意多边形。单击“绘图”工具栏中的按钮或执行“绘图”→“多边形”命令，均可启用该绘制命令。接下来以绘制正十二边形以例，讲解该工具的使用方法。

选择“多边形”工具，待鼠标指针变成形状时，在绘图区单击确定中心位置，如图 3-35 所示。移动鼠标确定多边形的切向，再输入 12s 并按 Enter 键，确定多边形的边数为 12，如图 3-36 所示。

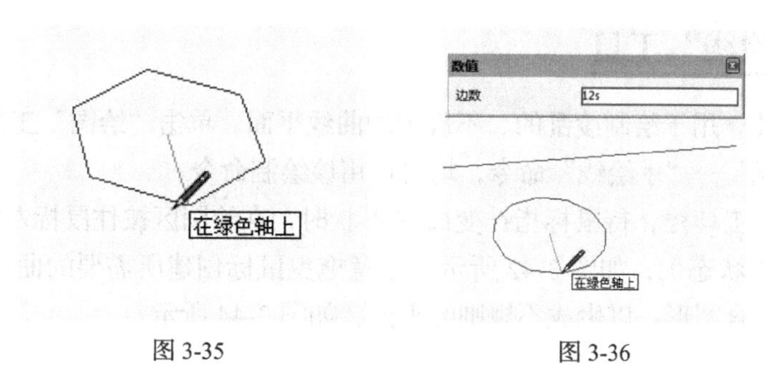

图 3-35　　图 3-36

输入多边形外接圆半径大小并按 Enter 键确认，创建精确大小的正十二边形平面，如图 3-37 和图 3-38 所示。

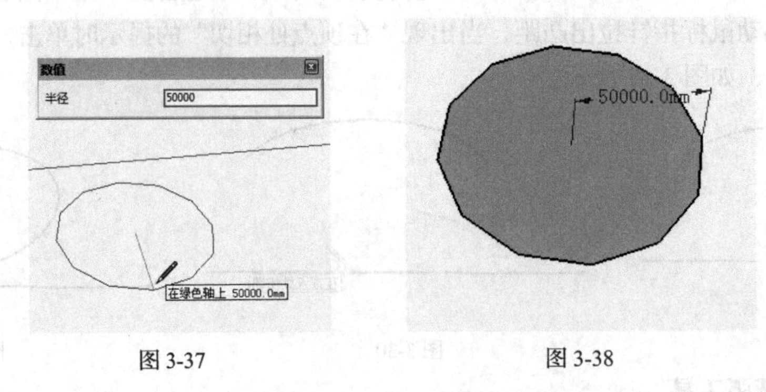

图 3-37　　　　图 3-38

提示

多边形与圆之间可以进行相互转换。当多边形的边数较多时，整个图形就十分圆滑了，接近于圆形的效果。同样，当圆的边数设置较小时，其形状也会变成对应边数的多边形。

3.1.4　“旋转长方形”工具

SketchUp 2016 的“旋转长方形”工具能在任意角度绘制离轴矩形（并不一定要在地面上），这样方便了绘制图形，可以节省大量的绘图时间。

选择“旋转长方形”工具，待鼠标指针变成形状时，在绘图区单击确定矩形的第一个角点，然后移动鼠标指针至第二个角点，单击确定矩形的长度，然后将鼠标指针向任意方向移动，如图 3-39 所示。找到目标点后单击，确定矩形的角度，完成矩形的绘制，如图 3-40 所示。重复操作绘制任意方向的矩形，如图 3-41 所示。

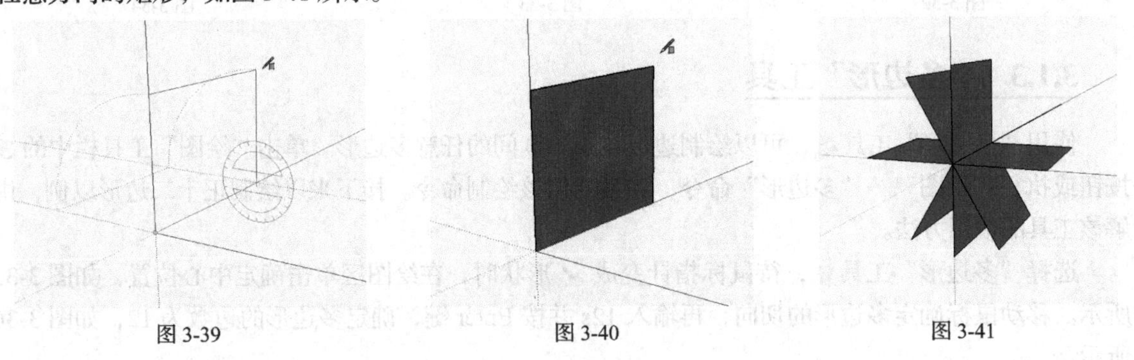

图 3-39　　　　图 3-40　　　　图 3-41

3.1.5　“手绘线”工具

“手绘线”工具用于绘制凌乱的、不规则的曲线平面。单击“绘图”工具栏中的按钮或执行“绘图”→“直线”→“手绘线”命令，均可启用该绘制命令。

选择“手绘线”工具，待鼠标指针变成形状时，在绘图区按住鼠标左键确定绘制起点（此时应保持左键为按下状态），如图 3-42 所示。任意拖曳鼠标创建所需要的曲线，如图 3-43 所示，最终拖曳至起点处闭合图形，以生成不规则的平面，如图 3-44 所示。

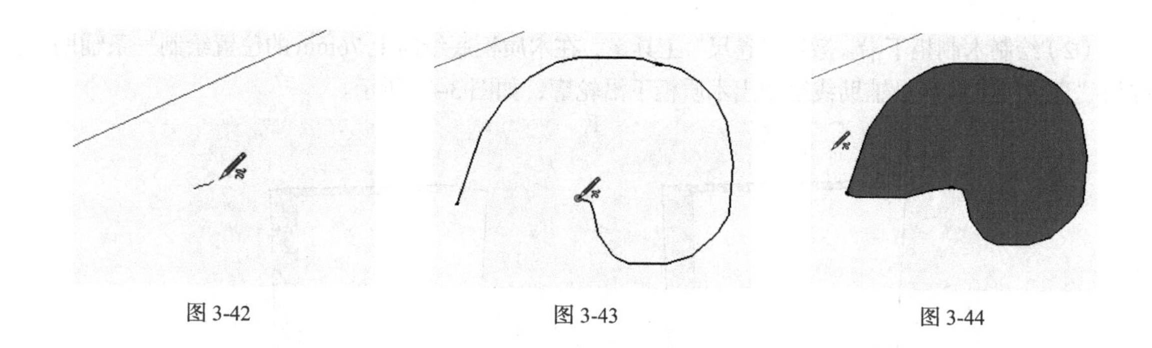

图 3-42　　图 3-43　　图 3-44

3.2 编辑工具

SketchUp 的“编辑”工具栏除了“选择”工具和“擦除”工具，还包含“推/拉”工具、“偏移”工具、“移动”工具、“旋转”工具、“缩放”工具和“路径跟随”工具。其中“移动”工具、“旋转”工具、“缩放”工具和“偏移”工具用于对象位置、形态的变换与复制，而“推/拉”工具、“路径跟随”工具则用于将二维图形转变成三维实体。

3.2.1 课堂实例——制作木质柜

【学习目标】掌握编辑工具的使用方法。

【知识要点】使用“推/拉”“偏移”“移动”“路径跟随”等编辑工具，并结合绘图工具，制作木质柜，如图 3-45 所示。

【所在位置】素材\第 3 章\3.2.1\木质柜 .skp。

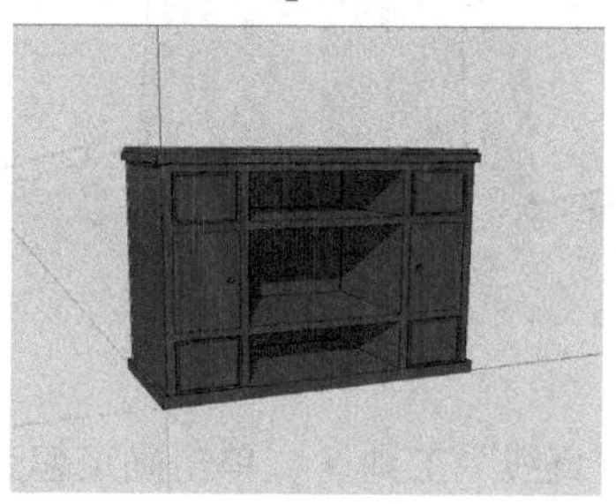

图 3-45

（1）激活“矩形”工具，绘制一个 1830mm×813mm 的矩形，并用“推/拉”工具推拉出 1500mm 的高度，如图 3-46 所示。

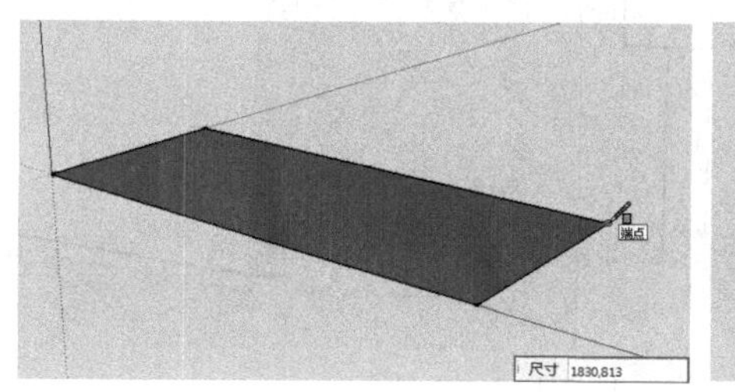

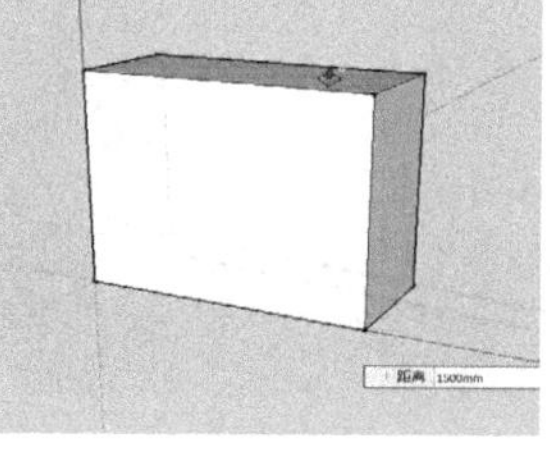

图 3-46

（2）绘制木制柜下沿。激活“卷尺”工具，在木质柜底线向上 76mm 的位置绘制一条辅助线，并用“直线”工具沿辅助线绘制出木质柜下沿轮廓，如图 3-47 所示。

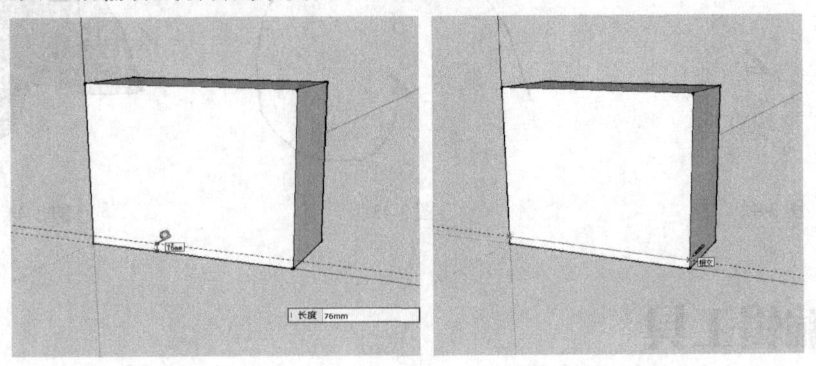

图 3-47

关于“卷尺”工具的内容请参阅本书第 4 章的 4.1.2 小节。

（3） 选择“推 / 拉”工具，将木质柜下沿推拉出 25mm 的厚度，并在木质柜两侧进行相同的操作，如图 3-48 所示。

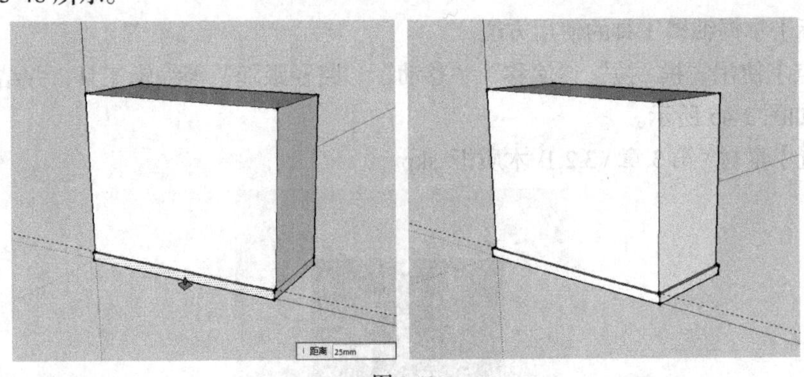

图 3-48

（4）绘制木质柜上沿。激活“直线”工具，单击确定起点，将光标沿红 / 蓝色轴方向移动，并根据所给出的参数绘制上沿辅助图形，如图 3-49 所示。

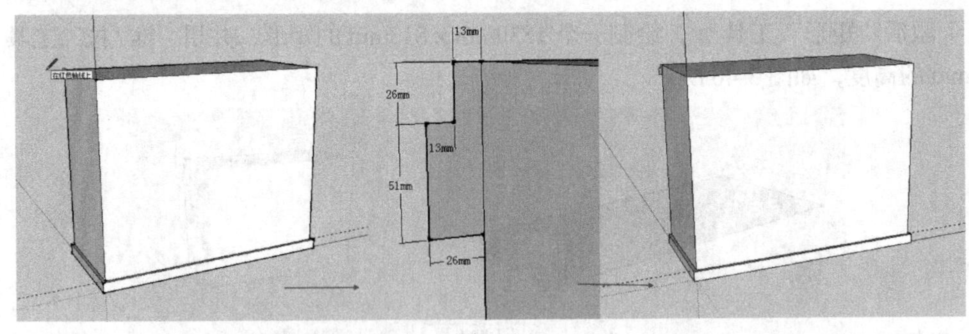

图 3-49

（5）选择需要放样的路径，然后激活“路径跟随”工具，选择要挤压的平面，结果如图 3-50 所示。

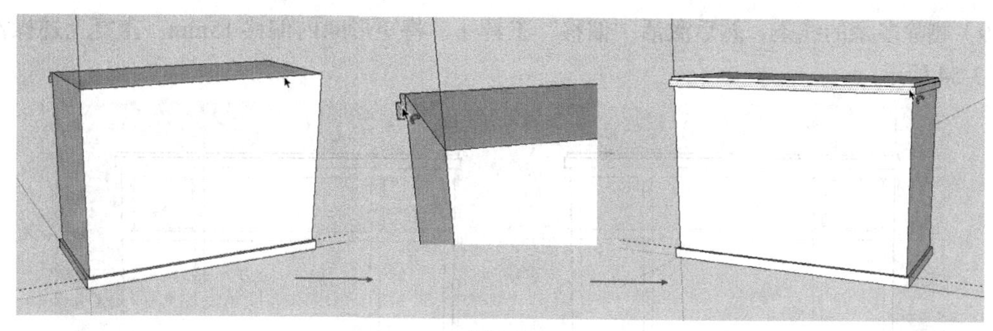

图 3-50

（6）绘制抽屉。选择“卷尺”工具，根据提供的参数绘制辅助线，并用“直线”工具沿辅助线绘制出木质柜抽屉轮廓，如图 3-51 所示。

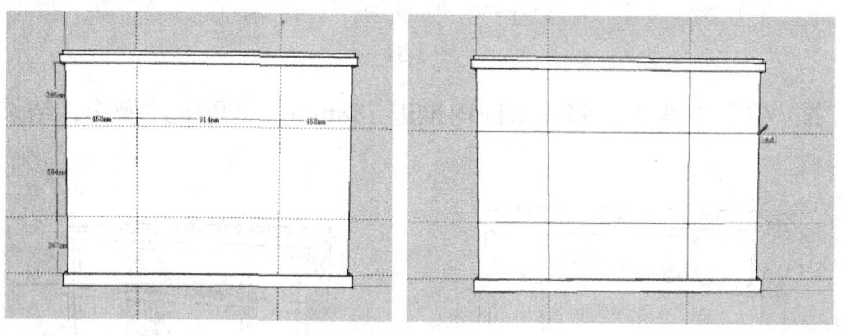

图 3-51

（7）选择“偏移”工具，将矩形向内偏移 51mm。在木质柜四角进行相同的操作，并整理模型，如图 3-52 所示。

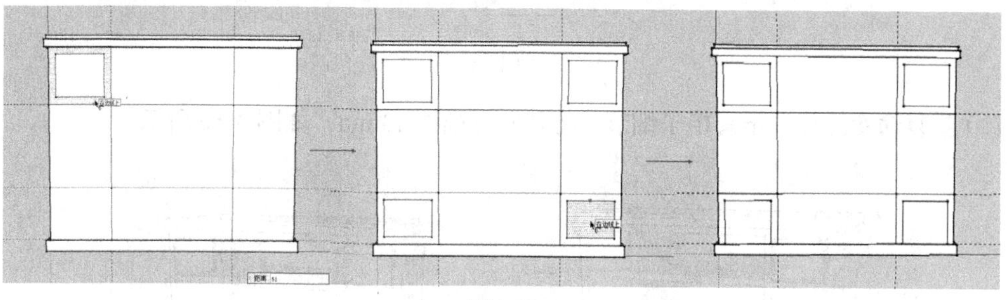

图 3-52

（8）选择“直线”工具，运用直线的追踪功能找到所需要的位置，单击直线起点，将鼠标指针沿红 / 蓝色轴方向移动，单击第二点绘制直线。重复上述操作细化木质柜，如图 3-53 所示。

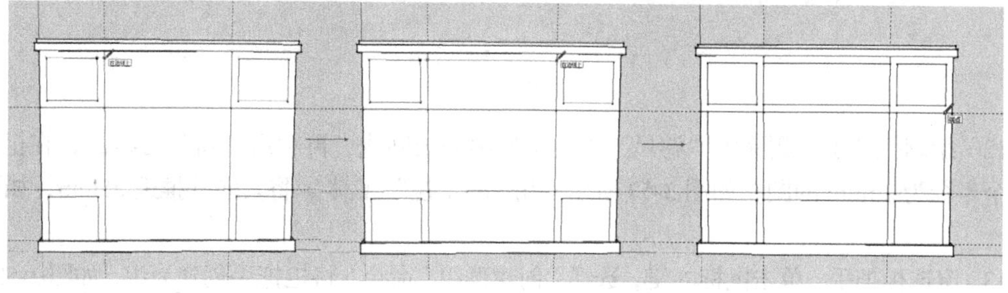

图 3-53

（9）删除多余的线条，然后激活“偏移”工具，将矩形向内偏移 15mm。重复上述操作，结果如图 3-54 所示。

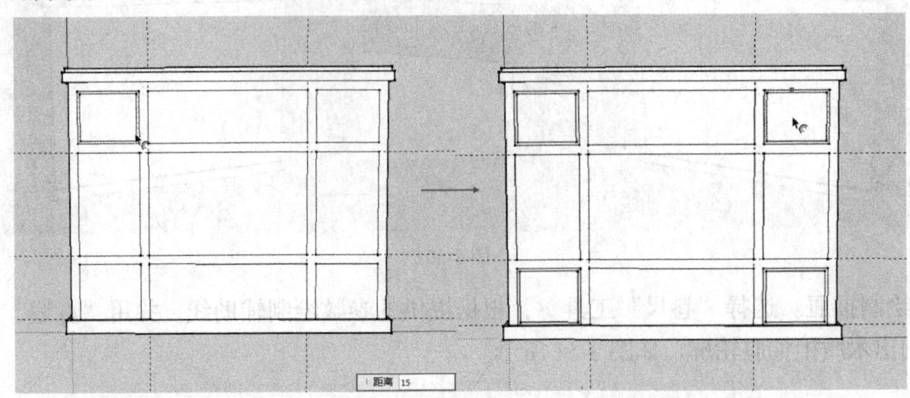

图 3-54

（10）选择“推 / 拉”工具，将矩形向内推进 788mm。重复上述操作，结果如图 3-55 所示。

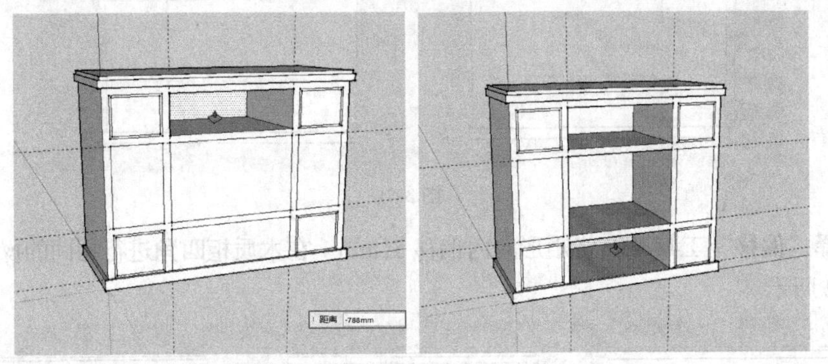

图 3-55

（11）重复命令操作，丰富柜子细节，将其向外推拉 13mm，如图 3-56 所示。

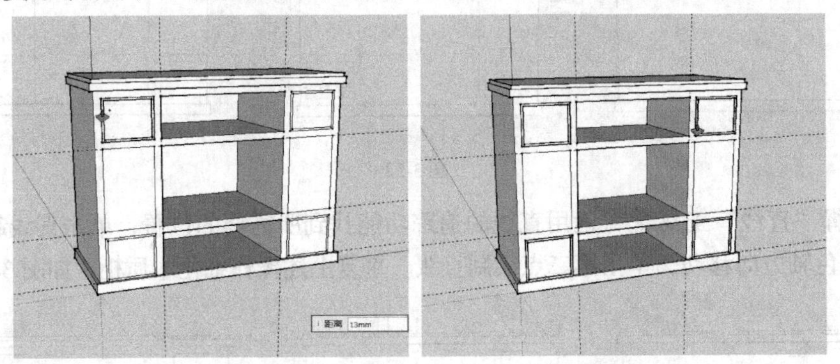

图 3-56

（12）绘制柜把手。删除由“卷尺”工具作出的辅助线，再利用“圆”工具，在柜门表面绘制一个半径为 15mm 的圆，如图 3-57 所示。用“推 / 拉”工具将其向外推进 25mm，如图 3-58 所示。

（13）窗选柜把手，单击鼠标右键，选择“创建群组”命令，将柜把手创建为组，如图 3-59 所示。

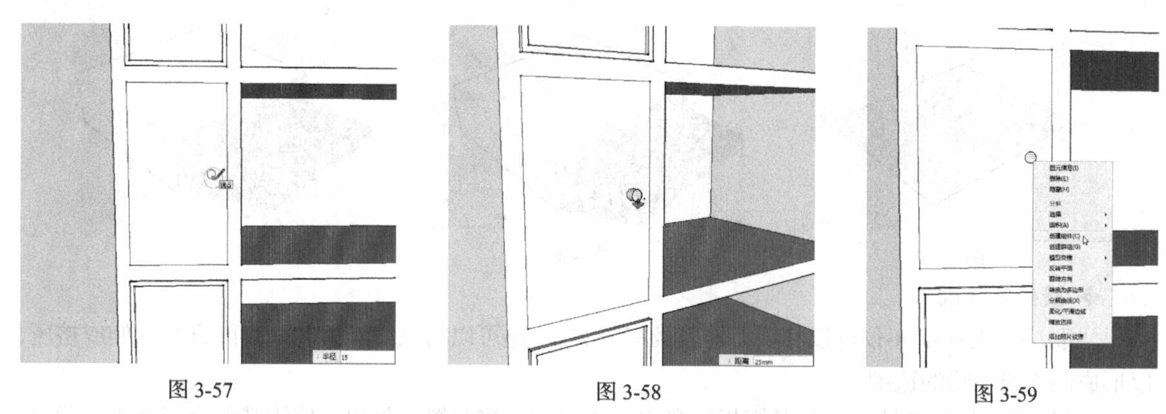

图 3-57　　图 3-58　　图 3-59

（14）选择“移动”工具，按住 Ctrl 键，将柜把手向右移动复制至合适位置，如图 3-60 所示。

（15）利用“材质”工具为创建好的柜子赋予材质，完成效果如图 3-61 所示。

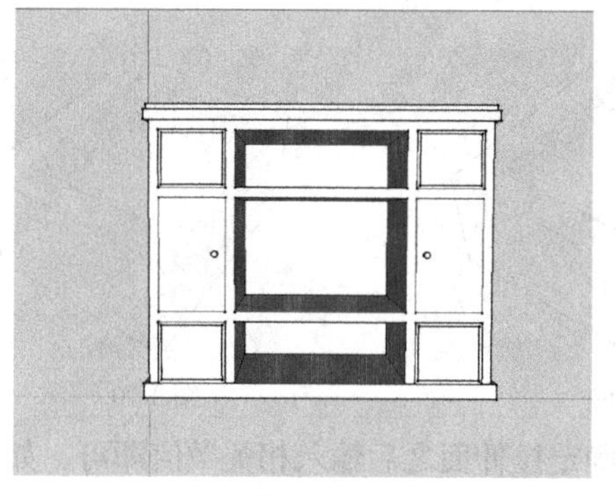

图 3-60

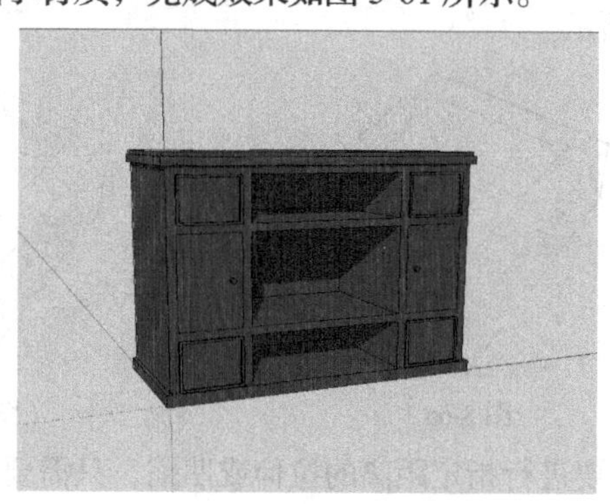

图 3-61

3.2.2 “推 / 拉”工具

“推 / 拉”工具是从二维平面生成三维实体模型最为常用的工具。单击“编辑”工具栏中的按钮或执行“工具”→“推 / 拉”命令，均可启用该命令。

◆ **推拉单面**

在场景中创建一个长、宽约为 2000mm 的矩形，如图 3-62 所示。使用“推 / 拉”工具，待鼠标指针变成形状时，将其置于将要拉伸的面并单击确定，然后移动鼠标指针拉伸出三维实体，拉伸出合适的高度后再次单击，完成拉伸，如图 3-63 和图 3-64 所示。

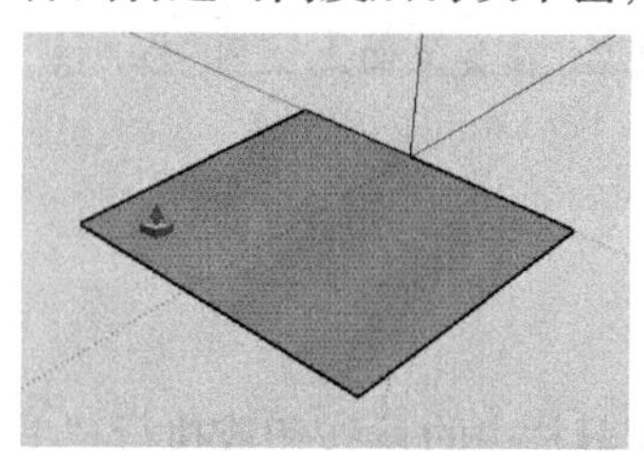

图 3-62

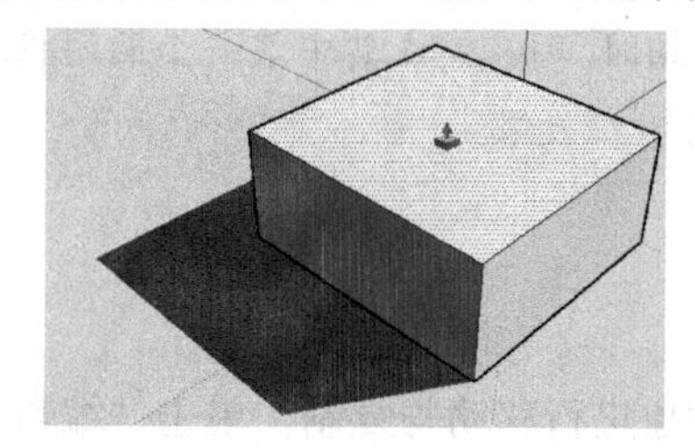

图 3-63

图 3-64

如果要进行精确的拉抻，则可以在拉伸完成前输入距离数值，并按 Enter 键确认，如图 3-65 ~ 图 3-67 所示。

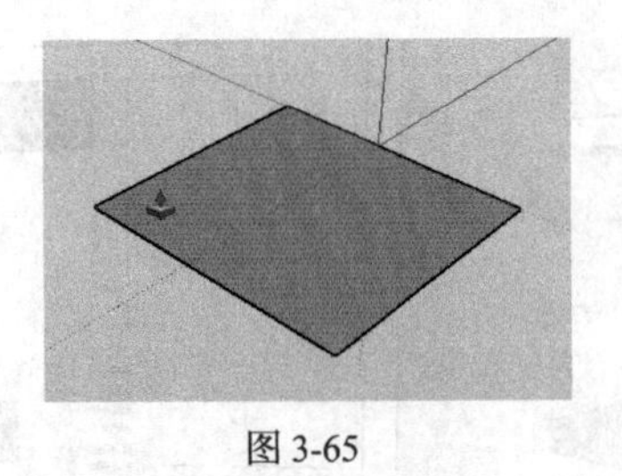

图 3-65

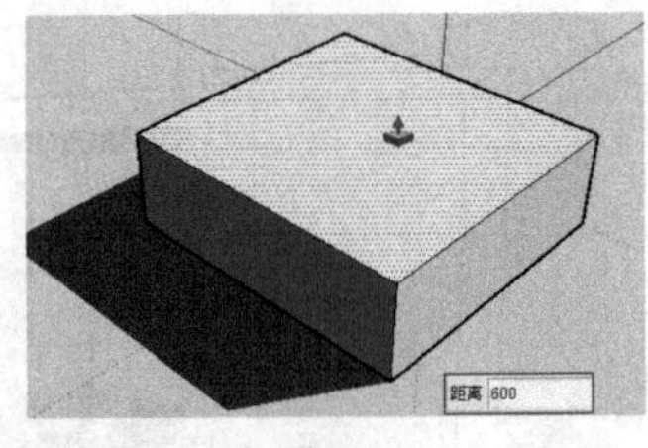

图 3-66

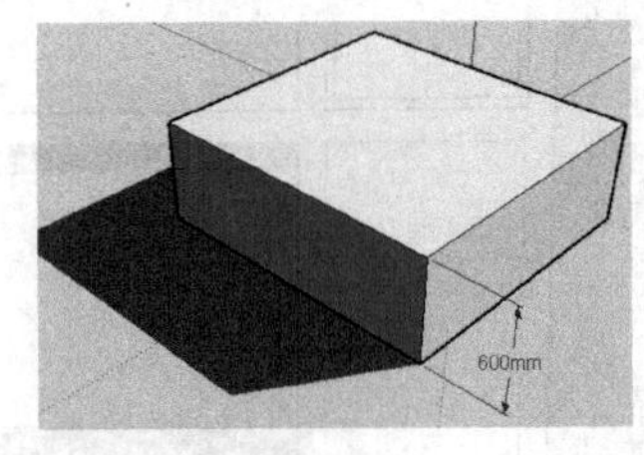

图 3-67

◆ **推拉实体面**

“推/拉”工具不仅可以将平面转换成三维实体，还可以将三维实体的分割面进行拉伸或挤压，以形成凸出或凹陷的造型。

选择“推/拉”工具，待鼠标指针变成形状时，将其置于将要拉伸的模型表面并单击确定，如图 3-68 所示。向上移动鼠标，即可进行任意高度的拉伸，再次单击即可完成拉伸，如图 3-69 和图 3-70 所示。

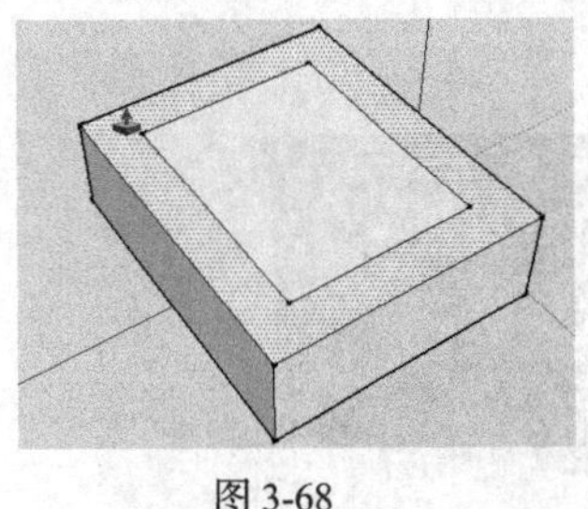

图 3-68

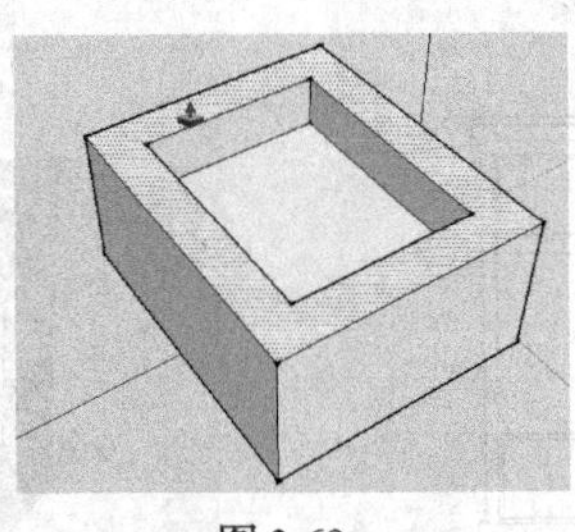

图 3-69

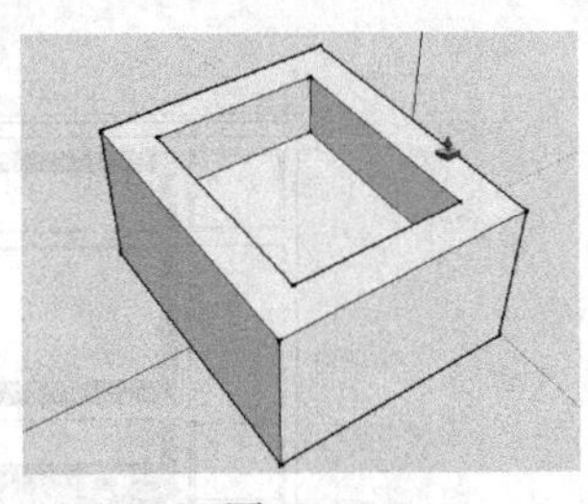

图 3-70

如果要进行指定距离的拉伸或凹陷，只需要在确定拉伸面之后输入相关数值即可，如图 3-71 和图 3-72 所示。

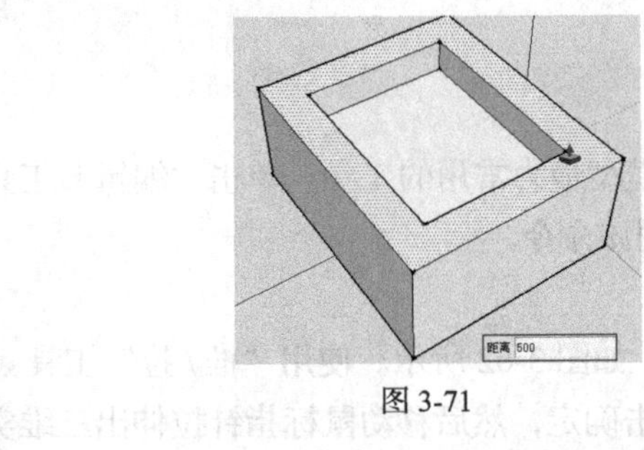

图 3-71

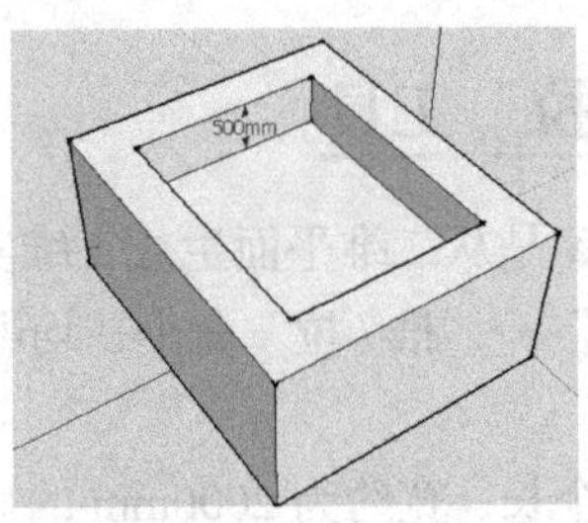

图 3-72

提示

如果有多个面的推拉深度相同，则在完成其中某一个面的推拉之后，在其他面上使用“推/拉”工具双击，即可快速完成相同的推拉效果。

3.2.3 “偏移”工具

“偏移”工具可以同时将对象进行移动与复制。单击“编辑”工具栏中的按钮或执行“工具”→“偏移”命令，均可启用该命令。在实际工作中，“偏移”工具可以对任意形状的面进行偏移复制，但对于线的偏移复制则有一定的前提条件，接下来进行具体的了解。

◆ **面的偏移复制**

在视图中创建一个长、宽约为 1500mm 的矩形平面，如图 3-73 所示。使用“偏移”工具，待鼠标指针变成形状时，在要进行偏移的平面上单击，以确定偏移的参考点，然后向内拖曳鼠标即可进行偏移复制，如图 3-74 所示。确定偏移大小后，再次单击，即可同时完成偏移与复制，如图 3-75 所示。

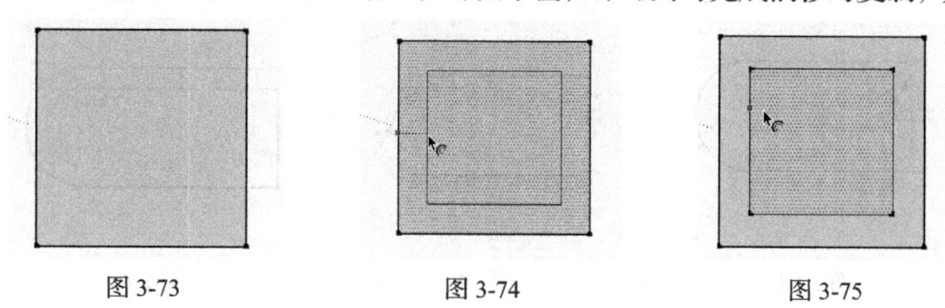

图 3-73　　图 3-74　　图 3-75

提示

“偏移”工具不仅可以向内进行收缩复制，还可以向外进行放大复制。在平面上单击确定偏移参考点后，向外拖曳鼠标即可。

如果要进行指定距离的偏移复制，可以在平面上单击确定偏移参考点后，直接输入偏移数值，再按 Enter 键确认即可，如图 3-76 ~ 图 3-78 所示。

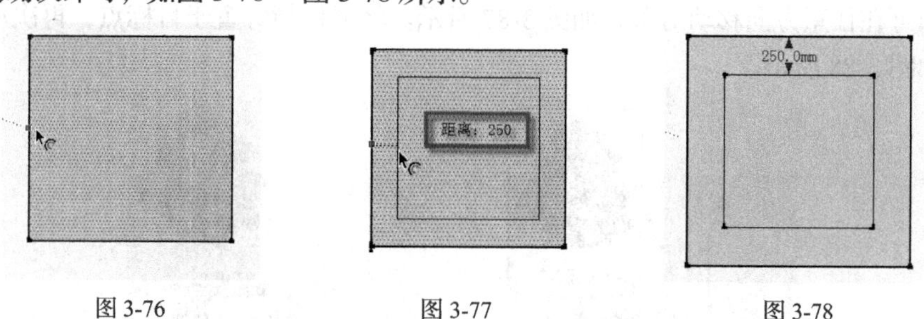

图 3-76　　图 3-77　　图 3-78

如果偏移的面不是正方形、圆或其他多边形，则当鼠标向内移动的距离大于其一半边长时，所复制出的面长宽比例将对调，如图 3-79 ~ 图 3-81 所示。

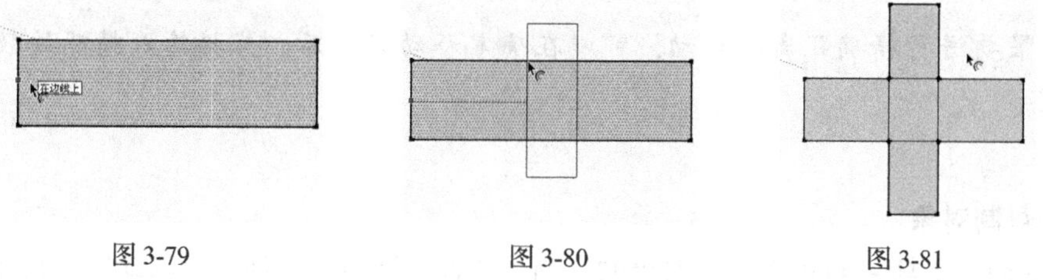

图 3-79　　图 3-80　　图 3-81

◆ **线形的偏移复制**

“偏移”工具无法对单独的线段及交叉的线段进行偏移与复制，如图 3-82 和图 3-83 所示。

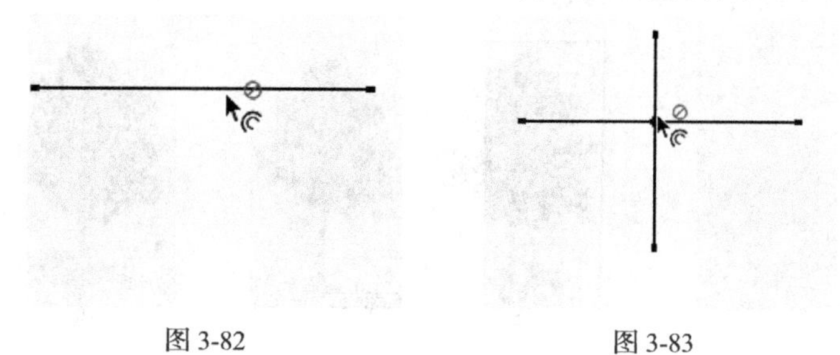

图 3-82　　图 3-83

而对于由多条线段组成的转折线、弧线，以及线段与弧形组成的线形，均可以进行偏移与复制，如图 3-84 ~ 图 3-86 所示。其具体操作方法、功能与面的操作类似，这里不再赘述。

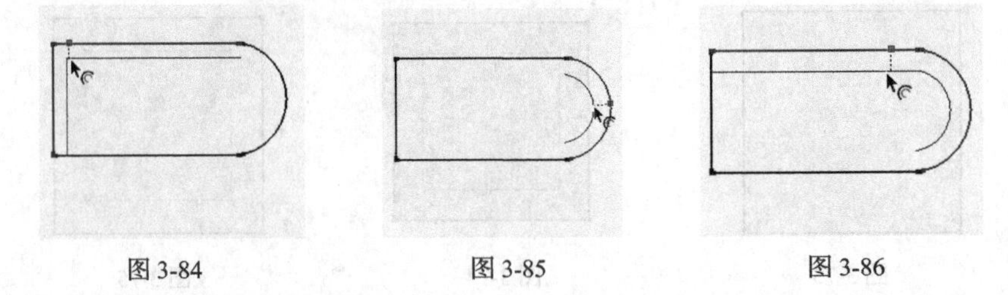

图 3-84　　图 3-85　　图 3-86

3.2.4 “移动”工具

“移动”工具不但可以进行对象的移动，同时兼具复制功能。单击“编辑”工具栏中的按钮或执行“工具”→“移动”命令，均可启用该命令。

◆ **移动对象**

选择模型后选择“移动”工具，待鼠标指针变成形状时，在模型上单击确定移动起始点，再移动鼠标即可在任意方向移动对象，如图 3-87 所示。将鼠标指针置于目标点，再次单击即完成对象的移动，如图 3-88 所示。

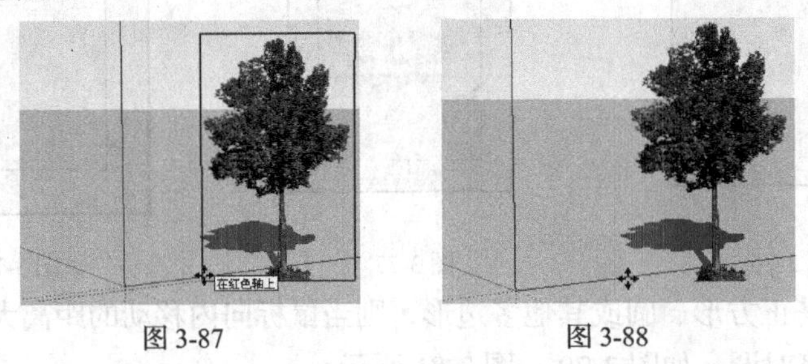

图 3-87　　图 3-88

提示

如果要进行精确距离的移动，可以在确定移动方向后，直接输入精确的数值，然后按 Enter 键确定。

◆ **移动复制对象**

使用“移动”工具也可以进行对象的复制。选择目标对象，使用“移动”工具，如图 3-89 所示。按住键盘上的 Ctrl 键，待鼠标指针将变成形状时，再确定移动起始点，此时移动鼠标可以进行移动复制，如图 3-90 和图 3-91 所示。

图 3-89　　图 3-90　　图 3-91

如果要精确控制移动复制的距离，可以在确定移动方向后，输入指定的数值，然后按 Enter 键确认，如图 3-92 和图 3-93 所示。

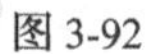

图 3-92

图 3-93

提示

如果需要以指定的距离复制多个对象，可以先输入距离数值并按 Enter 键确认，然后以"个数 X"的形式输入复制数目并按 Enter 键确认即可。

三维模型面同样可以使用"移动"工具进行移动复制，如图 3-94 ~ 图 3-96 所示。

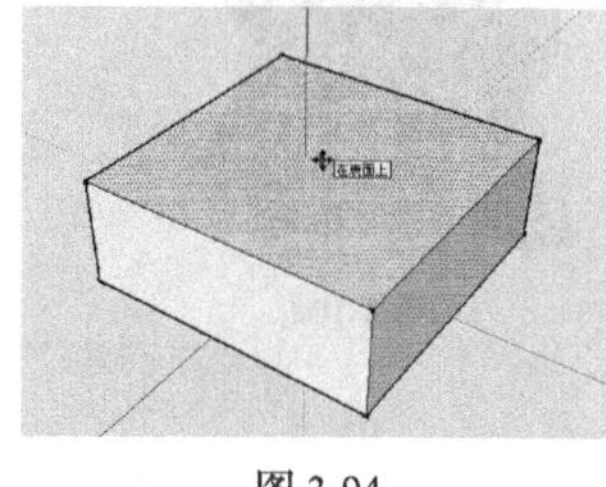

图 3-94

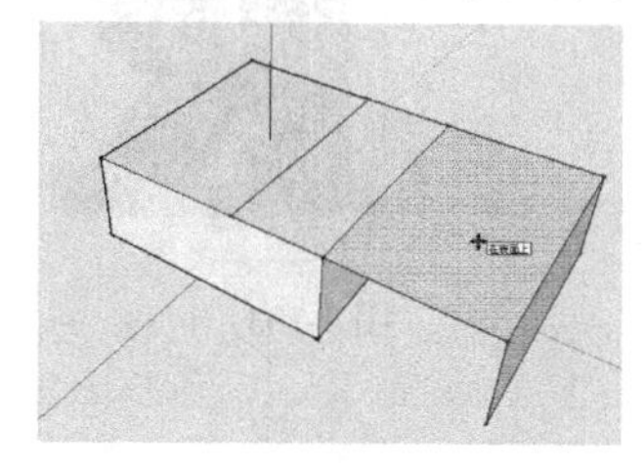

图 3-95

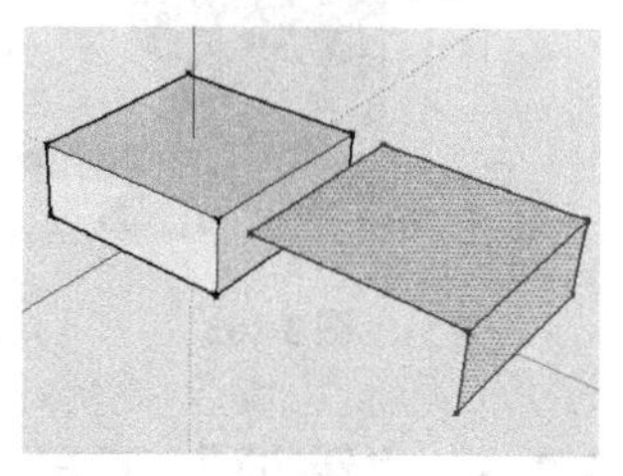

图 3-96

3.2.5 "旋转"工具

"旋转"工具用于旋转对象，也可以完成旋转复制。单击"编辑"工具栏中的按钮或执行"工具"→"旋转"命令，均可启用该命令。

◆ **旋转对象**

选择模型并选择"旋转"工具，待鼠标指针变成形状时移动鼠标确定旋转平面，然后在模型表面确定旋转轴心点与轴心线，如图 3-97 所示。移动鼠标即可进行任意角度的旋转，此时可以观察数值输入框中的数值，也可以直接输入旋转度数，确认角度后再次单击，即可完成旋转，如图 3-98 所示。

图 3-97

图 3-98

◆ **旋转部分模型**

除了对整个模型对象进行旋转外，还可以对已经分割好的模型表面进行部分旋转。

选择模型对象要旋转的部分表面，然后确定旋转平面，并将轴心点与轴心线确定在分割线端点，如图 3-99 所示。移动鼠标确定旋转方向，直接输入旋转角度，按 Enter 键确认完成一次旋转，如图 3-100 所示。选择最上方的面，重新确定轴心点与轴心线，再次输入旋转角度并按 Enter 键完成旋转，如图 3-101 所示。

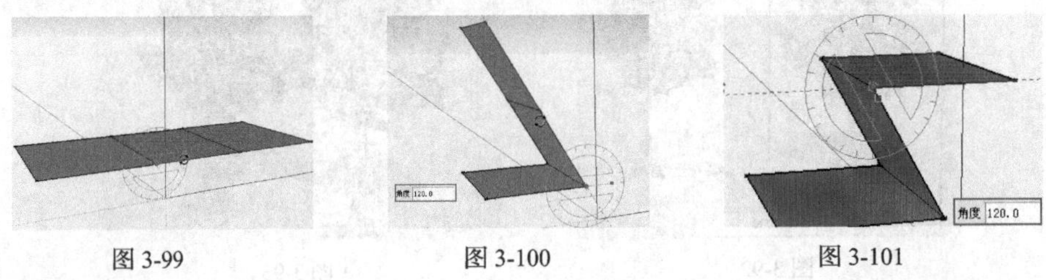

图 3-99　　图 3-100　　图 3-101

◆ **旋转复制对象**

选择目标对象，使用“旋转”工具，确定旋转平面、轴心点与轴心线。按住键盘上的 Ctrl 键，待鼠标指针变成形状后输入旋转角度数值，如图 3-102 所示。按 Enter 键确认旋转数值，再以“数量 X”的格式输入要复制的对象数目，按 Enter 键即可完成复制，如图 3-103 和图 3-104 所示。

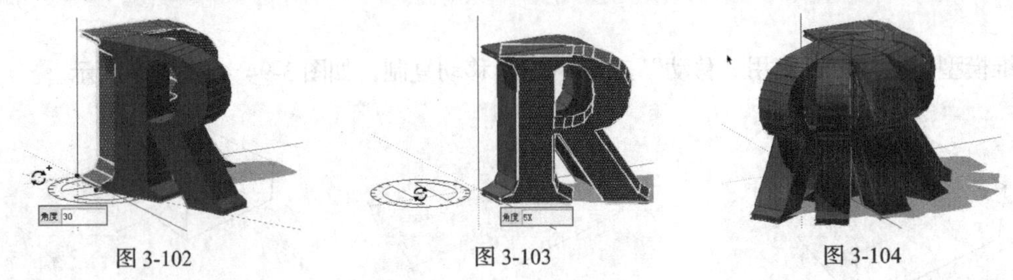

图 3-102　　图 3-103　　图 3-104

3.2.6 “缩放”工具

“缩放”工具用于对象的缩小或放大，既可以进行 X、Y、Z 三个轴向的等比缩放，也可以进行任意两个轴向的非等比缩放。单击“编辑”工具栏中的按钮或执行“工具”→“缩放”命令，均可启用该命令，接下来学习其具体的使用方法与技巧。

◆ **等比缩放**

选择“缩放”工具，模型周围出现用于缩放的栅格，如图 3-105 所示，待鼠标指针变成形状时，选择任意一个位于顶点的栅格点，即出现提示，此时按住鼠标左键并拖曳，即可进行模型的等比缩放，如图 3-106 和图 3-107 所示。

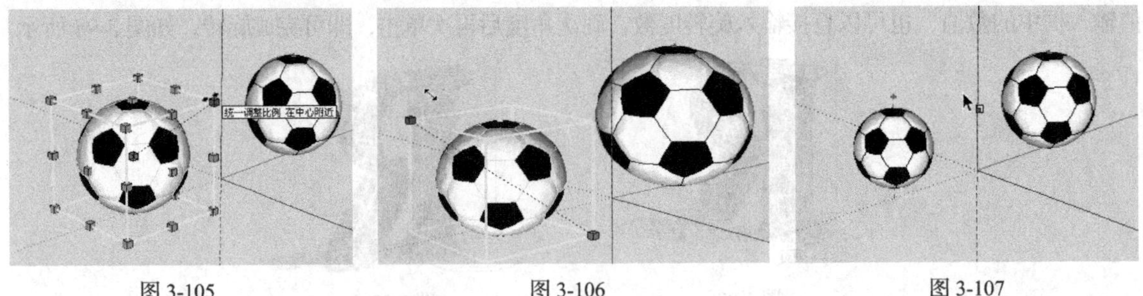

图 3-105　　图 3-106　　图 3-107

除了直接通过鼠标进行缩放外，在确定缩放栅格点后，输入缩放比例，按 Enter 键可完成指定比例的缩放，如图 3-108 ~图 3-110 所示。

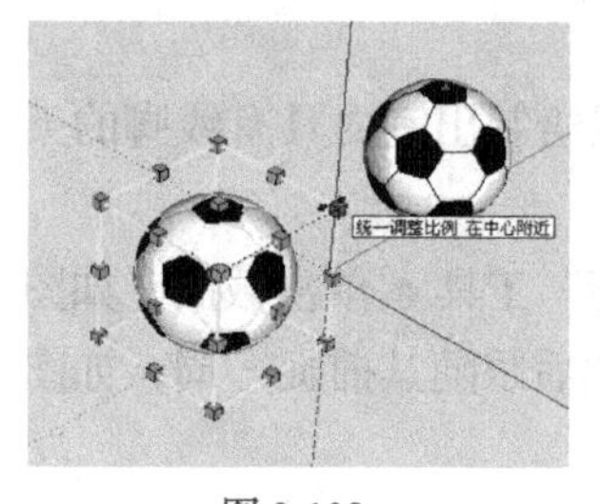

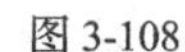
图 3-108

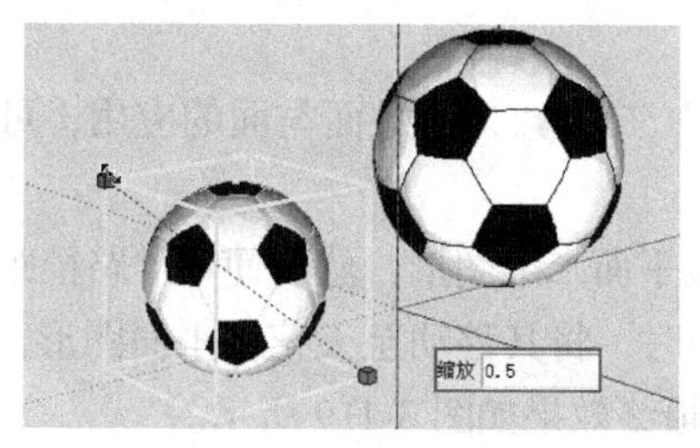

图 3-109

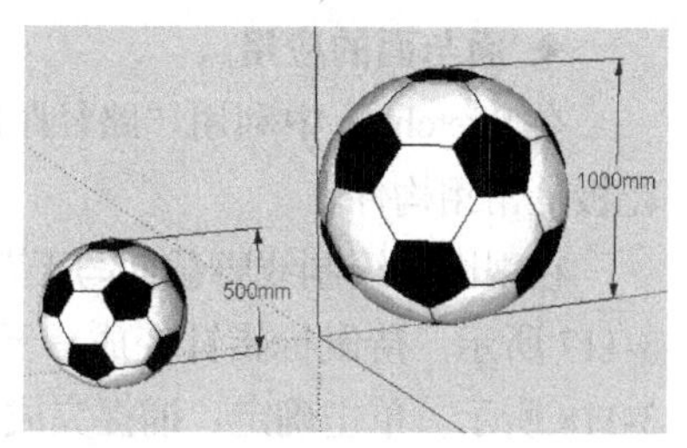

图 3-110

◆ **非等比缩放**

等比缩放均匀改变对象的尺寸大小，其整体造型不会发生改变，而非等比缩放则可以在改变对象尺寸的同时改变其造型。

选择要缩放的足球模型，选择“缩放”工具，并选择位于栅格线中间的栅格点，会显示“蓝色比例在对角点附近”或类似提示，如图 3-111 所示。确定栅格点后单击，然后拖曳鼠标即可进行缩放，确定缩放大小后单击即可完成缩放，如图 3-112 和图 3-113 所示。

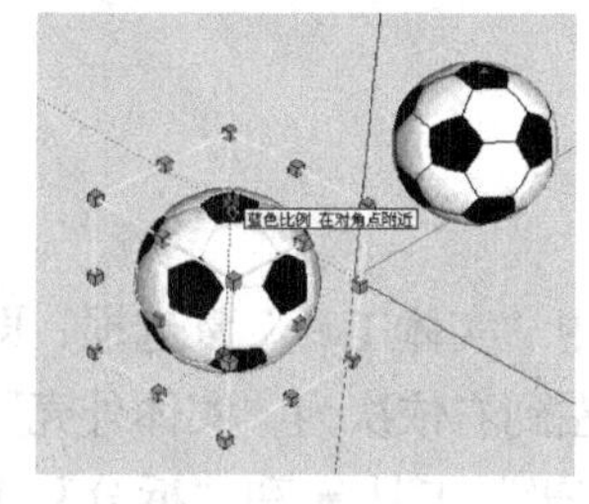

图 3-111

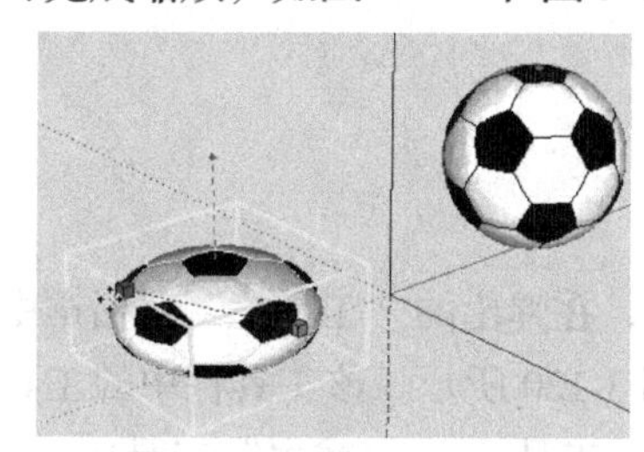
图 3-112

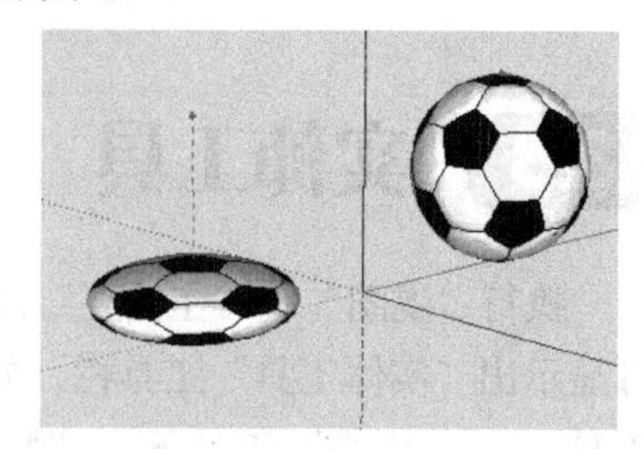
图 3-113

提示

除了“蓝色比例 在对角点附近”提示外，选择其他栅格点还可出现“红色比例 在对角点附近”或“绿色比例 在对角点附近”提示，出现这些提示时都可以进行非等比缩放。

3.2.7 “路径跟随”工具

“路径跟随”工具可以利用两个二维线形或平面生成三维实体。单击“编辑”工具栏中的按钮或执行“工具”→“路径跟随”命令，均可启用该命令。

◆ **面与线的应用**

选择“路径跟随”工具，待鼠标指针变成形状时，单击其中的二维平面，如图 3-114 所示。移动鼠标指针至线形附近，此时在线形上会出一个红色的捕捉点，二维平面也会根据该点至线形下方端点的走势生成三维实体，如图 3-115 所示。向上移动鼠标直至线形的端点，确定实体效果后单击，即可完成三维实体的制作，如图 3-116 所示。

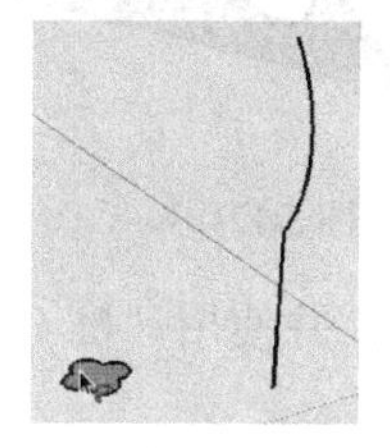
图 3-114

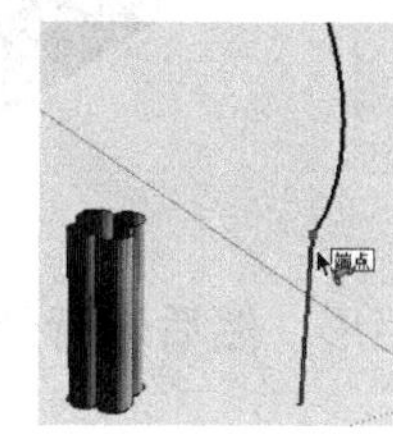

图 3-115

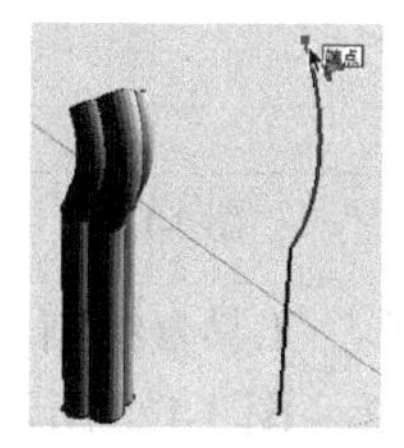

图 3-116

◆ **面与面的应用**

在 SketchUp 中利用“路径跟随”工具，通过面与面的应用，可以绘制出室内具有线脚的天花板等常用构件。

在视图中绘制线脚截面与天花板平面二维图形，然后使用“路径跟随”工具单击截面，如图 3-117 所示。待鼠标指针变成形状时，将其移动至天花板平面图形，然后跟随其捕捉一周，如图 3-118 所示。单击确定，捕捉完成，最终效果如图 3-119 所示。

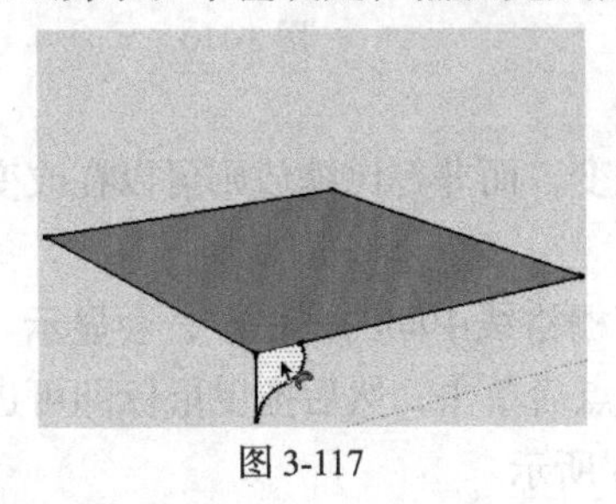

图 3-117

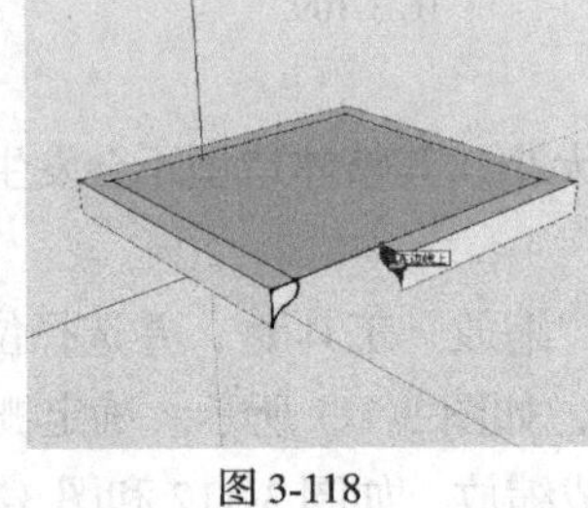

图 3-118

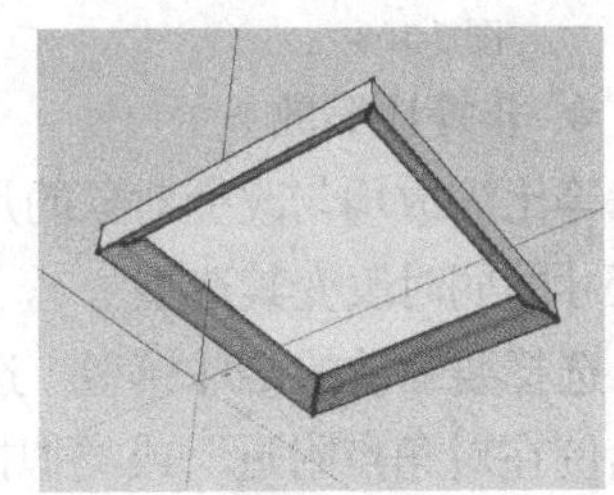

图 3-119

3.3 实体工具

执行“视图”→“工具栏”命令，在弹出的“工具栏”对话框中选中“实体工具”复选框，即可显示出“实体工具”工具栏，如图 3-120 所示。该工具栏中的工具从左到右依次为“实体外壳”工具、“相交”工具、“联合”工具、“减去”工具、“剪辑”工具和“拆分”工具。常用工具为进行布尔运算的“相交”工具、“联合”工具及“减去”工具。接下来了解每个工具的使用方法与技巧。

3.3.1 课堂实例——制作酒架

【学习目标】掌握实体工具的使用方法。

【知识要点】使用实体工具中“减去”工具，并结合绘图工具，制作如图 3-121 所示的酒架。

【所在位置】素材 \ 第 3 章 \ 3.3.1\ 酒架 .skp。

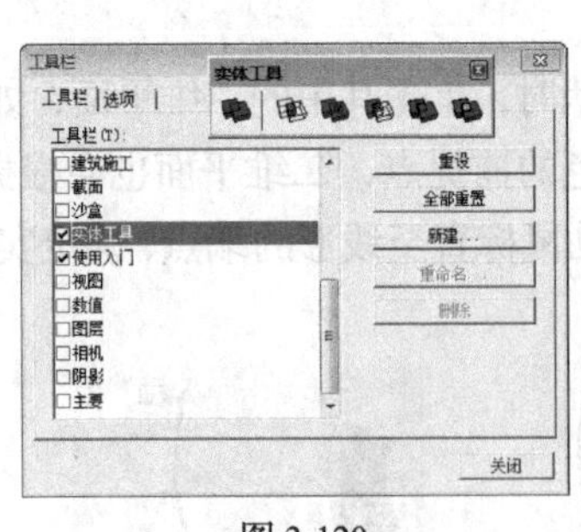

图 3-120

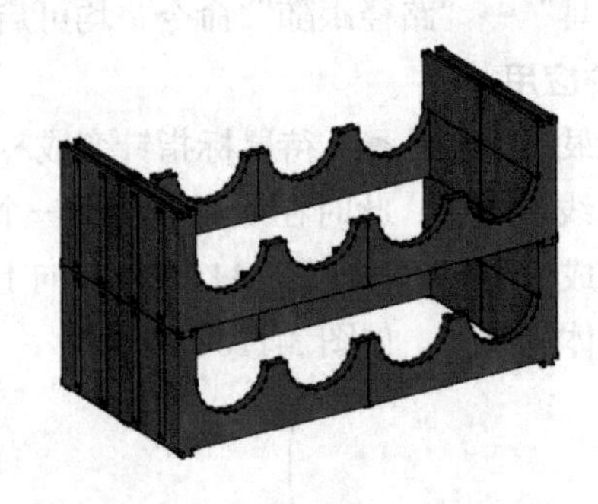

图 3-121

（1）使用“矩形”工具绘制一个矩形，然后进行分割，并使用“推 / 拉”工具制作模型初步轮廓，如图 3-122 ~ 图 3-125 所示。

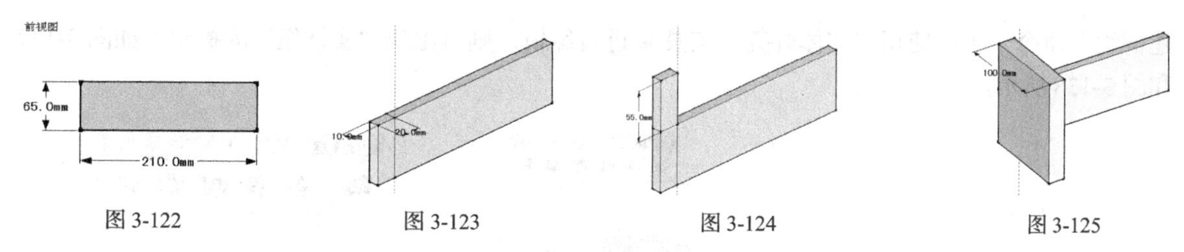

图 3-122　　图 3-123　　图 3-124　　图 3-125

（2）结合使用“圆”工具与“推 / 拉”工具，制作出两个圆柱体，通过“减去”工具，制作出半圆缺口细节，如图 3-126 ~ 图 3-128 所示。

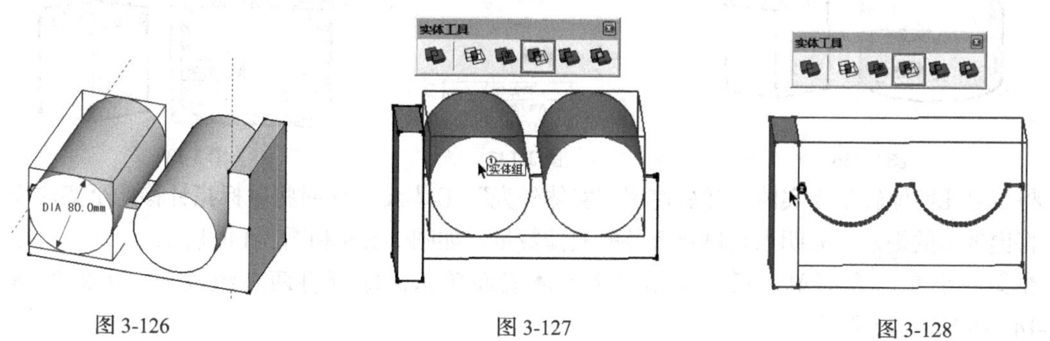

图 3-126　　图 3-127　　图 3-128

（3）结合使用“卷尺”工具、“直线”工具及“推 / 拉”工具，制作出各个面的凹槽等细节，如图 3-129 ~ 图 3-132 所示。

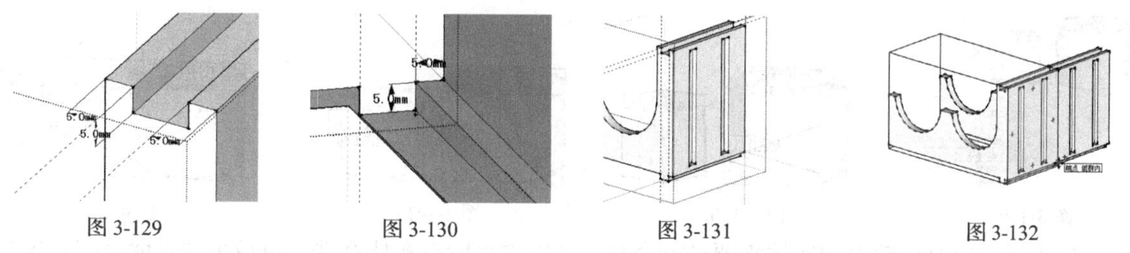

图 3-129　　图 3-130　　图 3-131　　图 3-132

（4）通过移动复制与“翻转方向”命令，快速制作出酒架的整体效果，最后打开“材料”面板，为其赋予“原色樱桃木”材质，完成最终效果，如图 3-133 ~ 图 3-135 所示。

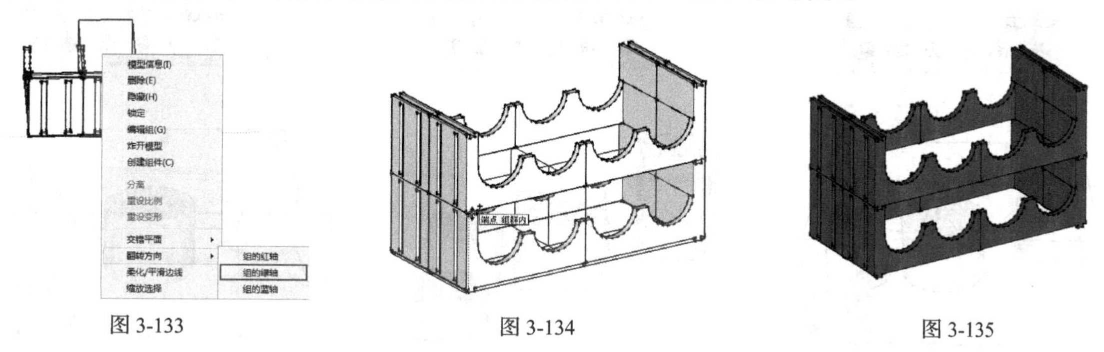

图 3-133　　图 3-134　　图 3-135

3.3.2 “实体外壳”工具

“实体外壳”工具可以快速将多个单独的实体模型合并成一个实体。使用“实体外壳”工具对几何体进行修改，将出现“不是实体”的提示，如图 3-136 所示。对左侧圆柱体执行“创建群组”命令，再次使用“实体外壳”工具进行编辑，则可出现“实体组”的提示，如图 3-137 和图 3-138 所示。

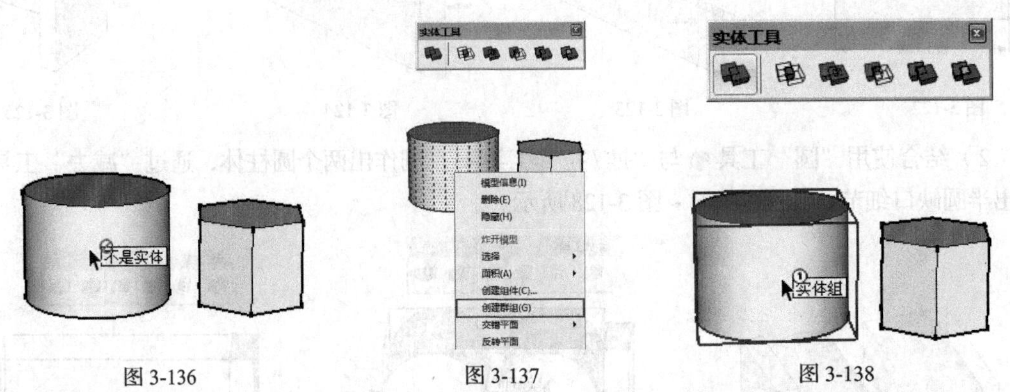

图 3-136　　图 3-137　　图 3-138

将右侧几何体转换为实体，然后使用“实体外壳”工具，此时将鼠标指针移动至实体模型表面，将出现①的提示，表明当前进行合并的实体数量，如图 3-139 和图 3-140 所示。

在第一个实体表面单击后，在第二个实体表面单击，即可将两者组成一个大的实体，如图 3-141 和图 3-142 所示。

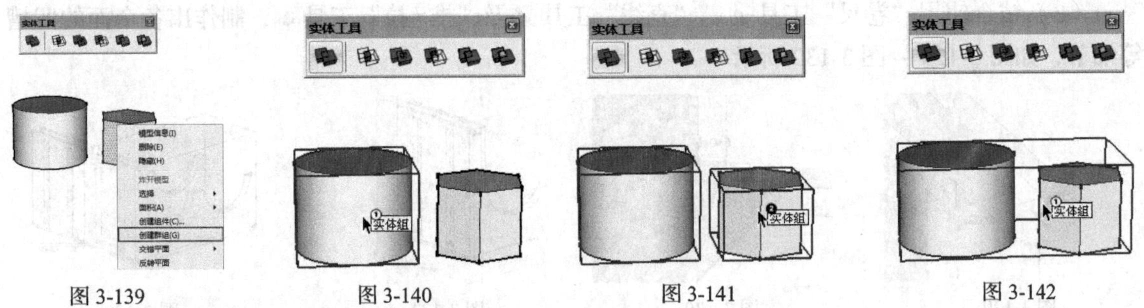

图 3-139　　图 3-140　　图 3-141　　图 3-142

如果场景中有比较多的实体需要进行合并，可以先将所有实体全选，再单击“实体外壳”工具，这样可以快速进行合并，如图 3-143 ~ 图 3-145 所示。

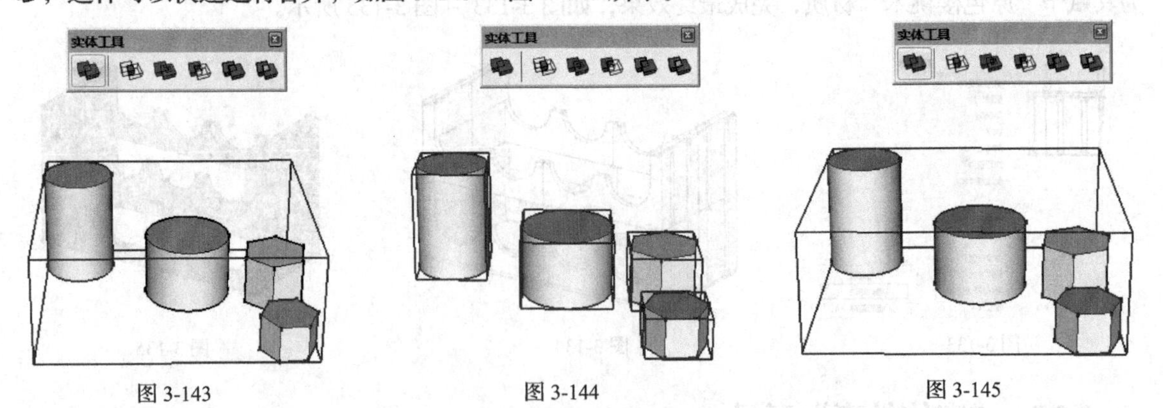

图 3-143　　图 3-144　　图 3-145

而使用“实体外壳”工具组合的实体（或组）将变成一个单独的实体，打开后之前所有的实体（或组）将被分解，模型将无法进行单独的编辑，如图 3-146 ~ 图 3-148 所示。

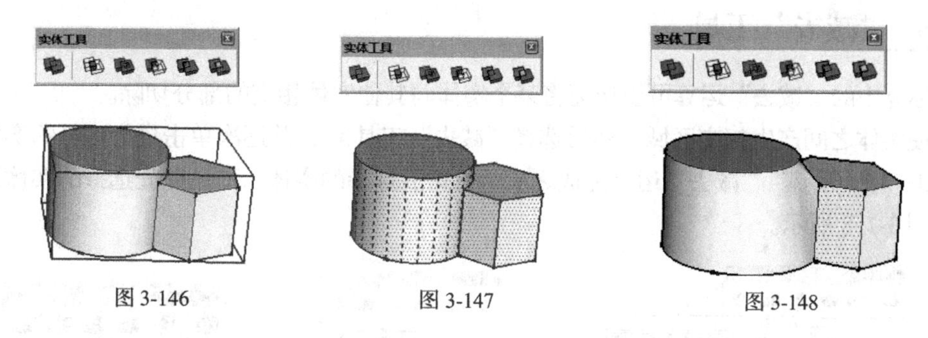

图 3-146　　图 3-147　　图 3-148

3.3.3 “相交”工具

布尔运算是大多数三维图形软件都具有的功能，其中“相交”运算可以快速获取实体间相交的部分模型。

首先使实体之间产生相交区域，然后选择“相交”工具，并单击其中一个实体，如图 3-149 和图 3-150 所示。再在另一个实体上单击，即可获得两个实体相交部分的模型，同时之前的实体模型将被删除，如图 3-151 和图 3-152 所示。

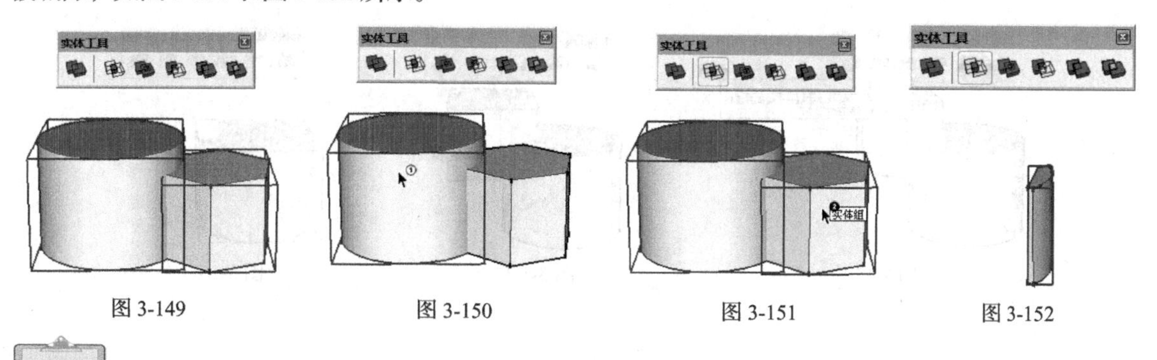

图 3-149　　图 3-150　　图 3-151　　图 3-152

提示

对于多个相交实体间的“相交”运算，可以先全选相关实体，然后单击“相交”按钮进行快速运算。

3.3.4 “联合”工具

布尔运算中的“联合”运算可以将多个实体进行合并，如图 3-153 ~ 图 3-155 所示。在 SketchUp 2016 中，“联合”工具与之前介绍的“实体外壳”工具功能没有明显的区别。

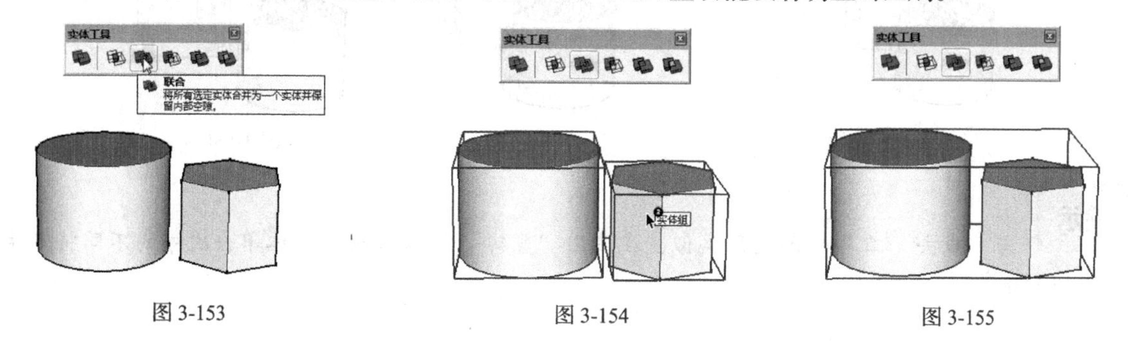

图 3-153　　图 3-154　　图 3-155

3.3.5 “减去”工具

布尔运算中的“减去”运算可以快速将某个实体与其他实体相交的部分切除。

首先使实体之间产生相交区域，然后选择“减去”工具，并逐次单击进行运算的实体，如图3-156和图3-157所示。“减去”运算完成之后将保留后选择的实体，而删除先选择的实体及相关的部分，如图3-158所示。

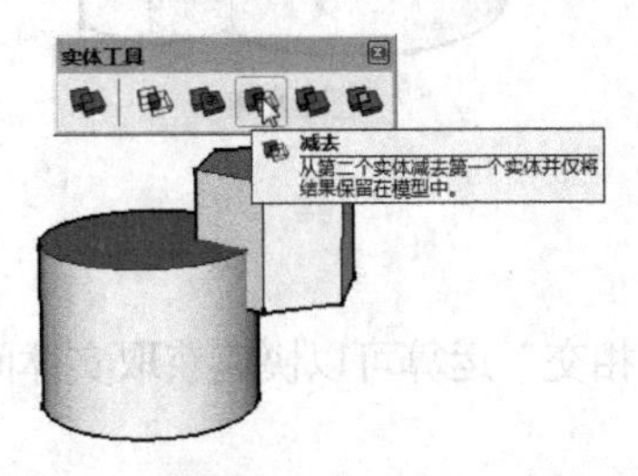

图 3-156

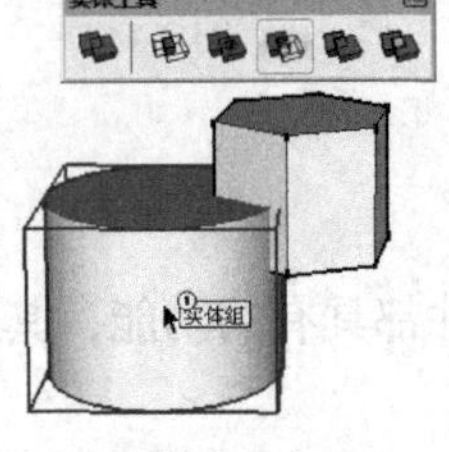

图 3-157

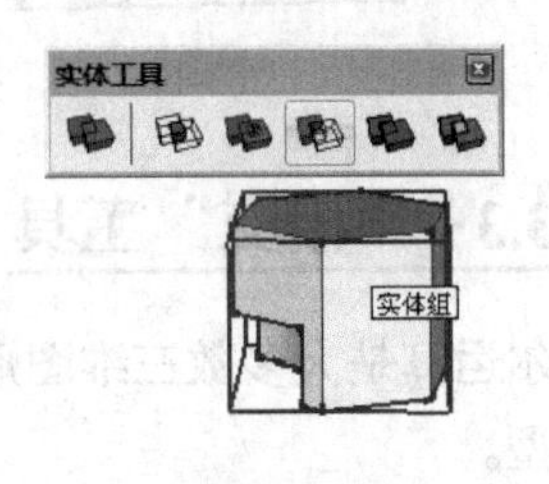

图 3-158

因此，同一场景在进行“减去”运算时，实体的选择顺序可以改变最后的运算结果，如图3-159 ~ 图3-161所示。

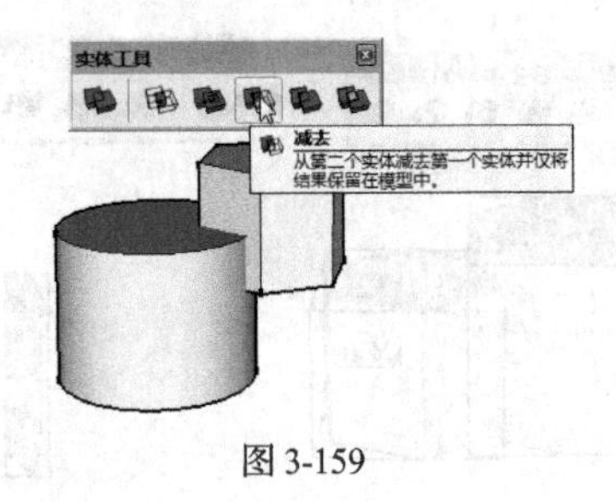

图 3-159

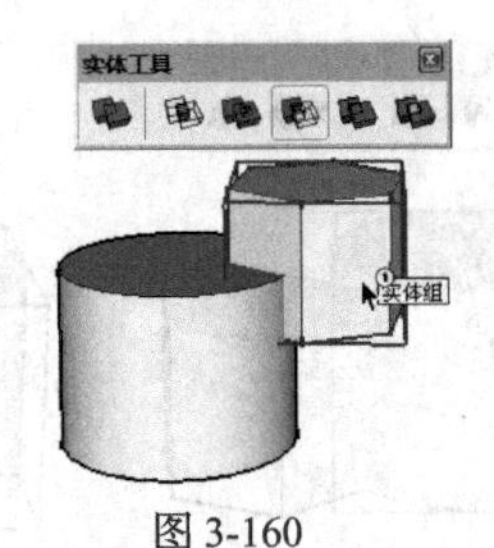

图 3-160

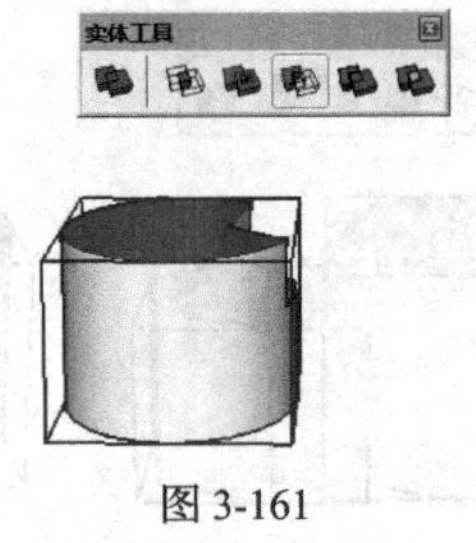

图 3-161

3.3.6 “剪辑”工具

在SketchUp中，“剪辑”工具的功能类似于布尔运算中的“减去”工具，但其在进行实体接触部分的切除时，不会删除掉用于切除的实体，如图3-162 ~ 图3-164所示。

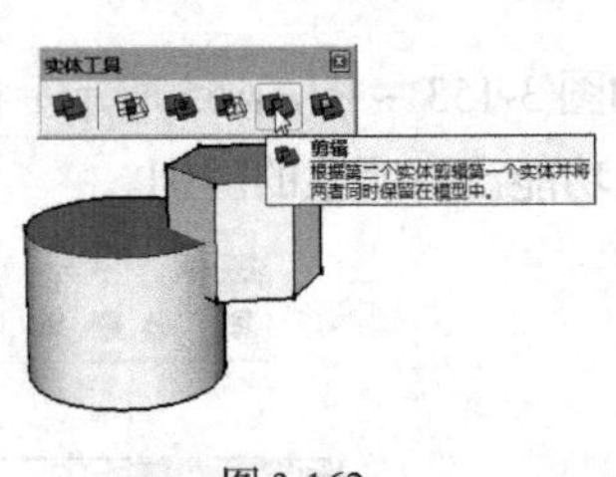

图 3-162

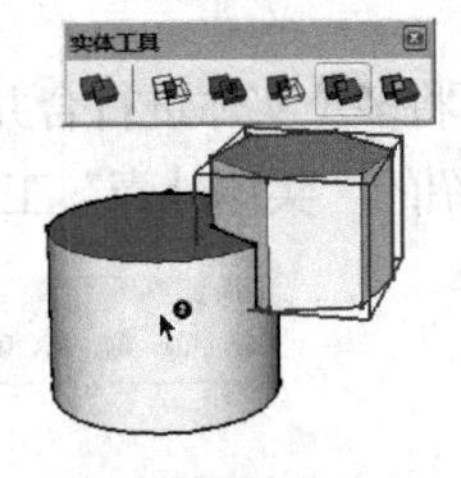

图 3-163

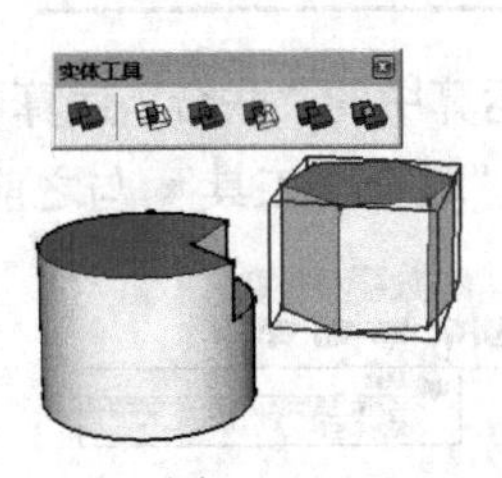

图 3-164

提示

与“减去”工具的运用类似，在使用“剪辑”工具时，实体单击次序的不同将产生不同的剪辑效果。

3.3.7 “拆分”工具

在 SketchUp 中，“拆分”工具的功能类似于布尔运算中的“相交”工具，但其在获得实体间相交部分的同时，不含删除实体的其他部分，而只是将实体拆分开，图 3-165 ~图 3-167 所示。

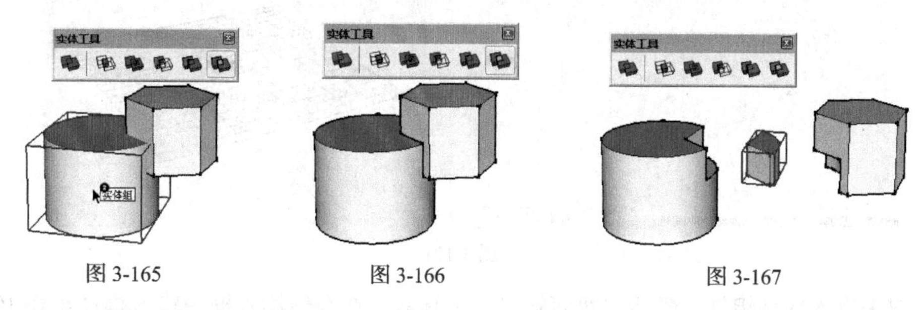

图 3-165　　图 3-166　　图 3-167

3.4 沙盒工具

沙盒工具是SketchUp内置的一个地形工具，用于制作三维地形效果。执行“视图”→“工具栏”命令，在弹出的“工具栏”对话框中选中“沙盒”复选框，即可显示出“沙盒”工具栏，如图 3-168 所示。

“沙盒”工具栏内的各个工具如图 3-169 所示，主要通过“根据等高线创建”工具与“根据网格创建”工具创建地形，然后通过“曲面起伏”工具、“曲面平整”工具、“曲面投射”工具、“添加细部”工具及“对调角线”工具进行细节的处理。接下来了解具体的使用方法与技巧。

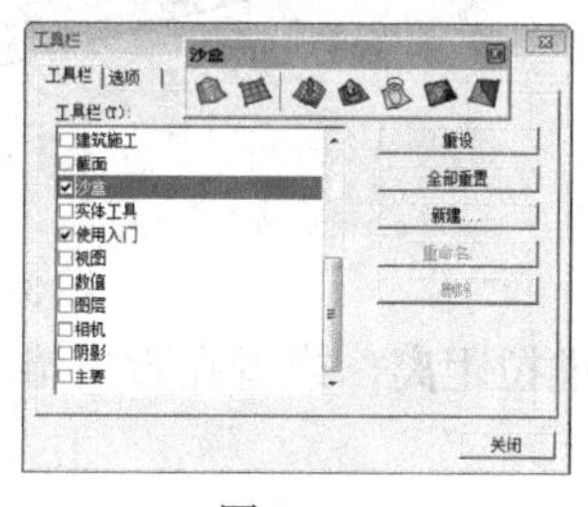

图 3-168

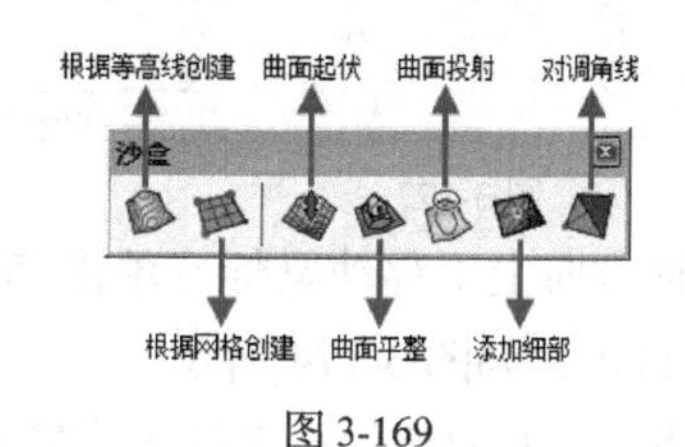

图 3-169

3.4.1 课堂实例——创建咖啡店地形

【学习目标】掌握沙盒工具的使用方法。

【知识要点】通过“根据网格创建”“曲面起伏”“曲面平整”等工具，制作如图 3-170 所示的咖啡店地形。

【所在位置】素材 \ 第 3 章 \ 3.4.1\ 创建咖啡店地形 .skp。

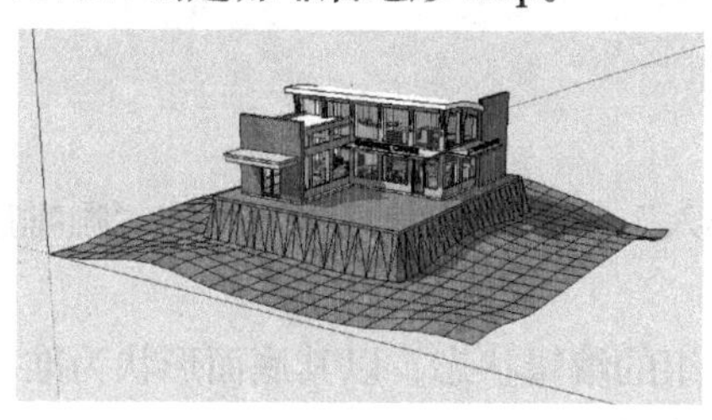

图 3-170

（1）激活“根据网格创建”工具，将栅格间距设置为3000mm，并创建出60000mm×6000mm的网格，创建的网格将自动成组，如图3-171所示。

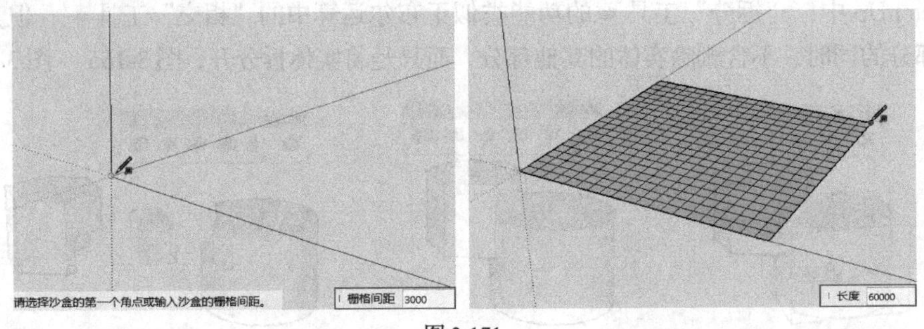

图3-171

（2）双击进入网格组件，激活“曲面起伏”工具，在数值输入框中输入推拉半径10000mm，按Enter键确认，如图3-172所示。

（3）移动鼠标至需要推拉出地形的区域，单击确认，圆周覆盖范围内的网格点都将被选中，如图3-173所示。

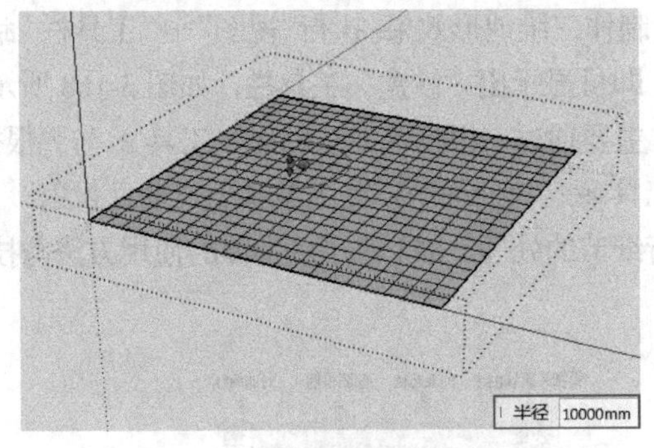

图3-172

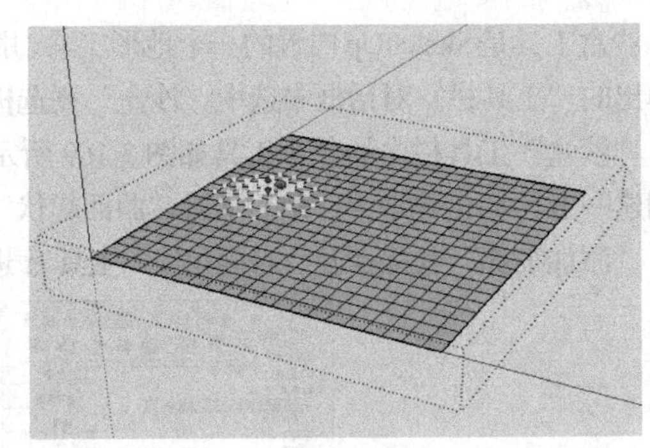

图3-173

（4）沿Z轴方向上下移动鼠标，单击确定推拉距离，或者在数值输入框中输入地形高度，推拉地形的高度可自定，如图3-174所示。

（5）继续使用“曲面起伏”工具丰富地形，如图3-175所示。

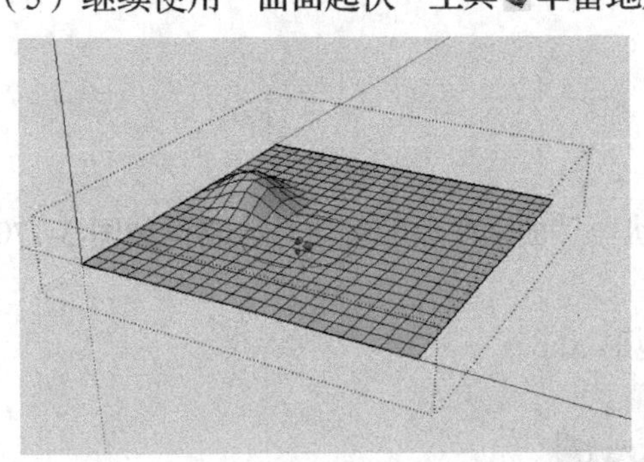

图3-174

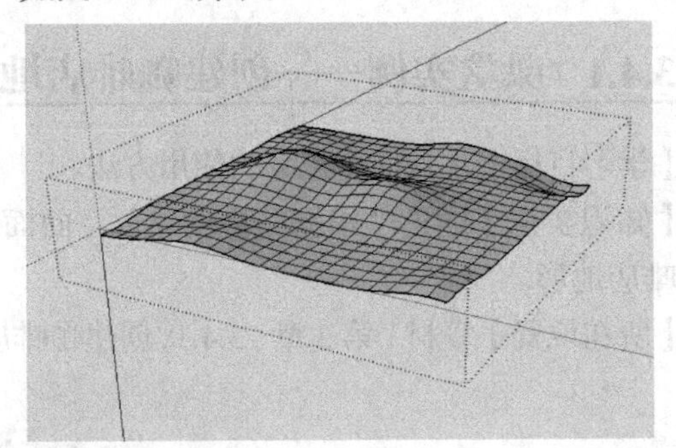

图3-175

（6）执行“文件”→“导入”命令，将学习资源中的“咖啡店模型.skp”文件导入场景中，如图3-176所示。

（7）双击咖啡店实体进入组的编辑状态，以其底面形状为准，为实体创建一个平整的表面并推拉出一定的距离，如图3-177所示。

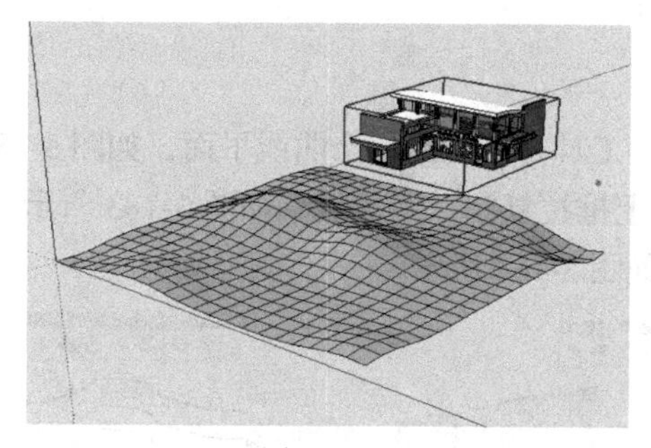

图 3-176

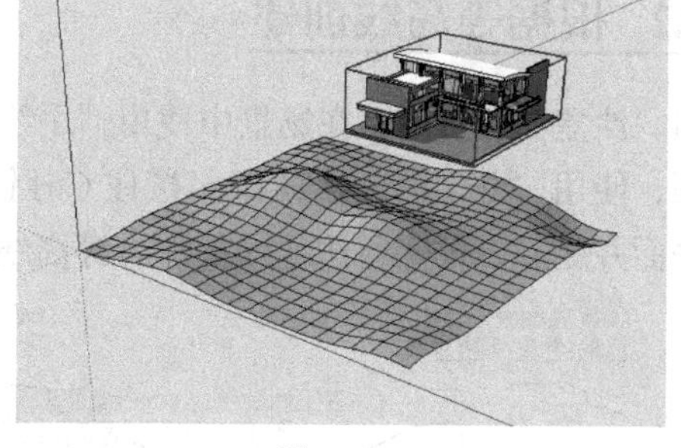

图 3-177

（8）将视图切换为俯视图，选中咖啡店模型，激活“移动”工具，确定移动基点，将其移动至中间位置，切换视图为等轴图，沿 Z 轴将咖啡店模型悬空放置在地形上，如图 3-178 所示。

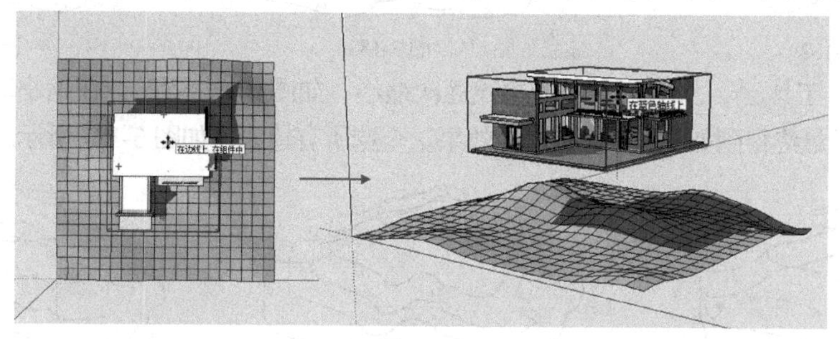

图 3-178

（9）激活“曲面平整”工具，单击要进行平整操作的底面，然后输入底面外延的距离 1000mm，如图 3-179 所示。

（10）选择底面后，单击地形确定位置，如图 3-180 所示。

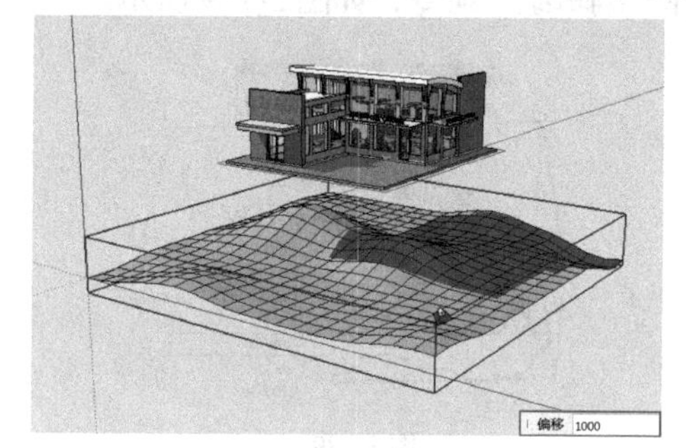

图 3-179

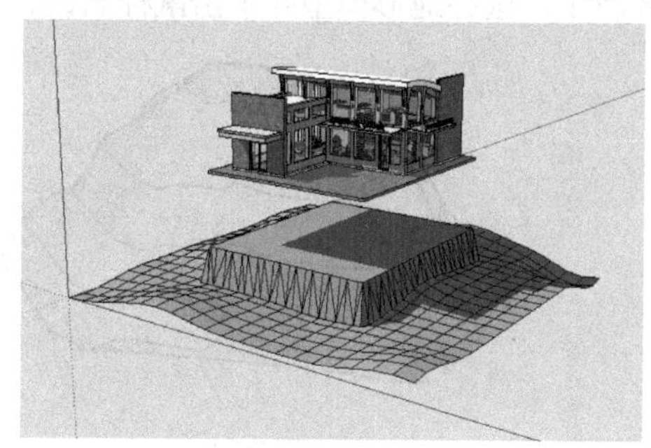

图 3-180

（11）将建筑和底面移动到创建好的平面上，如图 3-181 所示。

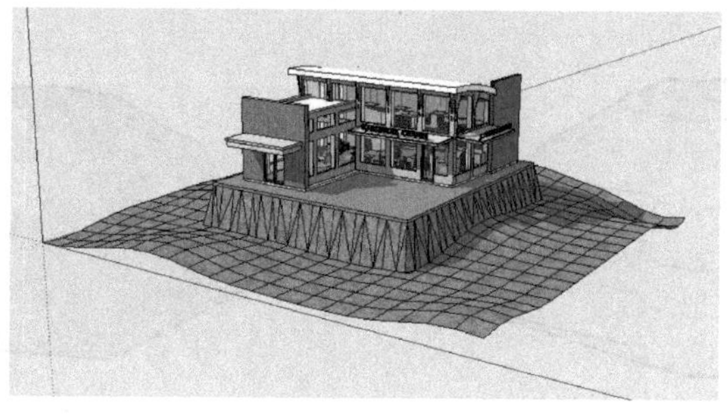

图 3-181

3.4.2 根据等高线创建

调出“沙盒”工具栏，在场景中使用“手绘线”工具绘制出一个曲线平面，如图 3-182 所示。选择平面，使用“推 / 拉”工具，按住 Ctrl 键向上推拉复制，完成效果如图 3-183 所示。选择推拉出的平面并删除，仅保留边线效果作为等高线，如图 3-184 所示。

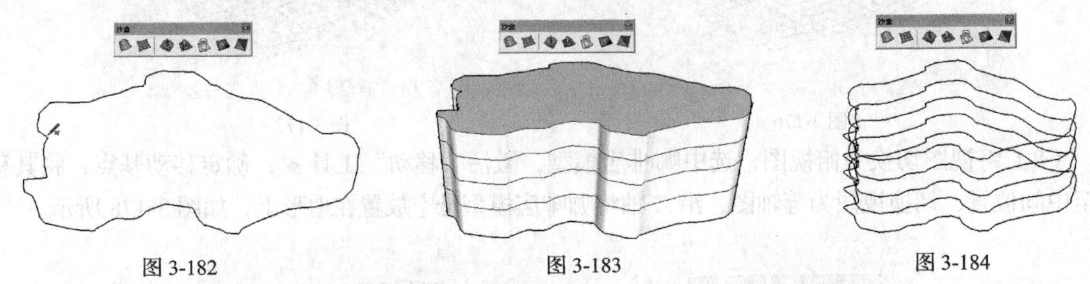

图 3-182　　图 3-183　　图 3-184

使用“缩放”工具，从下至上选择边线逐次缩小，如图 3-185 所示。在缩小时可以按住 Ctrl 键以进行中心拉伸，最终得到如图 3-186 所示的效果。全选所有边线，如图 3-187 所示。

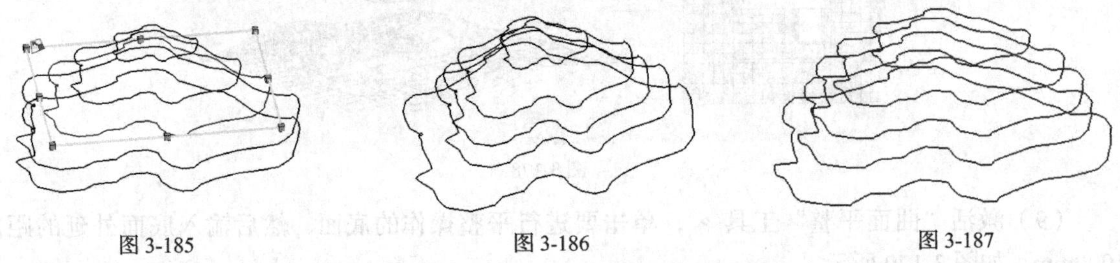

图 3-185　　图 3-186　　图 3-187

使用“根据等高线创建”工具，SketchUp 将根据制作好的等高线生成对应的地形效果，如图 3-188 所示。选择地形模型并单击鼠标右键，选择“编辑组”命令，如图 3-189 所示。

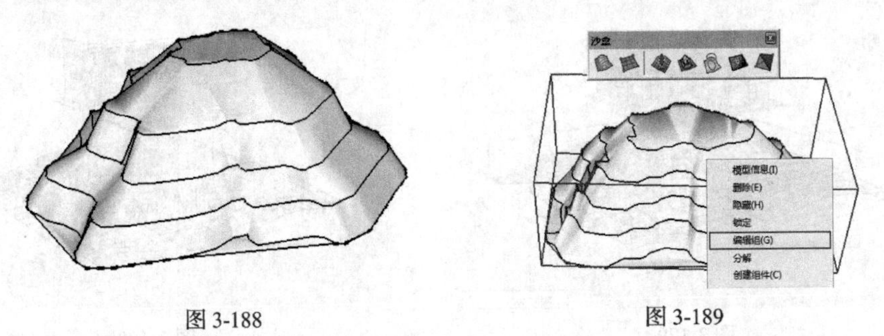

图 3-188　　图 3-189

逐步选择地形上保留的边线并删除，删除完成后即获得单独的地形模型，如图 3-190 和图 3-191 所示。

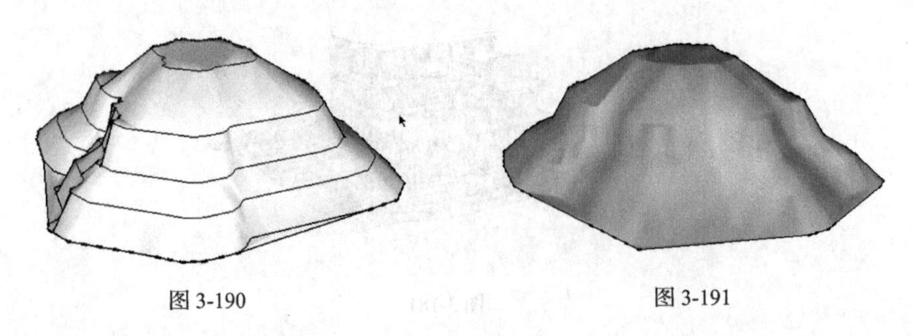

图 3-190　　图 3-191

3.4.3 根据网格创建

选择“根据网格创建”工具，待鼠标指针变成形状时，在“栅格间距”数值输入框内输入单个网格的长度，然后按 Enter 键确认，如图 3-192 所示。

在绘图区目标位置单击确定起点，然后移动鼠标以绘制网络的总宽度并按 Enter 键确认，如图 3-193 和图 3-194 所示。

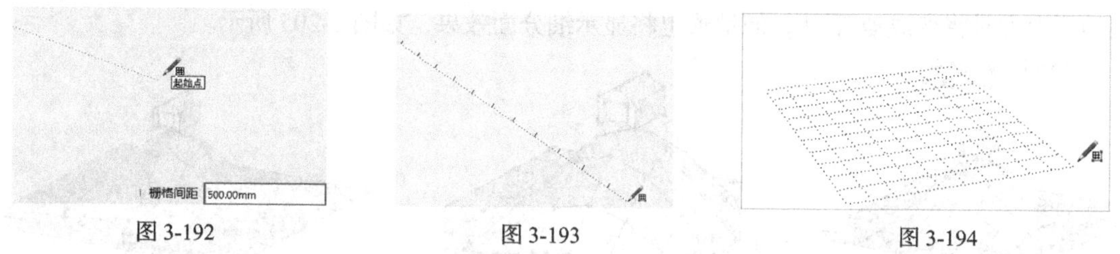

图 3-192　　图 3-193　　图 3-194

总宽度确定好后再横向移动鼠标，绘制出网络的长度，最后按 Enter 键确认即可完成绘制，如图 3-195 和图 3-196 所示。

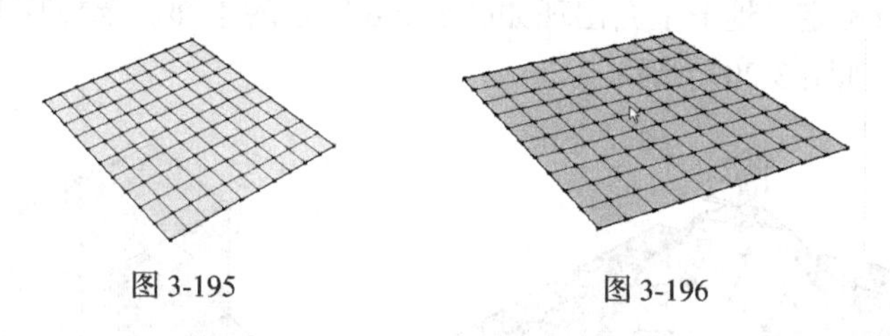

图 3-195　　图 3-196

3.4.4 曲面起伏

绘制好的网格平面默认为组，无法使用“沙盒”工具栏中的工具进行调整。选择网格平面后单击鼠标右键，选择“分解”命令使其变成面，如图 3-197 所示。再次选择“根据网格创建”工具，即可发现网络平面已经成为一个由细分面组成的大型平面，如图 3-198 所示。双击网格平面，即可发现鼠标指针已经变成了形状，并能自动捕捉网格平面上的交点，如图 3-199 所示。

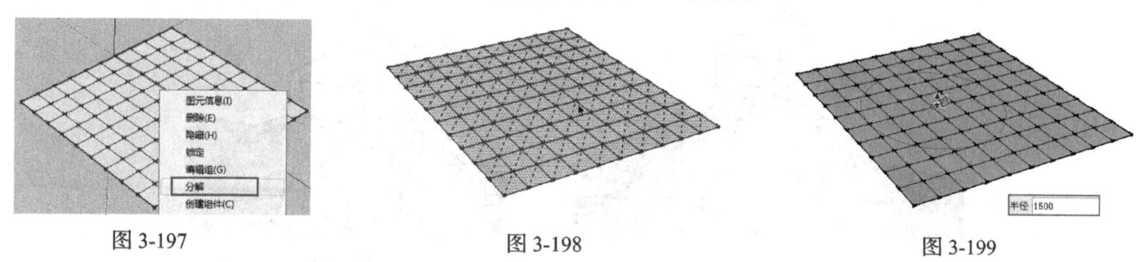

图 3-197　　图 3-198　　图 3-199

单击网格上任意一个交点，然后移动鼠标，即可产生地形的起伏效果，如图 3-200 和图 3-201 所示。确定地形起伏效果后再次单击，即可完成该处地形效果的制作，如图 3-202 所示。

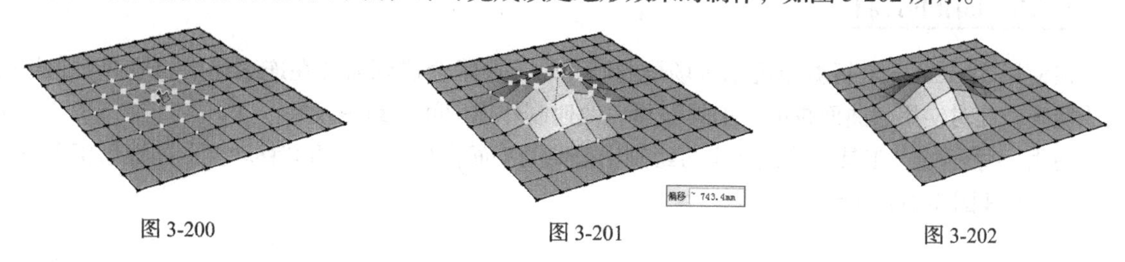

图 3-200　　图 3-201　　图 3-202

3.4.5 曲面平整

在实际的项目制作中经常会遇到需要在起伏的地形上放置规则的建筑物的情况，此时使用“曲面平整”工具可以快速制作出放置建筑物的平面。

选择房屋模型，然后选择“曲面平整”工具，如图 3-203 所示。此时，选择的房屋模型下方会出现一个矩形，如图 3-204 所示。该矩形范围即其对下方地形产生影响的范围。此时鼠标指针移动至地形上方时将变成形状，而地形也将显示细分面效果，如图 3-205 所示。

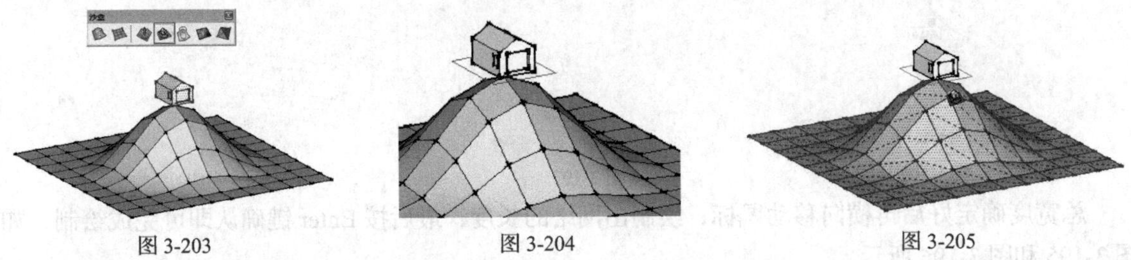

图 3-203　　图 3-204　　图 3-205

在地形上单击进行确定，地形上会出现如图 3-206 所示的平面。选择其上方的房屋，将其移动到产生的平面上即可，如图 3-207 所示。

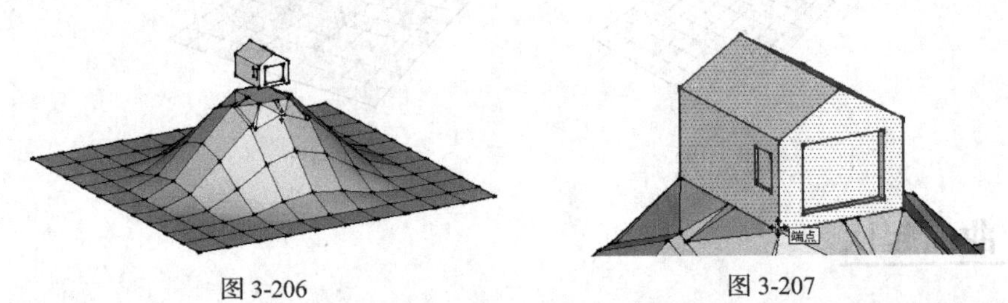

图 3-206　　图 3-207

如果在选择“曲面平整”工具后输入较大的偏移数值，再单击地形，将会产生更大的平整范围，如图 3-208 和图 3-209 所示。但此时绝对的平整区域将仍保持与房屋底面等大，仅在周边产生更多的三角细分面，因此通常保持默认设置即可。

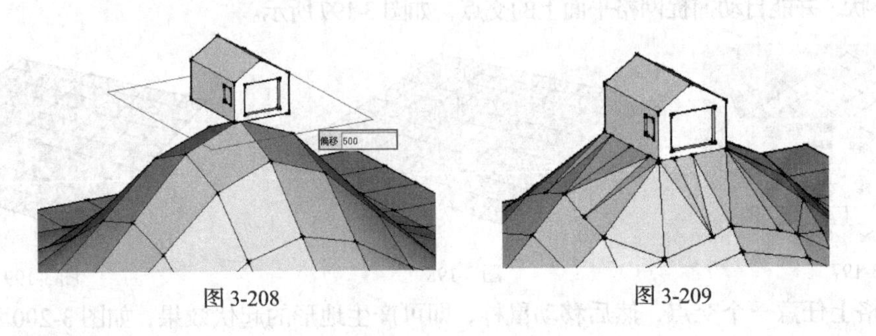

图 3-208　　图 3-209

3.4.6 曲面投射

在使用 SketchUp 进行城市规划等场景的制作时，通常会遇到需要在连绵起伏的地形上制作公路的情况，此时使用“曲面投射”工具可以快速制作出山间公路等效果。

使用 “手绘线”工具在地形上方绘制出公路的平面模型，然后将其移动至曲面地形正上方，如图 3-210 和图 3-211 所示。

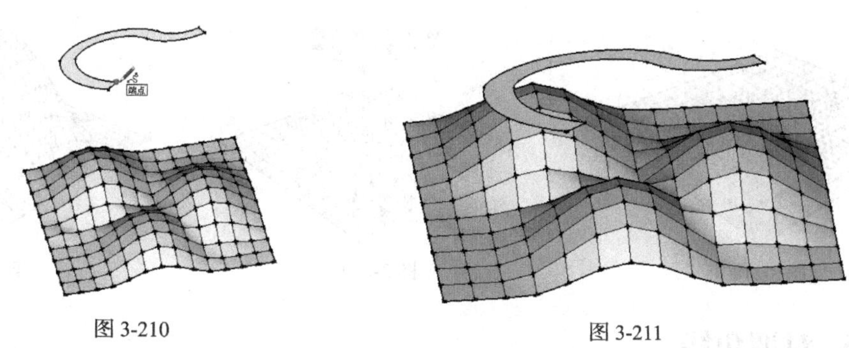

图 3-210　　　　图 3-211

选择公路模型平面后选择“曲面投射”工具，此时将鼠标指针置于地形上时将变成形状，而地形也将显示细分面效果，如图 3-212 和图 3-213 所示。在地形上单击进行曲面投射，投射完成即生成如图 3-214 所示的效果，可以看到地形上出现了公路的轮廓边线。

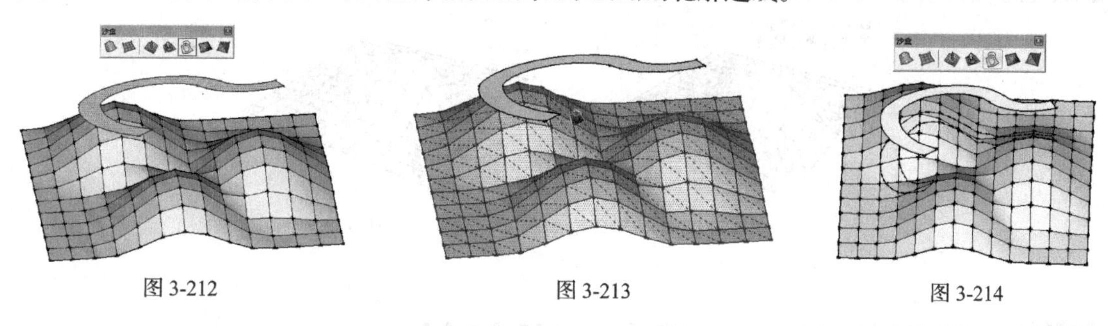

图 3-212　　　　图 3-213　　　　图 3-214

3.4.7 添加细部

在使用“根据网格创建”工具进行地形效果的制作时，过少的细分面将使地形效果显得生硬，过多的细分面则会增大系统显示与计算负担。使用“添加细部”工具可以在需要表现细节的地方增多细分面，而其他区域将保持较少的细分面。

在 SketchUp 中以 500mm 的宽度创建一个地形平面，如图 3-215 所示。此时直接使用“曲面起伏”工具选择交点进行拉伸，可以发现起伏边缘比较生硬，如图 3-216 所示。

为了使边缘显得平滑，可以在使用“曲面起伏”工具前选择将要进行拉伸的网格面，然后使用“添加细部”工具对选择面进行细分，如图 3-217 和图 3-218 所示。

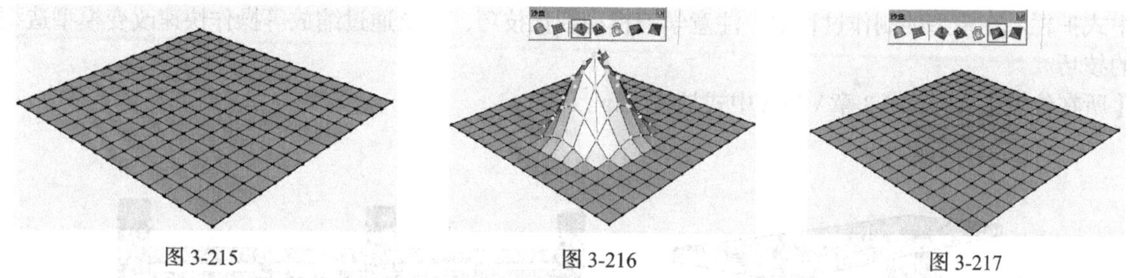

图 3-215　　　　图 3-216　　　　图 3-217

细分完成后，再使用“曲面起伏”工具进行拉伸，即可得到平滑的拉伸边缘，如图 3-219 和图 3-220 所示。

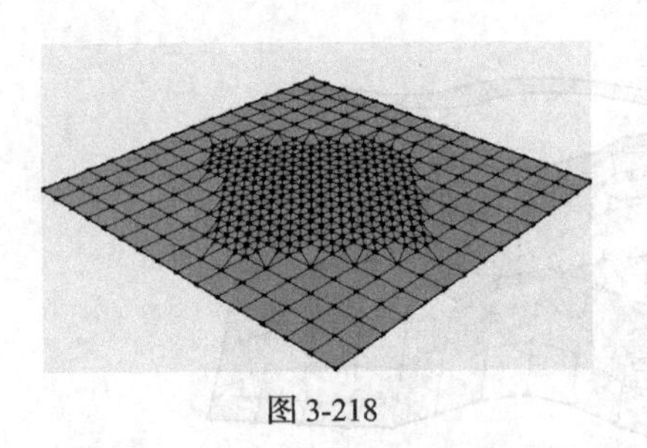
图 3-218

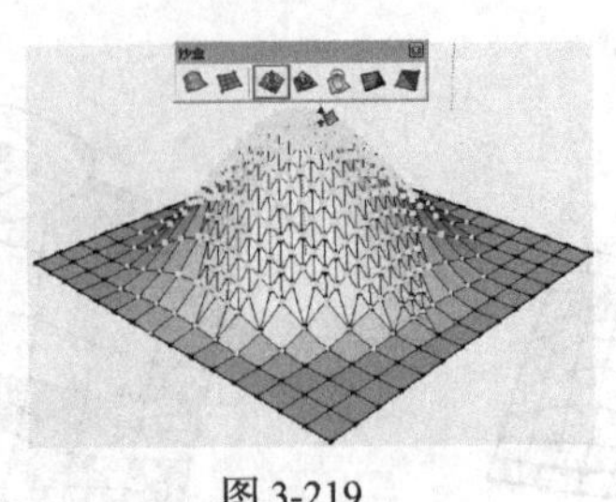

图 3-219

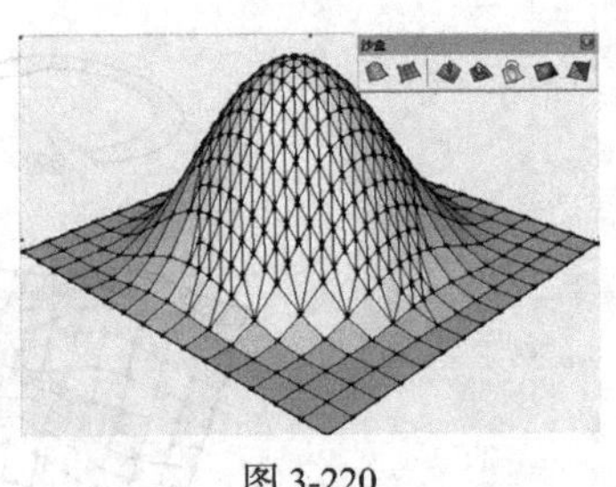

图 3-220

3.4.8 对调角线

在虚显地形的对角边线后，使用“对调角线”工具可以根据地势走向对应改变对角边线方向，从而使地形变得平缓一些，如图 3-221 和图 3-222 所示。

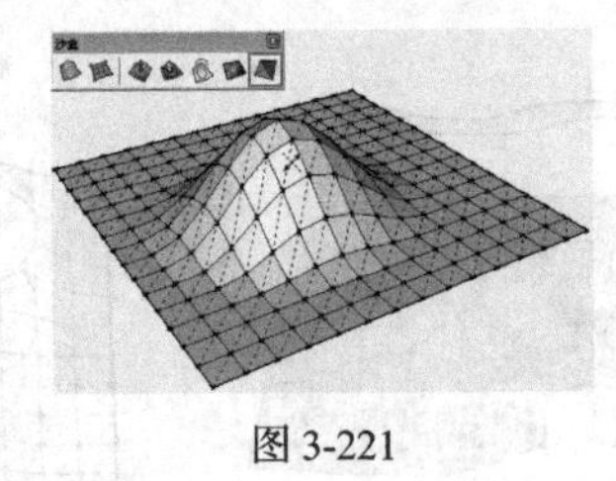

图 3-221

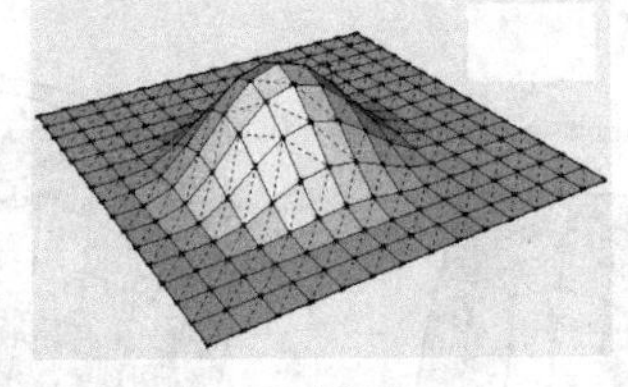
图 3-222

3.5 课堂练习——绘制石头长椅

【知识要点】通过“矩形”“圆弧”“偏移”“推 / 拉”等工具，制作如图 3-223 所示的石头长椅。在模型的创建过程中，重点掌握“移动复制”与“缩放”工具的使用技巧。

【所在位置】素材 \ 第 3 章 \ 3.5 \ 石头长椅 .skp。

3.6 课后习题——制作中式护栏

【知识要点】使用“矩形”“直线”“圆弧”“偏移”“推 / 拉”等工具，创建如图 3-224 所示的中式护栏。在模型的制作过程中，注意学习模型细化技巧，以及通过缩放等操作快速改变模型造型的技巧。

【所在位置】素材 \ 第 3 章 \ 3.6 \ 中式护栏 .skp。

图 3-223

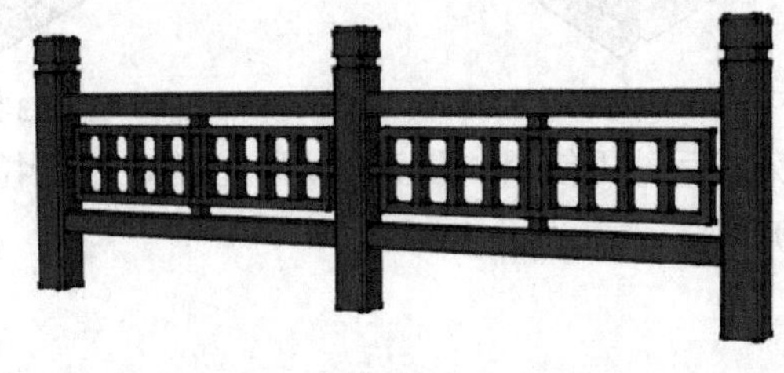
图 3-224

第4章 辅助设计工具

本章介绍

SketchUp 2016 中除绘图工具外，还有构造工具、相机工具、截面工具、视图工具和风格样式工具等辅助工具。本章将介绍这些工具的用法。

课堂学习目标

- 掌握构造工具的应用
- 掌握相机工具的应用
- 了解场景与动画
- 掌握截面工具的应用
- 掌握视图工具的应用

4.1 建筑施工工具

SketchUp 建模可以达到十分高的精确度，这主要得益于功能强大的辅助定位建筑施工工具。“建筑施工”工具栏包含“卷尺”工具、“尺寸”工具、“量角器”工具、“文字”工具、“轴”工具及“三维文字”工具，如图 4-1 所示。其中“卷尺”工具与“量角器”工具用于尺寸与角度的精确测量与辅助定位，其他工具则用于进行各种标识与文字创建。

4.1.1 课堂实例——添加酒店名称

【学习目标】掌握建筑施工工具的使用方法。

【知识要点】通过“三维文字”工具，添加酒店名称，如图 4-2 所示。

【所在位置】素材 \ 第 4 章 \ 4.1.1 \ 添加酒店名称 .skp。

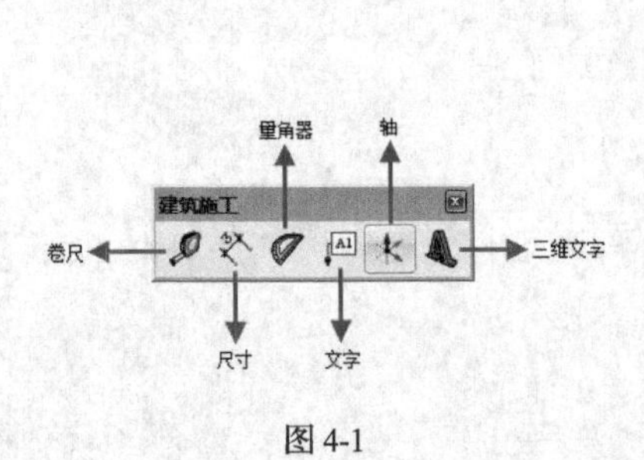

图 4-1

图 4-2

（1）打开配套学习资源“素材 \ 第 4 章 \ 4.1.1\ 酒店 .skp”，这是一个城市酒店模型，如图 4-3 所示。

（2）激活“三维文字”工具，在“放置三维文本”面板的文本输入框中输入“花园国际酒店”文本，对字体和文字大小等进行设置，单击“放置”按钮，如图 4-4 所示。

图 4-3

图 4-4

（3）将“花园国际酒店”文本放置在酒店入口处，文字放置在视图中后将自动成组，如图 4-5 所示。

图 4-5

（4）用同样的方法在“花园国际酒店”文本下方放置三维文字 Garden International Hotel，如图 4-6 所示。

图 4-6

利用“三维文字”工具为城市酒店添加名称后的效果如图 4-7 所示。

图 4-7

4.1.2 “卷尺”工具

“卷尺”工具不仅可用于距离的精确测量，也可以用于制作精准的辅助线。单击“建筑施工”工具栏中的按钮，或执行“工具”→“卷尺”命令，均可启用该命令。

◆ **“卷尺”工具使用方法**

选择“卷尺”工具，当鼠标指针变成形状时单击确定测量起点，移动鼠标至测量终点并再次单击，即可在数值输入框中看到长度数值，如图 4-8 和图 4-9 所示。

图 4-8　　图 4-9

◆ **测量距离的辅助线功能**

使用“卷尺”工具可以制作出延长辅助线与偏移辅助线。

使用“卷尺”工具，单击确定延长辅助线起点，如图 4-10 所示。移动鼠标确定延长辅助线方向，输入延长数值并按 Enter 键确认，即可生成延长辅助线，如图 4-11 和图 4-12 所示。

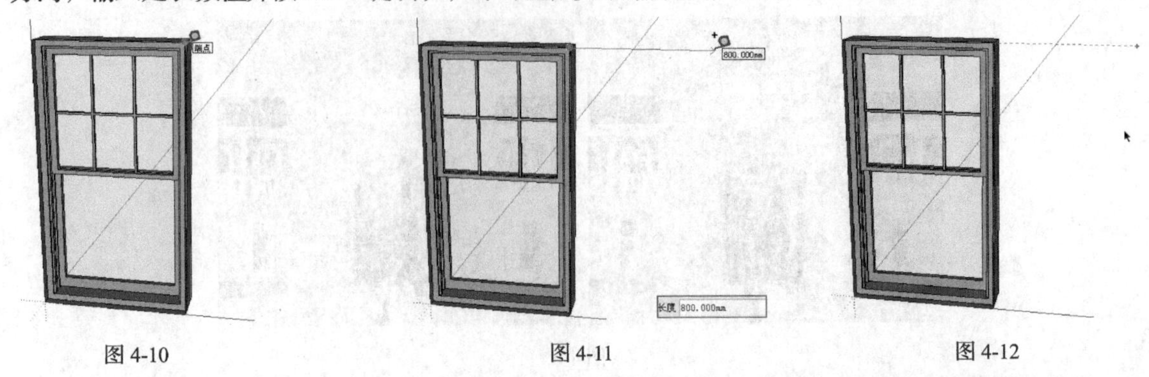

图 4-10　　图 4-11　　图 4-12

使用“卷尺”工具，在偏移参考线两侧端点以外的任意位置单击，确定偏移辅助线起点，如图 4-13 所示。移动鼠标确定偏移辅助线方向，如图 4-14 所示，输入偏移数值并按 Enter 键确认，即可生成偏移辅助线，如图 4-15 所示。

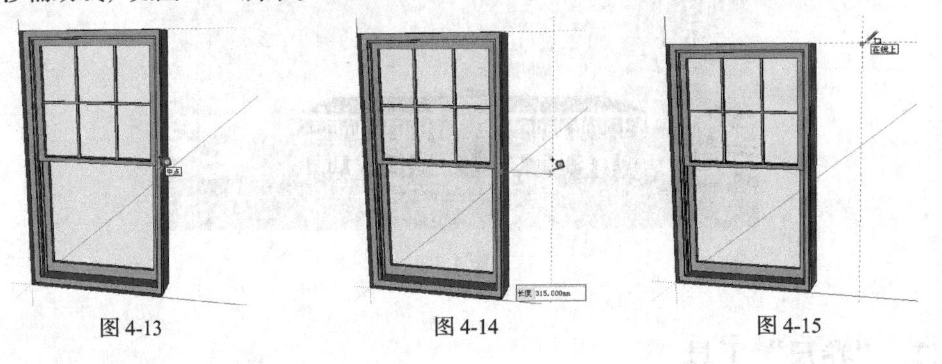

图 4-13　　图 4-14　　图 4-15

4.1.3 尺寸标注

SketchUp 具有十分强大的标注功能，能够创建满足施工要求的尺寸标注，这也是 SketchUp 区别于其他三维软件的一个明显优势。单击“建筑施工”工具栏中的按钮，或执行“工具”→“尺寸”命令，均可启用该命令。

◆ **长度标注**

使用“尺寸”工具，选定标注起点，如图 4-16 所示。移动鼠标至标注终点单击确认，如图 4-17 所示。向上移动鼠标并单击放置标注，标注结果如图 4-18 所示。

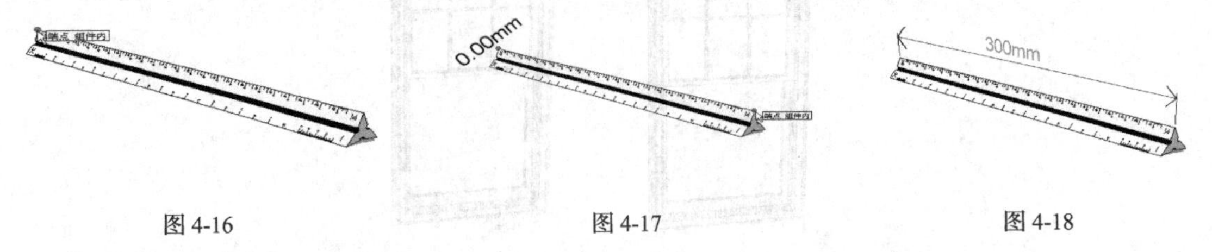

图 4-16　　图 4-17　　图 4-18

◆ **半径标注**

使用“尺寸”工具，在目标弧线上单击确定标注对象，如图 4-19 所示。向任意方向移动鼠标并单击放置标注，即可完成半径标注，如图 4-20 所示。

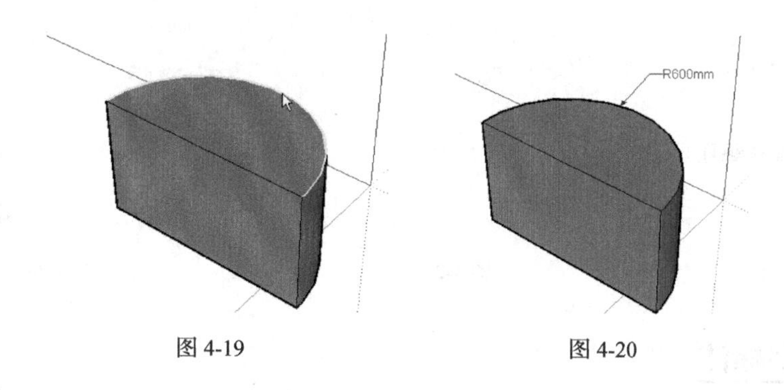

图 4-19　　图 4-20

◆ **直径标注**

使用“尺寸”工具，在目标圆形边线上单击确定标注对象，如图 4-21 所示。向任意方向移动鼠标并单击放置标注，即可完成直径标注，如图 4-22 所示。

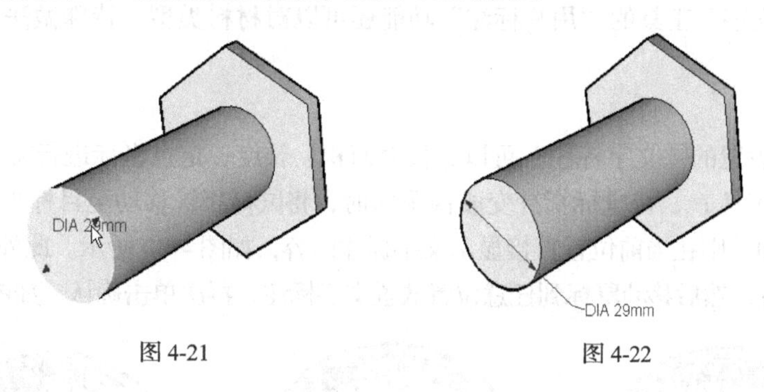

图 4-21　　图 4-22

4.1.4 量角器

“量角器”工具具有角度测量与创建角度辅助线的功能。单击“建筑施工”工具栏中的按钮，或执行“工具”→“量角器”命令，均可启用该命令。

◆ **“量角器”工具使用方法**

选择“量角器”工具，待鼠标指针变成形状后，单击确定目标测量角的顶点，如图 4-23 所示。移动鼠标捕捉目标测量角任意一条边线，如图 4-24 所示，单击确定，然后捕捉到另一条边线单击确定，即可在数值输入框内观察到测量角度，如图 4-25 所示。

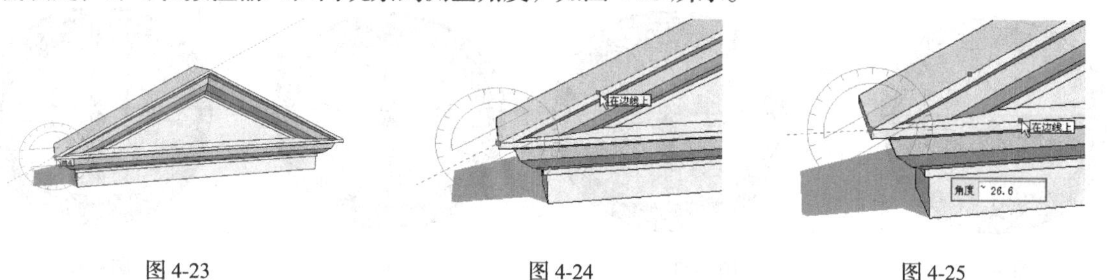

图 4-23　　图 4-24　　图 4-25

◆ **量角器的角度辅助线功能**

使用“量角器”工具可以创建任意值的角度辅助线。使用“量角器”工具，在目标位置单击确定顶点位置，如图 4-26 所示。移动鼠标创建角度起始线，如图 4-27 所示。在实际的工作中可以创建任意角度的斜线，以进行相对测量。在数值输入框中输入角度数值，并按 Enter 键确认，即将以起始线为参考，创建相对角度的辅助线，如图 4-28 所示。

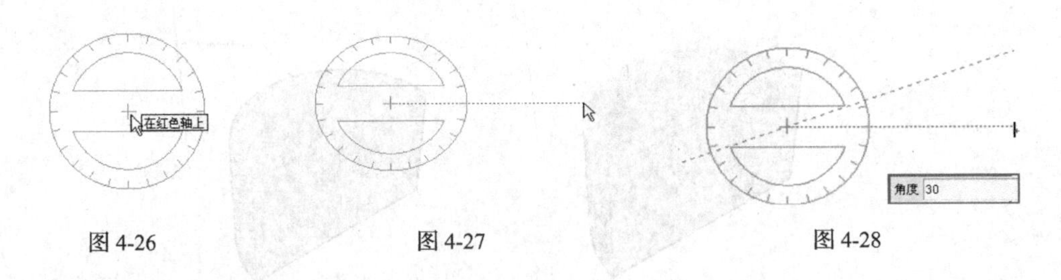

图 4-26　　　　图 4-27　　　　图 4-28

4.1.5　文字标注

单击“建筑施工”工具栏中的按钮，或执行“工具”→“文字标注”命令，可以使用“文字”工具，对图形面积、线段长度、定点坐标进行文字标注。

此外，通过“文字”工具的“用户标注”功能还可以对材料类型、特殊做法及细部构造进行详细的文字说明。

◆ **系统标注**

SketchUp 软件设置的“文字标注”可以直接对面积、长度、定点坐标进行文字标注。

选择“文字”工具，待鼠标指针变成形状时，将鼠标指针移动至目标平面对象表面，如图 4-29 所示。双击平面，则在当前位置直接显示文字标注内容，如图 4-30 所示。此外，还可以先单击确定文字标注端点位置，然后移动鼠标到任意位置放置文字标注，再次单击确认，如图 4-31 所示。

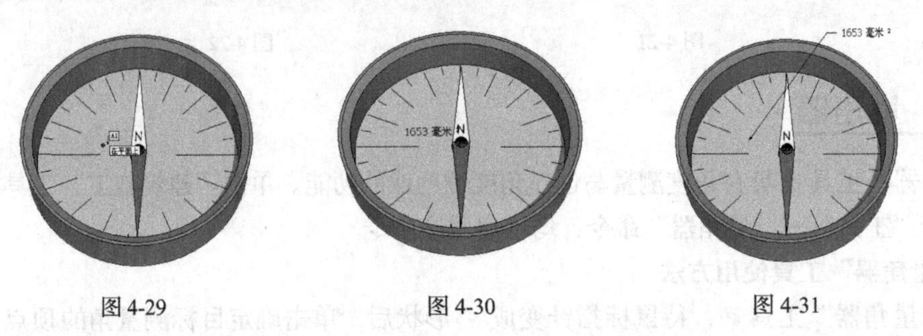

图 4-29　　　　图 4-30　　　　图 4-31

线段长度与点坐标标注方法基本相同，如图 4-32 ~ 图 4-35 所示。

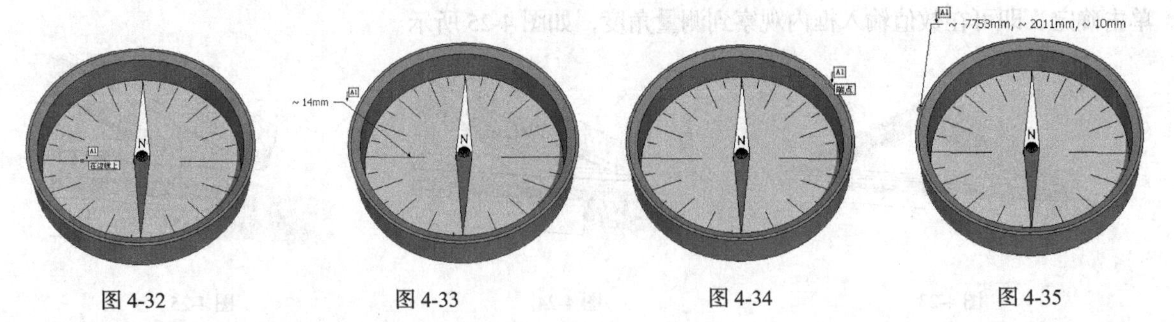

图 4-32　　　　图 4-33　　　　图 4-34　　　　图 4-35

◆ **自定义标注**

在使用“文字”工具时，可以轻松地编写文字内容。选择“文字”工具，待鼠标指针变成形状时，将鼠标指针移动至目标平面对象表面，如图 4-36 所示。单击确定文字标注端点位置，然后移动鼠标在任意位置单击放置文字标注，此时即可自行进行标注内容的编写，如图 4-37 和图 4-38 所示。完成标注内容编写后，单击确认，完成自定义标注。

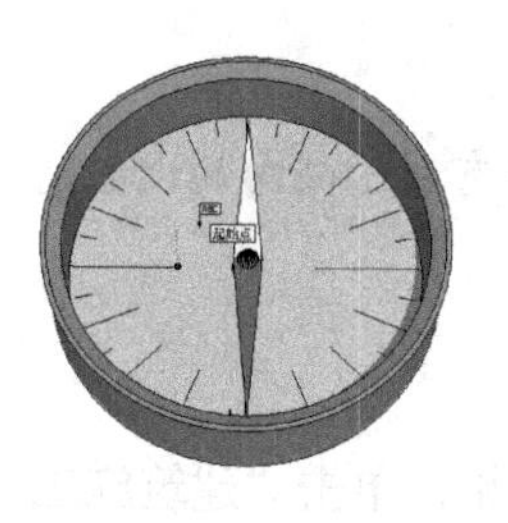
图 4-36

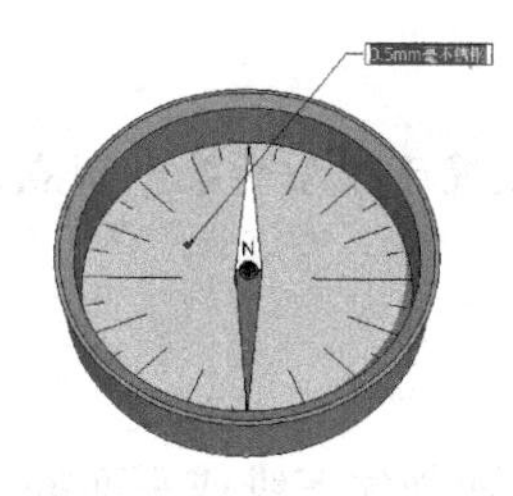
图 4-37

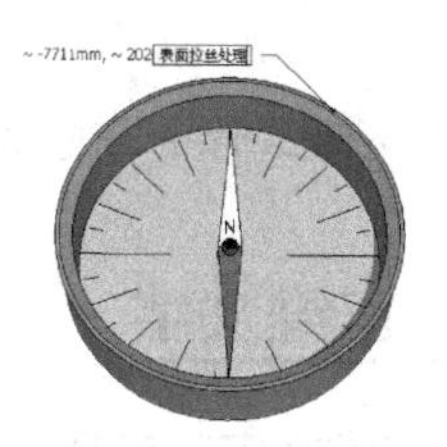
图 4-38

◆ **修改文字标注**

修改文字标注的方法十分简单，可以双击文字标注进行文字内容的修改，如图 4-39 和图 4-40 所示；也可以单击鼠标右键，通过快捷菜单命令进行修改，如图 4-41 所示。

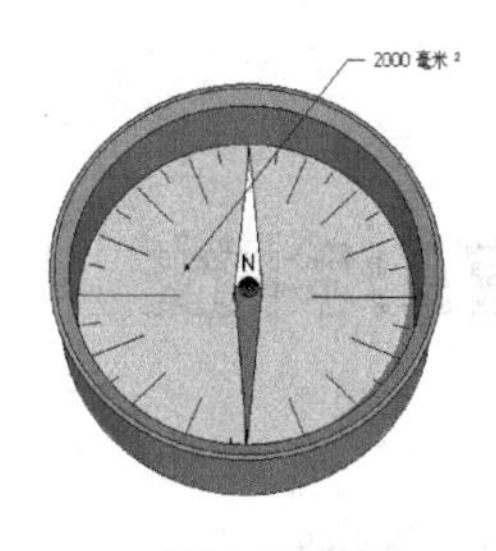
图 4-39

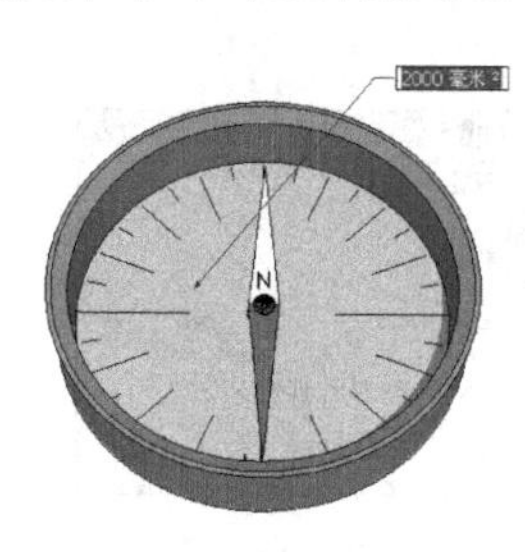
图 4-40

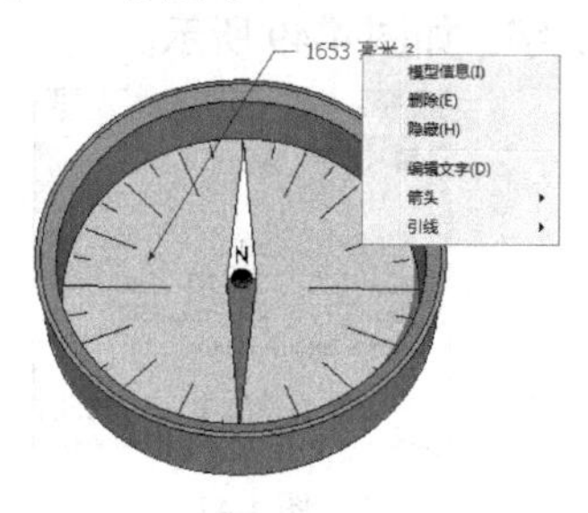

图 4-41

4.1.6 轴

SketchUp 和其他三维软件一样，都是通过轴进行位置定位的，如图 4-42 所示。为了方便模型创建，SketchUp 还允许自定义轴。单击“建筑施工”工具栏中的按钮，或执行“工具”→“坐标轴”命令，即可启用轴自定义功能。

选择“轴”工具，待鼠标指针变成⊥形状时，移动鼠标指针至目标位置单击确认，如图 4-43 所示。

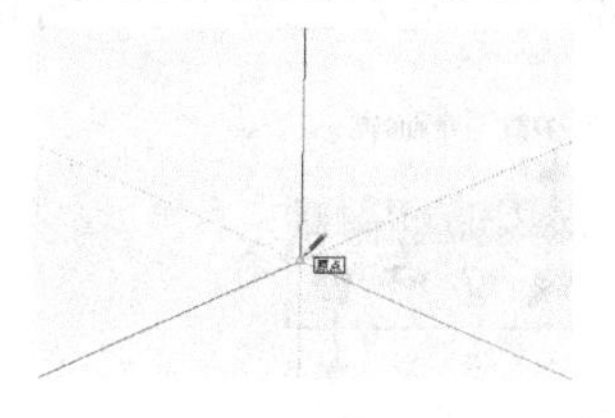
图 4-42

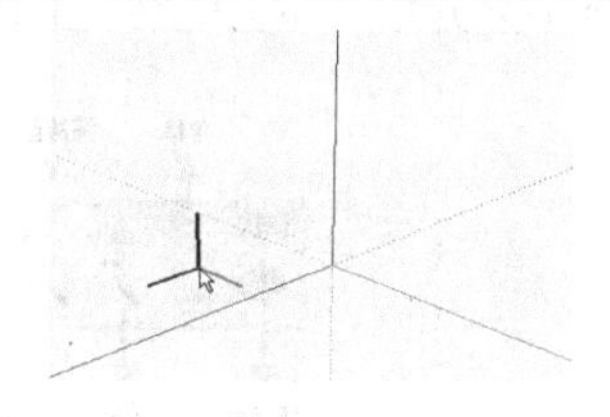
图 4-43

确定目标位置后，可以左右移动鼠标，自定义轴 *X*、*Y* 的轴向，调整到目标方向后，单击确定，如图 4-44 所示。确定 *X*、*Y* 的轴向后，可以上下移动鼠标自定义 *Z* 轴方向，如图 4-45 所示。调整完成后再次单击，即可完成轴的自定义，如图 4-46 所示。

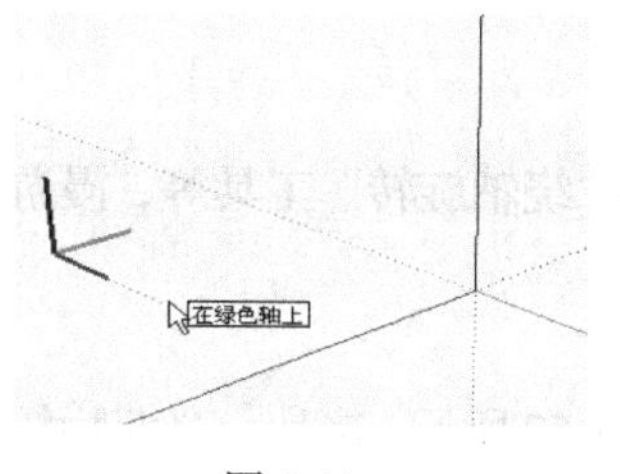

图 4-44

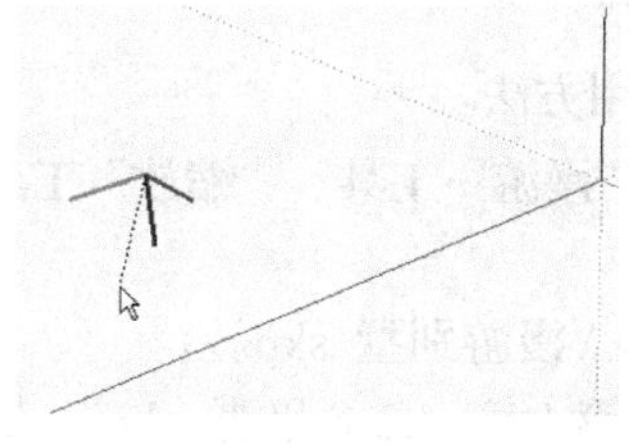
图 4-45

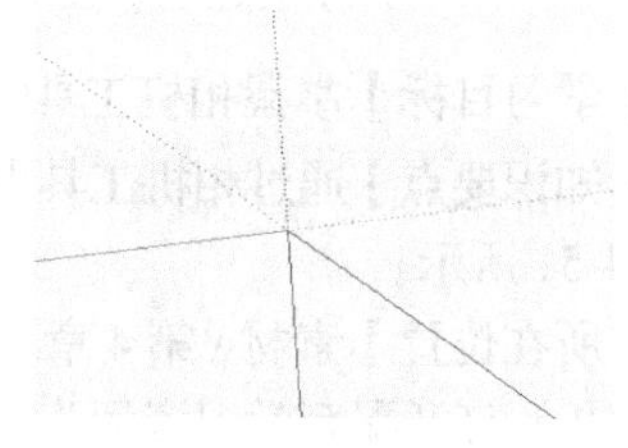
图 4-46

在实际工作中，可以将轴放置于模型的某个顶点，这样有利于轴向的调整。

4.1.7 三维文字

通过“三维文字”工具，可以快速创建三维或平面的文字效果，单击“建筑施工”工具栏中的按钮或执行“工具”→“三维文字”命令，即可启用该功能。

选择“三维文字”工具，弹出“放置三维文字”面板，如图 4-47 所示。单击文本输入框可以输入文字，通过其下方的参数，可以自定义文字字体、样式、对齐方式、高度、形状等参数，如图 4-48 所示。设置好参数后，单击“放置”按钮，再移动鼠标到目标位置单击，即可创建具有厚度的三维文字，如图 4-49 所示。

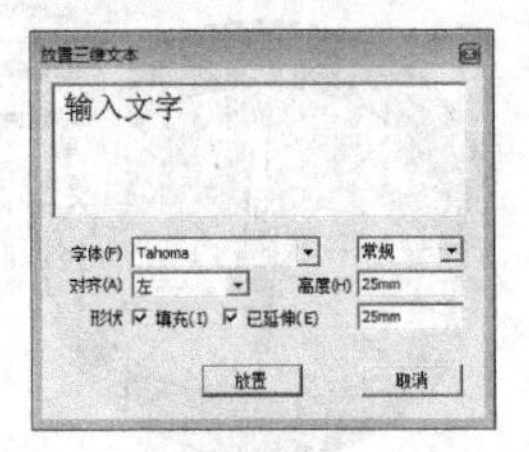

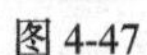

图 4-47

图 4-48

图 4-49

4.2 相机工具

SketchUp“相机”工具栏如图 4-50 所示，相机工具包括“环绕观察”工具、“平移”工具、“缩放”工具、“缩放窗口”工具、“充满视窗”工具、“上一视图”工具、“定位相机”工具、“绕轴旋转”工具和“漫游”工具，“漫游”工具、“定位相机”工具和“绕轴旋转”工具已在前面进行了介绍，本节只介绍“环绕观察”工具、“平移”工具、“缩放”工具等工具。

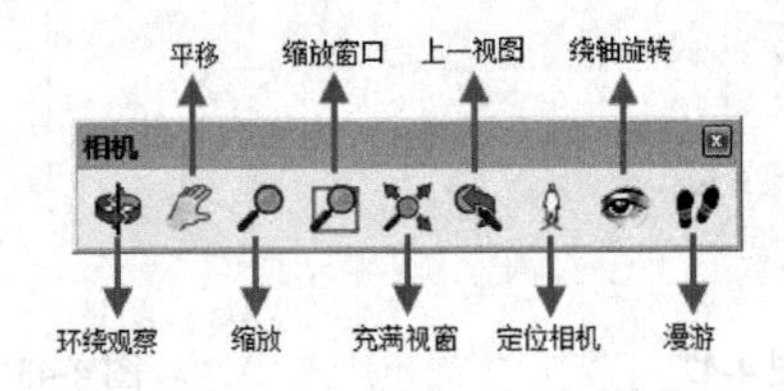

图 4-50

4.2.1 课堂实例——漫游别墅

【学习目标】掌握相机工具的使用方法。

【知识要点】通过相机工具中的“漫游”工具、“缩放”工具和“绕轴旋转”工具等，漫游别墅，如图 4-51 所示。

【所在位置】素材 \ 第 4 章 \ 4.2.1 \ 漫游别墅 .skp。

（1）打开配套学习资源“素材 \ 第 4 章 \ 4.2.1\ 别墅 .skp”，如图 4-52 所示，这是一个博物馆模型。

（2）为了避免操作失误，造成相机视角无法返回，首先新建一个场景，如图 4-53 所示。

图 4-51

图 4-52

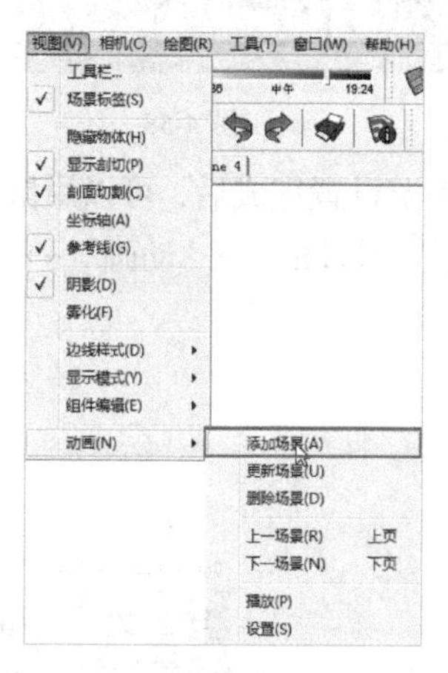

图 4-53

（3）选择“漫游”工具，待鼠标指针变成形状后，按住鼠标左键拖曳使其前进，如图 4-54 所示。

（4）按住鼠标滚轮，拖曳鼠标调整视线方向，此时鼠标指针将由变为形状，如图 4-55 所示。

图 4-54

图 4-55

（5）转到如图 4-56 所示的画面时，释放鼠标并添加一个场景，以保存当前设置好的漫游效果。

（6）按 Esc 键取消视线方向，鼠标指针由变回状态，此时便可开始在别墅外自由漫步。再次按住鼠标左键向前拖曳一段较小的距离，然后向右拖曳鼠标，使画面向右转向，如图 4-57 所示。

图 4-56

图 4-57

（7）转动至如图 4-58 所示的画面时再次释放鼠标，然后添加“场景 3”。

（8）按住鼠标左键向前拖曳到庭院石笼灯，如图 4-59 所示，完成漫游设置，添加“场景 4”。

图 4-58

图 4-59

（9）漫游设置完成后，可以用鼠标右键单击场景名称，在弹出的快捷菜单中选择“播放动画”命令，或执行“视图”→“动画”→“播放”命令进行播放，如图 4-60 和图 4-61 所示。

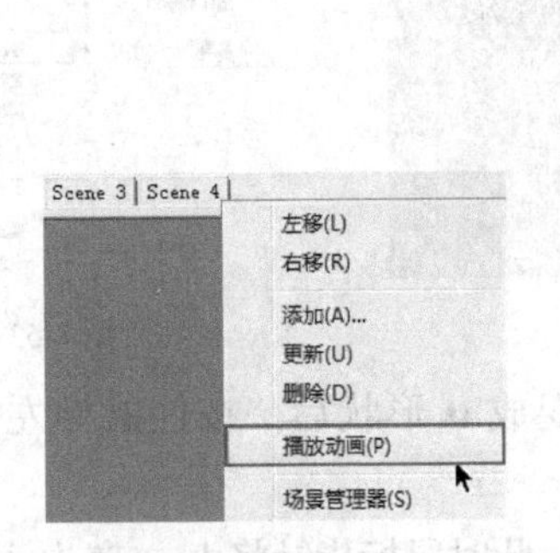

图 4-60

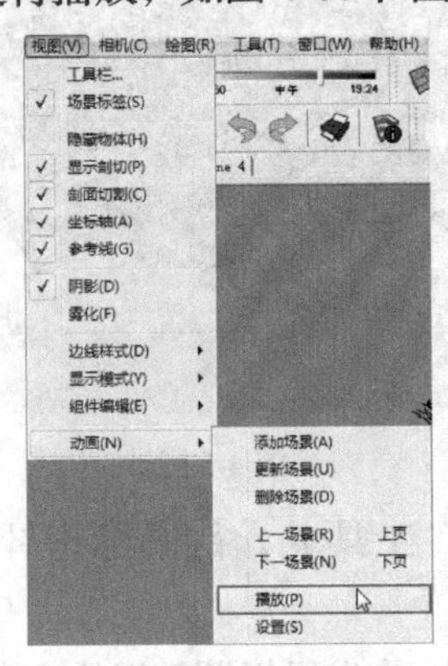

图 4-61

（10）默认的参数设置下动画播放速度通常过快，此时可以执行“视图”→“动画”→“演示设置”命令，如图 4-62 所示，进入“模型信息”面板中的“动画”选项进行参数调整，如图 4-63 所示。

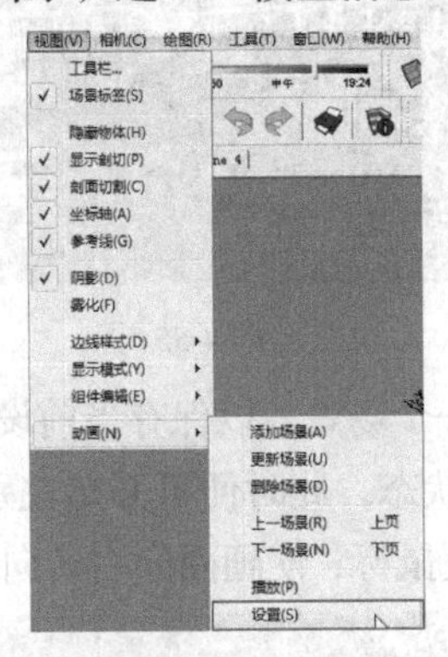

图 4-62

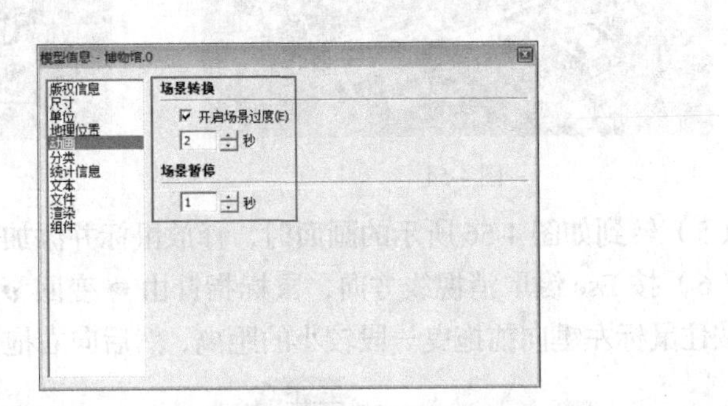

图 4-63

4.2.2 “环绕观察”工具

在任意视图中旋转，可以快速观察模型各个角度的效果。单击“相机”工具栏中的“环绕观察”按钮，按住鼠标左键进行拖曳，即可对视图进行旋转，如图 4-64 ~ 图 4-66 所示。

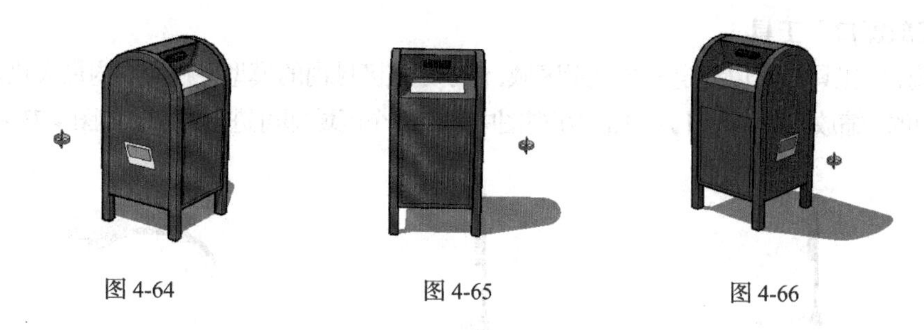

图 4-64　　图 4-65　　图 4-66

4.2.3 “平移”工具

“平移”工具可以保持主视图内模型显示大小比例不变，整体移动视图进行任意方向的调整，以观察到当前未显示在视图内的模型。单击“相机”工具栏中的“平移”按钮，当视图中出现抓手图标时，拖曳鼠标即可进行视图的平移操作，如图 4-67 ~ 图 4-69 所示。

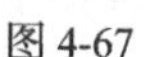

图 4-67　　图 4-68　　图 4-69

提示

默认设置下“平移”工具的快捷键为 H。此外，按住 Shift 键的同时滚动鼠标滚轮，同样可以进行平移操作。

4.2.4 “缩放”工具

通过“缩放”工具可以调整模型在视图中的显示大小，从而进行整体效果或局部细节的观察，SketchUp 在“相机”工具栏内提供了多种视图缩放工具。

◆ **“缩放”工具**

“缩放”工具用于调整整个模型在视图中的大小。单击“相机”工具栏中的“缩放”按钮，按住鼠标左键不放，从屏幕下方向上方拖曳是扩大视图，从屏幕上方向下方拖曳是缩小视图，如图 4-70 ~ 图 4-72 所示。

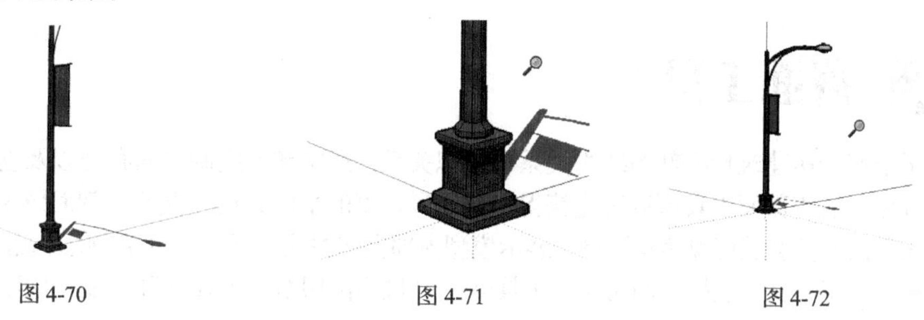

图 4-70　　图 4-71　　图 4-72

◆ “缩放窗口”工具

“缩放窗口”工具可以划定一个显示区域，位于划定区域内的模型将在视图内最大化显示。单击“相机”工具栏中的“缩放窗口”按钮，然后在视图中划定一个区域即可进行缩放，如图 4-73 ~ 图 4-75 所示。

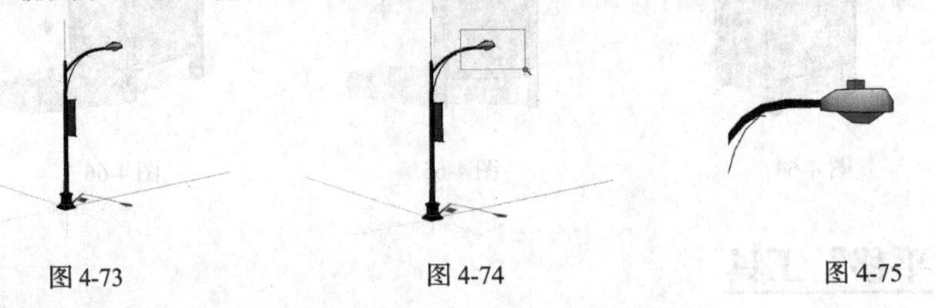

图 4-73　　图 4-74　　图 4-75

◆ “充满视窗”工具

“充满视窗”工具可以快速地将场景中所有可见模型以屏幕的中心为中心进行最大化显示。其操作步骤非常简单，直接单击“相机”工具栏中的“充满视窗”按钮即可，如图 4-76 和图 4-77 所示。

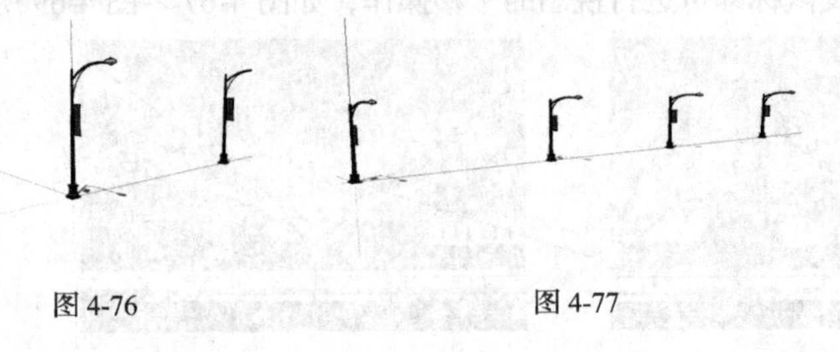

图 4-76　　图 4-77

默认设置下“缩放”工具的快捷键为 Z。此外，前后滚动鼠标的滚轮同样可以进行缩放操作。

4.2.5 “上一视图”工具

在进行视图操作时，难免出现误操作，使用“相机”工具栏中的“上一视图”工具，可以进行视图的撤销与返回，如图 4-78 ~ 图 4-80 所示。

图 4-78　　图 4-79　　图 4-80

4.3 截面工具

为了准确表达建筑物内部的结构关系与组织关系，通常需要绘制平面布局以及立面、剖面图。在 SketchUp 中，运用截面工具可以快速获得当前场景模型的平面布局与立面、剖面效果。另外，可以方便地对无图内部模型进行观察和编辑，展示模型内部空间关系，减少编辑模型时所需的隐藏操作。

“截面”工具栏中包括“剖切面”工具、“显示剖切面”工具和“显示剖面切割”工具，如图 4-81 所示。

4.3.1 课堂实例——导出室内剖面

【学习目标】掌握截面工具的使用方法。

【知识要点】通过导出剖面的操作方法，导出室内剖面，如图 4-82 所示。

【所在位置】素材 \ 第 4 章 \ 4.3.1 \ 导出室内剖面 .skp。

图 4-81　　图 4-82

（1）打开配套学习资源“素材 \ 第 4 章 \ 4.3.1\ 导出室内剖面 .skp”，执行“文件”→“导出”→“剖面”命令，如图 4-83 所示。

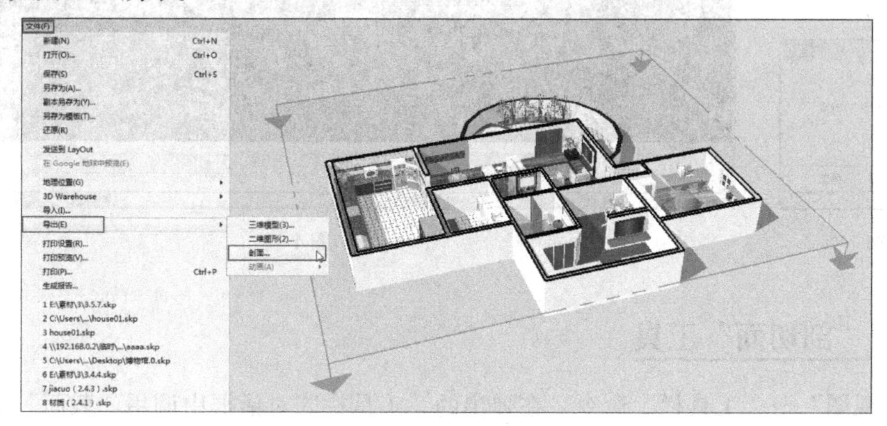

图 4-83

（2）在弹出的“输出二维剖面”对话框中设置参数，在“文件名”文本框中输入名称，设置保存路径，并将文件类型设置为“AutoCAD DWG File（*.dwg）”格式，如图 4-84 所示。

（3）单击“输出二维剖面”对话框中的“选项”按钮，在弹出的“二维剖面选项”对话框中设置参数，如图 4-85 所示。

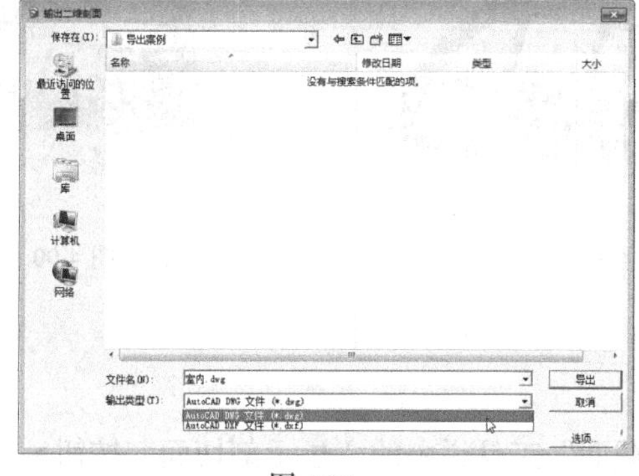

图 4-84

图 4-85

（4）设置完成后单击“确定”按钮，并返回“输出二维剖面”对话框，单击“导出”按钮，完成场景中剖面的导出。

（5）导出完成后自动弹出提示信息对话框，单击确定按钮，即室内剖面导出完成，如图 4-86 所示。

（6）将导出的文件在 AutoCAD 中打开，如图 4-87 所示。

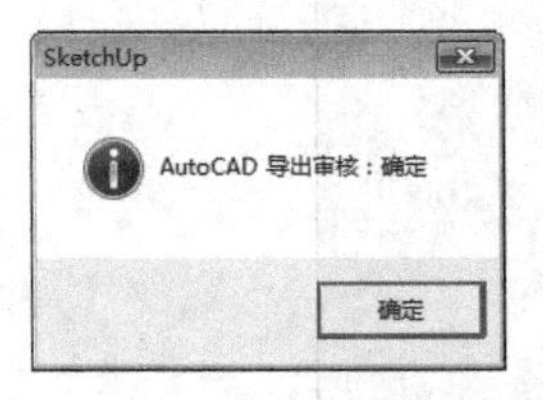

图 4-86

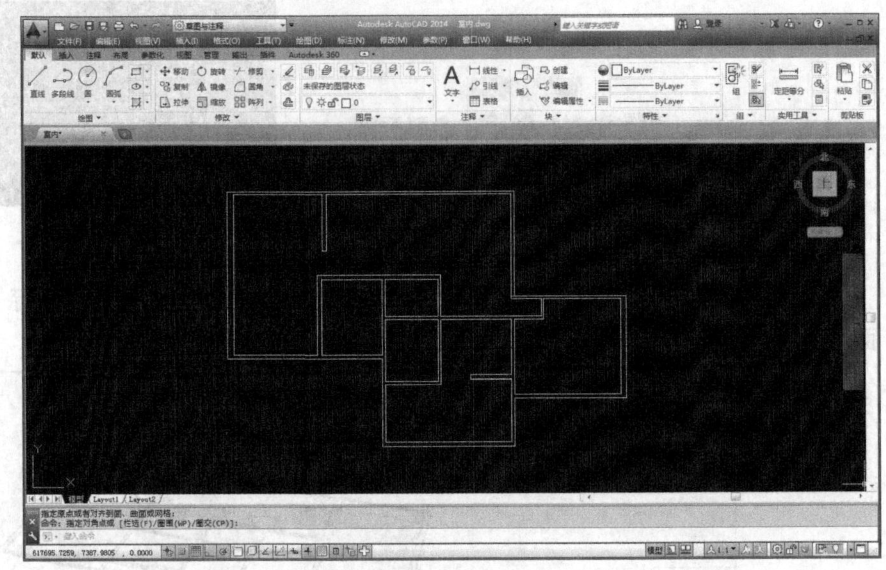

图 4-87

4.3.2 “剖切面”工具

执行“视图”→“工具栏”命令，在弹出的“工具栏”对话框中调用“截面”工具栏，如图 4-88 所示。在“截面”工具栏中单击“剖切面”按钮，在场景中拖曳鼠标即可创建截面，如图 4-89 所示。截面创建完成后，将自动调整到与当前模型面积大小接近的形状，如图 4-90 所示。

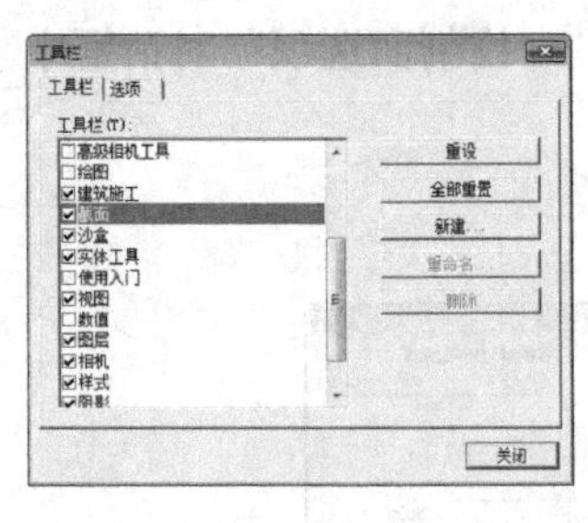

图 4-88

图 4-89

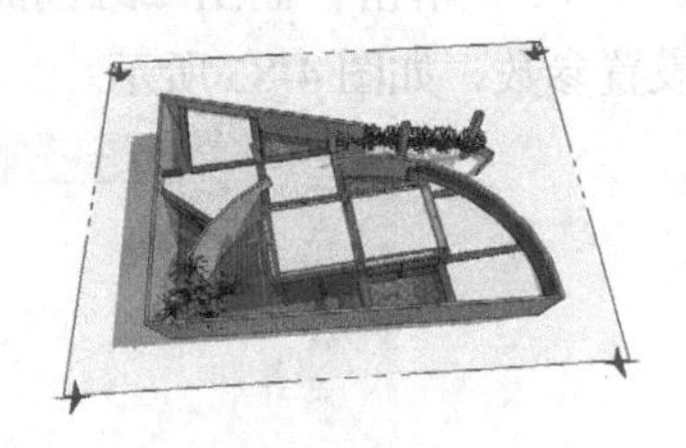

图 4-90

4.3.3 剖切面的隐藏、显示

创建截面并调整好截面位置后，单击“截面”工具栏中的“显示剖切面”按钮，即可将截面隐藏而保留截面效果，如图 4-91、图 4-92 所示。再次单击按钮，又可重新显示之前隐藏的截面，如图图 4-93 所示。

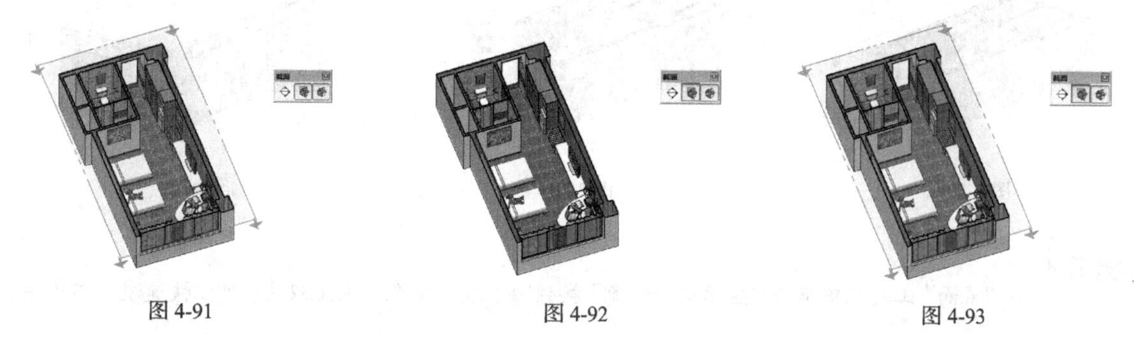

图 4-91　　图 4-92　　图 4-93

此外，在截面上单击鼠标右键并选择快捷菜单中的“隐藏”命令，同样可以进行截面的隐藏，如图 4-94 和图 4-95 所示。此外，执行“编辑”→“取消隐藏”→“全部”命令，可以重新显示隐藏的截面，如图 4-96 所示。

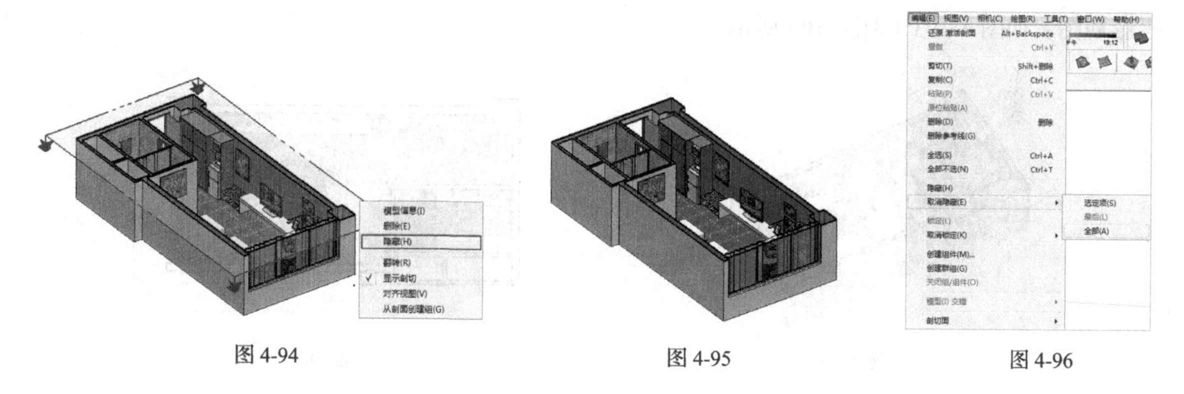

图 4-94　　图 4-95　　图 4-96

4.3.4 剖切面的翻转

在截面上单击鼠标右键，选择快捷菜单中的“翻转”命令，可以使截面反向，如图 4-97 ~ 图 4-99 所示。

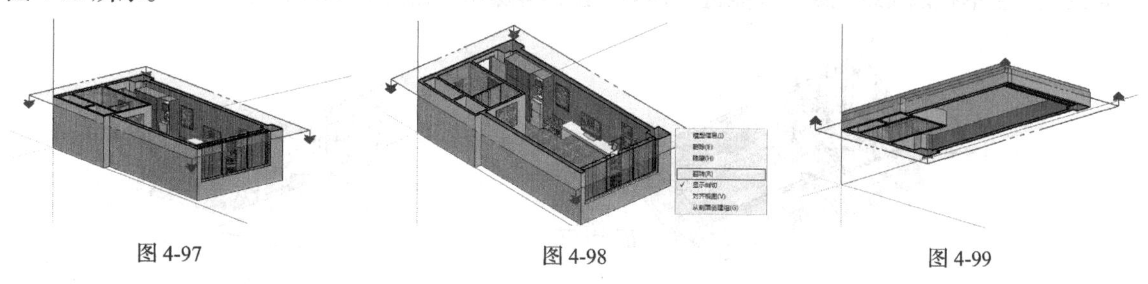

图 4-97　　图 4-98　　图 4-99

4.3.5 剖切面的激活与冻结

在截面上单击鼠标右键，取消快捷菜单中“显示剖切”命令的选择，可以使截面效果暂时失效，如图 4-100 ~ 图 4-102 所示。再次选中该命令，即可恢复截面效果。

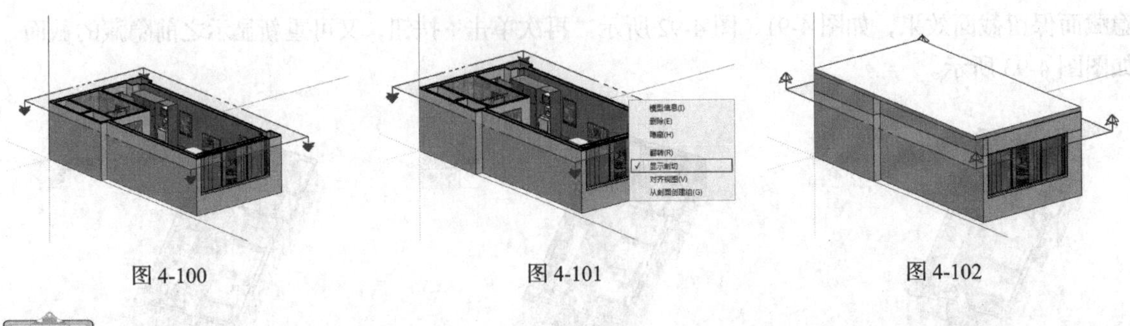

图 4-100　　图 4-101　　图 4-102

提示

在“截面”工具栏中单击“显示剖面切割”按钮，或直接在截面上双击，可以快速激活与冻结。

4.3.6 对齐到视口

在截面上单击鼠标右键，选择快捷菜单中的“对齐视图”命令，可以将视图自动对齐到截面的投影视图，如图 4-103 和图 4-104 所示。

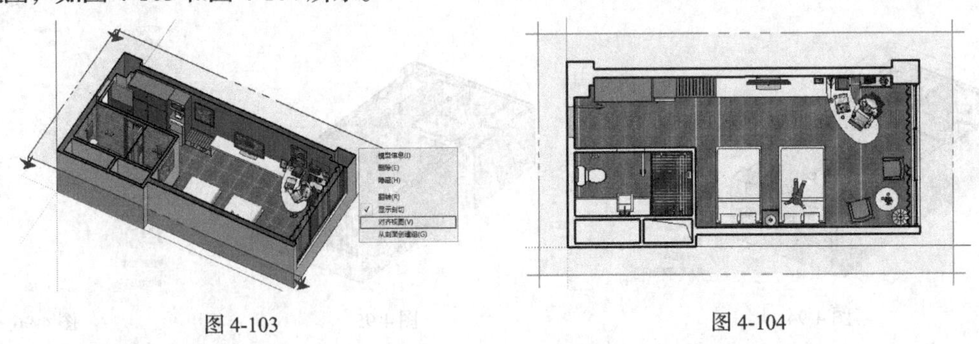

图 4-103　　图 4-104

4.3.7 从剖面创建组

在截面上单击鼠标右键，选择快捷菜单中的“从剖面创建组”命令，如图 4-105 所示，可以在截面位置产生单独截面线效果，并能进行移动、拉伸等操作，如图 4-106 所示。

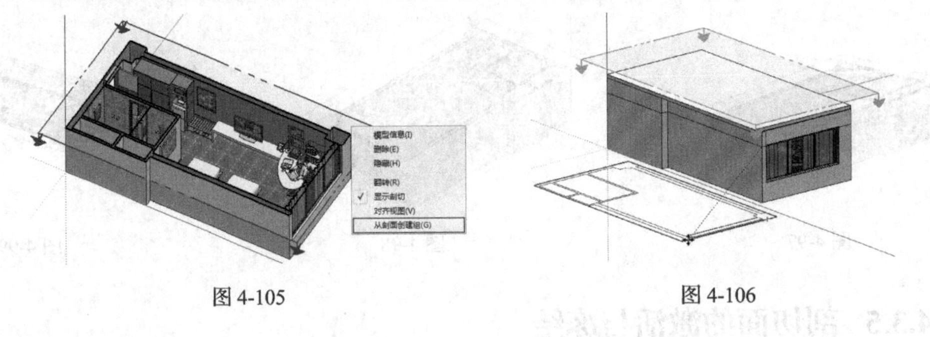

图 4-105　　图 4-106

4.3.8 导出剖面

SketchUp 中的剖面主要由两种方法导出。

◆ **导出二维光栅图像**

将剖切视图导出为光栅图像文件，只要模型视图中含有激活的剖切面，任何光栅图像导出都会包括剖切效果，如图 4-107 所示。

◆ **导出二维矢量的剖面切面**

SketchUp 可将激活的剖面切片导出为 DWG 或 DXF 格式的文件，这两种格式的文件可以直接应用于 AutoCAD 中，如图 4-108 所示。

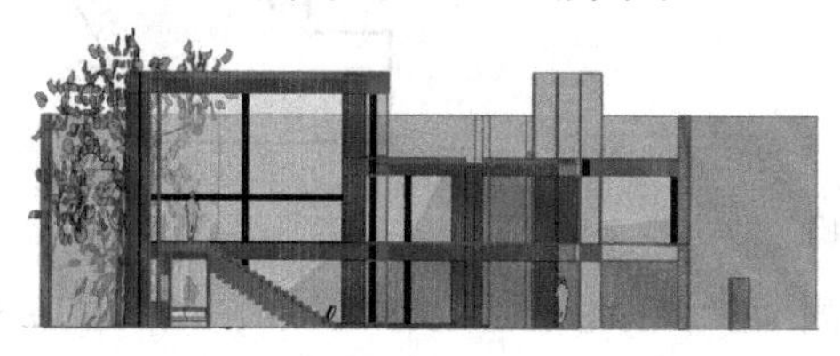

图 4-107

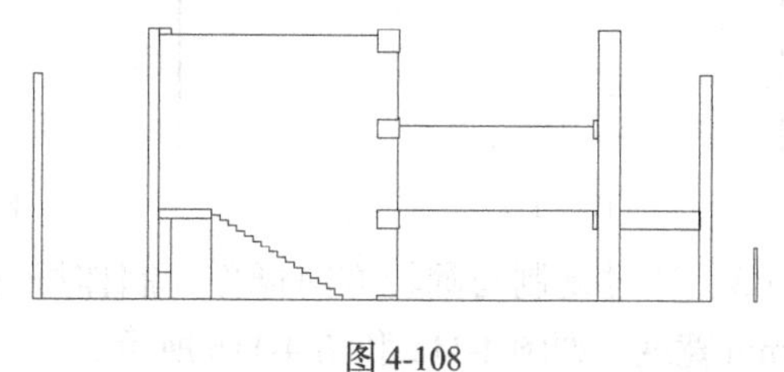

图 4-108

4.4 视图工具

在使用 SketchUp 进行方案推敲的过程中，会经常需要切换不同的视图模式，以确定模型创建的位置或观察当前模型的细节效果，因此熟练地对视图进行操控是掌握 SketchUp 其他功能的前提。本节主要介绍通过“视图”工具栏在界面中查看模型的方法。

4.4.1 课堂实例——制作石桥

【学习目标】掌握视图工具的使用方法。

【知识要点】通过绘图工具和编辑工具，再结合视图工具，制作石桥模型，如图 4-109 所示。

【所在位置】素材 \ 第 4 章 \ 4.4.1\ 石桥 .skp。

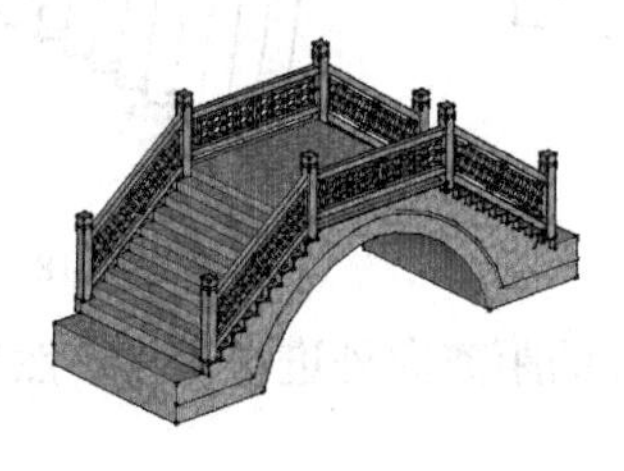

图 4-109

（1）结合“卷尺”工具、“直线”工具及“圆弧”工具，绘制出桥梁截面图形，如图 4-110 和图 4-111 所示。

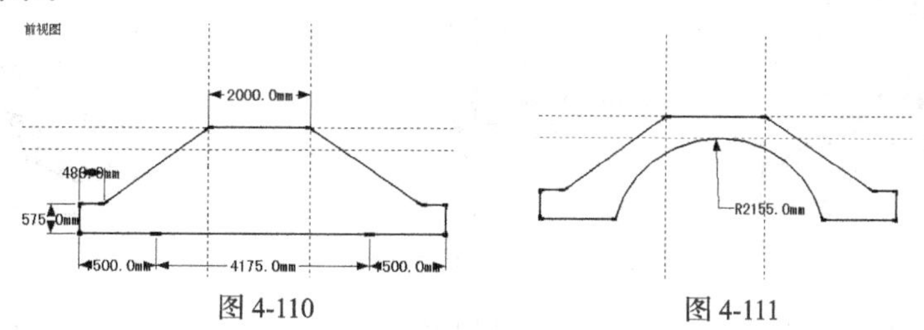

图 4-110　　图 4-111

（2）使用“直线”工具，绘制出踏步线条，然后选择进行多重移动复制，如图 4-112 ~ 图 4-114 所示。

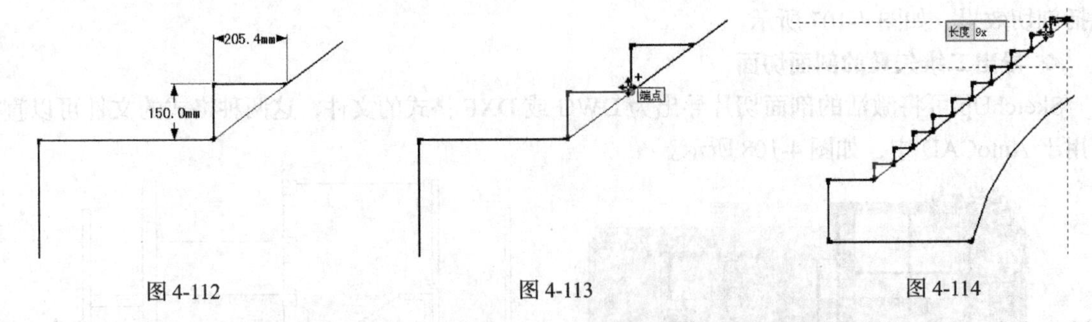

图 4-112　　图 4-113　　图 4-114

（3）通过复制与翻转方向操作，制作好另一侧踏步线条，然后使用“推 / 拉”工具制作 2420mm 宽度，如图 4-115 和图 4-116 所示。

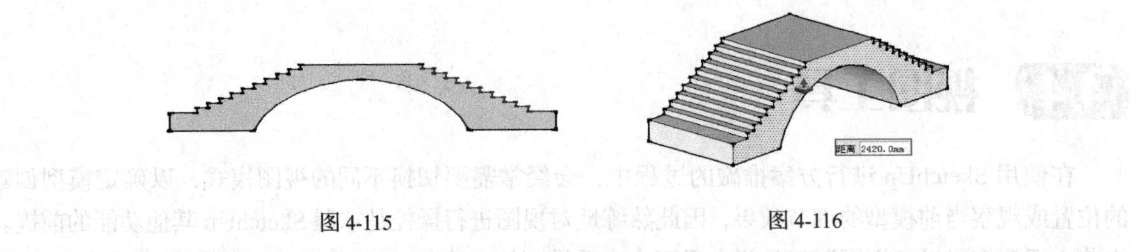

图 4-115　　图 4-116

（4）选择边沿线条，使用“偏移”工具及“直线”工具制作石板截面，如图 4-117 和图 4-118 所示。

（5）使用“推 / 拉”工具，选择截面进行复制推拉，制作出石板细节效果，如图 4-119 所示。

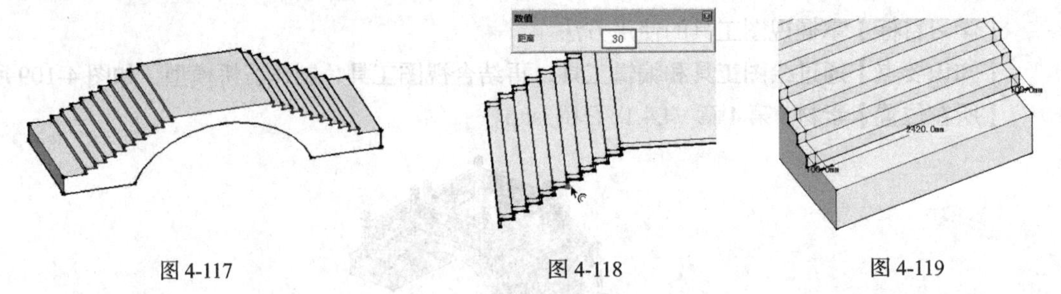

图 4-117　　图 4-118　　图 4-119

（6）选择底部边线，以 275mm 的距离向外进行偏移，然后创建一个圆形截面，如图 4-120 和图 4-121 所示。

（7）使用“路径跟随”工具，制作出侧面线条细节，然后将其整体复制至对侧，如图 4-122 和图 4-123 所示。

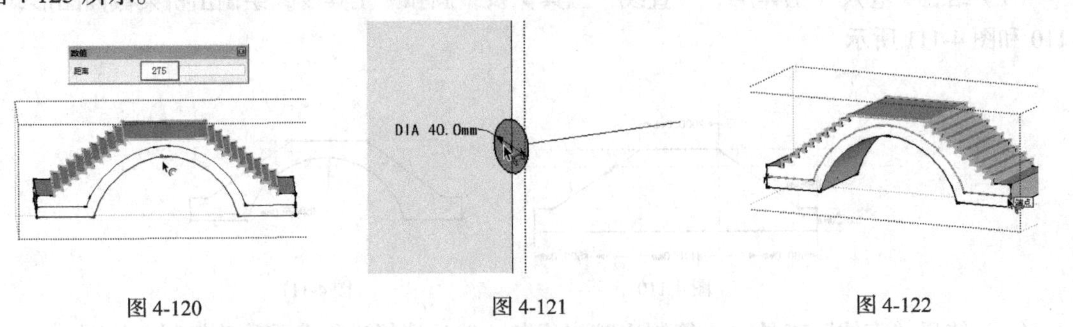

图 4-120　　图 4-121　　图 4-122

（8）打开“组件”面板，合并之前创建好的中式护栏模型，然后进行初步对位，如图 4-124 和图 4-125 所示。

图 4-123　　图 4-124　　图 4-125

（9）结合使用“移动”工具、“旋转”工具及“缩放”工具，调整外部栏杆效果，如图 4-126 和图 4-127 所示。

（10）结合使用“直线”工具与“推 / 拉”工具，调整好内部栅格效果，然后复制出右侧斜向护栏并调整好朝向，如图 4-128 ～图 4-130 所示。

（11）左右两侧斜向栏杆制作完成后，通过“缩放”工具制作好中部护栏，然后整体复制出后方护栏，如图 4-131 和图 4-132 所示。

（12）打开“材料”面板，赋予模型整体石头材质，整体效果如图 4-133 和图 4-134 所示。

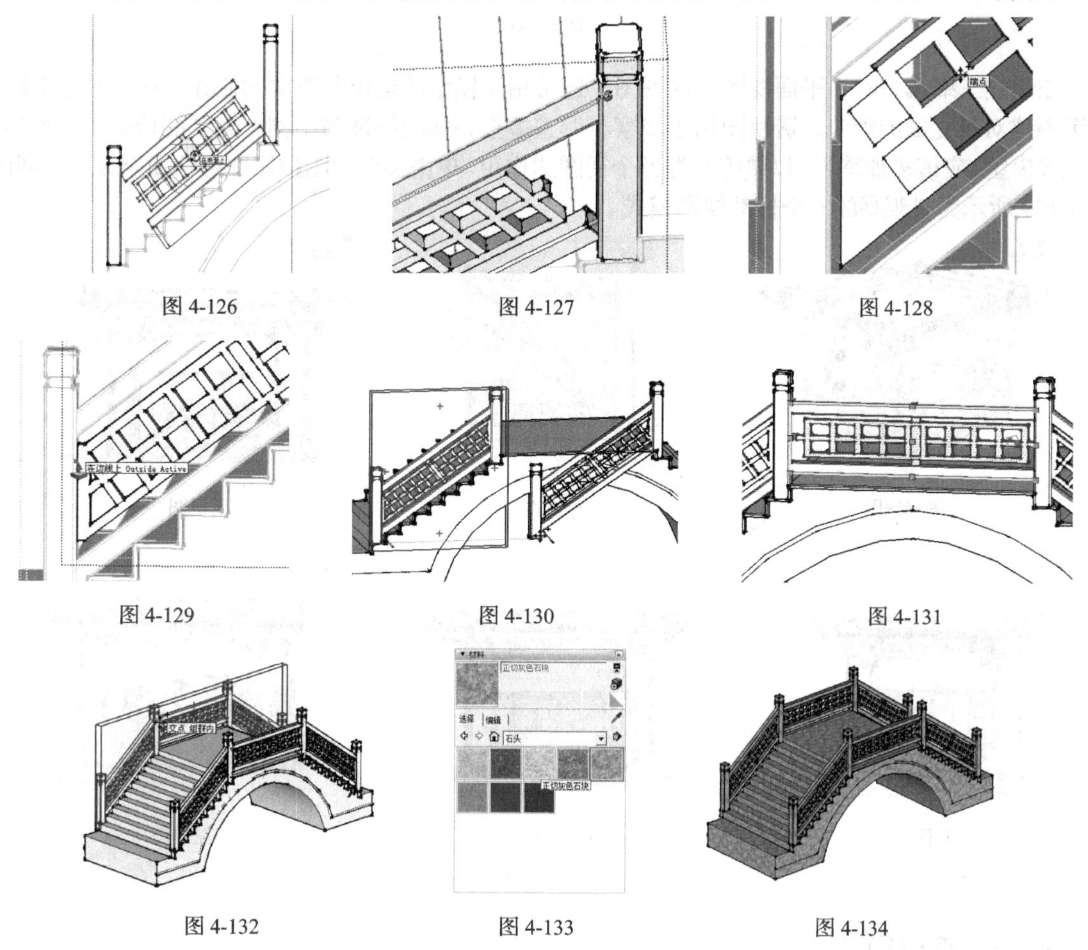

图 4-126　　图 4-127　　图 4-128

图 4-129　　图 4-130　　图 4-131

图 4-132　　图 4-133　　图 4-134

（13）在“视图”工具栏中单击“前视图”按钮，查看石桥模型的前视图效果，如图 4-135 所示；再单击“右视图”按钮，效果如图 4-136 所示；最后单击“后视图”按钮，查看效果，如图 4-137 所示。

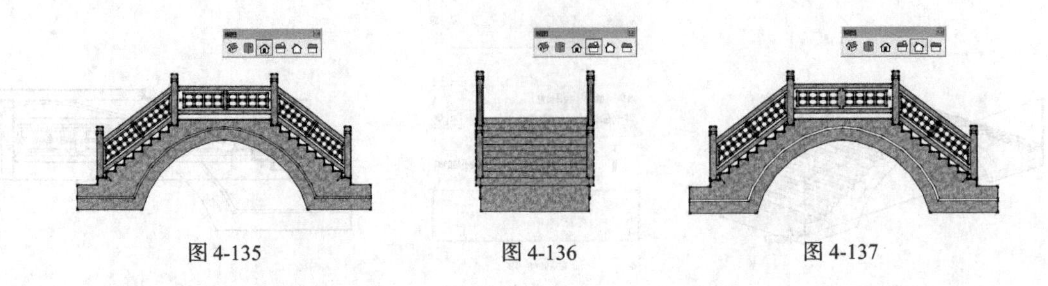

图 4-135　　图 4-136　　图 4-137

4.4.2 在视图中查看模型

“视图”工具栏主要用于将当前视图快速切换为不同的标准视图模式，包括 6 种视图方式，从左至右分别为等轴视图、俯视图、前视图、右视图、后视图和左视图，如图 4-138 所示。

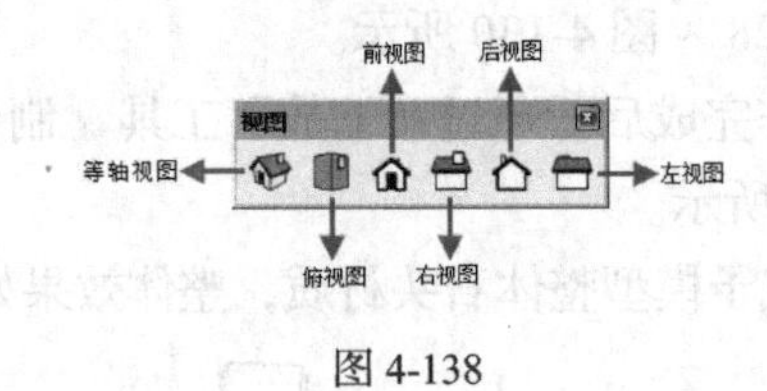

图 4-138

在建立三维模型时，平面视图（俯视图）通常用于模型的定位与轮廓的制作，而各个立面图则用于创建对应立面的细节，透视图用于观察、调整模型整体的特征与比例。为了能快捷、准确地绘制三维模型，应该多加练习，以熟练掌握各个视图的作用。单击某个视图按钮即可切换至相应的视图，图 4-139 所示为景观亭的 6 个标准视图模式。

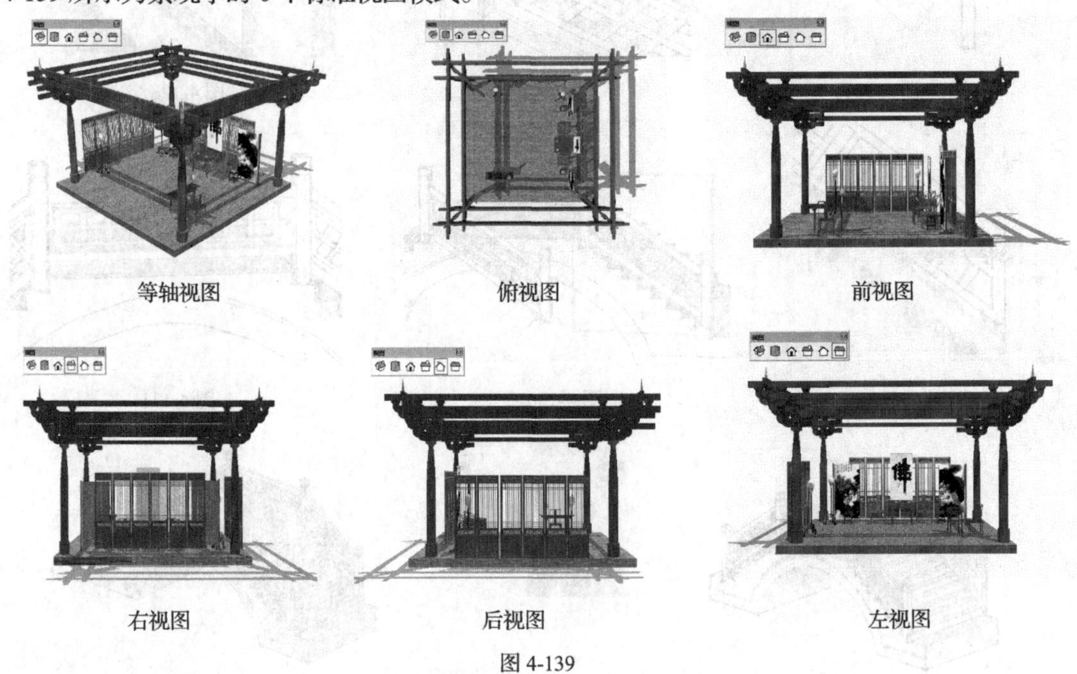

图 4-139

4.4.3 透视模式

透视模式是模拟眼睛观察物体和空间的三维尺度的效果。透视模式可以通过执行“相机”“透视图”命令，或者在“视图”工具栏中使用“等轴”工具切换，如图 4-140 所示。

切换到透视模式时，相当于从三维空间的某一点来观察模型。所有的平行线会相交于屏幕上的同一个消失点，物体沿一定的入射角度收缩和变短。图 4-141 所示为透视模式下的景观亭平行线显示效果。

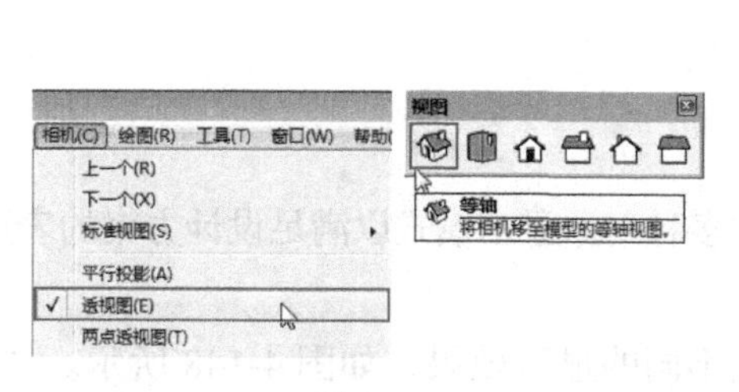

图 4-140

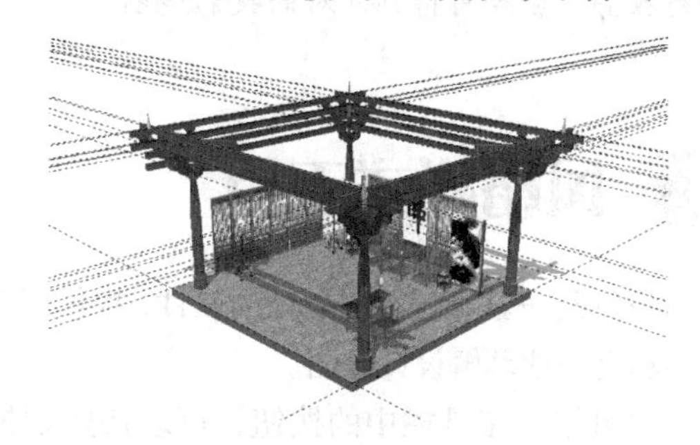

图 4-141

透视效果会随着当前场景的视角而发生相应变化，图 4-142 ～图 4-144 所示为在不同视角激活透视模式的效果。

图 4-142

图 4-143

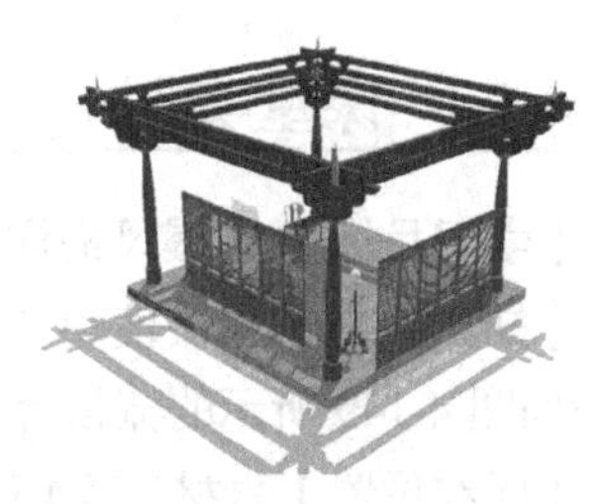

图 4-144

4.4.4 轴测模式

轴测模式相当于三向投影图，即 SketchUp 中的平行投影模式。等轴测投影图模拟三维物体沿特定角度产生平行投影图，其实只是三维物体的二维投影图。

轴测模式可以通过执行“相机”→“平行投影”命令激活，如图 4-145 所示。

在等轴测模式下，有 3 个等轴测面。如果用一个正方体来表示一个三维坐标系，那么在等轴测图中，这个正方体只有 3 个面可见，这 3 个面就是等轴测面，如图 4-146 所示。

这 3 个面的平面坐标系是各不相同的，因此，在绘制二维等轴测投影图时，首先要在左、上、右 3 个等轴测面中选择一个设置为当前等轴测面。

在轴测模式中，物体的投影不像在透视图中有消失点，所有的平行线在屏幕上仍显示为平行，如图 4-147 所示。

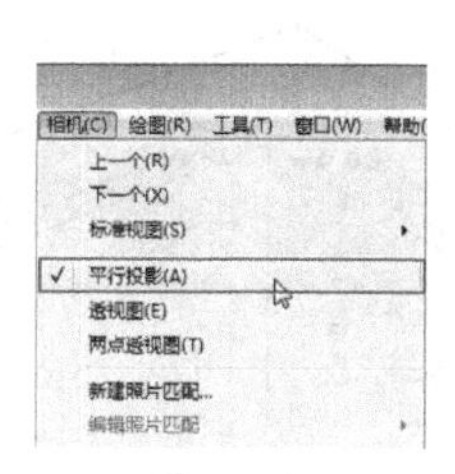

图 4-145

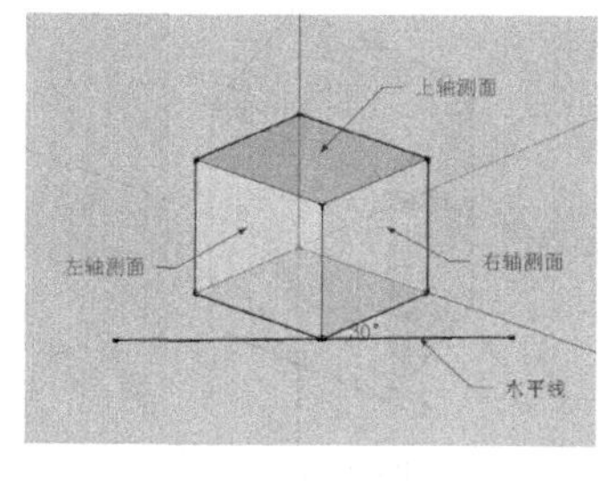

图 4-146

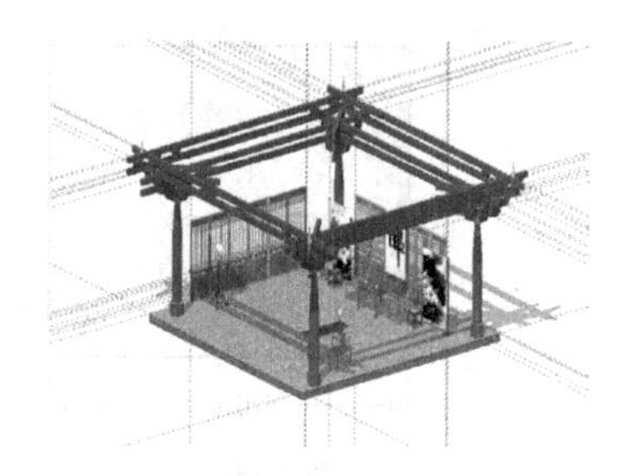

图 4-147

提示

SketchUp 默认设置为透视显示，因此所得到的平面与立面视图都非绝对的投影效果，执行“平行投影”命令可得到绝对的投影视图。

4.5 风格样式工具

SketchUp 是一款直接面向设计的软件，提供了很多种对象显示模式以满足设计方案的表达需求，让用户能够更好地理解设计意图。

单击“风格”工具栏中的按钮，可以快速切换不同的显示效果，如图 4-148 所示。“风格”工具栏提供了 7 种显示模式，同时又分为两部分，一部分为“X 光透视模式”模式和“后边线”模式，另一部分为“线框显示”模式、“消隐”模式、“阴影”模式、“材质贴图”模式和“单色显示”模式。然而，前部分不能脱离后部分而单独存在。

4.5.1 课堂实例——制作梳妆台

【学习目标】掌握风格样式工具的使用方法，巩固之前学习的绘图工具、编辑工具等。

【知识要点】主要使用“矩形”“圆弧”“卷尺”及“推 / 拉”工具，再结合风格样式工具，制作如图 4-149 所示的梳妆台模型。

【所在位置】素材 \ 第 4 章 \ 4.5.1\ 梳妆台 .skp。

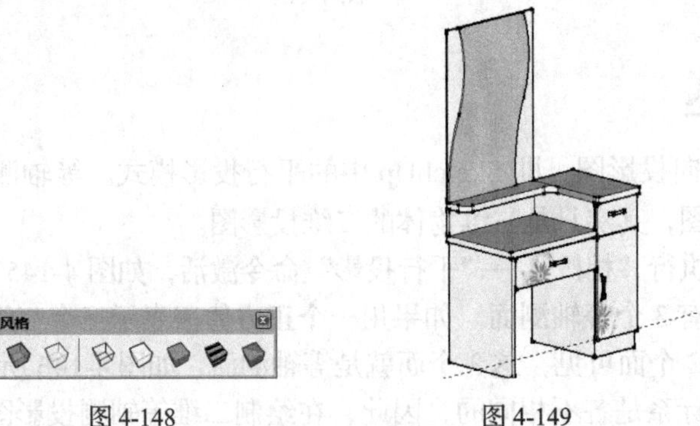

图 4-148　　图 4-149

（1）结合使用“矩形”工具与“推 / 拉”工具，依次推拉出梳妆台整体造型轮廓，如图 4-150~ 图 4-155 所示。

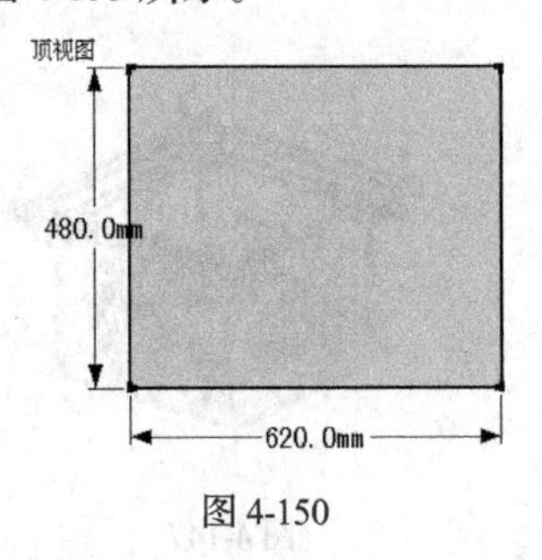

图 4-150

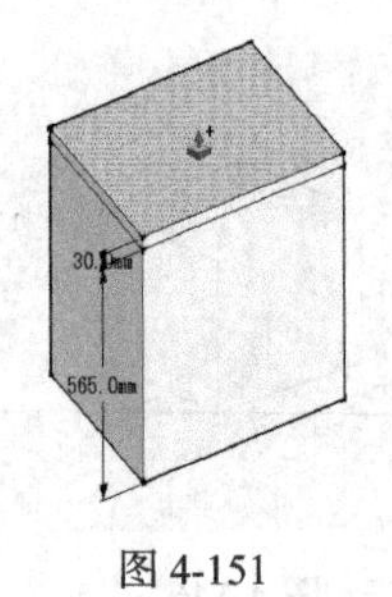

图 4-151

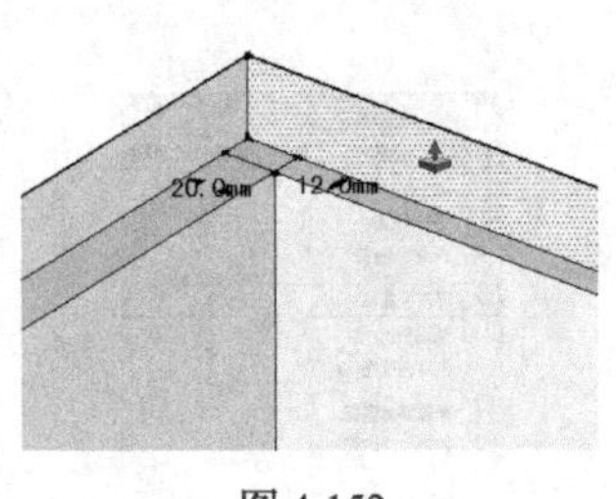

图 4-152

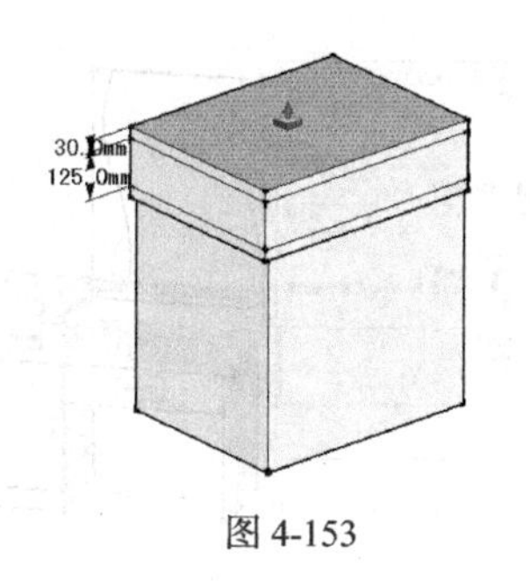
图 4-153

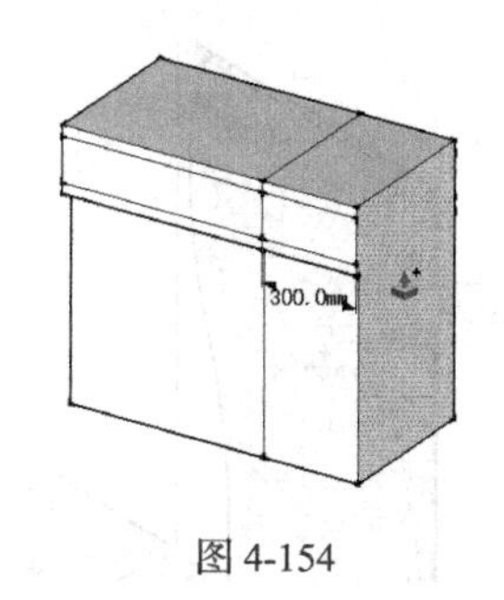

图 4-154

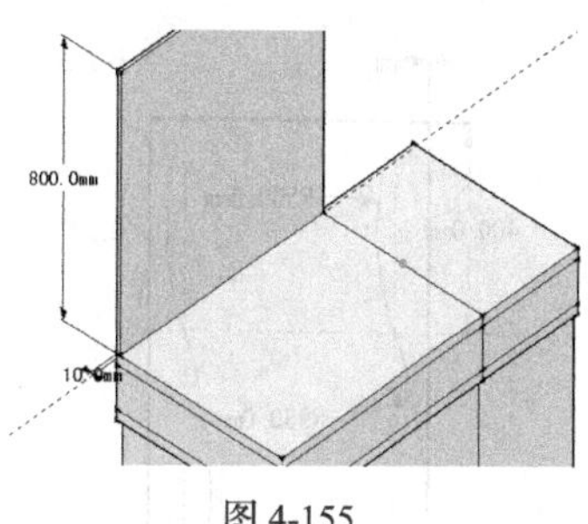

图 4-155

（2）结合使用“卷尺”工具、“直线”工具及“推 / 拉”工具，分割左下方模型面，并制作出抽屉与后部挡板细节，如图 4-156 和图 4-157 所示。

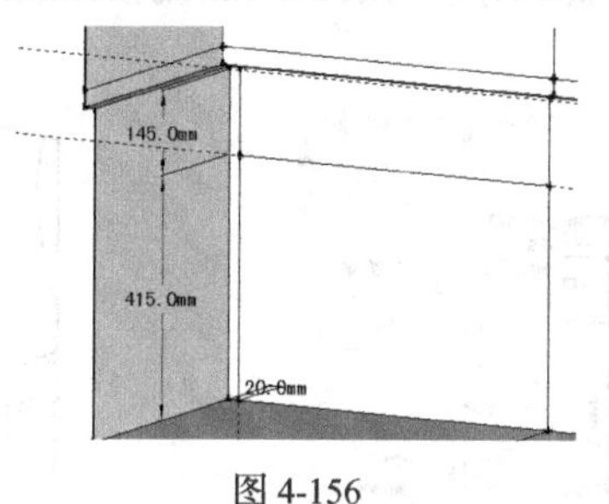

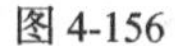
图 4-156

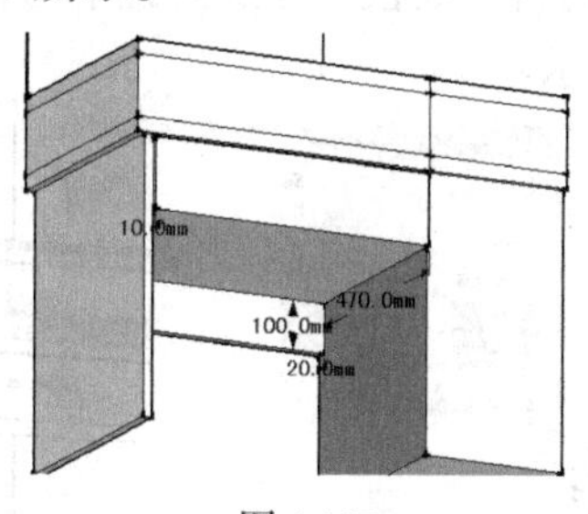

图 4-157

（3）结合使用“卷尺”工具、“直线”工具及“推 / 拉”工具，分割右侧模型面，并制作出抽屉与边沿细节，如图 4-158 ～图 4-160 所示。

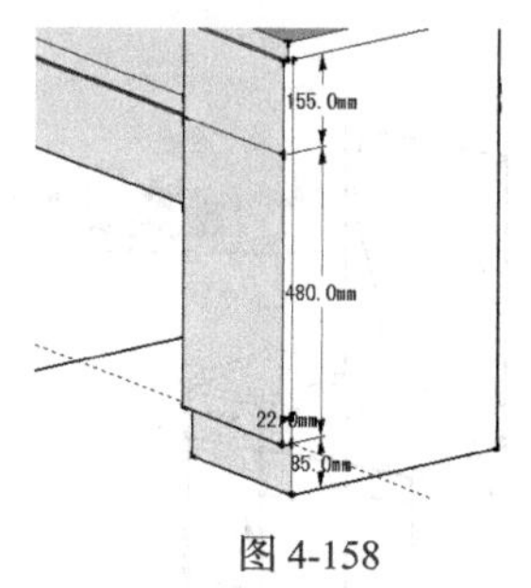

图 4-158

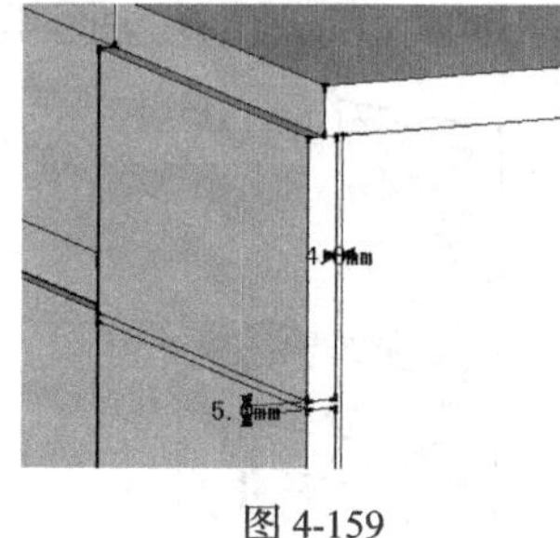
图 4-159

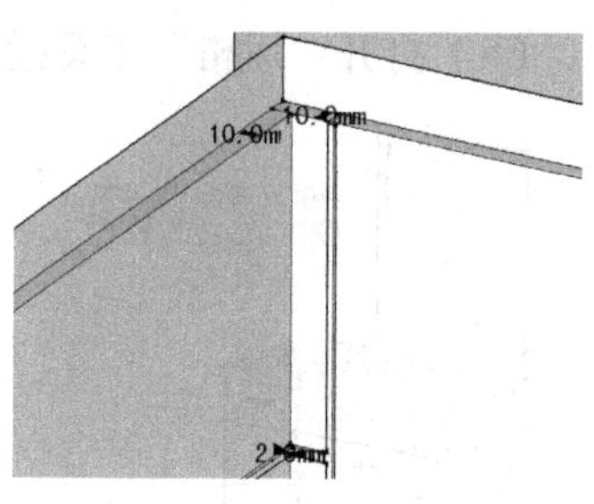
图 4-160

（4）使用“推 / 拉”工具，制作出左侧搁板深度，然后结合使用“卷尺”工具、“圆弧”工具分割出搁板造型，最后使用“推 / 拉”工具推出造型，如图 4-161~ 图 4-163 所示。

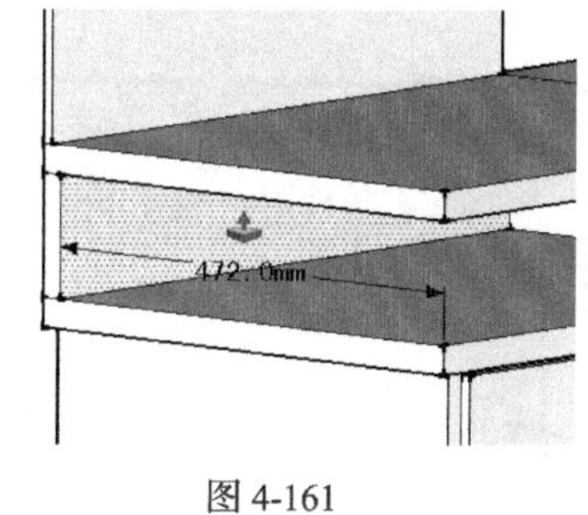

图 4-161

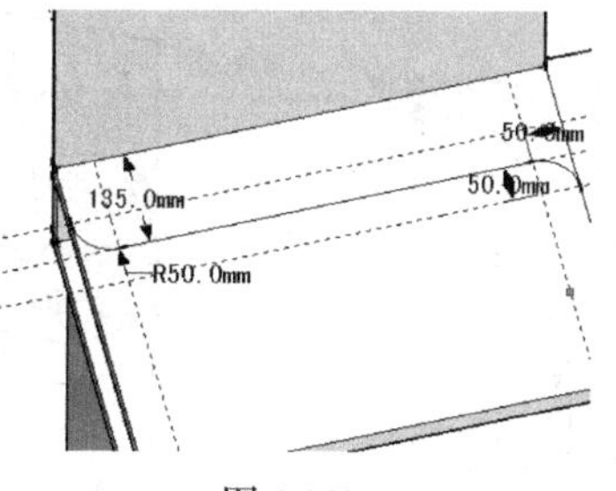

图 4-162

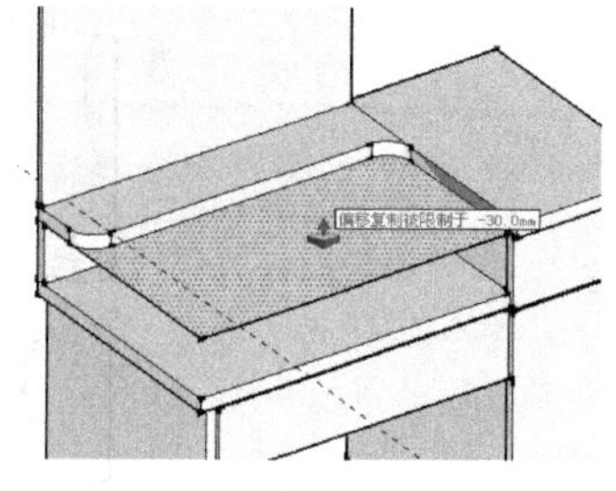
图 4-163

（5）结合使用“卷尺”工具、“圆弧”工具等分割出镜子轮廓，然后使用“推 / 拉”工具制作 10mm 厚度，如图 4-164 和图 4-165 所示。

（6）打开“组件”面板，合并拉手模型，然后进行复制与位置调整，如图 4-166 所示。

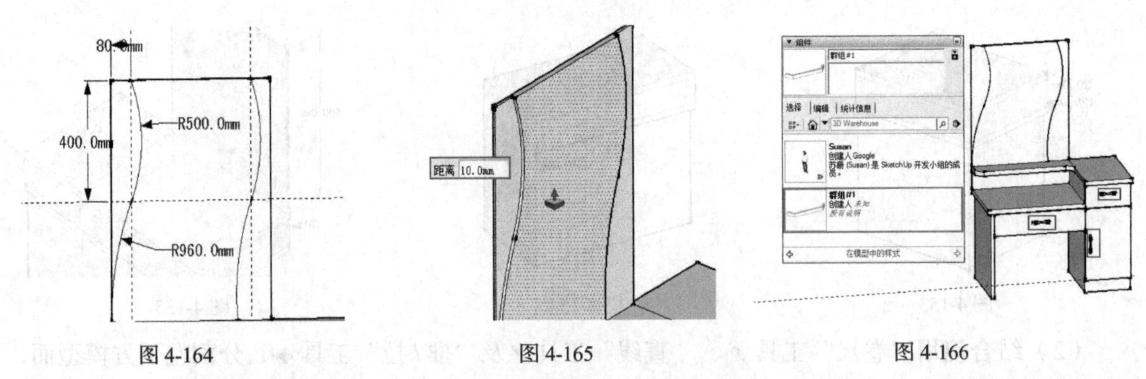

图 4-164　　图 4-165　　图 4-166

（7）打开“材料”面板，分别为镜子与柜面赋予对应材质，完成梳妆台最终模型效果，如图 4-167~ 图 4-169 所示。

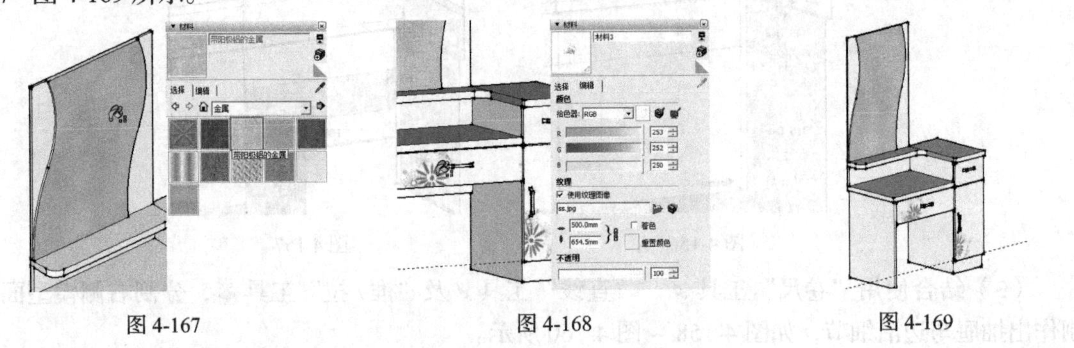

图 4-167　　图 4-168　　图 4-169

（8）打开“风格”工具栏，查看不同的显示效果，如图 4-170 所示。

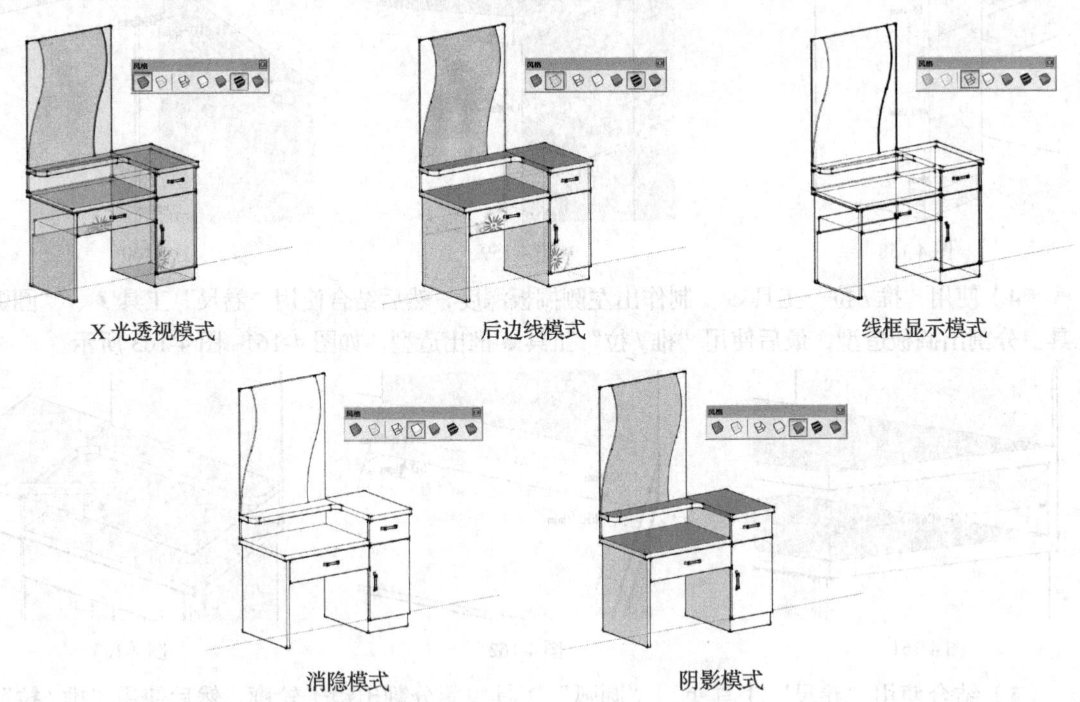

X 光透视模式　　后边线模式　　线框显示模式

消隐模式　　阴影模式

图 4-170

4.5.2 X 光透视模式

在进行室内设计或建筑设计时，有时需要直接观察室内构件及配饰等效果。图 4-171 所示为“X 光透视模式”与“阴影”模式显示效果，此模式下模型中所有的面都呈透明显示，不用进行任何模型的隐藏，即可对内部效果一览无余。

图 4-171

4.5.3 “后边线”模式

“后边线”是一种附加的显示模式，单击该按钮可以在当前显示效果的基础上以虚线的形式显示模型背面无法观察的线条。图 4-172 所示为“后边线”模式与“消隐”模式显示效果。

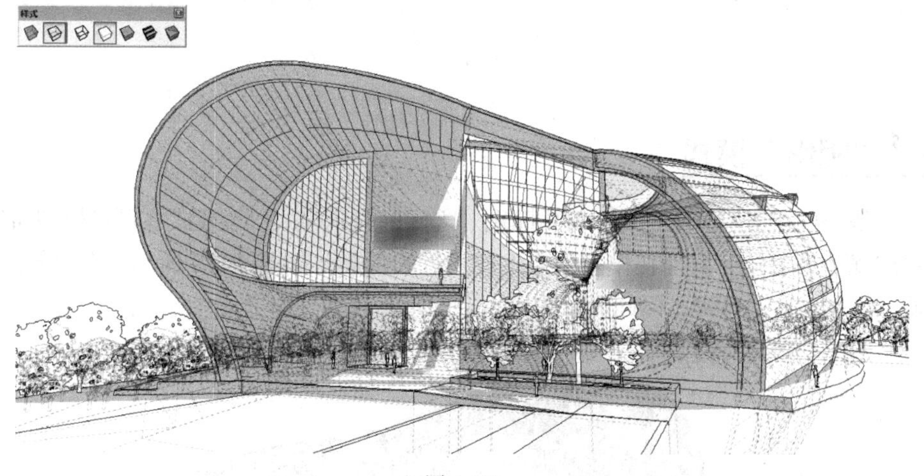

图 4-172

4.5.4 “线框显示”模式

“线框显示”是 SketchUp 中最节省系统资源的显示模式，其效果如图 4-173 所示。在该显示模式下，场景中所有对象均以实线显示，材质、贴图等效果将暂时失效。

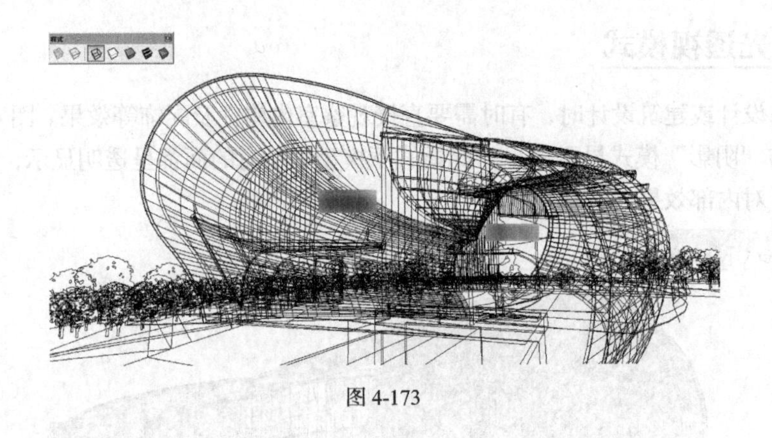

图 4-173

4.5.5 “消隐”模式

“消隐”模式仅显示场景中可见的模型面，此时大部分的材质与贴图会暂时失效，仅在视图中体现实体与透明材质的区别，因此是一种比较节省资源的显示方式，如图 4-174 所示。

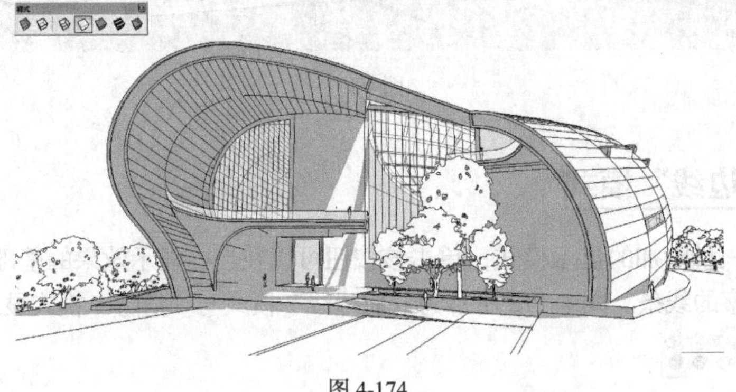

图 4-174

4.5.6 “阴影”模式

“阴影”是一种介于“消隐”与“材质贴图”之间的显示模式，该模式在可见模型面的基础上，根据场景已经赋予的材质，自动在模型面上生成相近的色彩，如图 4-175 所示。在该模式下，实体与透明材质的区别也有所体现，因此显示的模型空间感比较强烈。

图 4-175

提示

如果场景模型没有指定任何材质，则在“阴影”模式下模型仅以黄、蓝两色表明模型的正反面。

4.5.7 “材质贴图”模式

“材质贴图”是 SketchUp 中最全面的显示模式，该模式下材质的颜色、纹理及透明效果都将得到完整的体现，如图 4-176 所示。

图 4-176

提示

“材质贴图”显示模式十分占用系统资源，因此该模式通常用于观察材质及模型整体效果，在建立模型、旋转、平衡视图等操作时，则应尽量使用其他模式，以避免卡屏、迟滞等现象。此外，如果场景中模型没有赋予任何材质，该模式将无法应用。

4.5.8 “单色显示”模式

“单色显示”是一种在建模过程中经常用到的显示模式，该种模式用纯色显示场景中的可见模型面，以黑色实线显示模型的轮廓线，在较少占用系统资源的前提下，有十分强的空间立体感，如图 4-177 所示。

图 4-177

4.6 课堂练习——编辑铅笔

【知识要点】本节通过“三维文字”工具、“擦除”工具、“环绕观察”工具、“缩放窗口”工具，为铅笔添加文字和删除多余线条，如图 4-178 所示，加强命令的使用。

【所在位置】素材 \ 第 4 章 \ 4.6 \ 编辑铅笔 .skp。

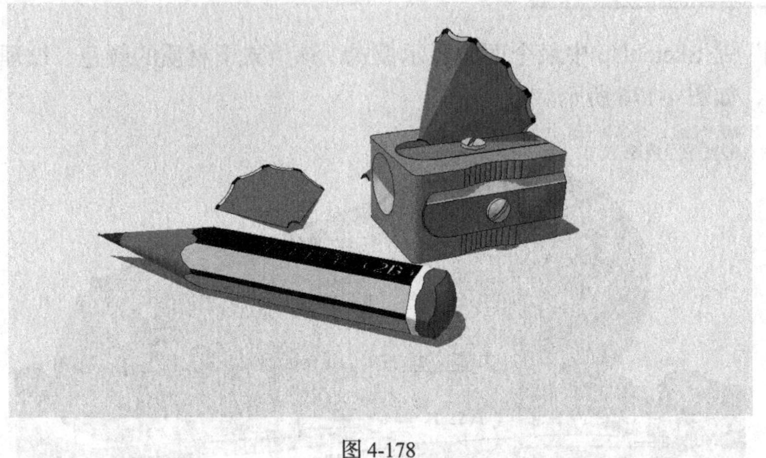

图 4-178

4.7 课后习题——标注办公桌

【知识要点】本节通过“剖切面”工具、“尺寸标注”工具，标注办公桌，如图 4-179 所示，加强命令的练习。

【所在位置】素材 \ 第 4 章 \ 4.7 \ 标注办公桌 .skp。

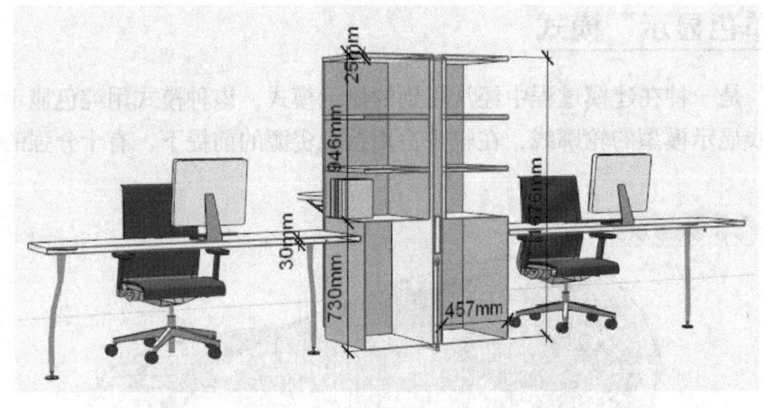

图 4-179

第5章 绘图管理工具

本章介绍

SketchUp 中的绘图管理工具可以对场景中的绘图工具及图元进行管理和设置。将工具和图元进行分类管理可以使绘图更加方便并显示不同的效果。正确运用SketchUp绘图管理工具，可以大大提高工作效率。

课堂学习目标

- 掌握图层工具的应用
- 掌握雾化工具的应用
- 掌握柔化边线的应用
- 掌握组件工具的应用

5.1 图层工具

图层是一个强有力的模型管理工具，可以对场景模型进行有效的归类，以方便进行隐藏、取消隐藏操作。执行“视图”→“工具栏”命令，弹出如图 5-1 所示“工具栏”对话框，选择“图层”复选框，打开“图层”工具栏，如图 5-2 所示。

执行“窗口”→“默认面板”→“图层”命令，可以打开如图 5-3 所示“图层”面板，图层的管理均通过“图层”面板完成。

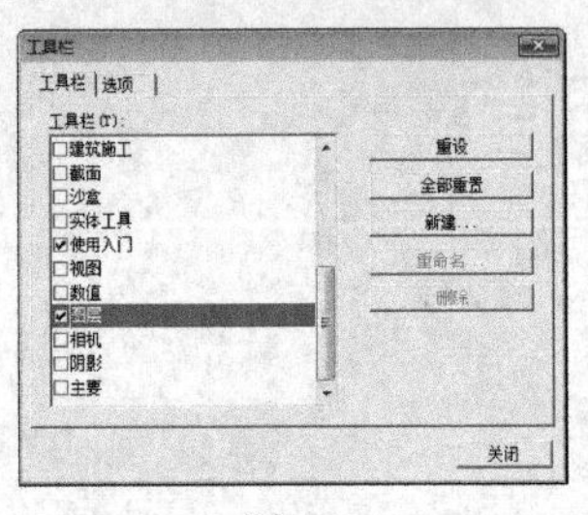

图 5-1

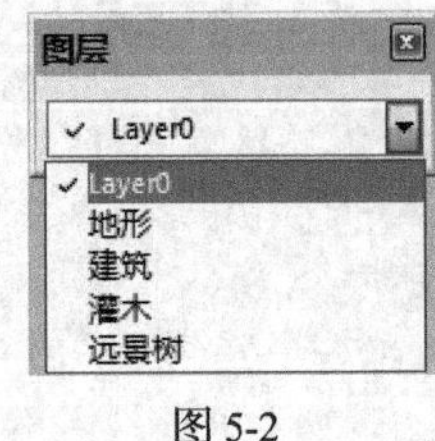

图 5-2

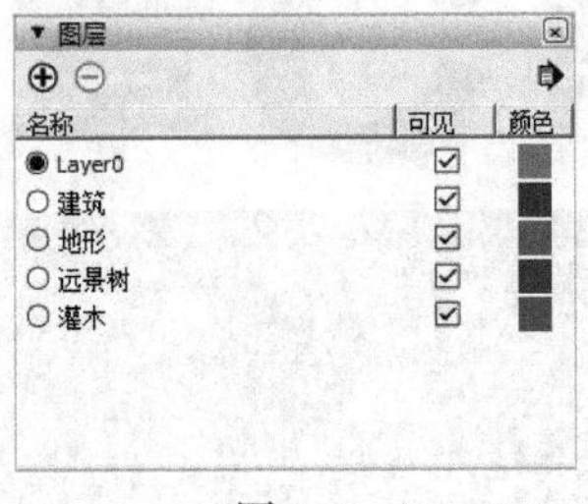

图 5-3

5.1.1 课堂实例——创建图层

【学习目标】掌握图层工具的使用方法。

【知识要点】通过图层工具，为艺术品创建图层，如图 5-4 所示。

【所在位置】素材\第 5 章\5.1.1\为艺术品创建图层 .skp。

图 5-4

（1）运行 SketchUp 2016，打开本案例素材文件“艺术品 .skp”，该场景中有酒瓶、台灯、花瓶、烛台、碟子、茶盘、茶具等模型，如图 5-5 所示。

（2）执行“窗口”→“默认面板”→“图层”命令，打开“图层”面板，如图 5-6 所示，只有一个默认的 Layer0 图层。

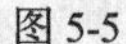

图 5-5

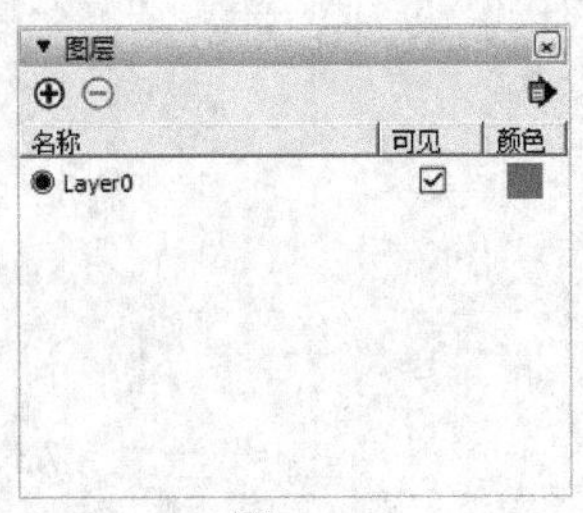

图 5-6

（3）单击“添加图层”按钮⊕，新建名称为“图层 1”的图层并处于在位编辑状态，输入名称为“酒瓶”，然后在外侧单击确认，如图 5-7 所示。

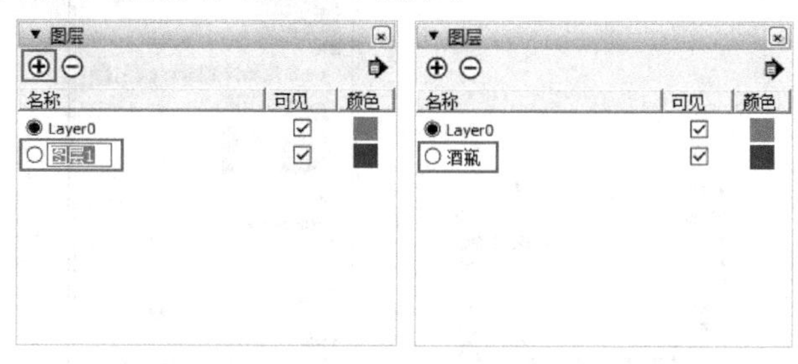

图 5-7

（4）使用同样的方法，新建其他图层，效果如图 5-8 所示。

（5）使用“选择”工具，选择组成酒瓶的所有组件，然后在“图层”工具栏的下拉列表中，选择“酒瓶”图层，为该物体设置对应的图层，如图 5-9 所示。

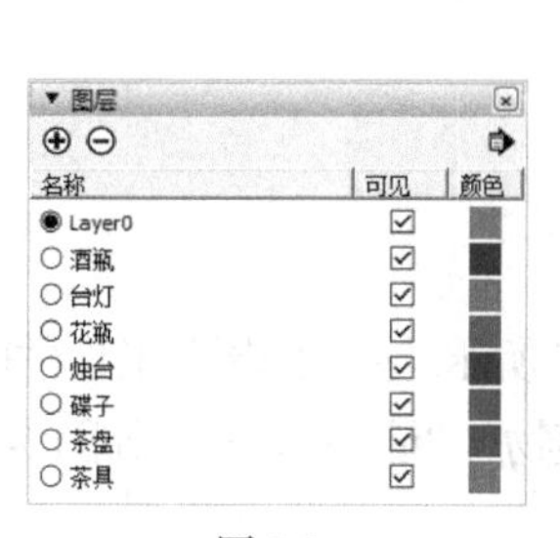

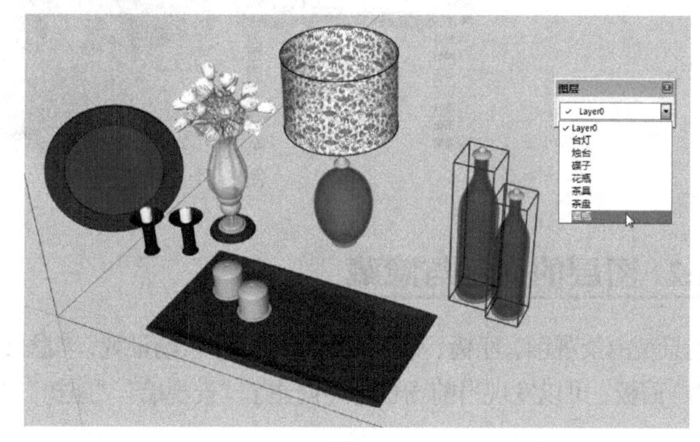

图 5-8

图 5-9

（6）根据同样的方法，将其他物体添加到对应名称的图层中，如图 5-10 所示。

（7）在“图层”面板中单击“详细信息”按钮，在弹出的下拉菜单中选择“图层颜色”命令，将物体根据图层的颜色显示出来，以不同的颜色来区分各图层上的物体，如图 5-11 所示。

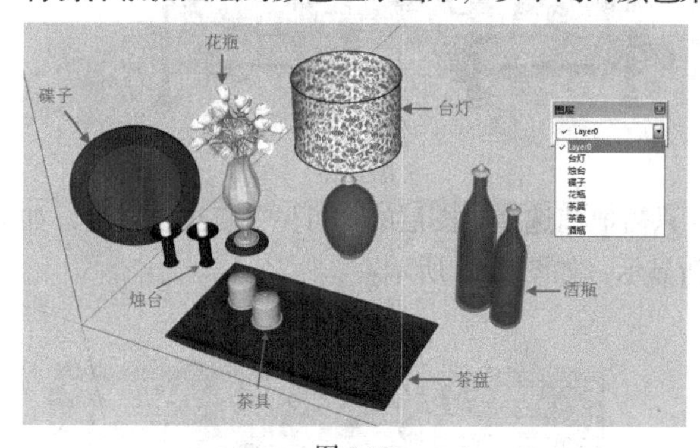

图 5-10

图 5-11

（8）此时“茶盘”和“茶具”图层的颜色有些接近。单击“茶具”图层对应的“颜色”按钮，如图 5-12 所示，弹出“编辑材质”对话框，在蓝色区域单击以拾取该颜色，再单击“确定”按钮，如图 5-13 所示。

通过设置，茶具的颜色变成蓝色，如图 5-14 所示。

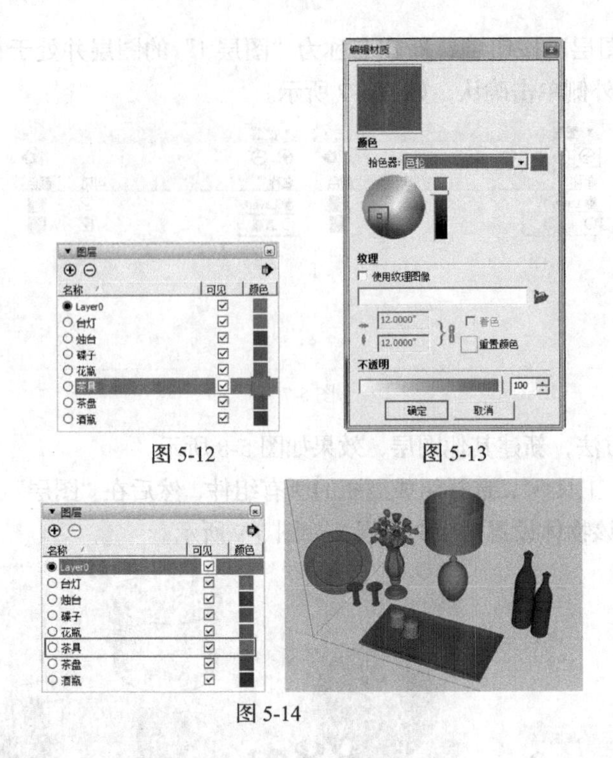

图 5-12　　图 5-13

图 5-14

5.1.2 图层的显示与隐藏

该场景是由景观墙、座椅、铺装及植物组成的广场景观，如图 5-15 所示。从“图层”工具栏打开“图层管理器”面板，可以发现当前场景已经创建了“景观墙”“座椅”“植物”“铺装”图层，如图 5-16 所示。

图 5-15

图 5-16

如果要关闭某个图层，使其不显示在视图中，只需取消选择该图层的“可见”复选框即可，如图 5-17 所示。再次选中复选框，则该图层又会重新显示，如图 5-18 所示。

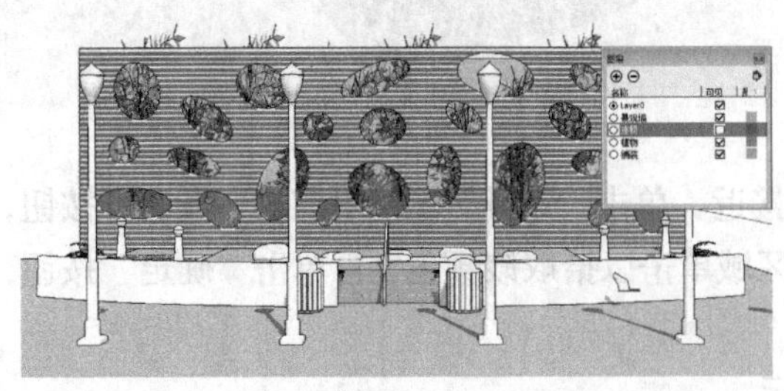

图 5-17

图 5-18

如果要同时隐藏或显示多个图层，可以按住 Ctrl 键进行多选，然后单击“可见”复选框即可，如图 5-19 和图 5-20 所示。

图 5-19

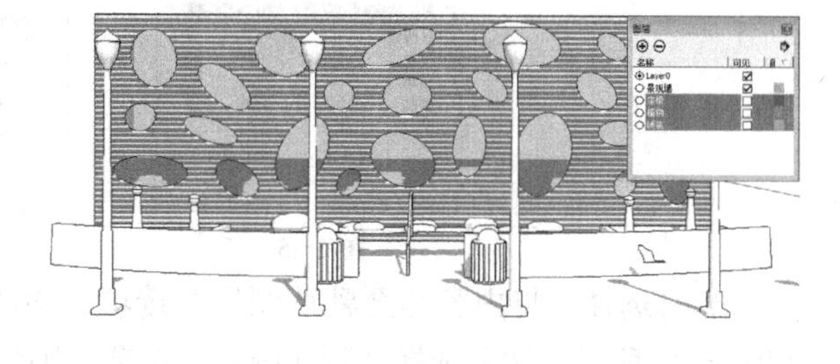
图 5-20

5.1.3 添加与删除图层

接下来为图 5-21 所示的场景新建“人物”图层，并添加人物组件，学习增加图层的方法与技巧，然后学习删除图层的方法。

打开“图层”面板，单击左上角的“添加图层”按钮⊕，即可新建图层，将新图层命名为“人物”，并将其置为当前图层，如图 5-22 所示。

图 5-21

图 5-22

插入人物组件，此时插入的组件即位于新建的“人物”图层内，如图 5-23 所示。可以通过该图层对其进行隐藏或显示，如图 5-24 所示。

图 5-23

图 5-24

当某个图层不再需要时，可以将其删除。选择要删除的图层，单击“图层”面板左上角的“删除图层”按钮⊖，如图 5-25 所示。如果删除的图层没有包含图元，软件将直接将其删除。如果图层内包含图元，则弹出“删除包含图元的图层”提示对话框，如图 5-26 所示。

图 5-25

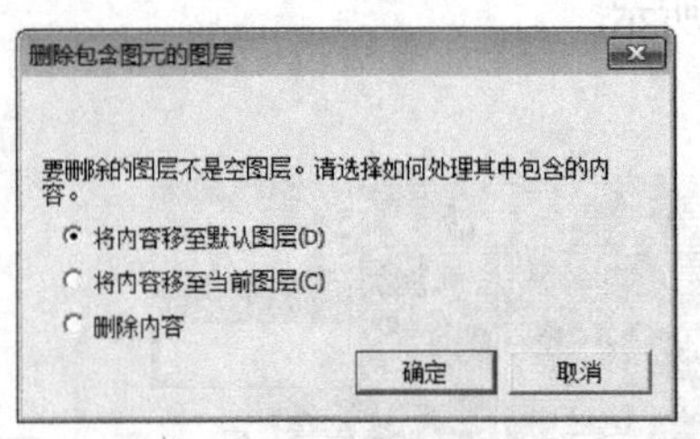

图 5-26

此时选择“将内容移至默认图层”选项，该图层内的图元将自动转移至 Layer0 内，如图 5-27 和图 5-28 所示。如果选择“删除内容”选项，则将图层与图元同时删除。

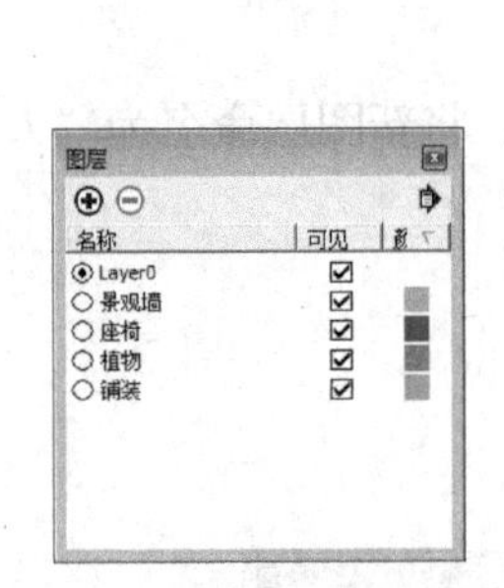

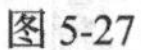

图 5-27

图 5-28

如果希望将要删除图层内的图元转移至非 Layer0 层，可以先将另一图层设为当前图层，然后在“删除包含图元的图层”对话框内选择“将内容移至当前图层”选项，如图 5-29 和图 5-30 所示。

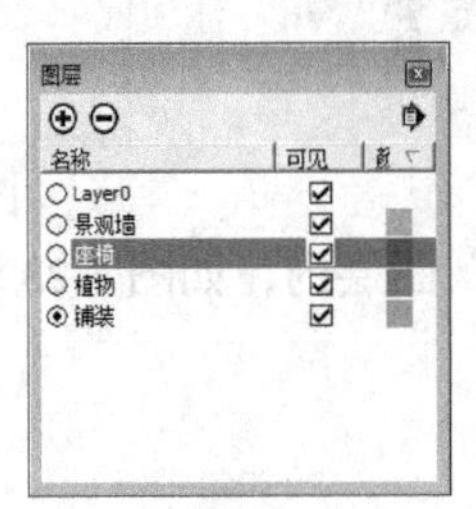

图 5-29

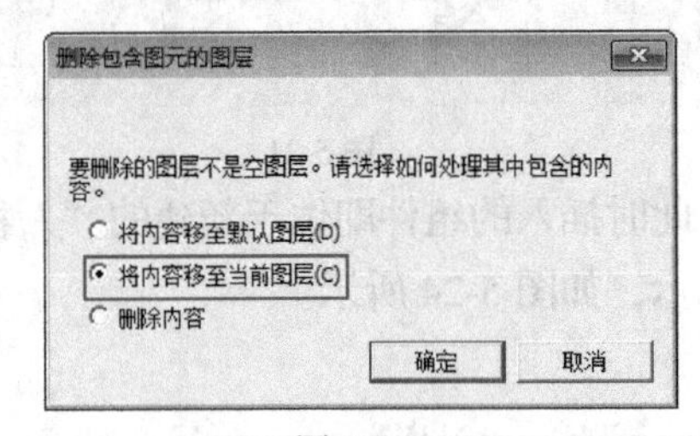

图 5-30

5.1.4 改变对象所处图层

“图元信息”包括所选模型所在图层、名称、类型等属性，可直接进行修改。

选择要改变图层的对象，单击鼠标右键，选择快捷菜单中的“图元信息”命令，如图 5-31 所示。在弹出的“图元信息”对话框中单击“图层”下拉按钮，更换至 Layer0 图层，如图 5-32 所示。

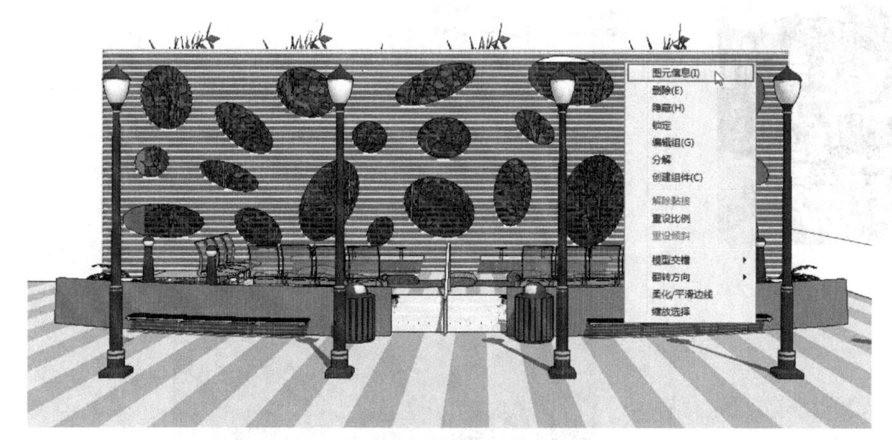

图 5-31

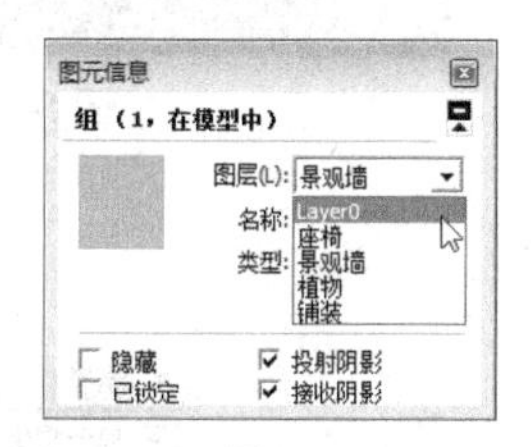

图 5-32

5.2 雾化工具和柔化边线

在 SketchUp 中，雾化和柔化边线都起到了丰富画面的效果，雾化是对场景氛围的渲染，柔化边线是对实体的丰富。本章将详细讲解，雾化和柔化边线的操作方法。

5.2.1 课堂实例——添加雾化效果

【学习目标】掌握雾化工具的使用方法。

【知识要点】使用雾化工具，熟悉雾化面板的参数设置，为别墅模型添加雾化效果，如图 5-33 所示。

【所在位置】素材 \ 第 5 章 \ 5.2.1\ 雾化效果 .skp。

图 5-33

（1）打开配套学习资源“素材 \ 第 5 章 \ 5.2.1\ 别墅 .skp”模型，如图 5-34 所示。当前场景阳光明媚，接下来为其制作雾化特效。

（2）执行“窗口”→“雾化”命令，打开“雾化”面板，如图 5-35 和图 5-36 所示。

（3）选中“雾化”面板中的“显示雾化”复选框，然后向左调整“距离”下方右侧的滑块，使场景由远及近产生浓雾效果，如图 5-37 和图 5-38 所示。

图 5-34

图 5-35

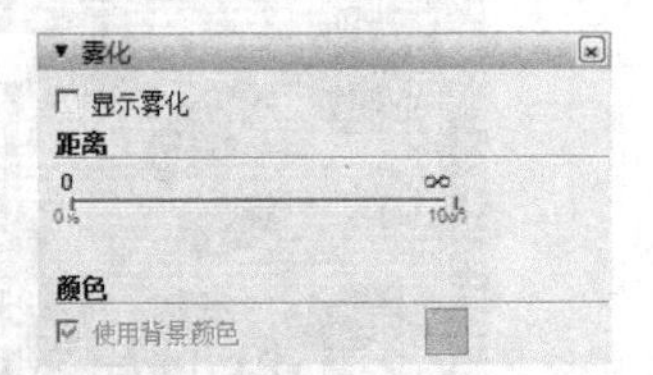

图 5-36

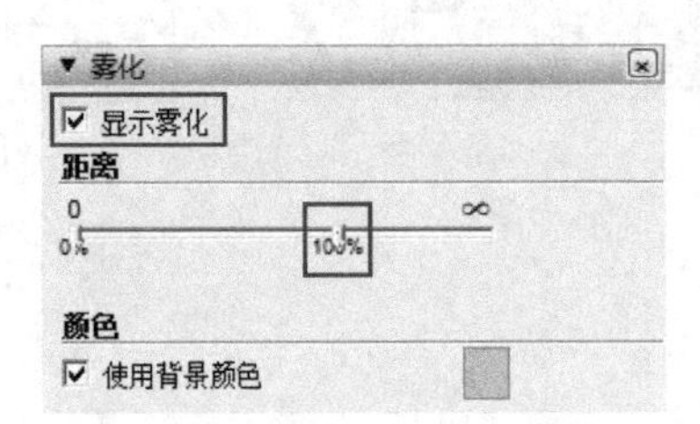

图 5-37

图 5-38

（4）向右拖曳“距离”下方左侧的滑块，调整近处的雾气细节，如图 5-39 和图 5-40 所示。

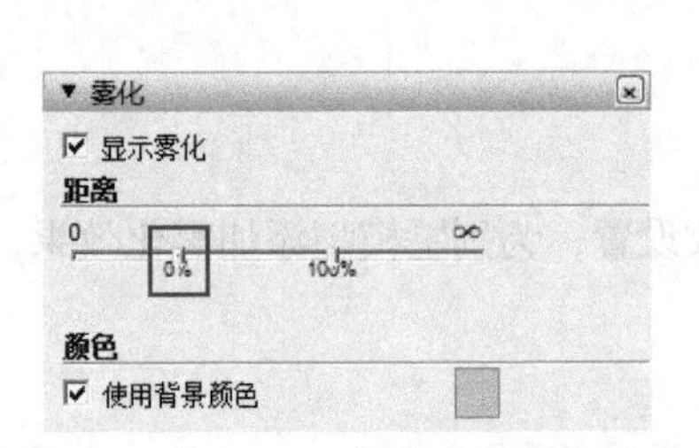

图 5-39

图 5-40

（5）默认设置下雾气的颜色与背景颜色一致，取消选择“使用背景颜色”复选框，然后调整其后色块的颜色，即可改变雾气颜色，如图 5-41 所示。最终效果如图 5-42 所示。

图 5-41

图 5-42

5.2.2 雾化工具

雾化效果在 SketchUp 中主要用于鸟瞰图的表现，制造出远景效果，“雾化”面板如图 5-43 所示。

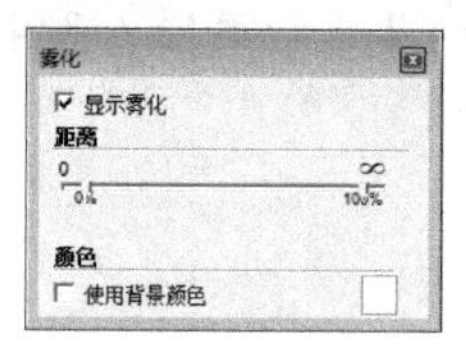

图 5-43

- 显示雾化：选中后，场景中将显示雾化效果。
- “距离”调节器：用于控制雾化效果的距离和浓度。0 表示雾化效果远近，正无穷符号 ∞ 表示雾气浓度的大小。
- 颜色：用于设置雾气的颜色。选中“使用背景颜色”复选框，即使用默认背景色，可通过单击右侧的色块设置颜色。

5.2.3 柔化边线

SketchUp 的边线可以进行柔化和平滑，从而使有折面的模型看起来显得圆润光滑。边线柔化以后，在拉伸的侧面上就会自动隐藏。柔化的边线还可以进行平滑，从而使相邻的表面在渲染中能均匀地过渡渐变。

图 5-44 所示为一套茶具，标准边线显示显得十分粗糙。

选择需柔化边线的物体，执行“窗口”→“柔化边线”命令，或单击鼠标右键，在快捷菜单中选择“柔化 / 平滑边线”命令，两者均可进行边线柔化，图 5-45 所示为“柔化边线”对话框。

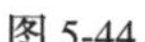
图 5-44

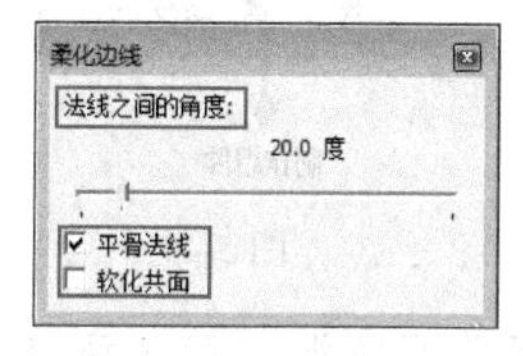

图 5-45

- “法线之间的角度”滑块：拖曳该滑块可以调节光滑角度的下限值，超过此数值的夹角将被柔化，柔化的边线会被自动隐藏，如图 5-46 所示。
- 平滑法线：用于限定角度范围内的物体实施光滑和柔化效果，如图 5-47 所示。
- 软化共面：选中此项后，将自动柔化共面并连接共面表面间的交线，如图 5-48 所示。

图 5-46

图 5-47

图 5-48

提示

在 SketchUp 中过多的柔化处理会增加计算机的负担，从而影响工作效率。建议结合作图意图找到一个平衡点，从而对较少的几何体进行柔化 / 平滑，得到相对较好的显示效果。

5.3 组件工具

组件工具用于管理场景中的模型，如图 5-49 所示。在场景中制作好某个模型套件（如由拉手、门页、门框组成的门模型）后，通过将其制作成组件，不但可以精简模型个数，方便模型的选择，而且如果复制了多个，在修改其中的一个时，其他模型也会发生相同的改变，从而提高工作效率。

组件与组类似，都是一个或多个物体的集合。组件可以是任何模型元素，也可以是整个场景模型，对尺寸和范围没有限制。

5.3.1 课堂实例——制作花样吊灯

【学习目标】掌握组件工具的使用方法。

【知识要点】通过绘图工具、编辑工具，再结合编辑组件的操作方法，在普通吊灯的基础上绘制花样吊灯，如图 5-50 所示。

【所在位置】素材 \ 第 5 章 \ 5.3.1\ 制作花样吊灯 .skp。

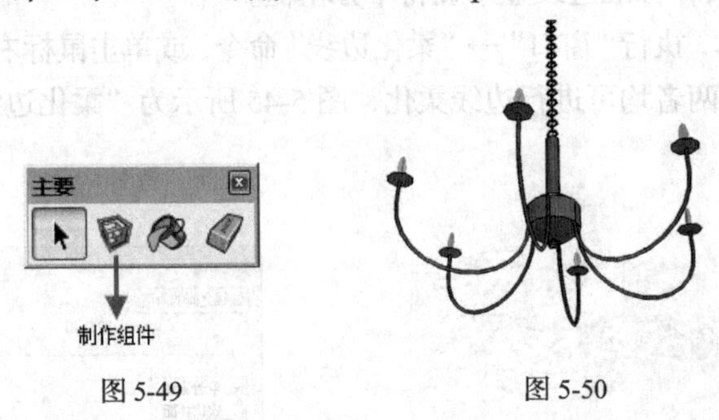

图 5-49　　图 5-50

（1）打开配套学习资源“第 5 章 \5.3.1\ 吊灯 .skp”，吊灯的灯头为独立同名称组件，如图 5-51 所示。

（2）双击一个灯头组件进入组件的编辑状态，组件外框以虚线形式显示，此时吊灯其余部分将会淡色显示，如图 5-52 所示。

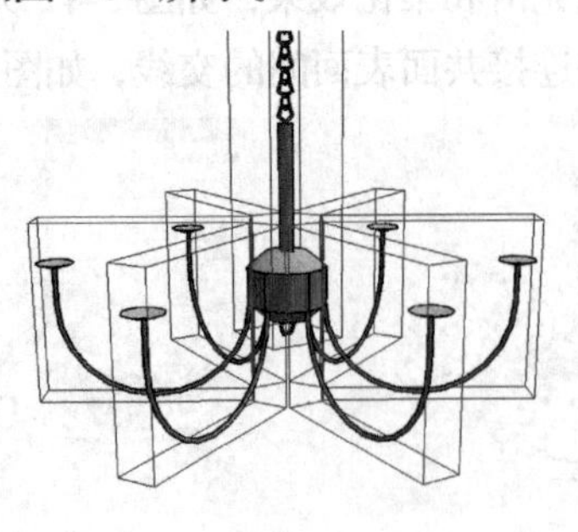

图 5-51

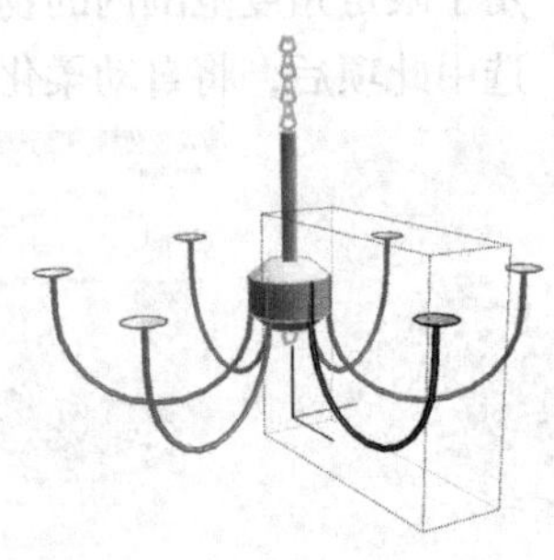

图 5-52

（3）绘制灯头帽。激活“圆”工具，在椎体灯头座上绘制出半径为 5mm 的圆，如图 5-53 所示。利用“推 / 拉”工具，将其向上推拉 17mm，此时其余灯头座上都出现了灯头，如图 5-54 所示。

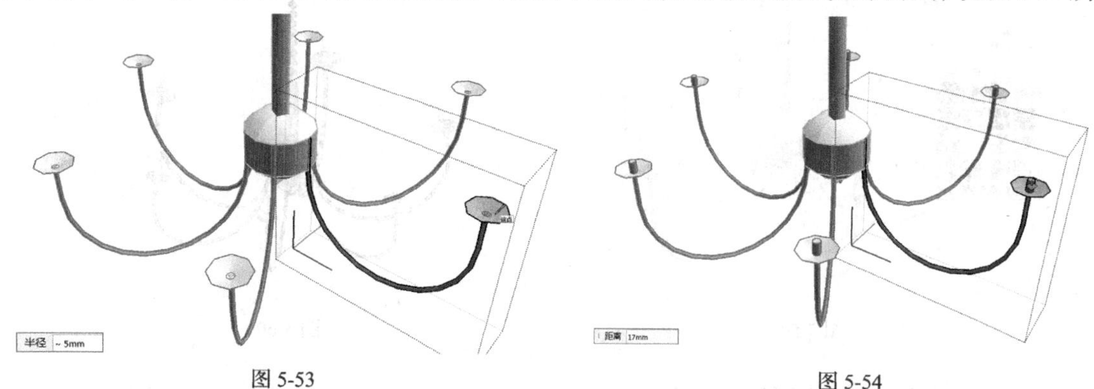

图 5-53　　　　图 5-54

（4）绘制灯泡。用“旋转矩形”工具，绘制 7mm × 46mm 的辅助矩形，如图 5-55 所示。激活“圆弧”工具，以矩形对角点为端点绘制圆弧，如图 5-56 所示。其余灯头组件都发生相应改变。

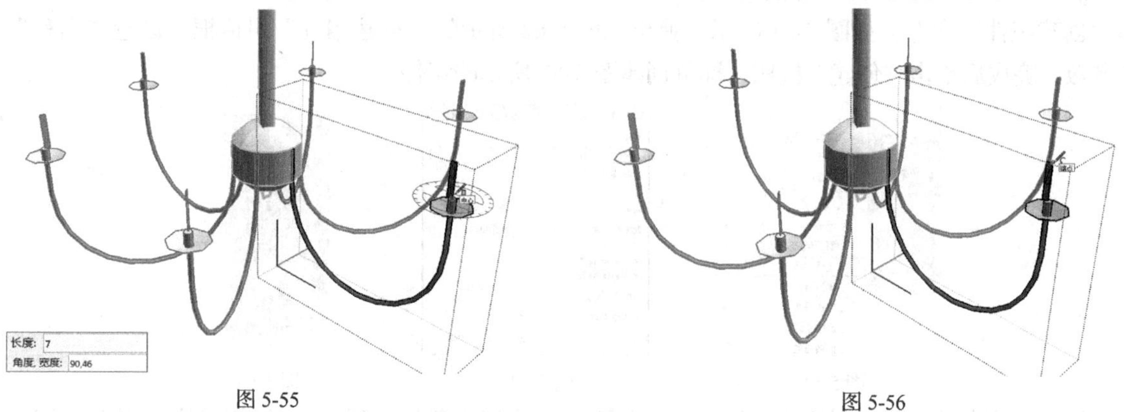

图 5-55　　　　图 5-56

（5）删除多余的辅助线、面，并窗选灯泡，单击鼠标右键，在快捷菜单中选择“创建组件”命令，将灯泡创建为组件，如图 5-57 所示。

（6）选择灯泡组件，激活“旋转”工具，确定旋转轴线后，按住 Ctrl 键，在数值输入框中输入旋转角度 90°，按 Enter 键确认，再在数值输入框中输入复制份数 3X。按 Enter 键确认，灯泡创建完成，如图 5-58 所示。

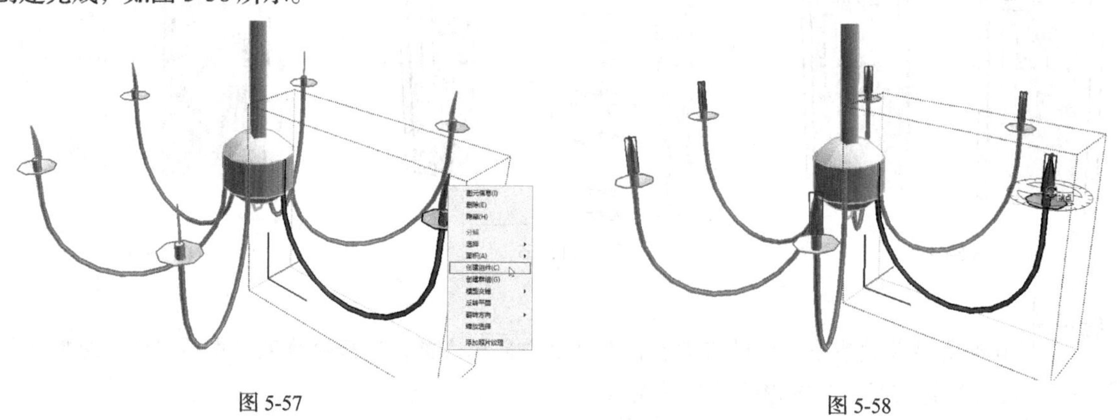

图 5-57　　　　图 5-58

（7）激活“材质”工具，为灯泡、灯头帽赋予材质，如图 5-59 所示，其余灯头组件皆发生相应变化。花样吊灯绘制效果图如图 5-60 所示。

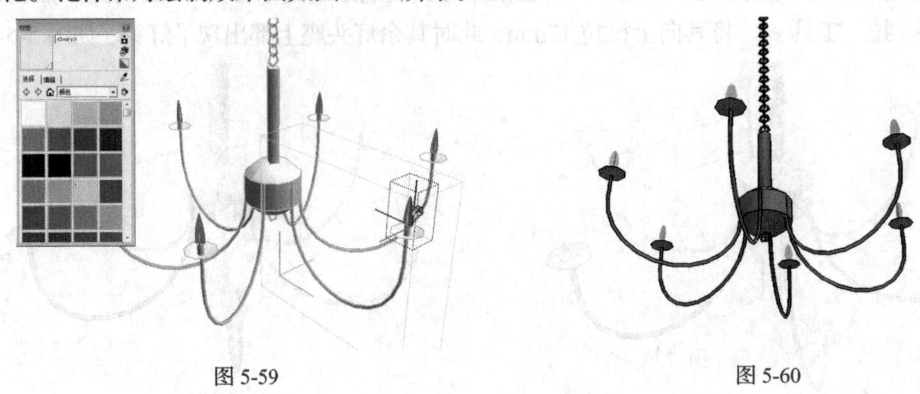

图 5-59　　　　图 5-60

5.3.2 创建与分解组件

按 Ctrl+A 快捷键选择所有模型构件，单击组件按钮 ，或者单击鼠标右键，在快捷菜单中选择“创建组件”命令，如图 5-61 所示。弹出如图 5-62 所示的“创建组件”对话框，设置“名称”等参数，完成后单击“创建”按钮，即可创建图 5-63 所示的组件。

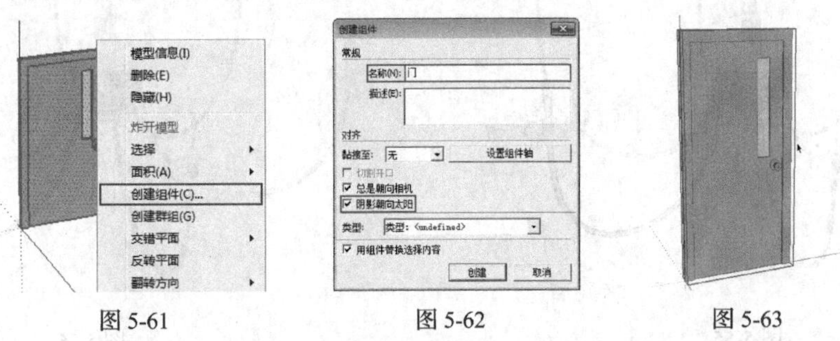

图 5-61　　　　图 5-62　　　　图 5-63

组件创建完成后，复制组件，如图 5-64 所示。在方案推敲的过程中如果要进行统一修改，可在组件上方单击鼠标右键，选择快捷菜单中的“编辑组件”命令，如图 5-65 所示。选择门页模型，进行如图 5-66 所示的缩放，可以发现复制的模型同时发生了改变，如图 5-66 所示。选择制作好的组件，在其上方单击鼠标右键，选择快捷菜单中的“分解”命令，即可打散制作好的组件。

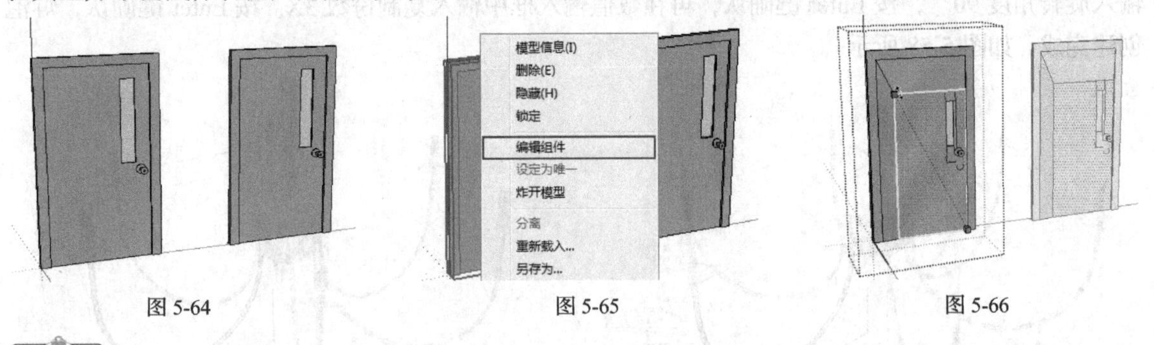

图 5-64　　　　图 5-65　　　　图 5-66

提示

如果要单独对某个组件进行调整，可以单击鼠标右键，选择快捷菜单中的“设定为唯一”命令，此时再编辑模型，将不影响其他复制组件。

5.3.3 删除组件

组件不同于群组，组件在 SketchUp 中可以以文件形式存在。在制图过程中，对于不需要的组件，可以通过以下 3 种方式进行删除。

- 选中需要删除的组件，按 Delete 键即可将组件删除。利用这种方法删除组件后，组件只是在场景中不再显示，但“组件”面板中仍存在。
- 执行“窗口”→“组件”命令，弹出“组件”面板，单击“在模型中”按钮，然后选择不需要的组件并单击鼠标右键，在弹出的快捷菜单中选择“删除”命令，即可将组件从场景中彻底删除，如图 5-67 所示。
- 若想快速删除场景中未使用的组件，可通过执行“窗口”→“模型信息”命令，在弹出的面板中选择“统计信息”选项，然后将范围限定在“仅限组件”，并取消选择“显示嵌套组件”复选框，设置完成后单击“清除未使用项”按钮即可，如图 5-68 所示。

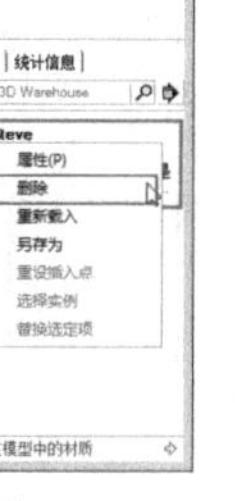

图 5-67

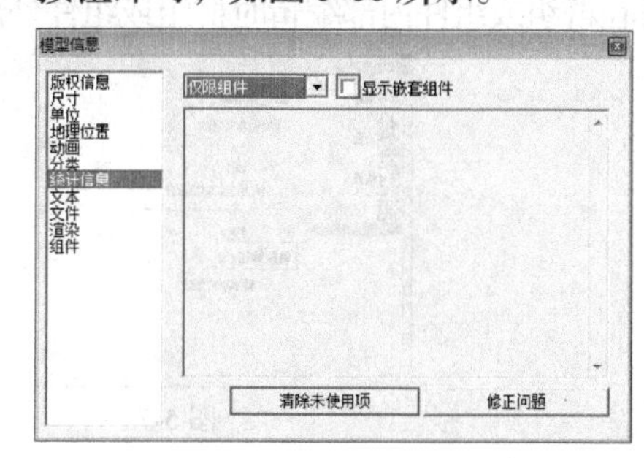

图 5-68

5.3.4 锁定与解锁组件

组件与群组一样可以进行锁定与解锁，但是由于组件具有群组所没有的关联性，相同名称的组件中一个被锁定后，其余多个组件也将被锁定。

组件的锁定与组的锁定类似，这里就不重复讲解了，操作方法如图 5-69 和图 5-70 所示。

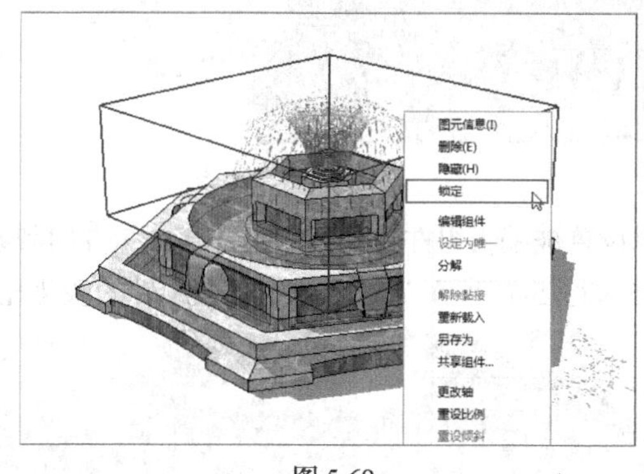

图 5-69

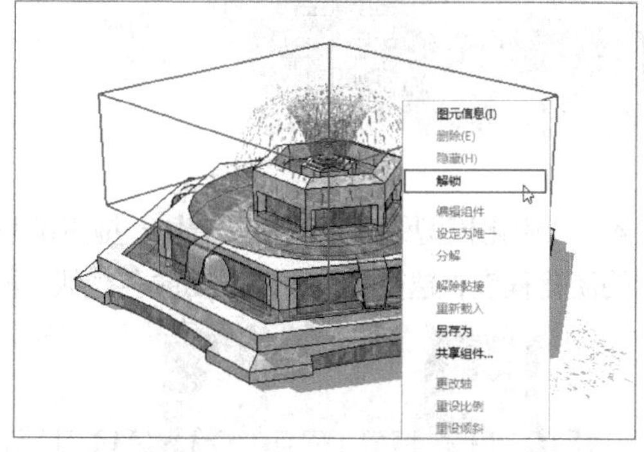

图 5-70

5.3.5 编辑组件

组件创建后，可以根据需要进行打开、分解等编辑操作。组件的打开方式有两种，双击组件将其打开，或者单击鼠标右键，在弹出的快捷菜单中选择“编辑组件”命令打开组件。

在 SketchUp 场景中，对组件物体进行单体编辑时，将可以同时编辑场景中所有其他相同名称的组件，这就是组件特殊的关联性。图 5-71 所示为利用组件的关联性修改窗户，可以快速地对其相关的组件进行修改，大大提高了工作效率。

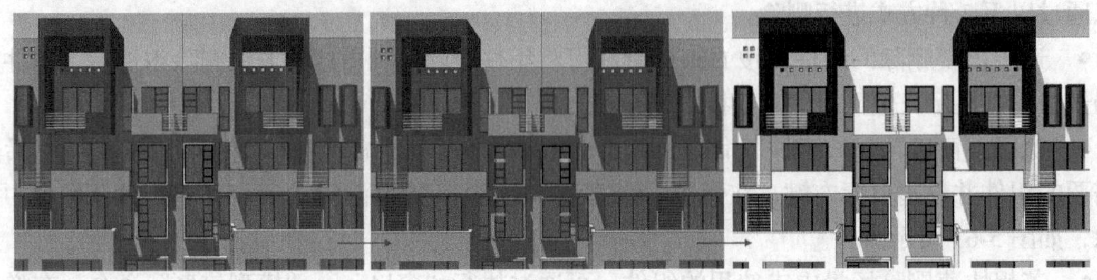

图 5-71

执行“窗口”→“模型信息”命令，在弹出的“模型信息”面板中选择“组件”选项，如图 5-72 所示，在组件参数中可以设置在群组或组件内部编辑时群组或组件外部的模型元素的显示效果。

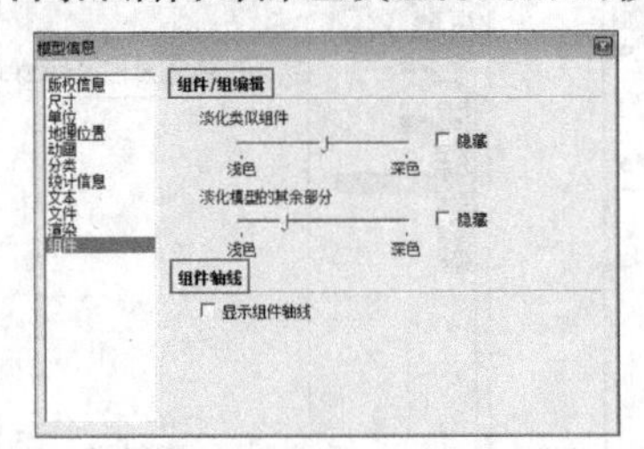

图 5-72

- “淡化类似组件”滑块：拖曳滑块可以设置被编辑组件外部的相同组件在此组件内观察时显示的淡化程度，越往浅色方向滑动颜色越淡。图 5-73 和图 5-74 所示为对窗户类似组件的淡化显示。

图 5-73

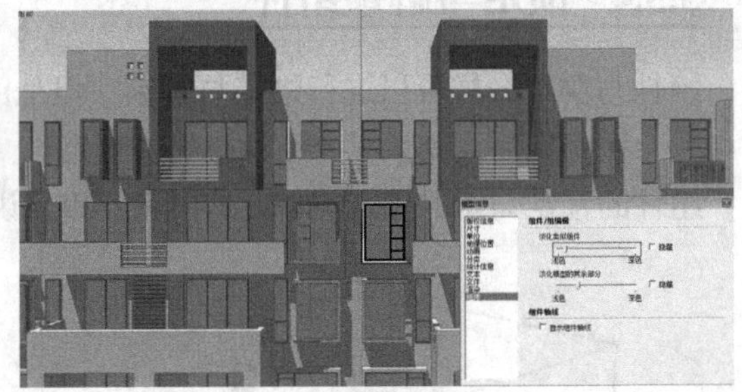

图 5-74

- “淡化模型的其余部分”滑块：拖曳滑块可以设置被编辑组件外部其余组件在此组件内观察时显示的淡化程度，越往浅色方向滑动颜色越淡。图 5-75 和图 5-76 所示为对场景中其余组件的淡化显示。

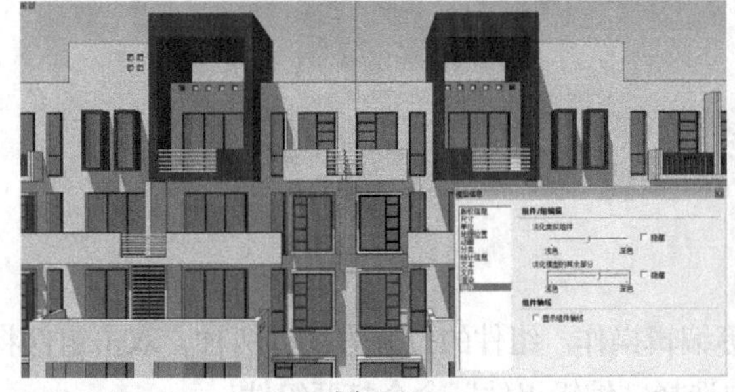

图 5-75

图 5-76

- 隐藏：选中“隐藏”复选框，则表示在编辑一个组件时隐藏场景中其他相同或不同的模型元素。
- 组件轴线：选中“显示组件轴线”复选框，可以在场景中显示组件的坐标轴，如图 5-77 所示。

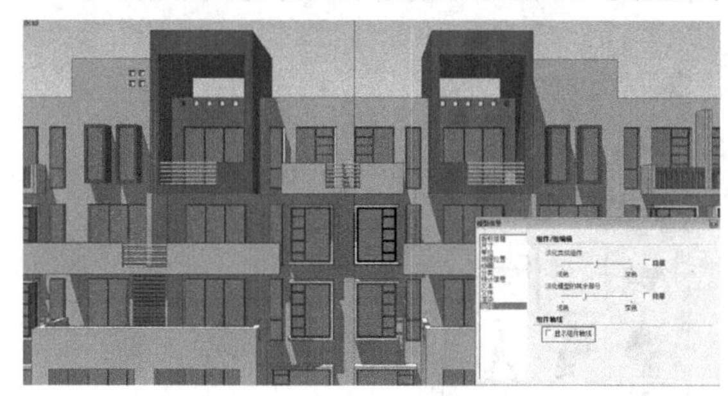

图 5-77

5.3.6 插入组件

在 SketchUp 中主要有两种插入组件的方法，通过“组件”面板插入和通过执行“文件”→“导入”命令插入，可以将事先制作好的组件插入正在创建的场景模型中。

◆ **组件管理器**

执行“窗口”→“默认面板”→“组件”命令，弹出“组件”面板（组件管理器），在“选择”选项卡中选择一个组件，然后在绘图区单击，即可将选择的组件插入当前视图，如图 5-78 所示。

图 5-78

- 查看选项：单击后将弹出下拉菜单，包含“小缩略图”“大缩略图”“详细信息”“列表”4 种图标显示方式和“刷新”命令，单击一种图标后，组件的显示方式将随之改变，如图 5-79~图 5-82 所示。

图 5-79

图 5-80

图 5-81

图 5-82

- 在模型中：单击后将显示当前模型中正在使用的组件，如图 5-83 所示。
- 导航：单击后将弹出下拉菜单，用于切换显示“在模型中的材质”和“组件”模型目录，如图 5-84 所示。

● 详细信息：选中一个模型组件后，单击“详细信息”按钮可弹出下拉菜单，如图 5-85 所示。“另存为本地集合”命令用于将选择的组件进行保存收集，“清除未使用项”命令用于清理多余的组件，以减小模型文件的大小。

图 5-83

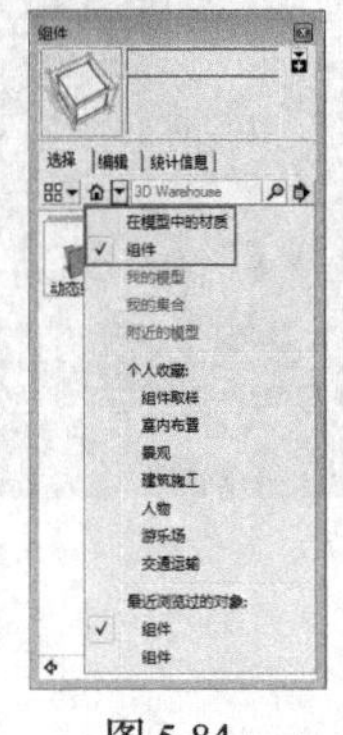

图 5-84

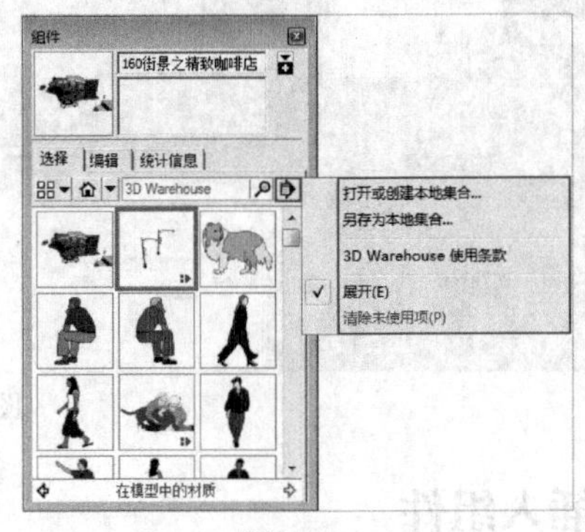

图 5-85

● “编辑”选项卡：在选中模型中的一个组件后，可以在“编辑”面板中对组件的黏接、切割开口、朝向及保存路径进行设置和查看，如图 5-86 所示。

● 载入来源：在“组件”面板中选中一个组件后，进入“编辑”选项卡，单击如图 5-87 所示的文件夹图标按钮，弹出“打开”对话框，即可导入组件。

● “统计信息”选项卡：在选中模型中的一个组件后，可以在“统计信息”选项卡中查看组件中所含模型元素的数量，如图 5-88 所示。

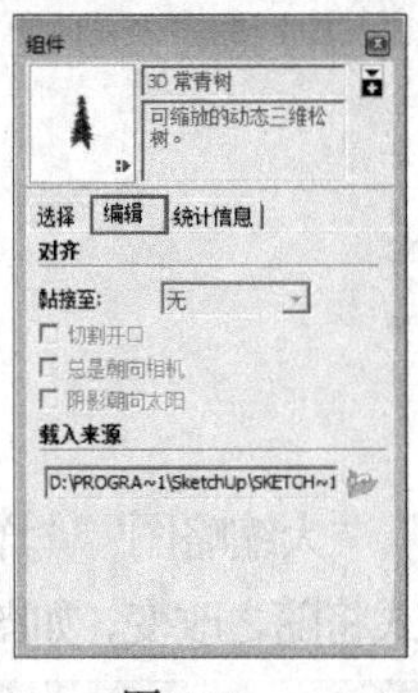

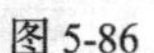

图 5-86

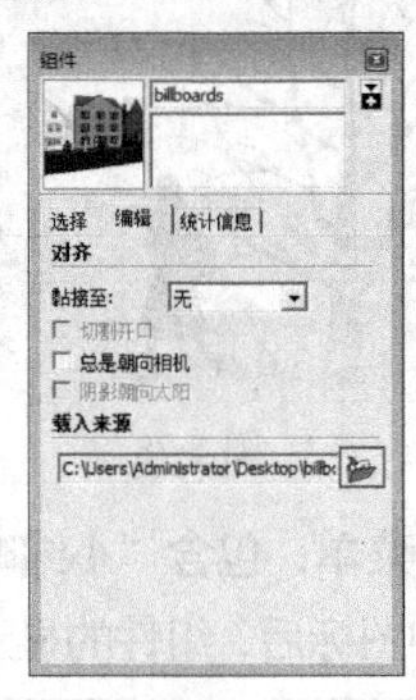

图 5-87

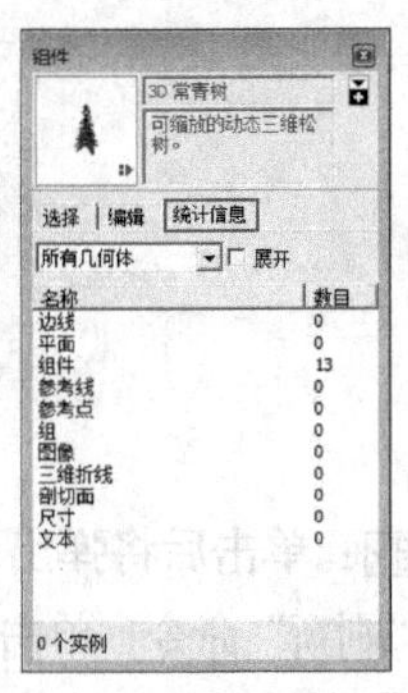

图 5-88

◆ **通过文件插入组件**

在 SketchUp 中，组件可以以文件形式存在，故可以通过导入文件的方式将组件插入场景中。

执行“文件”→“导入”命令，弹出如图 5-89 所示的“打开”对话框，选择文件，单击“打开”按钮，即可将组件导入 SketchUp 场景中。

图 5-89

5.3.7 制作动态组件

动态组件常用于制作动态互交组件方面，在制作楼梯、栅栏、门窗、玻璃幕墙等方面应用得十分广泛。然而，动态组件虽然神奇万分，但是其属性设置过程十分烦琐，需要函数命令等加以分析。

在工具栏上单击鼠标右键，在弹出的快捷菜单中选择“动态组件”命令，调出“动态组件”工具栏，其中包括“与动态组件互动”、“组件选项”和“组件属性”按钮，如图 5-90 所示。

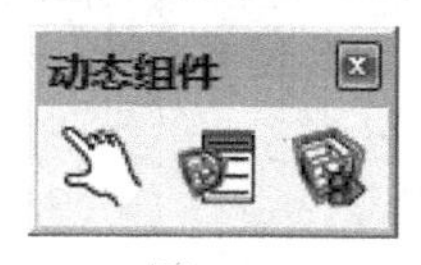

图 5-90

◆ **与动态组件互动**

单击该按钮后，将鼠标指针移至动态组件上，此时鼠标指针上将多出雪花样式，变为。在动态组件上单击，组件会动态显示不同的属性效果，如图 5-91 和图 5-92 所示。

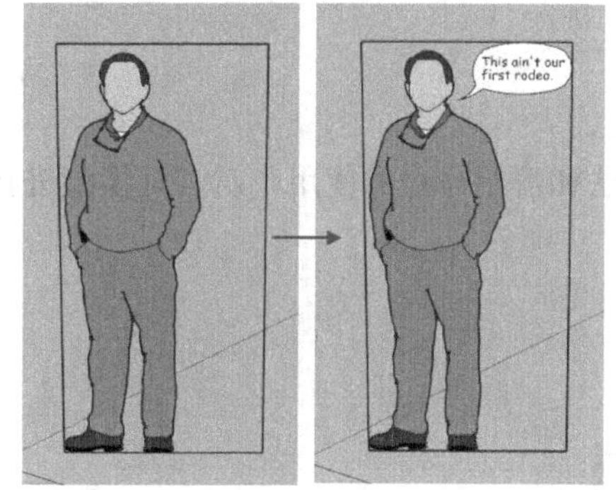

图 5-91

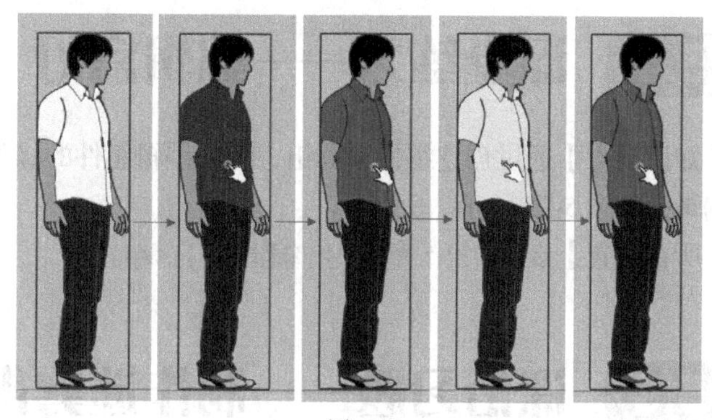

图 5-92

◆ **组件选项**

单击该按钮，将弹出“组件选项”对话框，用于显示动态组件当前状态下的信息，如图 5-93 所示。

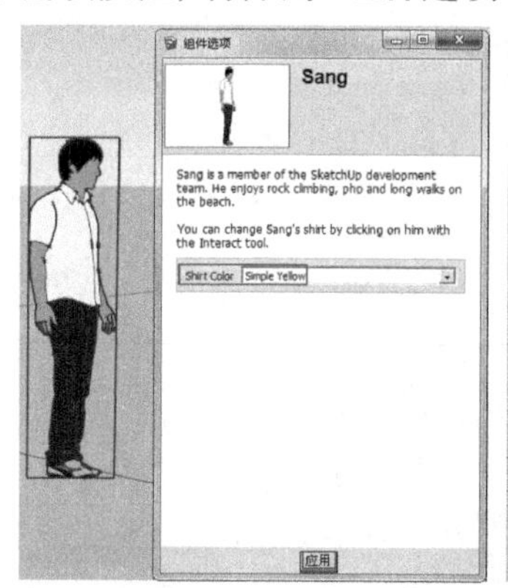

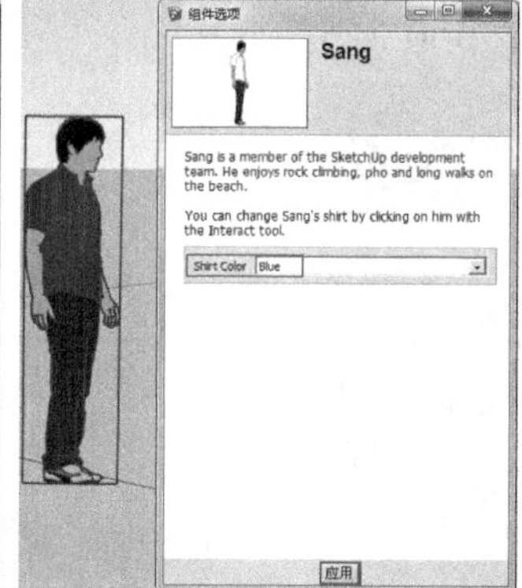

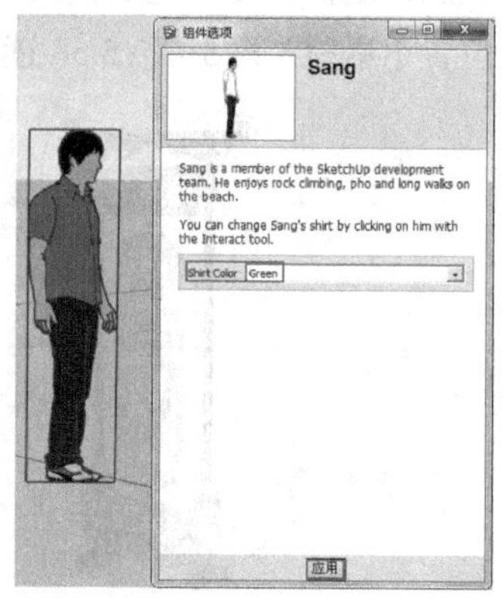

图 5-93

◆ **组件属性**

单击该按钮，将弹出“组件属性”对话框，用于设置当前选择的动态组件的属性。可通过单击对话框下方的“添加属性”按钮为组件添加各种属性，如位置、材质等，如图 5-94 所示。

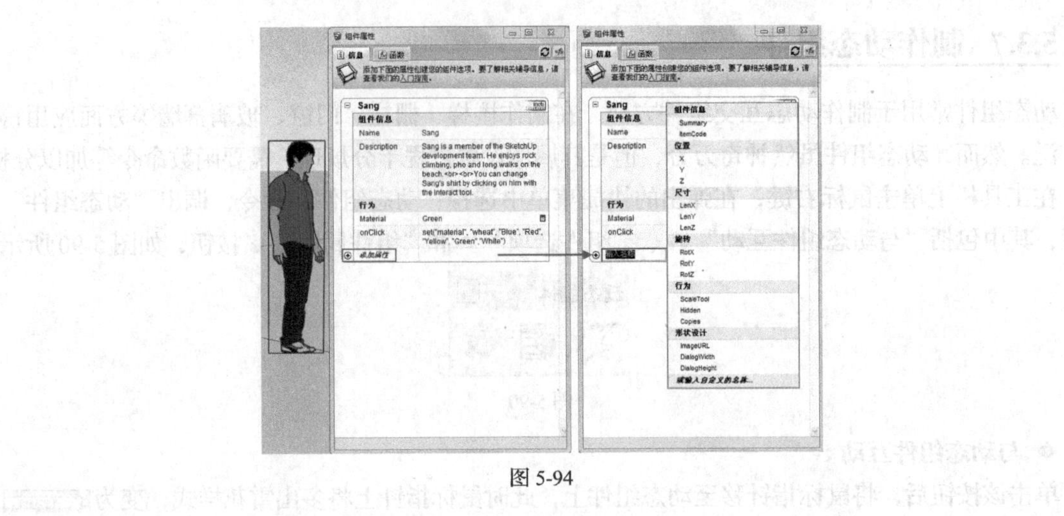

图 5-94

5.4 课堂练习——编辑宫灯

【知识要点】通过创建组件和群组，练习编辑组件的操作方法和群组命令的使用，对宫灯模型进行编辑，如图 5-95 所示。

【所在位置】素材 \ 第 5 章 \ 5.4 \ 编辑宫灯 .skp。

5.5 课后习题——制作迷雾街道

【知识要点】通过“雾化”命令和“环绕观察”工具，调整街道场景的视角，并添加雾化特效，增强环境氛围，制作神秘的迷雾街道，如图 5-96 所示。

【所在位置】素材 \ 第 5 章 \ 5.5 \ 迷雾街道 .skp。

图 5-95

图 5-96

第6章 材质与贴图

本章介绍

SketchUp 拥有强大的材质库，可以应用于边线、表面、文字、剖面、组和组件，并实时显示材质效果，所见即所得。在赋予材质后，可以方便地修改材质的名称、颜色、透明度、尺寸及位置等属性特征。本章将学习 SketchUp 材质和贴图功能的应用，包括提取材质、填充材质、创建材质和贴图技巧等。

课堂学习目标

- 掌握 SketchUp 材质的运用
- 掌握贴图坐标的应用

6.1 SketchUp 材质

材质是模型在渲染时产生真实质感的前提，配合灯光系统，能使模型表面体现出颜色、纹理、明暗等效果，从而使虚拟的三维模型具备真实物体所具备的质感细节。

SketchUp 的特色在于设计方案的推敲与草绘效果的表现，在写实渲染方面能力并不出色，一般只需为模型添加颜色或纹理即可，然后通过风格设置得到各个草绘效果。

6.1.1 课堂实例——制作花坛

【学习目标】熟悉“材料”面板，掌握填充材质的技巧。

【知识要点】先使用绘图工具和编辑工具制作花坛模型，再通过“材料”面板，给模型填充合适的材质贴图，制作逼真的花坛模型，如图 6-1 所示。

【所在位置】素材 \ 第 6 章 \ 6.1.1\ 花坛 .skp。

图 6-1

（1）使用“矩形”工具，绘制如图 6-2 所示大小的矩形，使用“推 / 拉”工具推拉出 415mm 的高度，如图 6-3 所示。

（2）选择模型顶面，使用“缩放”工具缩放，制作出上大下小的凸台效果，如图 6-4 所示。

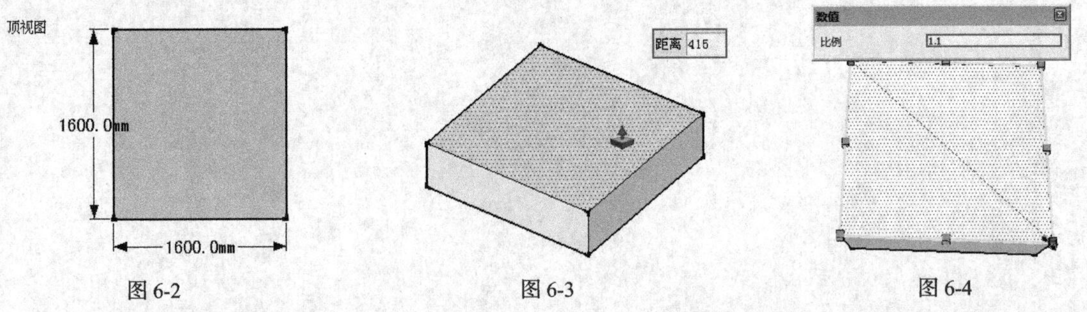

图 6-2　　图 6-3　　图 6-4

（3）结合使用“偏移”工具与“推 / 拉”工具，制作出休息平台，如图 6-5 和图 6-6 所示。

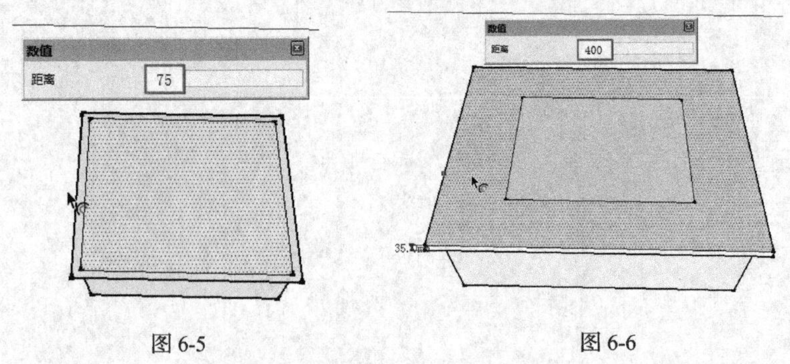

图 6-5　　图 6-6

（4）结合使用“推 / 拉”工具与“缩放”工具，制作出花坛轮廓，然后进行偏移和复制操作，制作出边缘细节，如图 6-7 和图 6-8 所示。

（5）打开“材料”面板，为花坛与休息平台分别赋予不同的石材，如图 6-9 和图 6-10 所示。

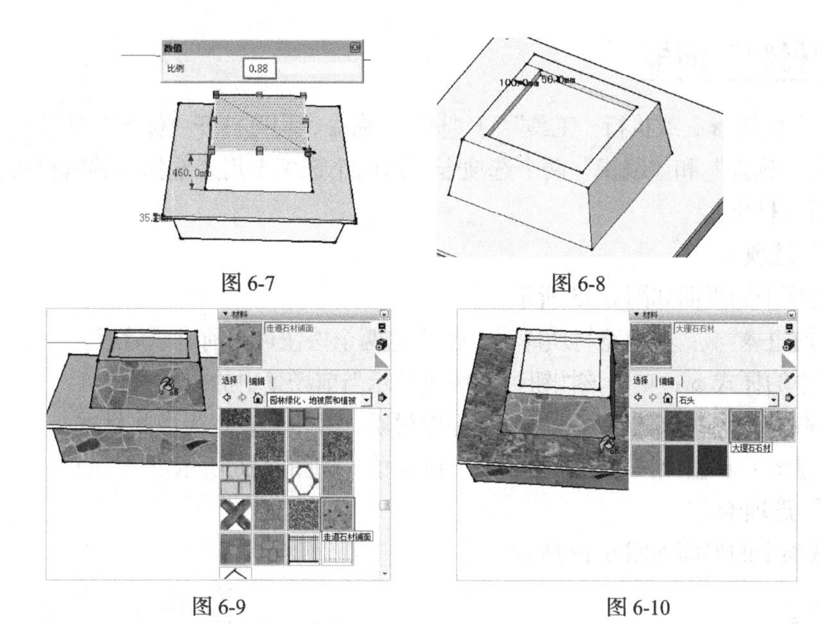

图 6-7　　图 6-8

图 6-9　　图 6-10

（6）打开“组件”面板，合并花朵模型组件，如图 6-11 所示。最终完成的花坛模型效果如图 6-12 所示。

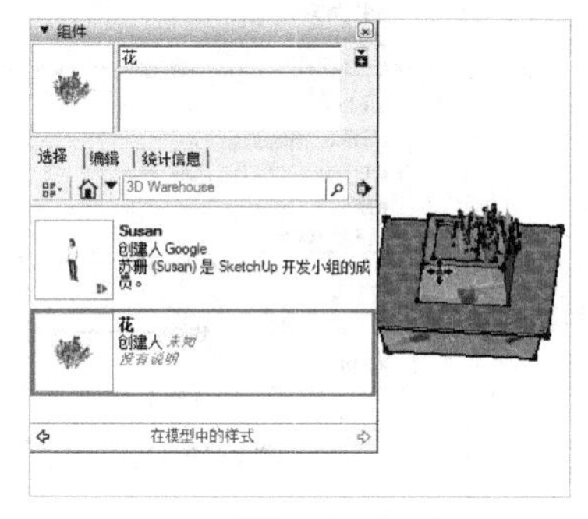

图 6-11

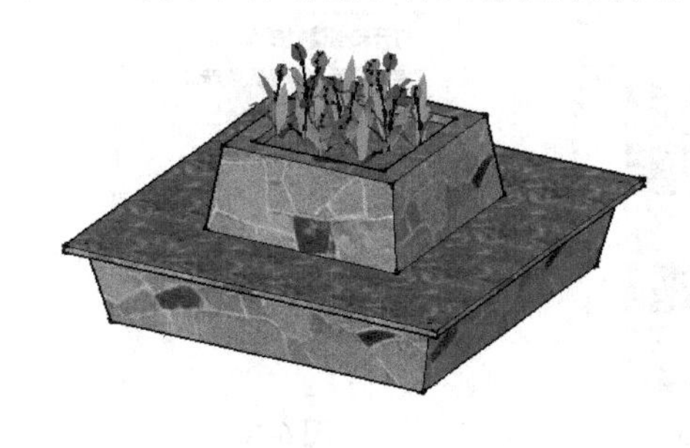

图 6-12

6.1.2 默认材质

在 SketchUp 中创建物体的时候，系统会自动赋予默认材质。由于 SketchUp 使用的是双面材质，因此默认材质的正反面显示的颜色是不同的。双面材质的特性可以帮助用户更容易地区分表面的正反朝向，以方便在导入其他建模软件生成的模型文件时调整面的方向。

默认材质正反两面的颜色可以通过执行“窗口”→“默认面板”→“风格”命令，在弹出的“风格”面板中选择“编辑”选项卡的“平面设置”选项进行设置，如图 6-13 和图 6-14 所示。

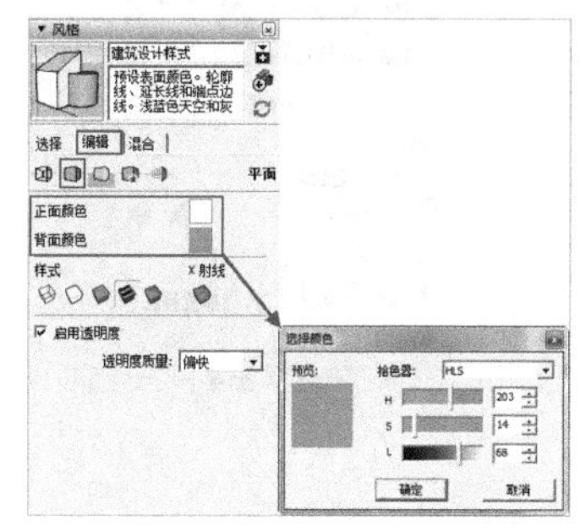

图 6-13

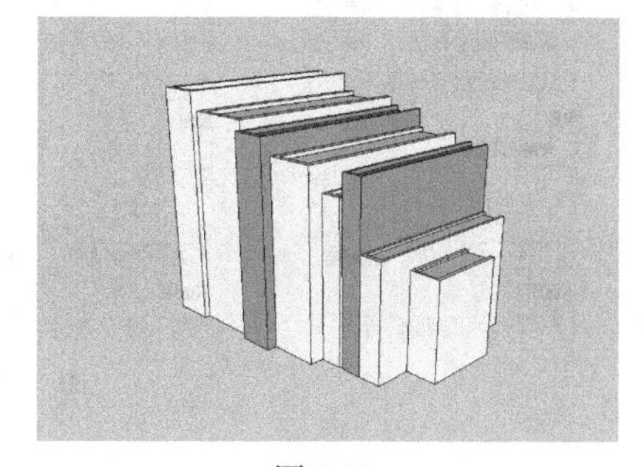

图 6-14

6.1.3 “材料”面板

单击“材质”按钮，或执行“工具”→“材质”命令，均可打开“材料”面板（材质编辑器）。材质编辑器中有“选择”和“编辑”两个选项卡，这两个选项卡用来选择与编辑材质，也可以浏览当前模型中使用的材质。

◆ **“选择”选项卡**

“选择”选项卡的界面如图 6-15 所示。

- 返回、前进：在浏览材质库时，使用这两个按钮可以前进或后退。
- 在模型中的样式：单击该按钮可以快速显示当前场景中的材质列表。
- 样本颜料：单击该按钮可从场景中提取材质，并将其设置为当前材质。
- 详细信息：单击该按钮将弹出一个下拉菜单，如图 6-16 所示。

◆ **“编辑”选项卡**

“编辑”选项卡的界面如图 6-17 所示。

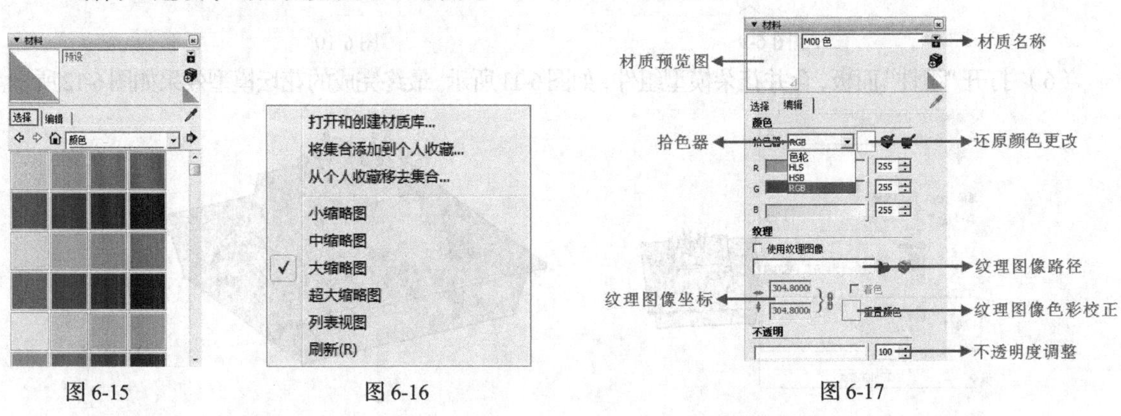

图 6-15　　图 6-16　　图 6-17

- 材质名称：新建材质后为其起一个易于识别的名称，材质的命名应该正规、简短，如“水纹”“玻璃”等，也可以以拼音首字母进行命名，如 SW、BL 等。
- 材质预览：通过材质预览图可以快速查看当前新建的材质效果，可以对颜色、纹理及透明度进行实时预览，如图 6-18 所示。

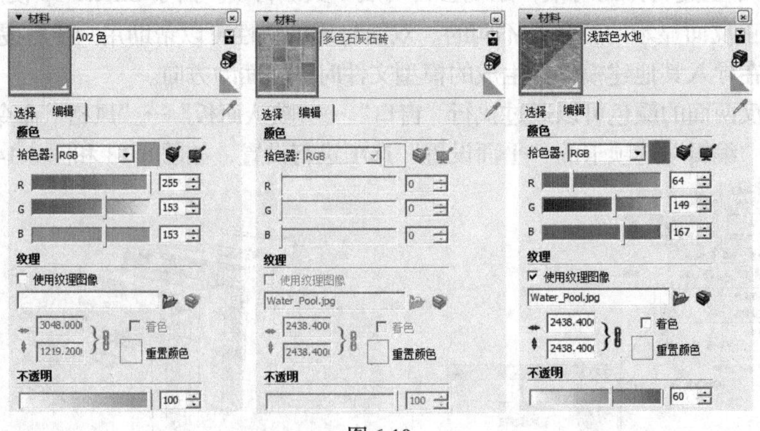

图 6-18

● 拾色器：单击“颜色模式”下拉按钮，可以选择“色轮”、HLS、HSB 和 RGB 四种颜色模式。

● 纹理图像路径：单击“纹理图像路径”文本框后的“浏览”按钮，将打开“选择图像”对话框进行纹理图像的加载，如图 6-19 和图 6-20 所示。

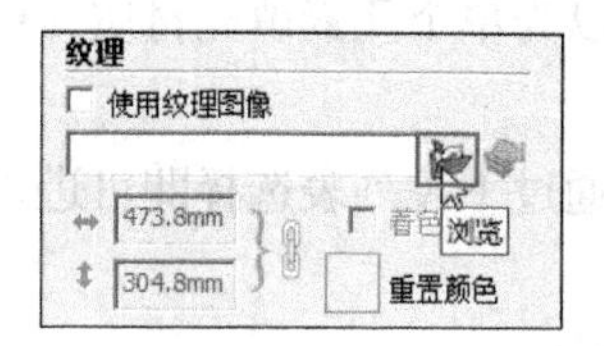

图 6-19

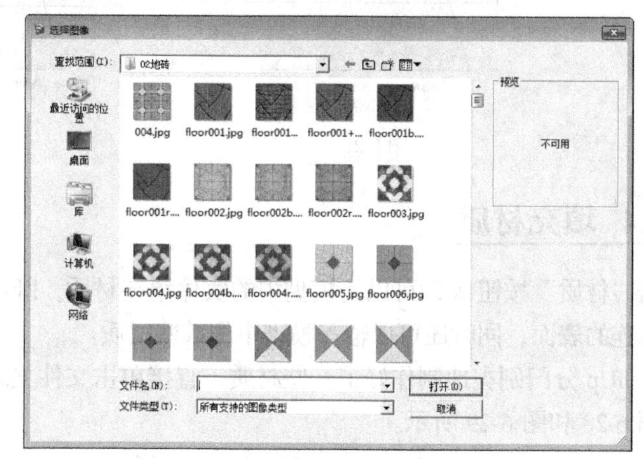

图 6-20

● 纹理图像坐标：默认的纹理图像尺寸并不一定适合场景对象，如图 6-21 所示，此时可调整纹理图像坐标，以得到比较理想的显示效果，如图 6-22 所示。

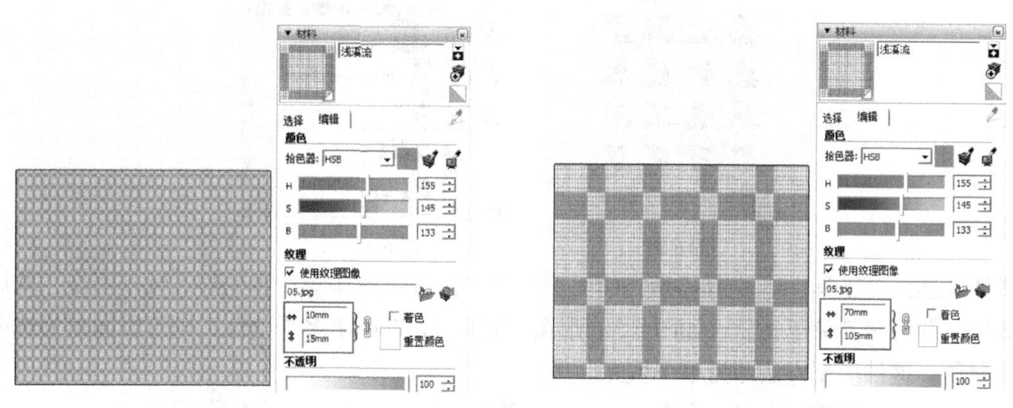

图 6-21　　图 6-22

● 纹理图像色彩校正：除了可以调整纹理图像尺寸与比例，还可以选中“着色”复选框，校正纹理图像的色彩。单击“重置颜色”色块，颜色即可还原，如图 6-23 ~ 图 6-25 所示。

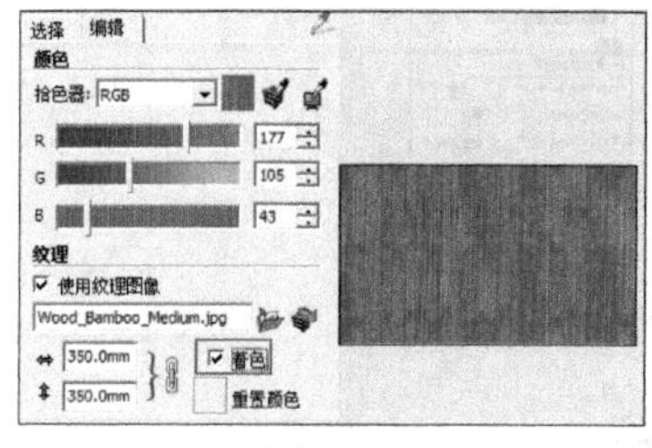

图 6-23

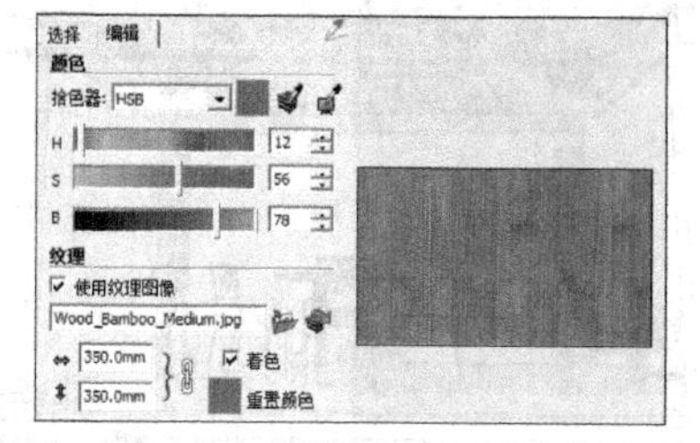

图 6-24

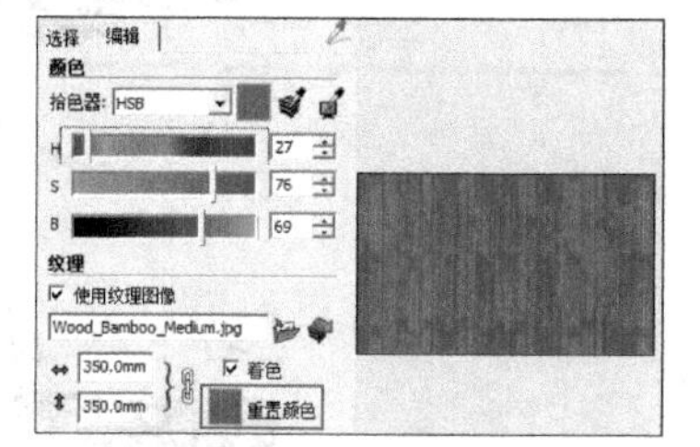

图 6-25

● 不透明度：SketchUp 中材质的透明度介于 0~100 之间，不透明度数值越高，材质越不透明，如图 6-26 和图 6-27 所示。在调整时可以通过滑块进行调节，有利于透明度的实时观察。

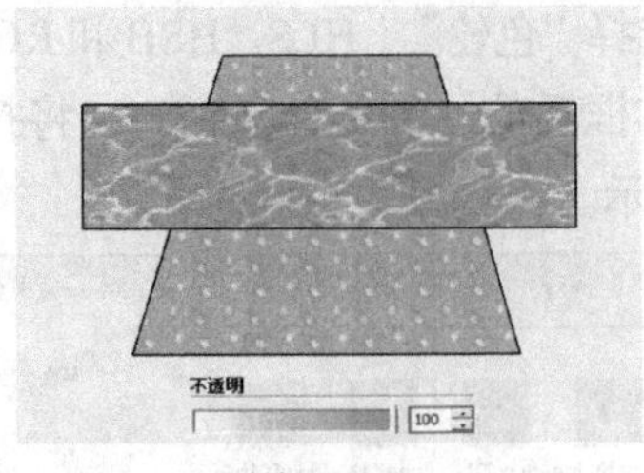

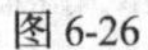
图 6-26

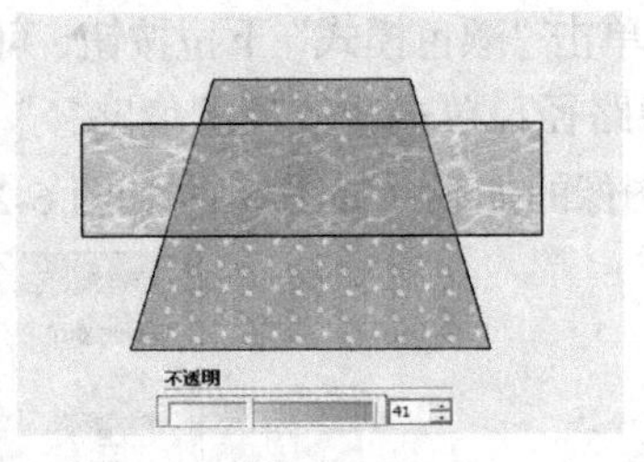

图 6-27

6.1.4 填充材质

单击“材质”按钮，可以为模型中的实体填充材质，既可以为单个元素填充材质，也可以填充一组相连的表面，同时还可以覆盖模型中的某些材质。

SketchUp 分门别类地制作好了一些材质，直接单击文件夹或通过下拉列表选择即可进入该类材质，如图 6-28 和图 6-29 所示。

图 6-28

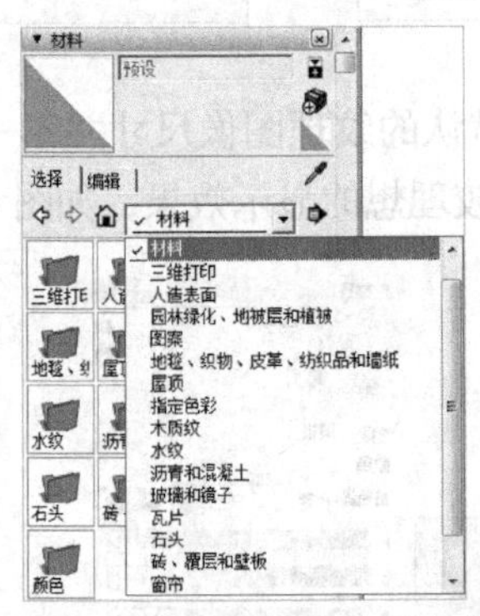

图 6-29

激活“选择”工具，选择需填充的面。利用“材质”工具，首先导入纹理图像，然后单击选中的面，即可对其赋予材质，如图 6-30 所示。如果事先选中了多个物体，则可以同时为选中的物体填充材质。这种填充方法即为单个填充。

图 6-30

按住 Ctrl 键，此时鼠标指针变为形状，在亭顶表面上单击，此时与其相邻接的表面将被赋予颜色 E05 材质，重复填充，结果如图 6-31 所示。这种填充方法即为邻接填充。

图 6-31

按住 Shift 键，此时鼠标指针将变为 形状，在赋予了材质的亭顶上单击，此时模型中所有赋予颜色 E05 材质的积木都被替代为颜色 [Color_F05]2 ，如图 6-32 所示。这种填充方法即为替换材质填充。

图 6-32

提示

激活“材质”工具 的同时按住 Alt 键，当鼠标指针变成 形状时，单击模型中的实体，就能提取该实体的材质。按住 Ctrl+Shift 快捷键，当鼠标指针变成 形状时，单击即可实现邻接替换的效果。

6.2 贴图坐标

SketchUp 的贴图是作为平铺对象应用的，不管表面是垂直、水平或倾斜，贴图都附着在表面上，不受表面位置的影响。SketchUp 的贴图坐标主要包括“锁定图钉”模式和“自由图钉”模式两种。

在物体的贴图上单击鼠标右键，在弹出的快捷菜单中选择“纹理”→“位置”命令，可以对纹理图像进行移动、旋转、扭曲和拉伸等操作。

6.2.1 课堂实例——制作书籍封面

【学习目标】熟悉贴图坐标的使用技巧。

【知识要点】先打开准备好的书本模型，然后给书本填充导入的封面材质，使用“锁定图钉”模式调整材质的纹理位置，制作书籍封面，如图 6-33 所示。

【所在位置】素材 \ 第 6 章 \ 6.2.1\ 制作书籍封面 .skp。

图 6-33

（1）打开本书配套学习资源“素材 \ 第 6 章 \ 6.2.1\ 书本 .skp”模型，其为一个空白的书本模型，如图 6-34 所示。

（2）单击“材料”面板右上角的“新建材质”按钮，然后为其添加素材中的“封面 .jpg”封面纹理，如图 6-35 所示。

图 6-34

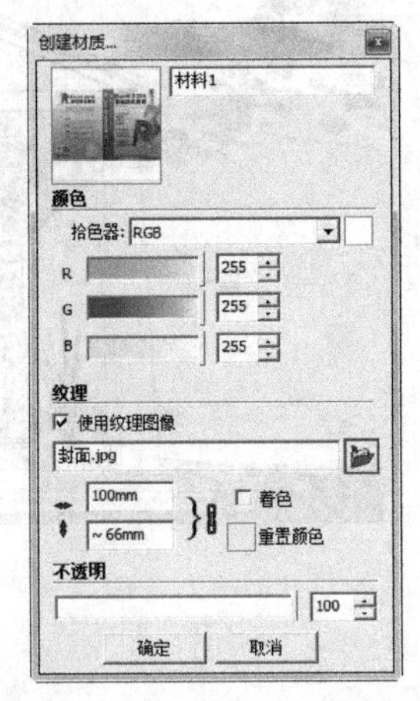

图 6-35

（3）将制作好的材质赋予封面，如图 6-36 所示。单击鼠标右键，选择“纹理”→“位置”命令，如图 6-37 所示，显示出纹理控制四色别针，如图 6-38 所示。默认状态下，鼠标指针为默认抓手形状，此时拖曳鼠标即可平移纹理位置。

图 6-36

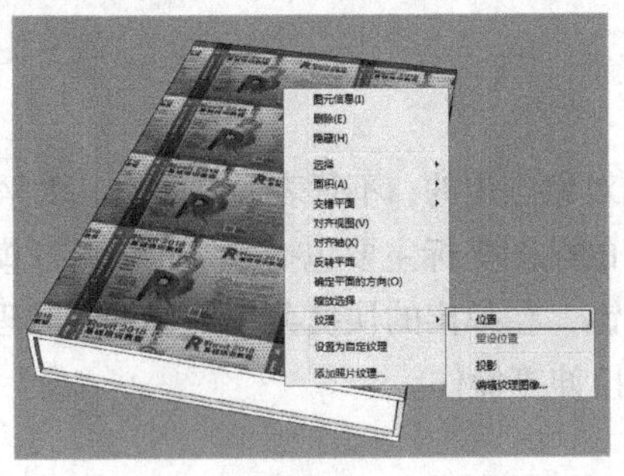

图 6-37

图 6-38

（4）经过等比放大与旋转，然后经过非等比拉伸调整好长度，如图 6-39 和图 6-40 所示，最后通过移动确定位置，即可得到理想的纹理显示效果，如图 6-41 所示。

图 6-39

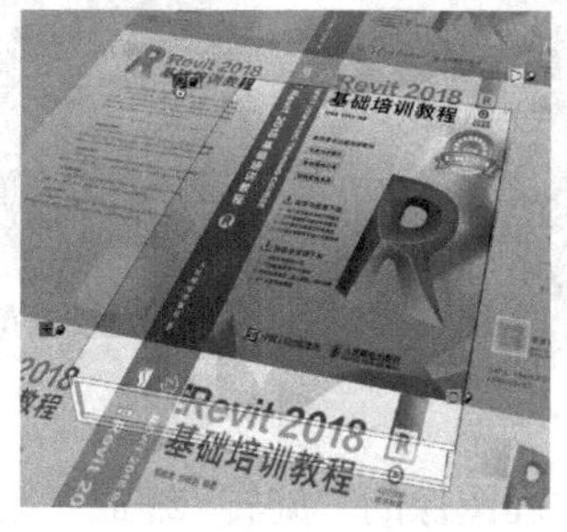

图 6-40

图 6-41

（5）单击“样本颜料”按钮，然后按住 Alt 键在已经制作好材质的封面上吸取材质，如图 6-42 所示。

（6）吸取材质后释放 Alt 键，待鼠标指针变成形状后，在书脊处单击赋予材质，即可形成理想的转角纹理衔接效果，如图 6-43 所示。

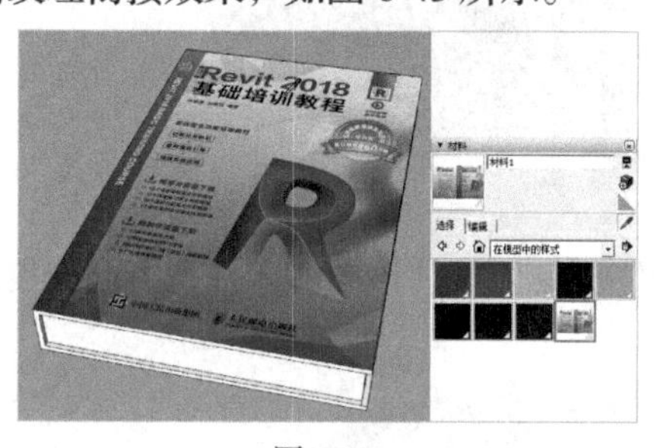

图 6-42

图 6-43

6.2.2 “锁定图钉”模式

“锁定图钉”模式可以按比例缩放、倾斜、剪切和扭曲贴图。每个图钉都有一个邻近的图标，这些图标代表其功能的显示。

选择赋予纹理图像的屋顶模型表面，单击鼠标右键，选择“纹理”→“位置”命令，如图 6-44 所示，显示出用于调整纹理图像的半透明平面与四色图钉，如图 6-45 所示。

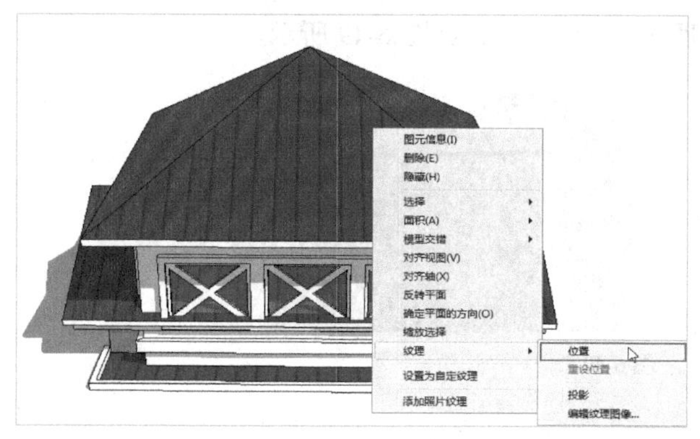

图 6-44

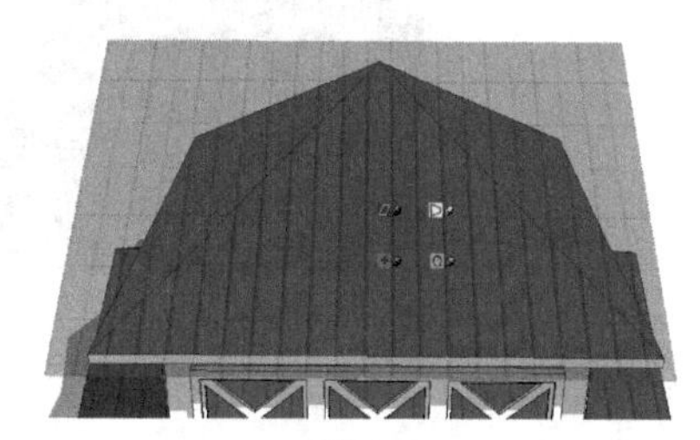

图 6-45

四色图钉中的红色图钉为纹理图像的“移动”工具，执行“位置”命令后默认即启用该功能，此时可以进行任意方向的移动，如图 6-46 所示。

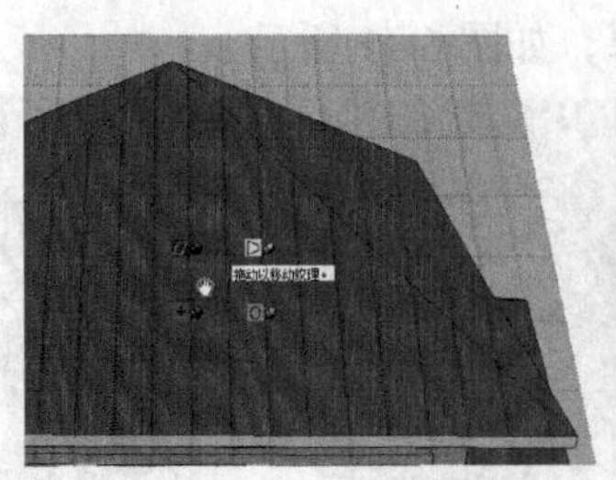
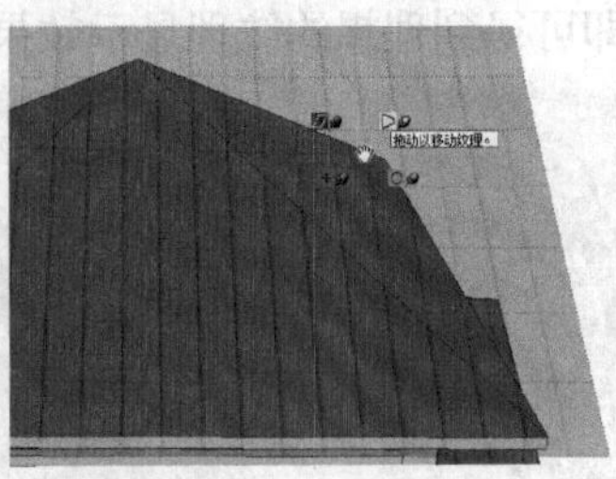

图 6-46

四色图钉中的绿色图钉为纹理图像的“旋转 / 缩放”工具，按住该图钉左右拖曳，可对纹理图像进行等比缩放，上下拖曳则对纹理图像进行旋转，如图 6-47 所示。

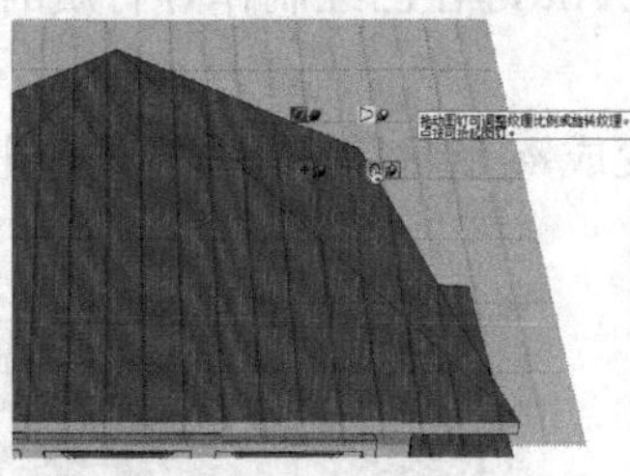
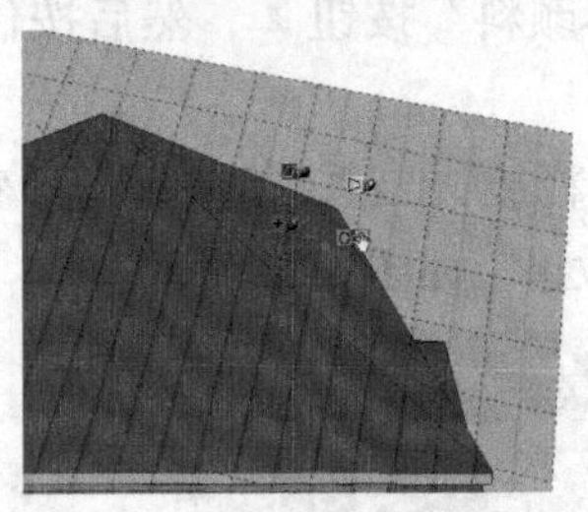

图 6-47

四色图钉中的黄色图钉为纹理图像的“扭曲”工具，按住该图钉向任意方向拖曳，可对纹理图像进行对应方向的扭曲，如图 6-48 所示。

图 6-48

四色图钉中的蓝色图钉为纹理图像的“缩放 / 移动”工具，按住该图钉上下拖曳，可以增加纹理图像竖向重复次数，左右拖曳则改变纹理图像平铺角度，如图 6-49 所示。

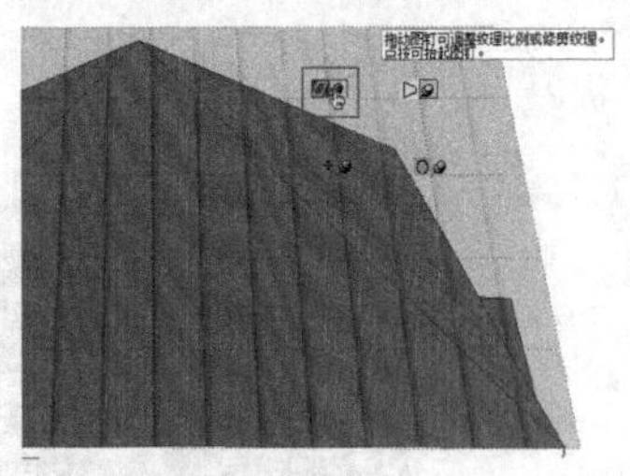
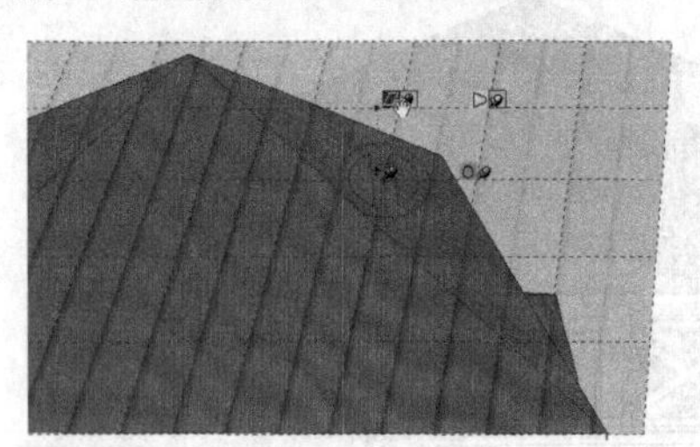

图 6-49

提示

半透明平面内显示了整个纹理图像的分布，可以配合纹理图像“移动”工具，轻松地将目标纹理图像区域移动至模型表面。

6.2.3 “自由图钉”模式

“自由图钉”模式主要用于设置和消除照片的扭曲状态。在“自由图钉”模式下，图钉之间不互相限制，这样可以将图钉拖曳到任何位置。

在模型贴图上单击鼠标右键，在弹出的快捷菜单中取消选择“固定图钉”命令，即可将“锁定图钉”模式调整为“自由图钉”模式，如图 6-50 所示。此时 4 个彩色图钉都会变成相同模样的黄色别针，可以通过移动别针进行贴图的调整，如图 6-51 所示。

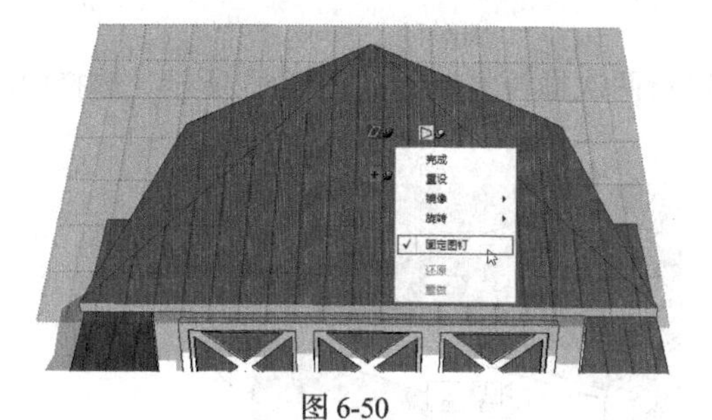

图 6-50

图 6-51

6.3 贴图技巧

在 SketchUp 中使用普通填充方法为模型赋予材质时会产生许多不尽如人意的效果，如贴图破碎、连接性弱、比例难以控制等。SketchUp 为解决这一问题，提供了辅助键、贴图坐标等对贴图进行调整。贴图技巧主要包括转角贴图、贴图坐标和隐藏几何体、曲面贴图与投影贴图。

6.3.1 课堂实例——制作树池坐凳

【学习目标】熟悉材质贴图的技巧。

【知识要点】首先通过绘图工具和编辑工具绘制坐凳，然后使用转角贴图的技巧，将材质赋予坐凳，使贴图在转角处完美拼合，最终完成树池坐凳的制作，如图 6-52 所示。

【所在位置】素材 \ 第 6 章 \ 6.3.1\ 制作树池坐凳 .skp。

图 6-52

（1）启动 SketchUp，设置场景单位与精确度，如图 6-53 所示。

（2）使用“矩形”工具，在“俯视图”中绘制一个边长为 4800mm 的正方形平面，如图 6-54 所示。

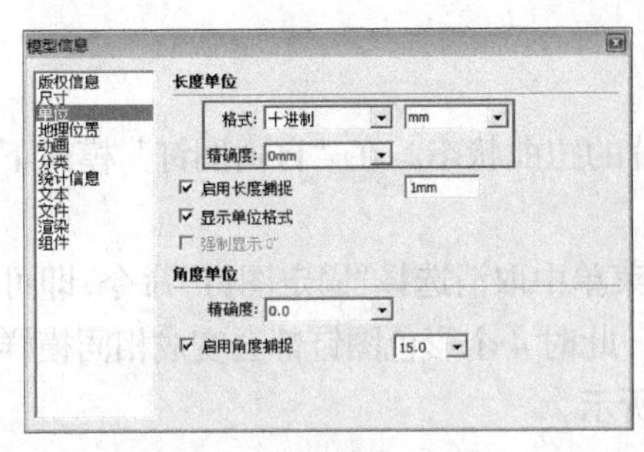

图 6-53

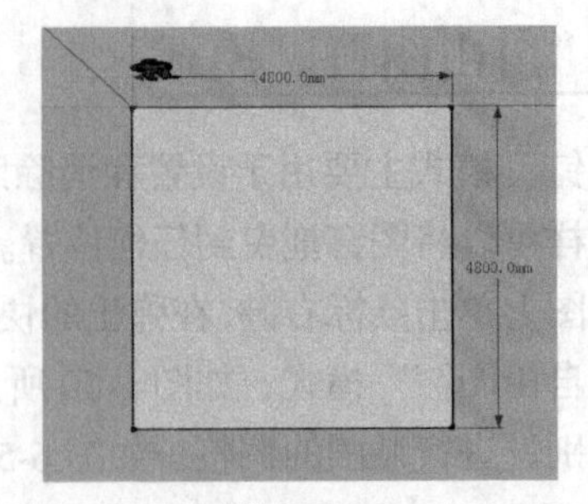

图 6-54

（3）使用“推 / 拉”工具，按住 Ctrl 键连续进行两次推拉复制，如图 6-55 所示。选择中间的分隔线，将其拆分为 4 段，如图 6-56 所示。

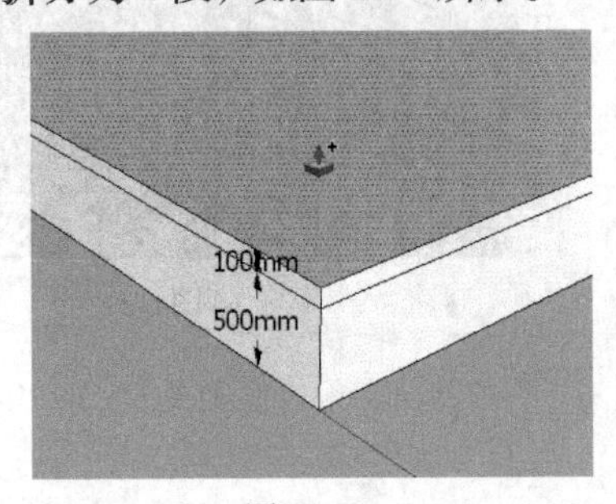

图 6-55

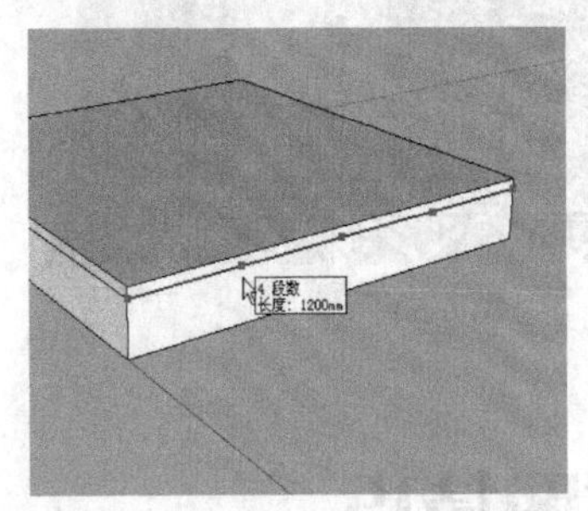

图 6-56

（4）使用“直线”工具，创建坐凳底部分割面，如图 6-57 所示。使用“旋转”工具进行多重旋转复制，如图 6-58 所示。

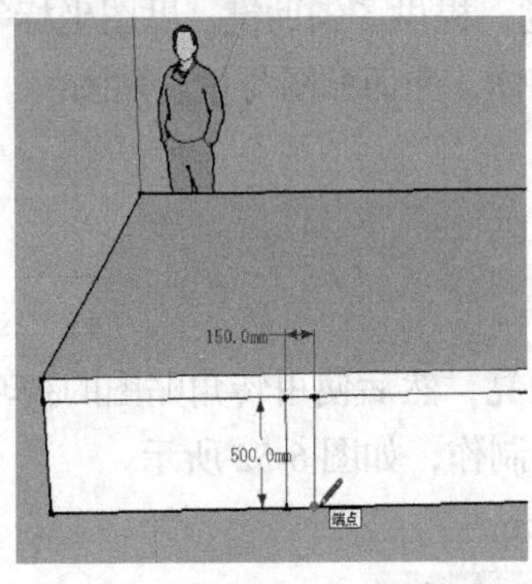

图 6-57

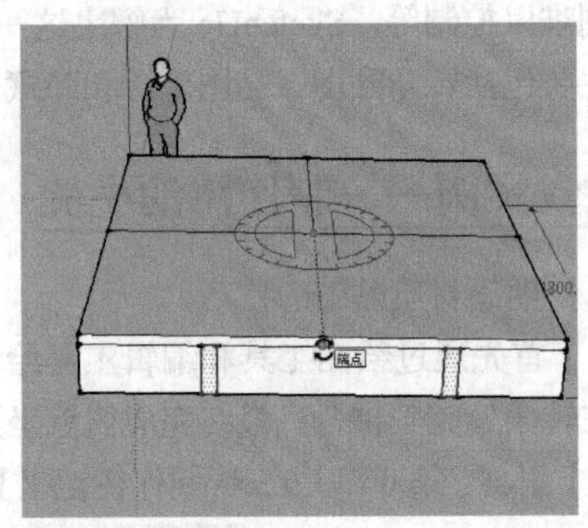

图 6-58

（5）使用“推 / 拉”工具，制作底部支撑石板，如图 6-59 和图 6-60 所示。

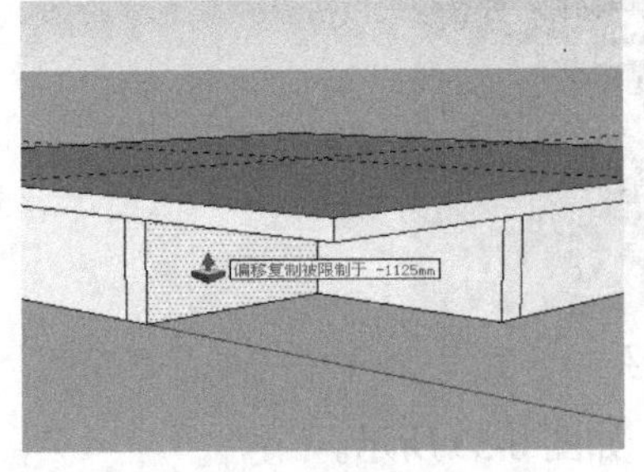

图 6-59

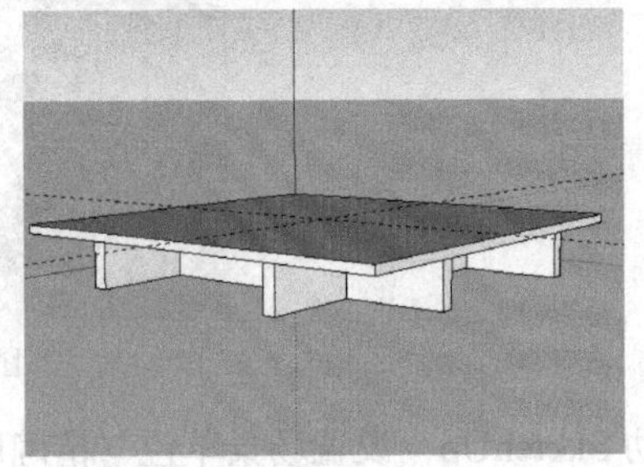

图 6-60

（6）结合使用“偏移”工具与“推 / 拉”工具制作坐凳轮廓，如图 6-61 和图 6-62 所示。

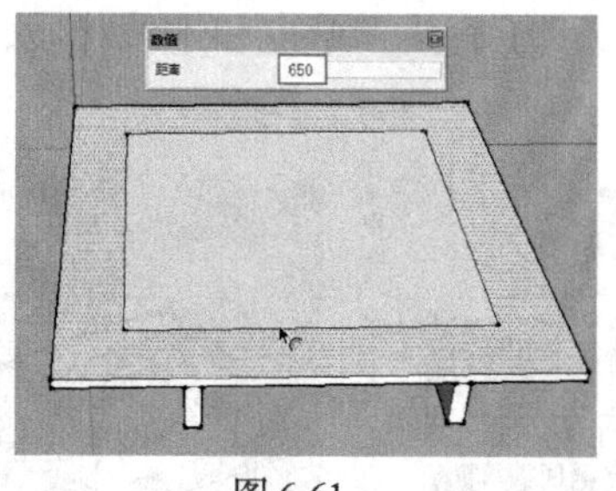

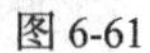

图 6-61

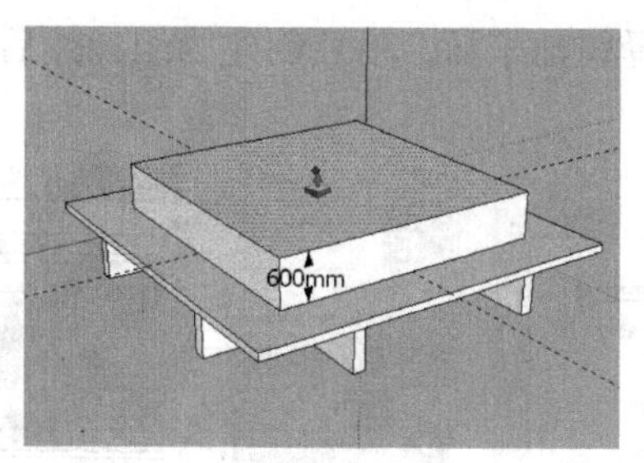

图 6-62

（7）选择顶部平面，使用“缩放”工具，按住 Ctrl 键以 0.95 的比例进行中心缩放，形成靠背斜面，如图 6-63 所示。

（8）选择顶部平面，结合“偏移”工具与“推 / 拉”工具制作靠背轮廓，如图 6-64 和图 6-65 所示。

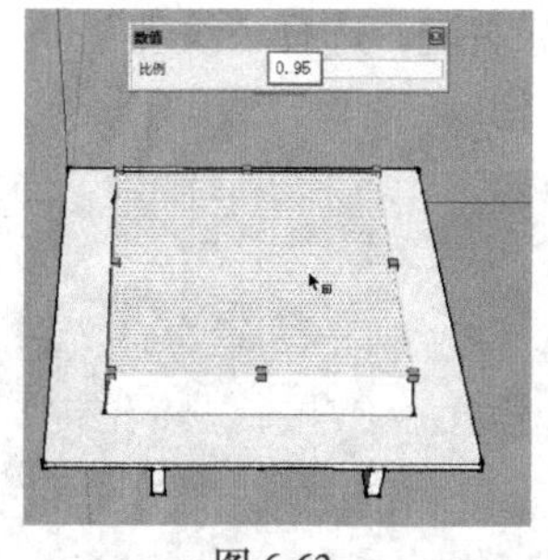

图 6-63

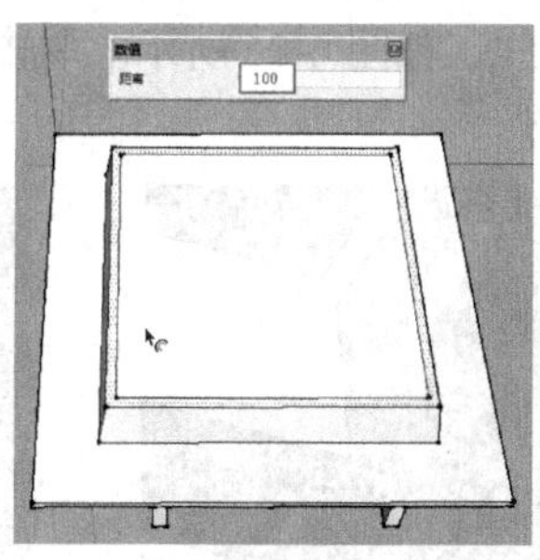

图 6-64

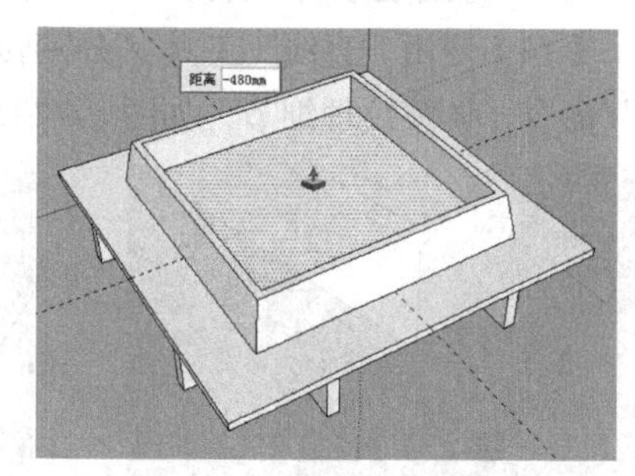

图 6-65

（9）结合使用“偏移”工具与“推 / 拉”工具，制作树池造型，如图 6-66 ~ 图 6-68 所示。

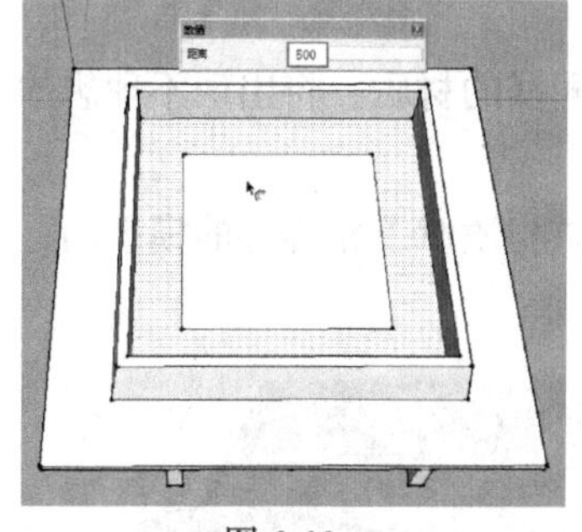

图 6-66

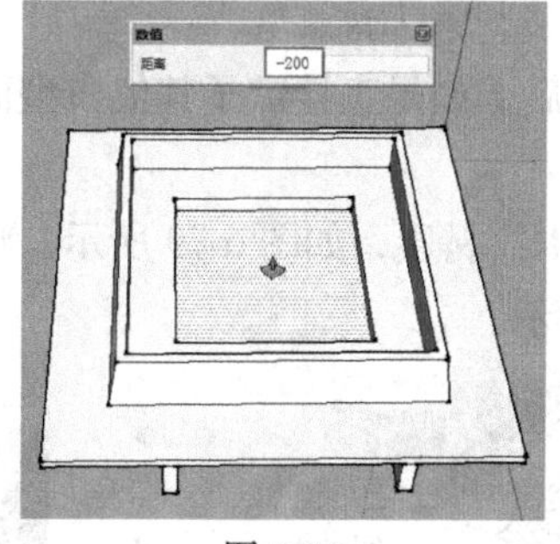

图 6-67

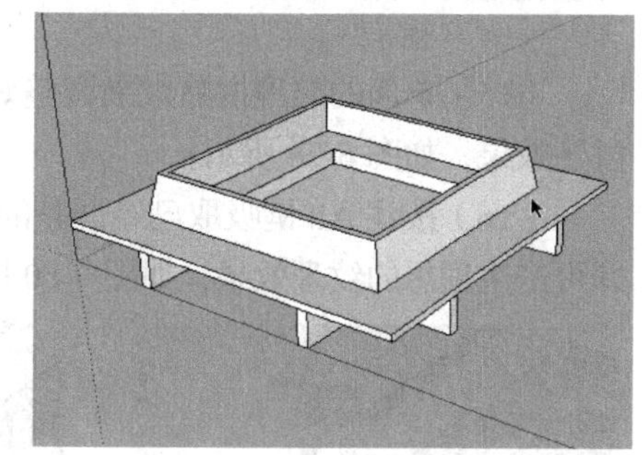

图 6-68

（10）切换至“前视图”，调整为“平行投影”显示，如图 6-69 所示。选择底部支撑部分模型面，将其创建为组，如图 6-70 所示。

（11）打开“材料”面板，赋予其石头材质，如图 6-71 所示。

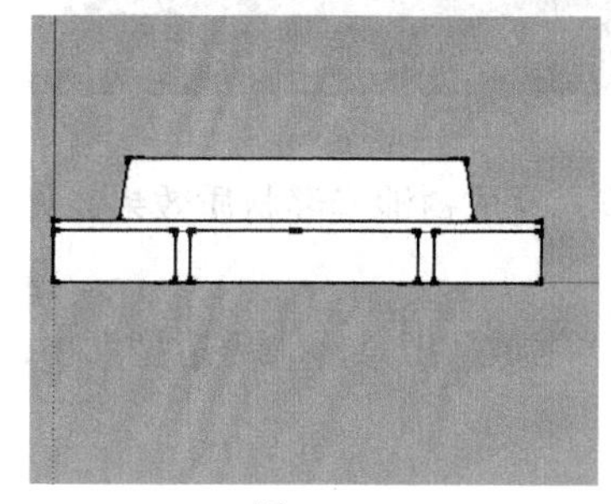

图 6-69

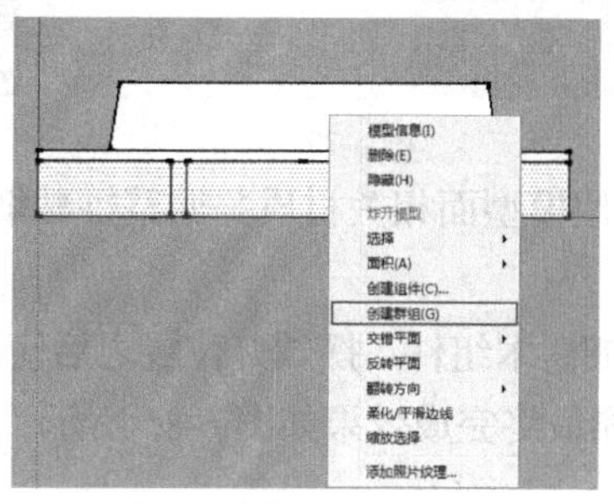

图 6-70

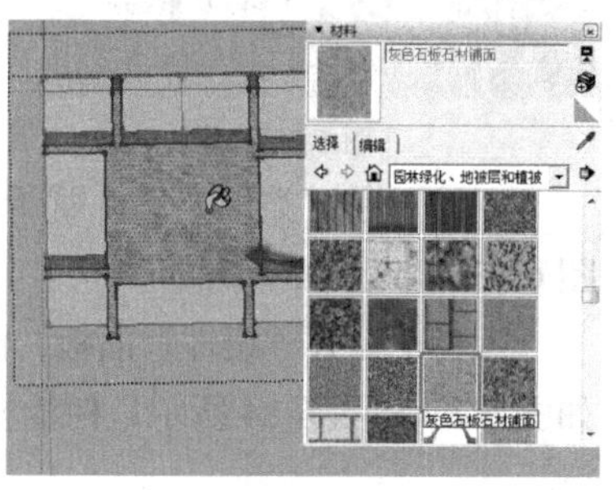

图 6-71

（12）选择树池平面，单独创建为组，然后对应赋予石头、草皮和木纹材质，如图 6-72 ~ 图 6-74 所示。

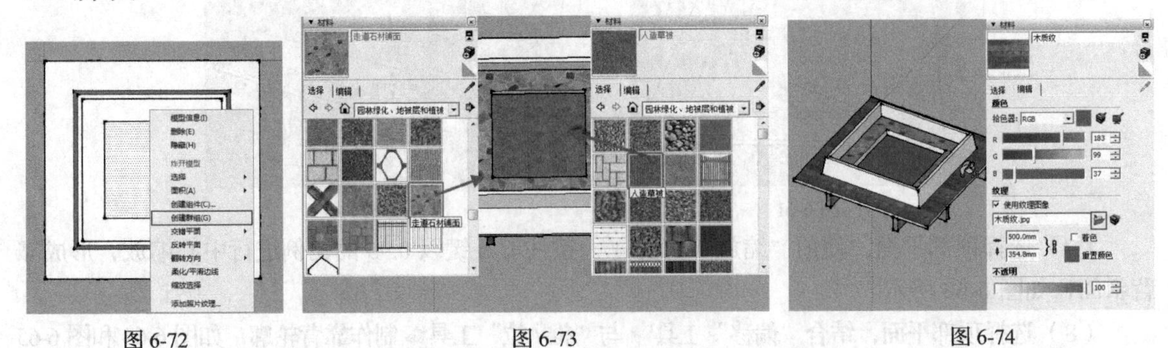

图 6-72　　图 6-73　　图 6-74

（13）观察坐凳木纹材质，可以发现纹理大小与转角拼合细节都不理想，如图 6-75 所示。

（14）使用“直线”工具分割转角线，如图 6-76 所示。单击鼠标右键，选择“纹理”→“位置”命令，调整纹理细节，如图 6-77 所示。

图 6-75

图 6-76

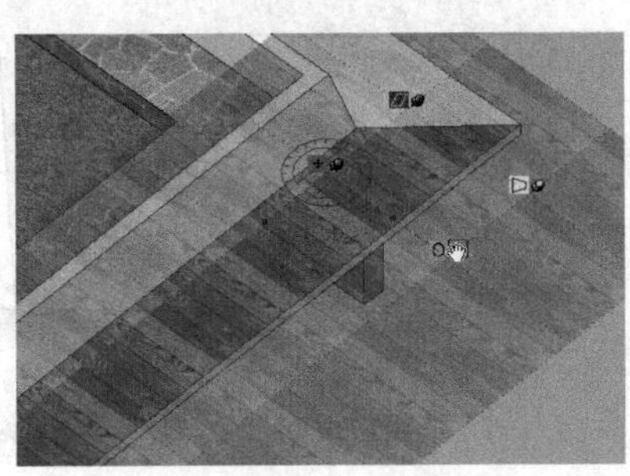

图 6-77

（15）单面的纹理拼贴效果调整好后，如果直接赋予其他模型面同样的材质，将出现不理想的拼贴效果，如图 6-78 所示。

（16）按住 Alt 键吸取已经调整的木纹材质，如图 6-79 所示，将该材质赋予相连接的模型面，即可产生理想的纹理效果，如图 6-80 所示。

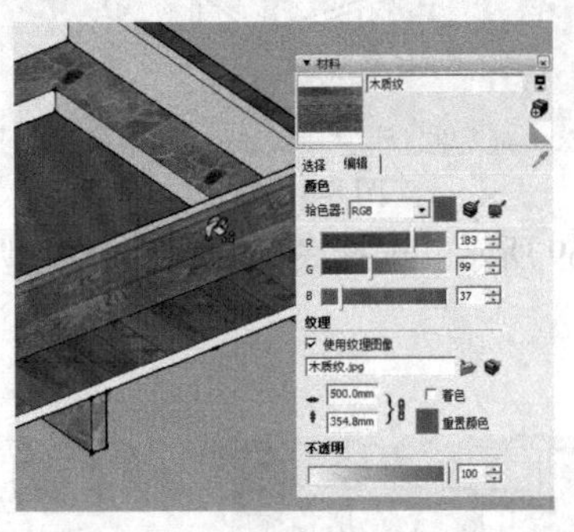

图 6-78

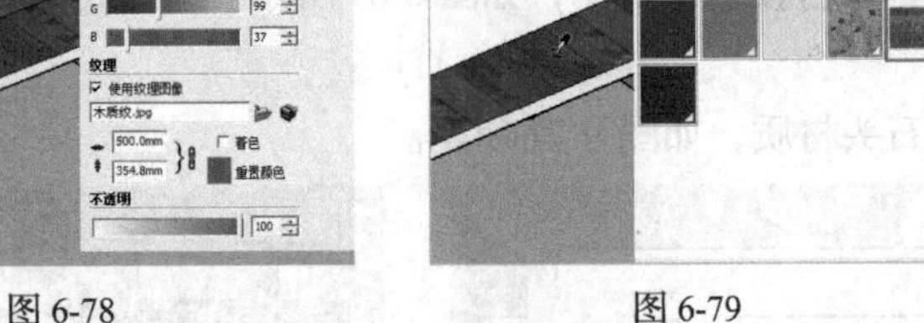

图 6-79

图 6-80

（17）通过类似方法，赋予其他模型面相关材质并调整拼贴细节，完成树池坐凳材质效果，如图 6-81 和图 6-82 所示。

（18）打开“组件”面板，添加树木组件，摆放好位置之后使用“缩放”工具调整造型大小，如图 6-83 和图 6-84 所示。树池坐凳最终完成效果如图 6-85 所示。

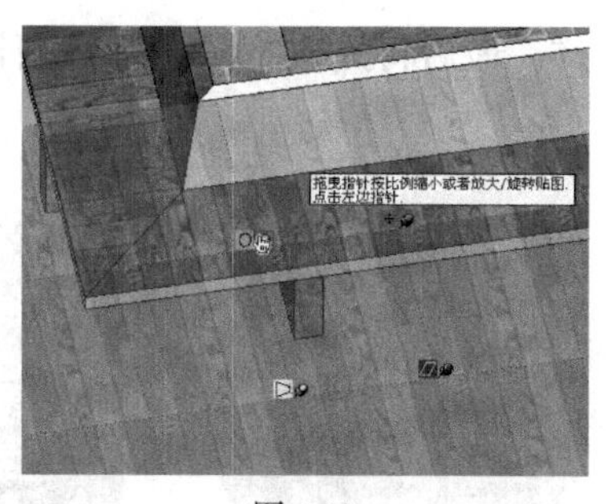

图 6-81

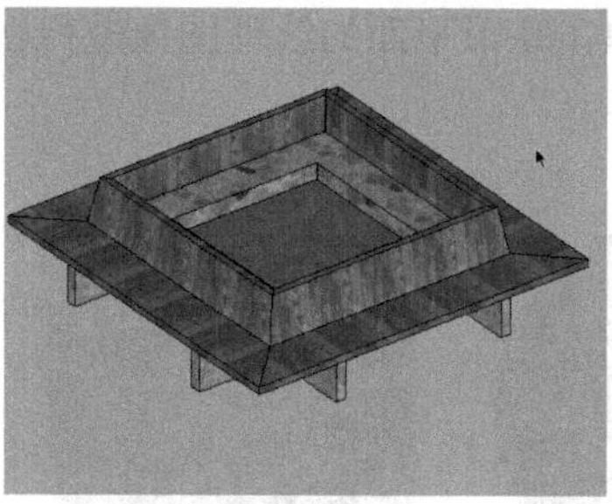

图 6-82

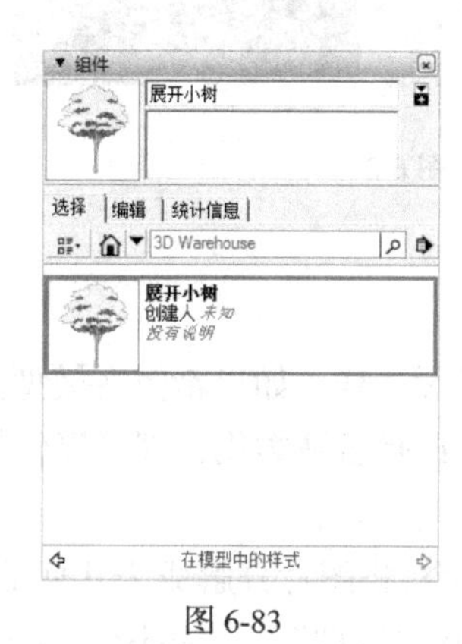

图 6-83

图 6-84

图 6-85

6.3.2 转角贴图

SketchUp 的贴图可以包裹模型转角。在工作中经常会遇到在多个转折面需要赋予相关材质的情况，若直接赋予材质，效果通常会不理想，运用转角贴图技巧可以形成理想的转角纹理衔接效果，如图 6-86 和图 6-87 所示。

图 6-86

图 6-87

转角贴图方法很简单，只需选中物体，激活“材质”工具，在“材料”面板中单击“选择”选项卡，然后单击“提取材质”按钮，接着单击需要的纹理图像进行材质取样，最后将提取的材质赋予物体，即可转角贴图。

6.3.3 曲面贴图

在运用 SketchUp 建模时常常会遇到地形起伏的状况，使用普通赋予材质的方式会使得材质赋予不完整。SketchUp 提供了曲面贴图来解决这一问题。

选中球体，激活“材质”工具，在“材料”面板中单击“选择”选项卡，然后单击“提取材质”

按钮，接着单击矩形平面的纹理图像进行材质取样，最后将提取的材质赋予球体，如图 6-88 和图 6-89 所示。

图 6-88

图 6-89

6.3.4 投影贴图

SketchUp 的贴图坐标可以投影贴图，就像将一个幻灯片用投影机投影一样。如果希望在模型上投影地形图像或者建筑图像，那么可以使用投影贴图功能。任何曲面不论是否被柔化，都可以使用投影贴图来实现无缝拼接。

在导入的图片上单击鼠标右键，在弹出的快捷菜单中选择“分解”命令，将图片分解成为几何面，如图 6-90 所示。继续在贴图上单击鼠标右键，在弹出的快捷菜单中选择“纹理”→“投影”命令，切换成贴图投影模式，如图 6-91 所示。

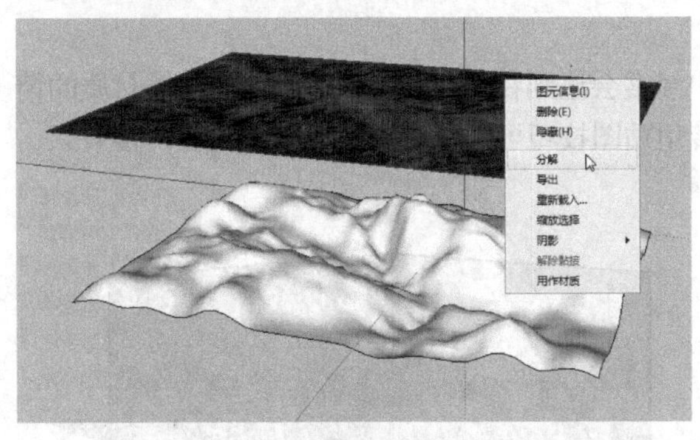

图 6-90

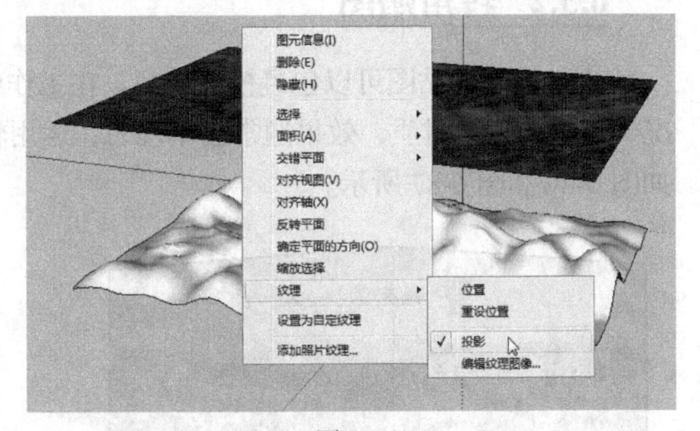

图 6-91

执行“工具”→“材质”命令，按住 Alt 键，激活“提取材质”工具，在贴图图像上进行材质取样，然后将提取的材质赋予山体模型，如图 6-92 所示。

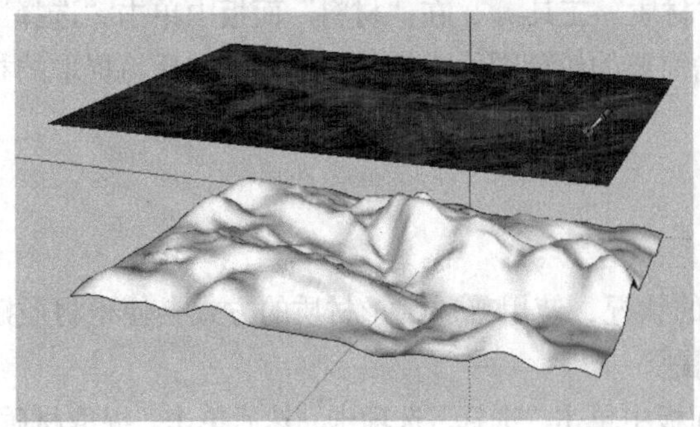
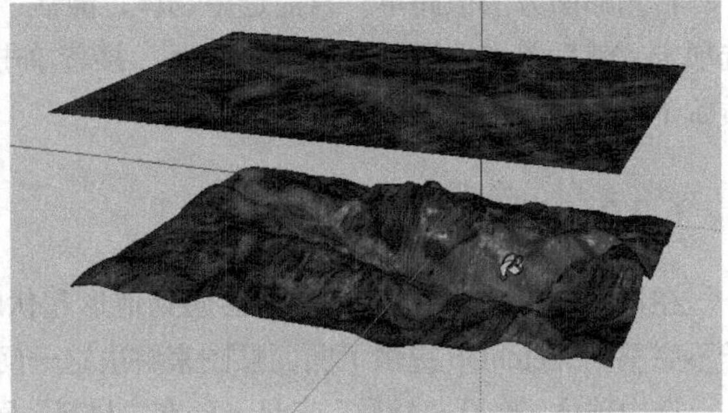

图 6-92

6.4 课堂练习——填充亭子材质

【知识要点】为一个已经制作好的亭子模型填充多种材质，使其更逼真，加强练习“材质”工具的使用，掌握纹理调整的技巧，图 6-93 所示为最终亭子效果。

【所在位置】素材 \ 第 6 章 \ 6.4 \ 填充亭子材质 .skp。

图 6-93

6.5 课后习题——创建红酒瓶标签

【知识要点】通过创建如图 6-94 所示的红酒瓶标签，来巩固贴图坐标和隐藏几何体命令的使用。

【所在位置】素材 \ 第 6 章 \ 6.5 \ 创建红酒瓶标签 .skp。

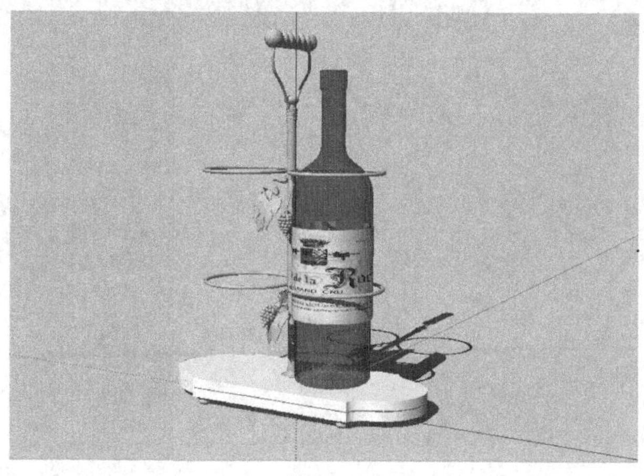

图 6-94

第7章 常用插件

本章介绍

本章将讲解 SketchUp 常用的模型插件的使用方法，使用这些插件可以快速创建复杂的模型效果，成倍提高工作效率。SketchUp 常用的建模插件有 SUAPP、超级推拉、贝塞尔曲线、超级圆（倒）角、曲面自由分割及路径变形等。

课堂学习目标

- 掌握建模插件 SUAPP 的应用
- 掌握常用插件的应用

7.1 建筑插件 SUAPP

SUAPP 建筑插件是一款强大的工具集，极大程度上提高了 SketchUp 的建模能力，拥有独立的工具集和右键扩展菜单，使得操作更加顺畅方便。

7.1.1 课堂实例——制作飘窗

【学习目标】熟悉建筑插件 SUAPP 的使用方法。

【知识要点】通过实例介绍利用门窗构建、拉线成面插件创建飘窗的方法，其中还运用了绘图工具和编辑工具，如图 7-1 所示。

【所在位置】素材 \ 第 7 章 \ 7.1.1\ 飘窗 .skp。

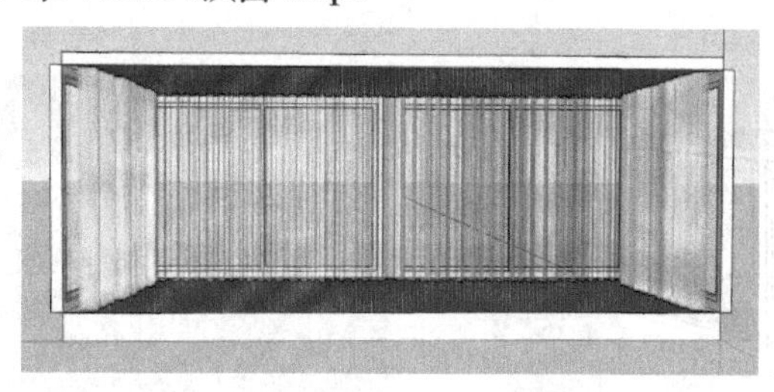

图 7-1

（1）激活“矩形”工具，在平面中绘制一个 1800mm × 4300mm 的矩形，并用“推 / 拉”工具将其向上推拉到 1740mm 的高度，如图 7-2 所示。

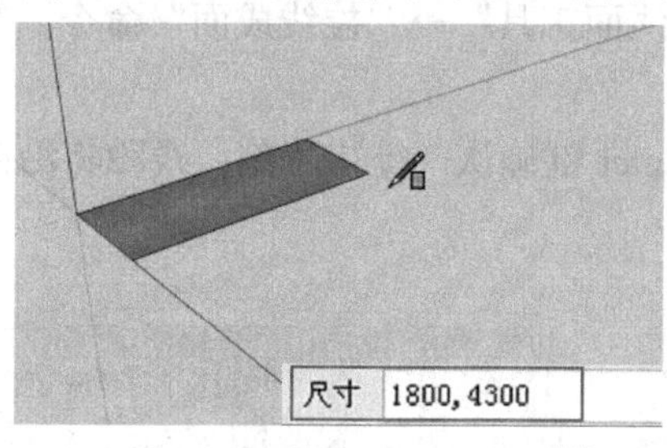

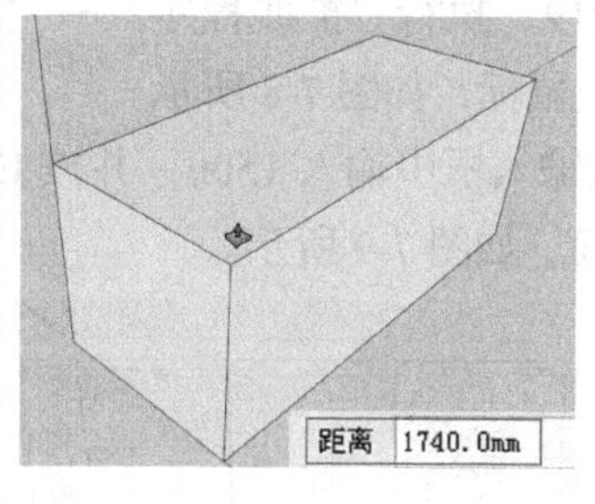

图 7-2

（2）选择矩形面，并执行“扩展程序”→“门窗构件”→“墙体开窗”命令，在弹出的“参数设置”对话框中设置窗户的相关参数，单击“确定”按钮，如图 7-3 所示。

（3）此时设置好参数的窗户将跟随鼠标移动。将窗户安置在相应位置，如图 7-4 所示。

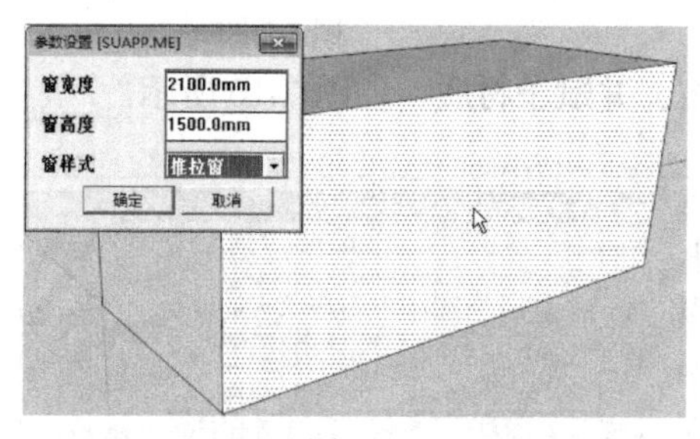

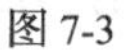

图 7-3

图 7-4

（4）用同样的方法，在飘窗两侧添加窗户，如图 7-5 所示。

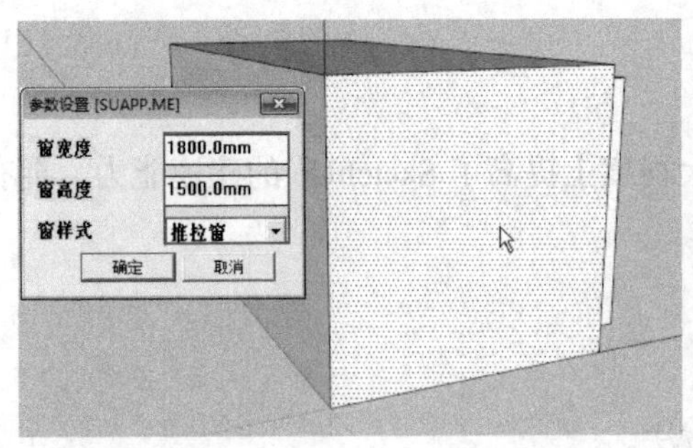

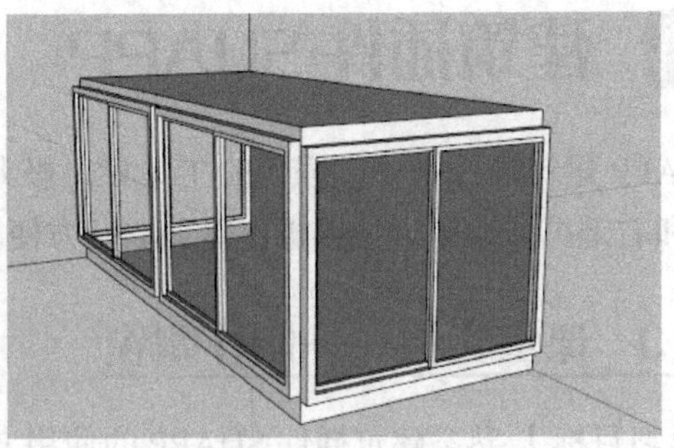

图 7-5

（5）使用基本绘图工具，将飘窗整理成窗台，如图 7-6 所示。

（6）为室内空间添加窗帘。激活“徒手画”工具，在客厅飘窗上绘制一条自由曲线，如图 7-7 所示。

图 7-6

图 7-7

（7）选择线段，执行“扩展程序”→“线面工具”→“拉线成面”命令，在曲线上单击，并沿蓝色轴方向拖曳鼠标，如图 7-8 所示。

（8）在数值输入框中输入 1500，并按 Enter 键确认，等待片刻，线段将沿蓝色轴方向生成高度为 1500mm 的面，如图 7-9 所示。

图 7-8

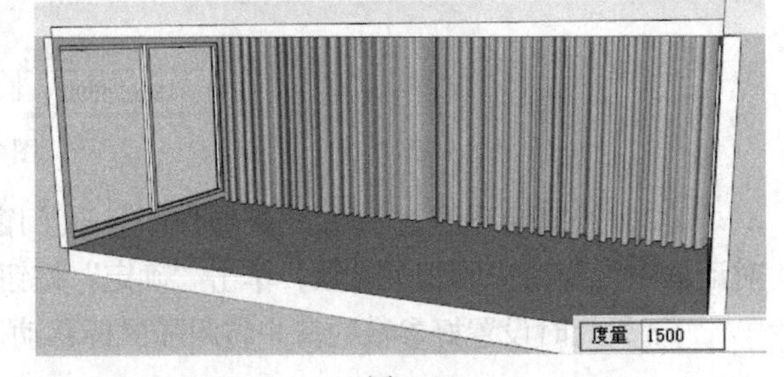

图 7-9

（9）用同样的方法，为飘窗两侧的窗户添加窗帘，并赋予材质，如图 7-10 所示。

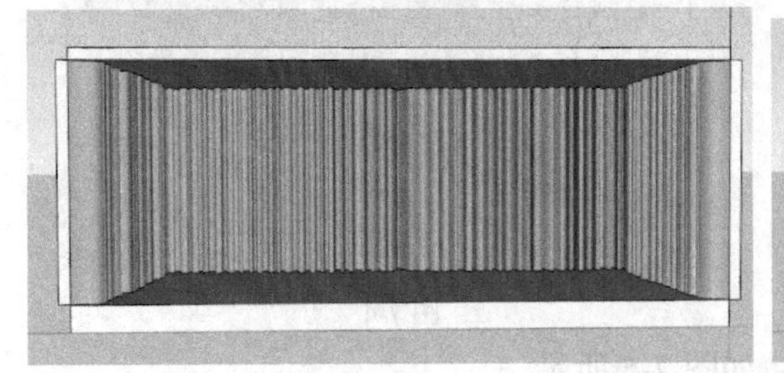

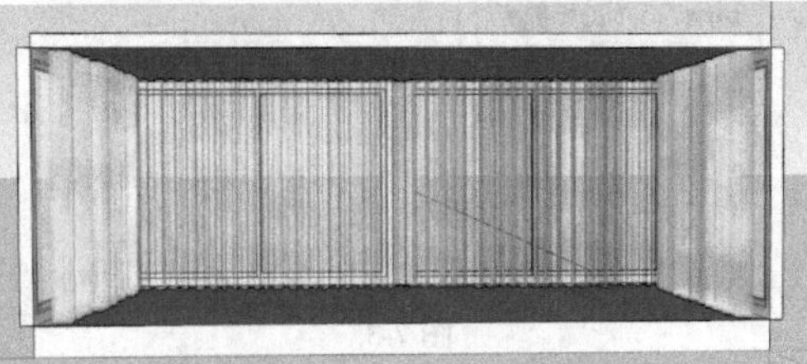

图 7-10

7.1.2 轴网墙体

通过 SUAPP 扩展程序中的“轴网墙体”子菜单，可以快速创建实心墙面，以及常用的立柱、圆柱、网格等模型，本例主要讲解“绘制墙体”与“线转墙体”两个命令的使用。

执行“扩展程序”→“轴网墙体”→“绘制墙体”命令，如图 7-11 所示，弹出“参数设置”对话框，在其中设置好墙体宽度与高度，如图 7-12 所示。单击“确定”按钮关闭“参数设置”对话框，在绘图区拖曳鼠标确定墙体长度，如图 7-13 所示。

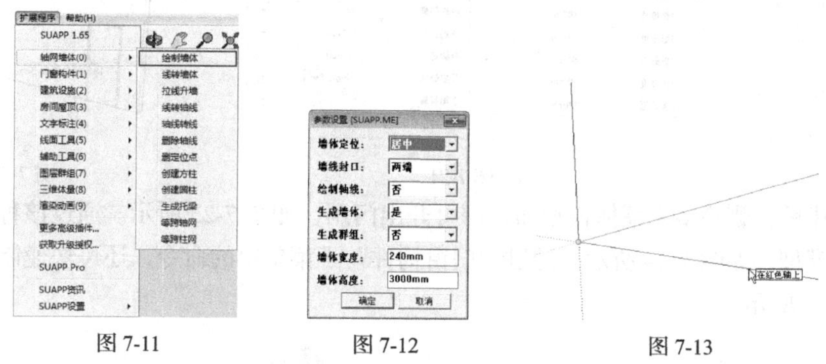

图 7-11　　图 7-12　　图 7-13

释放鼠标自动生成对应墙体，如图 7-14 所示。在绘图区根据墙体走向绘制线段，执行“扩展程序”→“轴网墙体”→“线转墙体”命令，如图 7-15 所示，在弹出的对话框中设置相关参数，如图 7-16 所示。

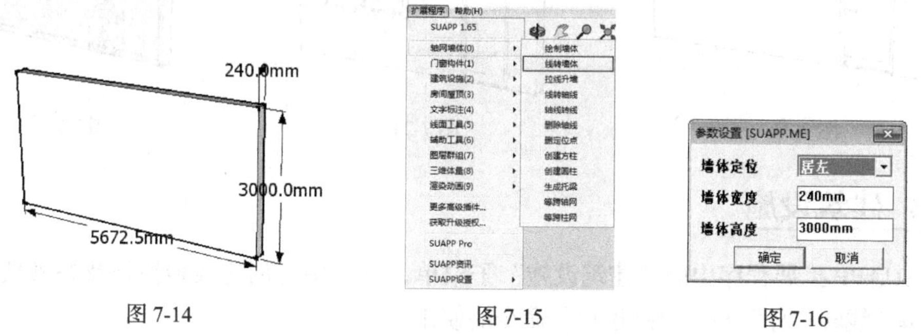

图 7-14　　图 7-15　　图 7-16

单击“确定”按钮，即可在绘图区生成对应墙体，如图 7-17 所示。使用“轴网墙体”子菜单中的命令，还可以创建立柱、圆柱、托梁等构件，以及轴网等辅助对象，如图 7-18 和图 7-19 所示。

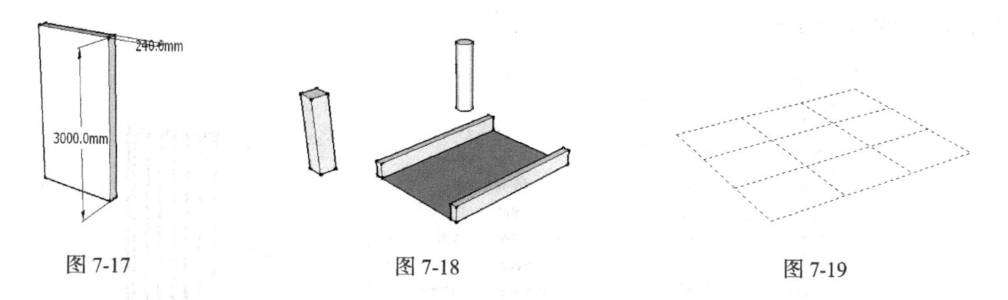

图 7-17　　图 7-18　　图 7-19

7.1.3 门窗构件

通过 SUAPP 扩展程序中的“门窗构件”子菜单，可以快速创建门窗及普通的玻璃幕墙结构模型，本例主要讲解“墙体开门”命令的使用。

执行“扩展程序”→“门窗构件”→“墙体开门”命令，如图 7-20 所示，弹出“参数设置”对话框，如图 7-21 所示，在墙体的目标位置单击，即可生成门模型，如图 7-22 所示。

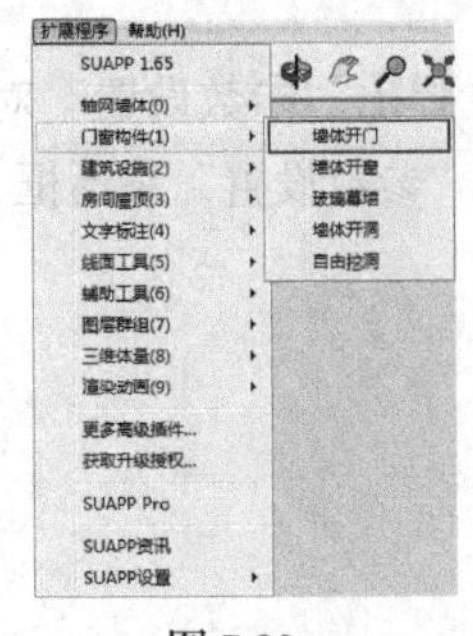

图 7-20

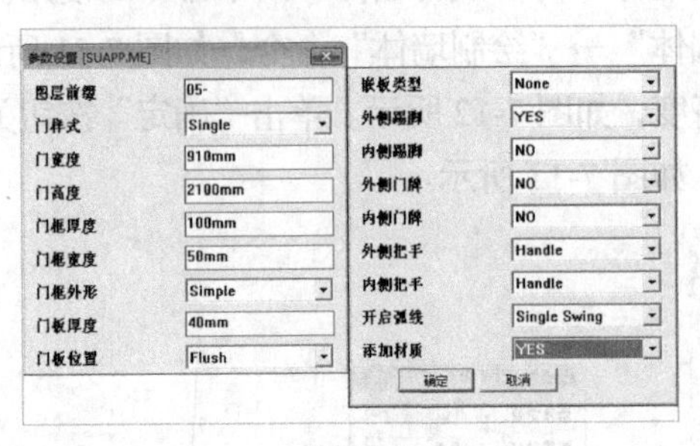

图 7-21

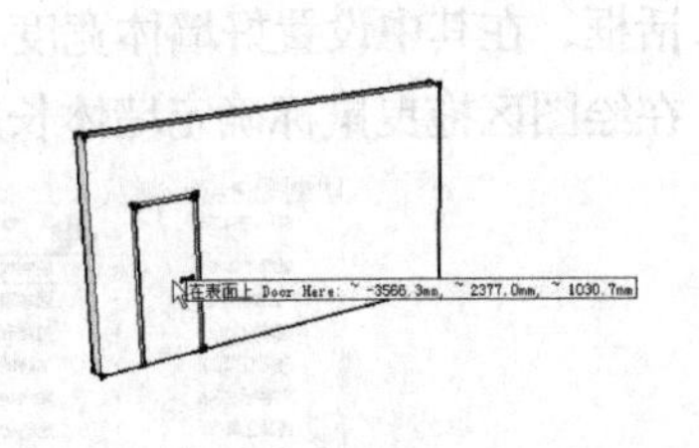

图 7-22

门模型创建后，删除多余墙体模型面，即可开出门洞，如图 7-23 所示。通过该种方法，还可以快速制作窗户模型，如图 7-24 所示。通过“门窗构件”子菜单中的命令，还可快速制作玻璃幕墙等模型，如图 7-25 所示。

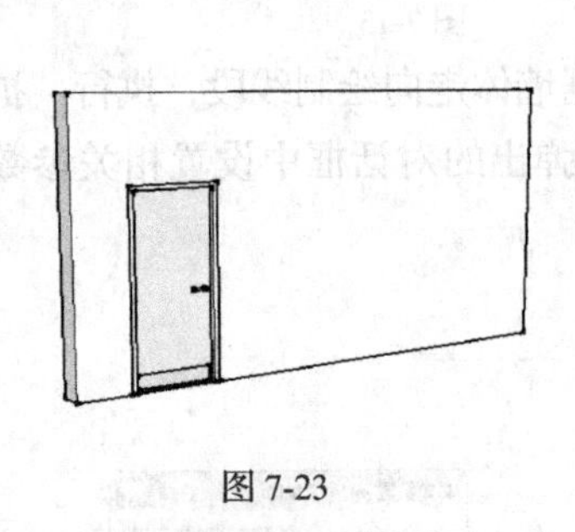

图 7-23

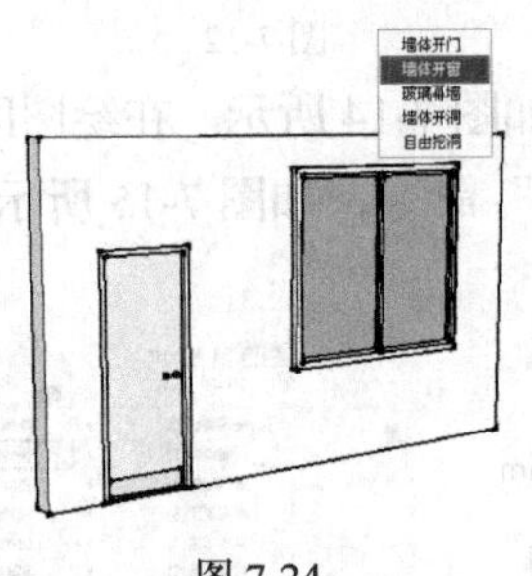

图 7-24

图 7-25

7.1.4 建筑设施

通过 SUAPP 扩展程序中的“建筑设施”子菜单，可以快速创建线转栏杆及各种楼梯模型，本例主要讲解“线转栏杆”与“双跑楼梯”命令的使用。

在绘图区创建一条线段，执行“扩展程序”→“建筑设施”→“线转栏杆”命令，如图 7-26 所示。弹出“参数设置”对话框，如图 7-27 所示，设置相关参数，单击“确定”按钮，即可生成对应栏杆模型，如图 7-28 所示。

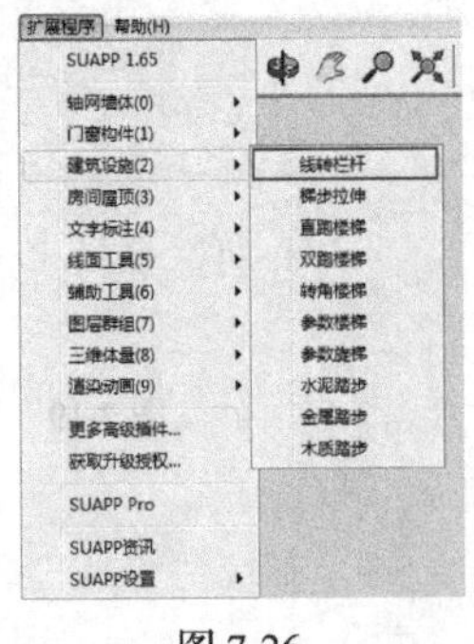

图 7-26

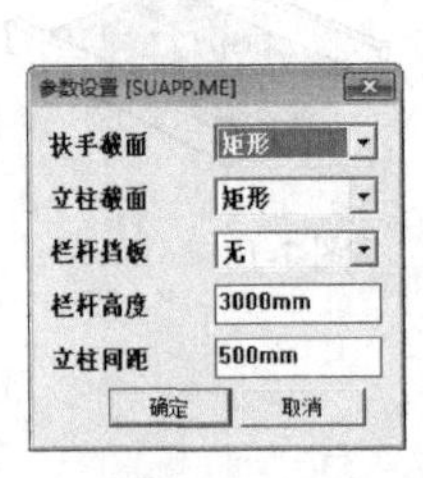

图 7-27

图 7-28

执行“扩展程序”→“建筑设施”→“双跑楼梯”命令，如图 7-29 所示。在弹出的“参数设置”

对话框中设置相关参数，单击“确定”按钮，即可生成楼梯，如图 7-30 所示。通过“建筑设施”子菜单内的命令，还可制作出其他常用楼梯类型，如图 7-31 所示。

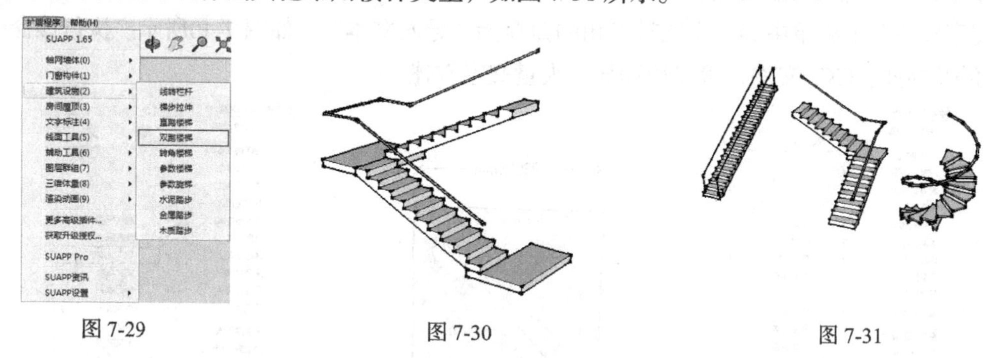

图 7-29　　图 7-30　　图 7-31

7.1.5 房间屋顶

通过 SUAPP 插件的“房间屋顶”子菜单，可以快速创建各种常用柜子模型以及屋顶结构。

打开“扩展程序”→“房间屋顶”→“房间布置”子菜单，可以发现其中有“橱柜”“地柜”“吊柜”3 个命令，如图 7-32 所示。选择“橱柜”命令，弹出对应的参数设置对话框，如图 7-33 所示。设置参数后单击“确定”按钮，即可生成相应的橱柜模型，如图 7-34 所示。

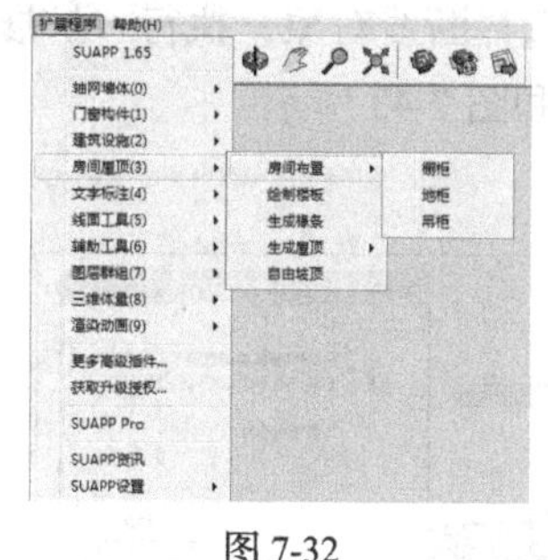

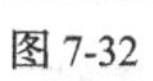

图 7-32

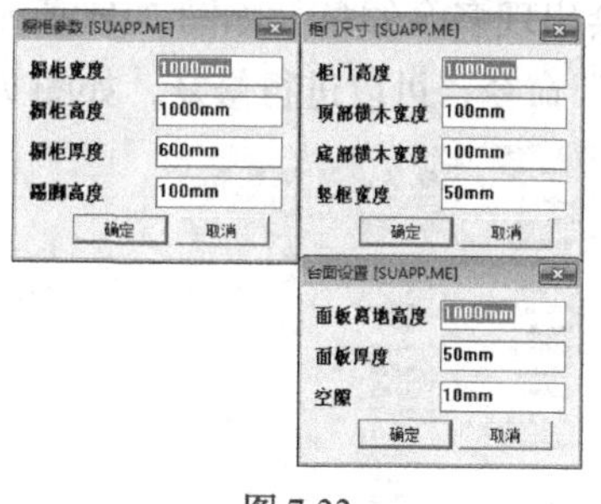

图 7-33

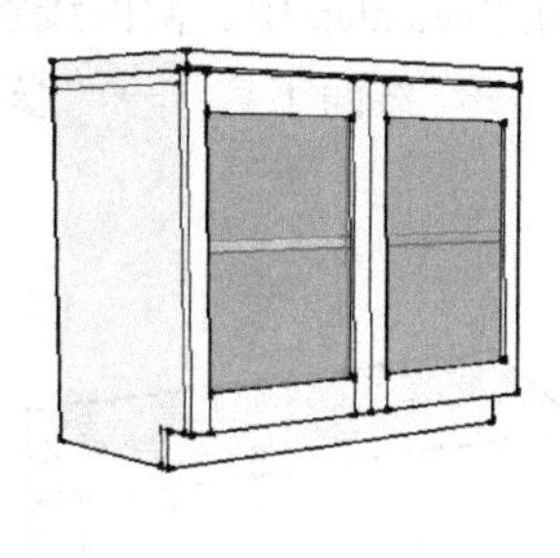

图 7-34

若选择“地柜”和“吊柜”命令，执行类似的操作，即可生成对应的三维模型，如图 7-35 所示。此外，通过“生成屋顶”子菜单中的命令，如图 7-36 所示，可以快速生成各种屋顶，如图 7-37 所示。

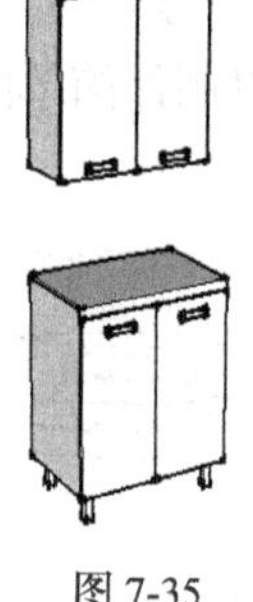

图 7-35

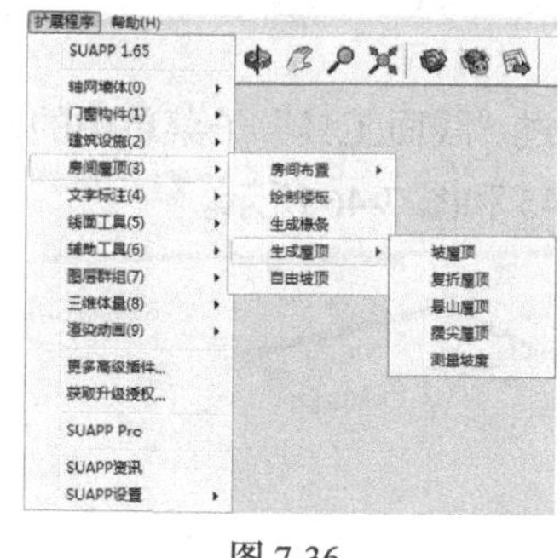

图 7-36

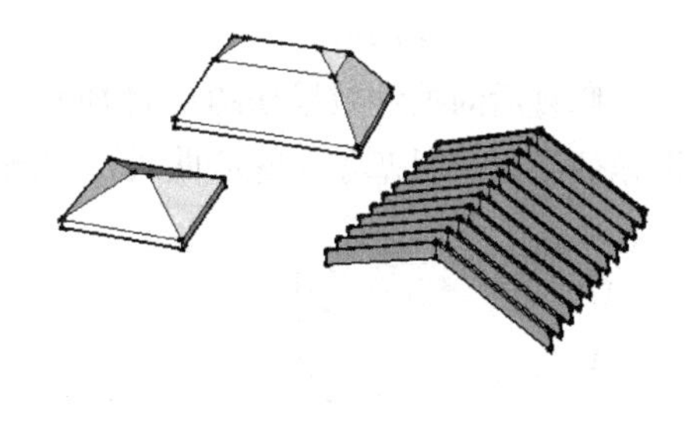

图 7-37

7.1.6 文字标注

通过 SUAPP 插件的“文字标注”菜单，可以进行角度标注及文本的导入。

打开“扩展程序”→“文字标注”子菜单，如图 7-38 所示，选择其中的“高度标注”和“角度标注”命令，可以完成模型对角相关数据的标识，如图 7-39 所示。

“文字标注”子菜单中另一个比较实用的命令为“导入文本”，如图 7-40所示。执行该命令后，选择已经编辑好的 TXT 文件，可以快速导入大量文字叙述。

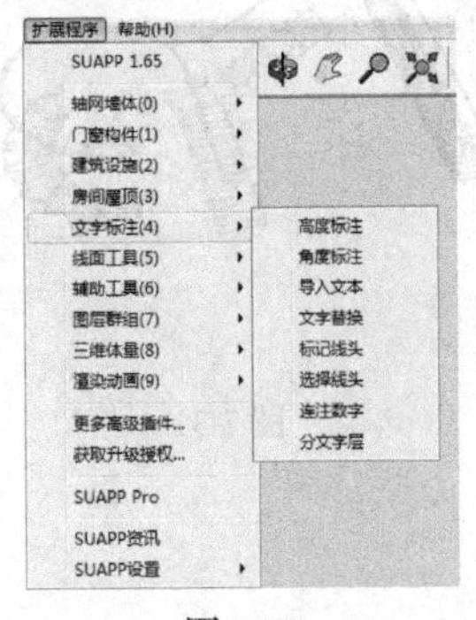

图 7-38

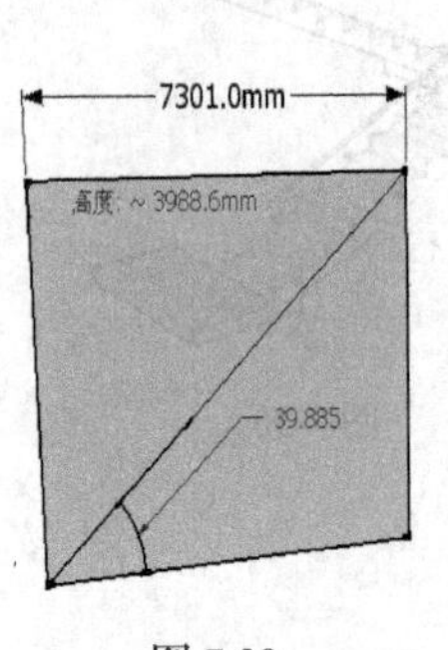

图 7-39

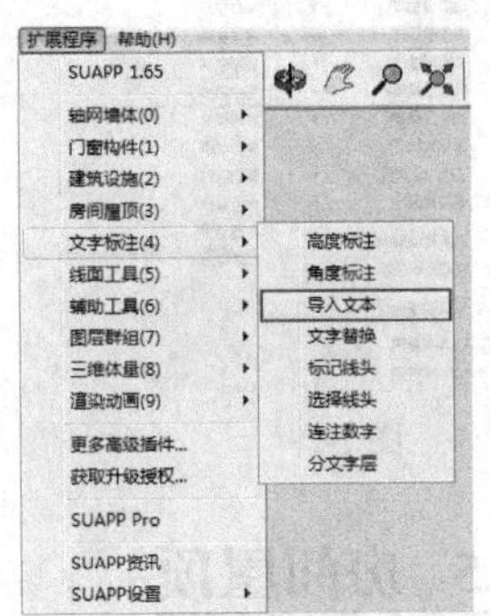

图 7-40

7.1.7 线面工具

通过 SUAPP 插件的“线面工具”子菜单，可以进行线条的修复、焊接及简单的圆角、曲线的制作。

在 SketchUp 中，截面线条断线会出现多余线条，如图 7-41 所示。选择断线对象，执行“扩展程序”→“线面工具”→“修复直线”命令，可以进行修复，如图 7-42 和图 7-43 所示。

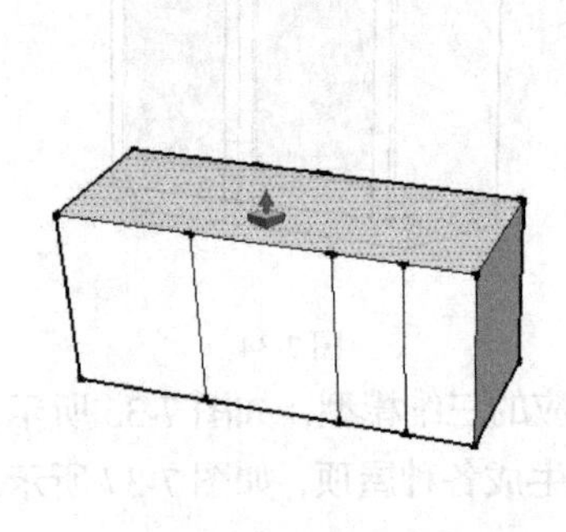

图 7-41

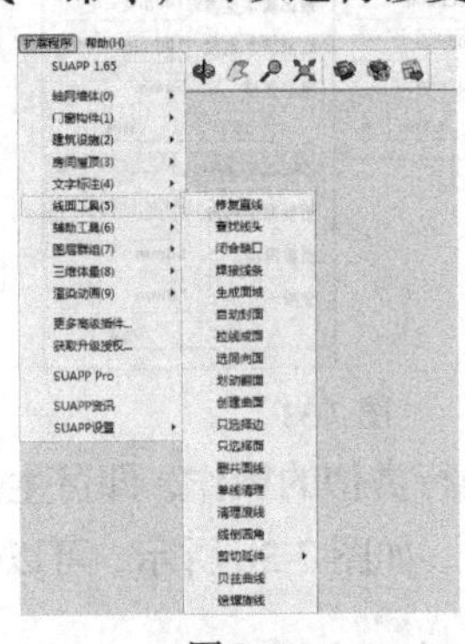

图 7-42

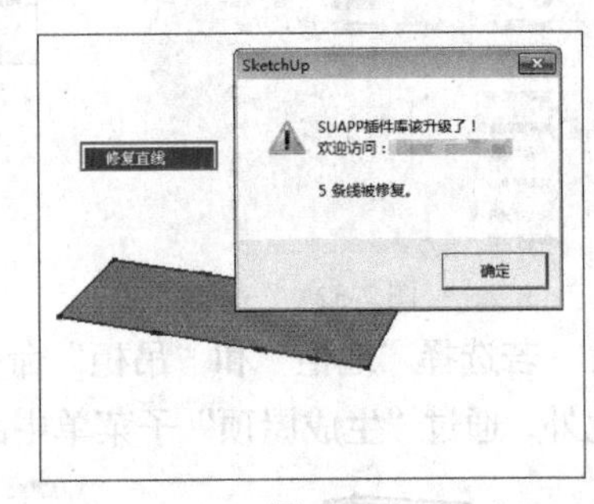

图 7-43

修复后的拉伸效果如图 7-44 所示。通过“线面工具”子菜单中的命令，还可以制作简单的圆角、倒角效果以及贝塞尔与螺旋曲线，如图 7-45 和图 7-46 所示。

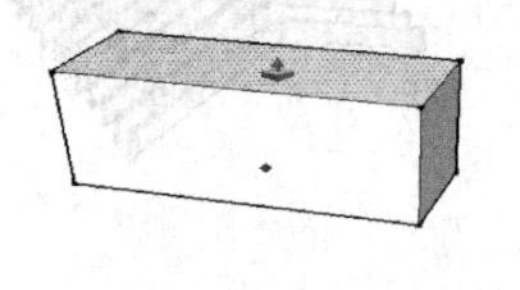

图 7-44

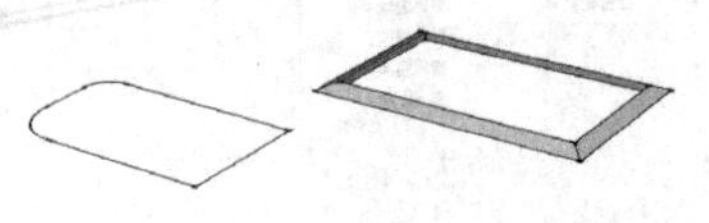

图 7-45

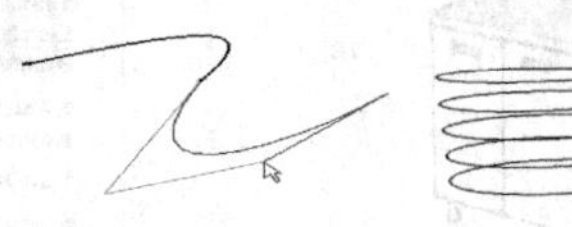

图 7-46

7.1.8 辅助工具

通过 SUAPP 插件的“辅助工具”子菜单，可以进行镜像、阵列以及其他复杂的复制操作。

选择需要镜像的对象，执行“扩展程序”→“辅助工具”→“镜像物体”命令，如图 7-47 所示。

通过鼠标单击确定两点构成镜像轴线，然后根据需要单击“是”或“否”按钮即可完成镜像，如图 7-48 和图 7-49 所示。

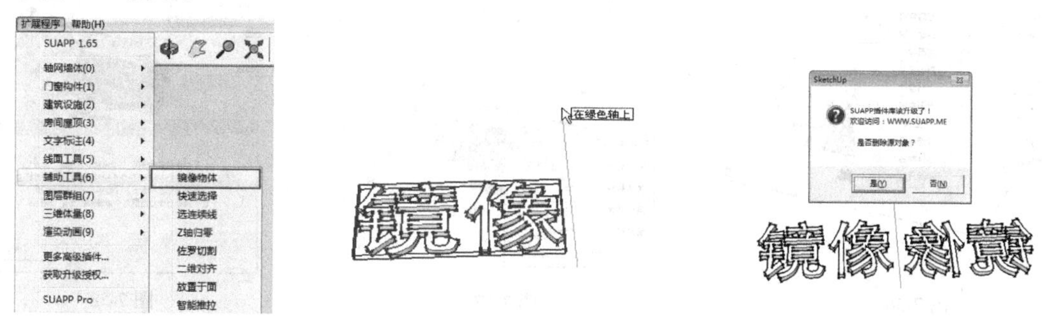

图 7-47　　图 7-48　　图 7-49

选择目标对象，执行“扩展程序”→“辅助工具”→“多重复制”命令，如图 7-50 所示，可以快速完成对象的多重复制，如图 7-51 和图 7-52 所示。

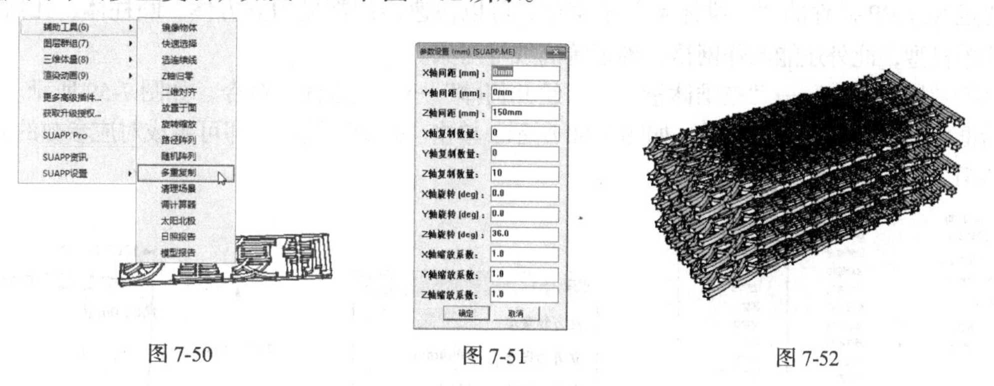

图 7-50　　图 7-51　　图 7-52

7.1.9　图层群组

通过SUAPP插件的“图层群组”子菜单，可以进行图层、群组及材质方面的管理，本例主要讲解“隐藏选中图层”与“自动分层”命令的使用。

打开“扩展程序”→“图层群组”子菜单，可以发现其中包含了诸多图层管理命令，如图 7-53 所示。在场景中选择目标图层中任意一个模型对象，执行“扩展程序”→“图层群组”→“隐藏选中图层”命令，即可快速将该图层中的所有对象隐藏，如图 7-54 和图 7-55 所示。

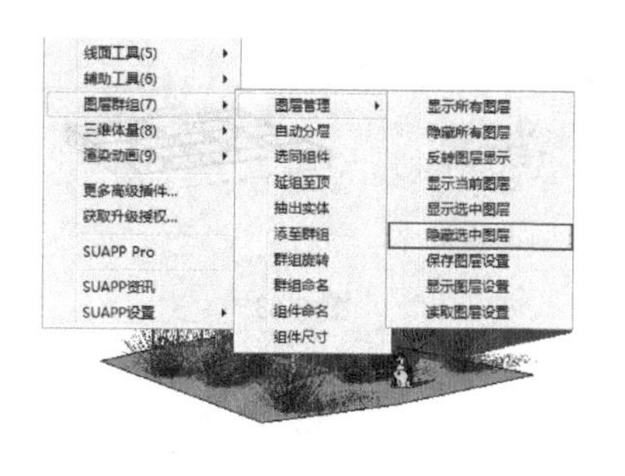

图 7-53　　图 7-54　　图 7-55

此外，当场景中存在标注、文字、剖切线等对象时，全选模型并执行“扩展程序”→“图层群组”→“自动分层”命令，可以自动将其分组，如图 7-56 ~ 图 7-58 所示。

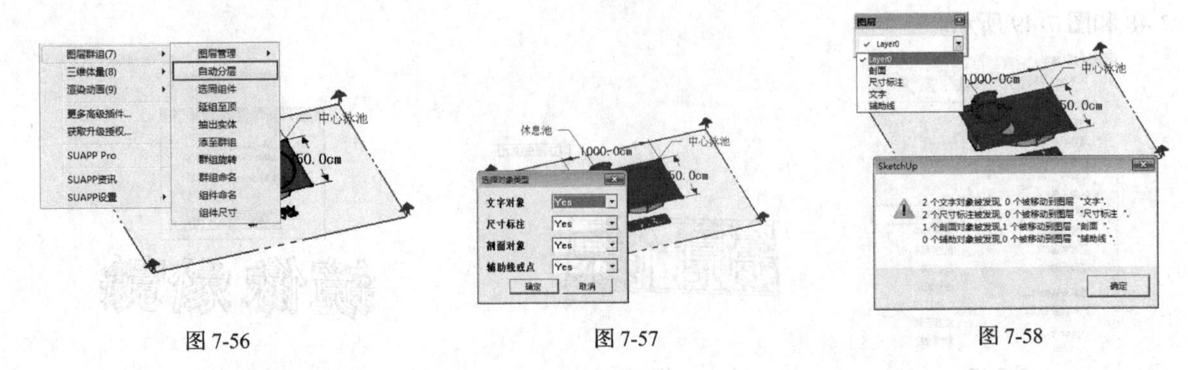

图 7-56　　图 7-57　　图 7-58

7.1.10　三维体量

通过 SUAPP 插件的“三维体量”子菜单，可以快速绘制常见的立方体、圆柱体、几何球体及其他简单模型，此外还能制作网格、地形等高线等对象。

执行“扩展程序”→“三维体量”→“绘几何体”→“立方体”命令，如图 7-59 所示。在弹出的对话框中设置宽、厚、高参数，如图 7-60 所示。单击“确定”按钮，即可生成对应参数的立方体，如图 7-61 所示。

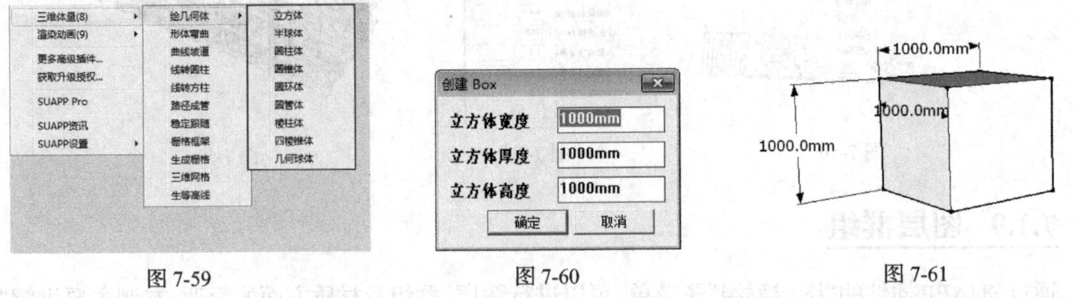

图 7-59　　图 7-60　　图 7-61

执行“扩展程序”→“三维体量”→“绘几何体”子菜单中的其他命令，还可以生成圆环、半球、圆柱等常用几何体，如图 7-62 所示。执行“扩展程序”→“三维体量”子菜单中的其他命令，还可以快速绘制网格及创建等高线等对象，如图 7-63 和图 7-64 所示。

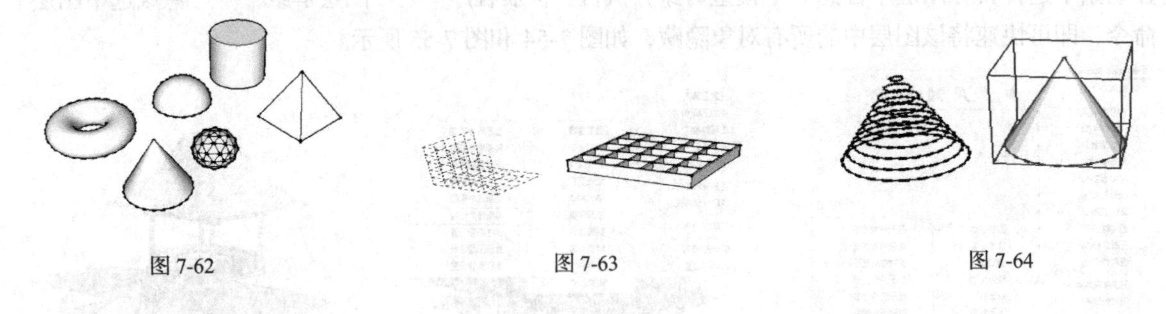

图 7-62　　图 7-63　　图 7-64

7.1.11　渲染动画

通过 SUAPP 插件的“渲染动画”子菜单，可以快速查看并调整当前相机参数及设置材质。执行“扩展程序”→“渲染动画”→“相机参数”命令，如图 7-65 所示。在弹出的对话框中可以快速查看及修改当前相机位置、角度等参数，如图 7-66 所示。

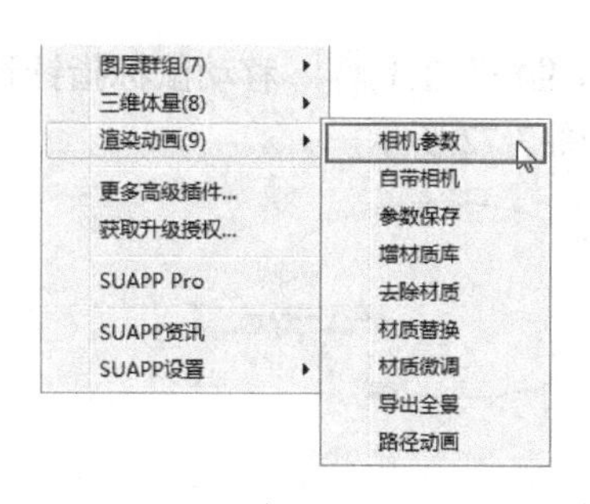

图 7-65

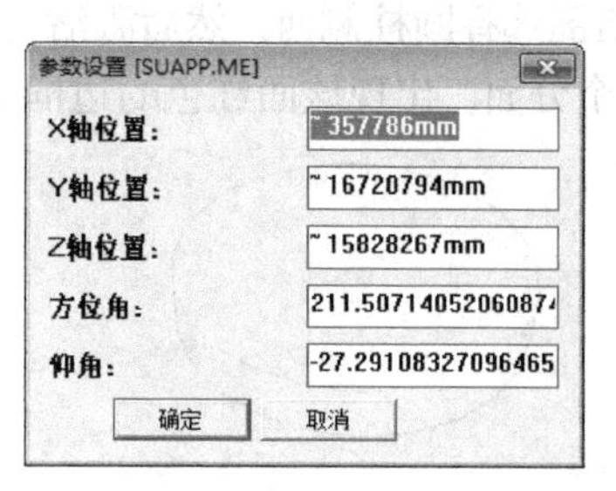

图 7-66

选择已经赋予材质的模型对象，执行“扩展程序”→“渲染动画”→“去除材质”命令，可以将模型还原成白色模型，如图 7-67 ~ 图 7-69 所示。

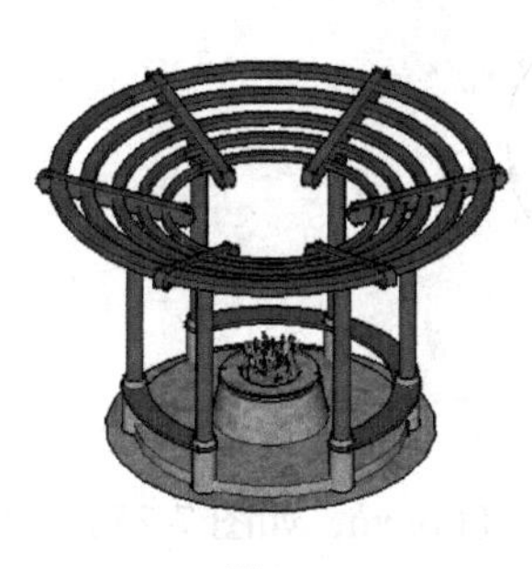

图 7-67

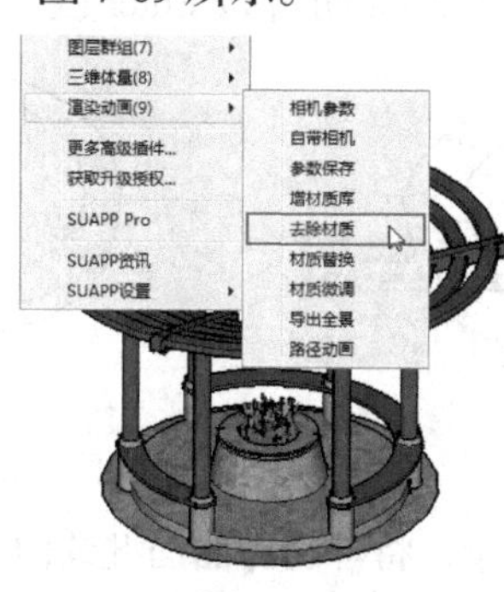

图 7-68

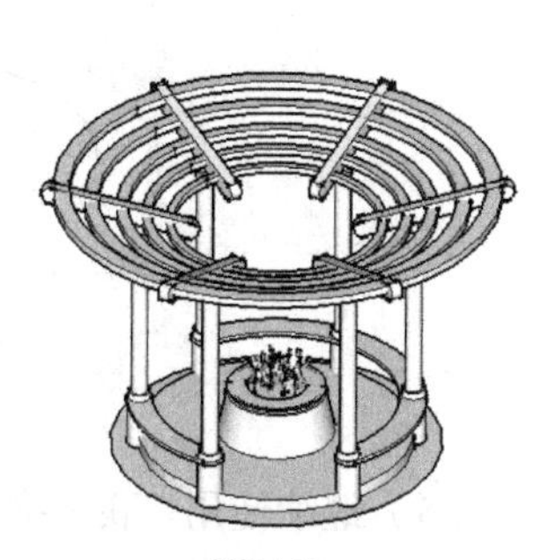

图 7-69

7.2 其他常用插件

SketchUp 中其他常用插件还有超级推拉、超级贝兹曲线、超级圆角工具、曲面自由编辑工具和路径变形工具。

7.2.1 课堂实例——制作水池

【学习目标】熟悉 SketchUp 其他常用插件的使用方法。

【知识要点】通过绘图工具中的“圆”工具、编辑工具中的“推 / 拉”工具，再结合常用插件中的“联合推拉”工具，制作如图 7-70 所示的水池模型。

【所在位置】素材 \ 第 7 章 \ 7.2.1\ 水池 .skp。

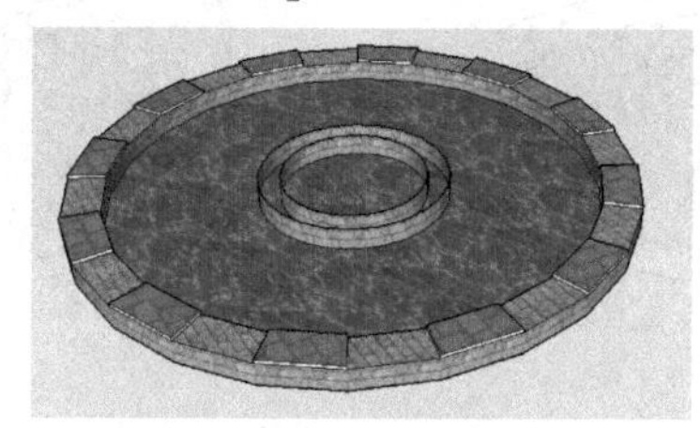

图 7-70

（1）运行 SketchUp 2016，结合使用“圆”工具、“推 / 拉”工具绘制出高 300mm、底面半径为 1000mm 的圆柱体，如图 7-71 所示。

（2）按空格键选择圆柱侧面，然后激活“联合推拉”工具，移动鼠标指针到该弧形侧面上，会捕捉到其中一个分面，出现该面红色的边框，如图 7-72 所示。

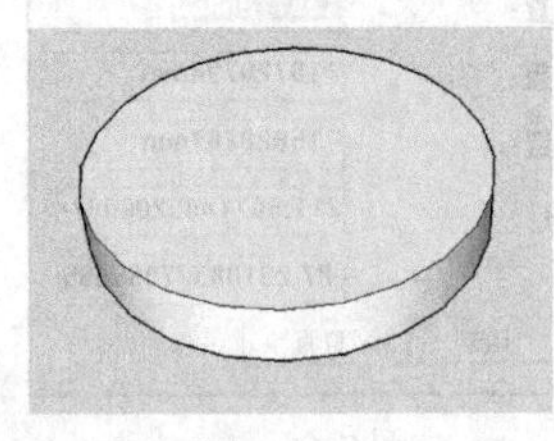

图 7-71

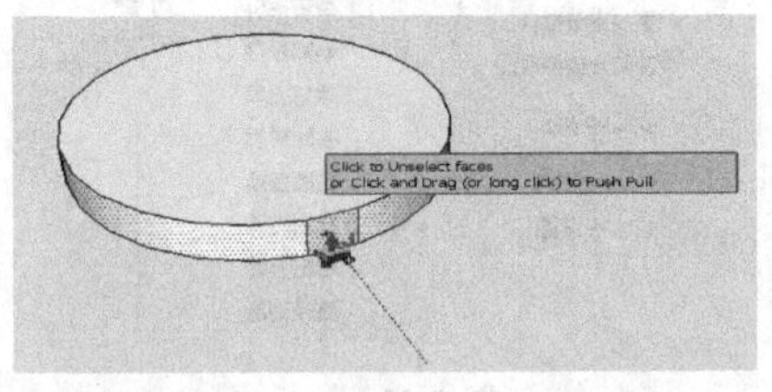

图 7-72

（3）此时按住鼠标左键向外拖曳，如图 7-73 所示。

（4）释放鼠标，然后输入推拉值为 300mm 并按 Enter 键，效果如图 7-74 所示。

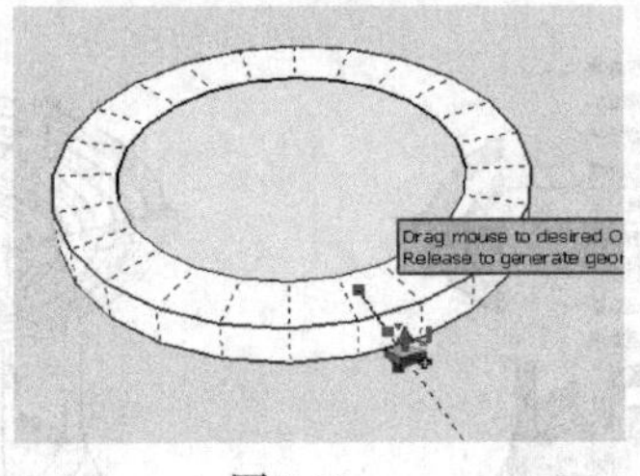

图 7-73

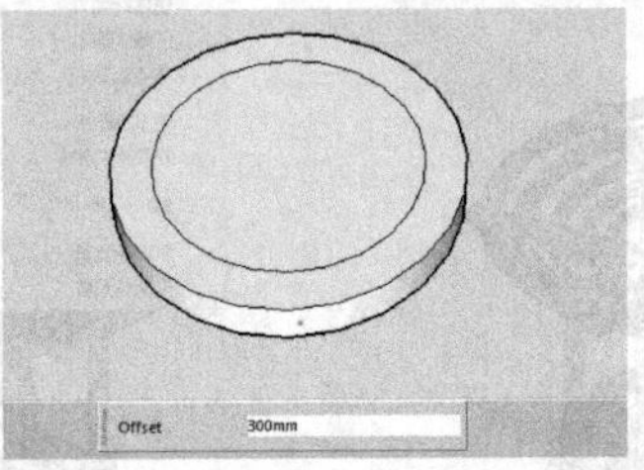

图 7-74

（5）继续使用“联合推拉”工具，将外圆环曲面继续向外推拉出 2000mm，如图 7-75 所示。

（6）根据同样的方法，再将最外圆环曲面向外推拉出 500mm，如图 7-76 所示。

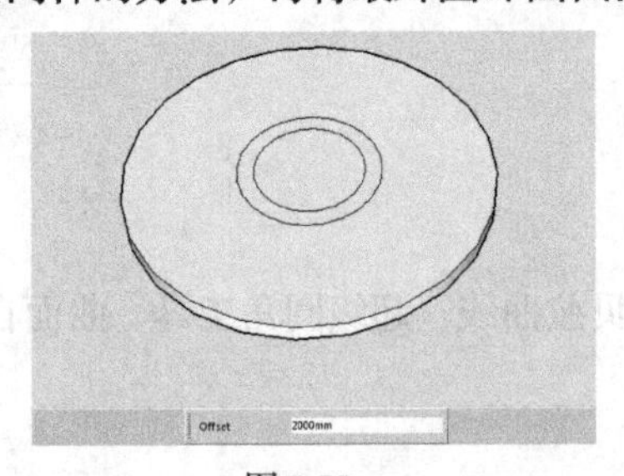

图 7-75

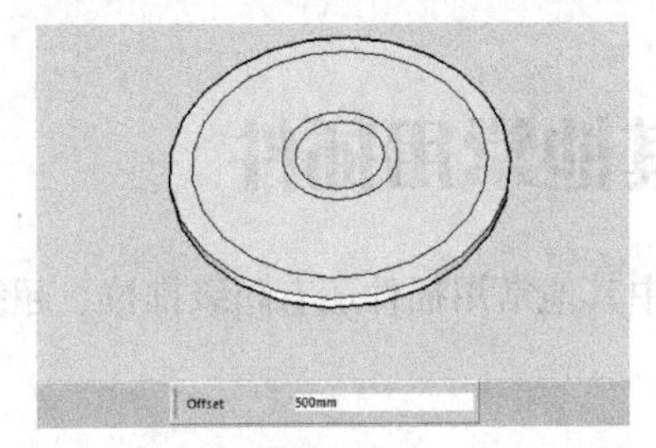

图 7-76

（7）使用“擦除”工具，删除多余的表面，如图 7-77 所示。

（8）执行“视图”→“隐藏物体”命令，将隐藏的法线显示出来。

（9）按空格键切换成“选择”工具，按住 Ctrl 键选择表面上的相邻分隔面，然后使用“联合推拉”工具，拾取其中一个面，如图 7-78 所示。

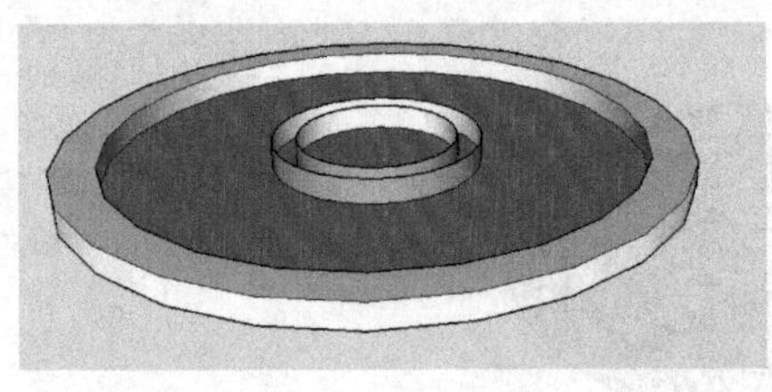

图 7-77

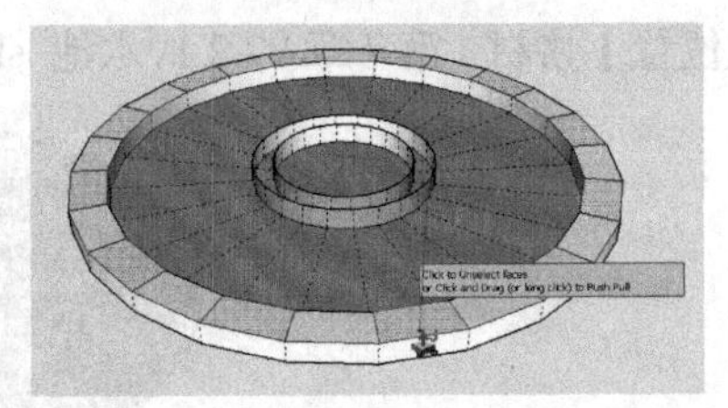

图 7-78

（10）按住鼠标左键不放向上拖曳以拉伸面，并输入高度为 50mm，推拉效果如图 7-79 所示。

（11）执行“视图”→“隐藏物体”命令，将法线隐藏。

（12）使用“材质”工具，对水池进行相应的材质填充，效果如图 7-80 所示。

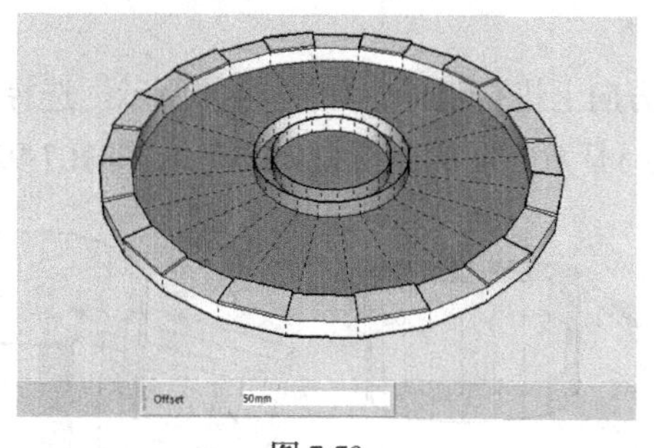
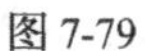

图 7-79

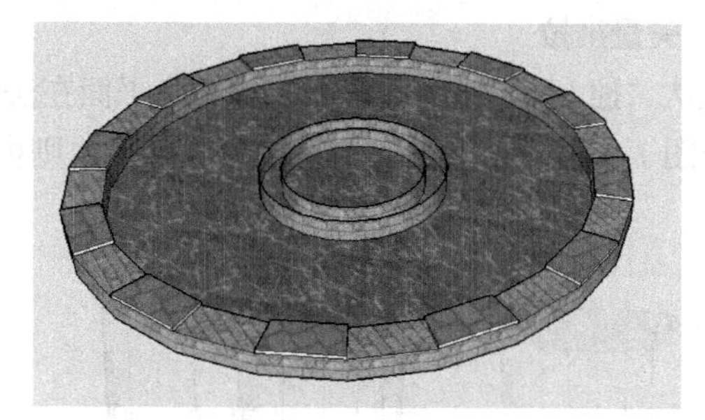

图 7-80

7.2.2 超级推拉

通过“超级推拉”插件，可以弥补 SketchUp 默认“推 / 拉”工具的诸多限制，轻松实现多面同时推拉、任意方向推拉等操作，在此介绍常用的几种超级推拉工具。

◆ **联合推拉**

成功安装“超级推拉”插件后，执行“视图”→“工具栏”命令，调出其工具栏，如图 7-81 所示。单击相应工具按钮，即可完成推拉操作。

SketchUp 默认的“推 / 拉”工具每次只能进行单面推拉，如图 7-82 所示，在曲面上分多次推拉相邻的面，则会由于保持法线方向而形成分叉的效果，如图 7-83 所示。

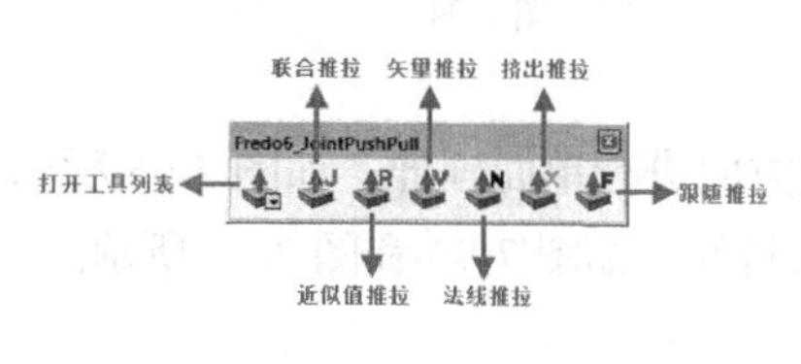

图 7-81

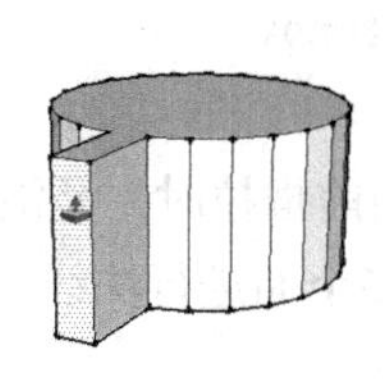

图 7-82

图 7-83

使用“联合推拉”工具，可以同时选择相邻面进行推拉，同时相邻面将产生合并的推拉效果，如图 7-84 所示，也可以选择间隔面进行推拉，如图 7-85 所示。

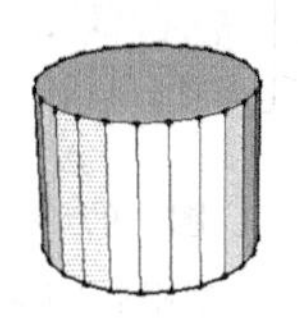
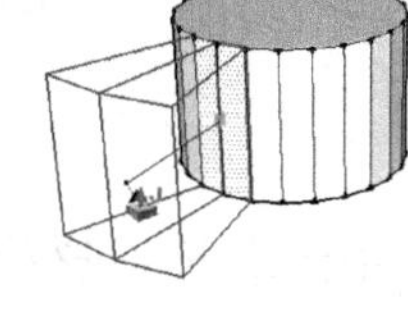

图 7-84

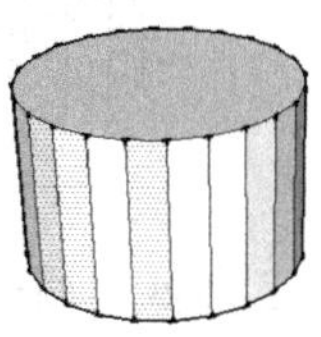

图 7-85

若在进行联合推拉时想重新推拉，可以单击鼠标右键，取消操作并退出，如图 7-86 所示。可在绘图区上方设置相应的参数，如图 7-87 所示。确认参数后的推拉效果如图 7-88 所示。

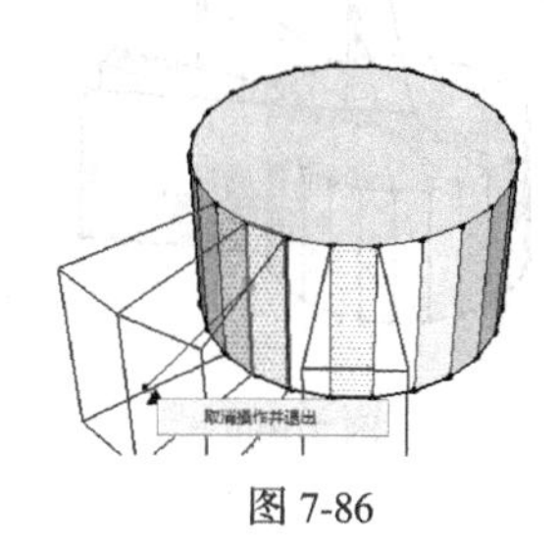

图 7-86

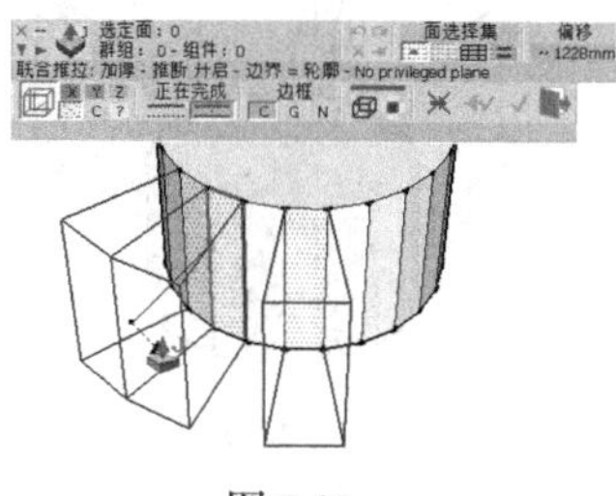

图 7-87

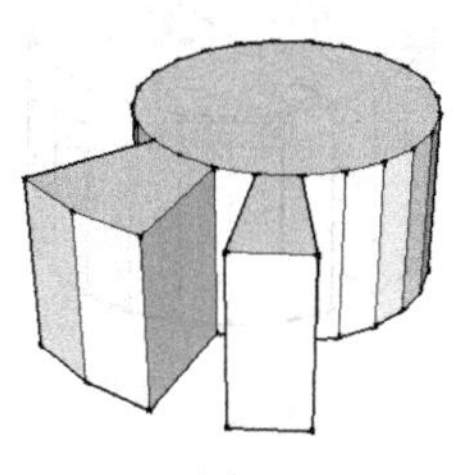

图 7-88

◆ **矢量推拉**

默认“推 / 拉”工具只能选择单个平面在法线方向上进行延伸，如图 7-89 所示。选择多个平面，如图 7-90 所示，使用“矢量推拉”工具则可进行任意方向的推拉，如图 7-91 和图 7-92 所示。

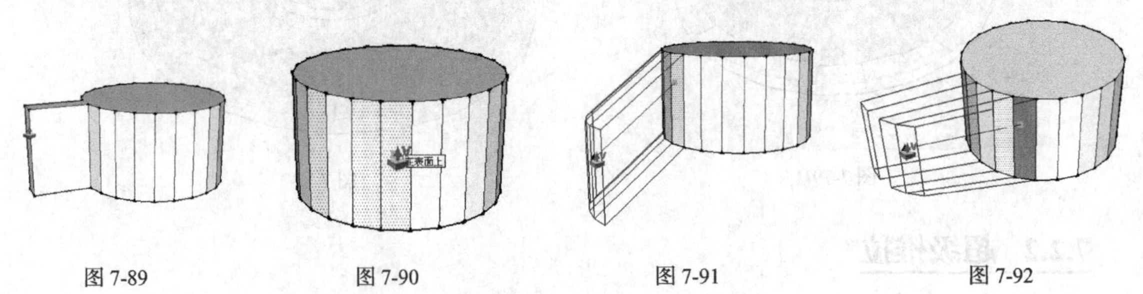

图 7-89　　图 7-90　　图 7-91　　图 7-92

可在绘图区上方设置相应的参数，效果如图 7-93 和图 7-94 所示。

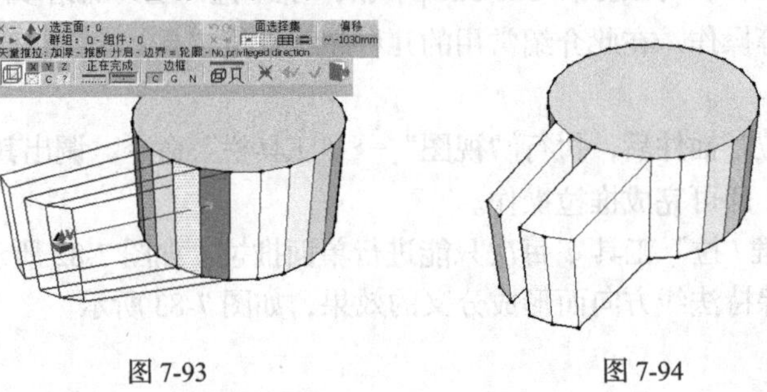

图 7-93　　图 7-94

◆ **法线推拉**

默认的“推 / 拉”工具向前推拉时，是沿法线方向进行单面延伸，如图 7-95 所示。使用“法线推拉”工具，可以同时对多个面进行法线方向的延伸，如图 7-96 和图 7-97 所示。

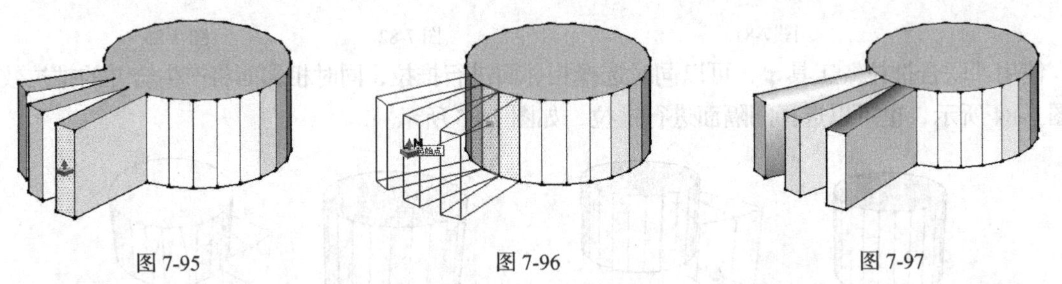

图 7-95　　图 7-96　　图 7-97

SketchUp 默认的“推 / 拉”工具向后推拉时，为沿法线方向进行推空，如图 7-98 所示。使用“法线推拉”工具向后推拉，不是产生推空效果，而是产生反向的延长效果，如图 7-99 和图 7-100 所示。

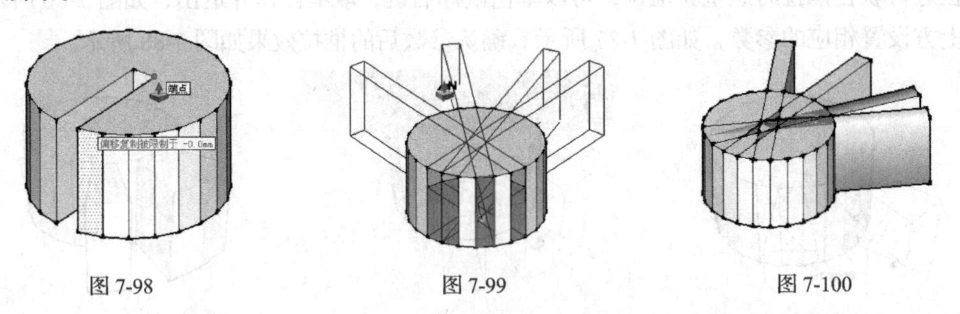

图 7-98　　图 7-99　　图 7-100

7.2.3 超级贝兹曲线

使用“超级贝兹曲线”插件，可以绘制多种曲线及多段线效果，加强 SketchUp 曲线造型的绘制能力。

◆ **贝塞尔曲线**

成功安装“超级贝兹曲线”插件后，执行“视图”→“工具栏”命令，调出其工具栏，如图 7-101 所示。使用“贝塞尔曲线”（Classic Bezier curve）工具，在绘图区单击选定曲线端点与终点，如图 7-102 所示。

图 7-101

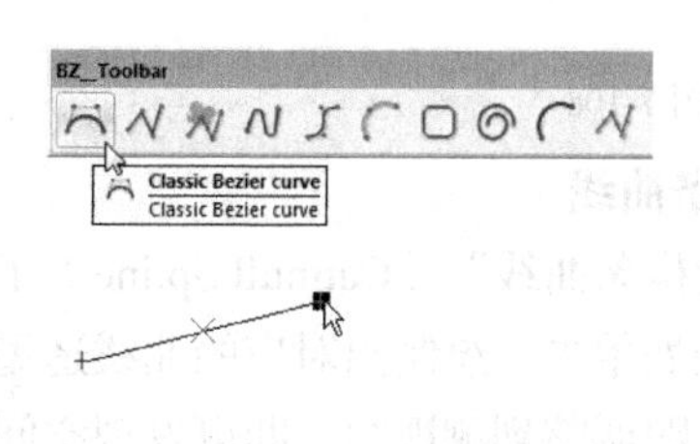

图 7-102

用鼠标拖曳控制点，调整曲线的弯曲效果，然后单击鼠标右键，选择“完成并退出工具”（Done and Exit tool）命令，如图 7-103 和图 7-104 所示。

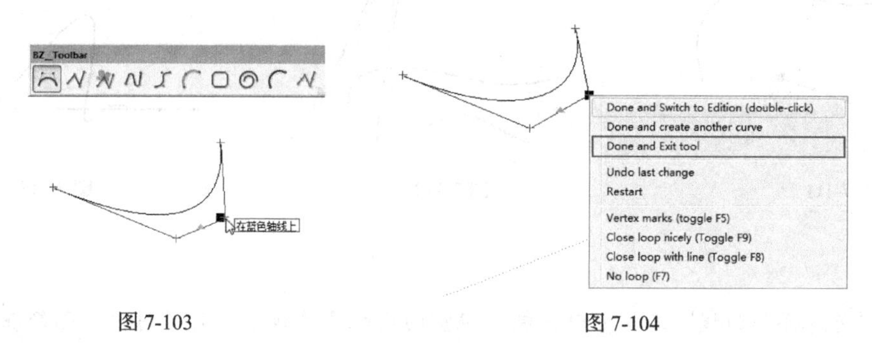

图 7-103　　图 7-104

◆ **多段线**

使用“多段线”（Polyline）工具，单击指定多段线起点，如图 7-105 所示。继续创建其他顶点，形成转折的线段效果，然后单击鼠标右键，选择“直线闭合”（Close loop with line）命令，如图 7-106 所示，可形成多段线封闭平面，如图 7-107 所示。

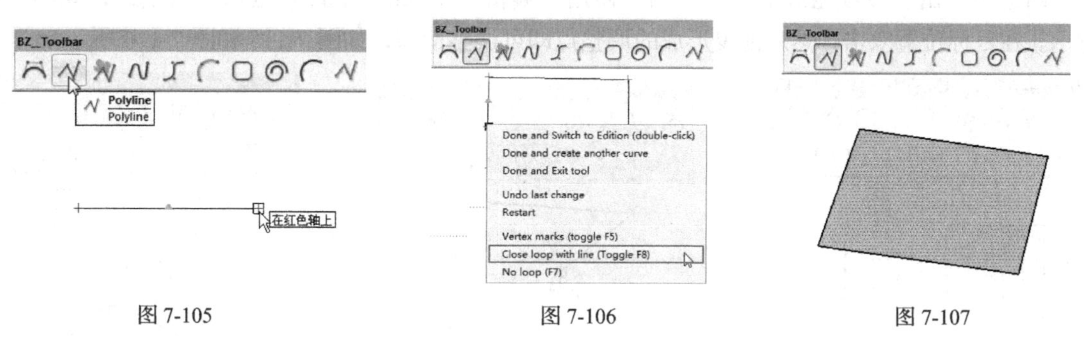

图 7-105　　图 7-106　　图 7-107

◆ **B 样条曲线**

使用“B 样条曲线”（Uniform B-Spline）工具，弹出相关参数设置对话框，用于设置锚点距离，通常保持默认即可，如图 7-108 所示。单击创建起点，然后经过多次单击确定基本形状，并通过控制点调整细节造型，如图 7-109 所示。确认效果后，通过鼠标右键快捷菜单完成绘制，如图 7-110 所示。

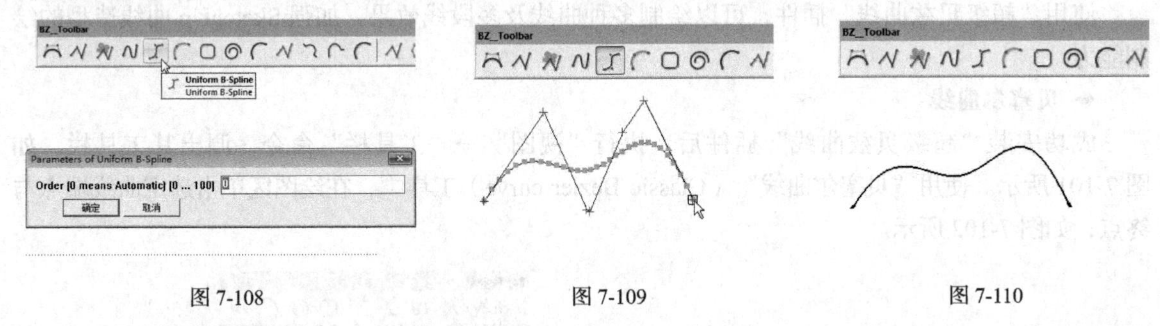

图 7-108　　图 7-109　　图 7-110

◆ **光滑样条曲线**

使用“光滑样条曲线”（Catmull Spline）工具，单击确定起点，如图 7-111 所示。根据绘制需要，在空间任意处单击，绘制出对应的曲线造型，如图 7-112 所示。确定效果后，通过右键快捷菜单结束绘制，将视图调整到侧视图，即可发现空间三维曲线与二维曲线的不同，如图 7-113 所示。

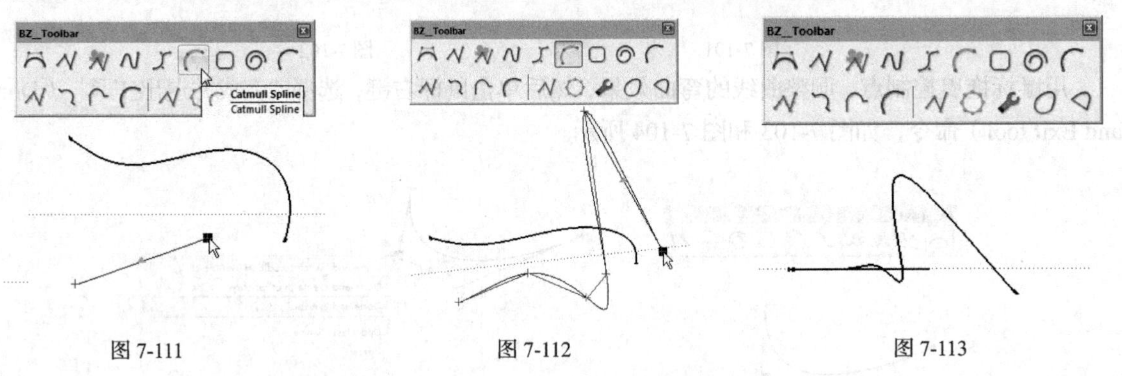

图 7-111　　图 7-112　　图 7-113

提示

“光滑样条曲线”工具可以绘制三维空间内的曲线效果，为了对比，已经在场景内绘制一条贝塞尔曲线。

◆ **编辑模式**

创建一个由多段线组成的矩形平面，使用“编辑”（Edit）工具进入编辑模式，如图 7-114 所示。在目标位置双击，然后拖曳形成的调整点即可调整造型，如图 7-115 和图 7-116 所示。

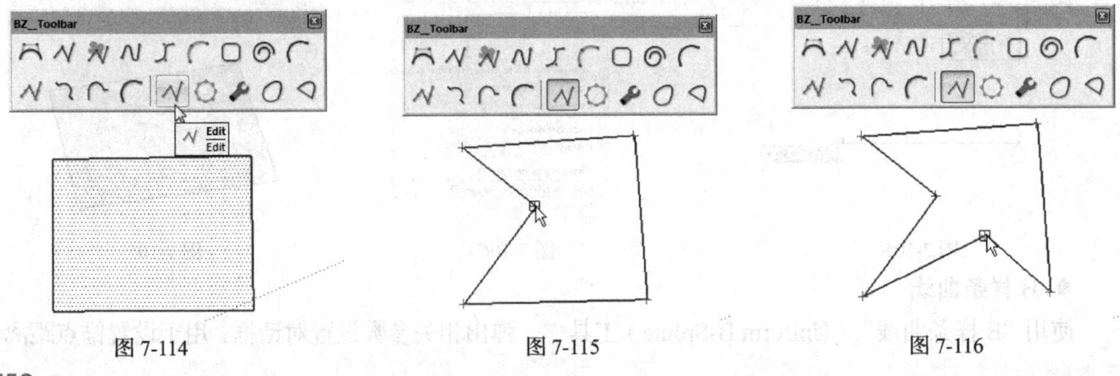

图 7-114　　图 7-115　　图 7-116

对于曲线线条，进入编辑模式后，可以通过已有的控制点调整造型，如图 7-117 ~图 7-119 所示。

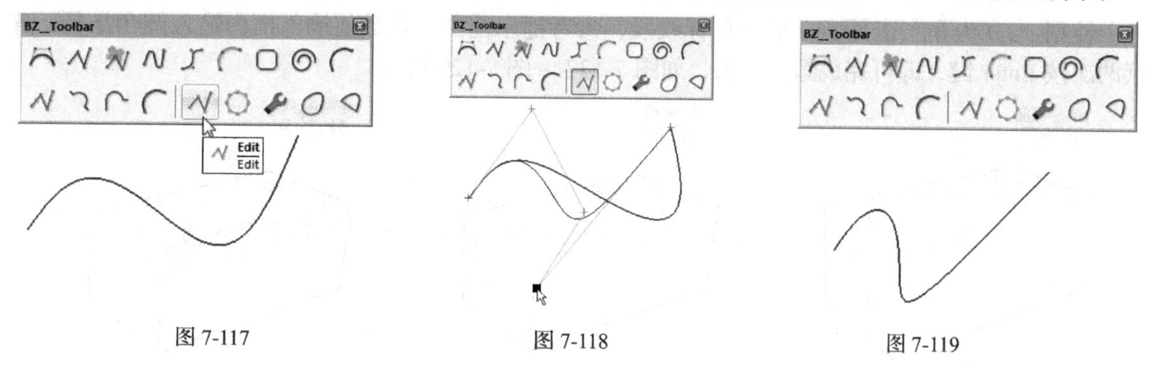

图 7-117　　图 7-118　　图 7-119

7.2.4 超级圆角

使用“超级圆(倒)角”插件，可以快速制作十分精细的圆(倒)角效果，从而加强模型细节的表现。

◆ 3D 圆角

成功安装“超级圆（倒）角”插件后，执行“视图”→“工具栏”命令，调出其工具栏，如图 7-120 所示。结合使用“矩形”工具与“推 / 拉”工具，在场景中创建一个长方体，如图 7-121 所示。使用“3D 圆角”工具，如图 7-122 所示，选择长方体顶面，周边出现红色的圆角范围提示框，如图 7-123 所示。

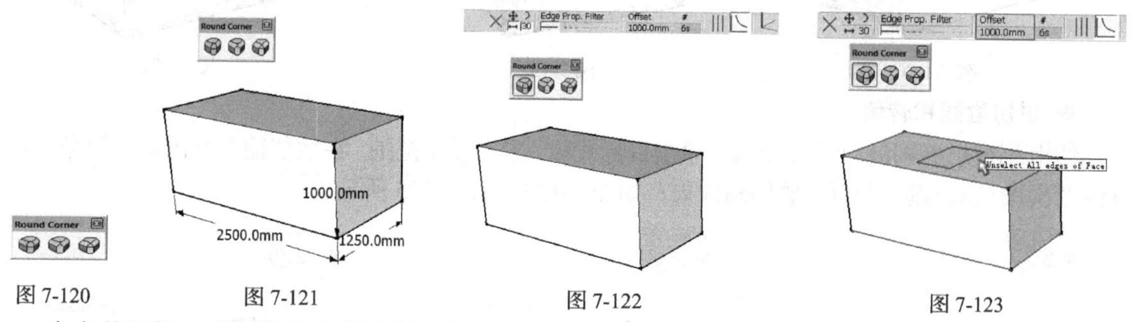

图 7-120　　图 7-121　　图 7-122　　图 7-123

参考范围框，在数值输入框内输入圆角半径数值，然后连续两次按 Enter 键，即可完成顶面的圆角，如图 7-124 ~图 7-126 所示。

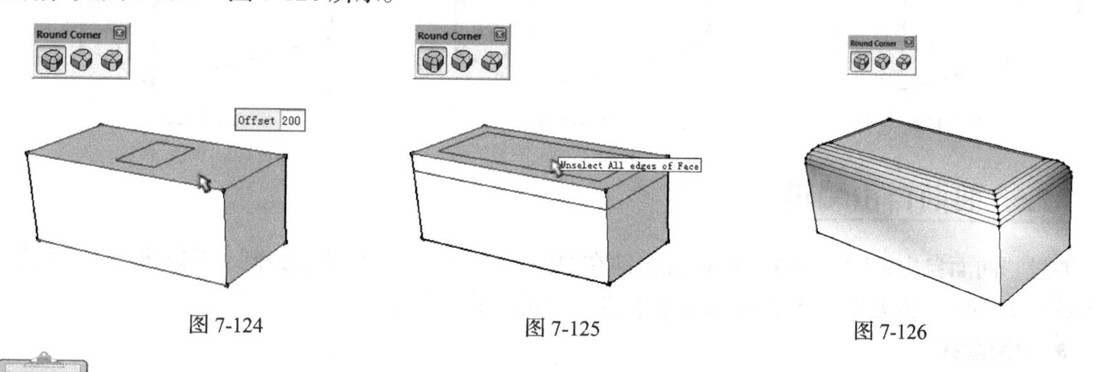

图 7-124　　图 7-125　　图 7-126

提示

“3D 圆角”工具将一次性完成选择面相关的所有线段圆角，如果要单独对某些线段进行圆角，则需要使用“3D 尖角”工具。

◆ 3D 尖角

使用“3D 尖角”工具，单击目标线段，参考提示范围，在数值输入框内输入圆角半径，连续两次按 Enter 键，即可完成圆角效果，如图 7-127 ~图 7-129 所示。

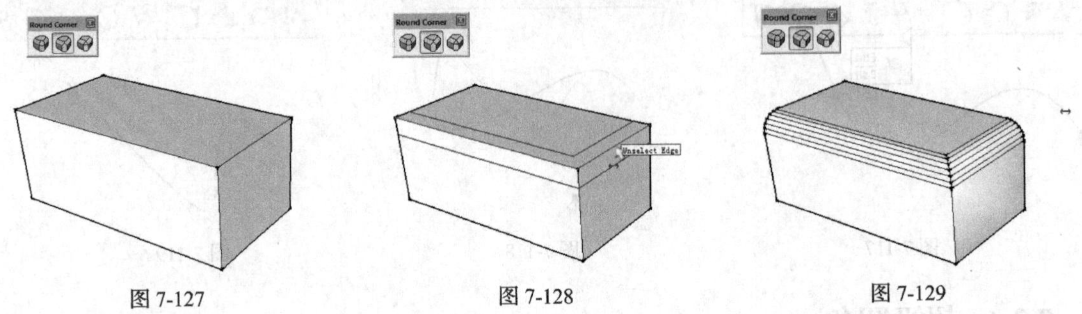

图 7-127　　图 7-128　　图 7-129

除了连续线段外，该工具还可以对间隔、连续转折等线段进行自由的圆角操作，如图 7-130 ~图 7-132 所示。

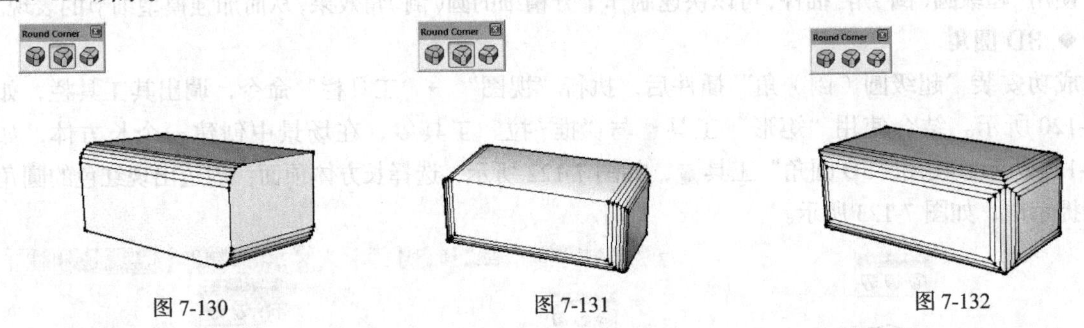

图 7-130　　图 7-131　　图 7-132

◆ 斜切边线和转角

使用“斜切边线和转角”工具，单击目标线段，参考提示范围，在数值输入框内输入倒角半径，连续两次按 Enter 键，即可完成倒角效果，如图 7-133 ~图 7-135 所示。

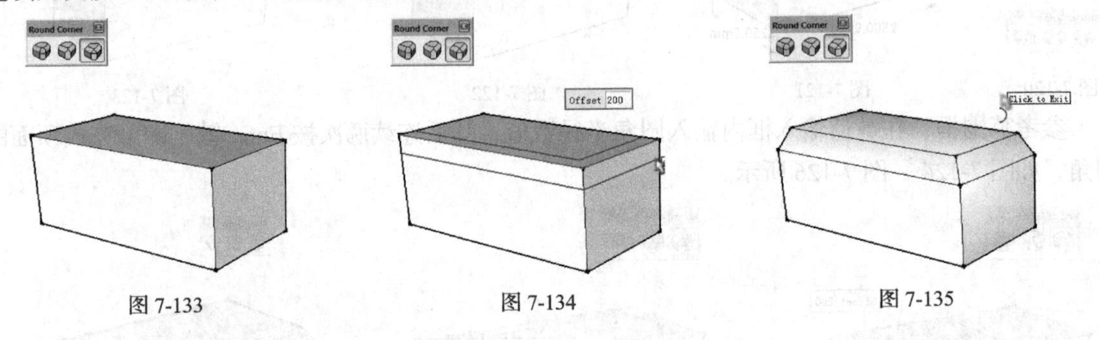

图 7-133　　图 7-134　　图 7-135

7.2.5 曲面自由编辑

通过“曲面自由编辑”插件，可以自由地在曲面上进行任意形状的细分割，并能进行偏移复制、轮廓调整等编辑，极大地加强了 SketchUp 在曲面上的细化与编辑能力。

◆ 曲面画线

结合使用“圆”工具与“推 / 拉”工具，在场景中绘制一个圆柱体，如图 7-136 所示。使用“曲面画线”工具，在圆柱曲面上确定两点，任意绘制线段，如图 7-137 和图 7-138 所示。

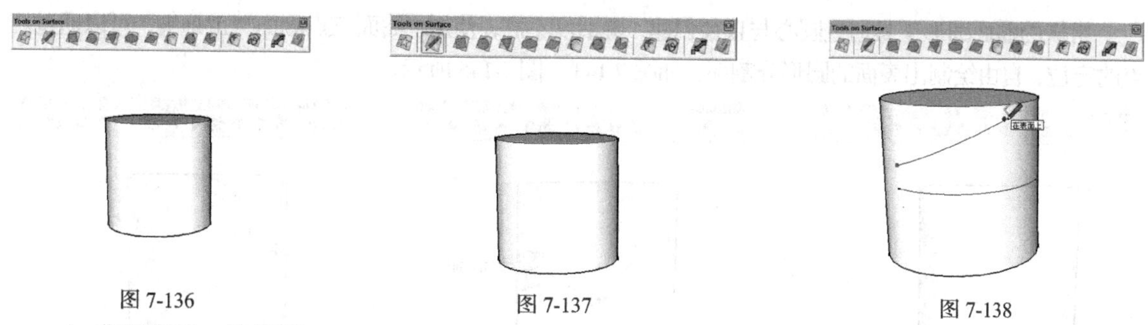

图 7-136　　图 7-137　　图 7-138

◆ **曲面常用二维图形**

曲面分割工具包括矩形、圆形、多边形、椭圆、平行四边形及圆弧 6 种常用的工具，这里以矩形分割为例进行说明。

使用“曲面矩形分割”工具，在曲面上拖曳创建角点，即可完成分割，如图 7-139 ~ 图 7-141 所示。

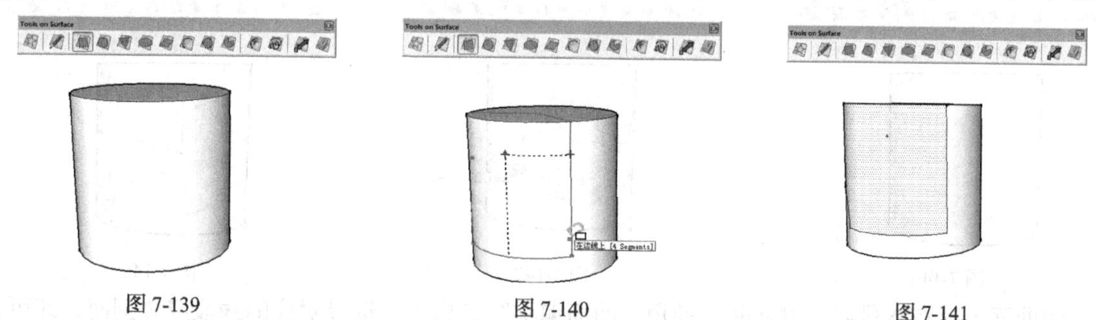

图 7-139　　图 7-140　　图 7-141

使用其他曲面二维图形工具，通过相同的操作过程，可以十分方便地在曲面上绘制对应的分割面，如图 7-142 所示。

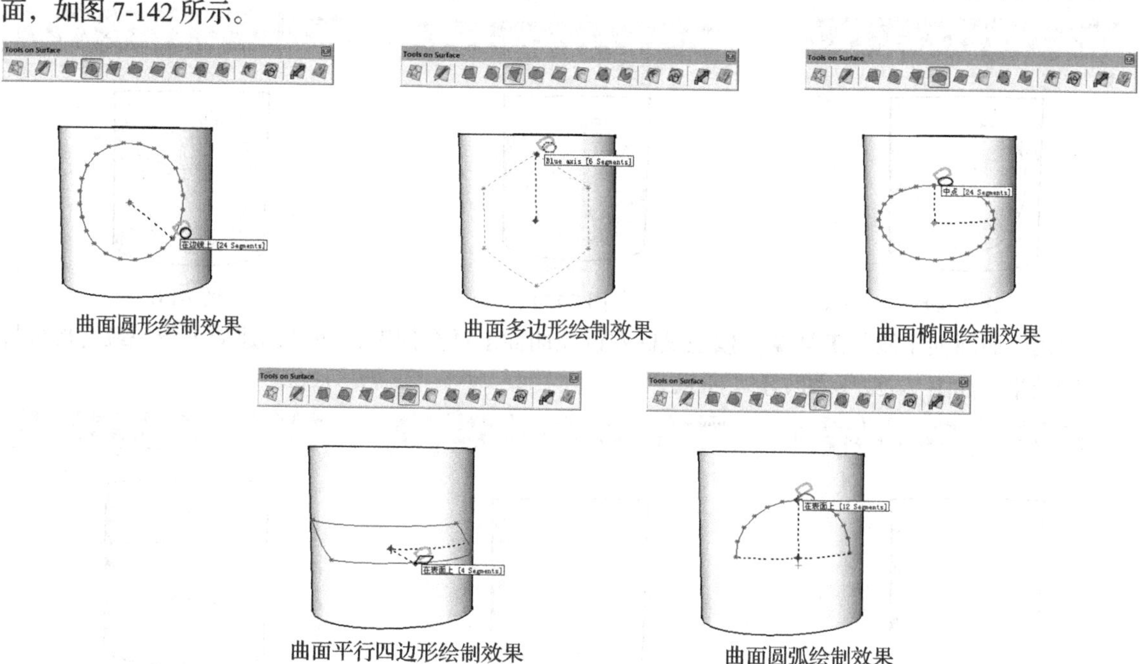

曲面圆形绘制效果　　曲面多边形绘制效果　　曲面椭圆绘制效果

曲面平行四边形绘制效果　　曲面圆弧绘制效果

图 7-142

常规的曲面圆形工具通过圆心与直径创建，灵活度不高，使用“曲面三点画面”工具，可以通过三点的定位，自由绘制出表面的圆形分割面，如图 7-143 ~图 7-145 所示。

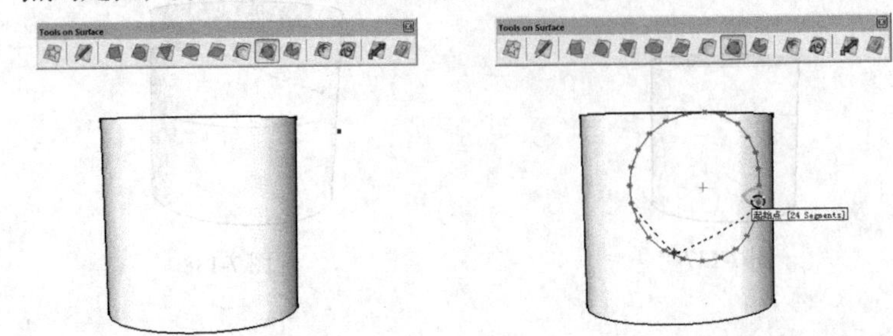

图 7-143

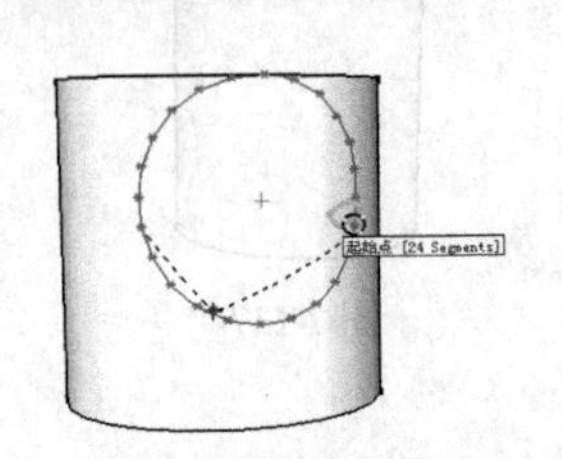

图 7-144

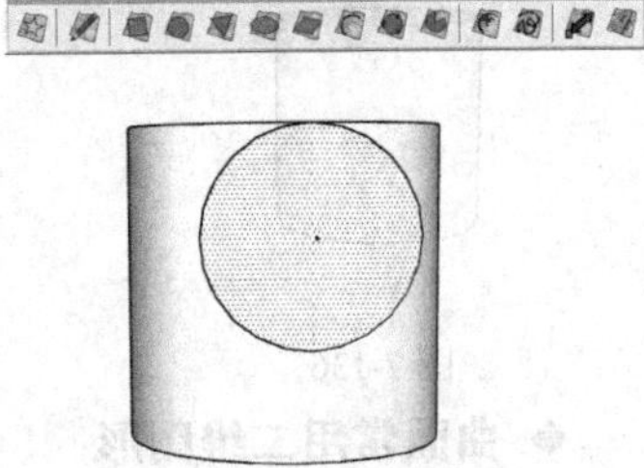

图 7-145

使用“曲面扇形”工具，在曲面上单击确定圆心后拖曳鼠标，即可创建任意弧度的扇形区域分割面，如图 7-146 ~图 7-148 所示。

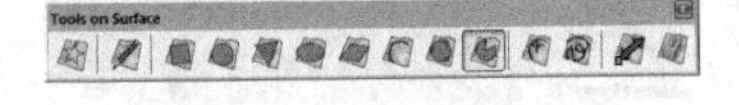

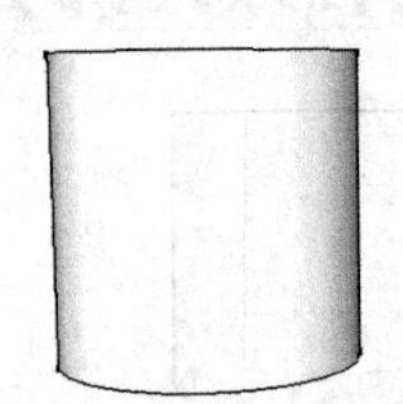

图 7-146

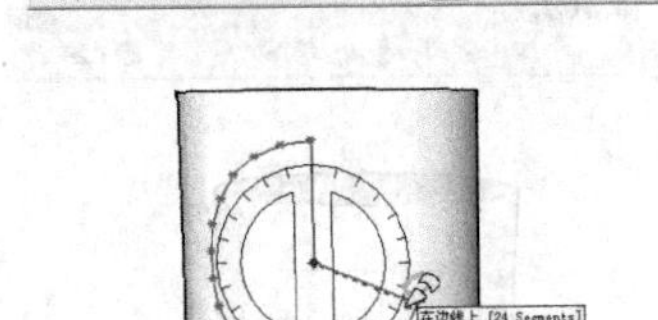

图 7-147

图 7-148

当曲面上存在线段或分割面时，使用“曲面偏移”工具，选择对应的线段或分割面，即可自由进行偏移操作，如图 7-149 ~图 7-151 所示。

图 7-149

图 7-150

图 7-151

使用“曲面徒手线”工具，按住鼠标左键在曲面上任意拖曳，即可创建徒手线并最终形成异形分割效果，如图 7-152 ~图 7-154 所示。

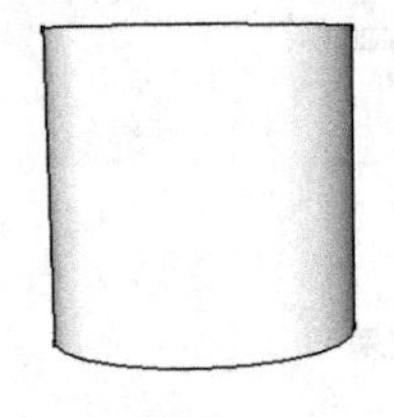

图 7-152

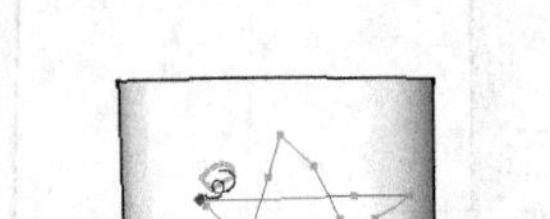

图 7-153

图 7-154

当曲面上存在线段或分割面时，使用“曲面轮廓调整”工具，选择对象，即可通过控制点调整其造型，如图 7-155 ~ 图 7-157 所示。

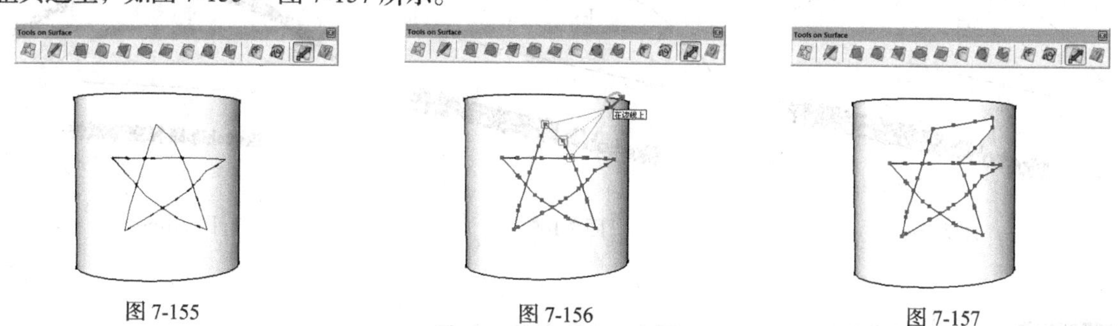

图 7-155　　图 7-156　　图 7-157

当曲面上存在线段或分割面时，使用“曲面线段删除”工具，单击目标对象即可将其删除，如图 7-158 ~ 图 7-160 所示。

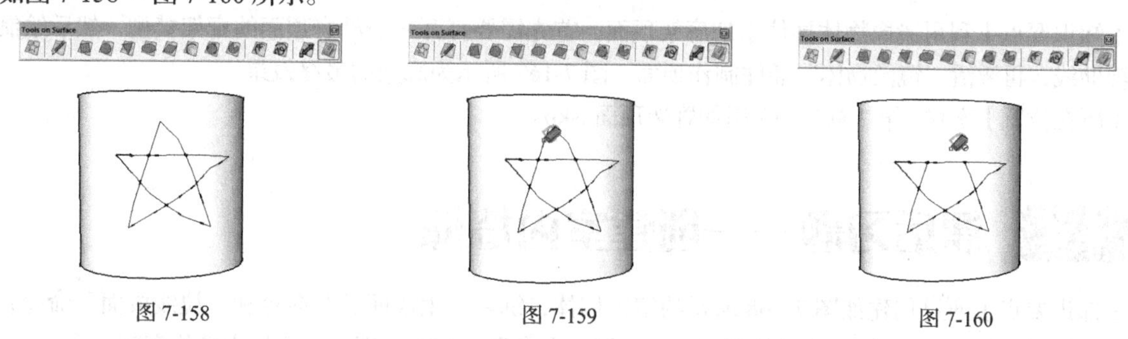

图 7-158　　图 7-159　　图 7-160

7.2.6 路径变形

通过“路径变形”插件，可以快速实现文字或几何体模型的造型变化。

执行“工具”→“三维文字”命令，进入“放置三维文本”面板输入一行文字，如图 7-161 所示。单击“放置”按钮，在视图中单击创建文字，如图 7-162 所示。使用“直线”工具与“圆弧”工具，创建线段与圆弧，如图 7-163 所示。

图 7-161　　图 7-162　　图 7-163

选择创建的文字，使用“路径变形”工具选择直线，确定两端点出现 Start 与 End，如图 7-164 所示。再选择创建好的弧形进行变形，稍等片刻即能自动生成对应的变形效果，如图 7-165 和图 7-166 所示。

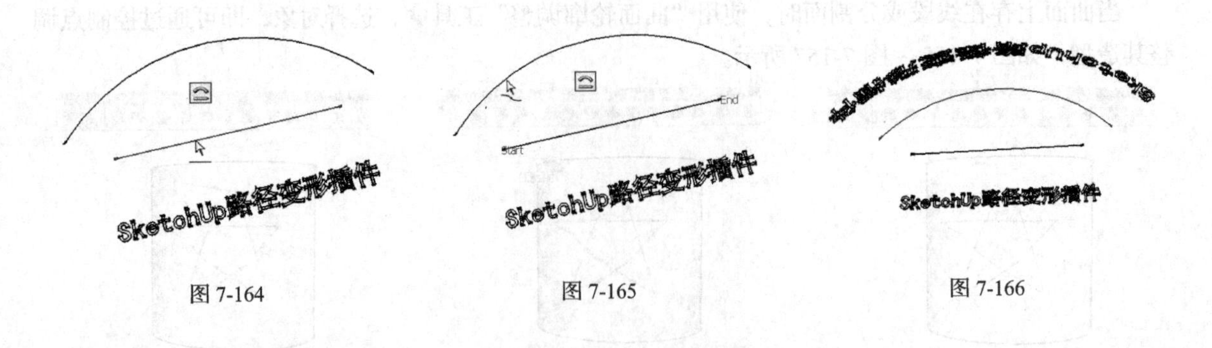

图 7-164 图 7-165 图 7-166

7.3 课堂练习——添加廊架顶面

【知识要点】利用镜像物体插件添加廊架顶面，首先需要打开一个没有顶面的廊架模型，然后绘制辅助线，再激活“镜像物体”插件制作顶面。图 7-167 所示为廊架的最终效果。

【所在位置】素材 \ 第 7 章 \ 7.3 \ 添加廊架顶面 .skp。

7.4 课后习题——创建室内墙体

【知识要点】通过创建如图 7-168 所示的室内墙体，练习“生成面域”命令和“拉线成面”命令，首先需要导入 CAD 文件，然后使用“生成面域”命令和“拉线成面”命令拉出墙体高度。

【所在位置】素材 \ 第 7 章 \ 7.4 \ 创建室内墙体 .skp。

图 7-167

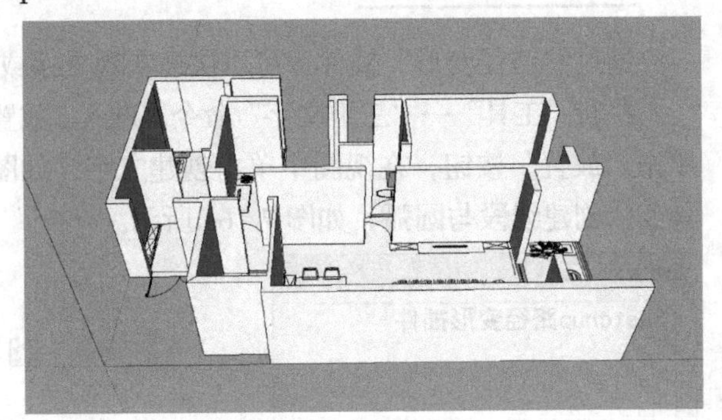

图 7-168

第8章 SketchUp 渲染

本章介绍

SketchUp 不仅具有强大的建模功能，还可以通过镶嵌式的渲染插件 V-Ray for SketchUp 渲染出高质量的效果图。

课堂学习目标

- 了解 V-Ray 渲染器
- 掌握 V-Ray 渲染器的主界面结构
- 掌握 V-Ray 渲染器的功能特点
- 掌握渲染设置的方法

8.1 了解 V-Ray 渲染器

8.1.1 V-Ray 渲染器简介

SketchUp 虽然建模功能灵活，易于操作，但渲染功能非常有限。在材质上，只有贴图、颜色及透明度控制，不能设置真实世界物体的反射、折射、自发光、凹凸等属性，因此只能表达建筑的大概效果，无法生成真实的照片级效果。此外，SketchUp 灯光系统只有太阳光，没有其他灯光系统，无法表达夜景及室内灯光效果。SketchUp 仅提供了阴影模式，只能对阳面、阴面进行简单的亮度分别。而 V-Ray for SketchUp 渲染插件的出现，弥补了 SketchUp 渲染功能的不足。V-Ray 渲染插件具有参数较少、材质调节灵活、灯光简单而强大的特点。只要掌握了正确的渲染方法，使用 SketchUp 也能做出照片级的效果图，如图 8-1 和图 8-2 所示。

图 8-1

图 8-2

8.1.2 V-Ray 渲染器的发展

在 V-Ray for SketchUp 插件发布以前，处理 SketchUp 效果图的方法通常是将 SketchUp 模型导出至 3ds Max 中调整模型的材质，然后借助 V-Ray for 3ds Max 对效果图进一步完善，增加空间的光影关系，获得效果图。

V-Ray 作为一款功能强大的全局光渲染器，其应用在 SketchUp 中的时间并不是很长。2007 年，美国 ASGVIS 公司推出了第一个正式版本 V-Ray for SketchUp 1.0，而后，开发了 V-Ray 与 SketchUp 的插件接口，根据用户反馈的意见和建议，对 V-Ray 进行不断地完善和改进，目前的 V-Ray for SketchUp 2.0 版本，能够支持 SketchUp 2016 的使用。

8.1.3 V-Ray 渲染器的特征

V-Ray for SketchUp 这款渲染器能与 SketchUp 完美结合，渲染输出高质量的效果图，其自身具有优秀的全局照明（GI）系统、超强的渲染引擎、支持高动态贴图（HDRI）、强大的材质系统、便捷的布光方法和超快的渲染速度等特征，下面就针对该款渲染器的这些特征进行详细讲解。

◆ **优秀的全局照明（GI）系统**

传统的渲染器在应付复杂的场景时，必须花费大量时间来调整不同位置的多个灯光，以得到均匀的照明效果。而全局照明则不同，它用一个类似于球状的发光体包围整个场景，让场景的每一个角落都能受到光线的照射。V-Ray 支持全局照明，而且与同类渲染程序相比效果更好，速度更快。在不放置任何灯光的场景，V-Ray 利用 GI 就可以计算出比较自然的光照效果。

◆ **超强的渲染引擎**

V-Ray for SketchUp 提供了 4 种渲染引擎：发光贴图、光子贴图、准蒙特卡罗和灯光缓冲，每种渲染引擎都有各自的特性，计算方法不一样，渲染效果也不一样。用户可以根据场景的大小、类型和出图像素要求，以及出图品质要求来选择合适的渲染引擎。

◆ **支持高动态贴图（HDRI）**

一般的 24bit 图片从最暗到最亮的 256 阶无法完整表现真实世界的真正亮度。例如，户外的太阳强光就比白色要亮上百万倍。而 HDRI 是一种 32bit 的图片，它记录了某个场景环境的真实光线，因此 HDRI 对亮度数值的真实描述能力就可以成为渲染程序用来模拟环境光源的依据。

◆ **强大的材质系统**

V-Ray for SketchUp 的材质功能系统强大且设置灵活。除了常见的漫射、反射和折射，还增加了自发光的灯光材质，还支持透明贴图、双面材质、纹理贴图及凹凸贴图，每个主要材质层后面还可以增加第二层、第三层，以得到真实的效果。利用光泽度和控制也能计算如磨砂玻璃、磨砂金属及其他磨砂材质的效果，更可以通过“光线分散”功能计算如玉石、蜡和皮肤等表面稍微透光的材质。默认的由多个程序控制的纹理贴图可以用来设置特殊的材质效果。

◆ **便捷的布光方法**

灯光照明的渲染出图部分也十分重要，没有好的照明条件便得不到好的渲染品质。光线的来源分为直接光源和间接光源。V-Ray for SketchUp 的全方向灯（点光）、矩形灯、自发光物体都是直接光源；环境选项中的 GI 天光（环境光）和间接照明选项中的一、二次反弹等都是间接光源。利用这些，V-Ray for SketchUp 可以完美地模拟出现实世界的光照效果。

◆ **超快的渲染速度**

比起 Brazil 和 Maxwell 等渲染程序，V-Ray 的渲染速度相对较快。关闭默认灯光、打开 GI，其他都使用 V-Ray 默认的参数设置，就可以得到逼真的透明玻璃的折射、物体反射及高品质的阴影。值得一提的是，几个常用的渲染引擎所计算出来的光照资料都可以单独存储起来，调整材质或者渲染大尺寸图片时可以直接导出而无须再次重新计算，可以节省很多计算时间，从而提高作图的效率。

◆ **简单易学**

V-Ray for SketchUp 参数较少，材质调节灵活，灯光简单而强大。只要掌握了正确的学习方法，多思考、多练习，借助 V-Ray for SketchUp 很容易做出照明级别的效果图。

8.2 V-Ray 渲染器详解

在初步了解了 V-Ray 渲染器的特点后，下面将详细讲解 V-Ray for SketchUp 渲染器的具体使用方法。

8.2.1 课堂实例——室内客厅渲染

【学习目标】熟悉 V-Ray 渲染器的设置，渲染出效果图。

【知识要点】使用编辑工具和材质贴图工具，并运用 V-Ray 渲染器，将一整套的室内客厅模型渲染出来，最终效果如图 8-3 所示。

【所在位置】素材 \ 第 8 章 \ 8.2.1\ 室内渲染 .skp。

图 8-3

1. 布置家具

（1）按 Ctrl+O 快捷键，选择本书学习资源“素材 \ 第 8 章 \ 8.2.1\ 客厅初始模型 .skp”，如图 8-4 所示。

（2）选择天花板，单击鼠标右键，选择“隐藏”命令将其隐藏，如图 8-5 所示，隐藏后的效果如图 8-6 所示。

图 8-4

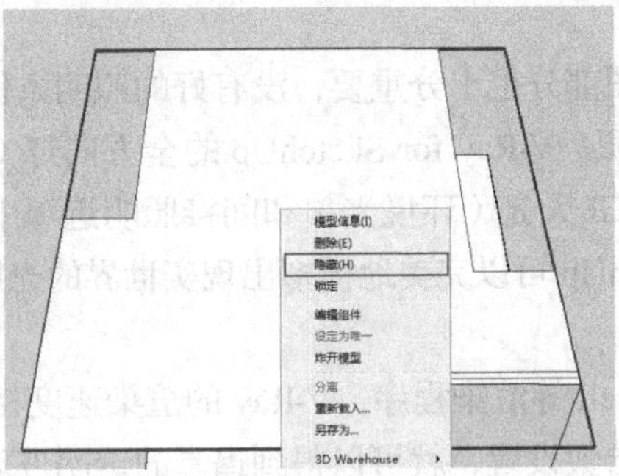

图 8-5

图 8-6

（3）执行“文件”→“导入”命令，如图 8-7 所示，弹出“导入”对话框，导入“素材 \ 第 8 章 \ 8.2.1\ 客厅组件”文件夹中的家具模型，如图 8-8 所示。

（4）选择餐桌模型进行导入，如图 8-9 所示。

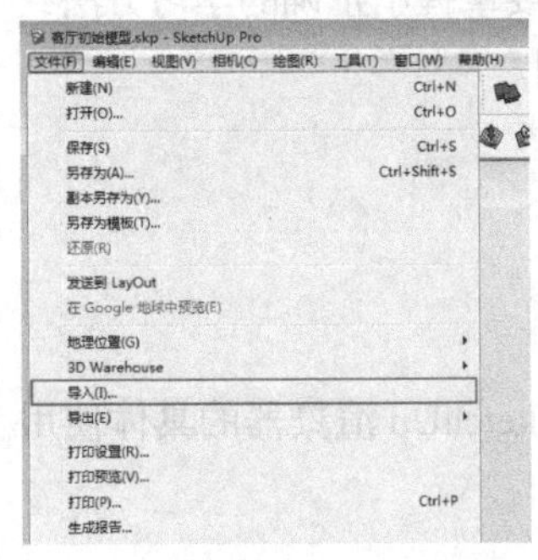

图 8-7

图 8-8

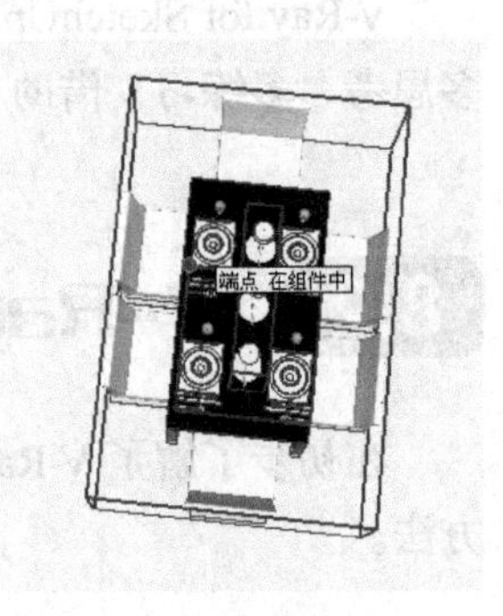

图 8-9

（5）使用“缩放”工具，将餐桌等比例缩放到合适的大小，结果如图 8-10 所示。

（6）使用“移动”工具和“旋转”工具将餐桌放置到合适的位置，如图 8-11 所示。

（7）使用相同的方法将其他家具导入，结果如图 8-12 所示。

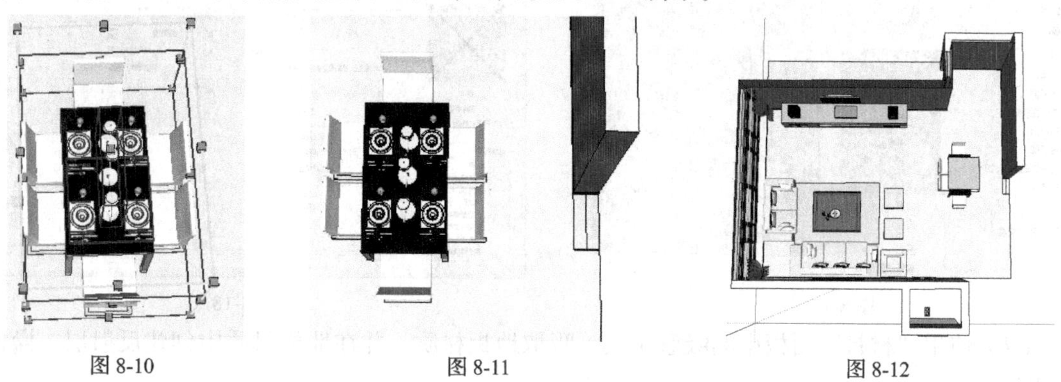

图 8-10　　图 8-11　　图 8-12

2. 添加材质

（1）按键盘上的 B 键，弹出“材料”面板，如图 8-13 所示。

（2）单击“材料”面板上的“创建材质”按钮，在弹出的对话框中选择素材的贴图，操作过程如图 8-14 所示。

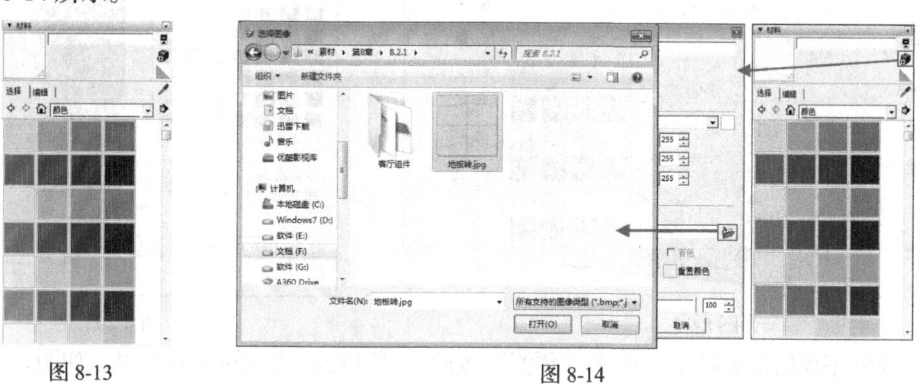

图 8-13　　图 8-14

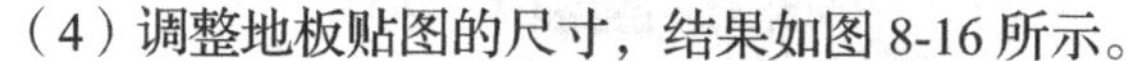

（3）将创建好的材质赋予地板，结果如图 8-15 所示。

（4）调整地板贴图的尺寸，结果如图 8-16 所示。

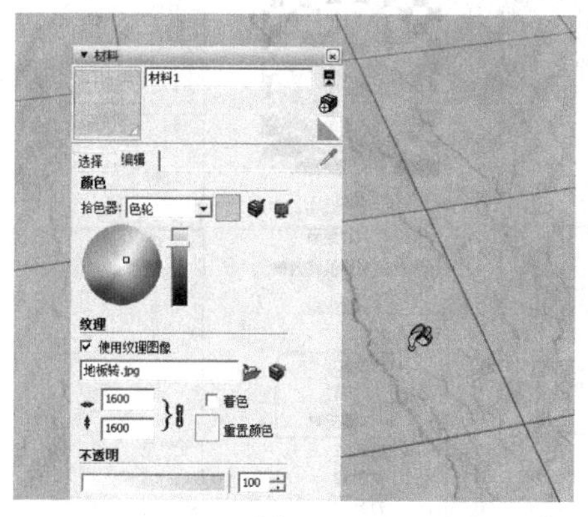

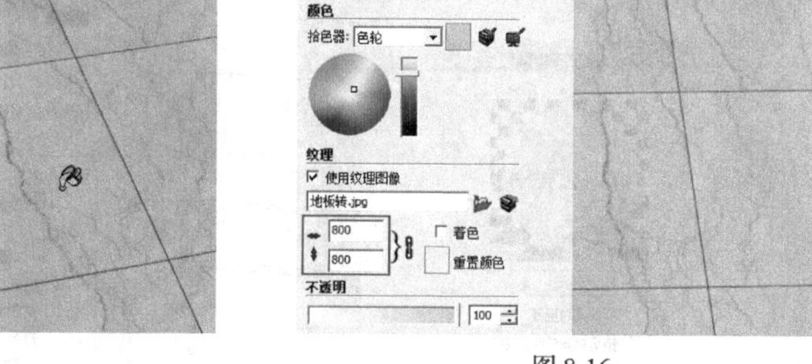

图 8-15　　图 8-16

（5）在地板上单击鼠标右键，选择“纹理”→“位置”命令，调整纹理的位置，如图 8-17 所示。

（6）选择地板，打开 V-Ray 材质编辑器，如图 8-18 所示。

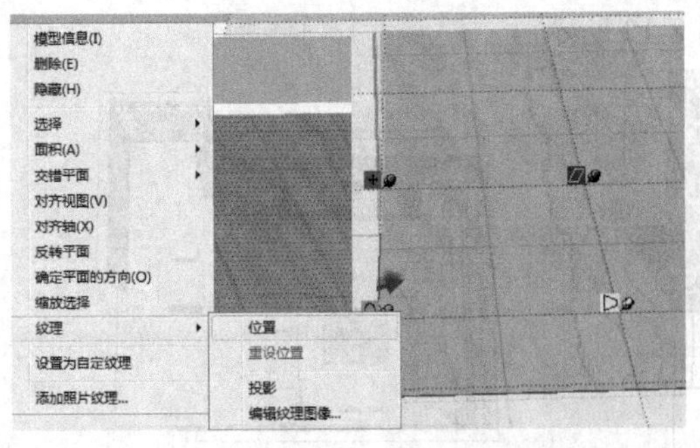

图 8-17

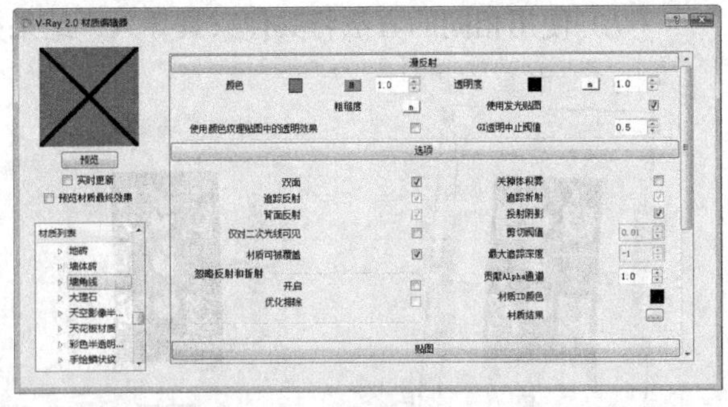

图 8-18

（7）使用“材料”面板中的吸管工具，吸取地板材质，并在地板材质中创建反射层，操作过程如图 8-19 所示。

（8）在“反射”设置面板中单击反射后面的颜色块，设置如图 8-20 所示的颜色作为反射颜色。

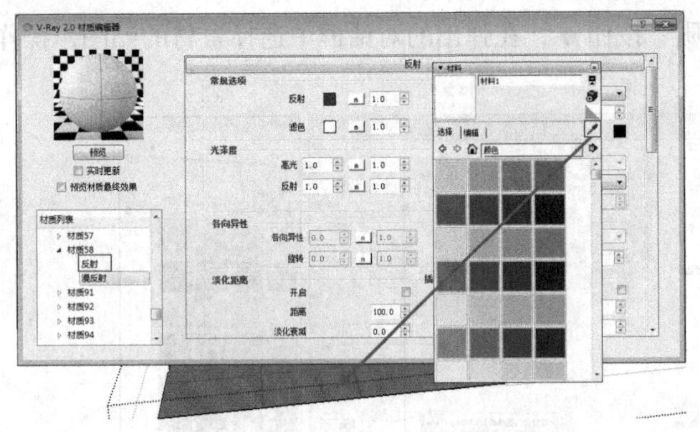

图 8-19

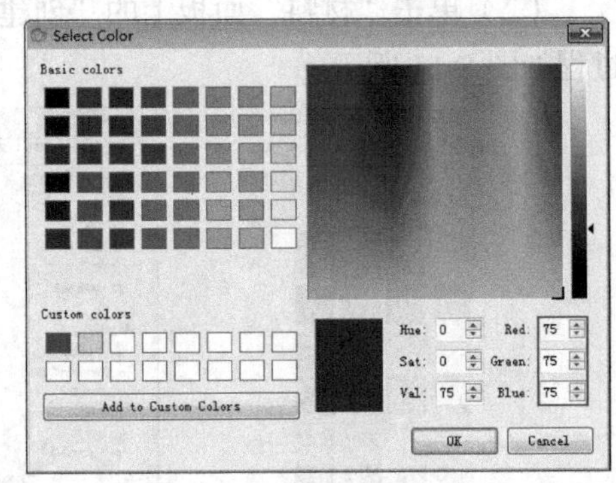

图 8-20

（9）设置完反射层参数后，单击“预览”按钮，可以查看地板的反射效果，如图 8-21 所示。

（10）使用同样的方法，为沙发材质设置反射效果，如图 8-22 所示。

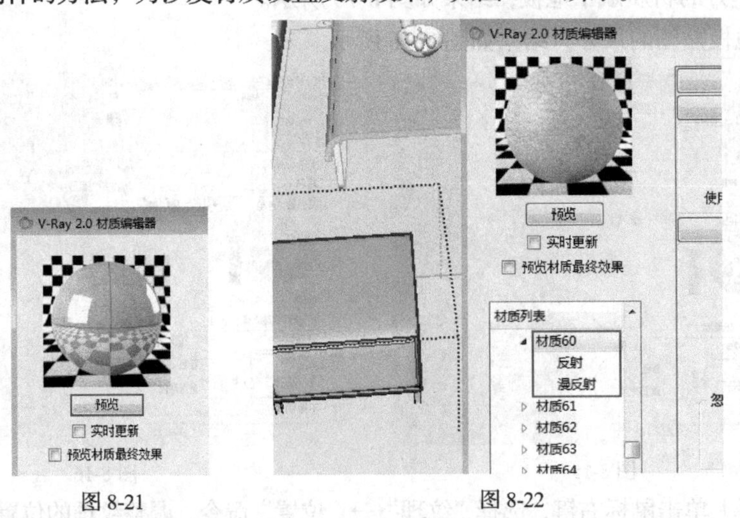

图 8-21　　　　图 8-22

（11）设置反射颜色的 RGB 值为（40,40,40），其他参数设置如图 8-23 所示。为沙发组合中的桌子玻璃加上反射效果，如图 8-24 所示。

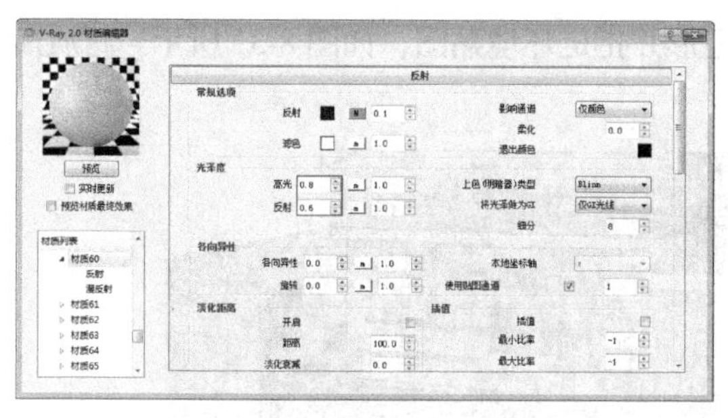

图 8-23

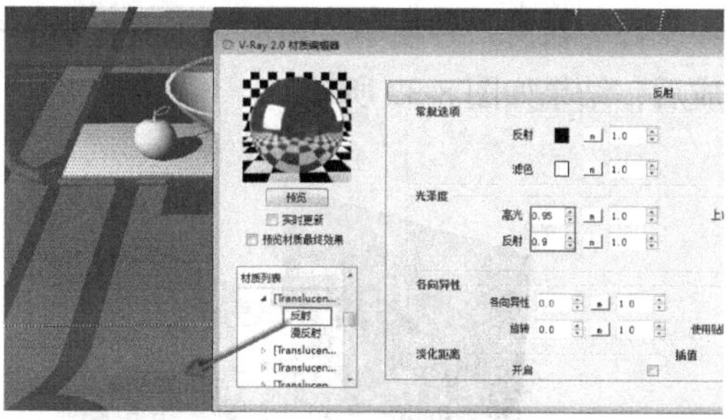

图 8-24

（12）设置反射颜色的 RGB 值为（25,25,25），其他参数保持默认，如图 8-25 所示。使用同样的方法编辑、指定内墙壁墙纸材质，如图 8-26 所示。

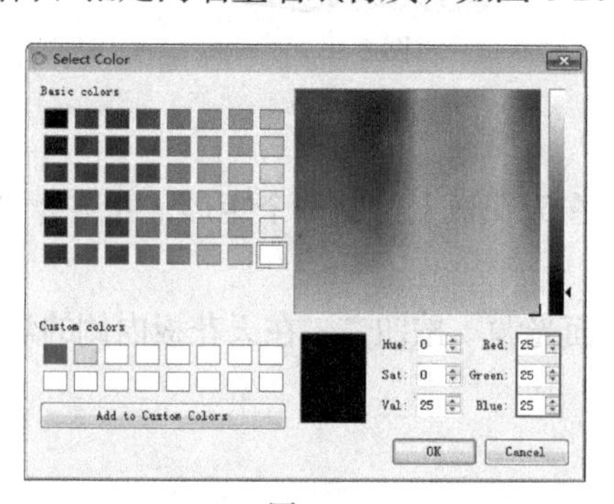

图 8-25

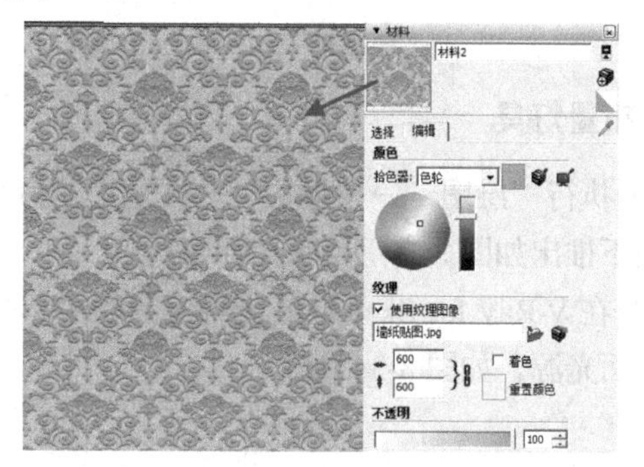

图 8-26

（13）使用同样的方法赋予外侧墙材质，如图 8-27 所示。使用同样的方法赋予电视屏幕材质，如图 8-28 所示。

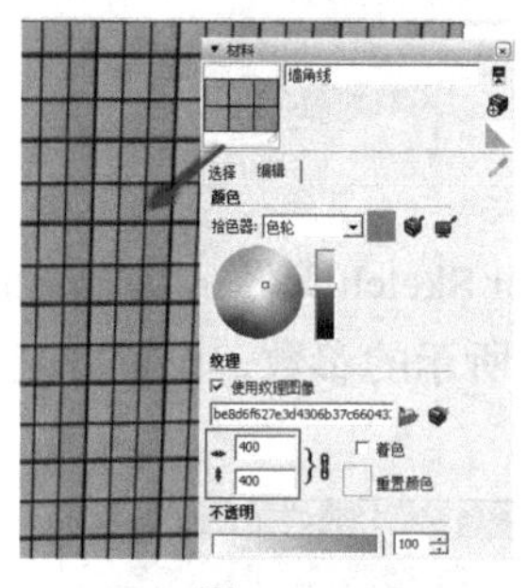

图 8-27

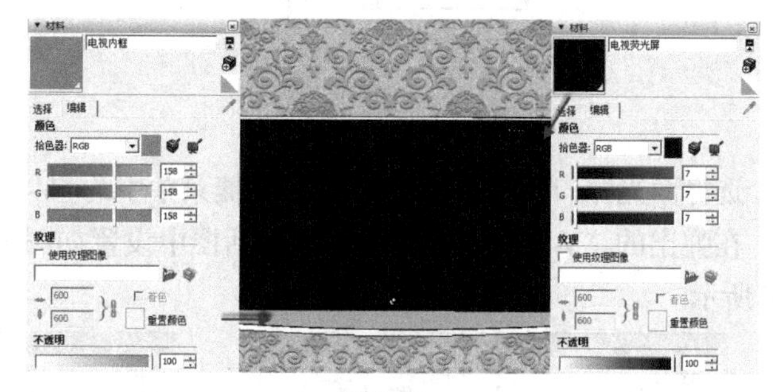

图 8-28

（14）使用同样的方法赋予窗帘材质和壁画贴图，结果如图 8-29 和图 8-30 所示。

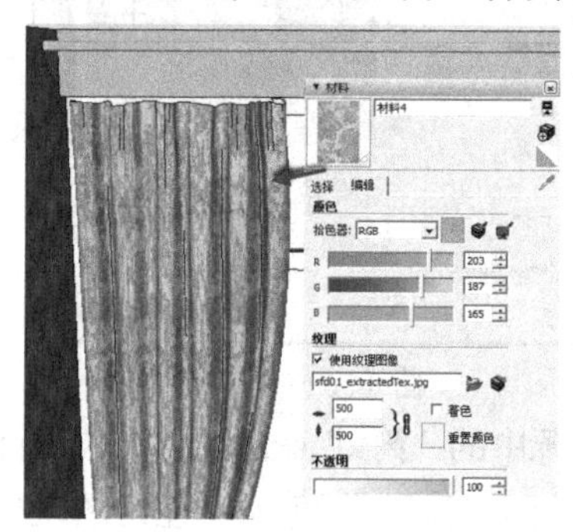

图 8-29

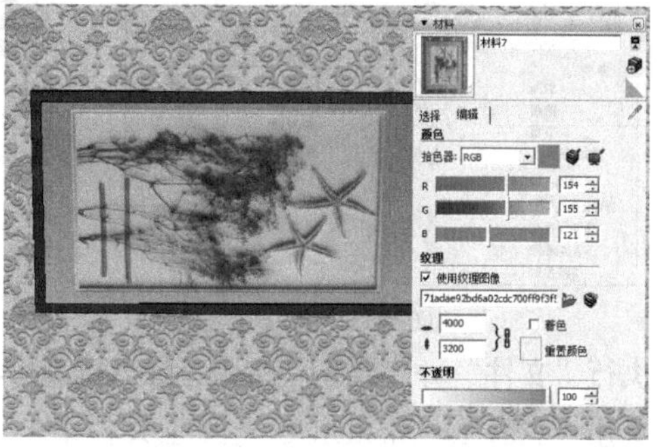

图 8-30

（15）在窗户外使用“矩形”工具▇绘制一个矩形并指定环境贴图，如图 8-31 所示。材质赋予完成后，结果如图 8-32 所示。

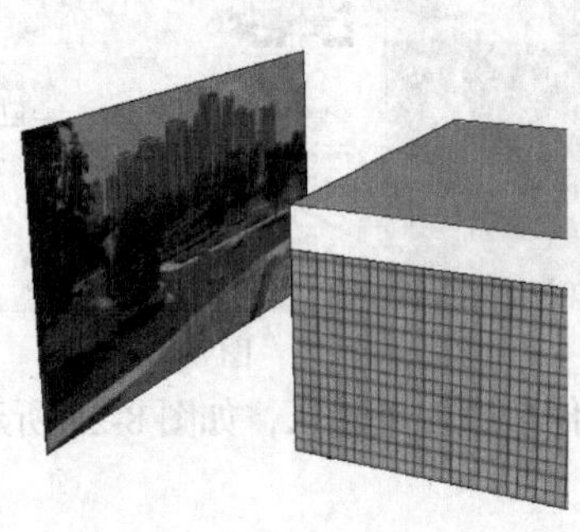

图 8-31

图 8-32

3. 布置灯具

（1）执行“绘图”→“形状”→“矩形”命令，在天花板上绘制一个矩形，并结合“推 / 拉”工具◆向下推出如图 8-33 所示的吊顶造型。

（2）在 V-Ray for SketchUp 光源工具栏中单击“面光源”按钮▇，在天花板内侧的灯带凹槽处创建 4 个面光源，如图 8-34 所示。

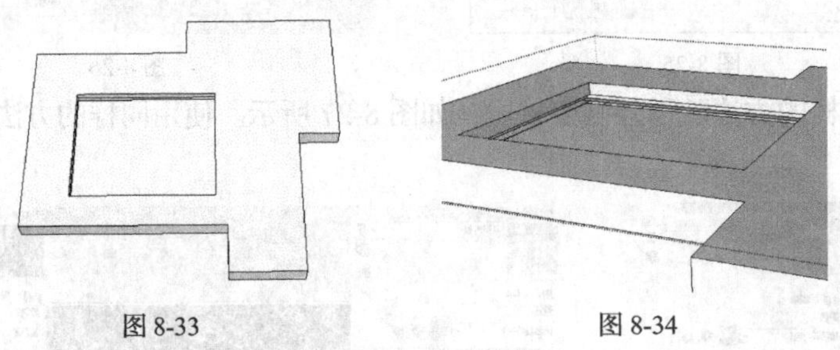

图 8-33　　图 8-34

（3）选择面光源，单击鼠标右键，选择快捷菜单中的“V-Ray for SketchUp”→“编辑光源”命令。

（4）在弹出的“V-Ray 光源编辑器”对话框中设置如图 8-35 所示的参数，设置灯光光源颜色如图 8-36 所示。

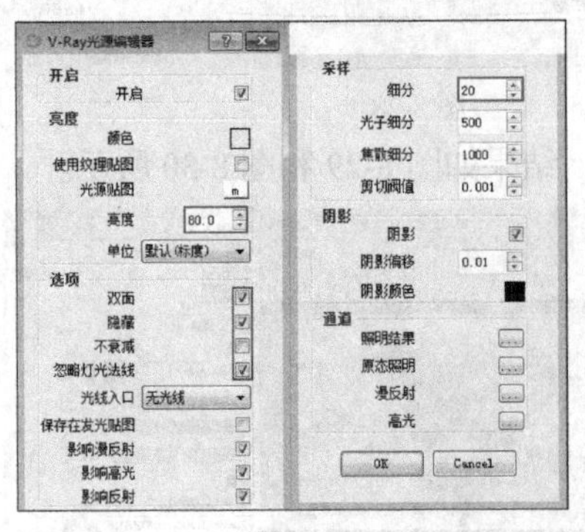

图 8-35

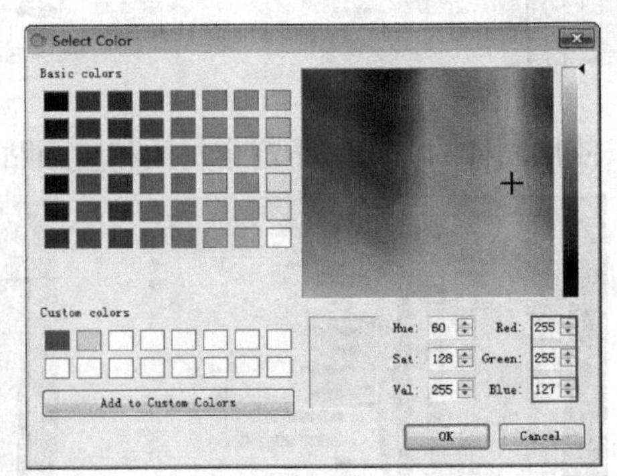

图 8-36

（5）执行“文件”→“导入”命令，导入配套学习资源中的“筒灯 .skp”组件，如图 8-37 所示。

（6）单击 V-Ray for SketchUp 光源工具栏中的“光域网光源”按钮▇，在绘图区单击，创建光域网光源，如图 8-38 所示。

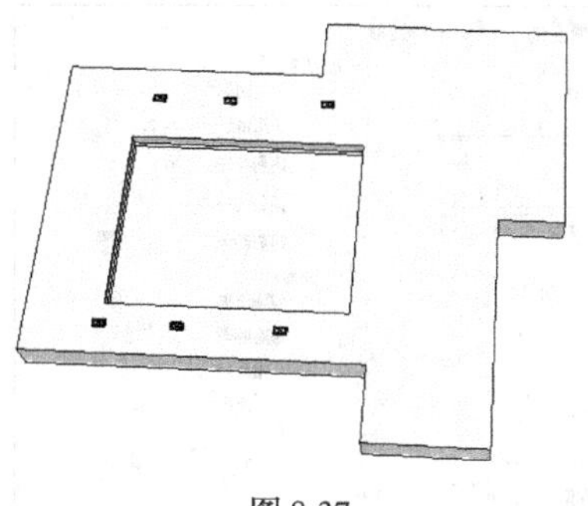

图 8-37

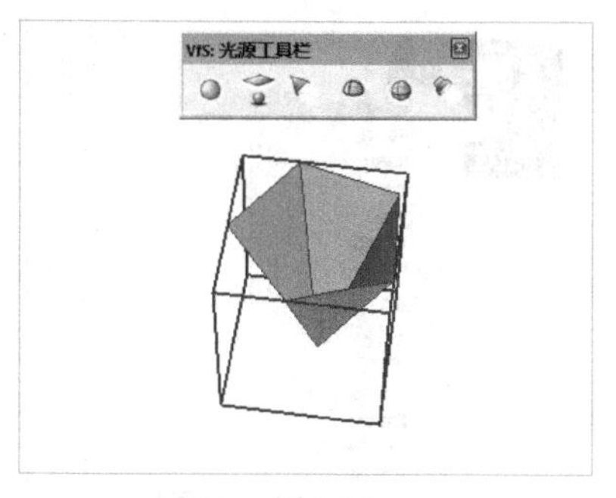

图 8-38

（7）选择光域网光源，单击鼠标右键，选择快键菜单中的“V-Ray for SketchUp”→“编辑光源”命令，在弹出的“V-Ray 光源编辑器”对话框中设置如图 8-39 所示的参数。

（8）单击“V-Ray 光源编辑器”对话框“选项”选项组中的“文件”按钮，选择配套学习资源中的光域网文件，如图 8-40 所示。

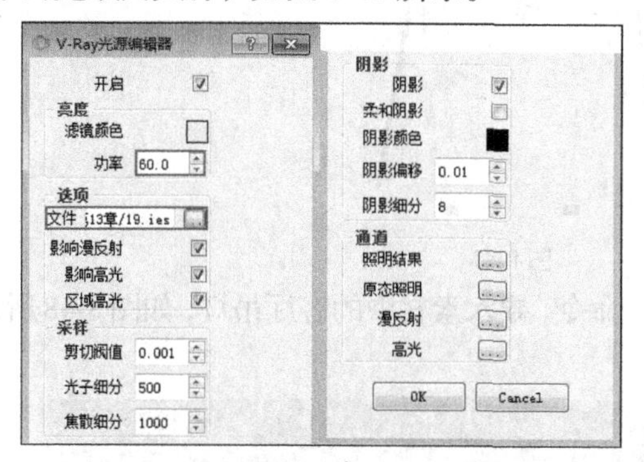

图 8-39

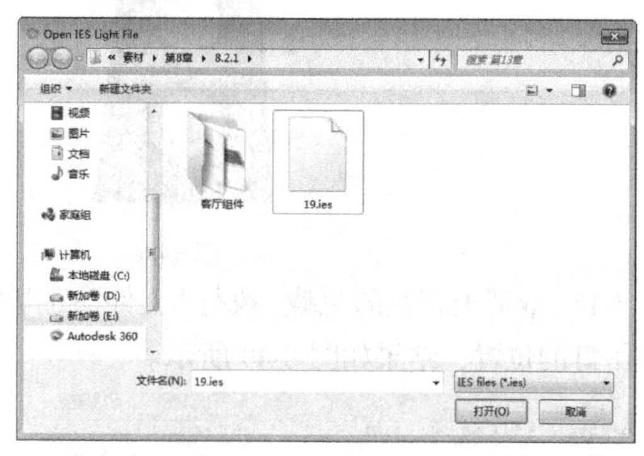

图 8-40

（9）选择光域网光源，按 M 键激活“移动”工具，将设置好参数的光域网光源移动到筒灯下方，并使用移动复制的方法，将光域网光源复制多个，结果如图 8-41 所示。

（10）单击 V-Ray for SketchUp 光源工具栏中的“点光源”按钮，在筒灯内部创建一个点光源，结果如图 8-42 所示。

（11）选择“缩放”工具，对点光源进行等比例缩放和上下缩放，结果如图 8-43 所示。

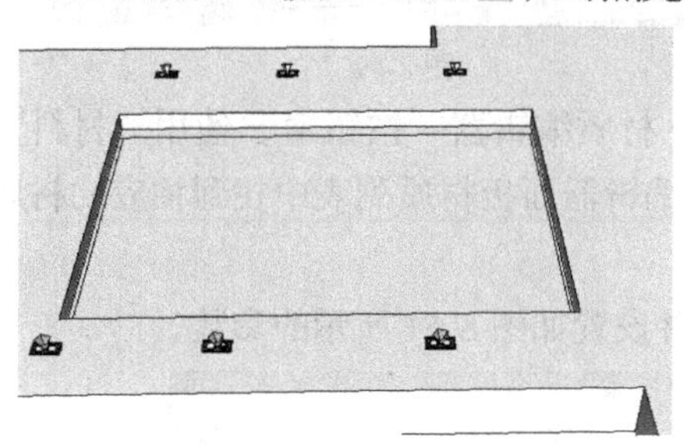

图 8-41

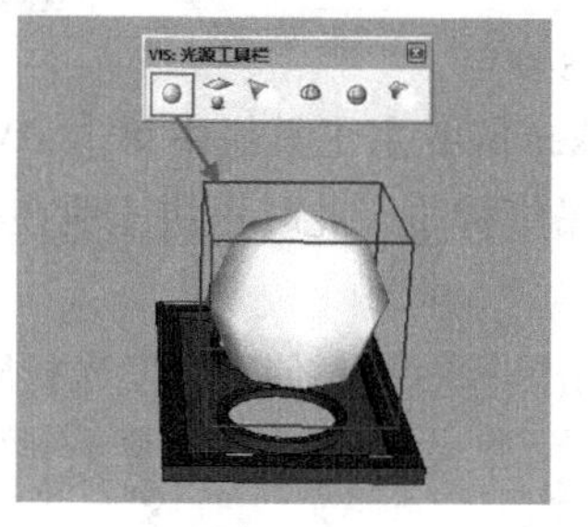

图 8-42

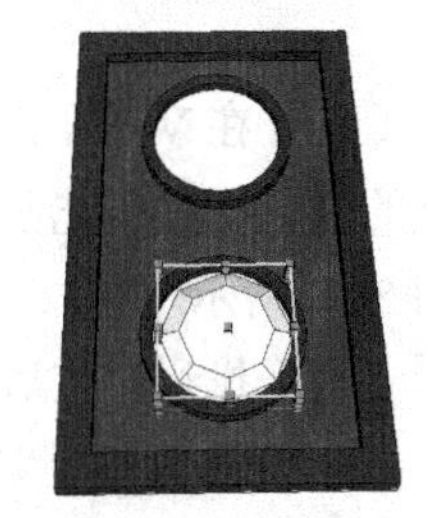

图 8-43

（12）选择点光源，单击鼠标右键，选择“V-Ray for SketchUp”→“编辑光源”命令，如图 8-44 所示。

（13）软件弹出“V-Ray 光源编辑器”对话框，单击颜色块，设置灯光颜色为 RGB（255,186,4），设置亮度为 150，如图 8-45 所示。

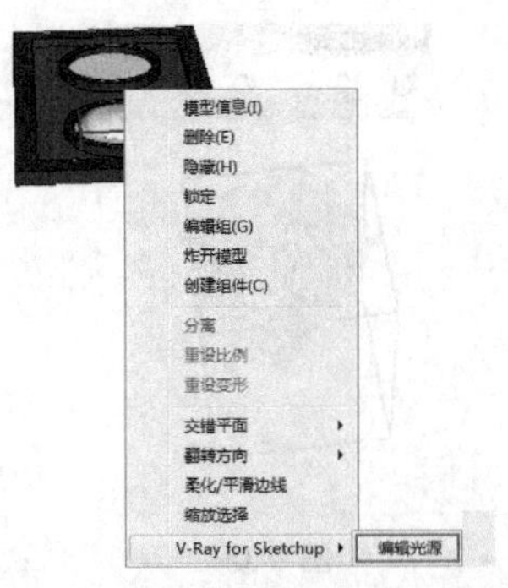

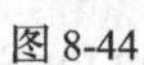
图 8-44

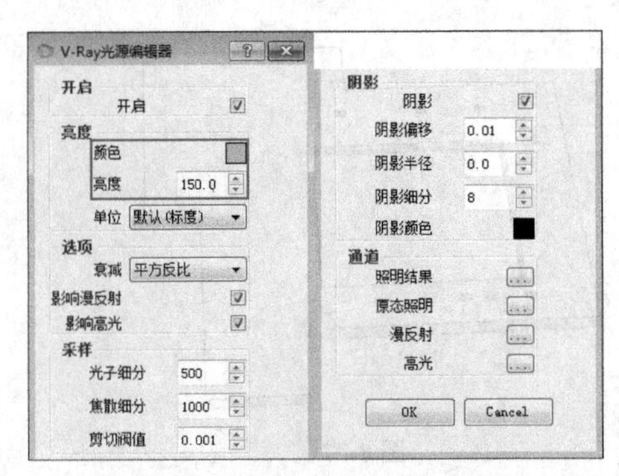

图 8-45

（14）将调整好的点光源复制到其他筒灯下，如图 8-46 所示。使用同样的方法，在其他筒灯下放置点光源，结果如图 8-47 所示。

图 8-46

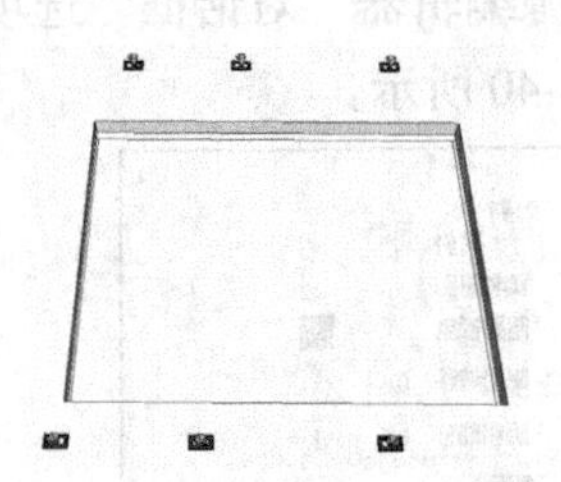

图 8-47

（15）取消天花板的隐藏，执行“文件”→“导入”命令，导入素材中的客厅吊灯，如图 8-48 所示。调整吊灯的位置，结果如图 8-49 所示。

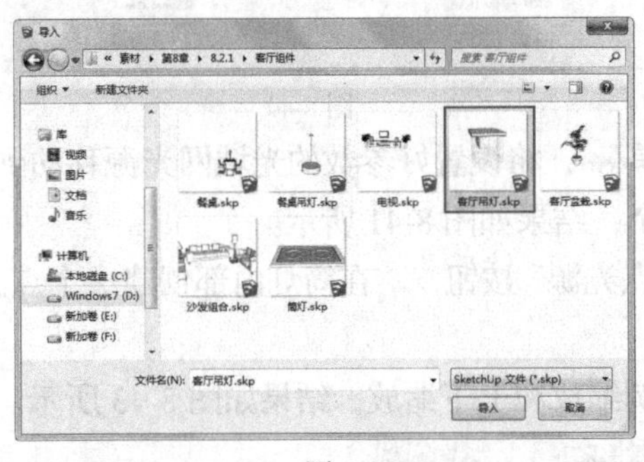

图 8-48

图 8-49

（16）在 V-Ray for SketchUp 主工具栏中单击“V-Ray 材质编辑器”按钮，使用“材料”面板上的吸管工具单击吸取吊灯材质，此时可快速地在材质编辑器面板材质列表中找到相应的材质，如图 8-50 所示。

（17）找到材质后单击鼠标右键，创建自发光材质，并设置如图 8-51 所示的参数。

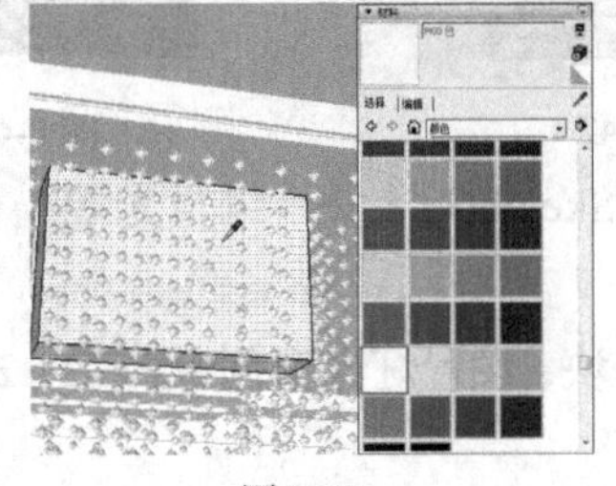

图 8-50

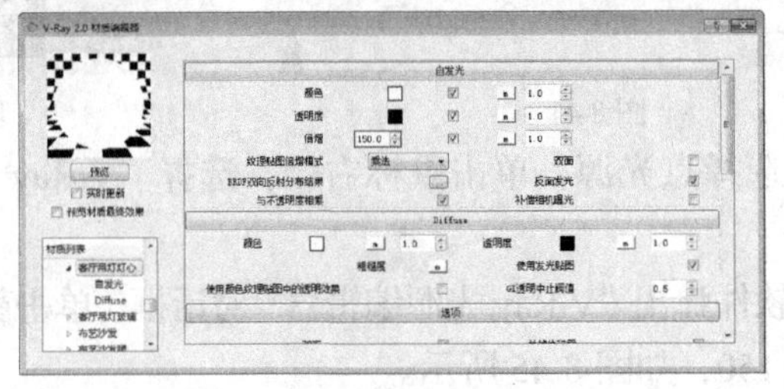

图 8-51

（18）单击 V-Ray for SketchUp 主工具栏中的 按钮，进行简单的渲染，效果如图 8-52 所示。

（19）使用同样的方法，在餐桌和沙发旁放置灯具，结果如图 8-53 所示。在放置的沙发灯具下方放置面光源，如图 8-54 所示。

图 8-52

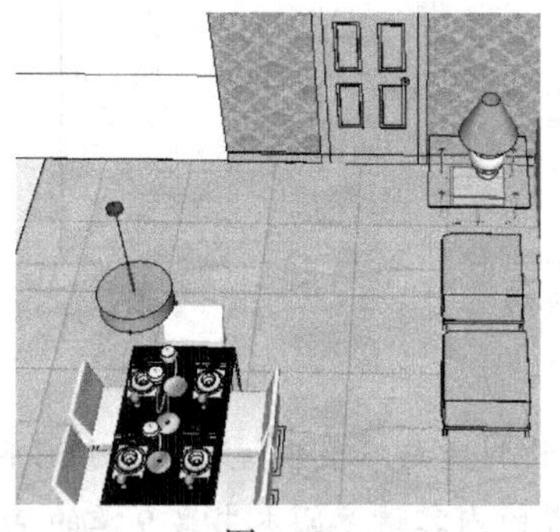

图 8-53

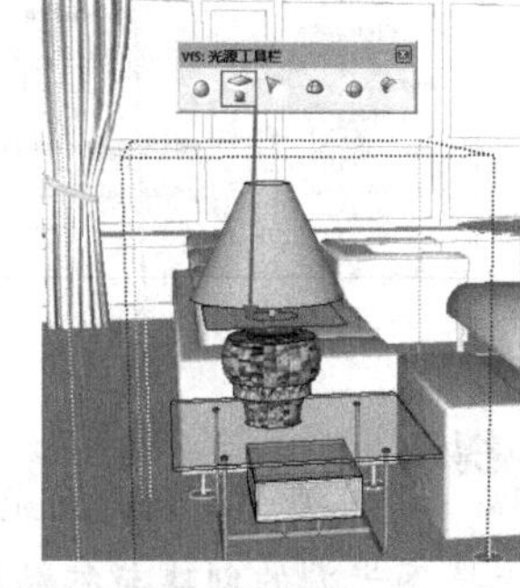

图 8-54

（20）选择面光源，单击鼠标右键，选择“V-Ray for SketchUp”→“编辑光源”命令，如图 8-55 所示。在弹出的对话框中设置如图 8-56 所示的参数。

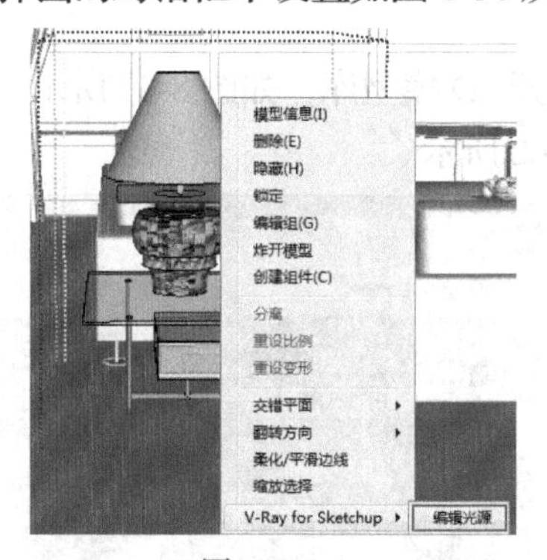

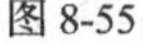

图 8-55

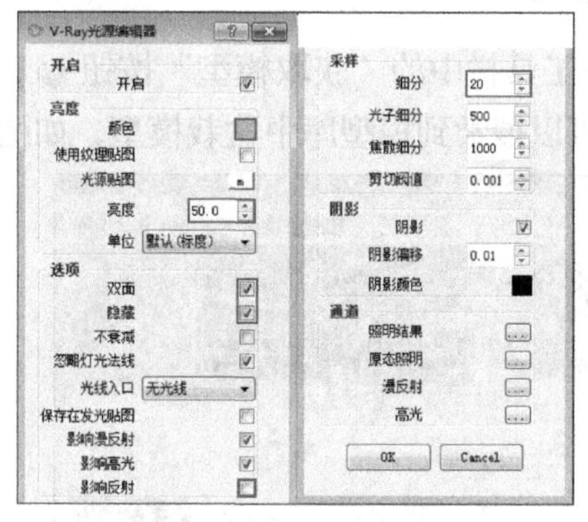

图 8-56

（21）使用同样的方法，在餐桌上方的吊灯处创建面光源，并设置如图 8-57 所示的参数。

（22）选择面光源，单击鼠标右键，选择“V-Ray for SketchUp”→“编辑光源”命令，在弹出的对话框中设置如图 8-58 所示的参数。

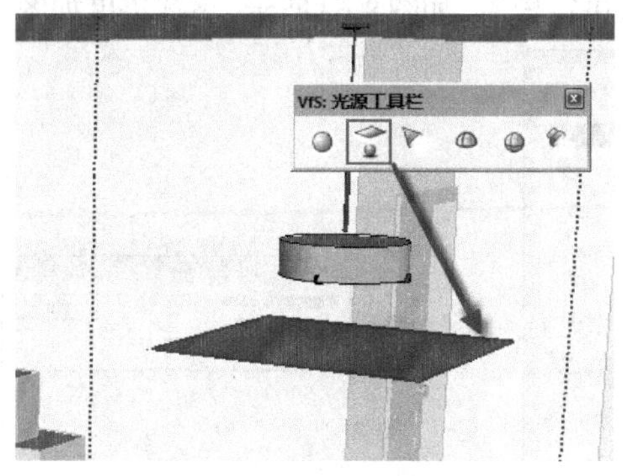

图 8-57

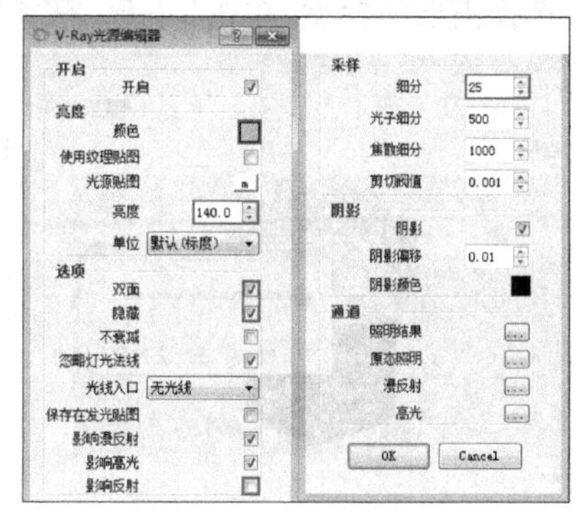

图 8-58

（23）在沙发左边的落地灯上增加自发光层，并设置发光强度为 50，选中“双面”复选框，如图 8-59 所示。设置透明度颜色为 RGB（80,80,80），如图 8-60 所示。至此，灯光布置完成。

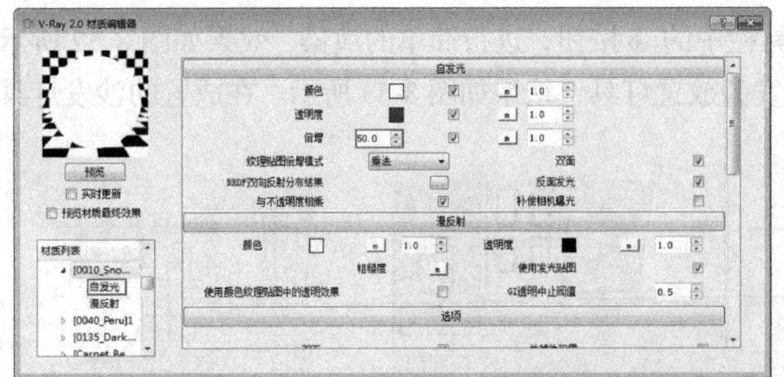

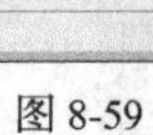

图 8-59

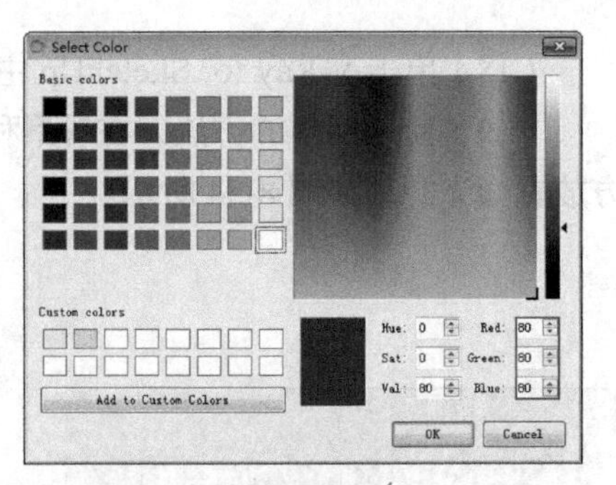

图 8-60

提示

关于 V-Ray 面光源的创建与参数设置的内容请参阅本书第 9 章的 9.2.3 小节。关于 V-Ray 光域网光源的创建与参数设置的内容请参阅本书第 9 章的 9.2.5 小节。关于 V–Ray 点光源的创建与参数设置的内容请参阅本书第 9 章的 9.2.2 小节。

4. 添加装饰

（1）单击工具栏中的“获取模型”按钮，打开 3D 模型库，如图 8-61 所示。在搜索栏中输入“盆栽”，可以搜索到模型库中盆栽模型，如图 8-62 所示。

图 8-61

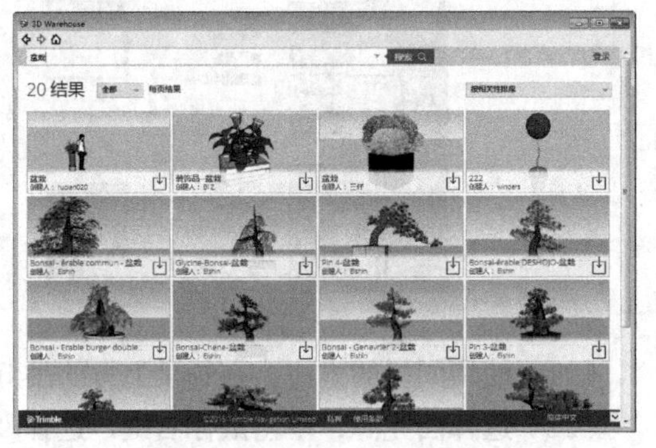

图 8-62

（2）选择需要的模型，单击“下载”按钮即可进行导入，如图 8-63 所示，下载进度如图 8-64 所示。

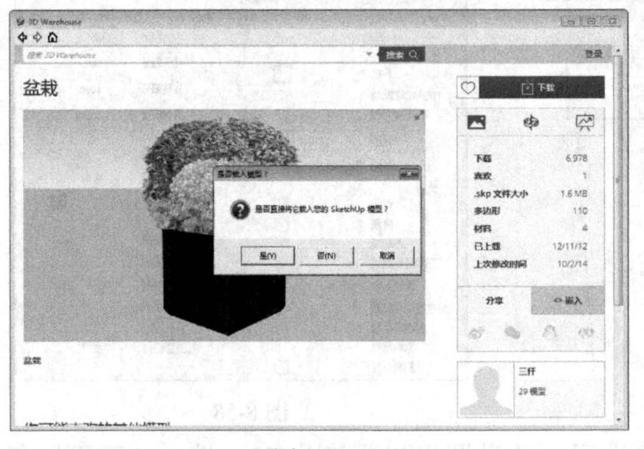

图 8-63

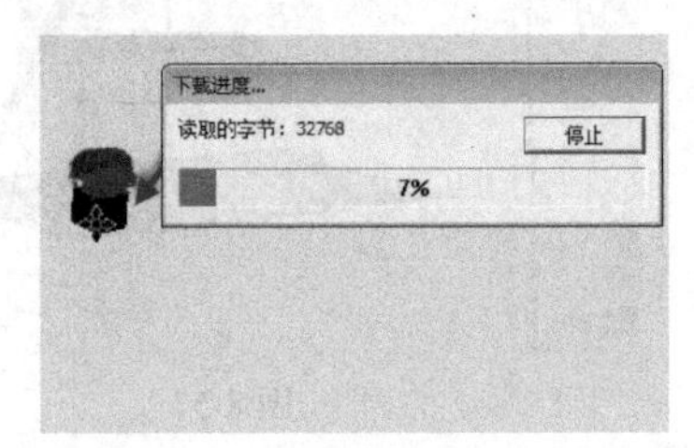

图 8-64

（3）将下载的模型放置在阳台合适的位置，如图 8-65 所示。使用同样的方法放置其他盆栽及装饰，结果如图 8-66 所示。

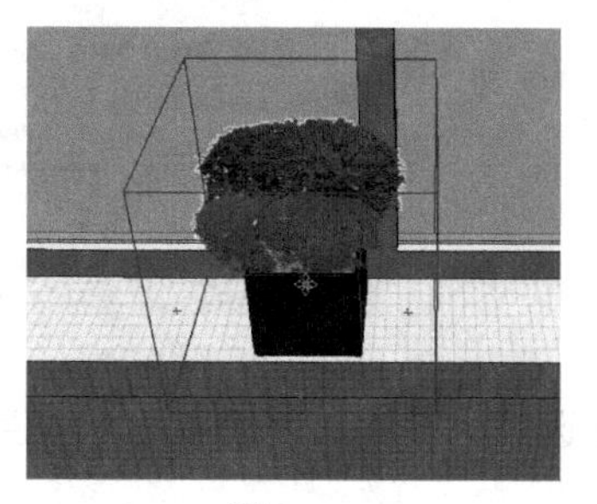

图 8-65

图 8-66

5. 渲染

（1）单击工具栏中的“定位相机”按钮，在适当的位置放置相机，如图 8-67 所示。放置到合适的位置后单击，结果如图 8-68 所示，此时的相机拍摄高度为软件默认的高度 1676mm。

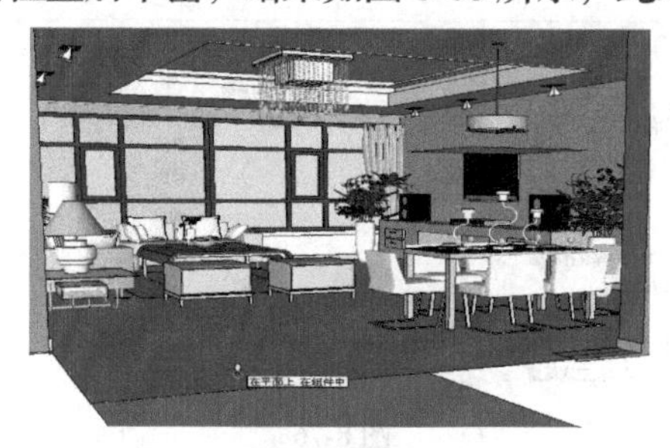

图 8-67

图 8-68

（2）在“眼睛高度”文本框中输入 980，并按 Enter 键调整相机的高度，如图 8-69 所示。单击阴影工具栏中的“显示/隐藏阴影”按钮，打开阴影显示，对阴影进行适当的调整，结果如图 8-70 所示。

图 8-69

图 8-70

（3）在 V-Ray for SketchUp 主工具栏中单击“V-Ray for SketchUp 设置”按钮，如图 8-71 所示。在“系统”卷展栏中设置“高度”为 60、“宽度”为 60，如图 8-72 所示。

图 8-71

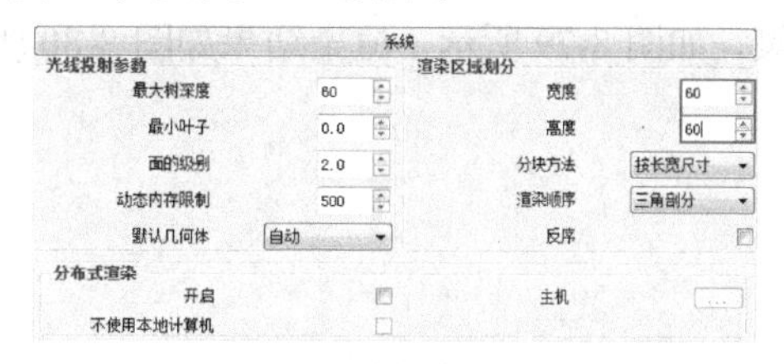

图 8-72

（4）在“环境”卷展栏中设置全局光强度为 2，如图 8-73 所示。在“图像采样器（抗锯齿）”卷展栏中，设置图像采样器类型为“自适应确定性蒙特卡罗”，“最多细分”为 16，抗锯齿过滤选择 Catmull Rom，如图 8-74 所示。

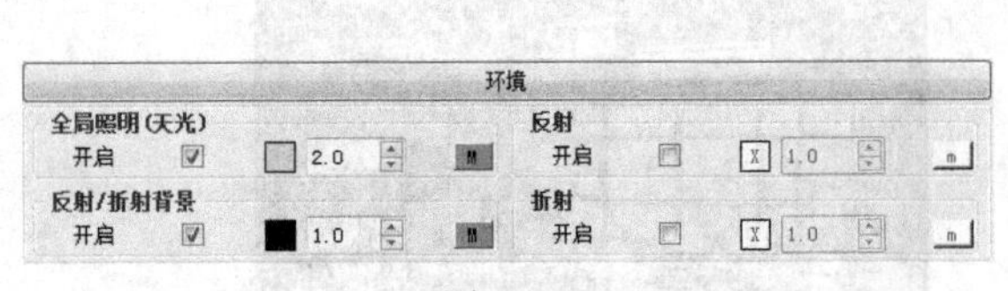

图 8-73

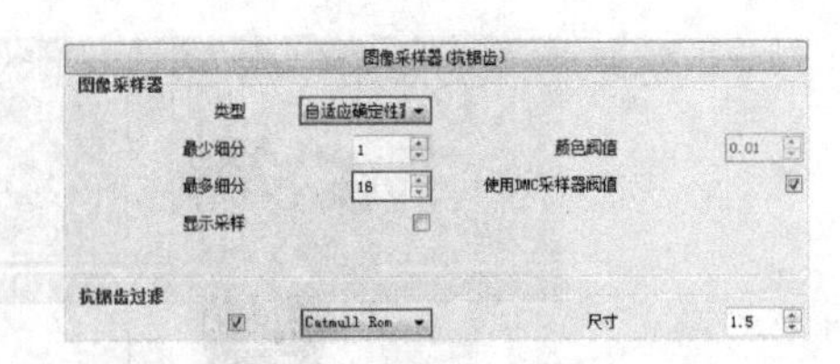

图 8-74

（5）打开“输出”卷展栏，选中“覆盖视口”复选框，设置长度为 1600、宽度为 1200，并设置渲染文件保存的路径，如图 8-75 所示。

（6）在“间接照明”卷展栏中设置“首次反弹”为“发光贴图”、“二次反弹”为“灯光缓存”，如图 8-76 所示。

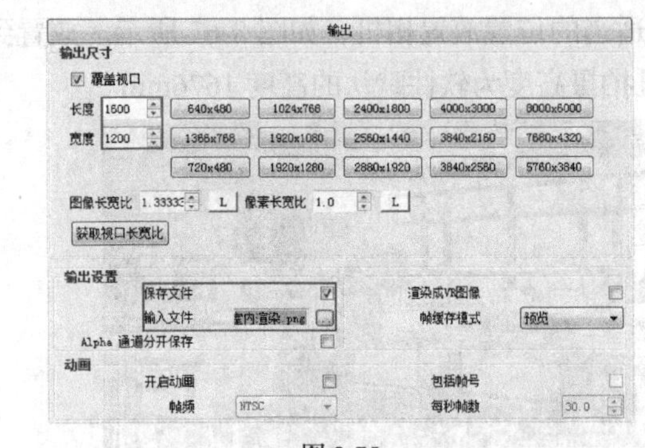

图 8-75

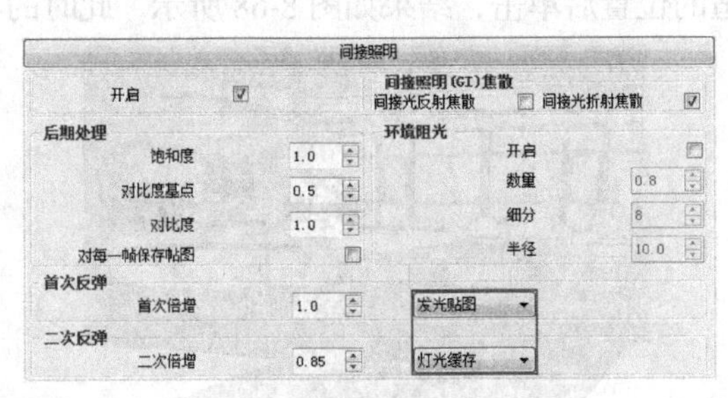

图 8-76

（7）在“发光贴图”卷展栏中设置“最小比率”为 -2、“半球细分”为 80，如图 8-77 所示。在“灯光缓存”卷展栏中设置“细分”为 1200、“过程数”为 6，如图 8-78 所示。

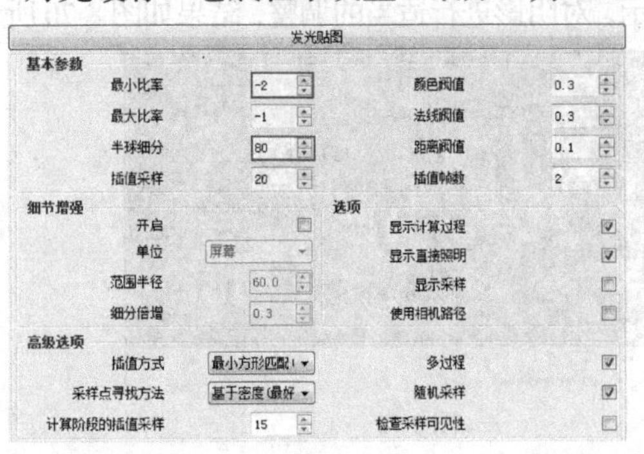

图 8-77

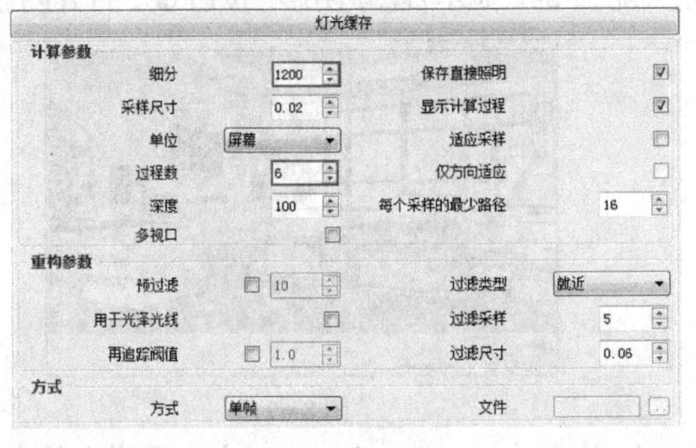

图 8-78

（8）设置完成后，单击“关闭”按钮，关闭参数设置面板。单击“开始渲染”按钮进行场景的渲染，如图 8-79 所示。渲染结果如图 8-80 所示。

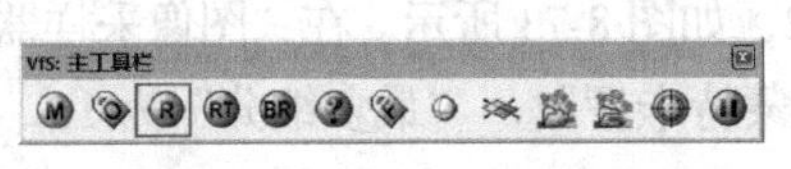

图 8-79

图 8-80

8.2.2 安装与卸载

V-Ray 虽然是独立的软件，但安装后，便可在 SketchUp 软件中自动作为渲染插件存在，同时拥有自己的独立工具栏，方便调用。下面介绍 V-Ray for SketchUp 的安装与卸载方法。

双击软件图标 vray_sketchup_2016_win_x64 ，此时将弹出安装窗口，如图 8-81 所示，单击“下一步”（Next）按钮开始安装。在弹出的窗口中选择“我同意”（I accept the agreement），并单击“下一步”（Next）按钮继续安装，如图 8-82 所示。

选择安装 V-Ray for SketchUp，如图 8-83 所示。单击“下一步”（Next）按钮继续安装。系统默认将软件安装至 C 盘中，使得软件正常运行，单击“下一步”（Next）按钮继续安装，如图 8-84 所示。

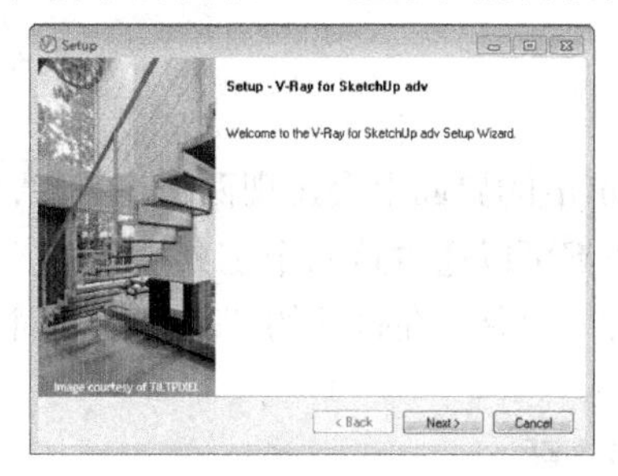

图 8-81

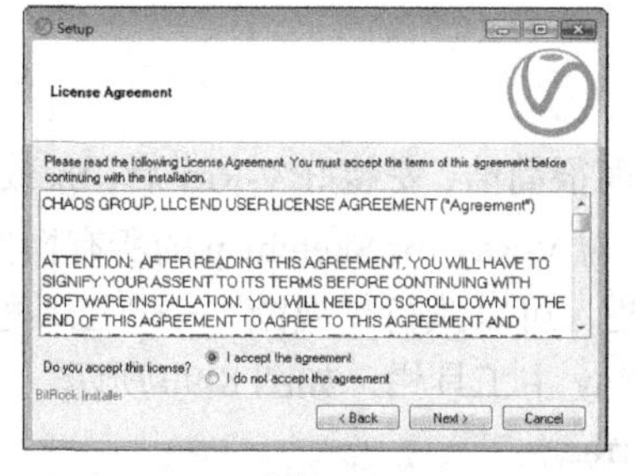

图 8-82

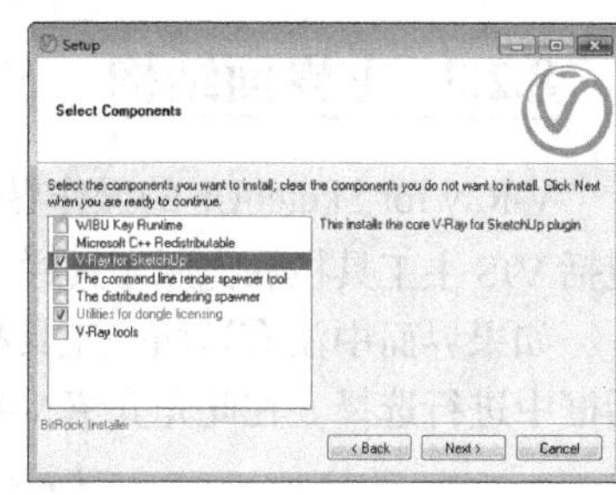

图 8-83

开始安装文件到计算机中，如图 8-85 所示，安装过程需几分钟。文件安装完成后，将弹出安装成功提示信息，如图 8-86 所示，单击“完成”（Finish）按钮完成安装。

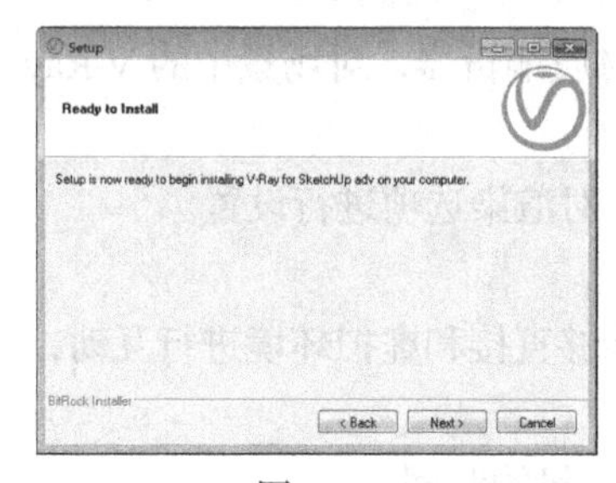

图 8-84

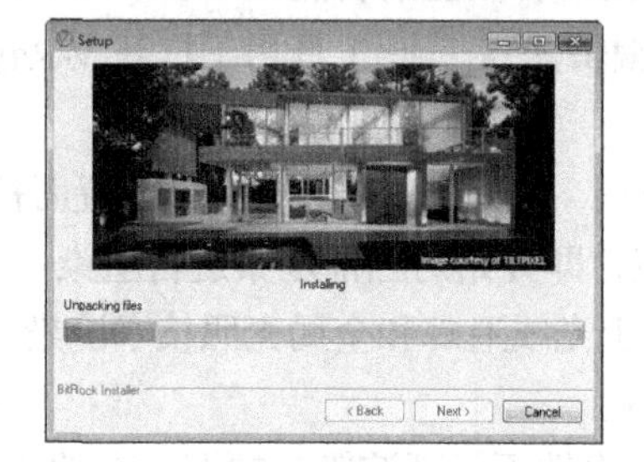

图 8-85

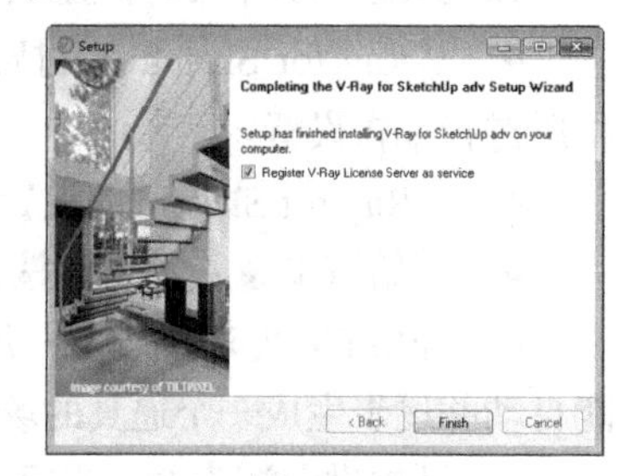

图 8-86

V-Ray 安装完成后，SketchUp 的菜单栏将会增加“扩展程序”菜单项，如图 8-87 所示。

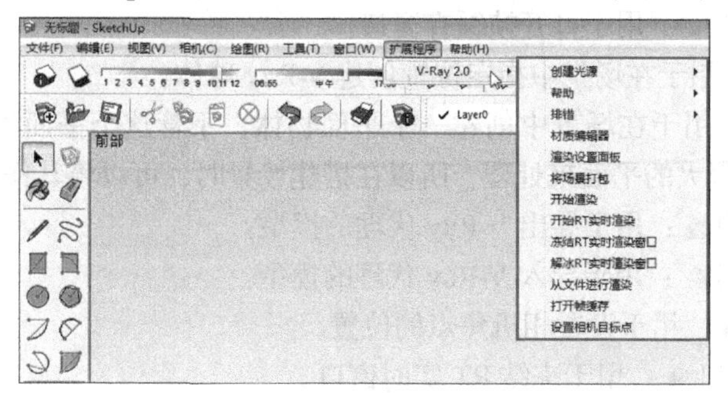

图 8-87

当不需要使用此软件时，可以将其轻松卸载。执行“开始”→“控制面板”→“卸载程序”命令，在程序列表中选择 V-Ray for SketchUp 一项，单击鼠标右键，在弹出的快捷菜单中选择“卸载”命令，进行卸载。卸载过程如图 8-88 所示，系统将开始移除软件及其附带的文件。文件卸载完成后，将弹出卸载完成提示，如图 8-89 所示。单击“OK”按钮即可完成卸载。

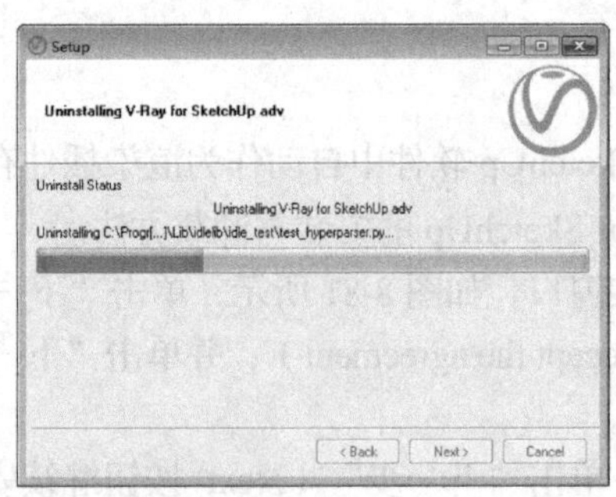

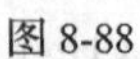
图 8-88

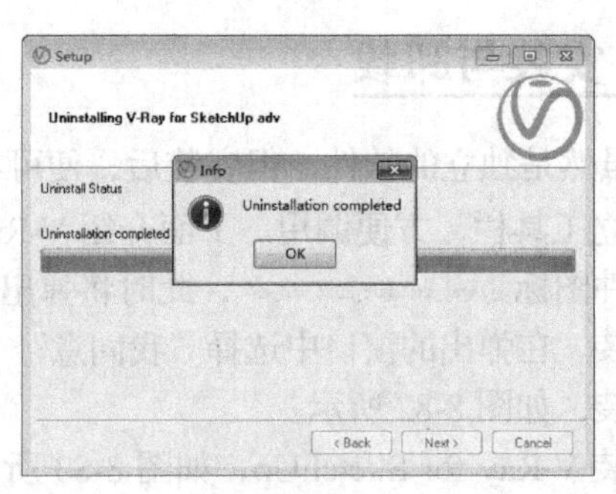

图 8-89

8.2.3 主界面结构

V-Ray for SketchUp 的操作界面很简洁，安装好 V-Ray 后，SketchUp 的界面上会出现两个工具栏，包括 VfS 主工具栏和光源工具栏，对 V-Ray for SketchUp 的所有操作都可以通过这两个工具栏完成。

如果界面中没有这两个工具栏，可以执行“视图”→“工具栏”命令，在打开的“工具栏”对话框中进行选择。在此先介绍 V-Ray 主工具栏，如图 8-90 所示。

图 8-90

该工具栏中共有 14 个工具按钮，各按钮的功能如下。

- V-Ray for SketchUp 材质编辑器 ：此工具用于打开 V-Ray 材质编辑器，对场景中的 V-Ray 材质进行编辑设置。
- V-Ray for SketchUp 设置 ：用于打开 V-Ray 渲染设置面板，对渲染选项进行设置。
- 开始渲染 ：单击该按钮，即开始对当前场景进行渲染。
- 开始 RT 实时渲染 ：用于光线追踪和全局光照技术渲染，能够直接和虚拟环境进行互动，能自动并逐步生成一个逼真的场景。
- 开始批量渲染 ：用于一次性不间断渲染多幅图，有效节省大量的时间。
- 打开帮助 ：用于打开 V-Ray 在线帮助网页，网页中有 V-Ray 常见问题的解答。
- 打开帧缓存窗口 ：用于打开帧缓存窗口。
- V-Ray 球体 ：用于在场景中指定位置创建 V-Ray 球体。
- V-Ray 平面 ：用于在场景中创建一个平面物体，不管这个平面物体有多大，V-Ray 在渲染时都将它视为一个无限大的平面来处理，所以在搭建场景时，可以将其作为地面或台面来使用。
- 导出 V-Ray 代理 ：用于导出 V-Ray 代理的模型。
- 导入 V-Ray 代理 ：用于导入 V-Ray 代理的模型。
- 设置相机焦点 ：用于设置相机焦点的位置。
- 冻结 RT 实时窗口 ：用于冻结 RT 实时窗口。

8.2.4 V-Ray 材质编辑器

材质编辑器用于创建材质和设置材质的属性。单击 V-Ray 主工具栏“V-Ray for SketchUp 材质编辑器”按钮 ，可以打开“V-Ray 材质编辑器”面板，如图 8-91 所示。

材质编辑器由 3 个部分组成，左上部为材质预览视窗，左下部为材质列表，右部为材质参数设置区。在材质列表中选择任意一种材质后，面板右侧将会出现相应的材质参数。

◆ **材质预览视窗**

单击材质预览视窗下方“预览”按钮［预览］，材质编辑器将根据材质参数的设置，自动生成材质的大概效果，以便用户观察材质是否合适，如图 8-92 所示。

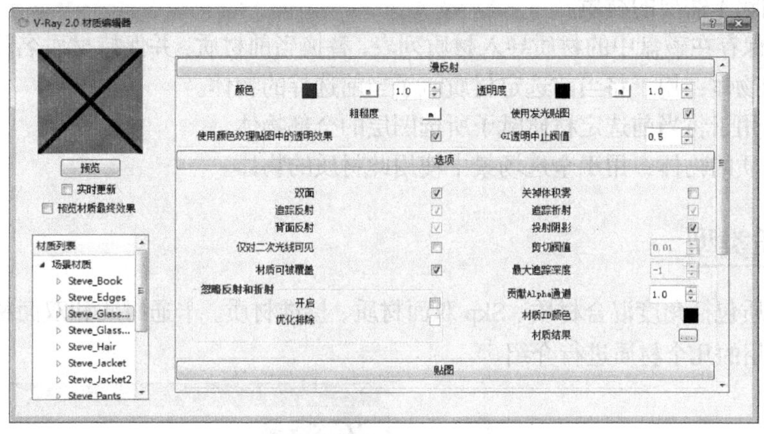

图 8-91

图 8-92

◆ **材质列表**

材质列表主要用于查看和管理场景材质，如创建、重命名、保存、载入、删除、设置材质层等。以场景材质、材质名、材质层三级的方式组织，可通过单击其前面的三角图标 ▷ ，以查看附加的子材质。

在“场景材质”项目上单击鼠标右键，将弹出如图 8-93 所示的快捷菜单，各命令含义如下。

- 创建材质：用于创建新材质，有多种材质类型可供选择。选取一种材质类型后，材质列表的最下面出现自动命名的材质。材质类型的用途及其使用方法将在本章后面详细进行讲解。
- 载入材质：用于将保存在磁盘上的材质读入场景中，如果重名，将自动在材质名后加上序号。
- 载入某文件夹下的全部材质：同于将某选定文件夹中的材质全部载入场景中。
- 清理没有使用的材质：用于清理场景中没有使用到的材质，加快软件运行速度。

在材质列表中的任意材质上单击鼠标右键，将弹出如图 8-94 所示的快捷菜单。

图 8-93

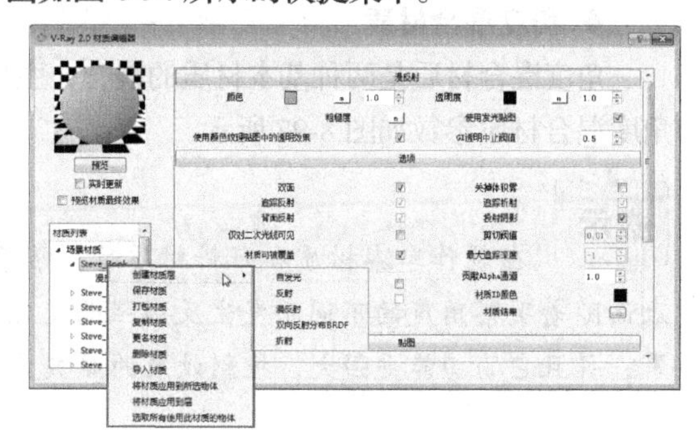

图 8-94

材质快捷菜单中各命令含义如下。

- 创建材质层：在 V-Ray 材质中，物体的属性是分层管理的，除了基本的漫反射、选项及贴图层外，还可增加额外的漫反射、反射、折射、自发光 4 种材质层，来合成具有不同属性的各类材质，如图 8-95 所示。
- 保存材质：用于将当前选定材质保存在磁盘上，以供其他场景中使用。

- 打包材质：用于将当前选定材质保存在磁盘上，并且以 ZIP 压缩包的格式保存，方便与其他模型进行材质交换。值得注意的是，材质打包必须使用英文名，且其保存路径也不能包含汉字。
- 复制材质：用于对当前选定的材质进行复制，并且在其后自动添加序号，方便在此材质基础上创建新材质。
- 更名材质：用于对材质重新命名，方便查找和管理。
- 删除材质：用于删除不需要的材质。
- 导入材质：用于将保存在磁盘中的材质导入材质列表，替换当前材质，并保持材质名称不变。
- 将材质应用到所选物体：用于将当前选定材质赋予当前选择的物体。
- 将材质应用到层：用于将当前选定材质赋予所选图层的全部物体。
- 选取所有使用此材质的物体：用于全选场景中使用此材质的物体。

8.2.5 V-Ray 材质类型

V-Ray for SketchUp 材质包括角度混合材质、Skp 双面材质、标准材质、卡通材质和双面材质等，如图 8-96 所示。本节对常用的几个材质进行介绍。

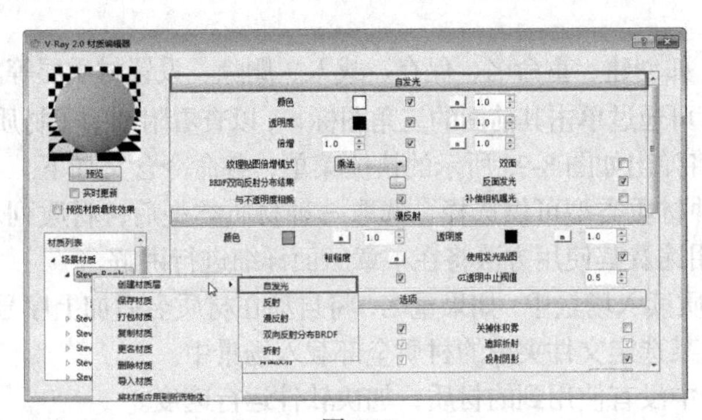

图 8-95

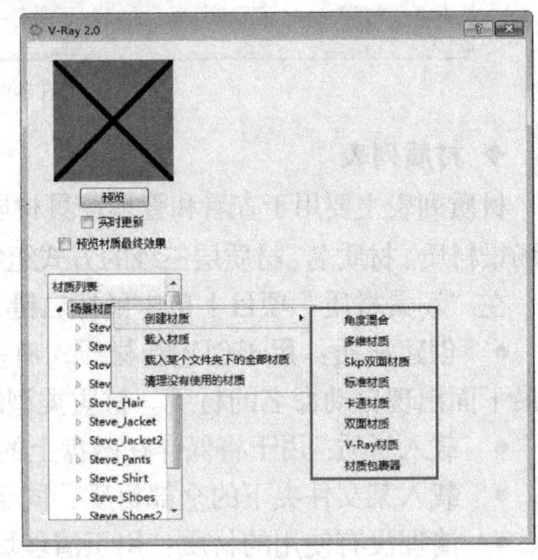

图 8-96

◆ 角度混合材质

角度混合材质是两种基本材质的混合，主要用于模拟天鹅绒、丝绸、高光镀膜金属等材质效果。角度混合材质参数如图 8-97 所示。

提示

在制作车漆材质和布料材质时，常常基于菲涅耳原理来设置材质的漫反射颜色，让材质表面随着观察角度的不同而发生反射强弱变化。V-Ray 提供了一种新的角度混合材质来模拟这种效果，并且它的功能更强大，控制效果的参数更丰富。

◆ 标准材质

标准材质是最常用的材质类型，可模拟出多数物体的属性，其他几种材质类型都是以标准材质为基础的。标准材质中包含“自发光”“反射”“双向反射分布 BRDF”“折射”“漫反射”“选项”“贴图”7 个选项，前面 4 个选项可根据需要添加，后面 3 个选项为默认选项，如图 8-98 所示。

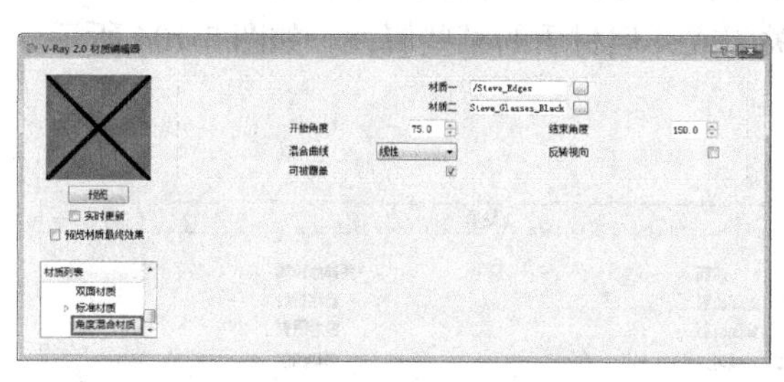

图 8-97

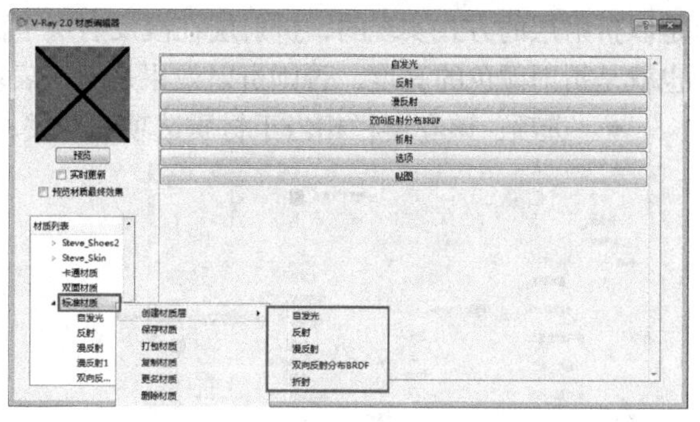

图 8-98

标准材质各参数卷展栏含义如下。

● 自发光：现实生活中的物体，有很多物体具有发光的能力，如灯具、荧光制品等，物体的这种属性就称为自发光。V-Ray 自发光材质是通过发光层实现的，可通过此材质制作发光灯带、发光的灯罩、显示屏、电视机的效果。自发光材质层位于漫反射材质层的上面，可通过改变透明度将底下的漫反射层显示出来。“自发光”卷展栏各项参数如图 8-99 所示。

● 反射：材质的反射效果是通过材质的反射层实现的。要在材质上增加反射层，可以在材质列表的名称上单击鼠标右键，在快捷菜单中选择“创建材质层”→“反射”命令。“反射”卷展栏如图 8-100 所示。

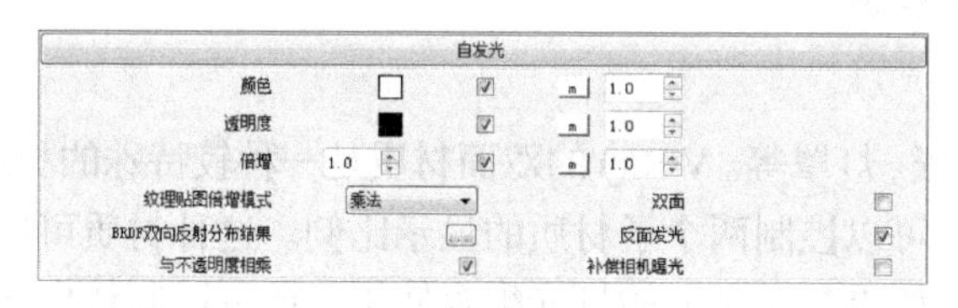

图 8-99

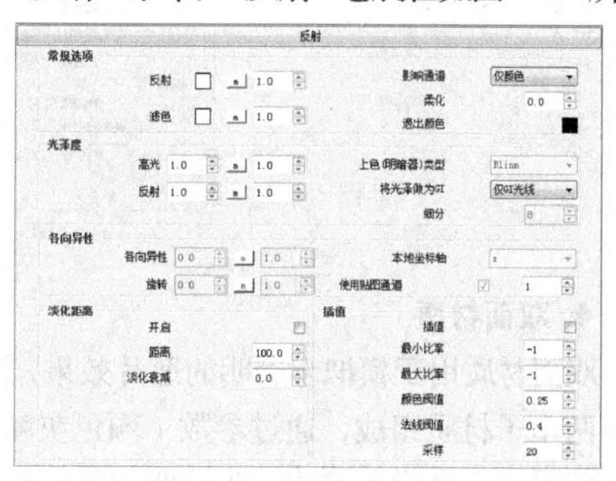

图 8-100

● 漫反射：材质漫反射是通过漫反射图层实现的，其中还包括物体的透明度及光泽度。“漫反射”卷展栏如图 8-101 所示。

● 双向反射分布 BRDF：主要是控制物体表面的反射特性。“双向反射分布 BRDF”卷展栏如图 8-102 所示。

图 8-101

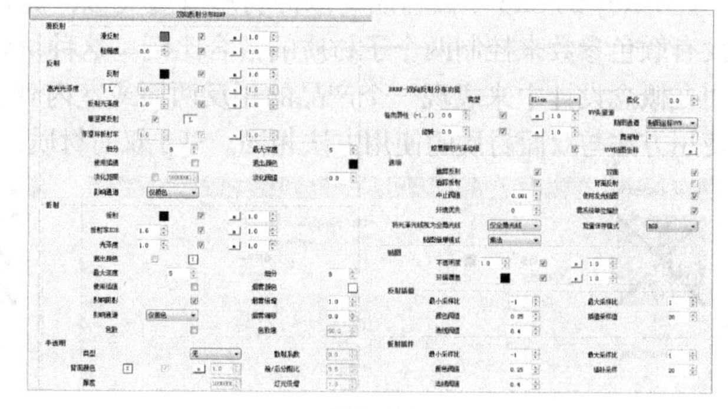

图 8-102

● 折射：用来设置物体的折射选项或雾、色散、插值、半透明属性。在 V-Ray 材质中，折射是以折射层的方式实现的，折射层在漫反射层下面，是材质的底层。实现该功能需要设置透明参数，也就是折射颜色的亮度，否则折射效果是无法表现出来的。“折射”卷展栏如图 8-103 所示。

- 选项：该卷展栏相当于材质选项的开关，可关闭或开启材质的某些属性，如图 8-104 所示。

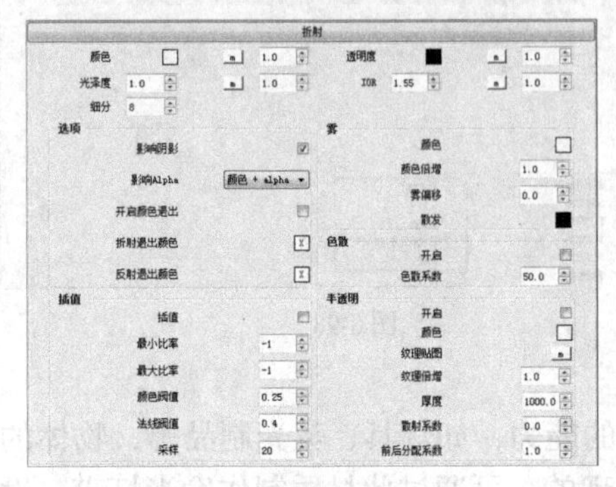

图 8-103

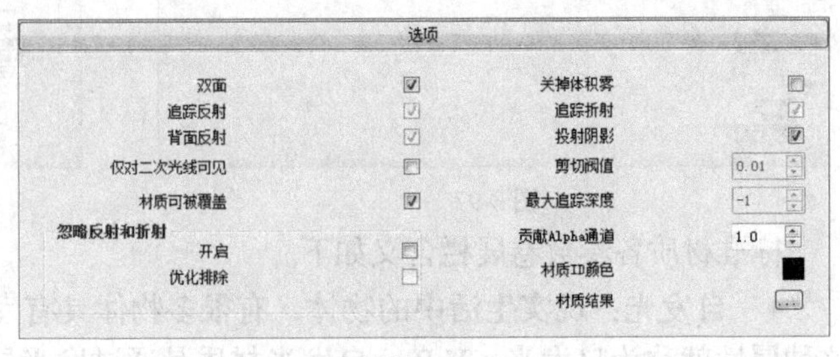

图 8-104

- 贴图：“贴图”卷展栏是对漫反射、反射、折射层的扩充。此层是材质中那些共用的且仅需一个的贴图的汇总。“贴图”卷展栏如图 8-105 所示。

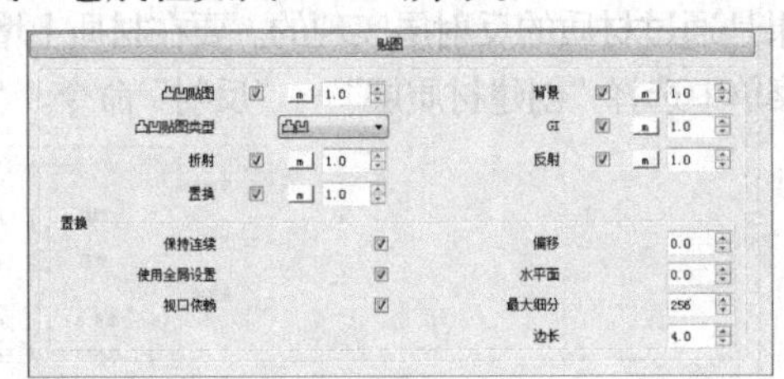

图 8-105

◆ **双面材质**

双面材质用于模拟半透明的薄片效果，如纸张、灯罩等。V-Ray 的双面材质是一种较特殊的材质，它由两个子材质组成，通过参数（颜色灰度值）可以控制两个子材质的显示比例。这种材质可以用来制作窗帘、纸张等薄的、半透明效果的材质，如果与 V-Ray 的灯光配合使用，还可以制作出非常漂亮的灯罩和灯箱效果。图 8-106 所示为双面材质设置面板。

◆ **Skp 双面材质**

Skp 双面材质用于将不同的材质赋予单面模型的正面和反面，或者对厚度不明显的物体，用简单的单面表现来简化模型。

V-Ray 的 Skp 双面材质与双面材质有些类似，拥有正面和背面两个子材质，但要更简单一些，没有颜色参数来控制两个子材质的混合比例。这种材质也不能产生双面材质那种透明效果，它主要用在概念设计中来表现一个产品的正反两面或室内外建筑墙面的区别等。V-Ray 的 Skp 双面材质的使用方法与双面材质的使用方法相同。Skp 双面材质设置面板如图 8-107 所示。

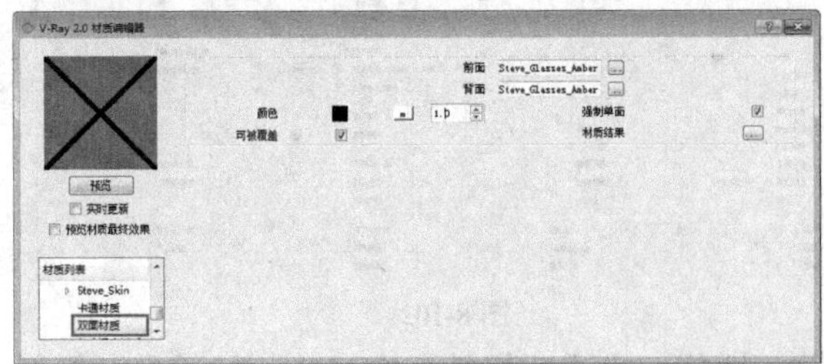

图 8-106

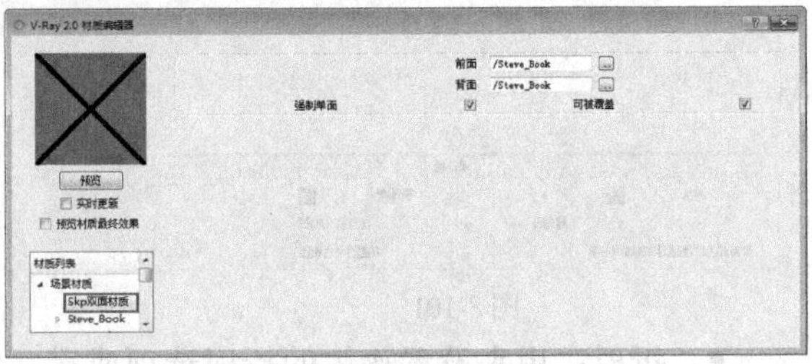

图 8-107

◆ **卡通材质**

卡通材质用于将物体渲染成卡通效果。V-Ray 的卡通材质在制作模型的线框效果和概念设计时非常有用。其创建方法与角度混合材质等材质的创建方法相同。创建好材质后，为其设置一个基础材质，就可以渲染出带有比较规则轮廓线的默认卡通材质效果。卡通材质设置面板如图 8-108 所示。

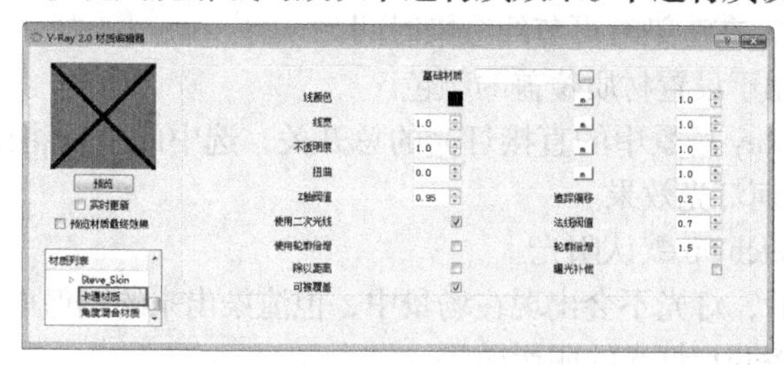

图 8-108

8.2.6 V-Ray 渲染设置面板

激活“V-Ray for SketchUp 设置”工具，将弹出 V-Ray 渲染设置面板，如图 8-109 所示。

V-Ray for SketchUp 大部分渲染参数都在渲染设置面板中完成，共有 15 个卷展栏，分别是“全局开关”“系统”“相机（摄像机）”“环境”“图像采样器（抗锯齿）”“DMC（确定性蒙特卡罗）采样器”“颜色映射”“VFB 帧缓存通道”“输出”“间接照明”“发光贴图”“灯光缓存”“焦散”“置换”“RT 实时引擎”，由于前面有部分已进行讲解，本节只选取几个卷展栏进行讲解。

◆ **全局开关**

V-Ray 的“全局开关”卷展栏主要通过对材质、灯光和渲染等的整体控制来满足特定的要求，其参数设置卷展栏如图 8-110 所示。

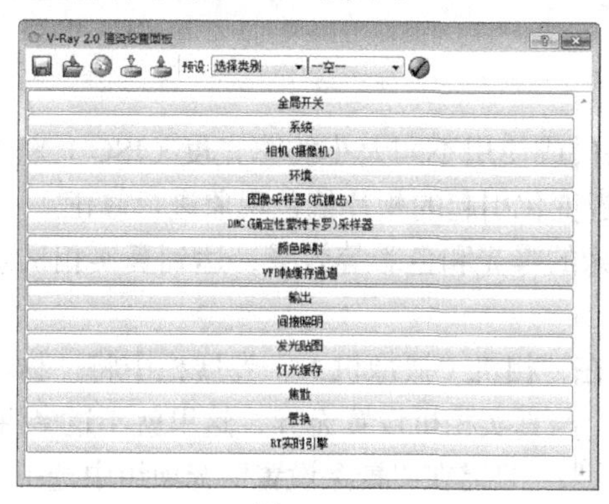

图 8-109

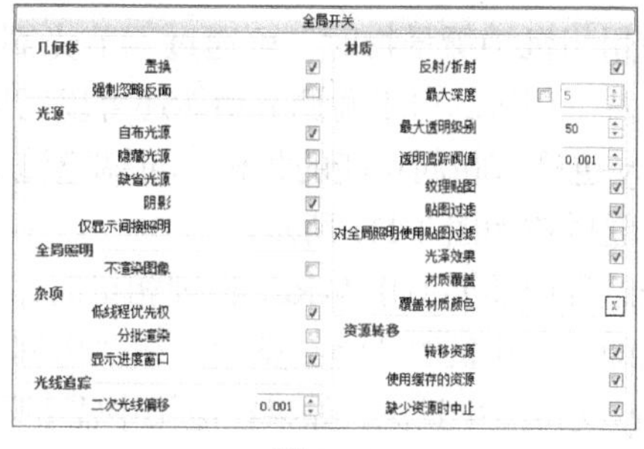

图 8-110

“全局开关”卷展栏中的主要参数含义如下。

- 反射 / 折射：选中后，渲染时将计算贴图或材质中光线的反射 / 折射效果。
- 最大深度：用于设置贴图或材质中的“反射 / 折射”最大反弹次数。选中此项，所有的局部参数设置将会被它所取代；不选中此项，“反射 / 折射”的最大反弹次数将通过材质和贴图自身的局部参数来控制。
- 最大透明级别：用于控制透明物体被光线追踪的最大深度。
- 透明追踪阈值：用于终止对透明物体的追踪。当光线透明度的累计低于该参数设置的极限值时，将停止追踪。

- 纹理贴图：选中后，将使用纹理贴图。
- 贴图过滤：选中后，将使用纹理贴图过滤功能。
- 光泽效果：选中后，将使用场景中的光泽效果。
- 材质覆盖：选中后，可通过色块打开“颜色编辑器”，设置颜色替代材质进行渲染，常用于制作复杂场景替代材质，在渲染时可节约渲染时间。
- 覆盖材质颜色：用于设置材质覆盖的颜色。
- 自布光源：是 V-Ray 场景中的直接灯光的总开关，选中此项后将使用灯光；不选中此项，将不会渲染手动设置的任何灯光效果。
- 缺省光源：指 SketchUp 默认阳光。
- 隐藏光源：选中后，灯光不会出现在场景中，但渲染出来的图像中仍然有光照效果。
- 阴影：选中后，将开启灯光的阴影效果。
- 仅显示间接照明：选中后，直接光照将不包含在最终渲染的图像中。
- 不渲染图像：选中后，V-Ray 将只计算相应的全局光照贴图，即光子贴图、灯光缓存贴图和发光贴图。
- 二次光线偏移：用于设置光线发生二次反弹时的偏移距离。
- 低线程优先权：选中后，V-Ray 渲染将处于低优先级别，此时可使用计算机进行其他工作。
- 分批渲染：用于控制渲染进度。
- 显示进度窗口：选中后，将显示渲染的进度窗口。

提示

全局开关在灯光调试阶段特别有用，例如，可以关闭“反射 / 折射”选项，这样在测试渲染阶段就不会计算材质的反射和折射，因此可以大大提高渲染速度，一般情况下都要关闭“缺省光源”选项，因为无法调节它的强度和阴影等参数。

◆ 相机（摄像机）

在使用相机拍摄景物时，可通过调节光圈、快门或使用不同大小的感光度（ISO）来获得正常的曝光照片。相机的白平衡调节功能还可以对因色温变化引起的相片偏色现象进行修正。

V-Ray 也具有相同功能的相机，可调整渲染图像的曝光和色彩等效果，达到真实相机效果。其参数设置卷展栏如图 8-111 所示。

渲染过程中需要使用 V-Ray 物理相机时，只需在“相机（摄像机）”卷展栏中将“物理设置”选项开启即可。相机的“镜头类型”和“物理设置”与真实相机设置无异，这里就不过多讲解了。

V-Ray 支持渲染景深，如果在渲染中需要景深效果，只需在“景深设置”选项组中选中“开启”选项即可，如图 8-112 所示。

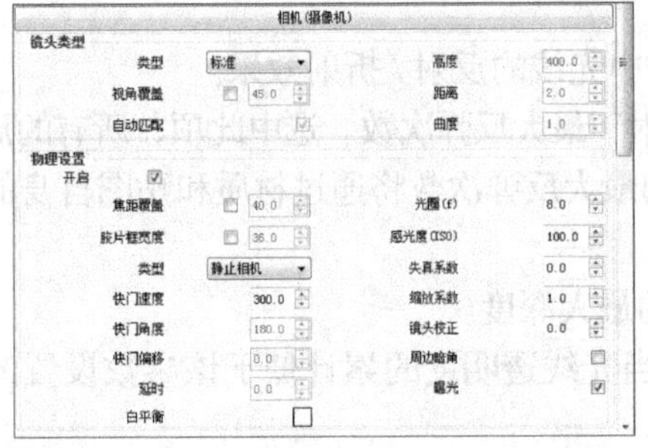

图 8-111

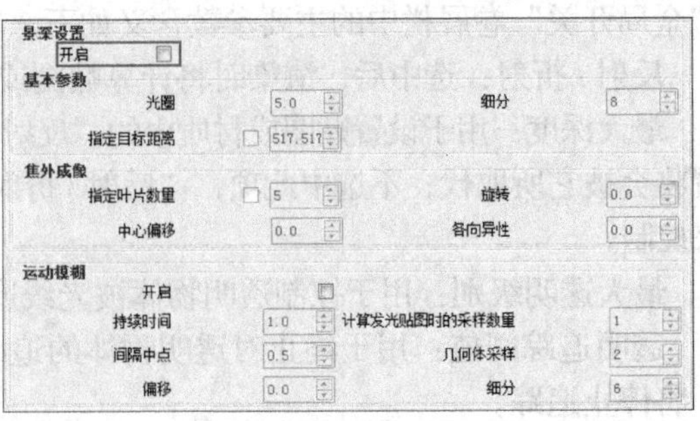

图 8-112

“景深设置”选项组各参数含义如下。

- 光圈：光圈值越小，景深模糊效果越弱；光圈值越大，景深模糊效果越强。
- 细分：用于控制景深效果的质量。数值越大，得到的效果越好，同时渲染时间将增加。
- 指定叶片数量：设置多边形光圈的边数。
- 旋转：用于指定光圈形状的方位。
- 中心偏移：用于决定景深效果的一致性。正值表示光线向光圈边缘集中，0 表示光线均匀通过光圈，负值表示光线向光圈中心集中。
- 各向异性：用于设置焦外成像效果各向异性的数值。

提示

物理相机有 3 种类型，分别是静止相机、电影摄像机和视频摄像机，通常在制作静帧效果图时使用静止相机，另外两种相机主要用于动画渲染中。若需设置相机的焦距，则需在“物理设置”选项组中选中“焦距覆盖”选项，再在旁边的数值框中调节即可。这样，在相机焦点上的物体，渲染出来会清晰，焦点以外的物体将会被模糊处理。

◆ 图像采样器

V-Ray 的图像采样器主要用于处理渲染图像的抗锯齿效果，主要包括“图像采样器”和“抗锯齿过滤”两部分参数，如图 8-113 所示。

“图像采样器”有 3 种类型，分别是“固定比率”“自适应确定性纯蒙特卡罗”“自适应细分”，选择不同的类型，其参数也会发生相应变化。

“固定比率”是 V-Ray 中最简单的采样器，它对每个像素使用固定数量的样本，适用于拥有大量模糊效果或具有高细节纹理贴图的场景中。参数设置面板如图 8-114 所示。

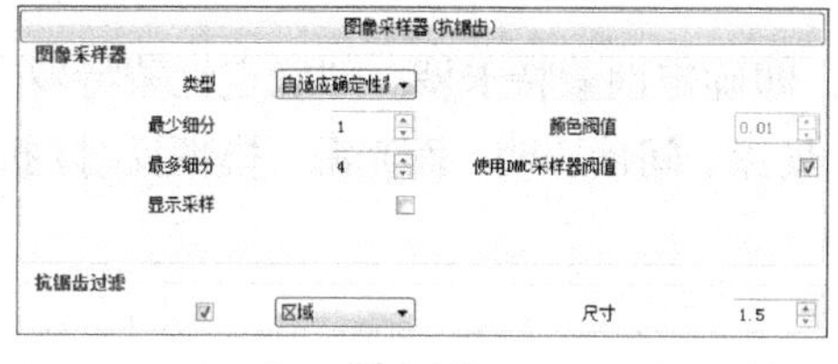

图 8-113

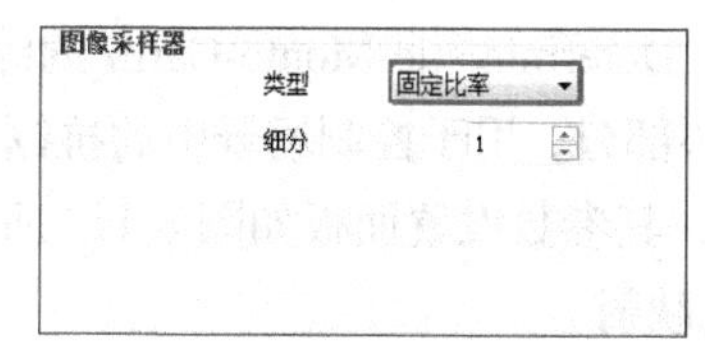

图 8-114

“细分”参数用于确定每个像素使用的样本数量，是“固定比率”采样器的唯一参数。其取值为 1 时，表示每个像素使用一个样本；取值大于 1 时，将按照低差异的蒙特卡罗序列来产生样本。数值越大，图像质量越好，渲染速度越慢。

“自适应确定性蒙特卡罗”采样器可根据每个像素与其相邻像素的亮度差异来产生不同数量的样本，如在转角等细分位置会使用较高的样本数量，在平坦区域会使用较低的样本数量，适用于具有大量微小细节的场景或物体，所占内存较其余两项都要少，参数设置如图 8-115 所示。

- 最少细分 / 最多细分：用于定义每个像素使用的样本最小 / 最大数量。
- 颜色阈值：用颜色的灰度来确定平坦表面的变化。

提示

一般情况下，最少细分的参数值都不能超过 1，除非场景中有一些细小的线条。

“自适应细分”是具有负值采样的高级采样器，使用较少的样本就可以得到很好的品质，适用于没有模糊特效的场景。其所占内存较其余两项都要多，参数设置如图 8-116 所示。

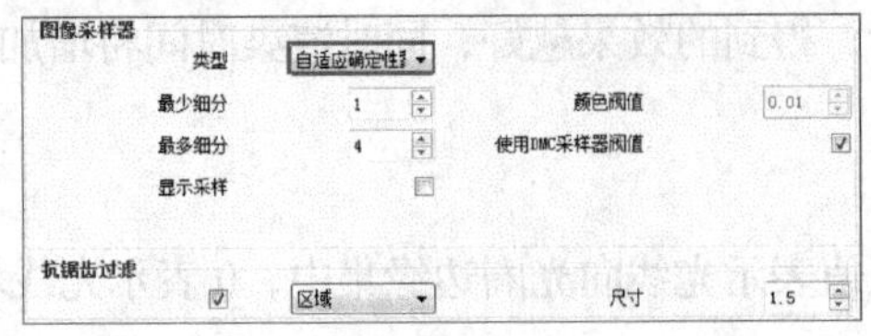

图 8-115

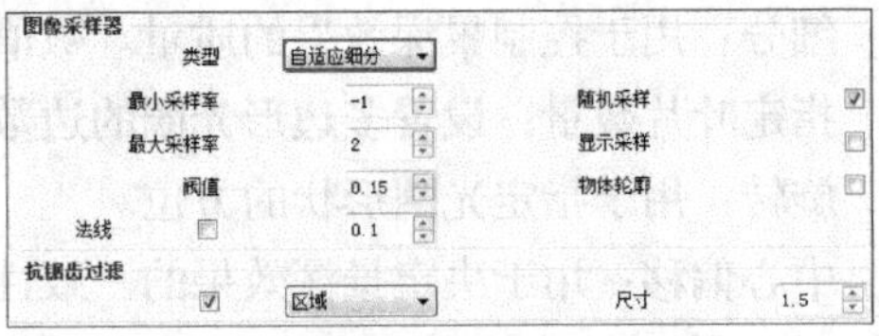

图 8-116

“自适应细分”采样器各参数含义如下。

- 最少采样率：定义每个像素使用的样本最小数量。值为 0 时，表示 1 个像素使用 1 个样本；值为 -1 时，表示两个像素使用 1 个样本；值为 -2 时，表示 4 个像素使用一个样本，依次类推。值越小，渲染质量越差，但渲染速度更快。
- 最大采样率：定义每个像素使用的样本最大数量。值为 0 时，表示 1 个像素使用 1 个样本；值为 1 时，表示每个像素使用 4 个样本；值为 2 时，表示每个像素使用 8 个样本，依次类推。值越大，渲染质量越好，但渲染速度越慢。
- 阈值：用于确定采样器在像素亮度改变方向的灵敏度。较低的值可产生较好的效果，但会耗费更多的渲染时间。
- 显示采样：选中后，将显示样本分布情况。
- 法线：选中后，法线阈值方可使用，当采样达到设定值后将会停止对物体表面的判断。

“抗锯齿过滤”选项组用于选择不同的抗锯齿过滤器。V-Ray for SketchUp 提供了 Sinc、Lanczos、Catmull Rom、三角形、盒子和区域 6 种抗锯齿过滤器，一般采用 Catmull Rom 过滤器，因为它可得到锐利的图像边缘。

◆ **DMC（确定性蒙特卡罗）采样器**

DMC 是 Deterministic Monte-Carlo 的缩写，即确定性蒙特卡罗。“确定性蒙特罗卡采样器”是 V-Ray 的核心部分，用于控制场景中的抗锯齿、景深、间接照明、面光源、模糊反射 / 折射、半透明、运动模糊等，其参数设置面板如图 8-117 所示。

◆ **颜色映射**

V-Ray for SketchUp 中提供了“线性相乘”“指数”“指数（HSV）”“指数（亮度）”“伽马校正”“亮度伽马”“莱因哈特（Reinhard）”7 种颜色映射方式，不同的映射方式最终所表现出来的图像色彩也有所不同。颜色映射也可以看作曝光控制方式，其参数设置如图 8-118 所示。

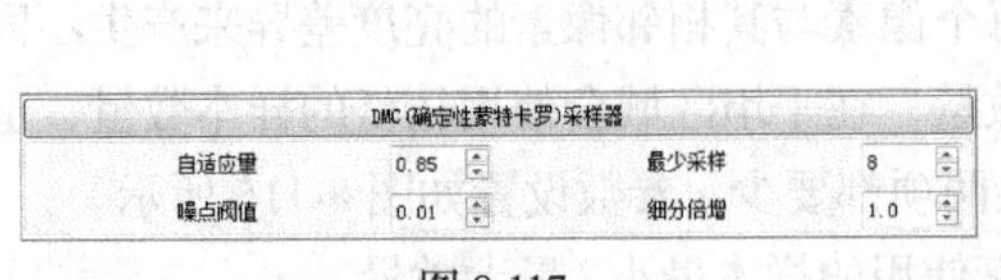

图 8-117

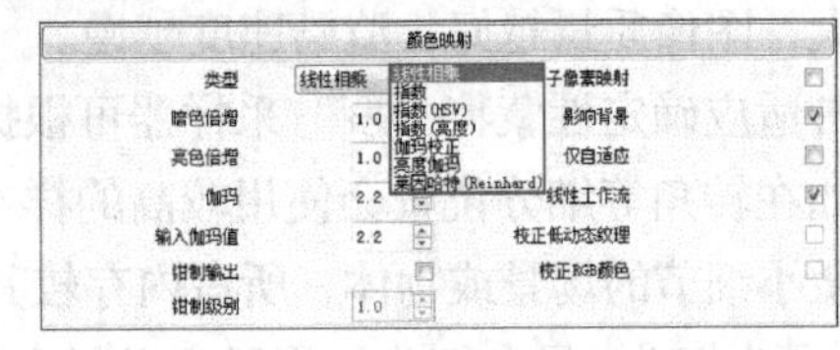

图 8-118

各颜色映射方式含义如下。

- 线性相乘：是还原色彩最好的一种曝光控制方法，将基于最终图像色彩的亮度来进行简单的倍增，但同时可能导致靠近光源的点曝光过度。
- 指数：将基于亮度来使图像更加饱和，适用于预防非常明亮的区域的曝光控制。

- 指数（HSV）：类似于“指数”颜色映射，不同的是“指数（HSV）”颜色映射会保护色彩的色调和饱和度。
- 莱因哈特（Reinhard）：是介于“线性相乘”颜色映射和“指数”颜色映射之间的一种方式，其效果由亮色倍增参数来控制。亮色倍增值为 1 时，相当于“线性相乘”颜色映射；当亮色倍增值为 0 时，相当于“指数”颜色映射。

8.3 课堂练习——渲染主卧场景

【知识要点】通过渲染如图 8-119 所示的主卧场景，加强练习 V-Ray for SketchUp 工具栏中工具的使用。在“阴影”面板中设置参数，添加阴影效果，然后添加场景，再添加点光源，最后设置各个家具的材质参数，渲染出最后的场景。
【所在位置】素材 \ 第 8 章 \ 8.3 \ 渲染主卧场景 .skp。

8.4 课后习题——创建自发光材质

【知识要点】通过“材料”面板的运用，赋予电视屏幕贴图，然后在 V-Ray 材质编辑器中为其添加自发光材质，最后渲染自发光效果。图 8-120 所示为渲染出的液晶电视效果。
【所在位置】素材 \ 第 8 章 \ 8.4 \ 创建自发光材质 .skp。

图 8-119

图 8-120

第9章 SketchUp 灯光

本章介绍

本章首先介绍 SketchUp 自身灯光和阴影的调整方法，然后介绍 V-Ray 渲染器简单的参数设置与相关灯光的使用方法。

课堂学习目标

- 掌握 SketchUp 灯光与阴影调整方法
- 掌握 V-Ray for SketchUp 灯光渲染方法

9.1 SketchUp 灯光与阴影

在 SketchUp 中，根据模型的位置准确定位地理参照后，再通过时间的调整，可以模拟出十分准确的阳光光影效果。

9.1.1 课堂实例——添加阴影

【学习目标】熟悉 SketchUp 灯光和阴影的设置方法。

【知识要点】打开一个已经制作好的公共绿地，利用“阴影”面板，为树木、建筑、人物等添加阴影效果，制作完整的场景效果，如图 9-1 所示。

【所在位置】素材 \ 第 9 章 \ 9.1.1\ 添加绿地阴影 .skp。

图 9-1

（1）打开素材“公共绿地 .skp”文件，将视图切换至“透视图”，调整显示风格为“单色”显示，以快速显示调整的阴影效果，如图 9-2 所示。接下来添加阴影细节。

（2）通过视图缩放，调整本例主要景观的节点观察效果，如图 9-3 所示。

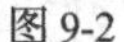
图 9-2

图 9-3

（3）通过平移操作，继续调整本例主要景观的节点观察效果，然后新建场景进行保存，如图 9-4 所示。

图 9-4

（4）进入“阴影”面板，调整阴影朝向、明暗等细节，然后取消选择“在地面上”复选框，如图 9-5 所示。

（5）确定好阴影效果后，切换回“材质贴图”显示模式，得到如图 9-6 所示的显示效果。

图 9-5

图 9-6

（6）显示阴影即可得到最终效果，如图 9-7 所示。

图 9-7

9.1.2 设置地理参照

图 9-8 所示为原始场景，执行“窗口”→“模型信息”命令，打开“模型信息”面板。选择“地理位置”选项，可以看到当前场景并没有进行地理参照位置定位，如图 9-9 所示。

在实际工作中，通常单击“高级设置”选项组中的“手动设置位置”按钮，在弹出的“手动设置地理位置”对话框中手动输入经、纬度坐标，如图 9-10 所示。

图 9-8

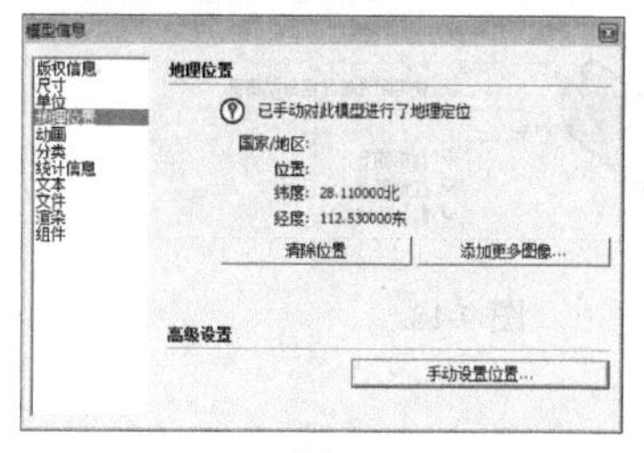

图 9-9

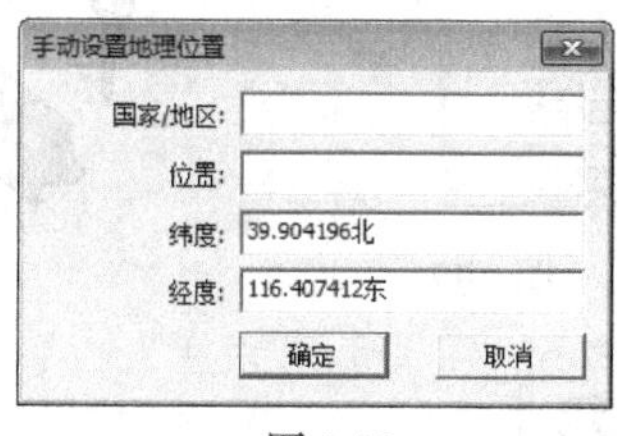

图 9-10

这里以北京市为参考，在“纬度”“经度”文本框中输入对应坐标值，如图 9-11 和图 9-12 所示。输入完成后，单击“确定”按钮退出，即可发现阴影效果得到了校正，如图 9-13 所示。

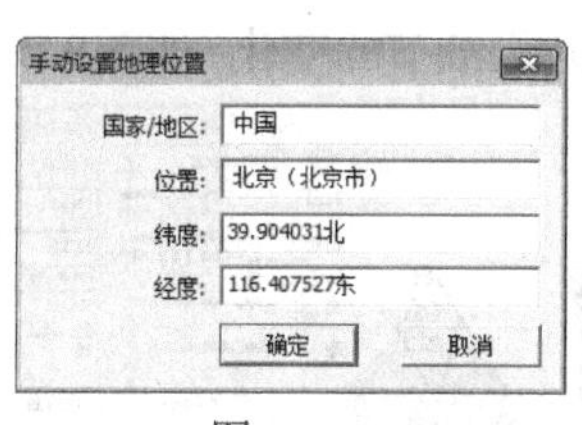

图 9-11

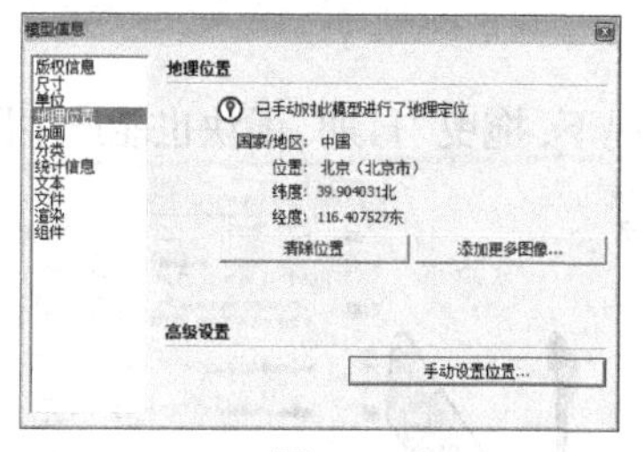

图 9-12

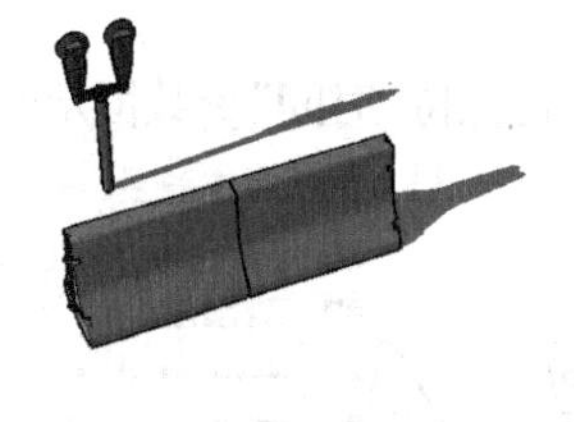

图 9-13

提示

经、纬度不但要输入准确的数值，还要以准确的后缀字母表明处于南北半球及东西经度，其中 N 代表北半球，S 代表南半球，W 代表西经，E 代表东经。在有了精确的经、纬度后，“手动设置地理位置”对话框中的“国家 / 地区”与“位置”可以不予设置。

9.1.3 阴影工具栏

通过 SketchUp“阴影”工具栏，可以对时区、日期、时间等参数进行十分细致的调整，从而模拟出十分精确的阳光光影效果。

执行“视图”→“工具栏”命令，在弹出的“工具栏”对话框中调出“阴影”工具栏，如图 9-14 所示。“阴影”工具栏中各选项功能如图 9-15 所示。展开“默认面板”中的“阴影”面板，从中可以对时间及日期等参数进行调整，如图 9-16 所示。

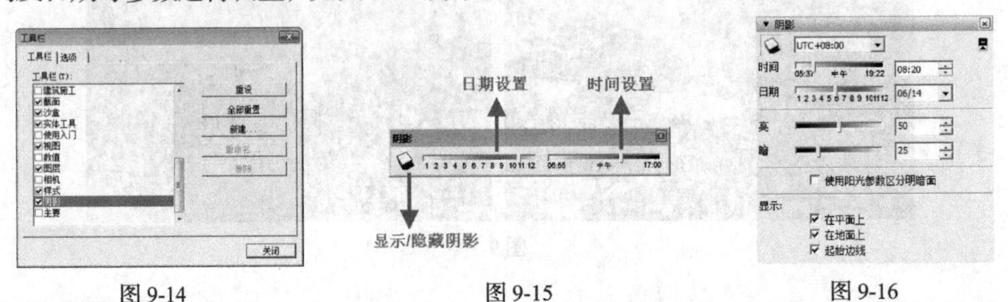

图 9-14　　图 9-15　　图 9-16

以UTC参照标准，北京时间先于UTC 8个小时，在SketchUp中对应调整其为UTC+8:00，如图9-17所示。设置UTC时间后，拖曳“阴影”面板中的“时间”滑块，即可产生不同的阴影效果，如图9-18和图9-19所示。

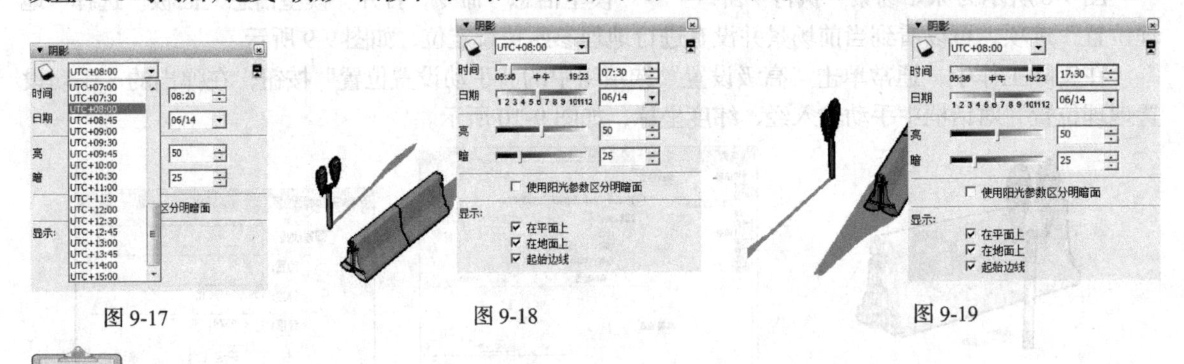

图 9-17　　图 9-18　　图 9-19

提示

UTC 是协调世界时（Universal Time Coordinated）英文缩写。UTC 以本初子午线（即经度 0 度）上的平均太阳时为统一参考标准，各个地区根据所处的经度差异进行调整，以设置本地时间。在中国统一使用北京时间（东八区）为本地时间，因此这里设置为 UTC+8:00。

在保持“时间”参数恒定的前提下，拖曳“日期”滑块也能产生阴影效果细节的变化，如图9-20所示。

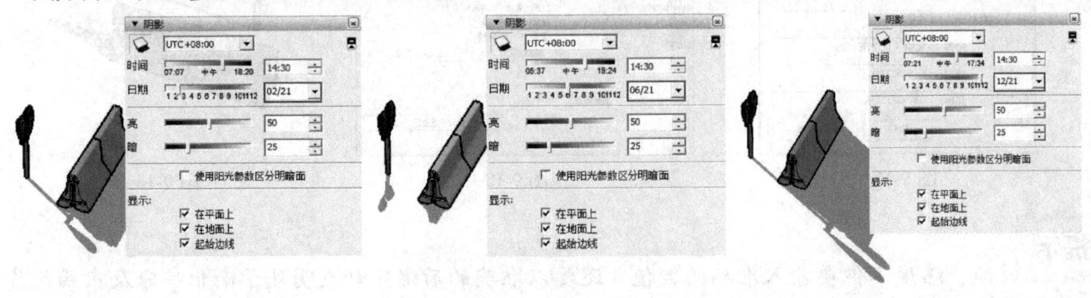

图 9-20

在其他参数相同的前提下，调整“亮”参数的滑块，可以对场景整体的亮度进行调整，数值越小，场景整体越暗，如图 9-21 所示。

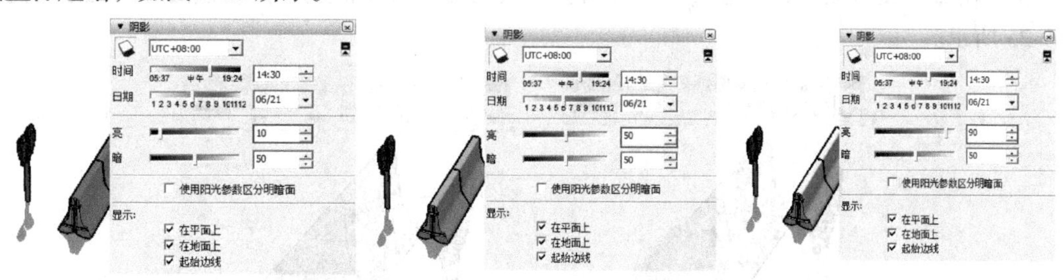

图 9-21

在其他参数相同的前提下，调整“暗”参数的滑块，可以对场景阴影的亮度进行调整，数值越小，阴影越暗，如图 9-22 所示。

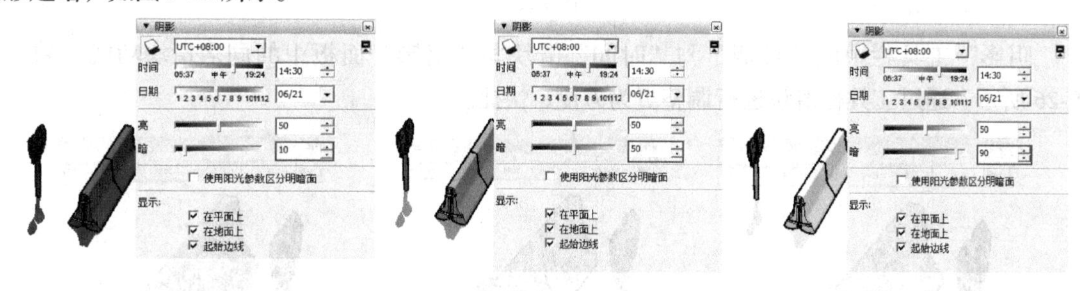

图 9-22

通过“显示”选项组中的“在平面上”及“在地面上”复选框，可以控制模型表面与地面是否接收阴影，如图 9-23 所示。

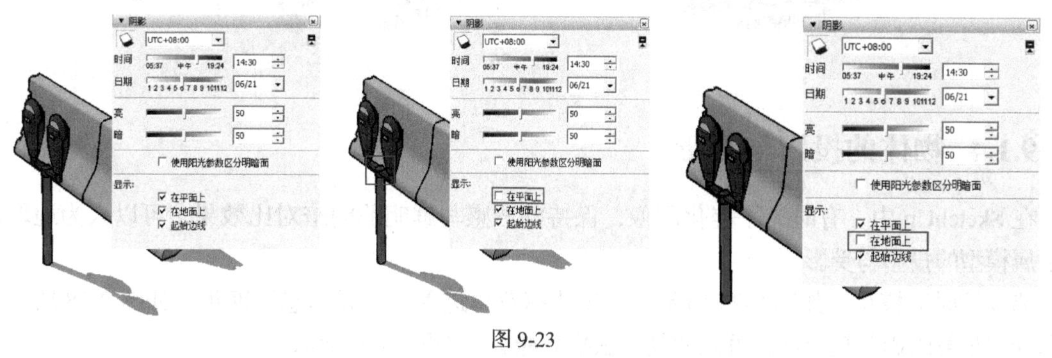

图 9-23

此外，默认设置下单独的线段也能产生影响，取消选择“起始边线”复选框，将隐藏其产生的阴影，如图 9-24 所示。

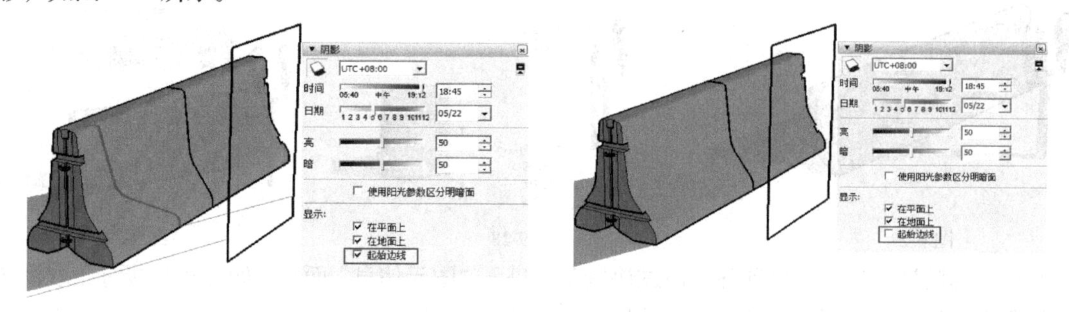

图 9-24

单击“阴影”工具栏中的“显示 / 隐藏阴影”按钮，可以快速切换场景阴影的显示与隐藏，如图 9-25 所示。

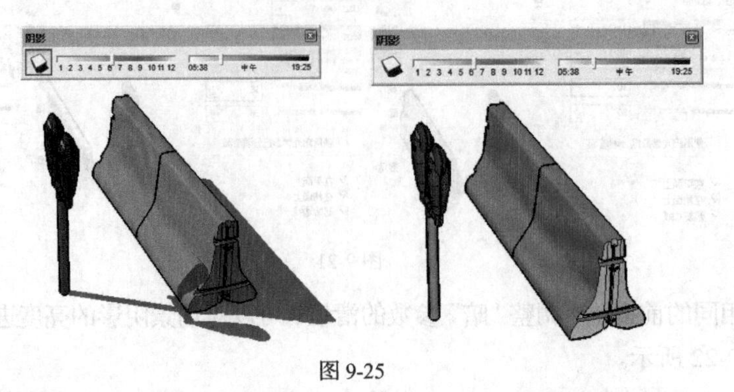

图 9-25

“阴影”工具栏中的“日期”与“时间”滑块与“阴影”面板中的同名滑块功能一致，如图 9-26 所示。通过工具栏滑块进行调整更为方便、快捷。

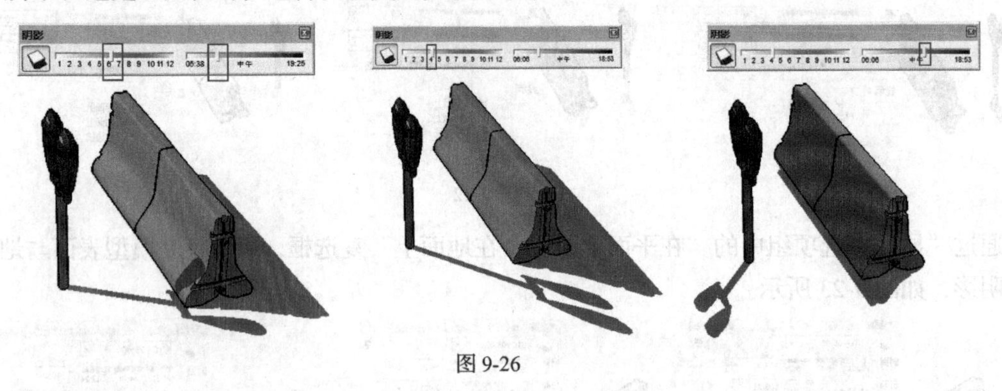

图 9-26

9.1.4 物体的投影与受影

在 SketchUp 中，有时为了美化图像，保持整洁感与鲜明的明暗对比效果，可以人为地取消一些附属模型的投影与受影。

选择计时器模型，如图 9-27 所示。通过快捷菜单进入“图元信息”面板，如图 9-28 所示。取消选择“投射阴影”复选框，可以使其失去投影能力，如图 9-29 所示。

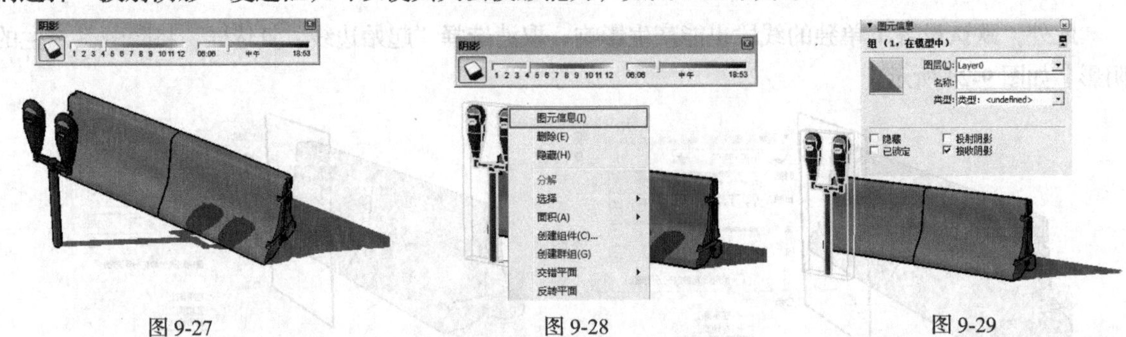

图 9-27　　图 9-28　　图 9-29

选择路基模型，如图 9-30 所示。通过快捷菜单进入“图元信息”面板，如图 9-31 所示。取消选择“接收阴影”复选框，可以使其失去接收阴影的能力，如图 9-32 所示。

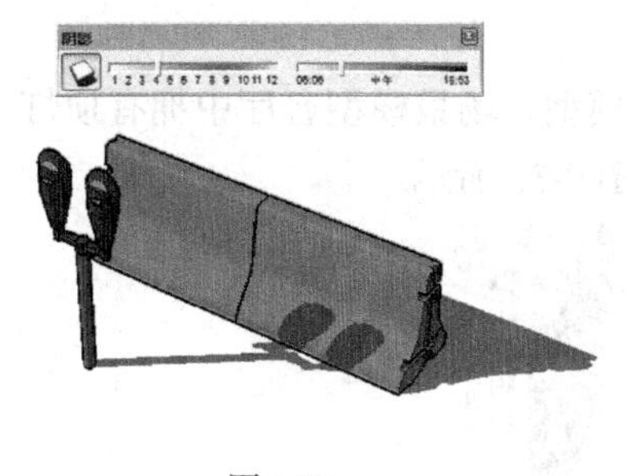

图 9-30

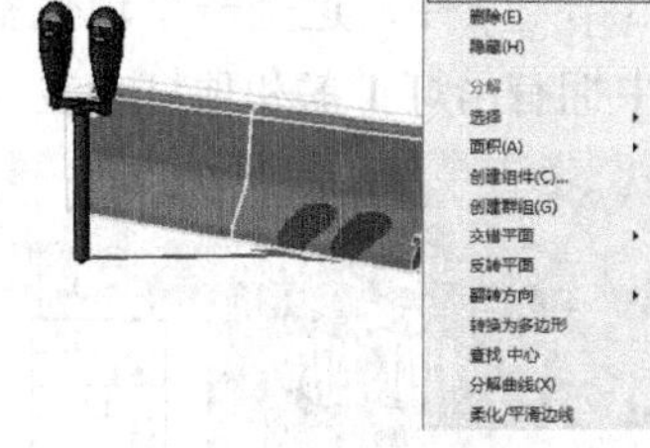

图 9-31

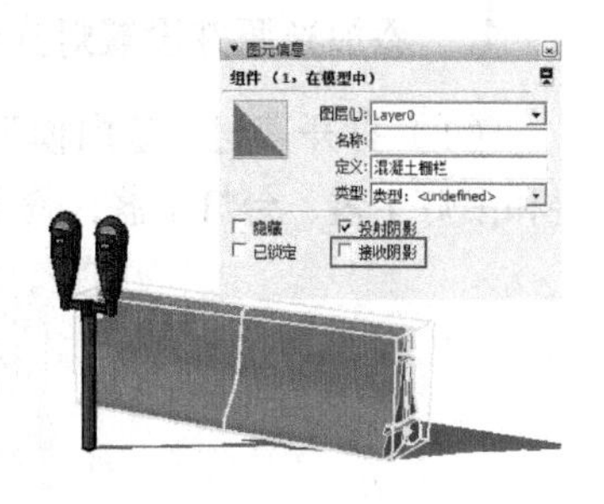

图 9-32

9.2 V-Ray for SketchUp 灯光渲染

V-Ray for SketchUp 光源工具栏主要包括“点光源”“面光源”“聚光灯”“穹顶光源”“球体光源”“光域网（IES）光源”，如图 9-33所示。本节将对常用的几个光源设置进行介绍。

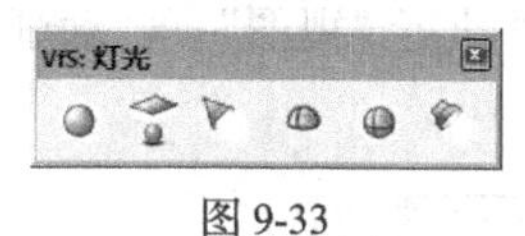

图 9-33

该工具栏中共有 6 个工具按钮，各按钮的功能如下。

- 点光源 ：用于在场景中指定位置创建一盏 V-Ray 点光源。
- 面光源 ：用于在场景中指定位置创建方形面光灯。
- 聚光灯 ：用于在场景中指定位置创建聚光灯。
- 穹顶光源 ：用于在场景中指定位置创建穹顶光源，可以对弯曲的表面实现均匀的照明。
- 球体光源 ：用于在场景中指定位置创建球体光源，可以对内凹形的表面实现均匀的照明。
- 光域网光源 ：用于在场景中指定位置创建一盏可加载光域网的 V-Ray 光源。

9.2.1 课堂实例——室内灯光渲染

【学习目标】熟悉 V-Ray 灯光渲染的方法。

【知识要点】在进行正式渲染之前，要对场景灯光效果进行测试，以达到最好的光照效果。灯光效果设置完成后，便可以设置场景中物体的材质参数，营造空间的真实感，在调整好场景中主要的材质参数后，便可以开始设置最终渲染参数，并执行渲染命令进行最终效果的渲染，如图 9-34 所示。

【所在位置】素材 \ 第 9 章 \ 9.2.1\ 室内渲染效果 .skp。

图 9-34

1. 添加光源并设置灯光参数

（1）打开素材“室内模型 .skp”文件，这是一个现代室内模型，场景模型客厅中拥有顶灯 4 盏和吊灯 1 盏、台灯 1 盏，餐厅中拥有吊灯 1 盏和顶灯 4 盏，如图 9-35 所示。

图 9-35

（2）调整场景。单击“阴影设置”按钮，在弹出的“阴影”面板中设置参数，将时间设为 08:27，并单击“显示 / 隐藏阴影”按钮开启阴影效果，如图 9-36 所示。

（3）将场景调整至合适的位置，并执行“视图”→“动画”→“添加场景”命令，保存当前场景，如图 9-37 所示。

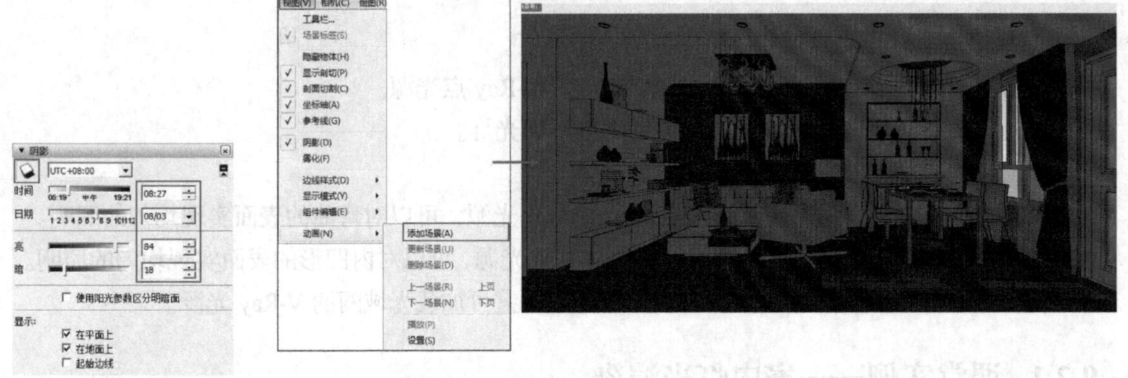

图 9-36　　图 9-37

（4）在餐厅吊灯每个的球灯中添加点光源，如图 9-38 所示。在点光源上单击鼠标右键，在快捷菜单中选择“V-Ray for SketchUp”→“编辑光源”命令，打开“V-Ray 光源编辑器”对话框，设置相关参数，如图 9-39 所示。其中灯光颜色的 RGB 值为（255,255,255）。

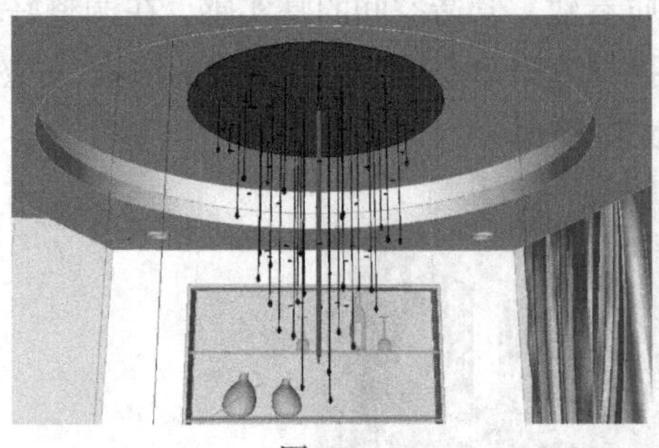

图 9-38

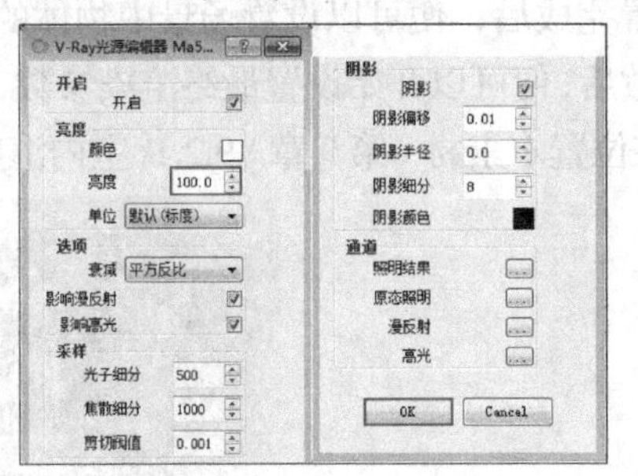

图 9-39

（5）用同样的方法，在客厅、餐厅每个顶灯组件中添加点光源，并设置相关参数，如图 9-40 所示。其中灯光颜色的 RGB 值为（255,255,255）。

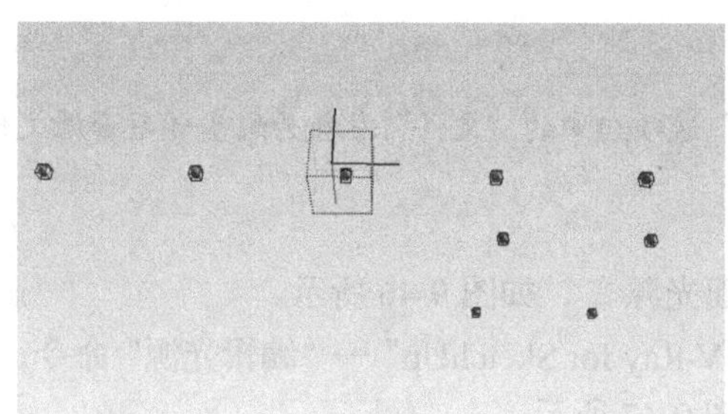

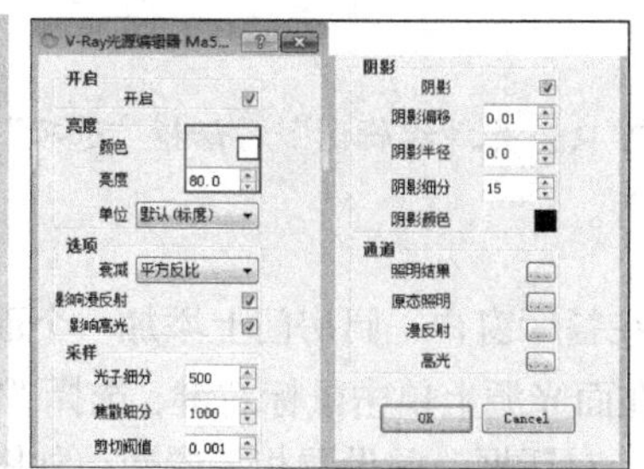

图 9-40

（6）在客厅台灯中放置一个点光源，并设置相关参数，如图 9-41 所示，灯光颜色的 RGB 值为（255,255,202）。

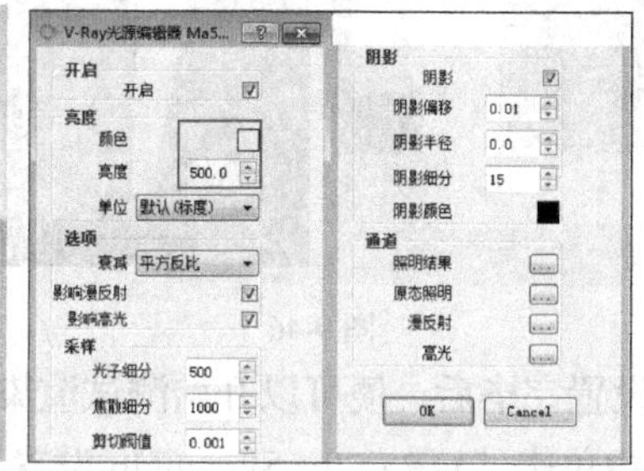

图 9-41

（7）由于场景中亮度不够，需要添加光域网光源以提亮场景，提升室内空间的品质感。在客厅、餐厅吊灯上方分别添加 4 个光域网光源，如图 9-42 所示。

（8）在光域网光源上单击鼠标右键，选择“V-Ray for SketchUp”→“编辑光源”命令，打开“V-Ray 光源编辑器”对话框，并设置相关参数，如图 9-43 所示。滤镜颜色的 RGB 值为（255,249,125）。

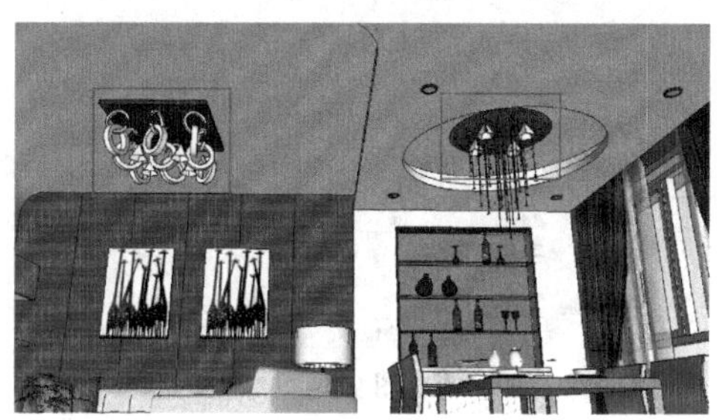

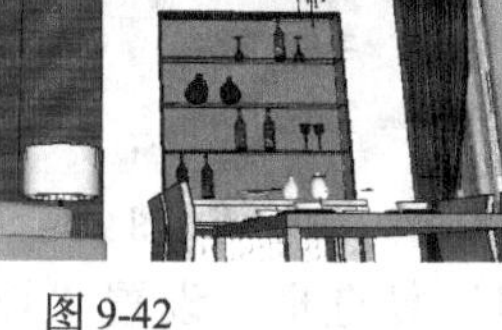

图 9-42

V-Ray光源编辑器 MaS...
开启
亮度
滤镜颜色
功率 200.0
选项
文件 1/3Q-hao.ies
影响漫反射
影响高光
区域高光
采样
剪切阈值 0.001
光子细分 500
焦散细分 1000
阴影
阴影
柔和阴影
阴影颜色
阴影偏移 0.01
阴影细分 16
通道
照明结果
原态照明
漫反射
高光
OK
Cancel

图 9-43

（9）用同样的方法，在客厅沙发、座椅、过道等分别添加光域网光源，并设置相关参数，以提亮客厅、餐厅空间，如图 9-44 和图 9-45 所示。

图 9-44

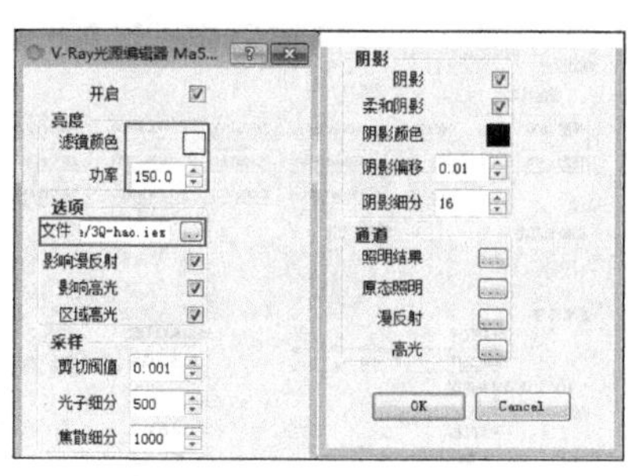

图 9-45

提示

“V-Ray 光源编辑器”对话框“选项”选项组中的“文件”参数为配套学习资源文件中的“经典筒灯.ies”文件。

（10）在餐厅窗户、厨房门上添加一个面光源，如图 9-46 所示。

（11）在面光源上单击鼠标右键，选择“V-Ray for SketchUp”→“编辑光源”命令，打开“V-Ray 光源编辑器”对话框，并设置相关参数，如图 9-47 所示。

图 9-46

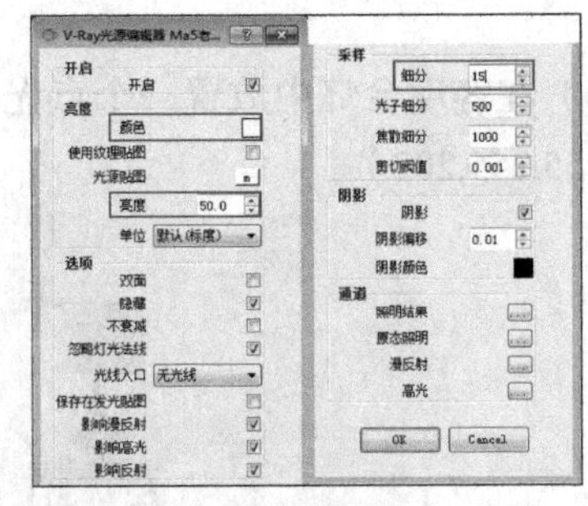

图 9-47

（12）光源设置完毕后，便可以开始测试渲染，查看室内空间中的亮度是否适宜。在 V-Ray for SketchUp 工具栏中单击“V-Ray for SketchUp 设置”按钮，设置测试渲染参数。

（13）在“全局开关”卷展栏中选中“材质覆盖”复选框，并将“覆盖材质颜色”RGB 值设置为（200,200,200），如图 9-48 所示。

（14）在“图样采样器（抗锯齿）”卷展栏中，设置图像采样器类型为“自适应确定性蒙特卡罗”，“最多细分”为 16，“抗锯齿过滤”选择 Catmull Rom，如图 9-49 所示。

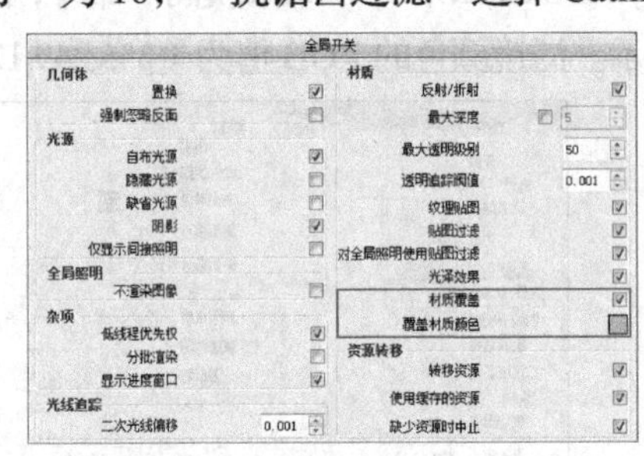

图 9-48

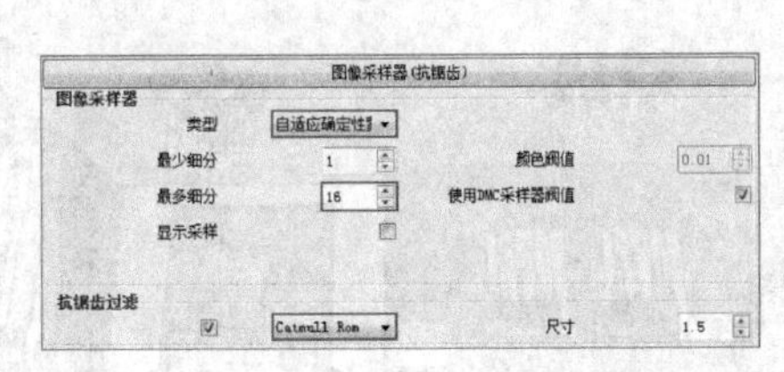

图 9-49

（15）打开“输出”卷展栏，选中“覆盖视口”复选框，设置“长度”为 600、“宽度”为 375，并设置渲染文件的保存路径，如图 9-50 所示。

（16）在“颜色映射”卷展栏中设置“伽马”为 1，如图 9-51 所示。

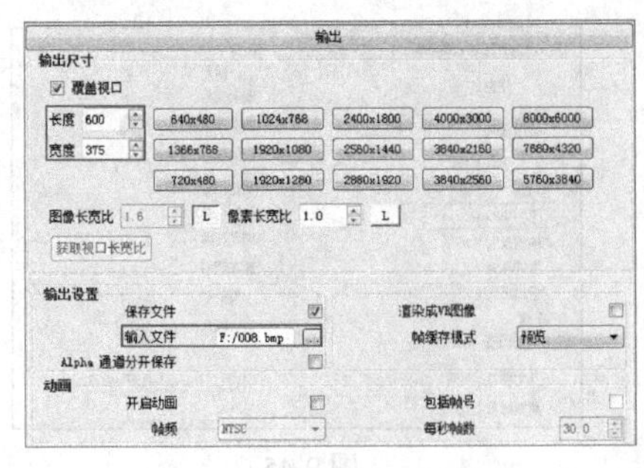

图 9-50

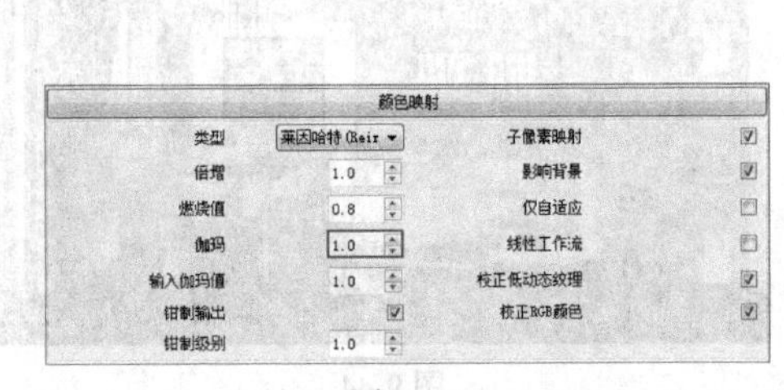

图 9-51

（17）在“灯光缓存”卷展栏中设置“细分”为 200，如图 9-52 所示。

（18）测试渲染参数设置完成后，单击“开始渲染”按钮 ，开始渲染场景，渲染完成后的效果如图 9-53 所示。

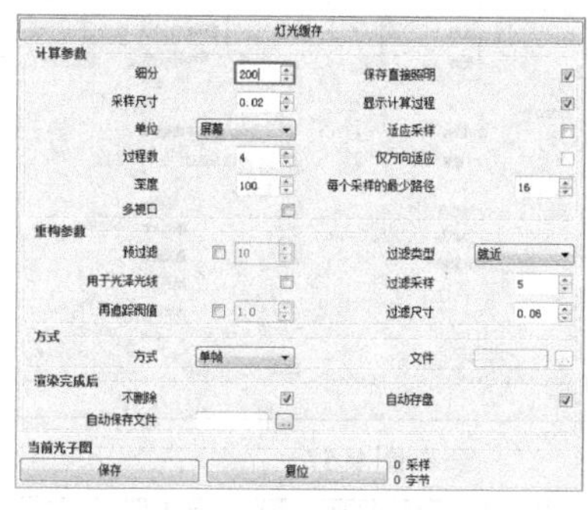

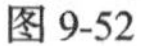
图 9-52

图 9-53

2. 设置材质参数

（1）灯光效果设置完成后，便可以设置场景中的材质参数，营造空间的真实感。

（2）在 V-Ray for SketchUp 工具栏中单击“V-Ray for SketchUp 材质编辑器”按钮 ，用“材料”面板上的吸管工具单击吸取餐厅吊灯材质，如图 9-54 所示，此时可以快速地在材质编辑器材质列表下方找到相应的材质。

（3）找到材质后单击鼠标右键，选择“创建材质层”→“反射”命令，创建反射材质，单击“反射”选项后的设置贴图按钮 ，在弹出的“贴图编辑器”对话框中将纹理贴图设置为“菲涅耳”，并设置相应参数，如图 9-55 所示。

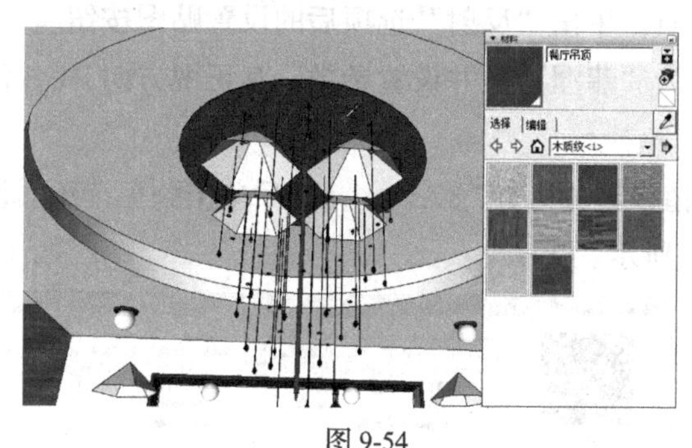

图 9-54

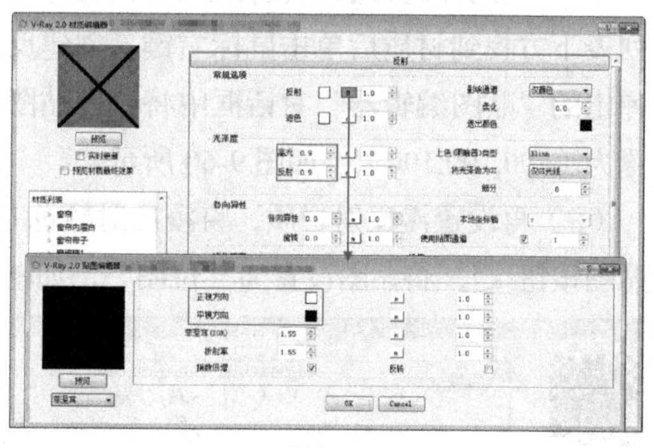

图 9-55

（4）用同样的方法设置客厅吊顶材质。用吸管工具 吸取材质，如图 9-56 所示。在材质编辑器材质列表下方找到材质后单击鼠标右键，选择“创建材质层”→“反射”命令，创建反射材质，将反射颜色 RGB 值设置为（139,139,139），其余参数设置如图 9-57 所示。

（5）用同样的方法设置地板材质参数。用吸管工具 吸取材质，并在材质编辑器材质列表下方找到材质后单击鼠标右键，创建反射材质，单击“反射”选项后的设置贴图按钮 ，在弹出的“贴图编辑器”对话框中将纹理贴图设置为“菲涅耳”并设置参数，如图 9-58 所示。

（6）设置漫反射材质，将漫反射颜色 RGB 值设置为（68,49,31），然后单击“颜色”选项后的设置贴图按钮 ，将贴图设置为“位图”，如图 9-59 所示。

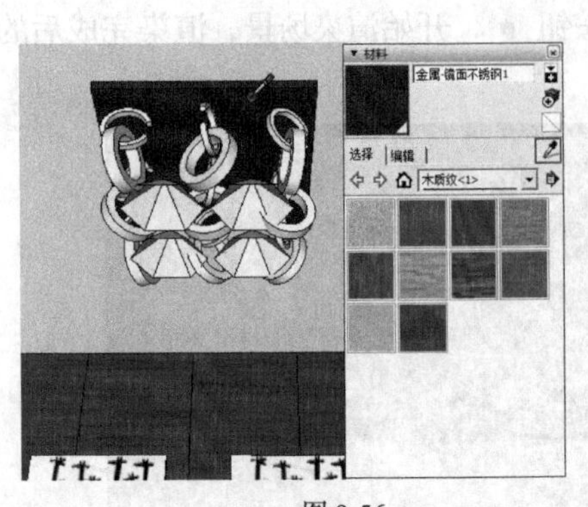

图 9-56

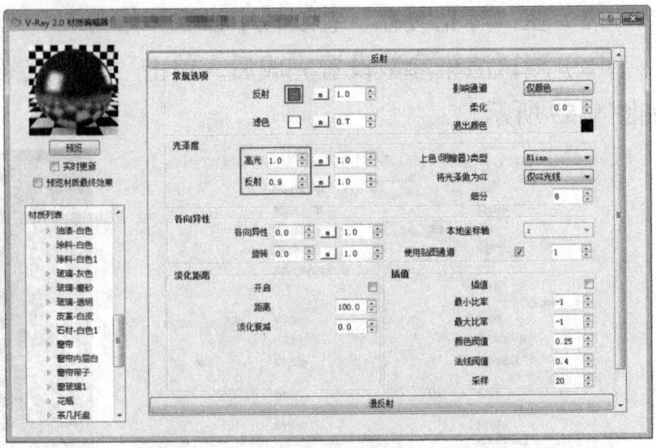

图 9-57

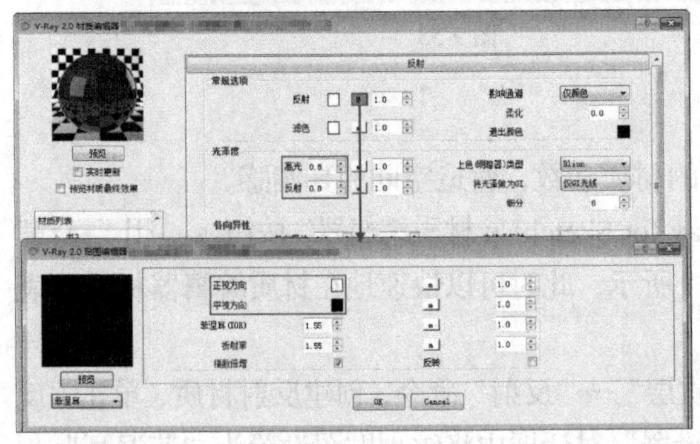

图 9-58

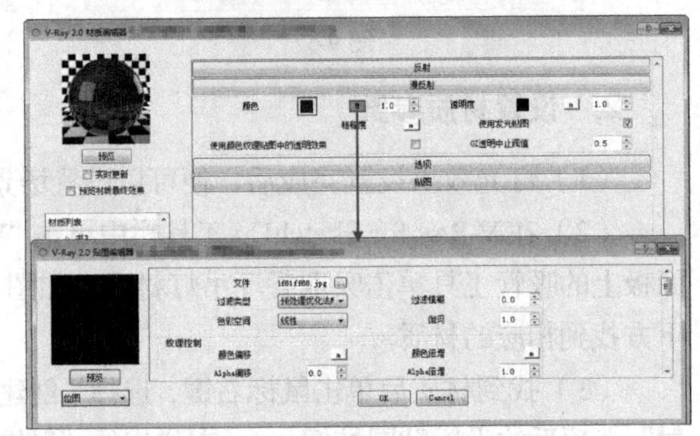

图 9-59

（7）用同样的方法设置客厅墙面木纹材质参数。用吸管工具吸取材质，并在材质编辑器材质列表下方找到材质后单击鼠标右键，创建反射材质，单击“反射”选项后的设置贴图按钮，在弹出的“贴图编辑器”对话框中将纹理贴图设置为“菲涅耳”并设置参数，其正视方向 RGB 值设置为（190,190,190），如图 9-60 所示。

（8）再设置漫反射材质，将漫反射颜色 RGB 值设置为（127,87,58），然后单击颜色选项后设置贴图按钮，将贴图设置为“位图”，如图 9-61 所示。

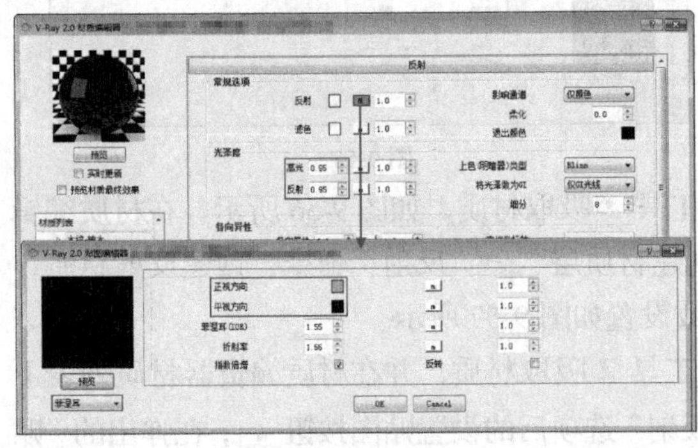

图 9-60

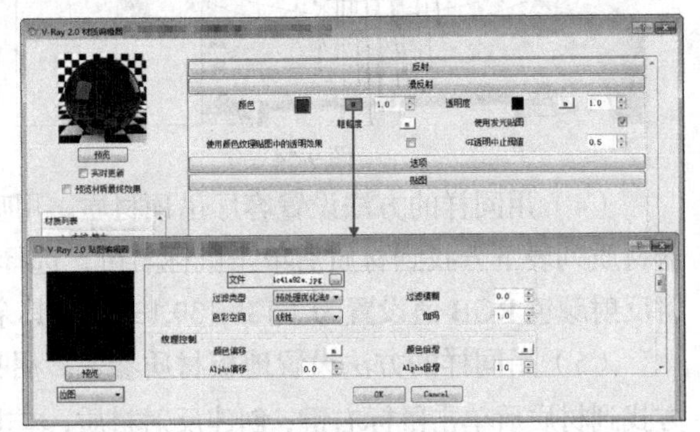

图 9-61

（9）用同样的方法设置客厅沙发皮革材质参数。用吸管工具吸取材质，并在材质编辑器材质列表下方找到材质后单击鼠标右键，创建反射材质，单击“反射”选项后的设置贴图按钮，在弹出的“贴图编辑器”对话框中将纹理贴图设置为“菲涅耳”并设置参数，如图 9-62 所示。

（10）设置漫反射材质，将漫反射颜色 RGB 值设置为（230,230,230），然后单击“颜色”选项后的设置贴图按钮 m ，将贴图设置为“位图”，如图 9-63 所示。

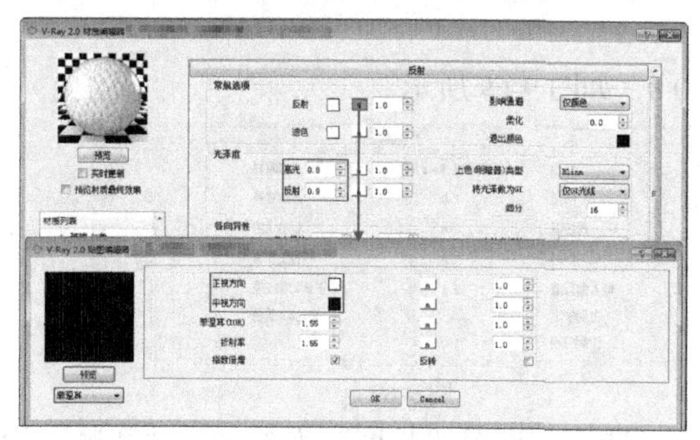

图 9-62

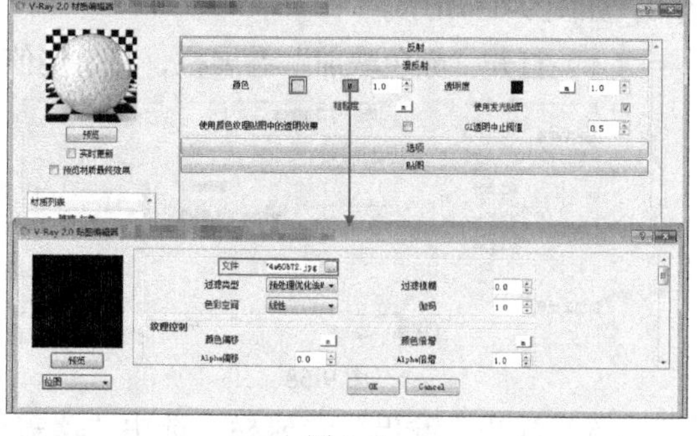

图 9-63

（11）用同样的方法设置客厅茶几材质参数。用吸管工具 吸取材质，并在材质编辑器材质列表下方找到材质后单击鼠标右键，创建反射材质，单击“反射”选项后的设置贴图按钮 m ，在弹出的“贴图编辑器”对话框中将纹理贴图设置为“菲涅耳”并设置参数，如图 9-64 所示。

（12）设置漫反射材质，将漫反射颜色 RGB 值设置为（206,166,104），然后单击“颜色”选项后的设置贴图按钮 m ，将贴图设置为“位图”，如图 9-65 所示。

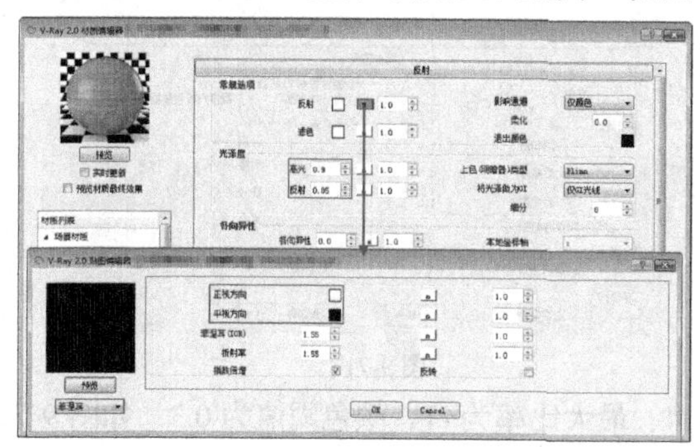

图 9-64

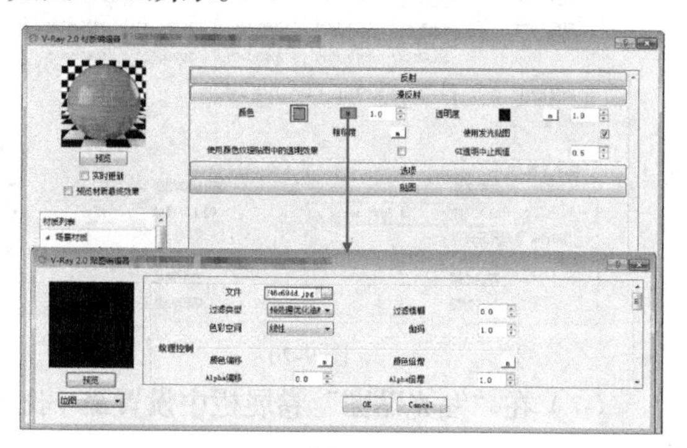

图 9-65

3. 设置最终渲染参数

（1）在 V-Ray for SketchUp 工具栏中单击“V-Ray for SketchUp 设置”按钮 ，在“系统”卷展栏中设置“最大树深度”为 60、“面的级别”为 2.0、“动态内存限制”为 500、“宽度”为 48、“高度”为 48，如图 9-66 所示。

（2）在“环境”卷展栏中单击全局光颜色选项后的设置贴图按钮 m ，在弹出的“贴图编辑器”对话框中将纹理贴图设置为“天空”并设置参数，如图 9-67 所示。

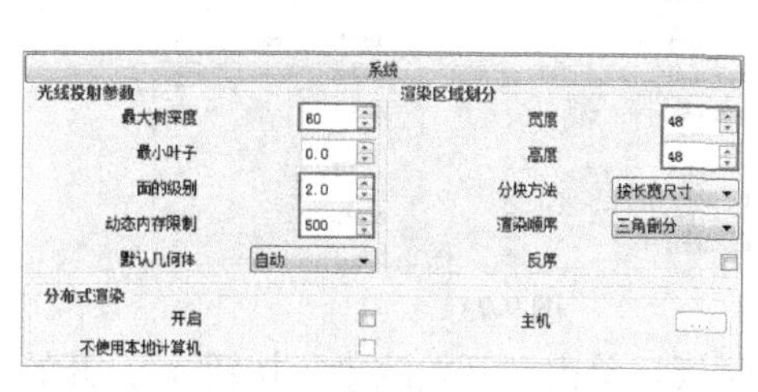

图 9-66

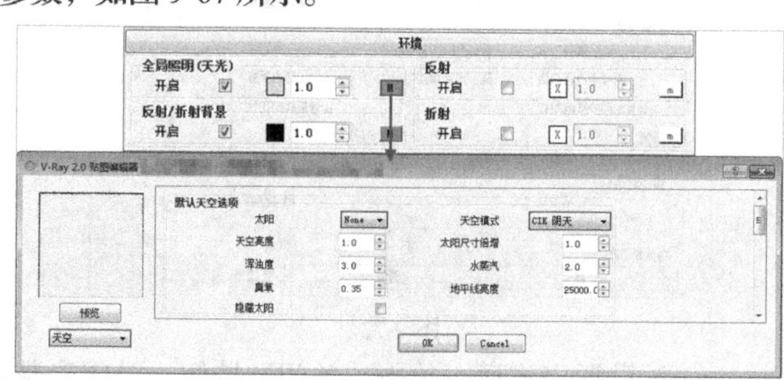

图 9-67

（3）在“图像采样器”卷展栏下，设置图像采样器类型为“自适应确定性蒙特卡罗”，“最多细分”为8，如图9-68所示。

（4）打开“颜色映射”卷展栏，将燃烧值设为0.8，如图9-69所示。

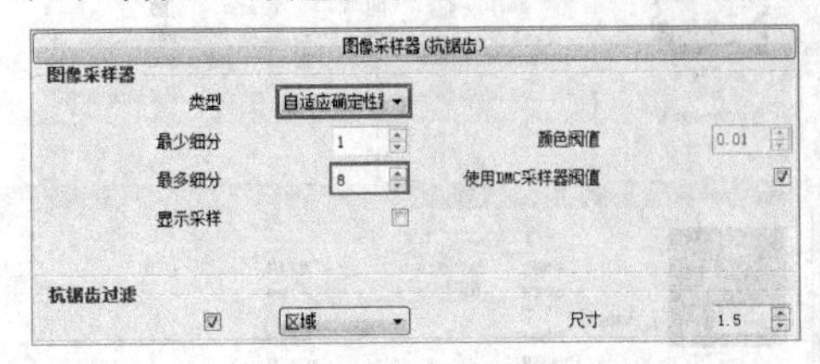

图9-68

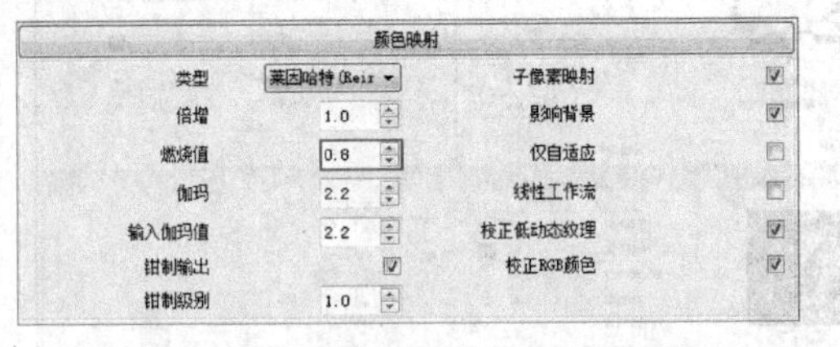

图9-69

（5）打开“输出”卷展栏，选中“覆盖视口”复选框，设置“长度”为3000、“宽度”为1875，并设置渲染文件路径，如图9-70所示。

（6）在“间接照明”卷展栏中设置首次渲染引擎为“发光贴图”，二次渲染引擎为“灯光缓存”，二次倍增值为0.85，如图9-71所示。

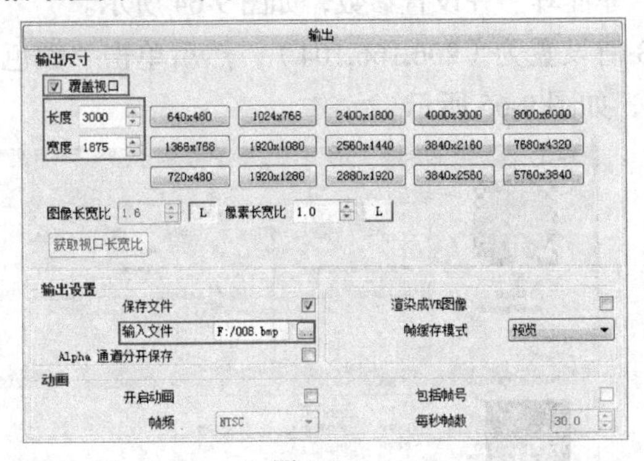

图9-70

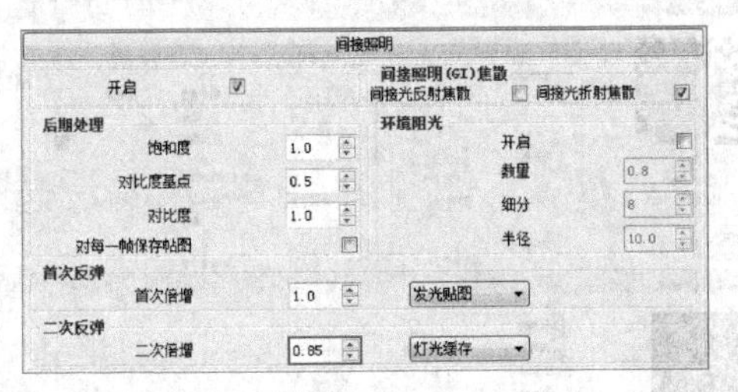

图9-71

（7）在“发光贴图”卷展栏中设置最小比率为-4、最大比率为-1、颜色阈值为0.3，如图9-72所示。

（8）在“灯光缓存”卷展栏中设置细分为500、过程数为4、过滤采样为5，如图9-73所示。

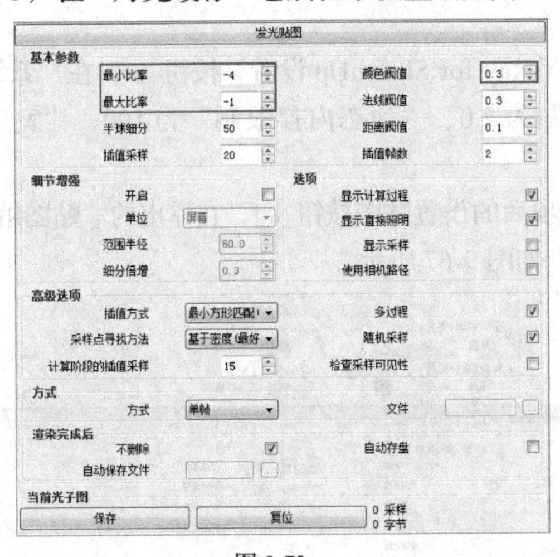

图9-72

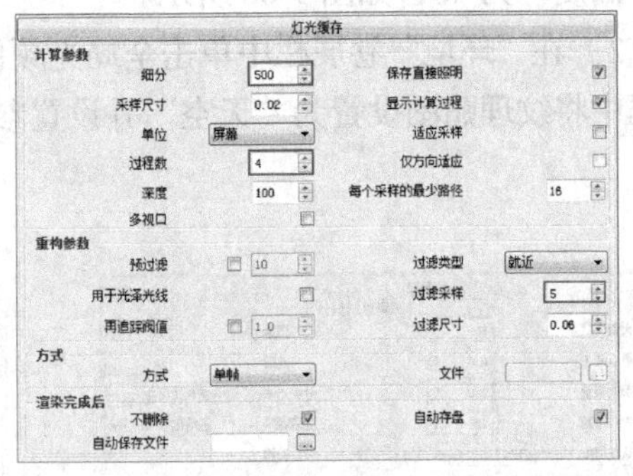

图9-73

（9）设置完成后，单击“关闭”按钮，关闭参数设置面板。单击“开始渲染”按钮 ，开始渲染场景，最终渲染效果如图9-74所示。

图 9-74

9.2.2 点光源（泛光灯）

点光源，也称泛光灯，常用于模拟台灯、落地灯及太阳的照明效果。V-Ray for SketchUp 提供了点光源，在 V-Ray 灯光工具栏中有相应的点光源创建按钮，在绘图区域单击就可以创建出点光源，如图 9-75 所示。

点光源像 SketchUp 物体一样，以实体形式存在，可以对它们进行移动、旋转、缩放和复制等操作，点光源的实体大小与灯光的强弱和阴影无关，也就是说任意改变点光源实体的大小和形状都不会影响到它对场景的照明效果。

若要调整灯光的参数，可在灯光物体上单击鼠标右键，在弹出的快捷菜单中选择“V-Ray for SketchUp”→“编辑光源”命令，打开“V-Ray 光源编辑器”对话框，如图 9-76 所示。

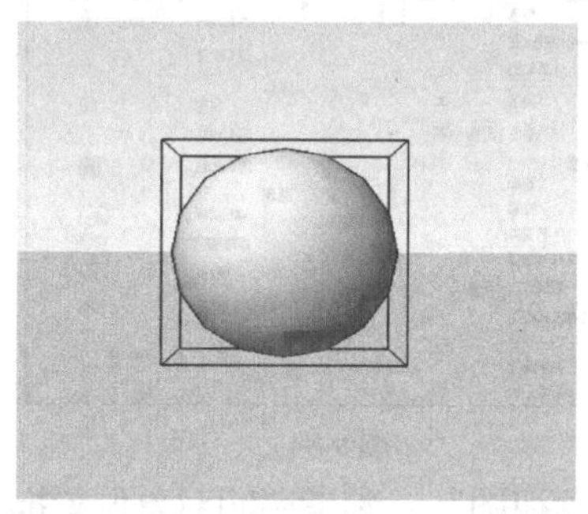

图 9-75

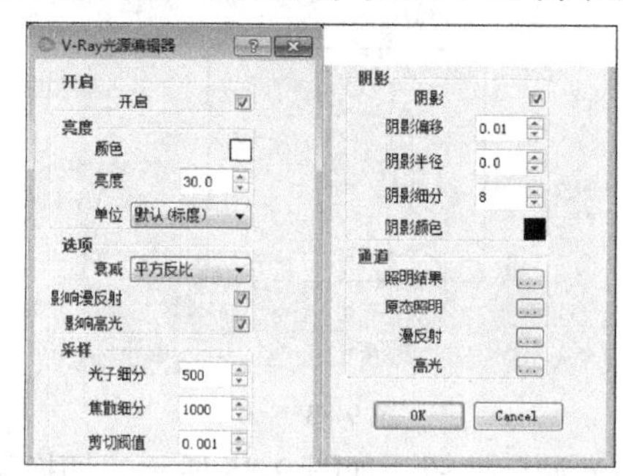

图 9-76

单击“点光源”按钮，如图 9-77 所示。参考灯罩位置，单击创建点光源，调整其位置至灯罩内部中心处，如图 9-78 和图 9-79 所示。

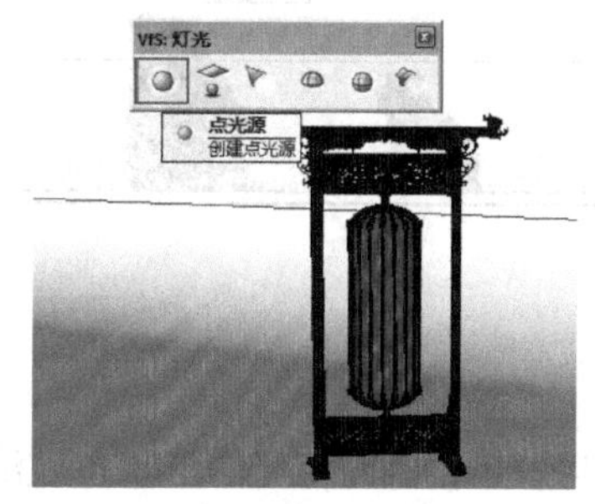

图 9-77

图 9-78

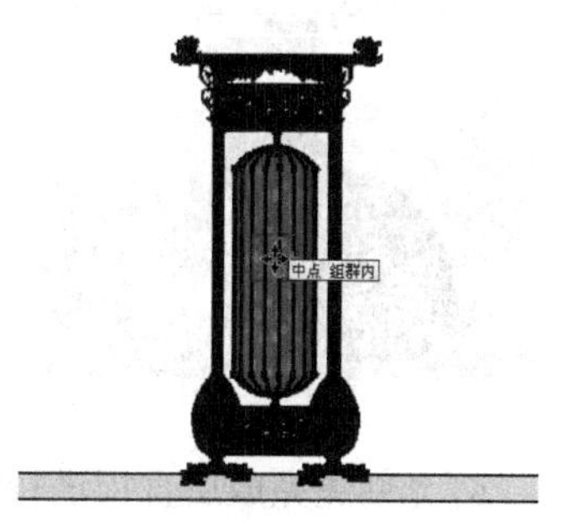

图 9-79

通过鼠标右键快捷菜单执行“编辑光源”命令，打开 V-Ray 光源编辑器，设置灯光“颜色”与“亮度”，如图 9-80 和图 9-81 所示。灯光参数设置完成后单击“开始渲染”按钮，结果如图 9-82 所示，模拟出了理想的落地灯发光效果。

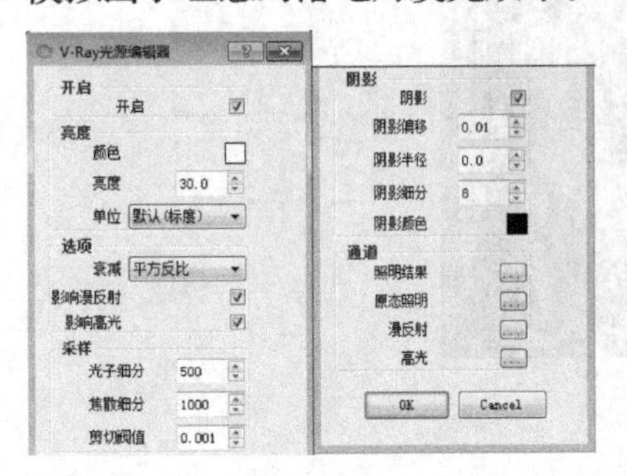

图 9-80

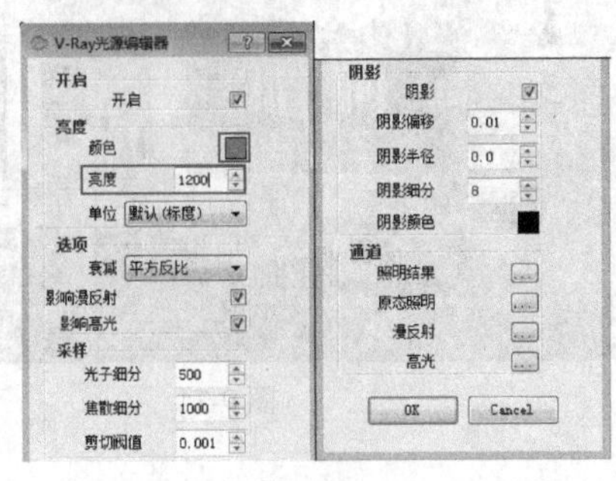

图 9-81

图 9-82

9.2.3 面光源（矩形灯光）

V-Ray 面光源是工作中最为常用的灯光之一，可以使用面光源进行区域照明，也可以通过形状的调整进行线形光照明。V-Ray for SketchUp 提供了面光源，V-Ray 灯光工具栏中有相应的面光源创建按钮，在绘图区单击即可创建出面光源，如图 9-83 所示。

要调整灯光的参数，可在灯光物体上单击鼠标右键，在弹出的快捷菜单中选择“V-Ray for SketchUp”→“编辑光源”命令，打开 V-Ray 光源编辑器，如图 9-84 所示。

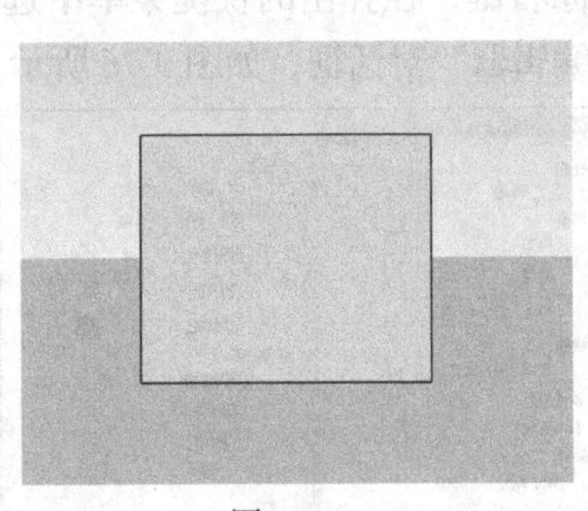

图 9-83

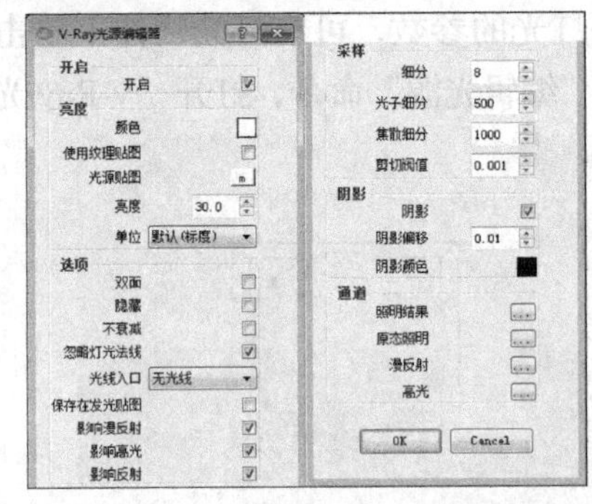

图 9-84

单击“面光源”按钮，如图 9-85 所示。切换至“顶视图”，参考照明对象位置拖曳鼠标，创建面光源，如图 9-86 所示。切换至侧面视图，参考场景调整好灯光高度，如图 9-87 所示。

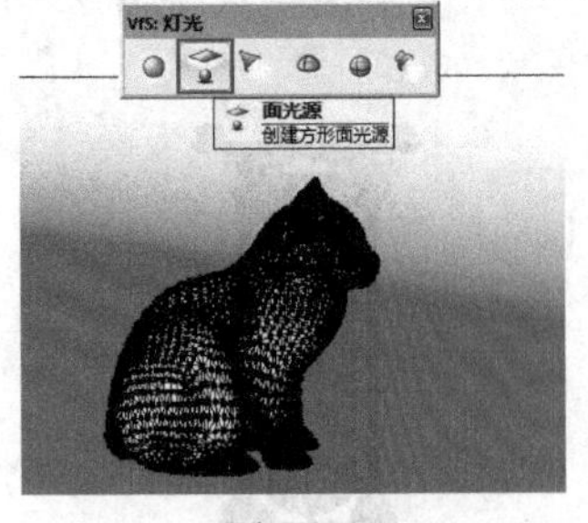

图 9-85

图 9-86

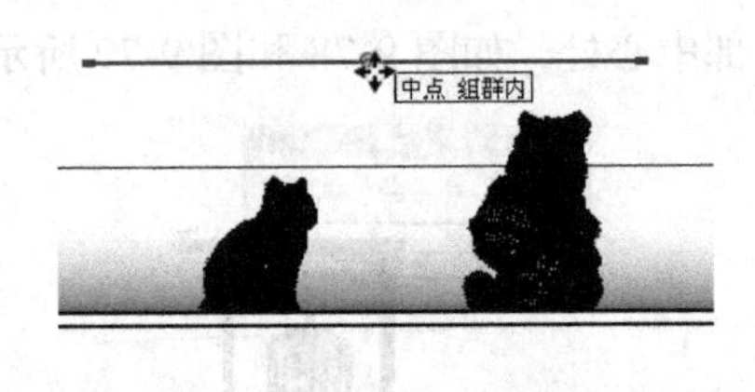

图 9-87

灯光创建完成后直接进行渲染，可以发现灯光没有发生任何照明效果，同时灯光的形状也被渲染，如图 9-88 所示。通过鼠标右键快捷菜单执行“编辑光源”命令，打开 V-Ray 光源编辑器，如图 9-89 和图 9-90 所示。

图 9-88

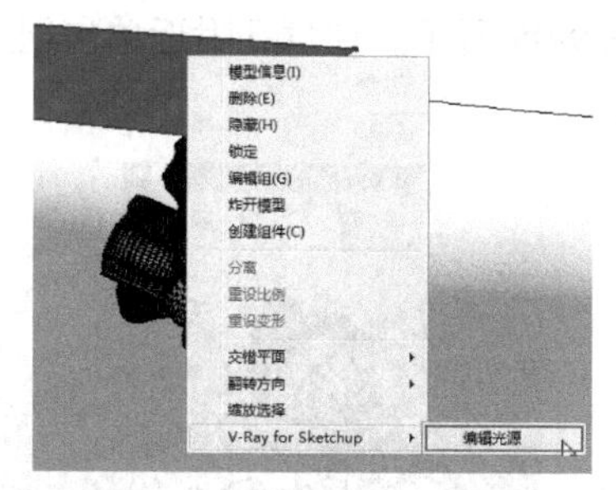

图 9-89

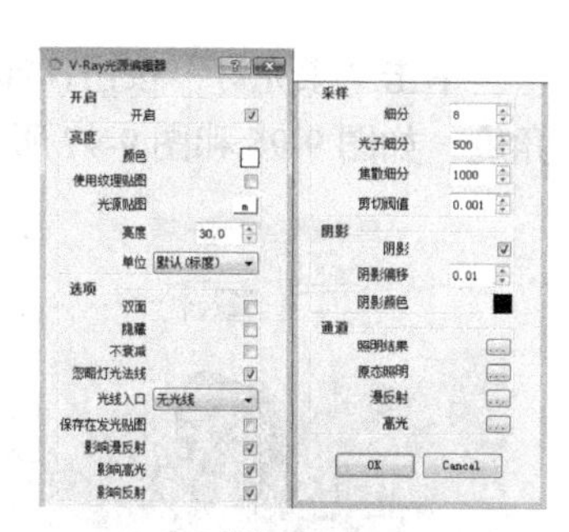

图 9-90

设置灯光“颜色”与“亮度”，然后选中“隐藏”复选框，再次渲染，即可得到理想的区域照明效果，如图 9-91 和图 9-92 所示。

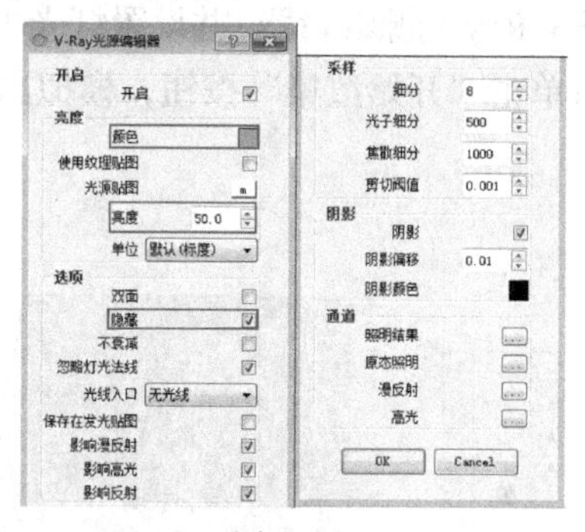

图 9-91

图 9-92

提示

面光源的照明精度和阴影质量要明显高于点光源，但其渲染速度较慢，所以不要在场景中使用太多的高细分值的面光源。

9.2.4 聚光灯

聚光灯有着良好的方向性，因此常用于制作一般的筒灯或射灯效果。在 V-Ray 灯光工具栏中有聚光灯创建按钮，单击就可以创建出聚光灯，如图 9-93 所示。

若要调整灯光的参数，可在灯光物体上单击鼠标右键，在弹出的快捷菜单中选择“V-Ray for SketchUp”→“编辑光源”命令，打开 V-Ray 光源编辑器，如图 9-94 所示。

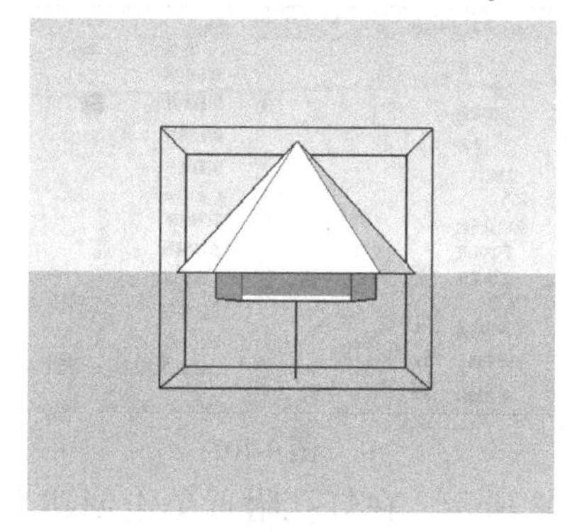

图 9-93

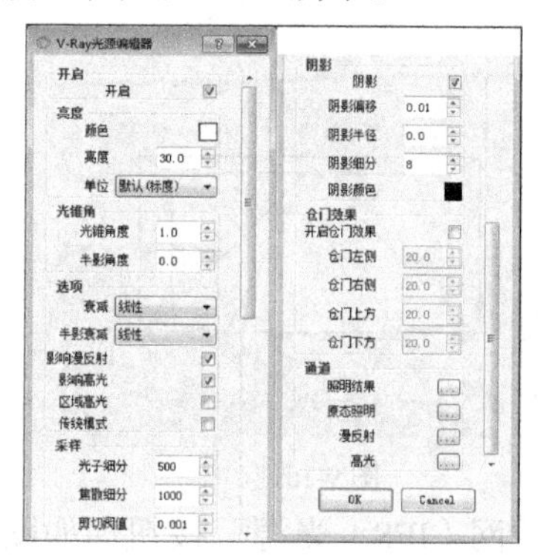

图 9-94

单击“聚光灯”按钮，如图 9-95 所示。在灯孔附近单击创建聚光灯，然后调整灯光大小与照射角度，如图 9-96 和图 9-97 所示。

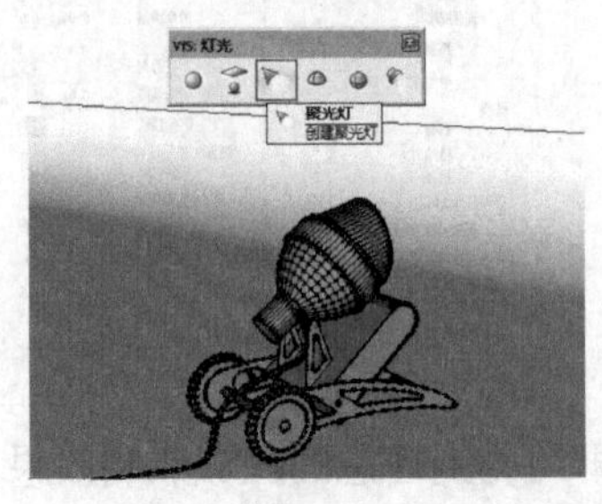

图 9-95

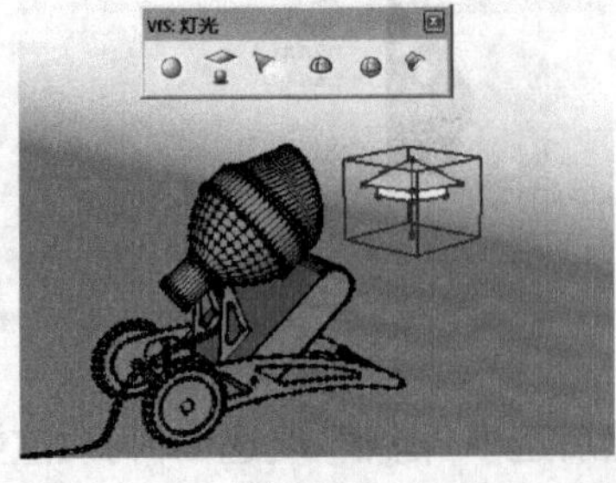

图 9-96

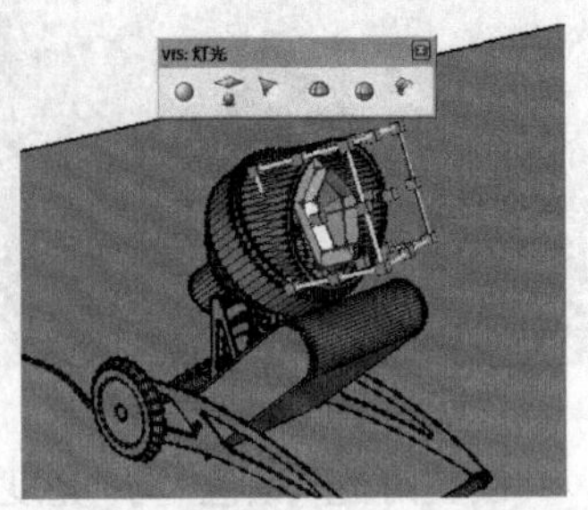

图 9-97

通过鼠标右键快捷菜单执行“编辑光源”命令，打开 V-Ray 光源编辑器，并设置灯光“颜色”与“亮度”，如图 9-98 和图 9-99 所示。灯光参数设置完成后单击“开始渲染”按钮，模拟出的灯光直射效果如图 9-100 所示。

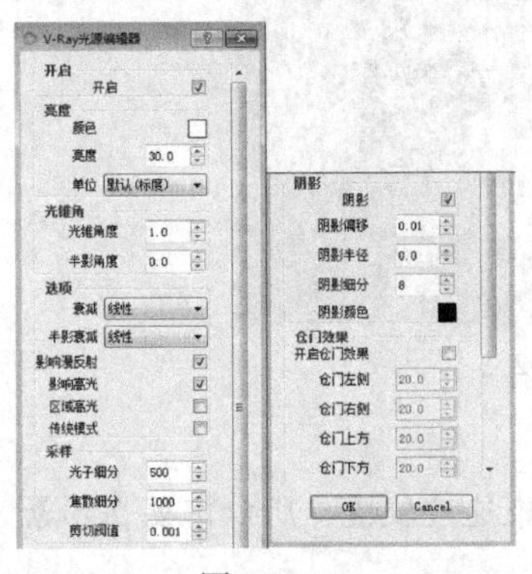

图 9-98

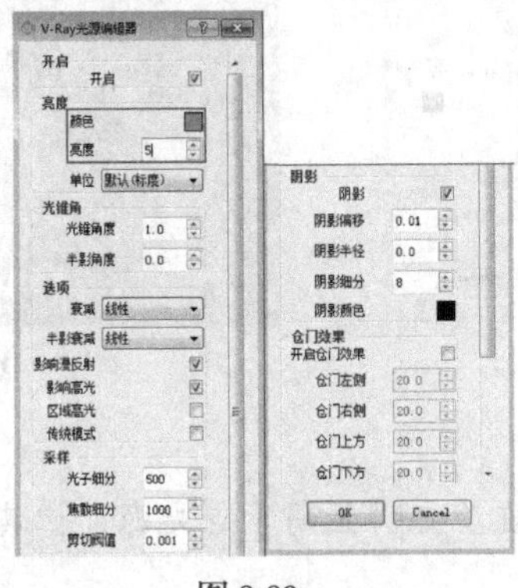

图 9-99

图 9-100

9.2.5 光域网光源

光域网光源可以加载多种光域网文件，从而模拟出丰富的灯光效果。V-Ray 灯光工具栏上有光域网光源创建按钮，单击该按钮后，在视图区单击，就可以创建出光域网光源，如图 9-101 所示。

若要调整灯光的参数，可在灯光物体上单击鼠标右键，在弹出的快捷菜单中选择“V-Ray for SketchUp”→“编辑光源”命令，打开 V-Ray 光源编辑器，如图 9-102 所示。

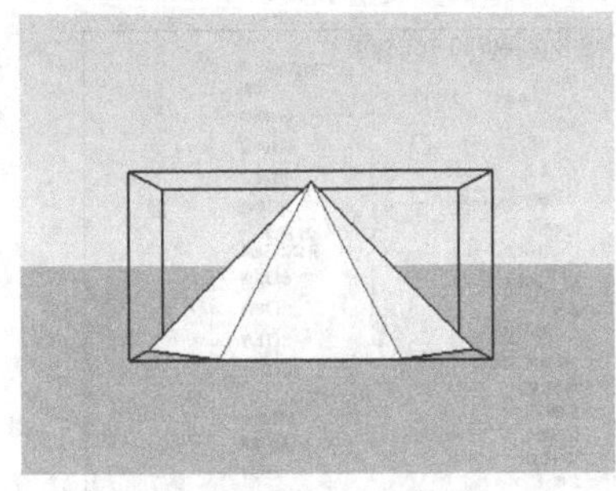
图 9-101

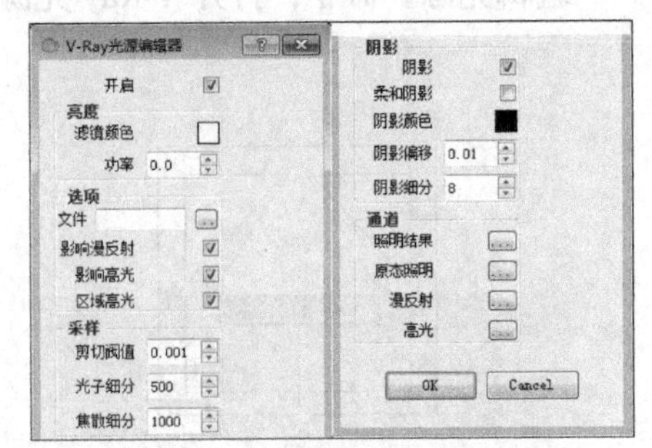

图 9-102

单击“光域网（IES）光源”按钮，如图 9-103 所示。在灯孔附近单击创建光域网光源，如图 9-104 所示，然后调整好灯光大小与位置，如图 9-105 所示。

图 9-103

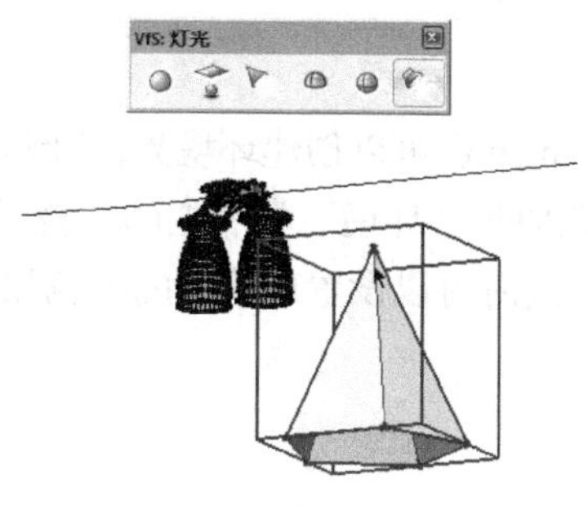

图 9-104

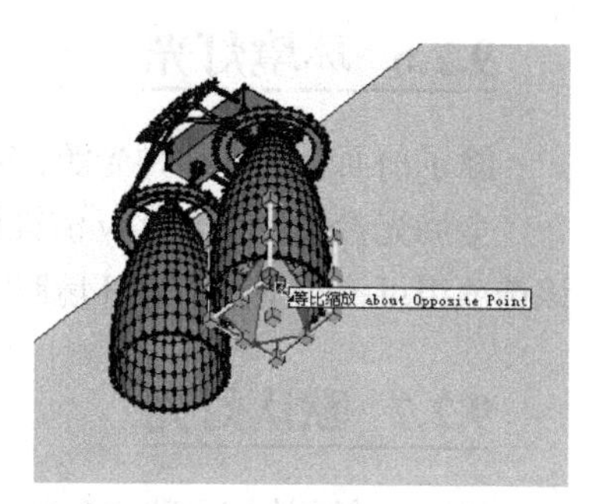

图 9-105

通过鼠标右键快捷菜单执行“编辑光源”命令，打开 V-Ray 光源编辑器，首先添加以 .ies 为扩展名的光域网文件，如图 9-106 和图 9-107 所示。

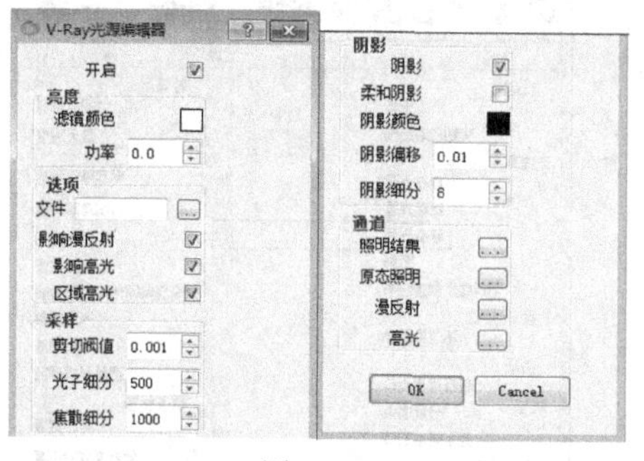

图 9-106

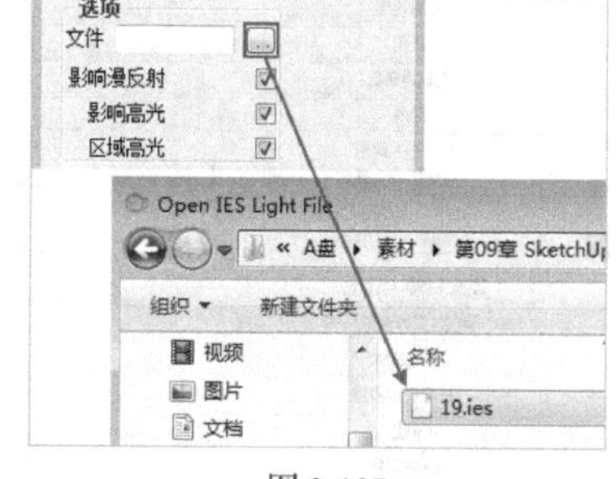

图 9-107

加载完成光域网文件后，设置灯光“滤镜颜色”与“功率”，如图 9-108 所示。单击“开始渲染”按钮，墙体上出现亮丽的灯光效果，如图 9-109 所示。

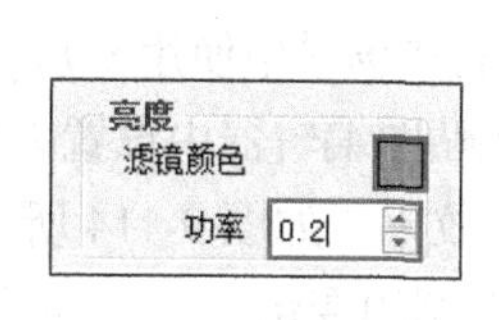

图 9-108

图 9-109

选择创建好的灯光进行移动复制，并加载另一个光域网文件，再次渲染，出现不同的射灯效果，如图 9-110 和图 9-111 所示。

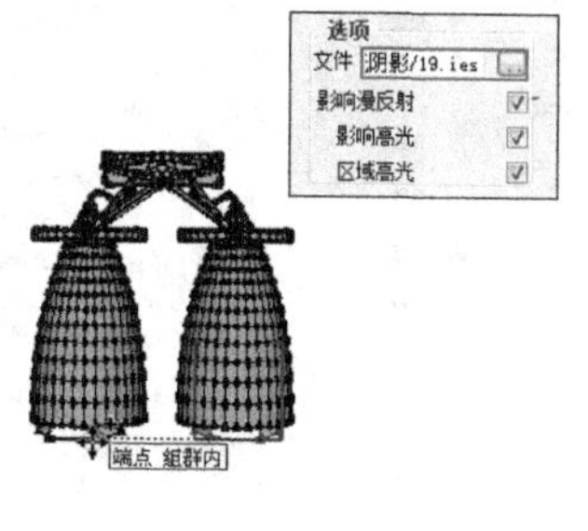

图 9-110

图 9-111

9.2.6 环境灯光

除了前面介绍的几种光源，SketchUp 也可以创建环境光，用于模拟环境对物体的间接照明效果。

全局光参数可在 V-Ray 渲染设置面板“环境”卷展栏的“全局照明（天光）”选项组中设置。该选项组可控制是否开启环境照明，同时可以设置环境光的颜色和强度，如图 9-112 所示。

9.2.7 默认灯光

V-Ray 的默认灯光即“全局开关”卷展栏中的“缺省光源”，如图 9-113 所示，选中该复选框后，V-Ray 即将 SketchUp 的阳光应用于场景中照明。

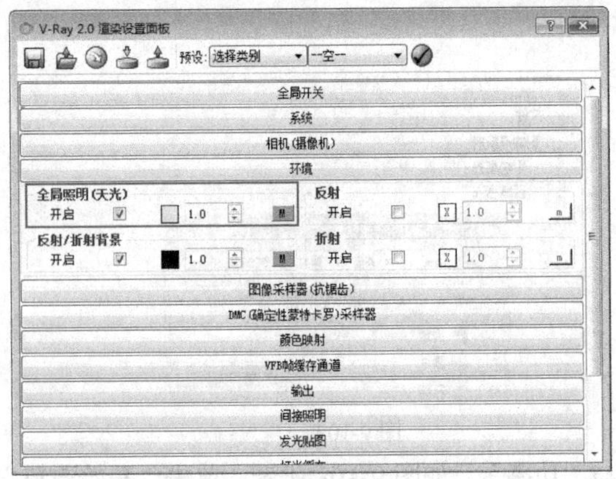

图 9-112

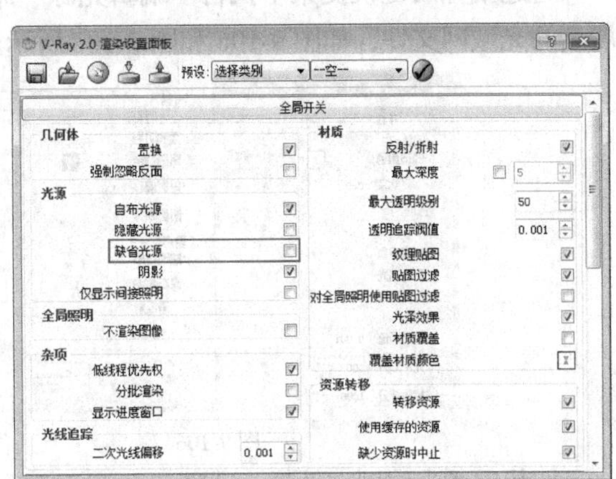

图 9-113

9.2.8 太阳光

V-Ray 提供的太阳光可以模拟真实世界中的太阳光，若需在场景中使用 V-Ray 太阳光，则需在“环境”卷展栏的“全局照明（天光）”选项组中添加天空贴图，在贴图编辑器中设置太阳的贴图类型为“天空”，“太阳”为“Sun 1”，才可以渲染出 V-Ray 的阳光效果，如图 9-114 所示。V-Ray 太阳光主要用于控制季节（日期）、时间、大气环境、阳光强度和色调的变化。

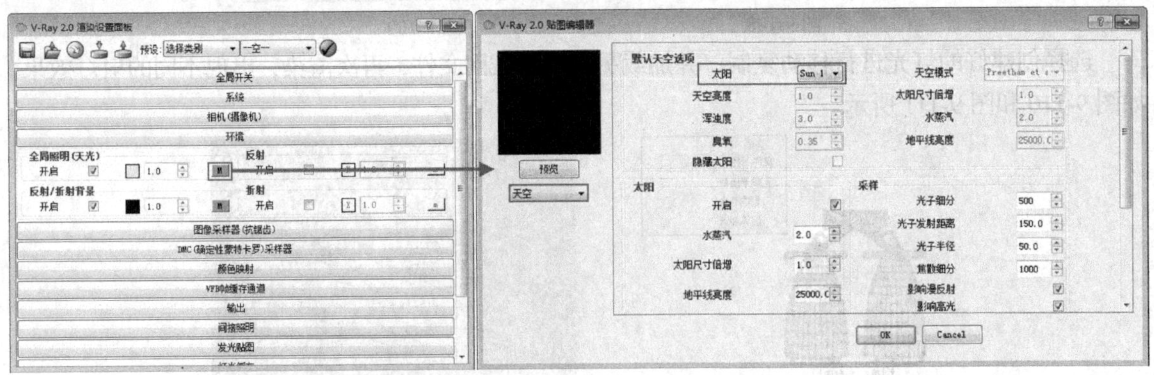

图 9-114

提示

V-Ray 太阳光与默认灯光有着本质的区别，默认灯光只是一个简单的阳光效果，并不具有真实阳光的物理特性，照明和阴影的精确度较差，也无法控制色调，所以一般关闭默认灯光，而使用 V-Ray 的点光源或 V-Ray 太阳光来模拟阳光效果。

9.3 课堂练习——布置客厅灯光

【知识要点】在场景匹配好相机，并设置好测试渲染尺寸后，接下来即可布置场景灯光。布置好灯光后，根据场景的渲染效果调整灯光与材质细节，最后设置渲染参数，渲染出最终图像，如图 9-115 所示。

【所在位置】素材 \ 第 9 章 \ 9.3 \ 布置客厅灯光 .skp。

9.4 课后习题——渲染小区

【知识要点】在对场景模型进行渲染之前，对场景信息的处理和简化十分重要，可以提高渲染出图质量，同时也可以加快渲染速度。在做好渲染前期准备工作后，便可开始对渲染参数进行相关设置。完成所有材质的参数调整之后，即可设置渲染参数。利用 V-Ray 进行渲染后，为使得场景显得更加真实，需要将效果图在 Photoshop 中进行后期效果的处理，如图 9-116 所示。

【所在位置】素材 \ 第 9 章 \ 9.4 \ 小区渲染模型 .skp。

图 9-115

图 9-116

第10章 文件的导入与导出

本章介绍

SketchUp 软件虽然是一个面向方案设计的软件，但通过其文件导入与导出功能，可以很好地与AutoCAD、3ds Max、Photoshop 及 Piranesi 等常用图形图像软件进行紧密协作。

课堂学习目标

- 掌握 AutoCAD 文件的导入与导出方法
- 掌握二维图像的导入与导出方法
- 掌握三维图像的导入与导出方法

10.1 AutoCAD 文件的导入与导出

作为真正的方案推敲工具，SketchUp 必须支持方案设计的全过程。粗略抽象的概念设计是重要的，但精确的图纸同样重要。因此，SketchUp 从最初就支持 AutoCAD 的 DWG/DXF 格式文件的导入和导出。图 10-1 和图 10-2 所示为通过导入 AutoCAD 文件制作出的高精确度、高细节的三维模型。

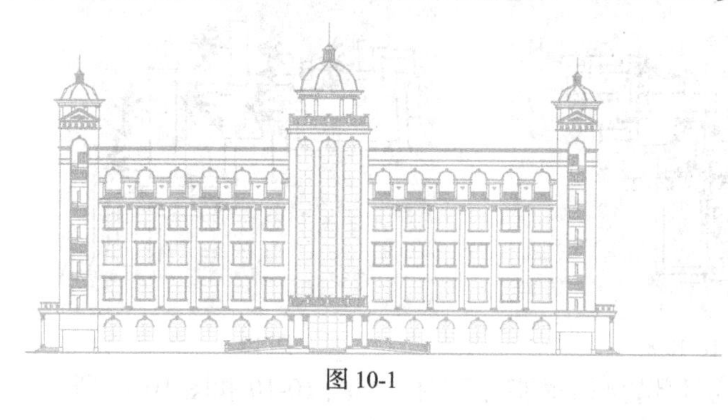

图 10-1

图 10-2

10.1.1 课堂实例——制作竹石跌水

【学习目标】熟悉在 SketchUp 中导入 AutoCAD 文件的操作方法。

【知识要点】将 AutoCAD 图纸导入 SketchUp 场景中并制作竹石跌水的方法，如图 10-3 所示。水体因重力而下跌，高程突变，形成各种各样的瀑布、水帘等，称为“跌水”。跌水主要有瀑布、叠水、壁泉等类型。跌水活跃了园林空间，丰富了园林内涵，美化了园林的景致。

【所在位置】素材 \ 第 10 章 \ 10.1.1\ 竹石跌水 .skp。

图 10-3

1. 导入 AutoCAD 底图

（1）启动 SketchUp，通过“模型信息”面板设置场景单位与精确度，如图 10-4 所示。

（2）执行“文件”→“导入”命令，如图 10-5 所示，选择导入文件类型为“AutoCAD 文件”，如图 10-6 所示。

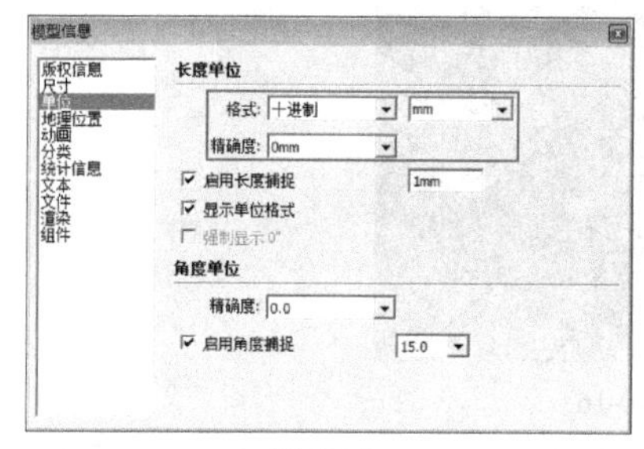

图 10-4

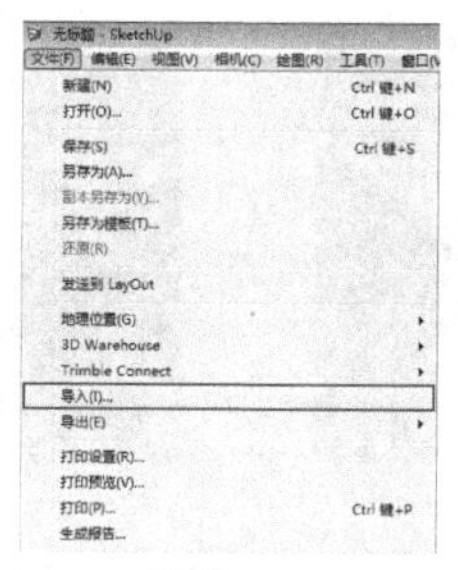

图 10-5

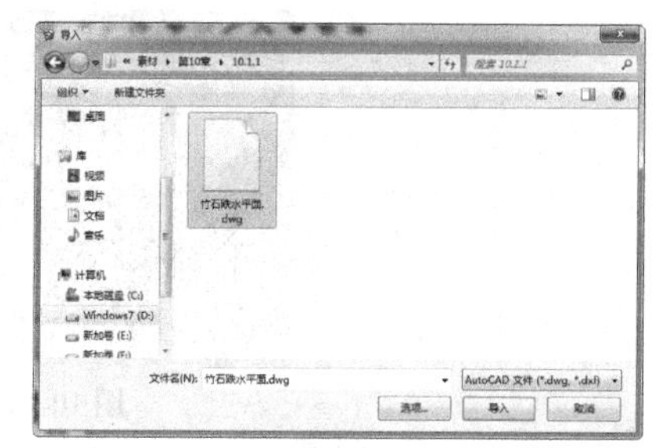

图 10-6

（3）单击“选项”按钮设置相关参数，如图 10-7 所示。

2. 制作水池造型

（1）成功导入竹石跌水平面图后，使用“直线”工具捕捉外侧边线进行封面，然后使用“偏移”工具制作内部轮廓线，如图 10-8 和图 10-9 所示。

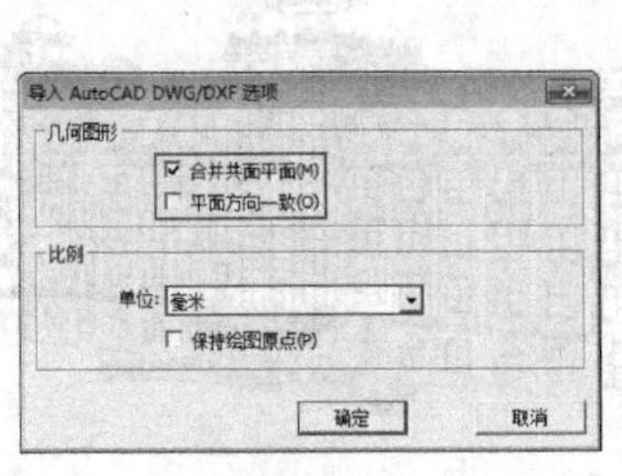

图 10-7

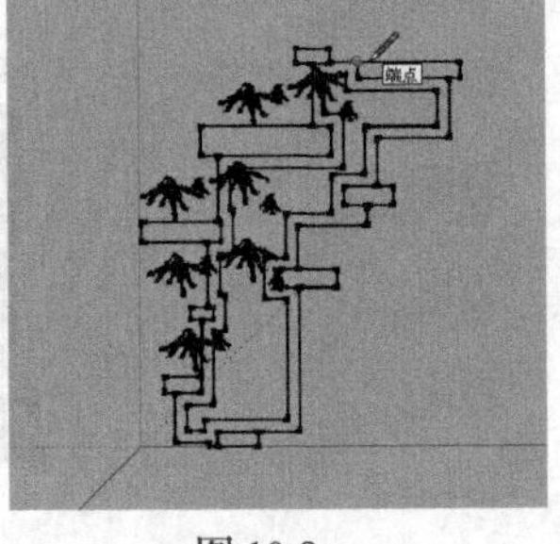

图 10-8

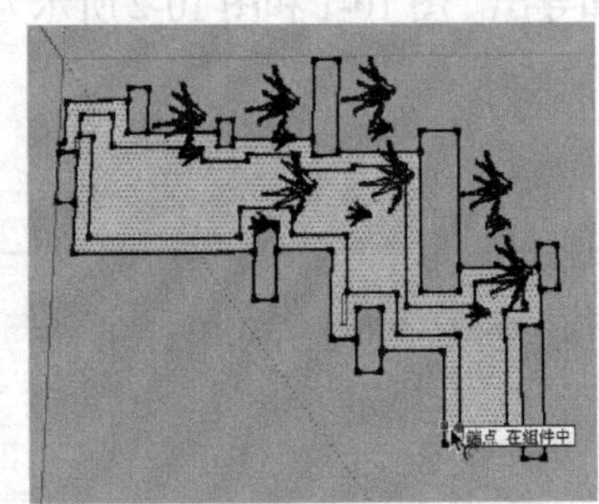

图 10-9

（2）删除偏移生成的多余线段，然后为外部轮廓平面赋予石材，如图 10-10 和图 10-11 所示。

（3）使用“推 / 拉”工具制作水池高度，如图 10-12 所示。

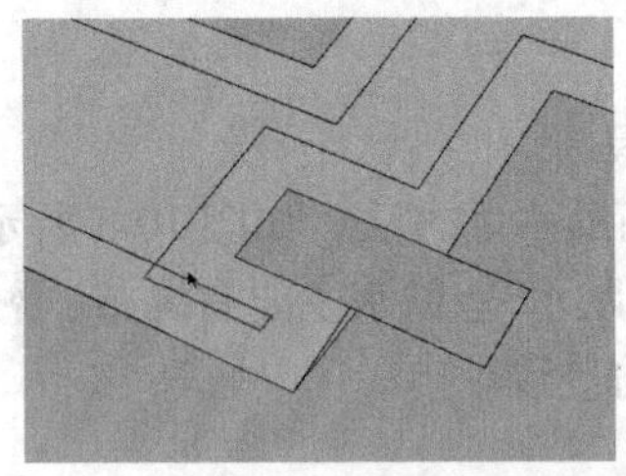

图 10-10

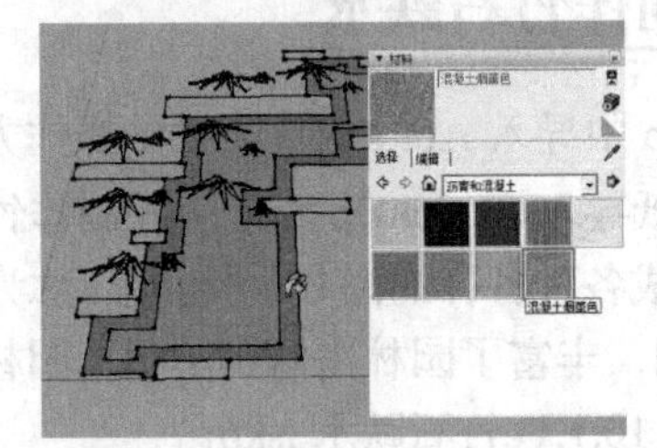

图 10-11

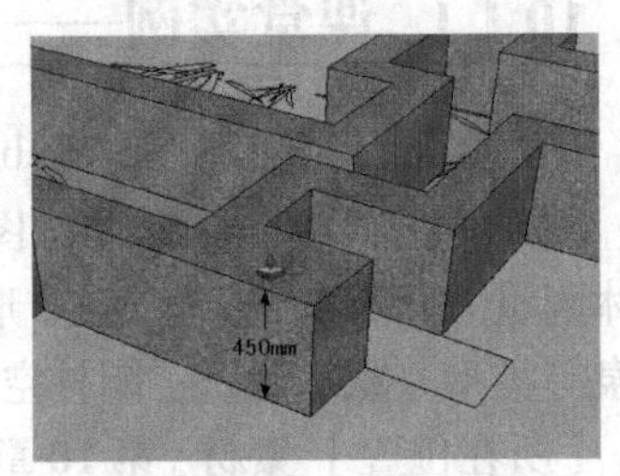

图 10-12

（4）使用“偏移”工具制作外侧轮廓线，然后赋予石材材质，如图 10-13 和图 10-14 所示。

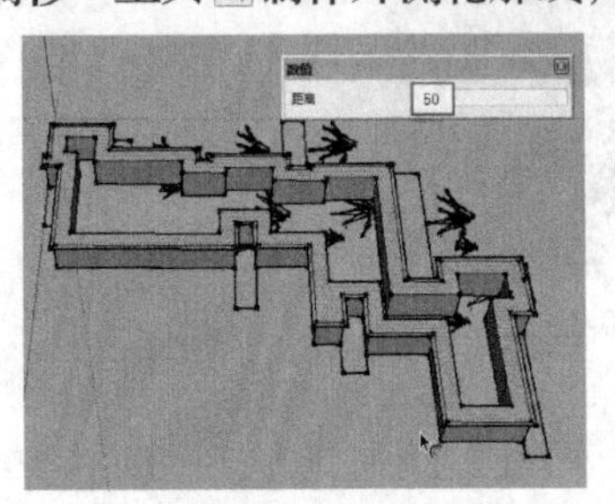

图 10-13

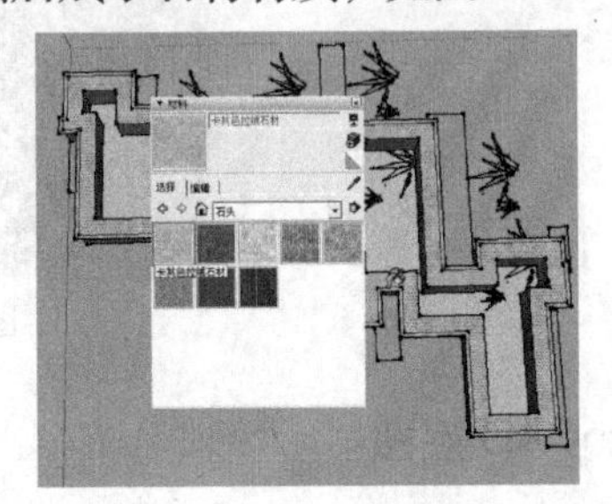

图 10-14

（5）材质赋予完成后，如果直接拉伸将形成多余边线，必须逐一进行删除，如图 10-15 所示。为了避免该种情况，首先删除任意一条线段，如图 10-16 所示。

图 10-15

图 10-16

（6）双击选择上部平面，将其移动复制出模型后，单独制作厚度，如图 10-17 和图 10-18 所示。

图 10-17

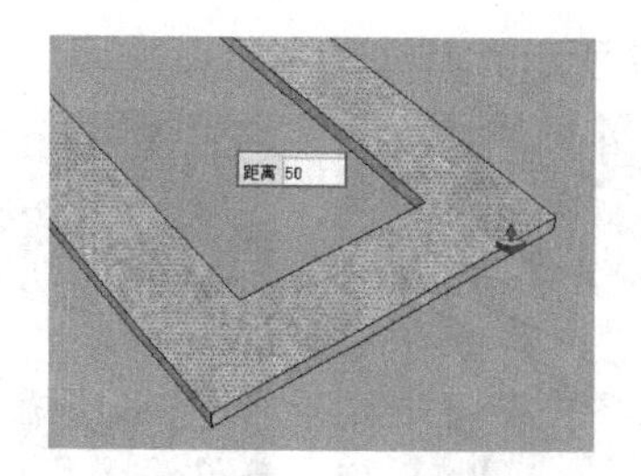

图 10-18

（7）使用“直线”工具，捕捉角点创建一条位置参考线，然后将原来的顶部模型创建为组再删除，如图 10-19 和图 10-20 所示。

图 10-19

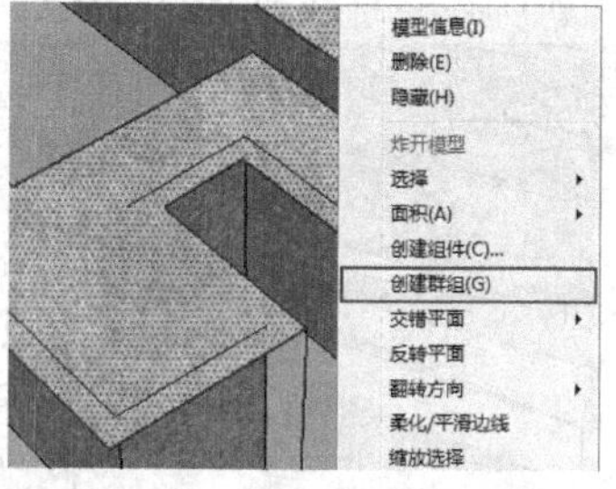

图 10-20

（8）选择制作好厚度的顶面模型，使用“移动”工具捕捉参考线进行对位，如图 10-21 所示。

（9）打开“材料”面板，为池底制作并赋予鹅卵石材质，如图 10-22 所示。

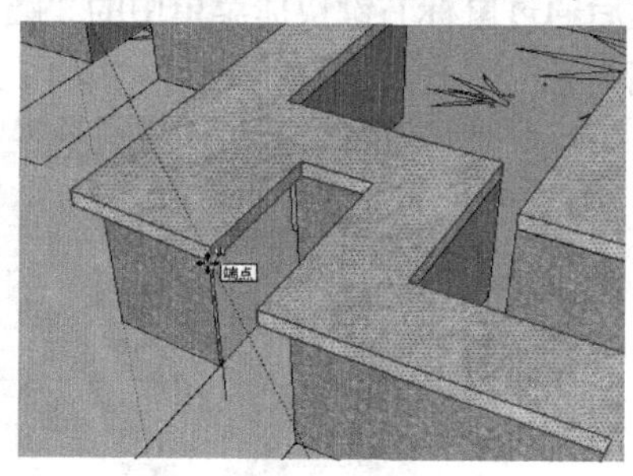

图 10-21

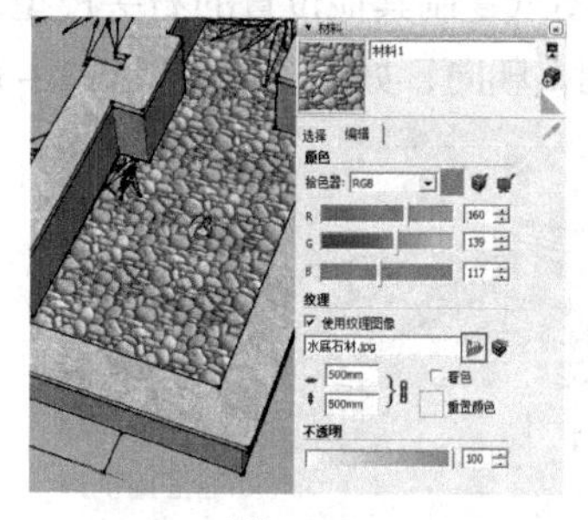

图 10-22

（10）选择池底，利用移动复制操作向上制作出池水水面，然后赋予池水材质，如图 10-23 和图 10-24 所示。

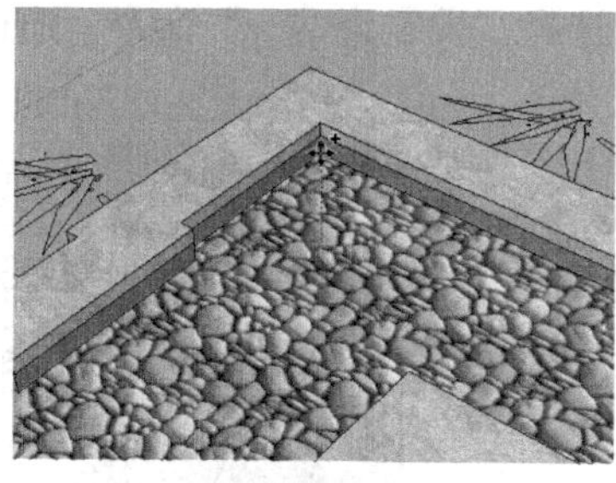

图 10-23

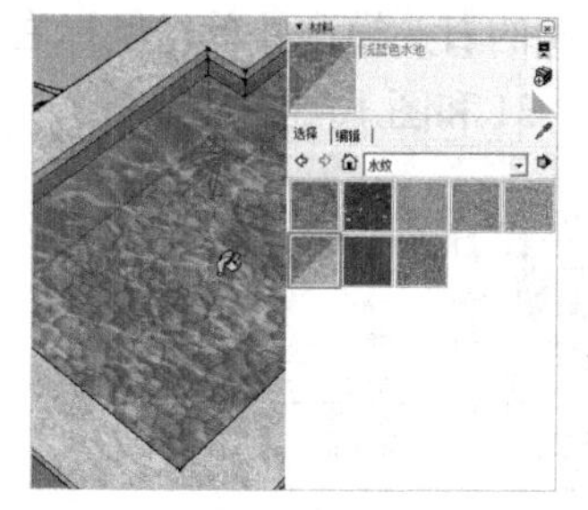

图 10-24

3. 制作石块模型

（1）捕捉图纸，结合使用“矩形”工具与“推 / 拉”工具制作石头轮廓，如图 10-25 所示。

（2）使用“直线”工具创建细分分割线，然后选择分割线进行移动，制作出石块细节，如

图 10-26 和图 10-27 所示。

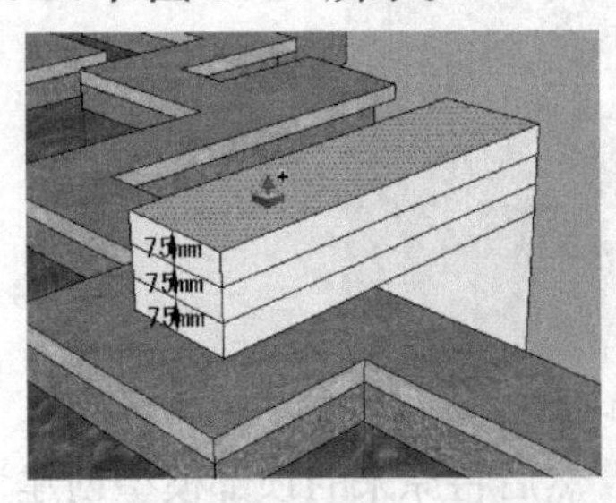

图 10-25

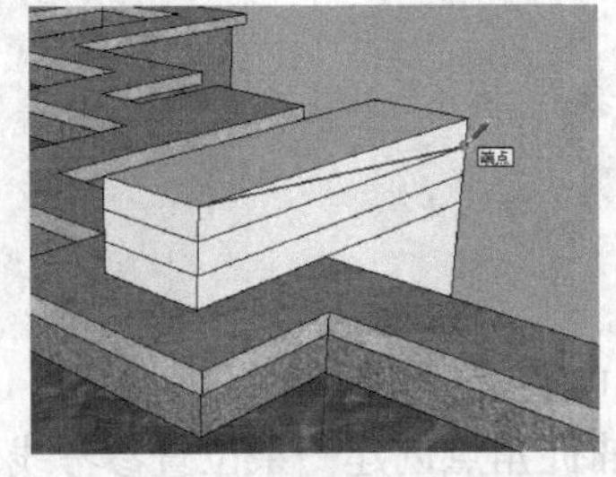

图 10-26

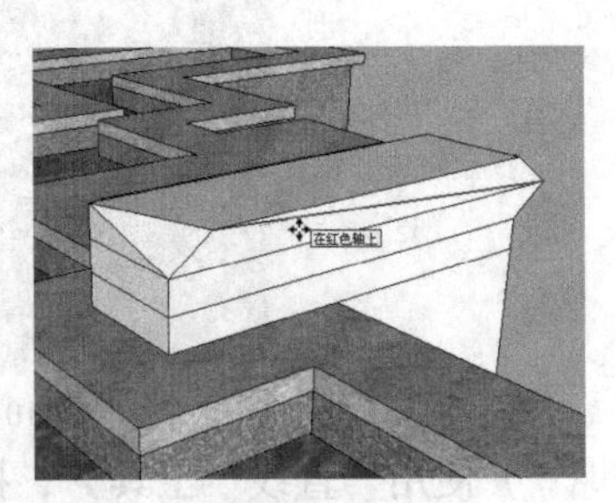

图 10-27

（3）重复类似操作完成石头细节的制作，然后为其制作并赋予纹理，如图 10-28 所示。

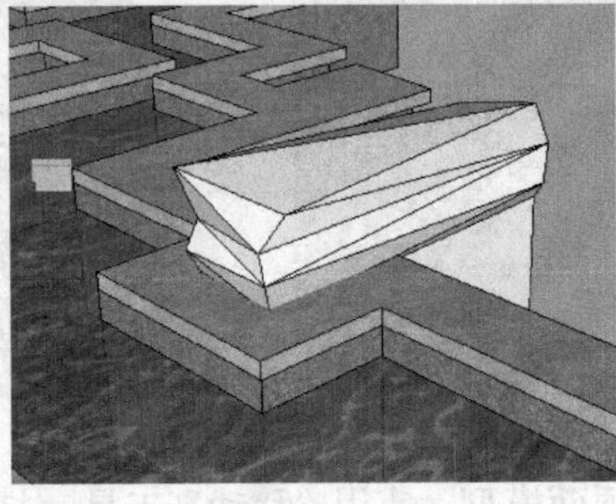

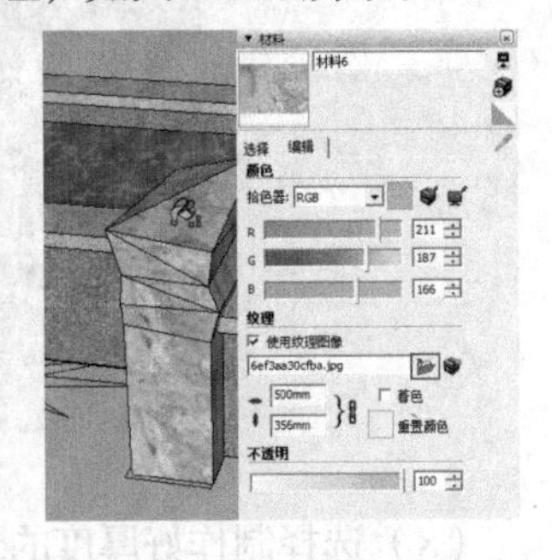

图 10-28

（4）参考图纸复制其他位置的石头模型，然后通过鼠标右键快捷菜单中的“翻转方向”→“组的红轴”命令调整朝向，如图 10-29 和图 10-30 所示。

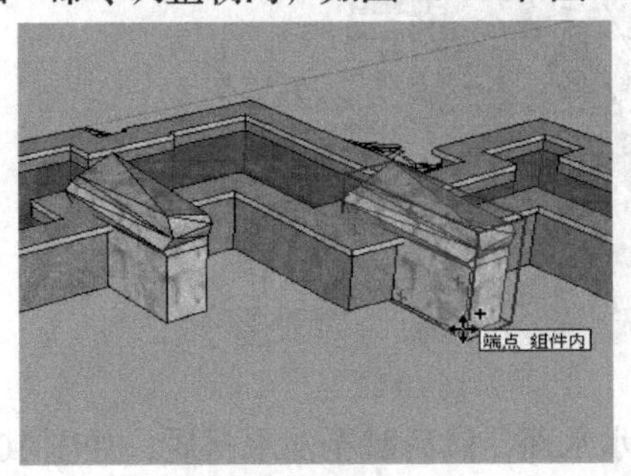

图 10-29

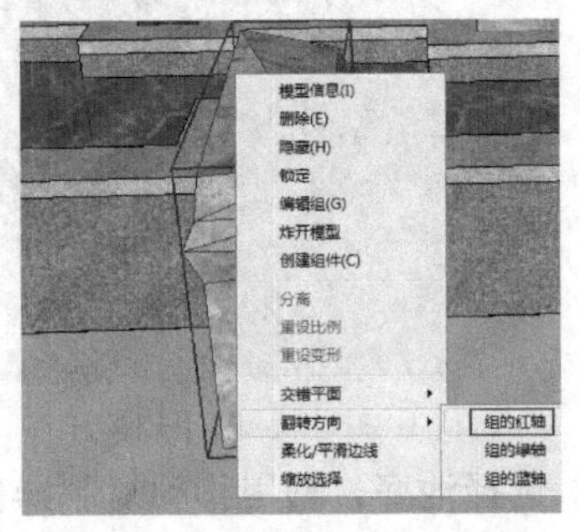

图 10-30

（5）选择复制的石头模型并单击鼠标右键，选择“设定为唯一”命令，通过线条的调整改变造型细节，如图 10-31 和图 10-32 所示。

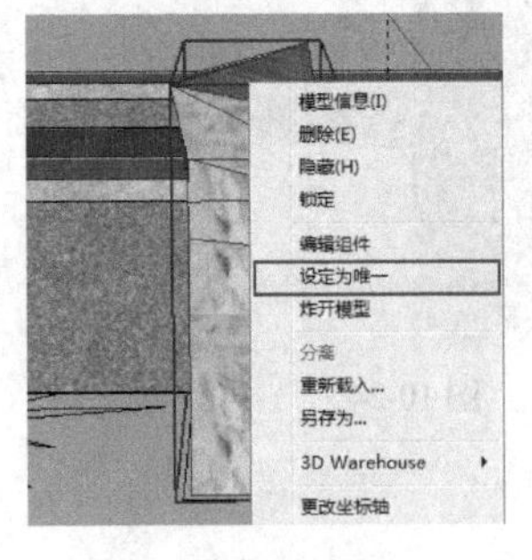

图 10-31

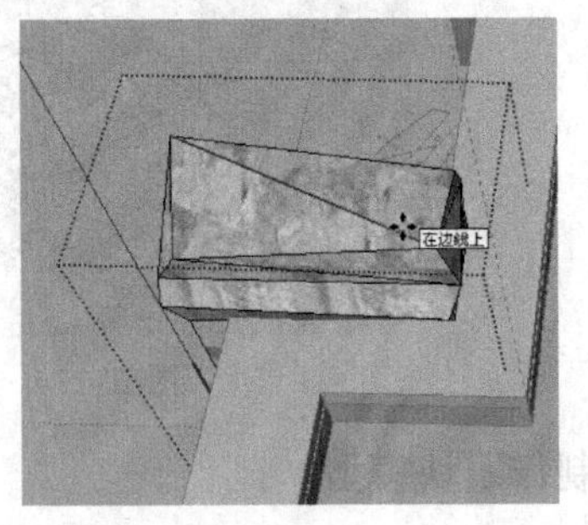

图 10-32

（6）打开“材料”面板，为复制的石头模型制作并赋予黑色石头纹理，如图 10-33 所示。参考图纸，复制出另一处的石头模型并进行相应调整，如图 10-34 所示。

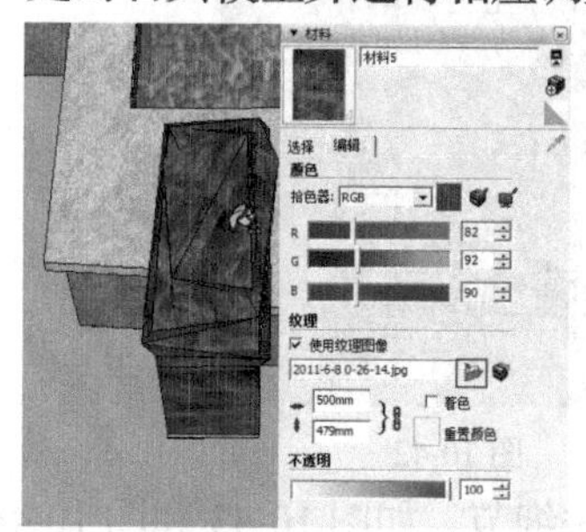

图 10-33

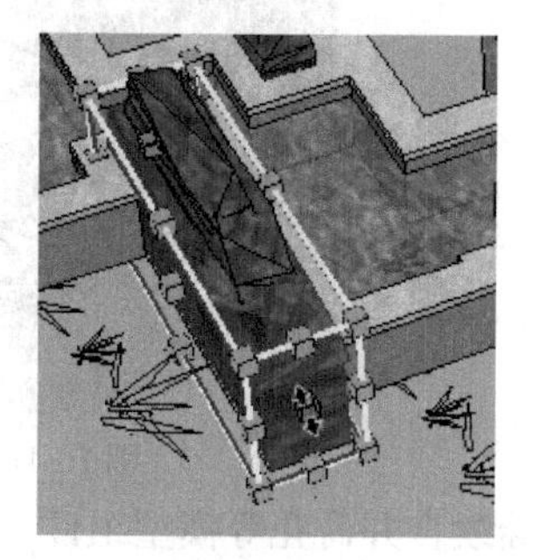

图 10-34

（7）进入石头模型组，选择顶部模型面进行复制，然后移动至其他石块上方，如图 10-35 和图 10-36 所示。

图 10-35

图 10-36

（8）调整复制的模型面大小，添加石块造型细节。通过这种方法制作场景中的其他石头模型，如图 10-37 和图 10-38 所示。

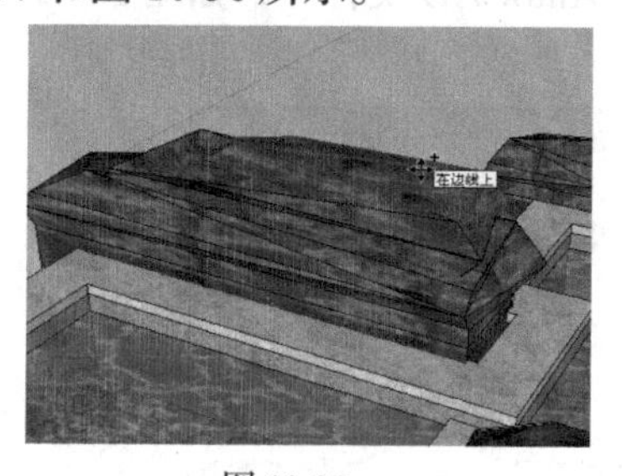

图 10-37

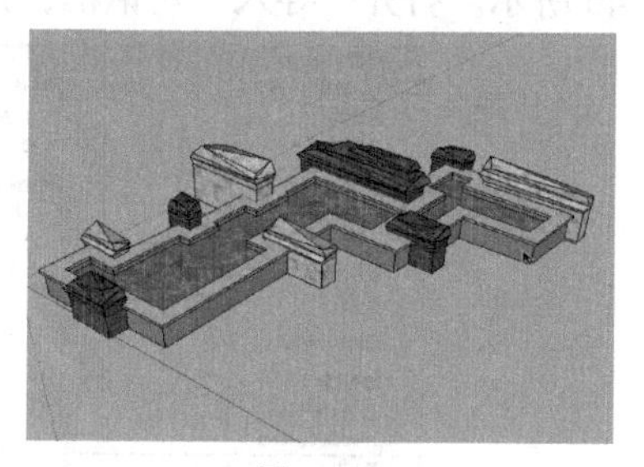

图 10-38

4. 合并其他组件

（1）打开“组件”面板，合并竹子模型，然后参考图纸放置好位置，如图 10-39 和图 10-40 所示。

图 10-39

图 10-40

（2）通过移动与缩放等操作制作场景中其他位置的竹子模型，如图 10-41 和图 10-42 所示。

图 10-41

图 10-42

（3）继续合并荷花等模型组件，通过类似操作调整相关细节，如图 10-43 和图 10-44 所示。竹石跌水模型最终完成效果如图 10-45 所示。

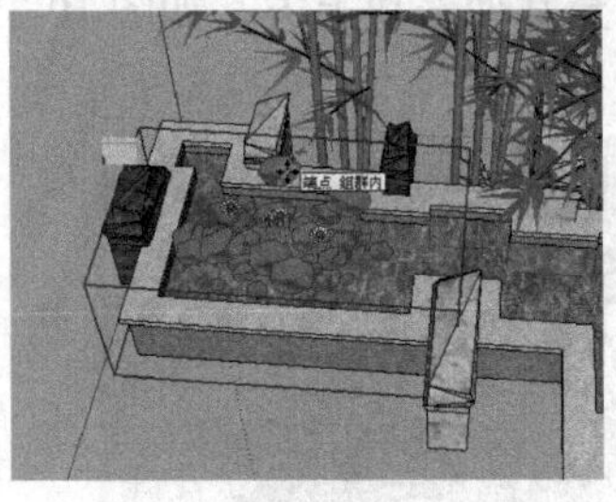

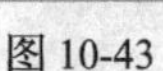

图 10-43

图 10-44

图 10-45

10.1.2 导入 DWG/DXF 格式的文件

SketchUp 支持 AutoCAD 中 DWG/DXF 两种格式文件的导入。执行“文件”→“导入”命令，如图 10-46 所示。打开“导入”对话框，选择文件类型为“AutoCAD 文件”，如图 10-47 所示。

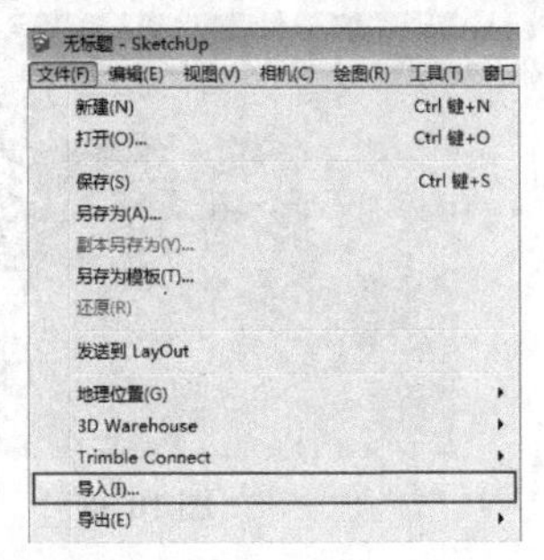

图 10-46

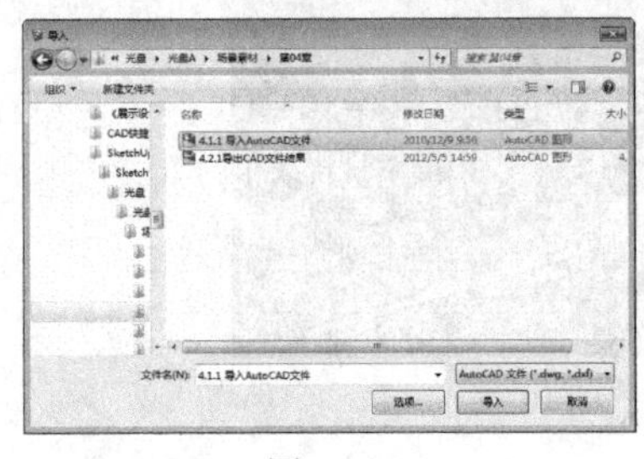

图 10-47

单击“选项”按钮，打开“AutoCAD DWG/DXF 选项”对话框，如图 10-48 所示。根据要求设置导入参数后，双击目标文件即可进行导入，如图 10-49 所示。

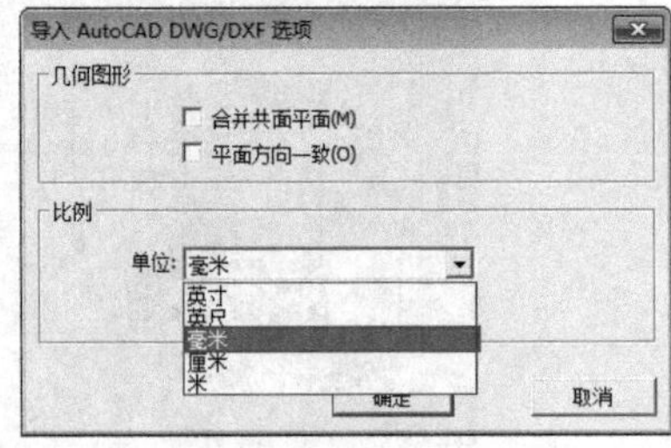

图 10-48

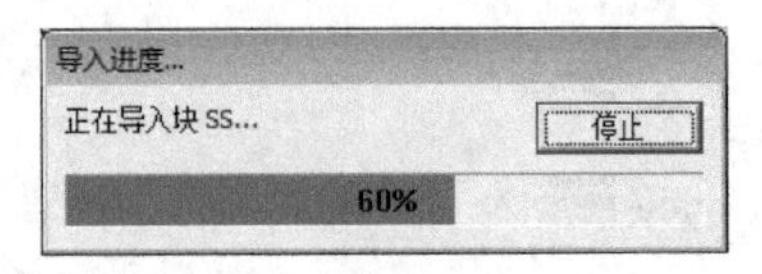

图 10-49

“AutoCAD DWG/DXF 选项”对话框参数含义如下。

● 合并共面平面：导入 DWG/DXF 文件时，如果一些平面上出现三角形的划分线，选中该复选框，SketchUp 将自动删除多余的划分线。

● 平面方向一致：选中该复选框，SketchUp将自动分析导入表面的朝向，并统一表面的法线方向。

● 单位：根据导入要求选择对应单位即可，通常为“毫米”。

文件成功导入后，将弹出“导入结果”对话框，显示导入与简化的实体与图元，如图 10-50 所示。单击“关闭”按钮，即可利用鼠标放置导入的文件，如图 10-51 所示。对比 AutoCAD 中的图形效果，可以发现两者并无区别，如图 10-52 所示。

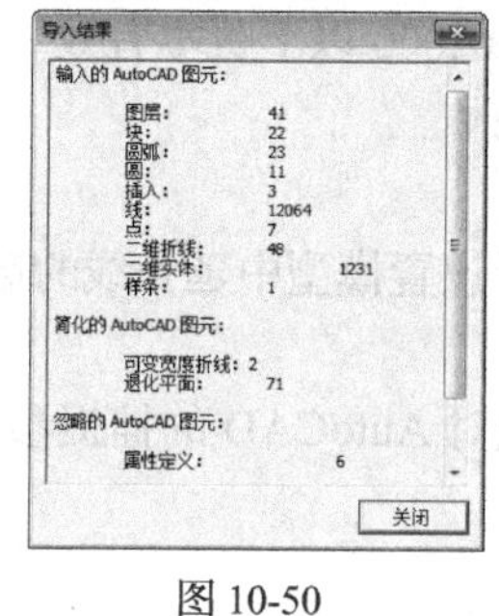

图 10-50

图 10-51

图 10-52

提示

如果工作中必须导入未被支持的图形元素，可以先在 AutoCAD 中将其分解成线、圆弧等支持的图形元素。如果并不需要这些图形元素，则可以直接删除。

10.1.3 导出二维矢量图文件

SketchUp 可以将场景内的三维模型（包括单面对象）以 DWG/DXF 两种格式导出为 AutoCAD 可用文件。

执行“文件”→“导出”→“二维图形”命令，在弹出“输出二维图形”对话框中单击“选项”按钮，即可在弹出的“DWG/DXF 消隐选项”对话框中对输出文件进行相关设置，如图 10-53 和图 10-54 所示。

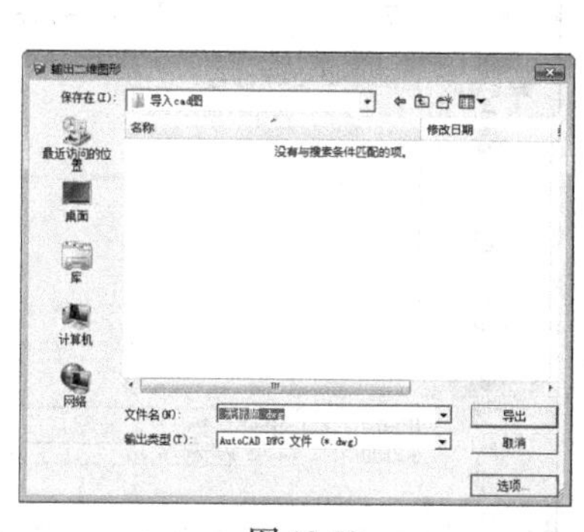
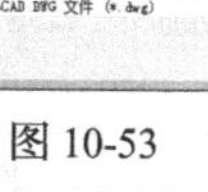

图 10-53

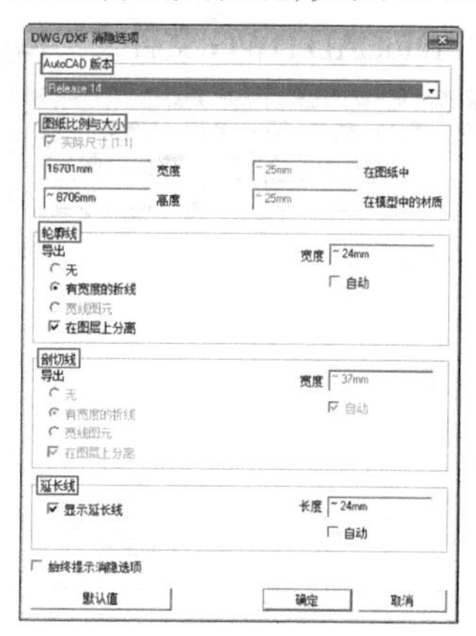

图 10-54

“DWG/DXF 消隐选项”对话框包括 5 组设置选项。“AutoCAD 版本”选项组用于设置导出 CAD 图形的软件版本。“图纸比例与大小”选项组用于设置绘图区比例与尺寸大小，包含以下 5 个选项。

● 实际尺寸：选中后将按照真实尺寸导出图形。

● 在图纸中 / 在模型中的材质：分别表示导出时的拉伸比例。在“透视图”模式下这两项不能定义，即使在“平行投影”模式下，也只有在表面法线垂直视图时才能定义。

● 宽度 / 高度：用于定义导出图形的宽度、高度。

“轮廓线”选项组用于设置模型中轮廓线的选项，主要包括以下 5 个选项。

● 无：选择后，将会导出正常的线条，而非在屏幕中显示的特殊效果。一般情况下，SketchUp 的轮廓线导出后都是较粗的线条。

● 有宽度的折线：选择后导出的轮廓线将以多段线的形式在 AutoCAD 中显示。

● 宽线图元：选择后，导出的剖面线为粗线实体，只有对 AutoCAD 2000 以上版本有效。

● 在图层上分离：用于导出专门的轮廓线图层，以便进行设置和修改。

● 宽度：用于设置线段的宽度。

“剖切线”选项组与“轮廓线”选项组类似。“延长线”选项组用于设置模型中延长线的选项，主要包括以下两个选项。

● 显示延长线：选中后，导出的图像中将显示延长线。因为延长线对 AutoCAD 的捕捉参考系统有影响，一般情况下不选此项。

● 长度：用于设置延长线的长度。

下面介绍导出 AutoCAD 二维矢量图文件的具体方法。

打开一个景观天桥模型，如图 10-55 所示。将视图模式切换为平行投影下的前视图模式，如图 10-56 所示。

图 10-55

图 10-56

执行“文件”→“导出”→“二维图形”命令，打开“输出二维图形”对话框，如图 10-57 所示。选择文件类型为“AutoCAD DWG 文件（*.dwg）”，单击“选项”按钮，如图 10-58 所示。

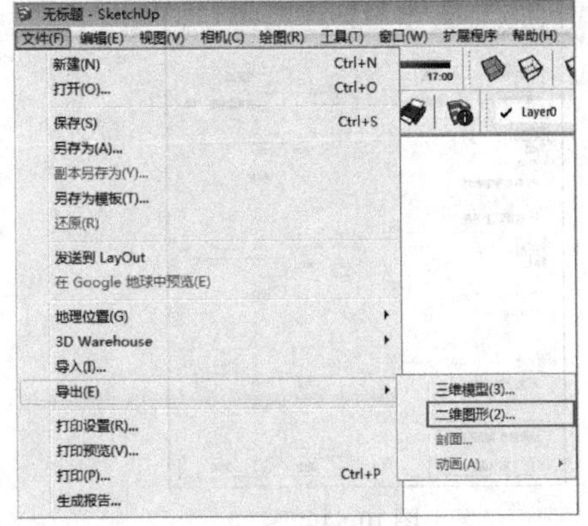

图 10-57

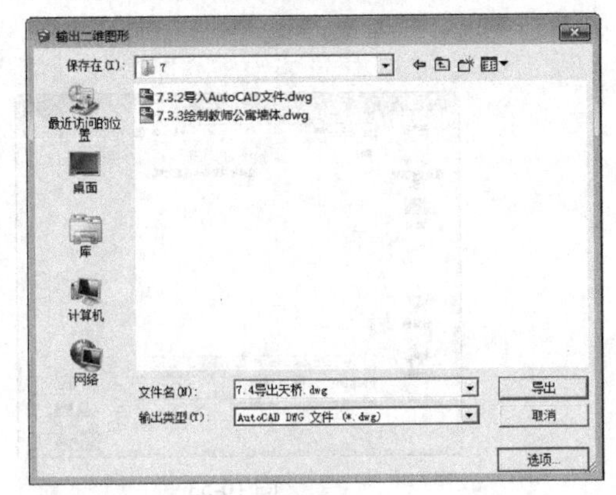

图 10-58

打开“DWG/DFX 消隐选项”对话框，根据导出要求设置参数，单击“确定”按钮，如图 10-59 所示。在“输出二维图形”对话框中单击“导出”按钮，即可导出 DWG 文件，成功导出 DWG 文件后，SketchUp 将弹出如图 10-60 所示的提示对话框。

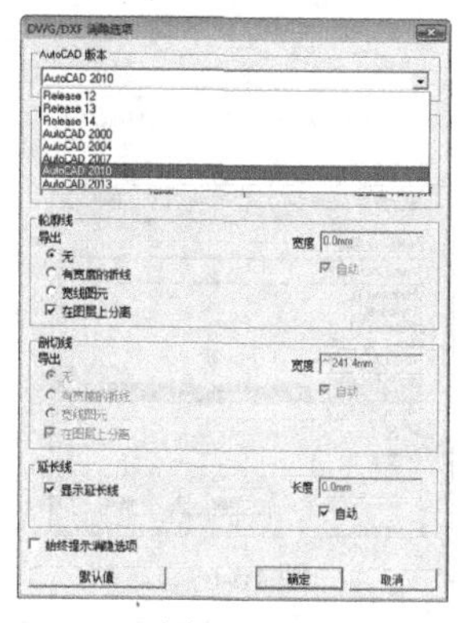

图 10-59

图 10-60

在导出路径中找到导出的 DWG 文件，即可使用 AutoCAD 打开与查看，如图 10-61 所示。

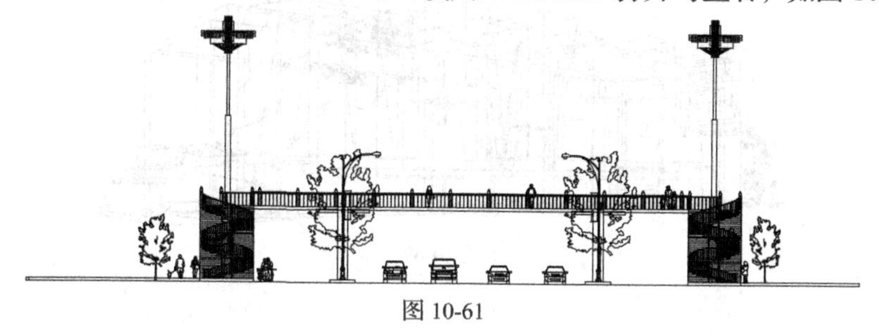

图 10-61

10.1.4 导出三维模型文件

打开三维模型文件，如图 10-62 所示。执行“文件”→“导出”→“三维图形”命令，打开“输出模型”对话框，如图 10-63 所示。

图 10-62

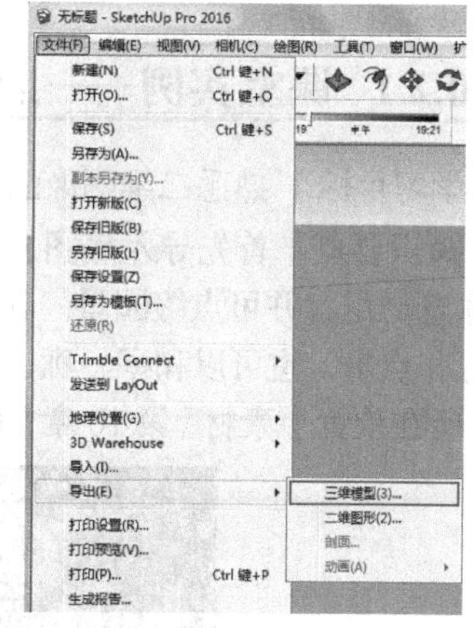

图 10-63

选择文件类型为“AutoCAD DWG 文件（*.dwg）”，单击“输出三维图形”对话框中的“选项”按钮，如图 10-64 所示。

打开“AutoCAD 导出选项”对话框，根据导出要求设置参数，单击“确定”按钮，如图 10-65 所示。

在“输出模型”对话框中单击“导出”按钮，即可导出 DWG 文件，成功导出 DWG 文件后，SketchUp 将弹出如图 10-66 所示的提示对话框。

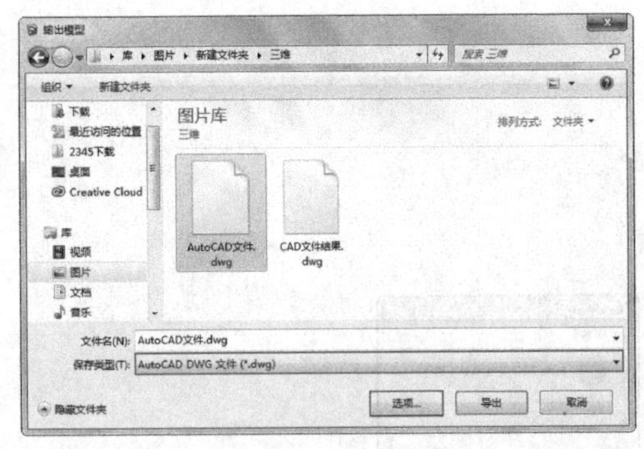

图 10-64

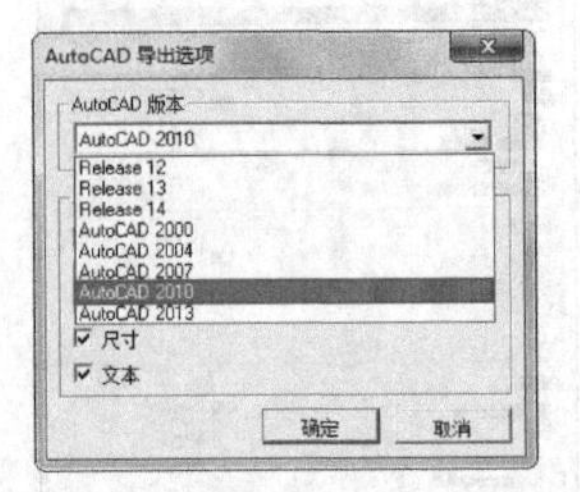

图 10-65

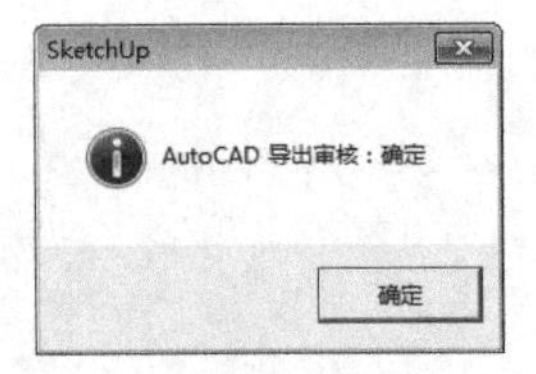

图 10-66

在导出路径中找到导出的 DWG 文件，即可使用 AutoCAD打开与查看，如图 10-67 所示。

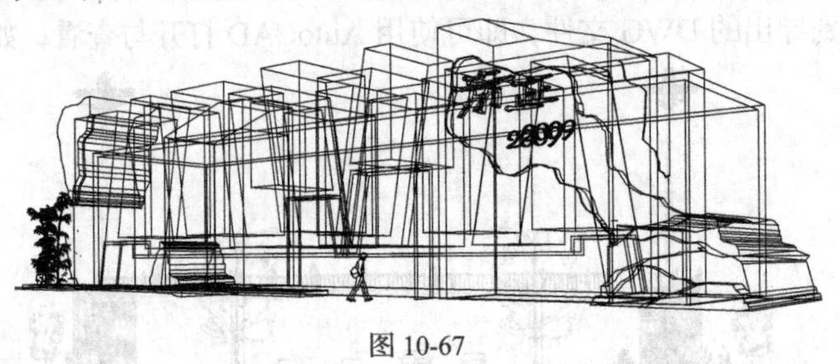

图 10-67

10.2 二维图像的导入与导出

SketchUp 通过导入导出功能，可以很好地与 Photoshop 等常用图形图像软件进行紧密协作。本章将详细介绍 SketchUp 二维图像的导入与导出。

10.2.1 课堂实例——照片建模

【学习目标】熟悉二维图像的导入和导出。

【知识要点】首先导入底图，然后根据底图建立水池花架的模型，如图 10-68 所示。花架可作遮阴休息之用，并可点缀园景。花架可应用于各种类型的园林绿地中，常设置在风景优美的地方供人休息和点景，也可以和亭、廊、水榭等结合，组成外形美观的园林建筑群。

【所在位置】素材 \ 第 10 章 \ 10.2.1\ 水池花架最终效果 .skp。

图 10-68

1. 导入参考底图

（1）启动 SketchUp，通过“模型信息”面板修改单位与精确度，如图 10-69 和图 10-70 所示。

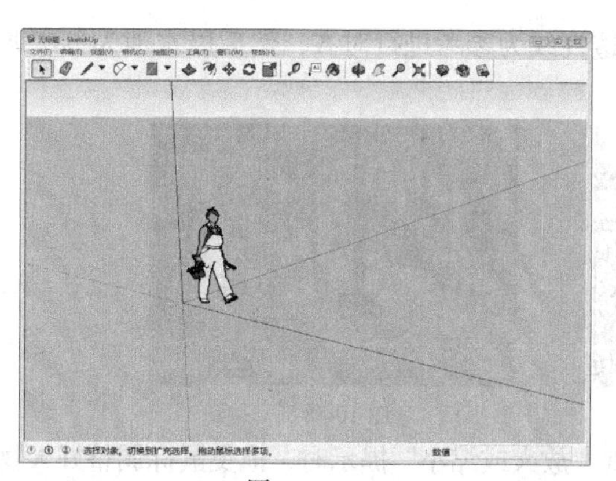

图 10-69

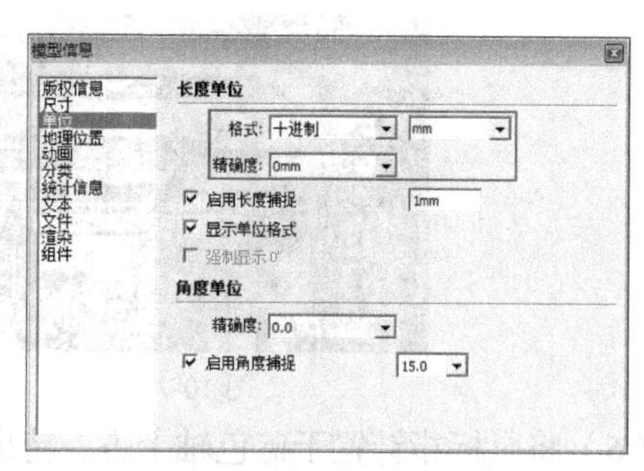

图 10-70

（2）执行“文件”→“导入”命令，弹出“导入”对话框，选择文件类型为“所有支持的图像类型”，如图 10-71 和图 10-72 所示。

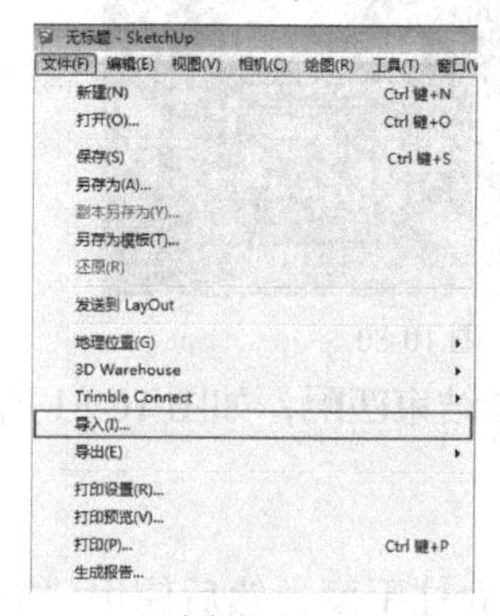

图 10-71

图 10-72

（3）在左侧选中“新建照片匹配”单选按钮，然后双击“花架图片.jpg”文件进入匹配界面，如图 10-73 和图 10-74 所示。

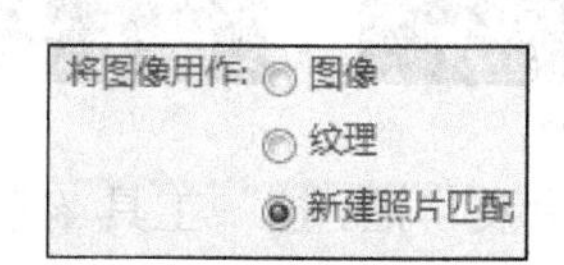

图 10-73

图 10-74

（4）选择界面中的“坐标原点”，将其移动至左侧景观小品底部角点，然后参考图片调整好任意一根绿色轴，如图 10-75 和图 10-76 所示。

图 10-75

图 10-76

（5）选择任意一根红色轴，以花架左侧透视线为参考进行对齐，然后以水池为参考调整好其他轴向，如图 10-77 和图 10-78 所示。

图 10-77

图 10-78

（6）将鼠标指针置于蓝色轴上方，待出现“放大或缩小”提示时，拖曳鼠标调整好人物高度，以确定场景比例，如图 10-79 和图 10-80 所示。

图 10-79

图 10-80

（7）调整完成后，单击鼠标右键，选择“完成”命令结束匹配，如图 10-81 所示。

2. 制作花架造型

（1）使用“直线”工具，参考图片捕捉轴向创建立柱平面，然后使用“推 / 拉”工具制作厚度，如图 10-82 和图 10-83 所示。

图 10-81

图 10-82

图 10-83

（2）结合使用“偏移”工具、“直线”工具及“推 / 拉”工具制作立柱细节，如图 10-84 ~图 10-86 所示。

图 10-84

图 10-85

图 10-86

（3）通过以上操作完成单个立柱模型，然后将其创建为组，如图 10-87 和图 10-88 所示。

（4）选择立柱，以 90° 进行旋转复制，如图 10-89 所示。

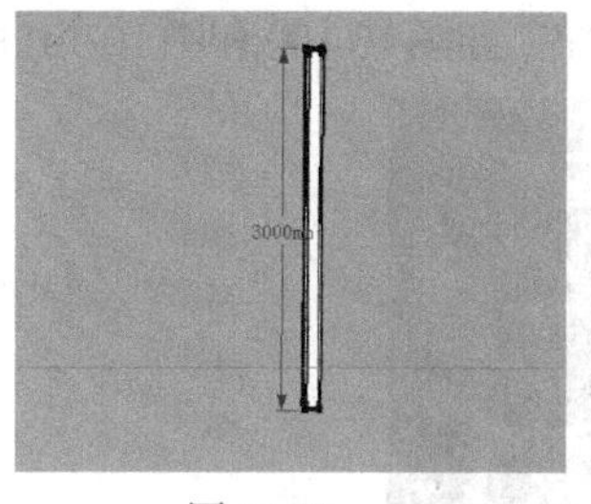

图 10-87

图 10-88

图 10-89

（5）通过捕捉对齐位置，如图 10-90 所示。参考图片调整复制的方柱长度，调整完成后整体向后复制，如图 10-91 和图 10-92 所示。

图 10-90

图 10-91

图 10-92

（6）复制方柱并通过旋转制作后方较长的方柱，如图 10-93 和图 10-94 所示。

图 10-93

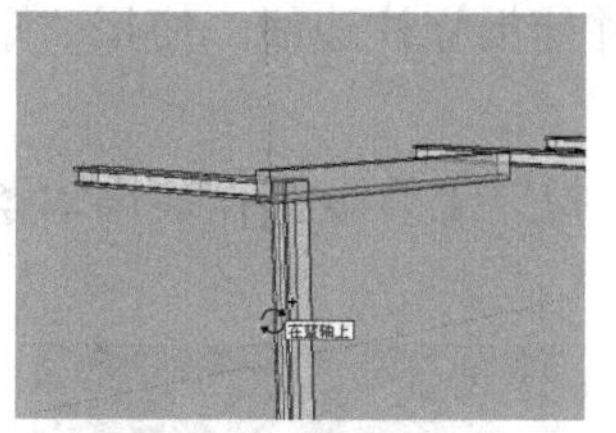

图 10-94

（7）参考图片调整上部方柱并对齐位置，然后调整好长度，如图 10-95 和图 10-96 所示。选择后方调整好的方柱向左侧进行复制，如图 10-97 所示。

图 10-95

图 10-96

图 10-97

（8）使用“直线”工具，捕捉方柱端点创建一条辅助线便于中点对齐，然后复制中间的方柱并对齐中点，如图 10-98 和图 10-99 所示。

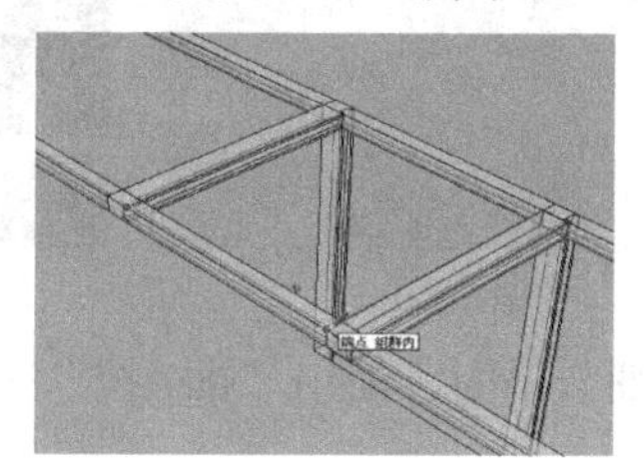

图 10-98

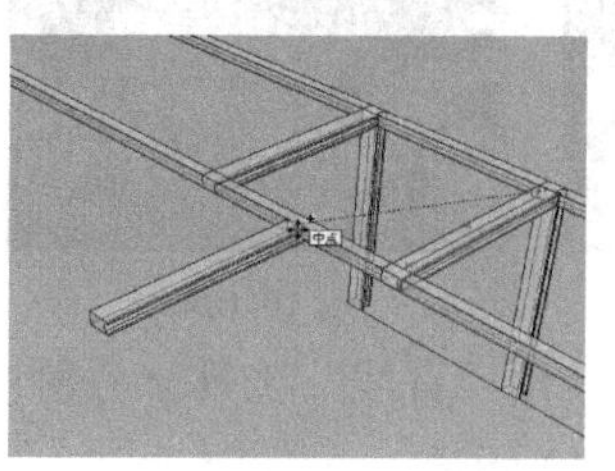

图 10-99

（9）参考图片调整复制的方柱长度，然后复制方柱至其下方并对齐，如图 10-100 和图 10-101 所示。

图 10-100

图 10-101

（10）整体复制制作好的柱子模型，并调整末端的位置，完成整个花架框架的制作，如图 10-102 所示。

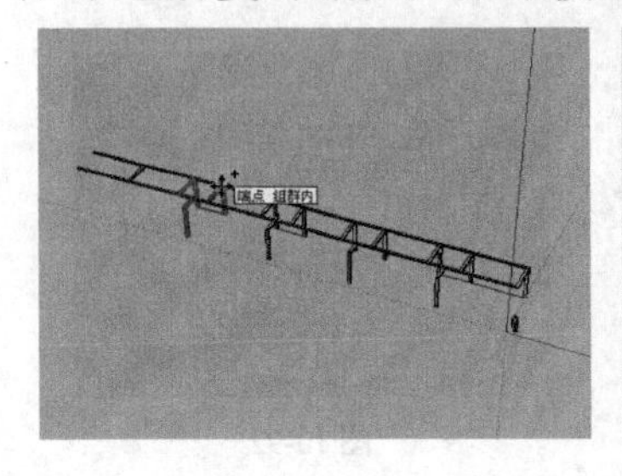

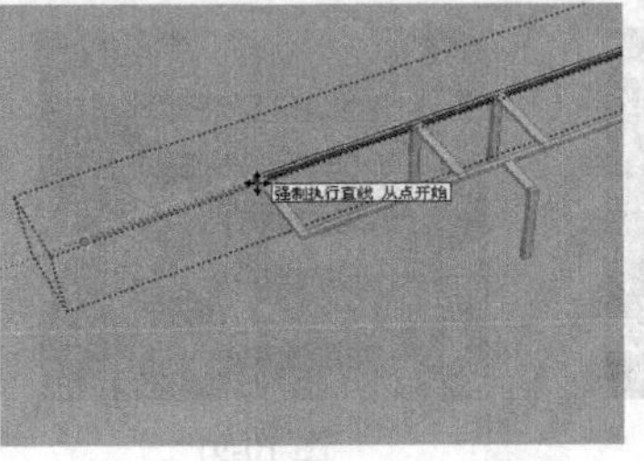

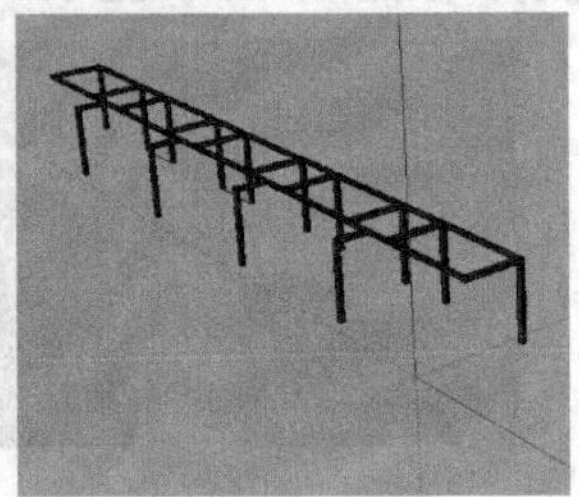

图 10-102

（11）参考图片并捕捉立柱边线，使用“矩形”工具绘制装饰木条平面，如图 10-103 和图 10-104 所示。

（12）使用“推 / 拉”工具制作装饰木条长度，然后进行多重移动复制，如图 10-105 和图 10-106 所示。

图 10-103

图 10-104

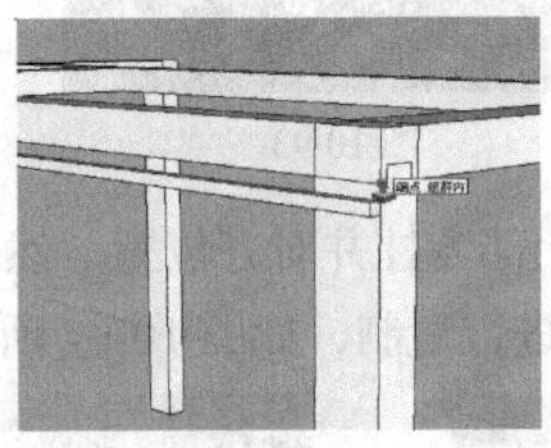

图 10-105

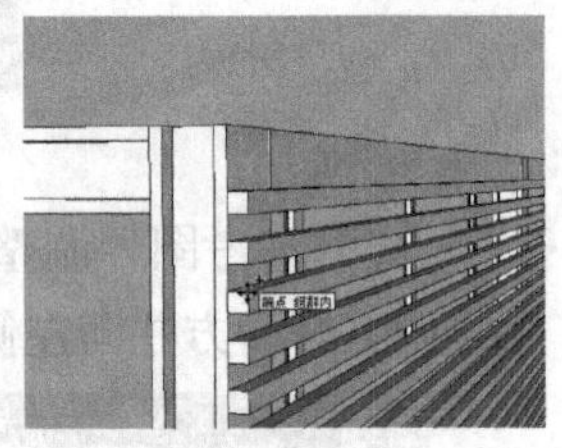

图 10-106

（13）参考图片，使用“直线”工具绘制座椅弧形面辅助线，使用“圆弧”工具捕捉辅助线端点绘制弧线，如图 10-107 和图 10-108 所示。

（14）在透视图中使用“直线”工具封面，然后参考图片使用“推 / 拉”工具制作座椅长度，如图 10-109 和图 10-110 所示。

图 10-107

图 10-108

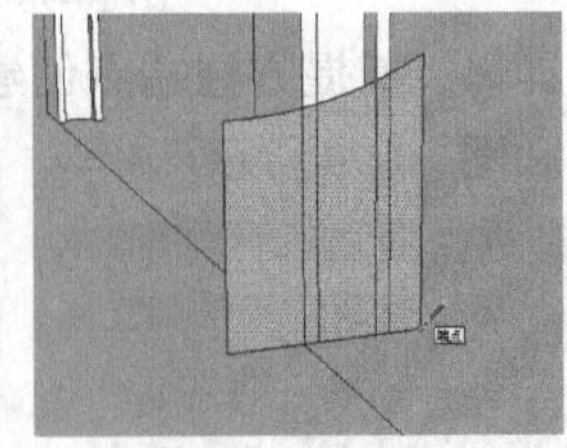

图 10-109

图 10-110

（15）参考图片使用“直线”工具分割座椅细节平面，使用“推 / 拉”工具制作座椅细节，如图 10-111 和图 10-112 所示。

（16）选择座椅，捕捉方柱下部端点进行多重移动复制，如图 10-113 和图 10-114 所示。

图 10-111

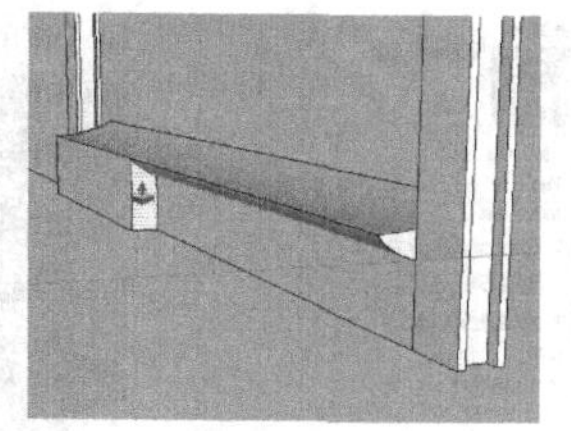
图 10-112

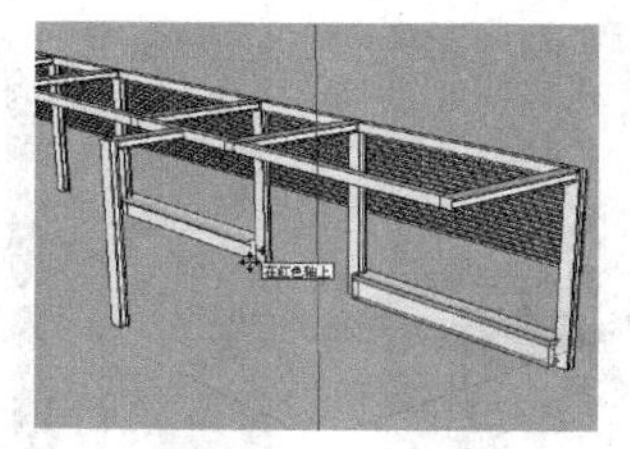
图 10-113

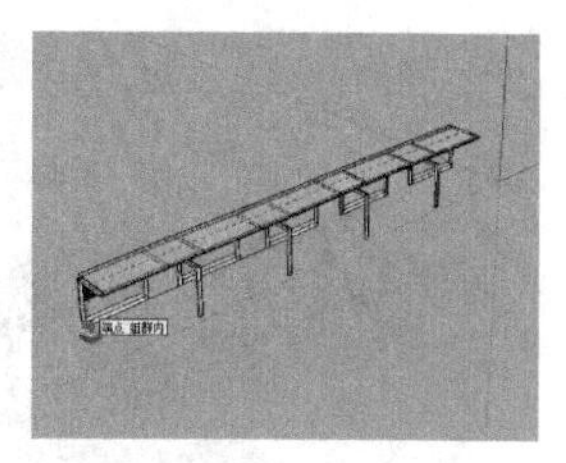
图 10-114

（17）通过类似的方法制作屋顶及装饰木条，完成花架模型的创建，如图 10-115 和图 10-116 所示。

3. 制作喷泉水池

（1）参考图片绘制花架底部矩形平面，结合使用“直线”工具与“偏移”工具制作水池平面，如图 10-117 和图 10-118 所示。

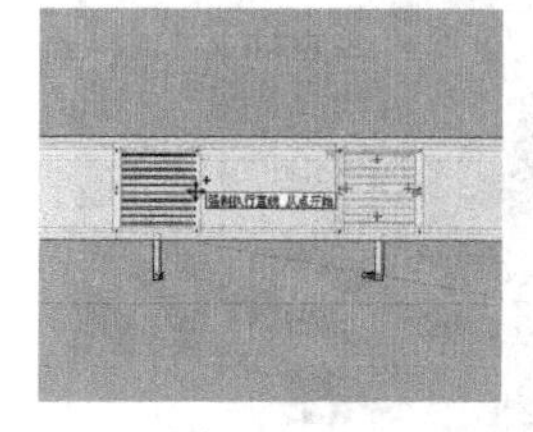
图 10-115

图 10-116

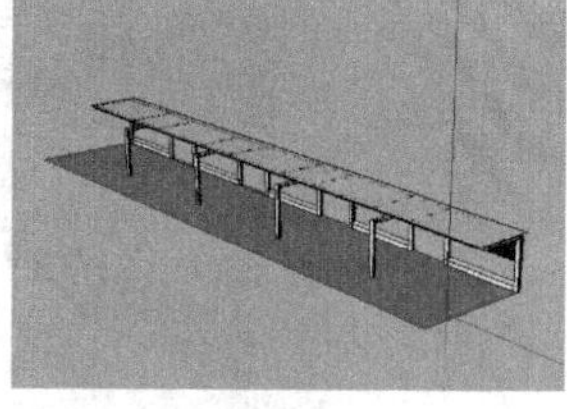
图 10-117

图 10-118

（2）参考图纸使用“推 / 拉”工具制作水面高度，如图 10-119 所示。

（3）使用类似方法制作好右侧的水槽模型细节，如图 10-120 ~ 图 10-122 所示。

图 10-119

图 10-120

图 10-121

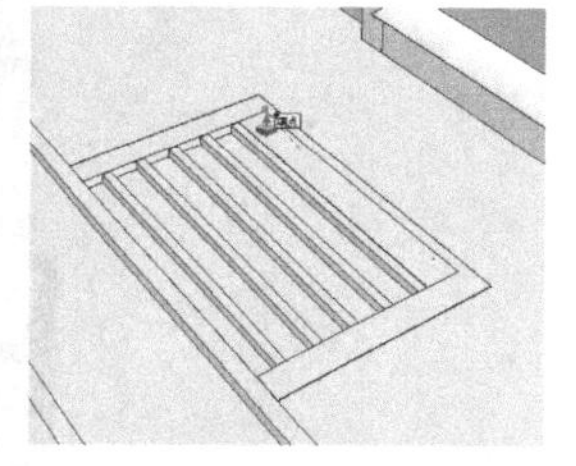
图 10-122

（4）选择制作的水槽模型，创建为组件，如图 10-123 所示。参考图纸快速复制，得到其他位置的水槽模型，如图 10-124 所示。

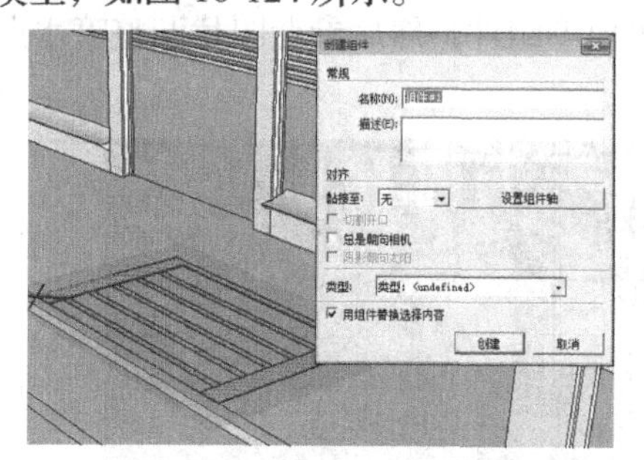

图 10-123

图 10-124

4. 制作材质并调入其他组件

（1）花架水池模型已创建完成，如图 10-125 所示。接下来分别为各部件制作相应材质，如图 10-126 和图 10-127 所示。

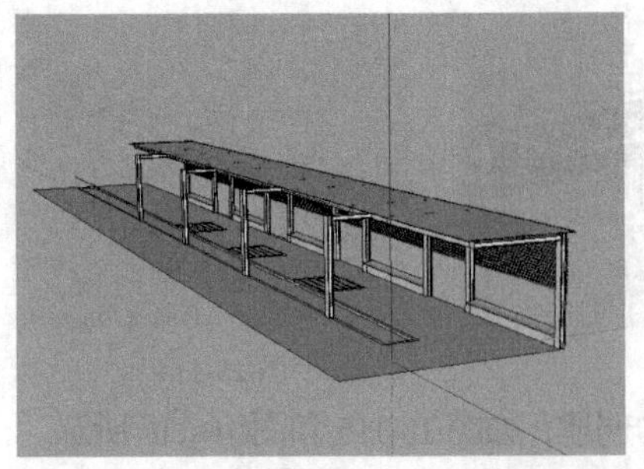

图 10-125

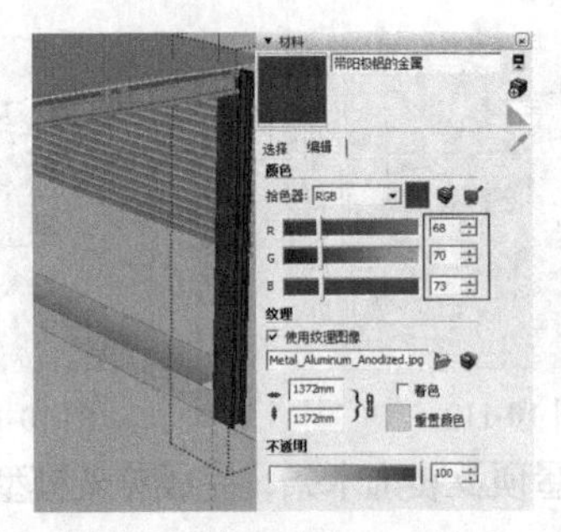

图 10-126

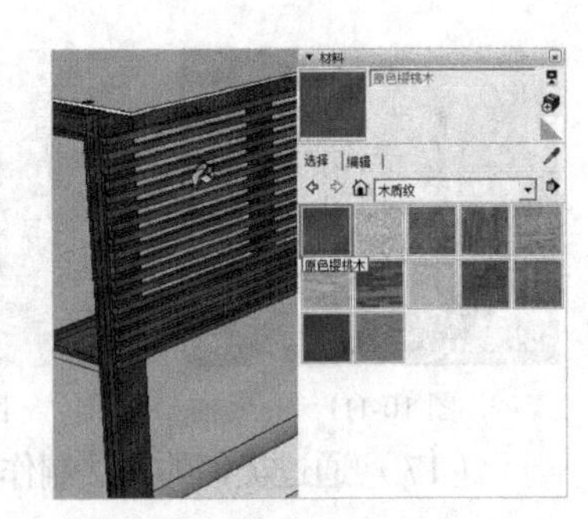

图 10-127

（2）继续为各部件制作相应材质，如图 10-128 所示。

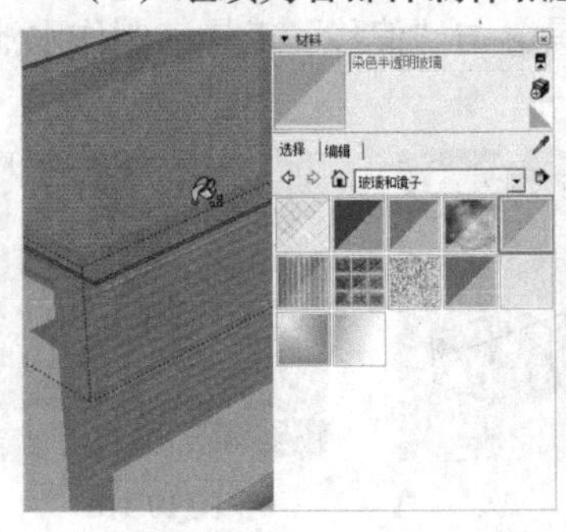

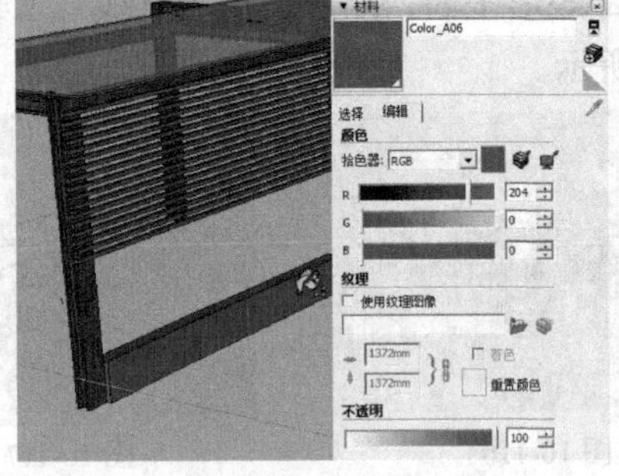

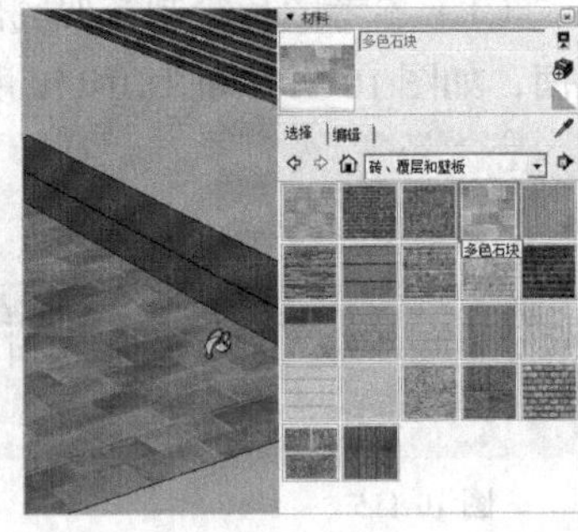

图 10-128

（3）为水池制作相应材质，如图 10-129 所示。

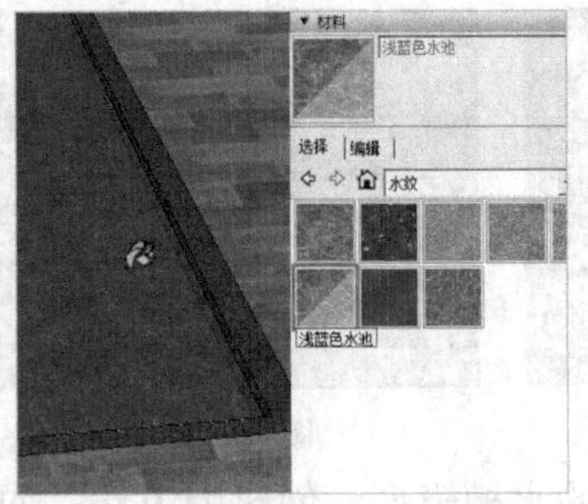

图 10-129

（4）执行“窗口”→“组件”命令，导入喷水模型组件，然后参考图片调整喷水造型，并进行对应复制，如图 10-130 和图 10-131 所示。

图 10-130

图 10-131

经过以上步骤，最终完成的花架水池效果如图 10-132 所示。

图 10-132

10.2.2 导入二维图像

在 SketchUp 中，常常需要将二维图像导入场景中作为场景底图，再在底图上进行描绘，将其还原为三维模型。SketchUp 允许导入的二维图像文件格式包括 JPG、PNG、TGA、BMP 和 TIF。

◆ **二维图像导入方法**

SketchUp 支持 JPG、PNG、TIF、TGA 等常用二维图像格式文件的导入。

执行“文件”→“导入”命令，如图 10-133 所示。在弹出的“打开”对话框中，在“文件类型”下拉列表中可以选择多种二维图像格式，通常直接选择“所有支持的图像类型”，如图 10-134 所示。

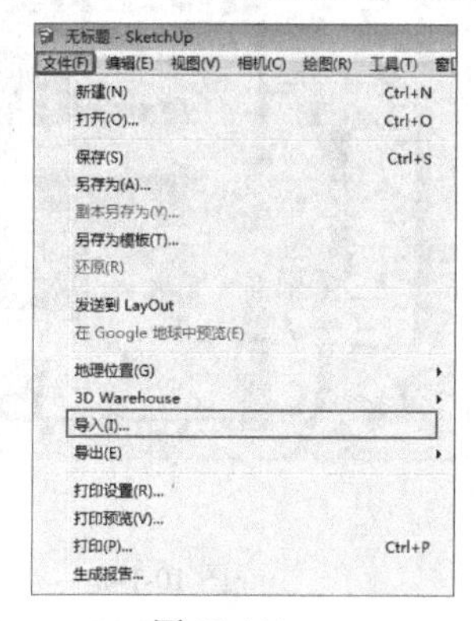

图 10-133

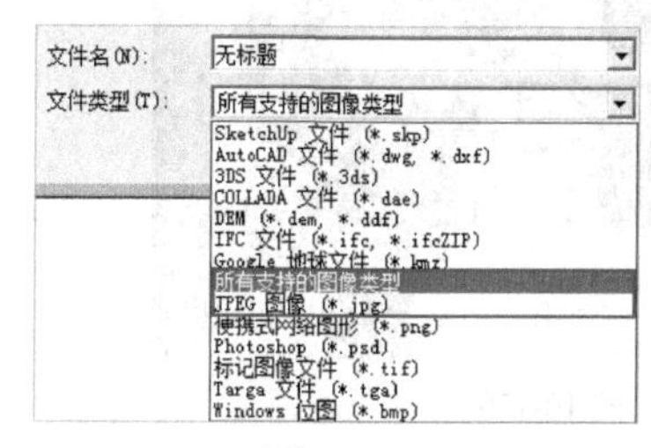

图 10-134

选择图像导入类型后，可以在“打开”对话框右侧选择图像的用途，如图 10-135 所示，这里保持默认的“用作图像”选项。双击目标图像文件，或选择文件后单击“打开”按钮，如图 10-136 所示。

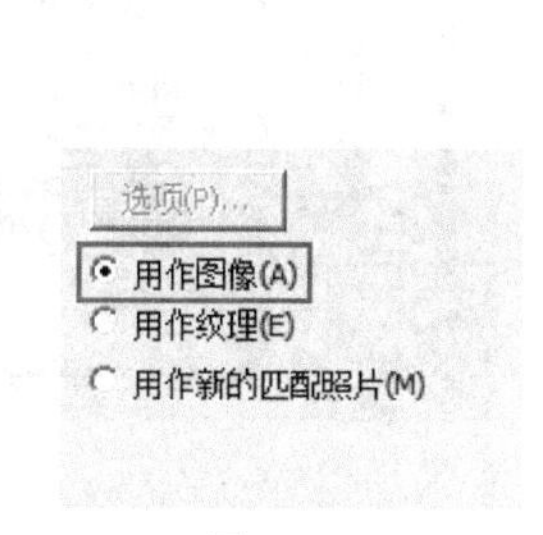

图 10-135

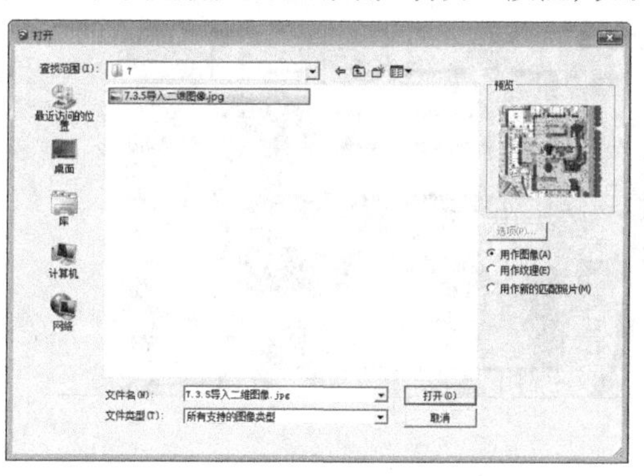

图 10-136

将图像文件放置于原点附近并单击，如图 10-137 所示。此时拖曳鼠标可以调整导入图像文件的宽度和高度，或在数值输入框中输入精确的数值，按 Enter 键确认，如图 10-138 所示。

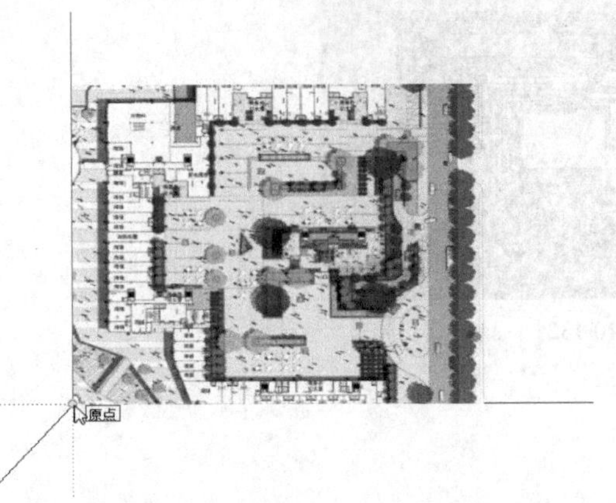

图 10-137

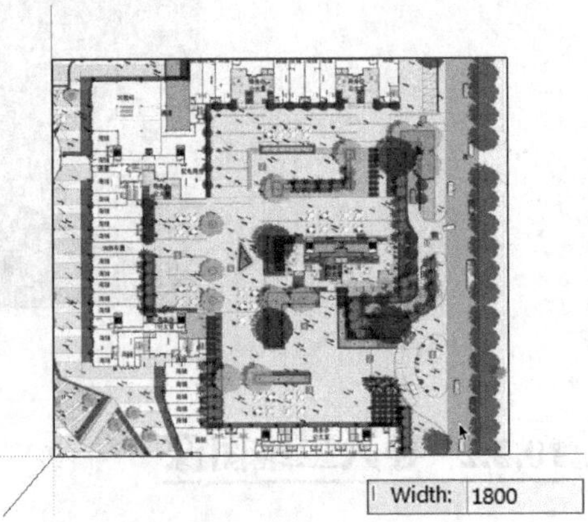

Width: 1800

图 10-138

二维图像放置好后，即可作为参考底图，用于 SketchUp 辅助建模，如图 10-139 所示。导入二维图像后将自动成组，如需进行编辑，可单击鼠标右键，在弹出的快捷菜单中选择“分解”命令。导入图像文件的宽高比在默认情况下将保持原有比例，如图 10-140 所示。

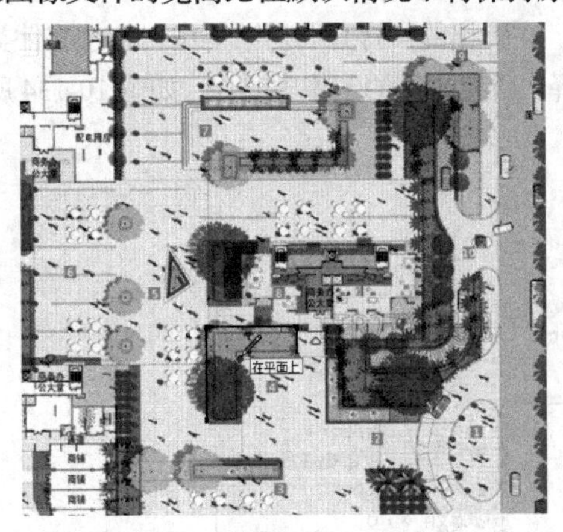

图 10-139

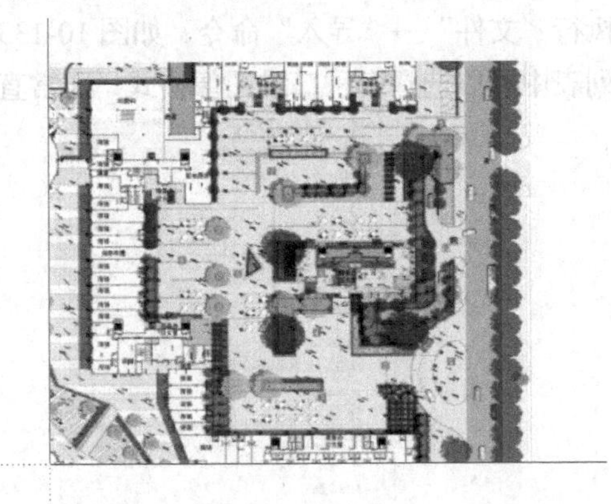

图 10-140

在对宽高比进行调整时，可以通过借助 Shift 键对图像文件进行等比调整，如图 10-141 所示。如果按住 Ctrl 键，则平面中心将与放置点自动对齐，如图 10-142 所示。

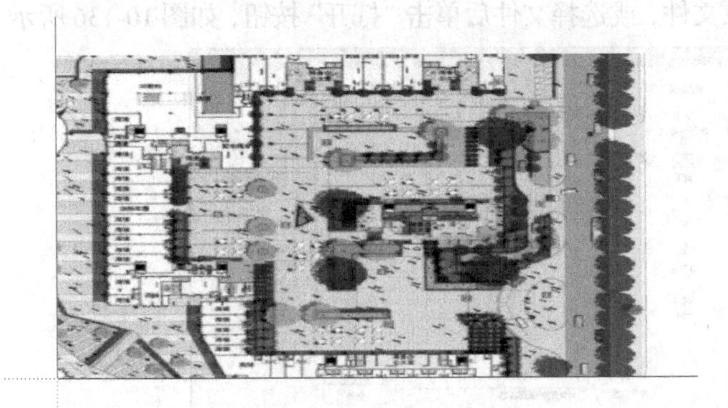

图 10-141

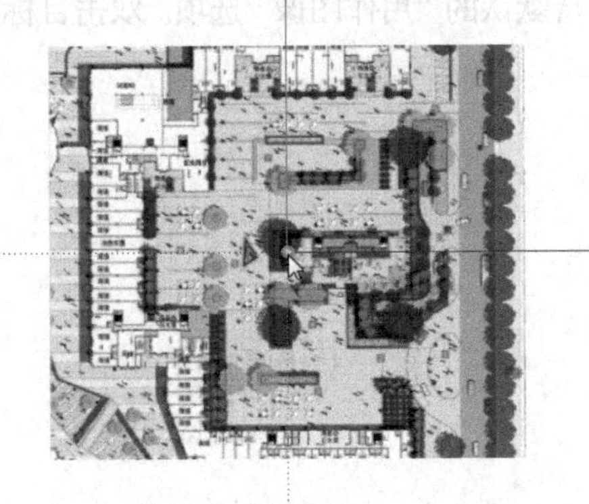

图 10-142

◆ **二维图像导入技巧**

将二维图像成功导入 SketchUp 后，将自动生成一个与图片长宽比例一致的平面，如图 10-143 所示。而在确定该平面第一个放置点后，按住 Shift 键拖曳，可以改变平面的长宽比例，如图 10-144 所示。如果按住 Ctrl 键，则平面中心将与放置点自动对齐，如图 10-145 所示。

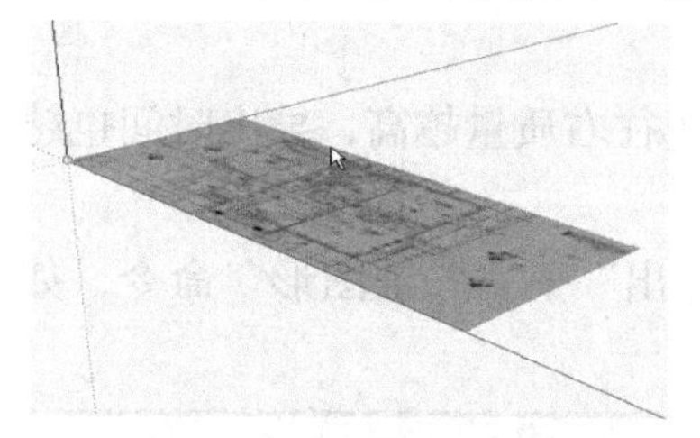

图 10-143

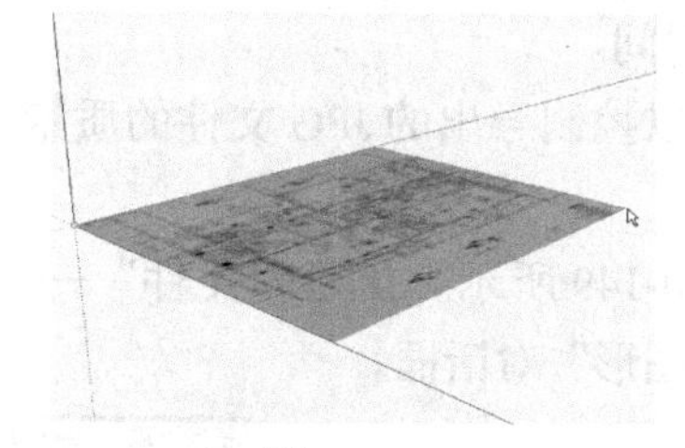

图 10-144

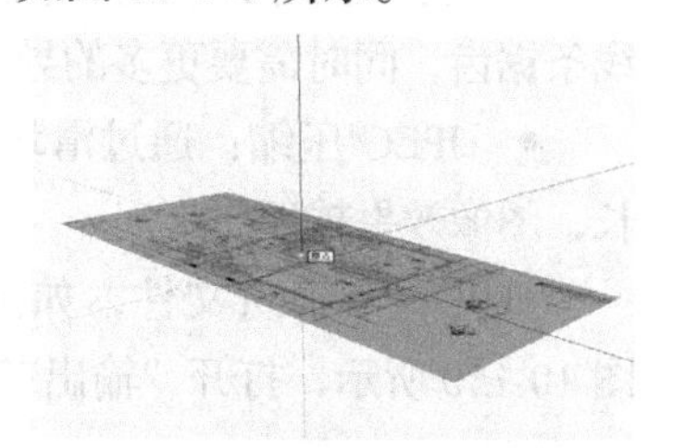

图 10-145

此外，如果在“导入”对话框中选择将图片导入为纹理，则可以将其赋予模型表面，如图 10-146 所示。

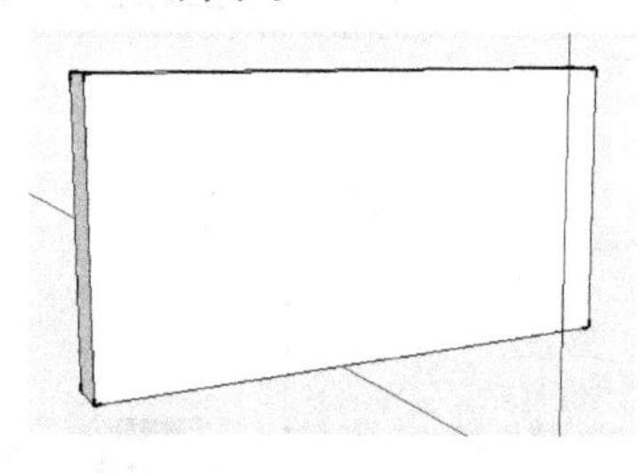

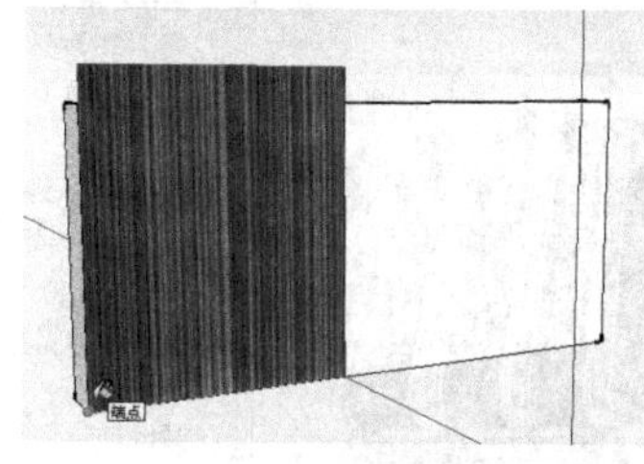

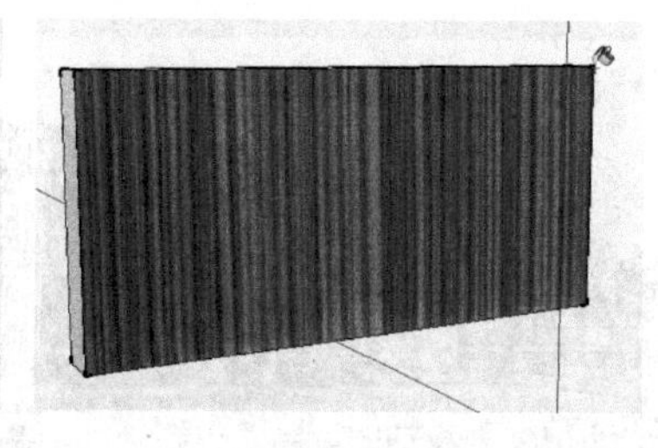

图 10-146

10.2.3 导出二维图像

在方案初步设计阶段，设计师与甲方需要进行方案的沟通与交流，把 SketchUp 三维模型导出成 JPG 格式文件可为沟通提供方便。SketchUp 支持导出的二维图像文件格式有 JPG、BMP、TGA、TIF、PNG 等。

执行“文件”→“导出”→“二维图形”命令，在弹出的“输出二维图形”对话框中单击“选项”按钮，在弹出的“导出 JPG 选项”对话框中对输出文件进行相关的设置，如图 10-147 和图 10-148 所示。

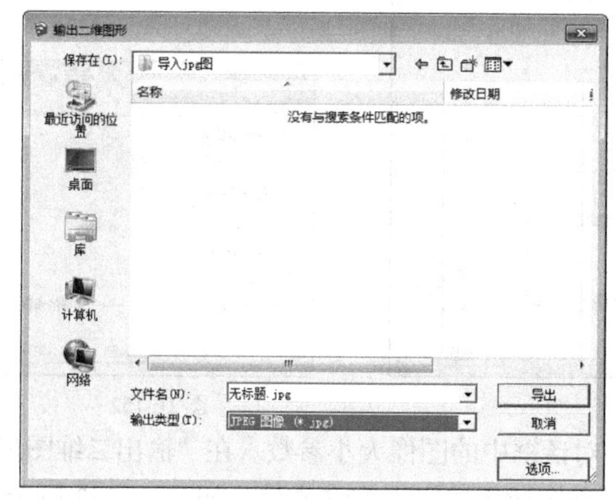

图 10-147

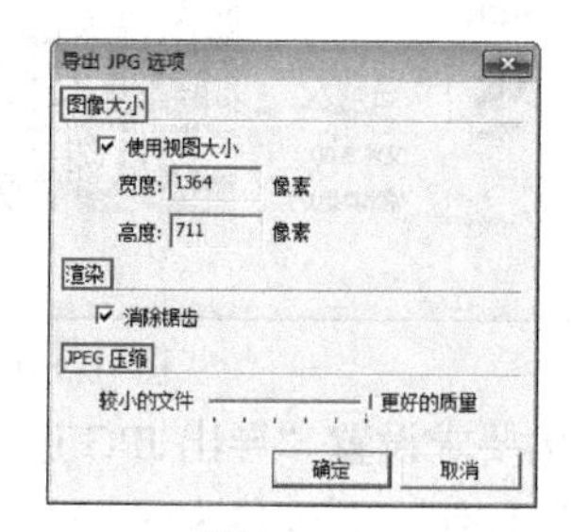

图 10-148

"导出 JPG 选项"对话框包括 3 组设置选项，具体如下。

- 图像大小：默认状况下，"使用视图大小"复选框为选中状态，此时导出的二维图像的尺寸大小等同于当前视图窗口的大小。取消该项，则可以自定义图像尺寸。
- 渲染：选中"消除锯齿"复选框后，SketchUp 将对图像进行平滑处理，从而减少图像中的线条锯齿，同时需要更多的导出时间。
- JPEG 压缩：通过滑块可以控制导出的 JPG 文件的质量，越往右质量越高，导出时间也越长，图像效果越理想。

打开一个素材文件，如图 10-149 所示。执行"文件"→"导出"→"二维图形"命令，如图 10-150 所示，打开"输出二维图形"对话框。

图 10-149

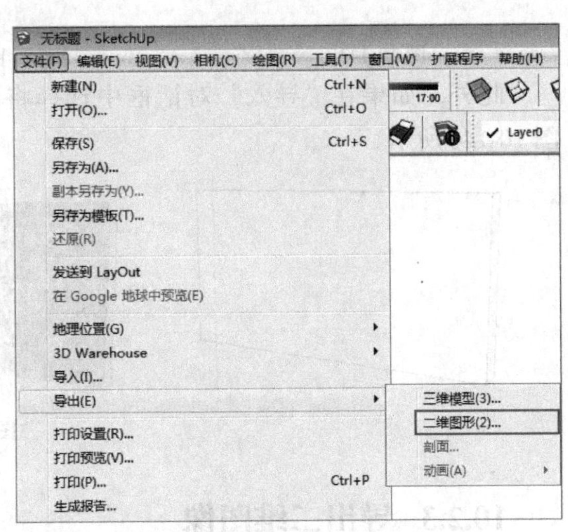

图 10-150

在"输出二维图形"对话框中选择文件类型为"JPEG 图像（*.jpg）"，如图 10-151 所示。单击"选项"按钮，弹出"导出 JPG 选项"对话框，如图 10-152 所示。

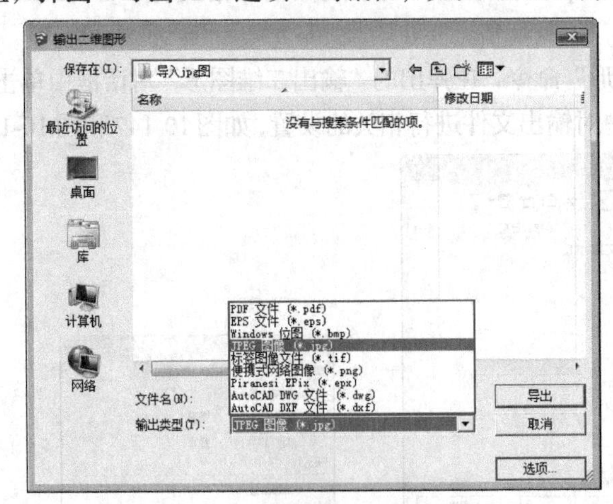

图 10-151

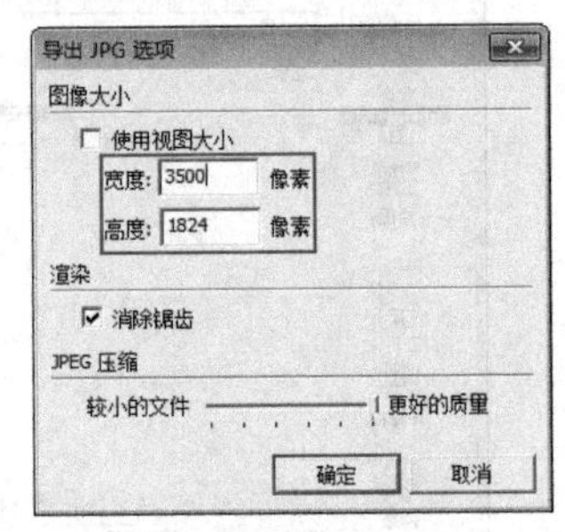

图 10-152

根据导出要求设置"导出 JPG 选项"对话框中的图像大小参数。在"输出二维图形"对话框中单击"导出"按钮，即可将 SketchUp 当前视图效果导出为 JPG 文件，如图 10-153 所示。

图 10-153

10.3 三维文件的导入与导出

SketchUp 除了可以导入 / 导出 DWG 文件格式外，还可以导入 / 导出 3DS、OBJ、WRL、XSI 等常用三维格式文件。由于 SketchUp 经常使用 3ds Max 进行后期渲染处理，因此这里以导出 3DS 文件为例进行讲解。

10.3.1 三维文件的导入

SketchUp 支持 3DS 格式的三维文件导入。执行“文件”→“导入”命令，在弹出的“打开”对话框中选择“3DS 文件（*.3ds）”文件类型，如图 10-154 和图 10-155 所示。

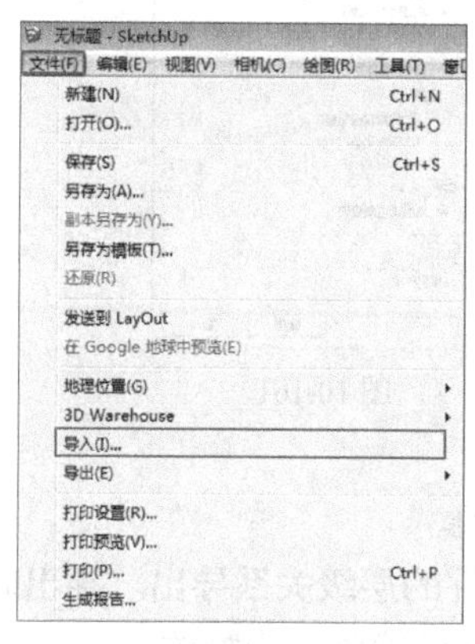

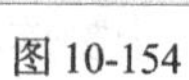

图 10-154

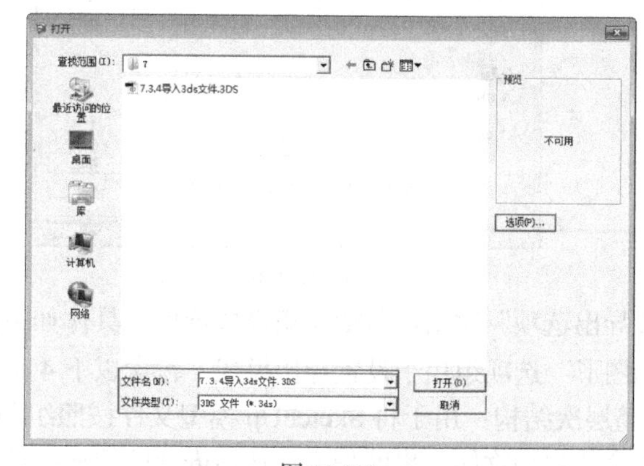

图 10-155

单击“打开”对话框中的“选项”按钮，打开“3DS 导入选项”对话框，如图 10-156 所示。根据要求设置导入选项，单击“确定”按钮返回“打开”对话框，然后双击目标文件，即可进行导入，如图 10-157 和图 10-158 所示。文件成功导入后的效果如图 10-159 所示。

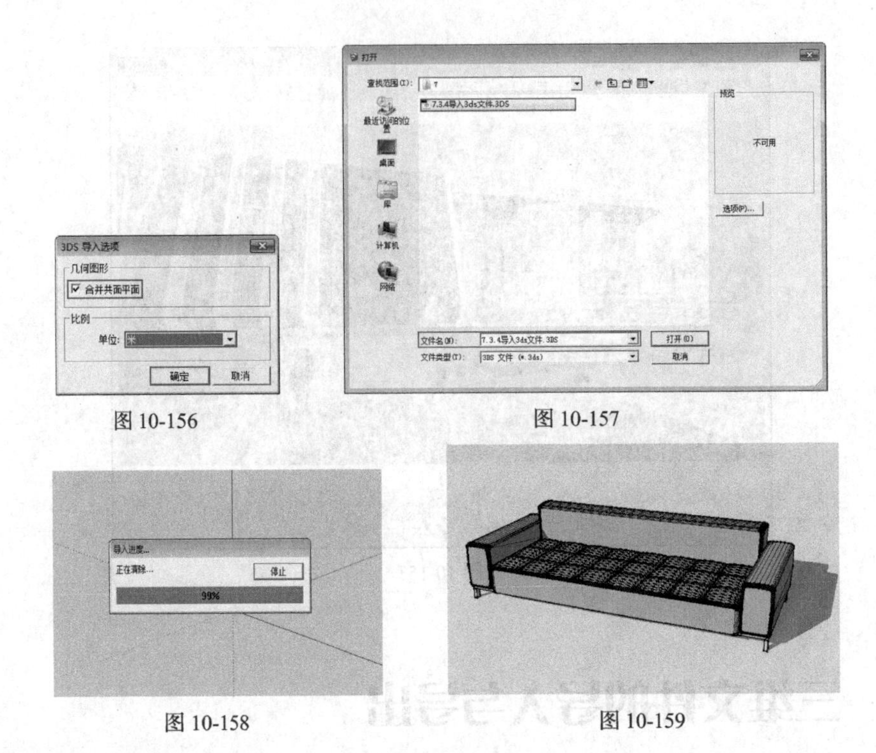

图 10-156　　图 10-157

图 10-158　　图 10-159

10.3.2 三维文件的导出

执行“文件”→“导出”→“三维图形”命令，在弹出的“输出模型”对话框中单击“选项”按钮，即可在弹出的“3DS 导出选项”对话框中对输出文件进行相关的设置，如图 10-160 和图 10-161 所示。

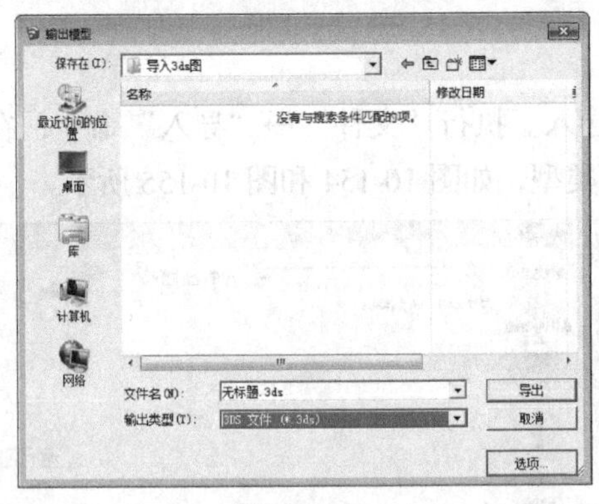

图 10-160

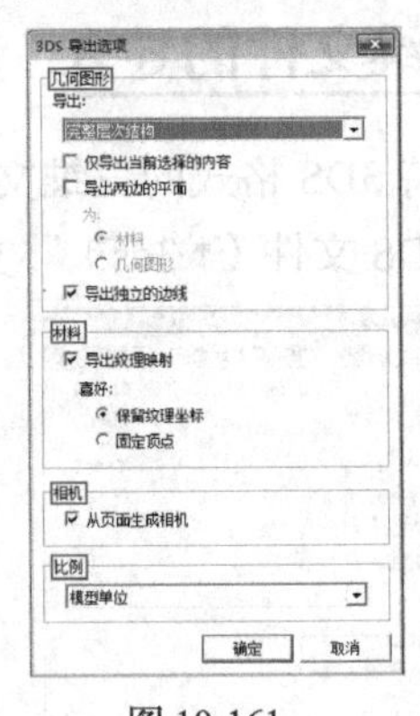

图 10-161

“3DS 导出选项”对话框包括 4 组设置选项，具体如下。

“几何图形”选项组用于设置导出模式，包含以下 4 个选项。

- 完整层次结构：用于将 SketchUp 模型文件按照组与组件的层级关系导出。导出时只有最高层次的物体会转化为物体。也就是说，任何嵌套的组或组件只能转换为一个物体。
- 按图层：用于将 SketchUp 模型文件按同一图层上的物体导出。
- 按材质：用于将 SketchUp 模型按材质贴图导出。
- 单个对象：用于将 SketchUp 中模型导出为已命名文件，在大型场景模型中应用较多。例如，导出一个城市规划效果图中的某单体建筑物。

选中“仅导出当前选择的内容”复选框，将只导出当前选中的实体模型。

选中“导出两边的平面”复选框，将激活下面的“材料”和“几何图形”两个选项。

选中“导出独立的边线”复选框，用于创建非常细长的矩形来模拟边线。因为独立边线是大部分 3D 程序所没有的功能，所以无法经过 3DS 格式直接转换。

“材料”选项组用于激活 3DS 材质定义中的双面标记，“几何图形”用于将 SketchUp 模型中的所有面都导出两次，一次导出正面，一次导出背面。不论选择哪个选项，都会使得导出的面的数量增加，导致渲染速度下降。

- 导出纹理映射：用于导出模型中的贴图材质。
- 保留纹理坐标：用于在导出 3DS 文件后不改变贴图坐标。
- 固定顶点：用于对齐贴图坐标与平面视图。

选中“相机”选项组中的“从页面生成相机”复选框，将保存、创建当前视图为镜头。

“比例”下拉列表用于指定导出模型使用的比例单位，一般情况下使用“米”。

下面介绍导出三维文件的具体方法。

打开一个三维文件，如图 10-162 所示。该场景为一个高层建筑模型。执行“文件”→“导出”→“三维模型”命令，打开“输出模型”对话框，如图 10-163 所示。

图 10-162

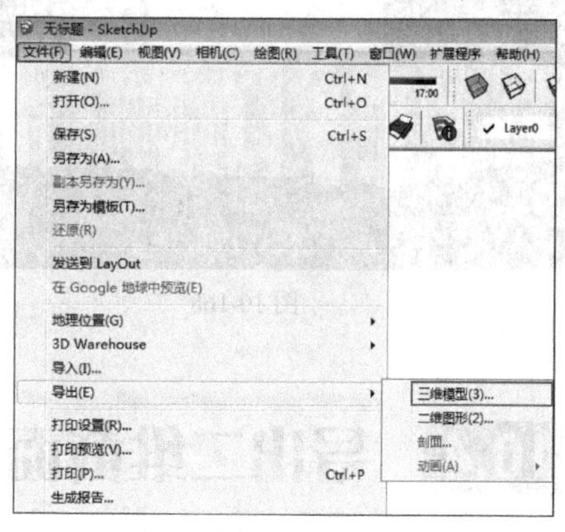

图 10-163

选择文件类型为“3DS 文件（*.3ds）”，如图 10-164 所示。单击“输出模型”对话框中的“选项”按钮，在弹出的“3DS 导出选项”对话框中根据要求设置选项并确认，如图 10-165 所示。

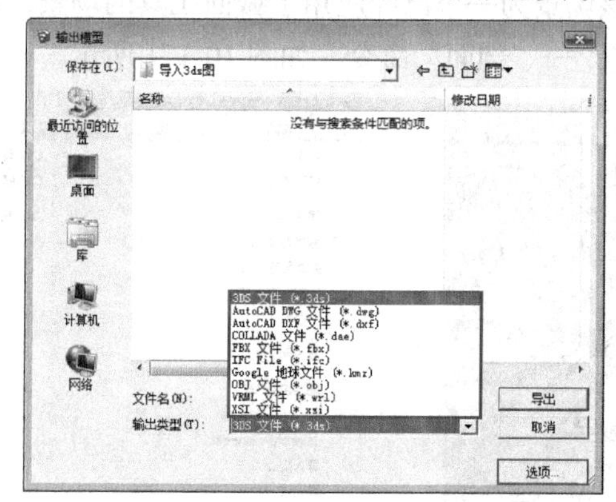

图 10-164

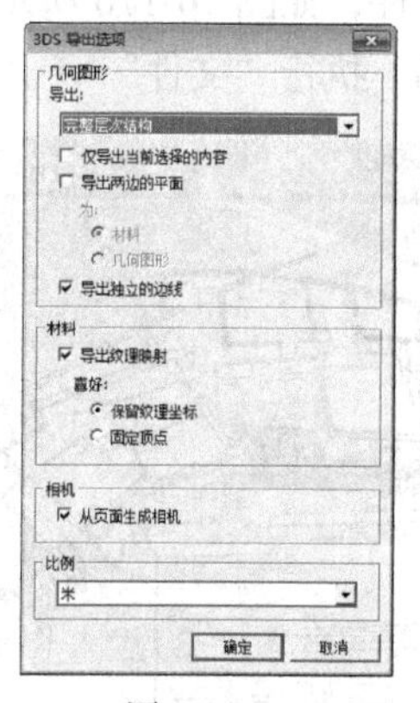

图 10-165

在“输出模型”对话框中单击“导出”按钮即可进行导出，并弹出“导出进度”对话框，如图 10-166 所示。成功导出 3DS 文件后，SketchUp 将弹出如图 10-167 所示的“3DS 导出结果”对话框，罗列导出的详细信息。

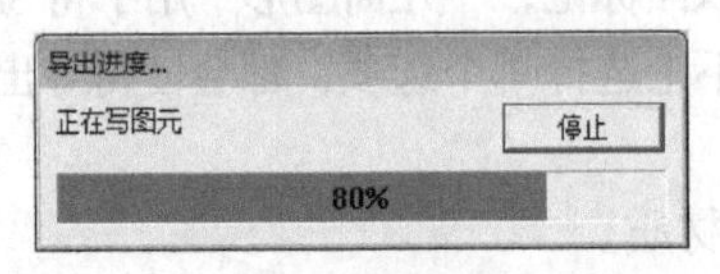

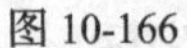

图 10-166

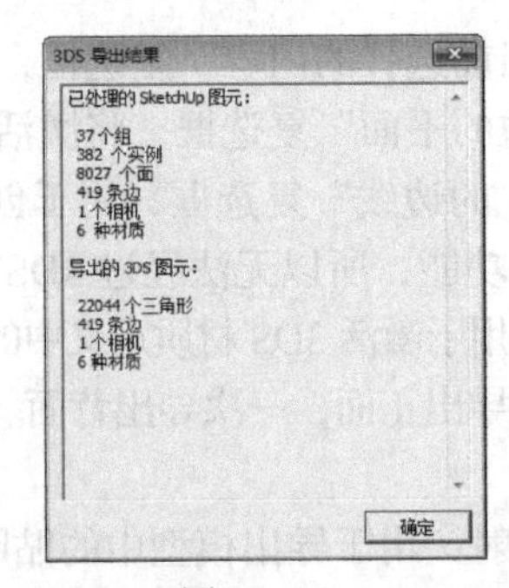

图 10-167

在导出路径中找到导出的 3DS 文件，即可使用 3ds Max 打开，如图 10-168 所示。导出的 3DS 文件不但有完整的模型文件，还创建了对应的摄影机，调整构图比例进行默认渲染，渲染效果如图 10-169 所示，可以看到模型相当完好。

图 10-168

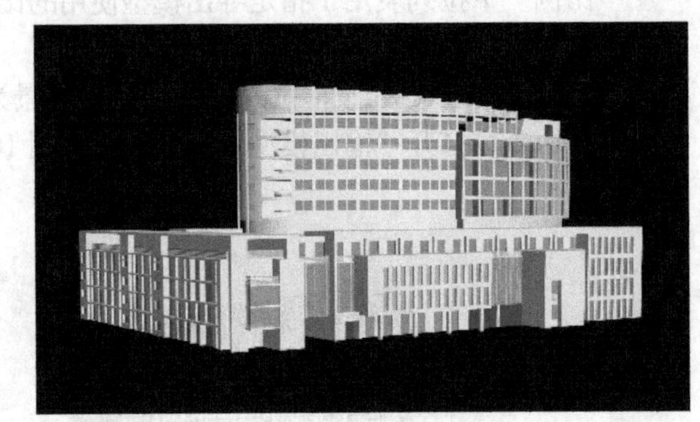

图 10-169

10.4 导出二维截面文件

通过“剖面”导出命令，可以将 SketchUp 中的截面图形导出为 AutoCAD 可用的 DWG/DXF 格式文件，从而在 AutoCAD 中加工成施工图纸。

打开模型文件，如图 10-170 所示。该场景为一个已经应用了截面工具的场景，在视图中已经能看到其内部布局。执行“文件”→“导出”→“剖面”命令，如图 10-171 所示。

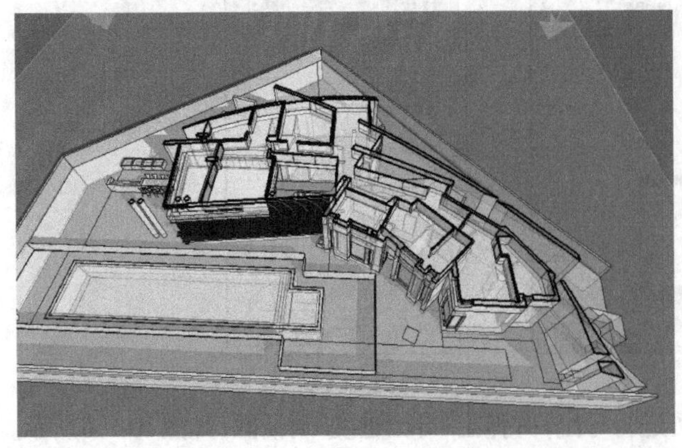

图 10-170

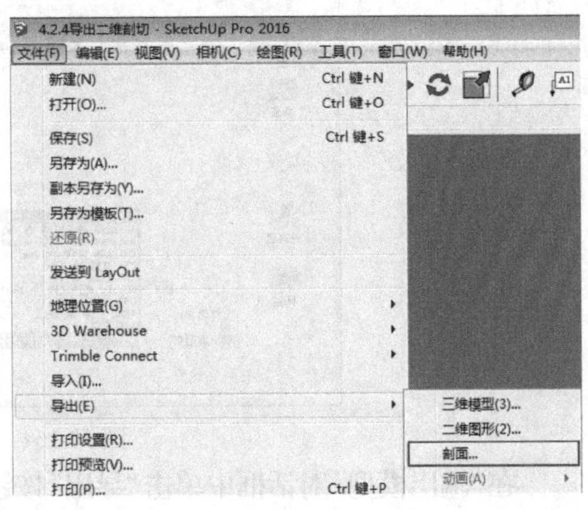

图 10-171

打开“输出二维剖面”对话框，选择DWG文件类型，如图10-172所示。单击“选项”按钮，打开“二维剖面选项”对话框，如图 10-173 所示。根据导出要求设置相关参数，单击“确定”按钮。

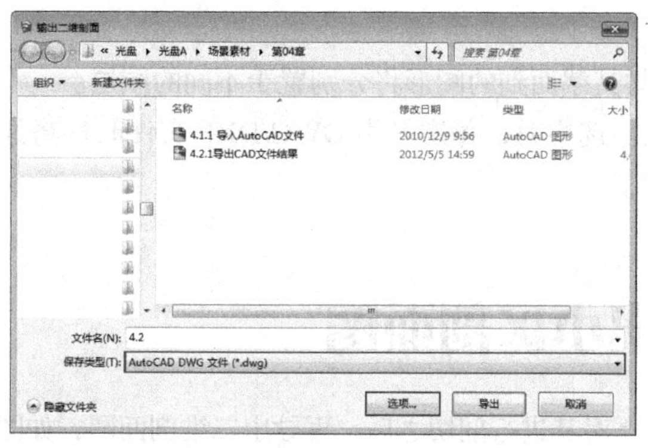

图 10-172

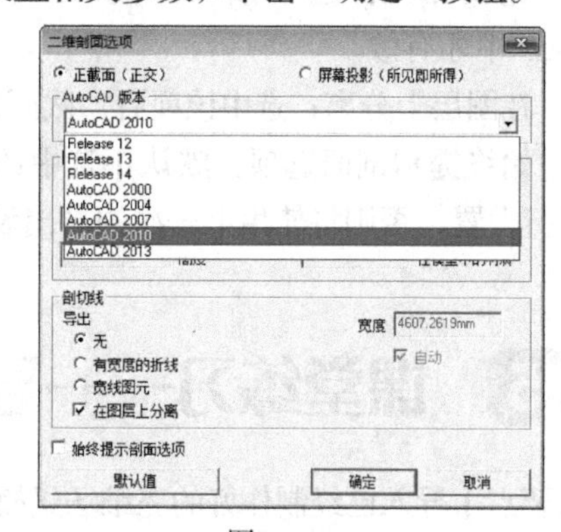

图 10-173

单击“输出二维剖面”对话框中的“导出”按钮，即可导出 DWG 文件。成功导出 DWG 文件后，SketchUp 将弹出如图 10-174 所示的提示对话框。在导出路径中找到导出的 DWG 文件，即可使用 AutoCAD 进行打开与查看，如图 10-175 所示。

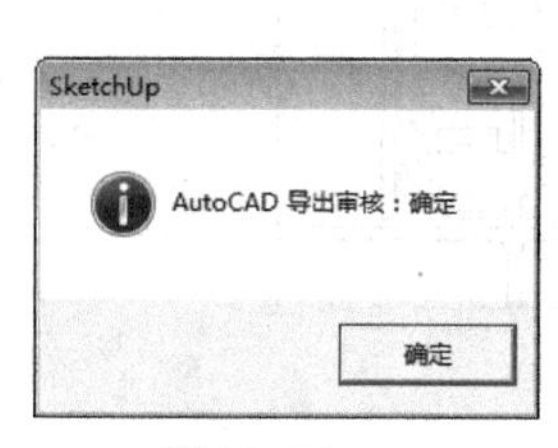

图 10-174

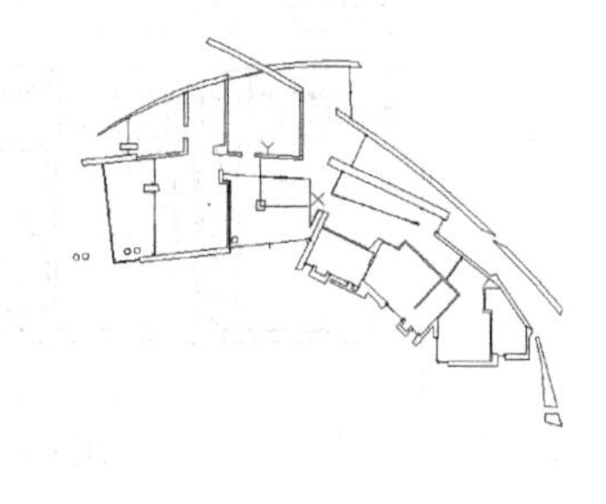

图 10-175

“二维剖面选项”对话框中各项参数含义如下。

- 正截面（正交）：默认选中该项，此时无论视图中模型有多么倾斜，导出的 DWG 图纸均以截面切片的正交视图为参考，该文件在 AutoCAD 中可用于加工出施工图，以及其他精确可测的图纸。
- 屏幕投影（所见即所得）：选中该项后，导出的 DWG 图纸将以屏幕上看到的剖面视图为参考，这种情况下导出的 DWG 图纸会保留透视的角度，因此其尺寸将失去价值。
- AutoCAD 版本：根据当前使用的 AutoCAD 版本选择对应版本号。
- 图纸比例与大小：用于设置图纸尺寸，包含以下选项。

实际比例（1:1）：默认选中该项，导出的 DWG 图纸尺寸与当前模型尺寸一致。取消选择该项，可以通过其下的参数进行比例的缩放及自定义设置。

在模型中 / 在图纸中：“在模型中”与“在图纸中”的比例是图形在导出时的缩放比例。可以指定图形的缩放比例，使之符合建筑惯例。

宽度 / 高度：用于设置输出图纸的尺寸大小。

- 剖切线：用于设置导出的剖切线，包含以下 4 选项。
- 导出：该项用于选择是否将截面线同时输出在 DWG 图纸内，默认选择“无”，此时将不导出截面线。
- 有宽度的折线：选中该项，截面线将导出为多段线实体，取消选择其后的“自动”复选框，可自定义线段宽度。

- 宽线图元：选中该项，截面线将导出为粗实线实体。该选项只有在R14以上版本的AutoCAD中才有效。
- 在图层上分离：选中该项后，截面线与其截面到的图形将分别置于不同的图层。
- 始终提示剖面选项：默认不选中该项。选中时，每次导出DWG/DXF文件时都将弹出该对话框进行设置，否则将使用上一次的导出设置。

10.5 课堂练习——导出小区剖面图

【知识要点】导入已经制作好的三维场景模型，对其进行剖切之后，再导出二维剖面图，如图10-176所示。

【所在位置】素材 \ 第10章 \ 10.5 \ 小区剖切图 .dwg。

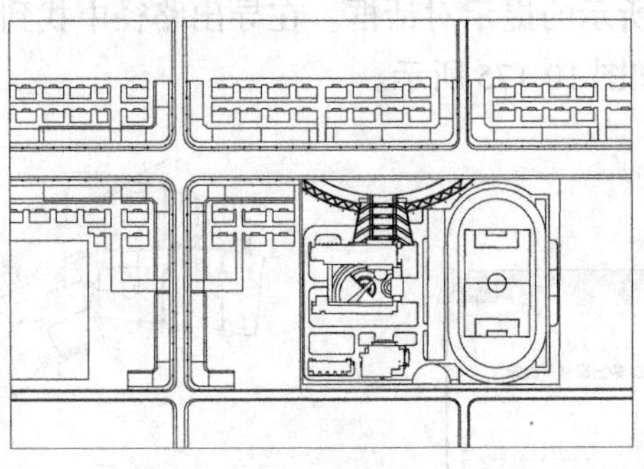

图 10-176

10.6 课后习题——绘制公寓墙体

【知识要点】将AutoCAD图纸导入SketchUp场景中并创建公寓，如图10-177所示。

【所在位置】素材 \ 第10章 \ 10.6 \ 绘制公寓墙体 .skp。

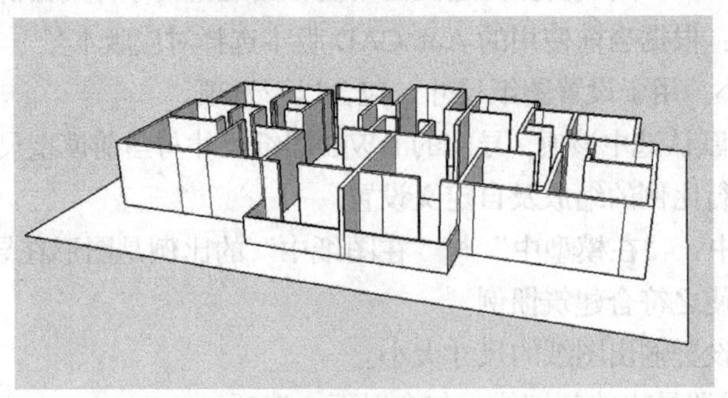

图 10-177

第11章 综合案例实训

本章介绍

本章结合两个应用领域，通过案例分析、案例设计、案例制作进一步介绍 SketchUp 强大的建模功能和制作技巧。读者在学习综合案例并完成建模练习后，可以掌握设计的理念和软件的技术要点，设计制作出专业的作品。

11.1 室内客厅设计

11.1.1 案例分析

本案例是现代客厅室内设计，先导入室内客厅的平面图纸，然后制作客厅的效果模型。对于客厅的设计，制造宽敞的感觉是一件非常重要的事情，不管固定空间是大还是小，在室内设计中都需要注意这一点，宽敞的感觉可以带来轻松的心境和欢愉的心情。

室内户型图主要用于表现室内各功能空间的划分和整体布局，而室内设计重点表现的是各个空间的具体设计细节，包括墙面设计、照明设计、家具设计、色彩设计及材料设计等。通过本案例的学习，可以了解到 SketchUp 辅助室内设计的方法和技巧。

11.1.2 案例设计

本案例的设计制作流程如图 11-1 所示。

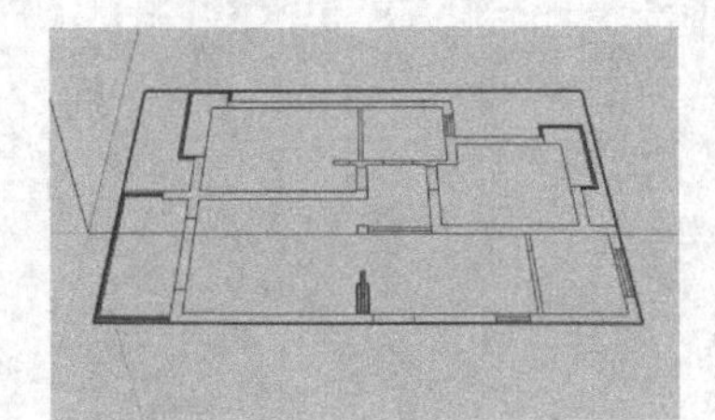

导入 CAD 图纸

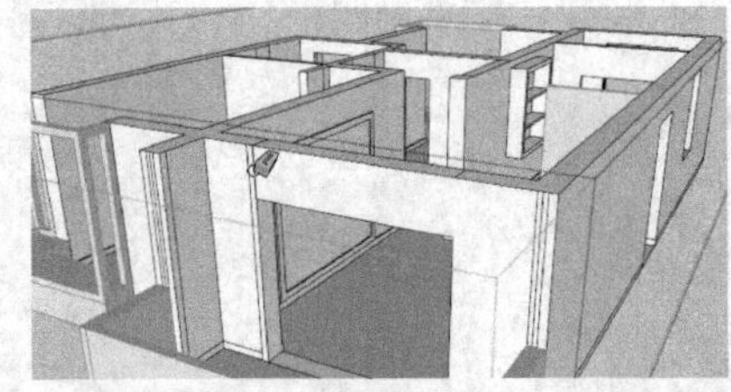

绘制墙体

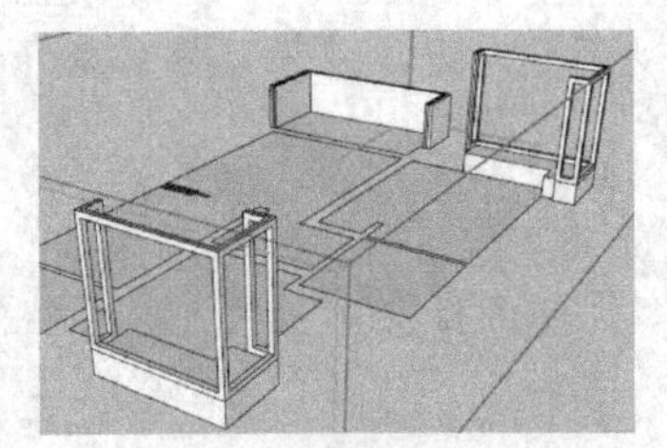

绘制地面

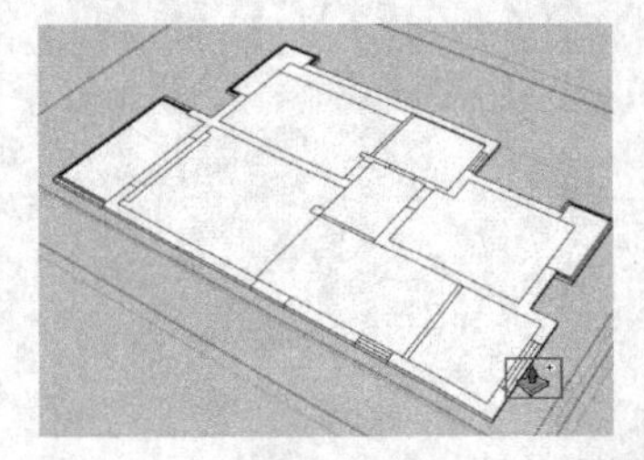

绘制天花板

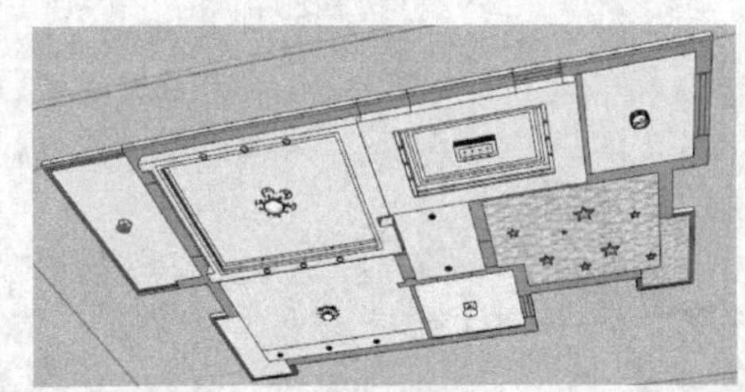

赋予材质

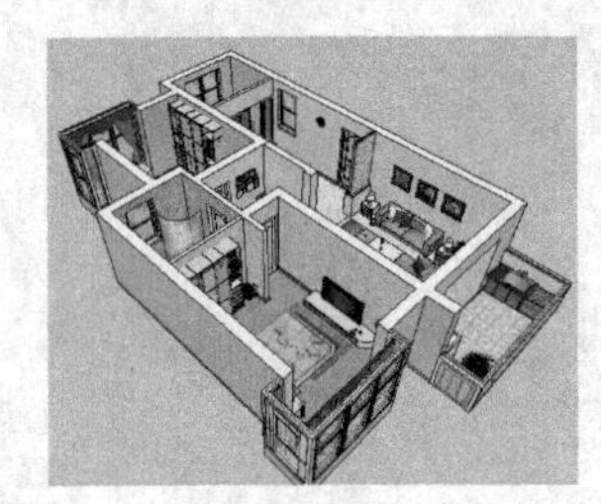

布置家具

渲染

图 11-1

11.1.3 案例制作

1. 导入 CAD 图形

（1）执行“窗口”→“模型信息”命令，在“模型信息”面板中，选择“单位”选项，进行如图 11-2 所示的设置，这样的参数设置可以使 SketchUp 场景操作更流畅。

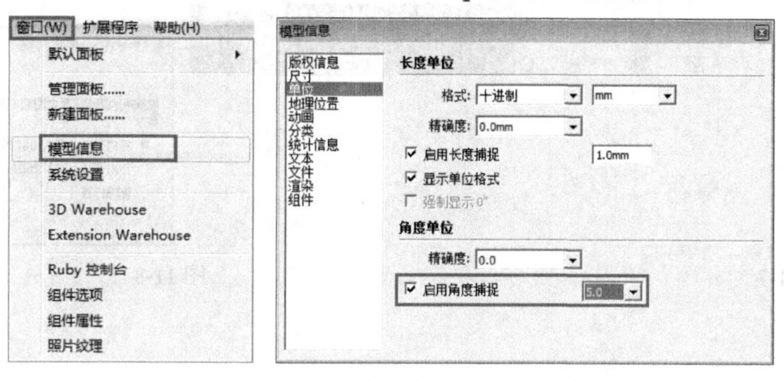

图 11-2

（2）导入 CAD 图形。执行“文件”→“导入”命令，在弹出的“导入”对话框中，将文件类型设置为“AutoCAD 文件（*.dwg,*.dxf）”，并选择需要的 CAD 文件，如图 11-3 所示。

（3）单击“打开”对话框底部的“选项”按钮，在打开的“导入 AutoCAD DWG/DXF 选项”对话框中将单位设置为“毫米”，并选中“保持绘图原点”复选框，如图 11-4 所示。单击“确定”按钮确认选项设置。单击“导入”对话框中的“导入”按钮，完成将 CAD 平面图导入 SketchUp 的操作。

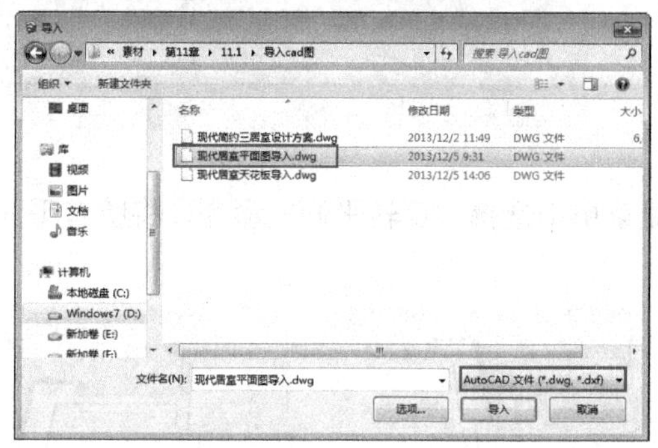

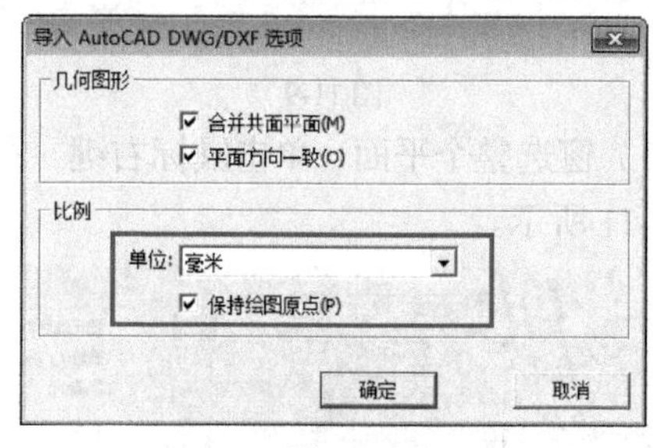

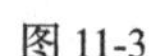
图 11-3

图 11-4

（4）CAD 图形导入后，将出现如图 11-5 所示的导入结果。导入 CAD 图形，并创建成组，如图 11-6 所示。

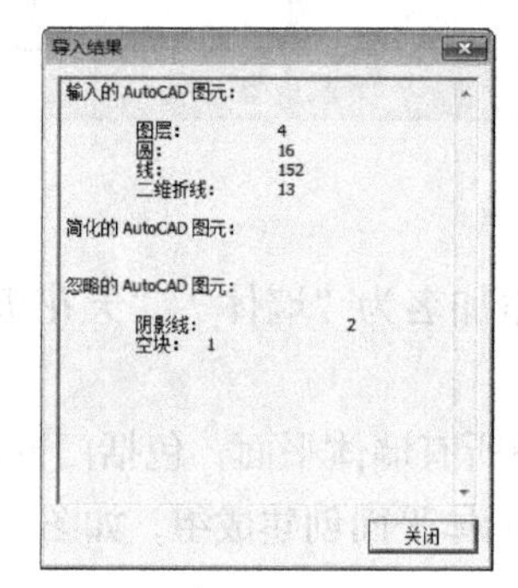

图 11-5

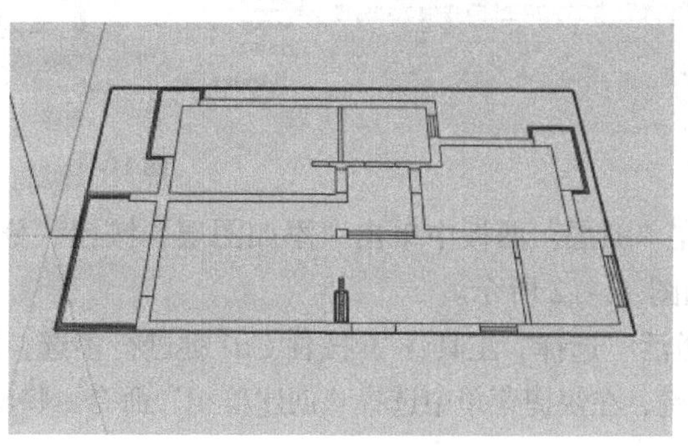

图 11-6

（5）执行“窗口”→“默认面板”→“图层”命令，打开“图层”面板，如图 11-7 所示。

（6）选择除 Layer0 图层外的所有图层，单击“删除图层”按钮⊖，在弹出的“删除包含图元的图层”对话框中选择“将内容移至默认图层”选项，单击“确定”按钮确认操作，如图 11-8 所示。

图 11-7

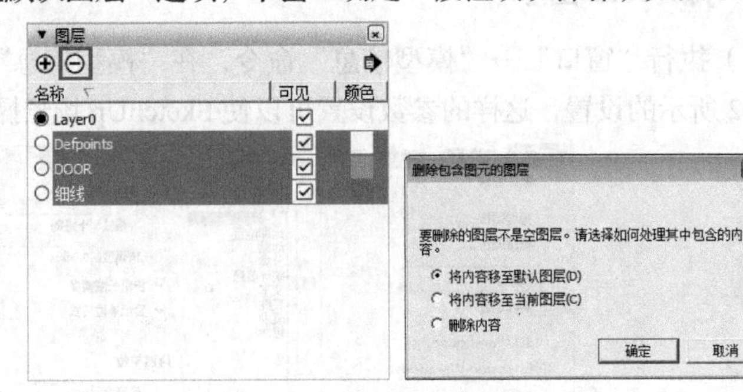

图 11-8

2. 绘制墙体

（1）利用“矩形”工具和“直线”工具将导入的 CAD 平面图形进行封面处理，如图 11-9 和图 11-10 所示。

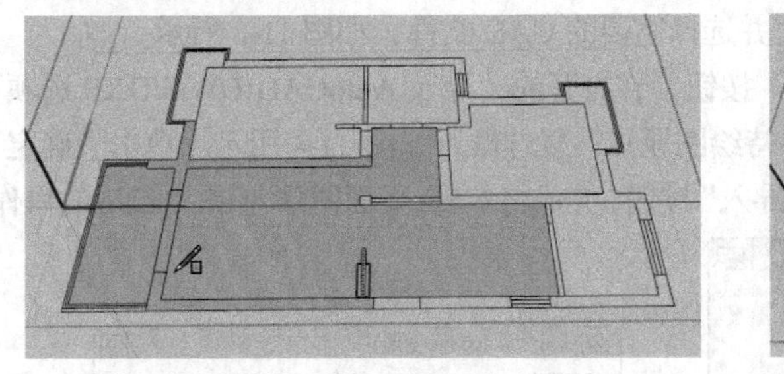

图 11-9

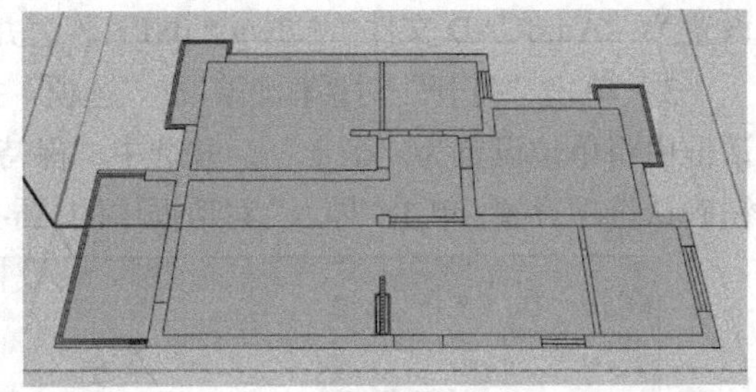

图 11-10

（2）窗选整个平面，单击鼠标右键，在快捷菜单中选择“反转平面”命令，将所有平面反转，如图 11-11 所示。

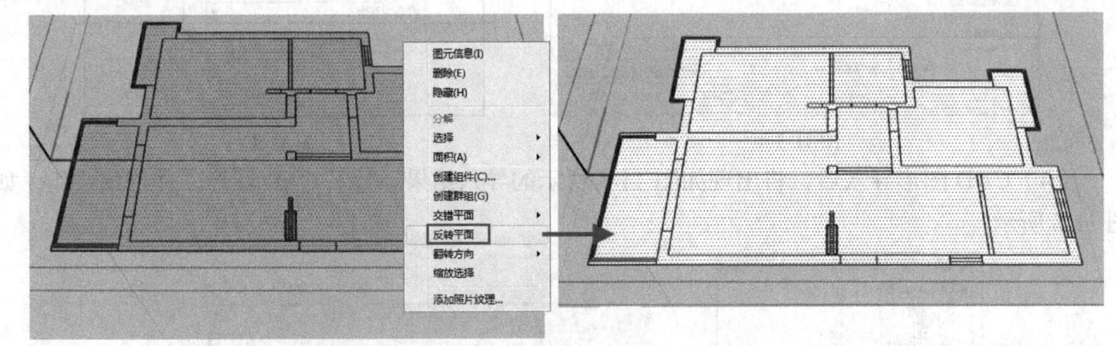

图 11-11

（3）在“图层”面板中单击“添加图层”按钮，分别添加名为“墙体”“天花板”“平面”的图层，如图 11-12 所示。

（4）激活“选择”工具，按住 Ctrl 键进行多选，选中所有墙体平面，包括门窗所在墙体，单击鼠标右键，在快捷菜单中选择“创建群组”命令，将所有墙体平面创建成组，如图 11-13 所示。

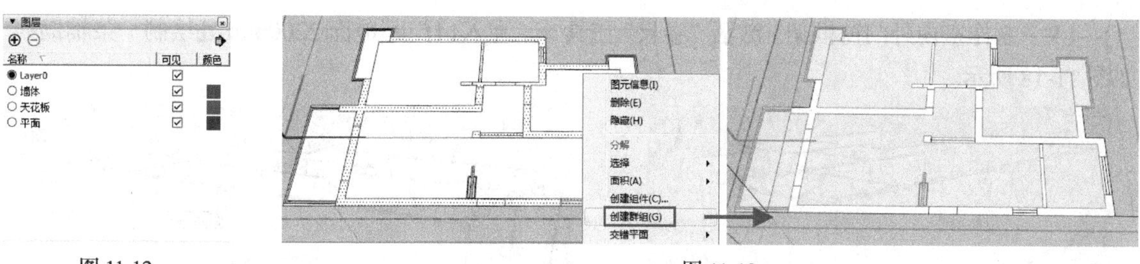

图 11-12　　　　　　　　　　　　　　图 11-13

（5）在墙体群组上单击鼠标右键，在快捷菜单中选择“图元信息”命令，在弹出的“图元信息”面板中，将墙体群组所在 Layer0 图层更换为“墙体”图层，如图 11-14 所示。

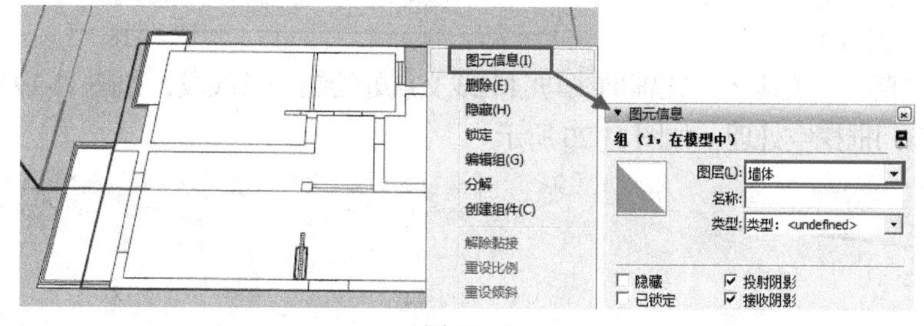

图 11-14

（6）双击墙体群组进入编辑状态，激活“推 / 拉”工具，将所有墙体面向上推拉出 2650mm 的高度，如图 11-15 所示。

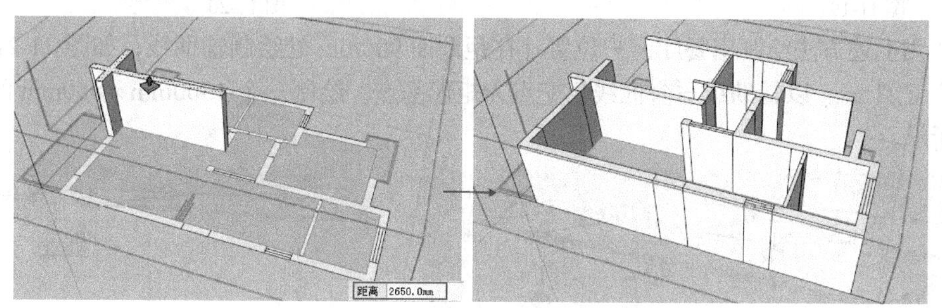

图 11-15

（7）绘制踢脚面。通过“视图”工具栏分别切换前后左右视图，使用“选择”工具，按住 Ctrl 键，选择所有墙体底面边线，如图 11-16 所示。

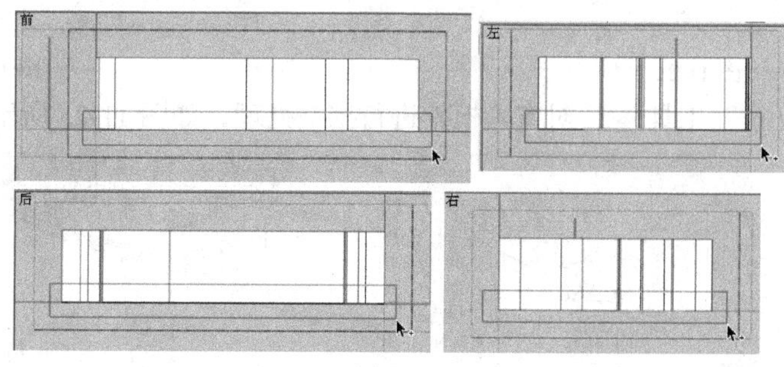

图 11-16

（8）激活“移动”工具，按住 Ctrl 键，将墙体底面边线向上移动复制 100mm 的距离，如图 11-17 所示。

（9）制作室内外门窗框架。激活“卷尺”工具，在入口门距地面 2200mm 处绘制一条辅助线，如图 11-18 所示。

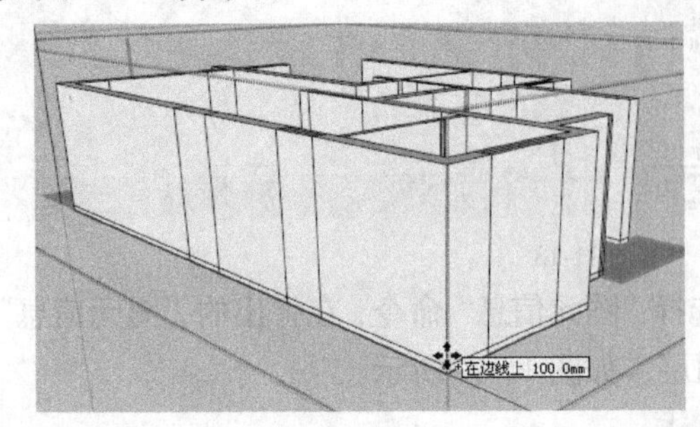

图 11-17

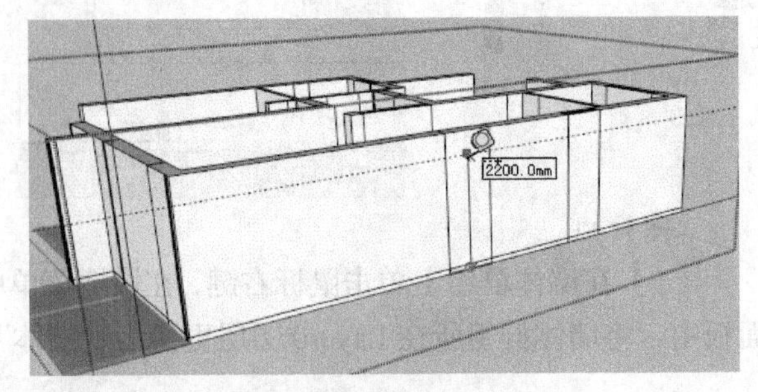

图 11-18

（10）激活“直线”工具，在辅助线与门框线交点处绘制一条线段，如图 11-19 所示，并用“推/拉”工具将入口门框挖空处理，如图 11-20 所示。

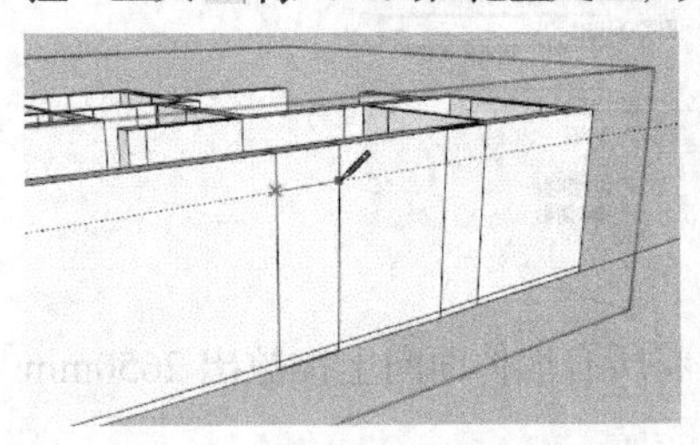

图 11-19

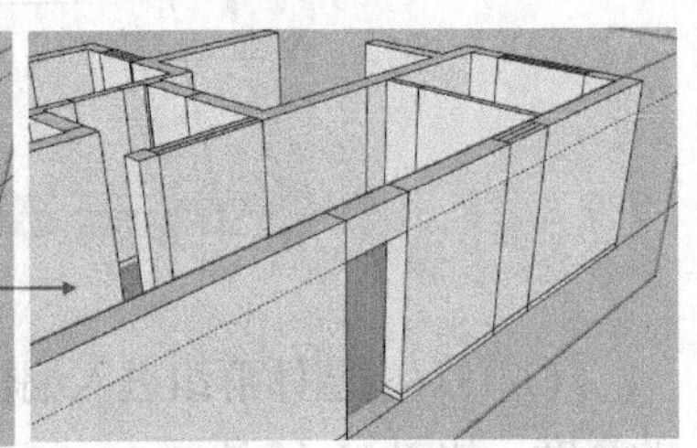

图 11-20

（11）用上述方法绘制出餐厅窗户位置。在距地面 900mm 处绘制辅助线，如图 11-21 所示。激活“矩形”工具，以辅助线与窗框线相交点为矩形基点，绘制一个 1500mm × 850mm 的矩形，如图 11-22 所示。

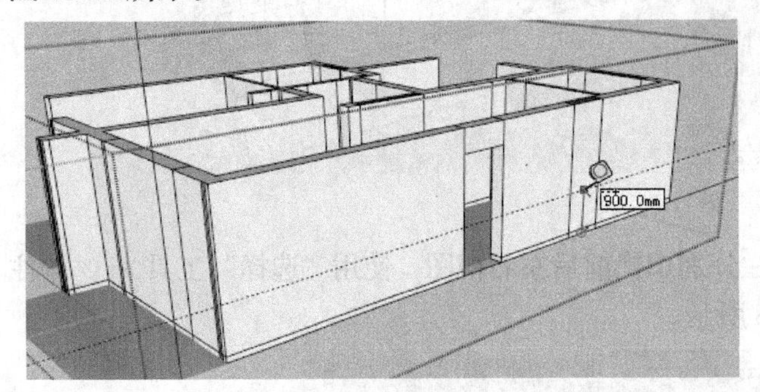

图 11-21

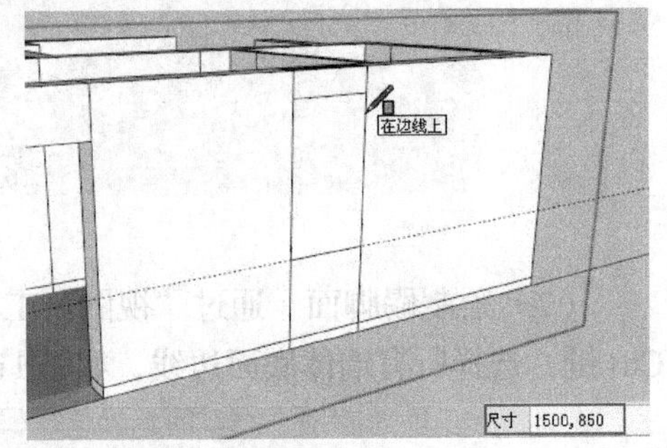

图 11-22

（12）激活“推/拉”工具，对窗户框架进行挖空处理，如图 11-23 所示。

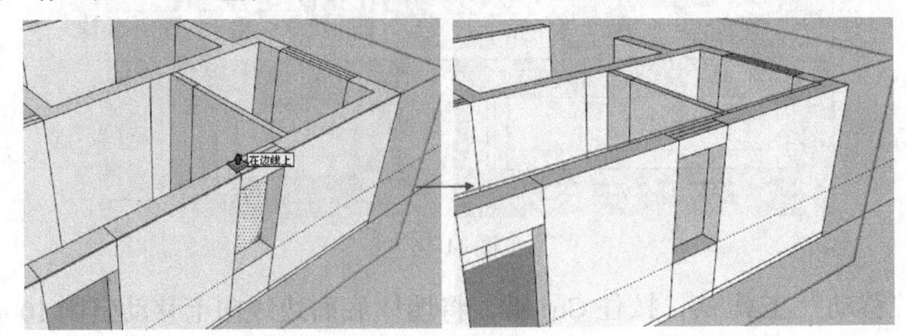

图 11-23

（13）对室内外其余门框和窗户进行同样的处理，尺寸与上述门窗尺寸一样，如图 11-24 ~ 图 11-26 所示。

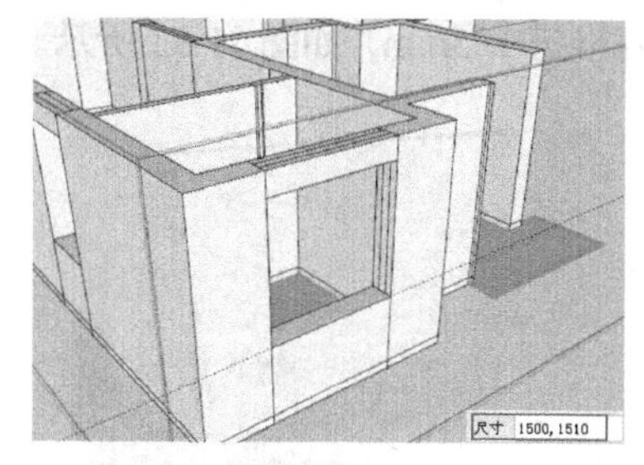

图 11-24

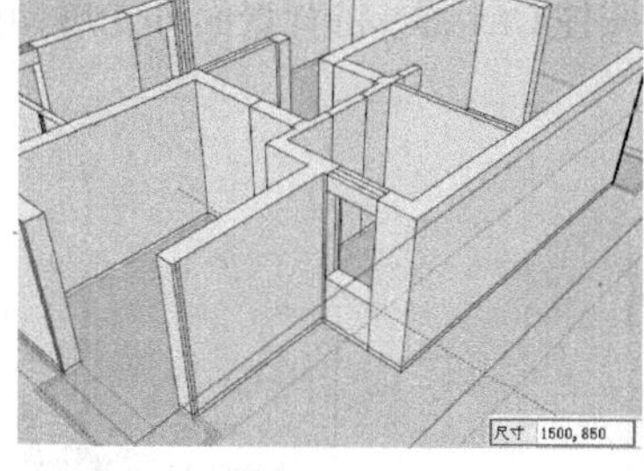

图 11-25

图 11-26

（14）绘制阳台隔门。激活“卷尺”工具，在距顶面边线 600mm 处绘制辅助线，如图 11-27 所示。使用“直线”工具，在辅助线与门框线交点处绘制一条线段，如图 11-28 所示。

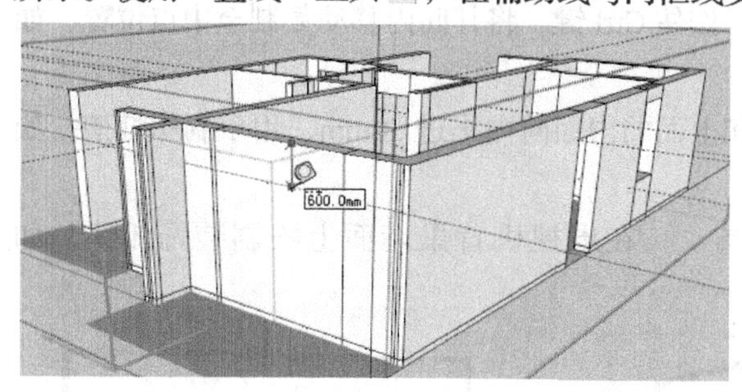

图 11-27

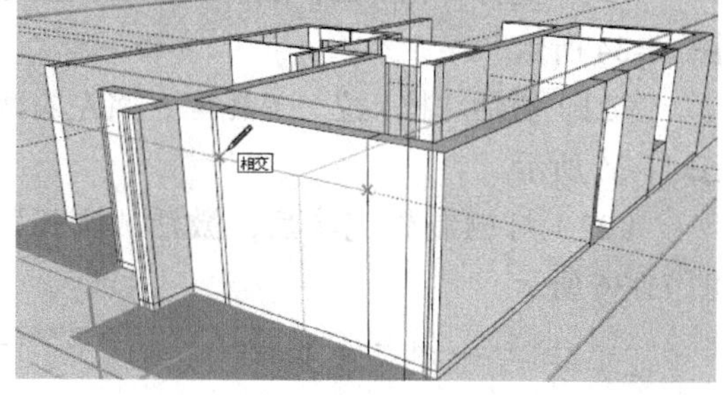

图 11-28

（15）激活“推 / 拉”工具，对阳台门框进行挖空处理，如图 11-29 所示。

（16）用同样的方法绘制出餐厅与厨房隔门，如图 11-30 所示。

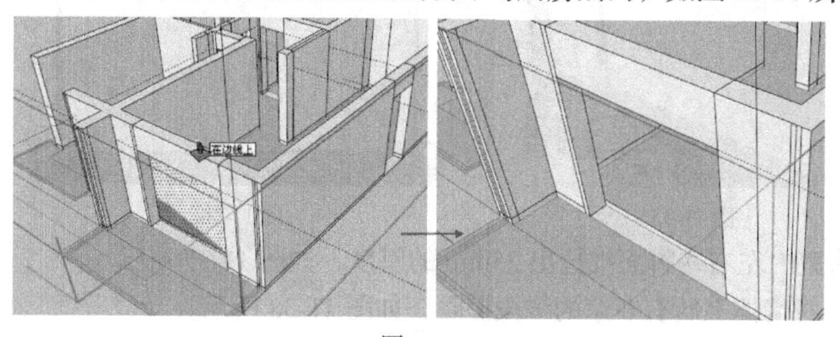

图 11-29

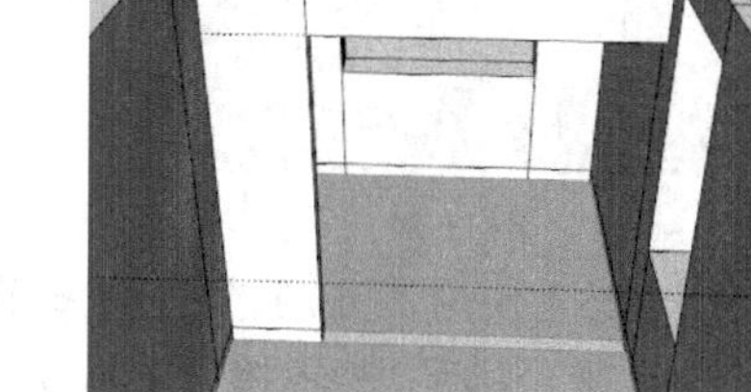

图 11-30

（17）绘制电视背景墙。选择客厅踢脚面边线，单击鼠标右键，在快捷菜单中选择“拆分”命令，将其等分为 5 份，如图 11-31 所示。

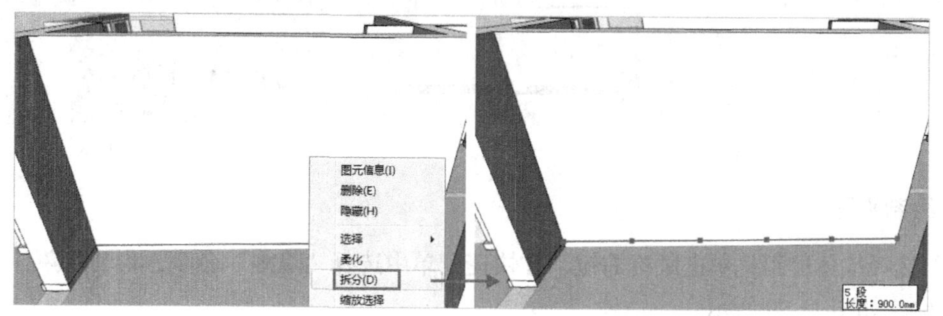

图 11-31

（18）激活“矩形”工具，绘制一个 2352mm×2100mm 的矩形，再用“直线”工具补齐底部，并删除多余线段，如图 11-32 所示。

（19）激活“推 / 拉”工具，按住 Ctrl 键，将背景面外轮廓向内推进 125mm，如图 11-33 所示。

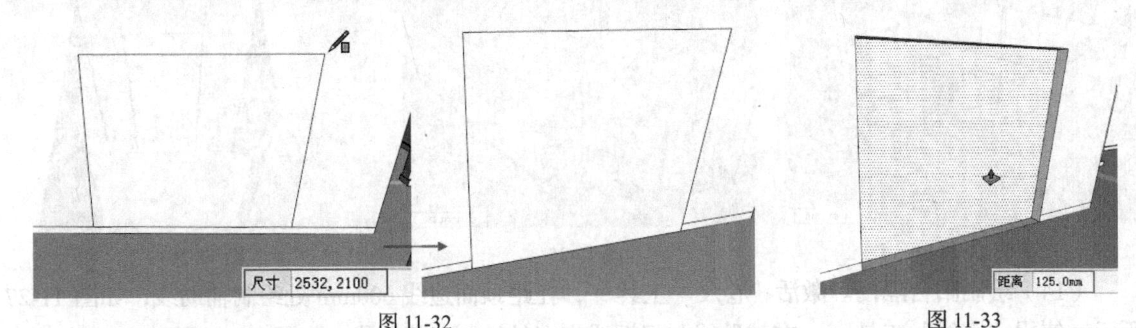

图 11-32 图 11-33

（20）选择外轮廓面，激活“移动”工具，按住 Ctrl 键，将其向内移动复制至中点位置，如图 11-34 所示。

（21）激活“推 / 拉”工具，将左右两边和上面的内面向内推进 50mm，用于制作灯槽，如图 11-35 所示。

（22）灯槽制作完毕后，激活“圆弧”工具，在电视机背景墙面上绘制装饰弧线，如图 11-36 所示。

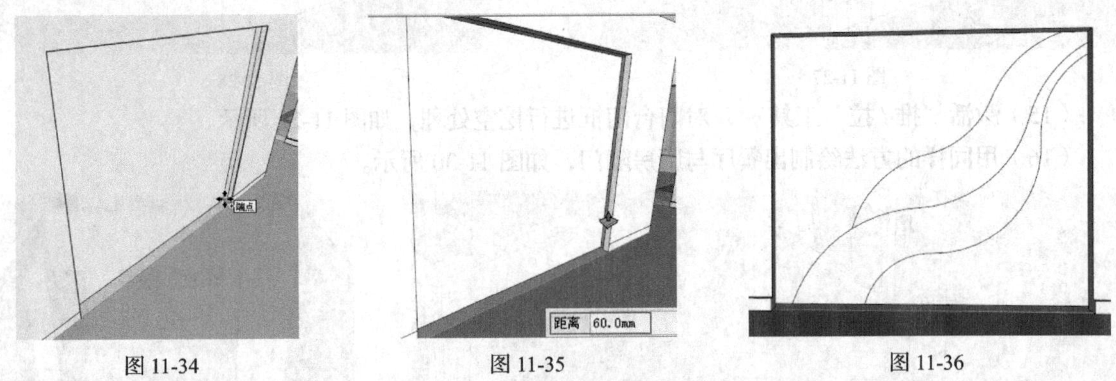

图 11-34 图 11-35 图 11-36

（23）使用“推 / 拉”工具将室内左右踢脚面推拉出 25mm 的厚度，如图 11-37 所示。

（24）激活“橡皮擦”工具，将墙体上所有多余的线段擦除，如图 11-38 所示。

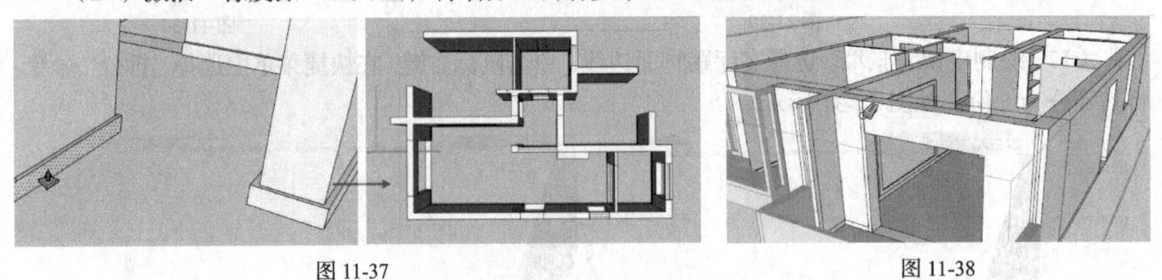
图 11-37 图 11-38

3. 绘制平面

（1）选择墙体群组，单击鼠标右键，在快捷菜单中选择“隐藏”命令，将其隐藏，以方便对平面的绘制，如图 11-39 所示。

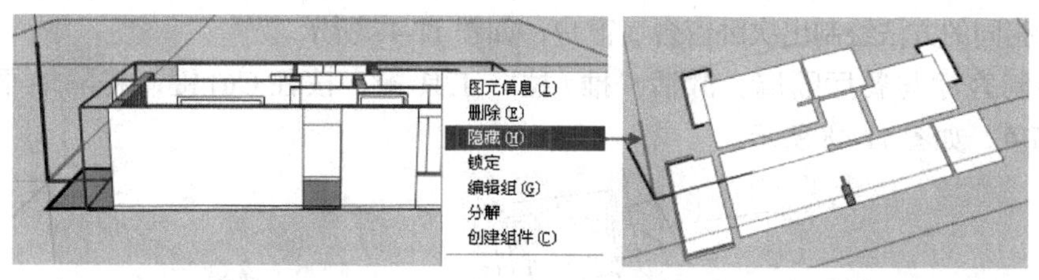

图 11-39

（2）窗选所有平面，将其创建成组，如图 11-40 所示。将平面群组的图层更换为“平面”，如图 11-41 所示。

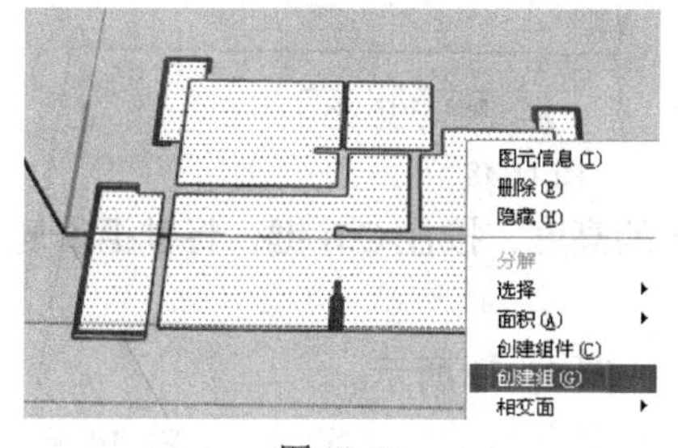

图 11-40

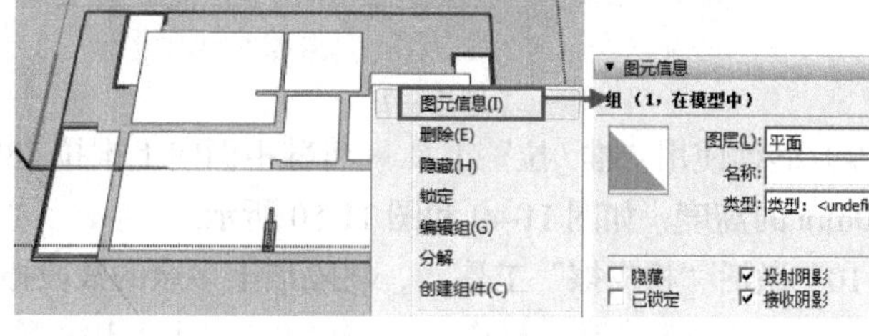

图 11-41

（3）制作生活阳台。激活“推 / 拉”工具，将阳台围栏面向上推拉出 1100mm 的高度，如图 11-42 所示。

（4）制作主卧窗台。激活“推 / 拉”工具，将主卧窗台平面和窗户平面向上推拉出 450mm 的高度，如图 11-43 所示。继续使用“推 / 拉”工具，按住 Ctrl 键，将窗户平面重复推拉出 2200mm 的高度，做出窗台、窗户，如图 11-44 所示。

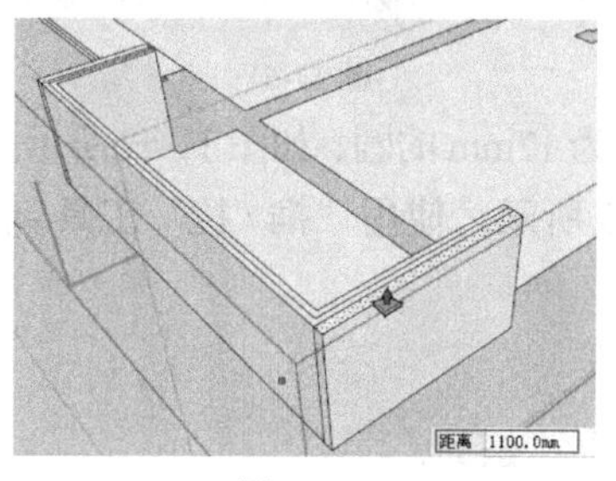

图 11-42

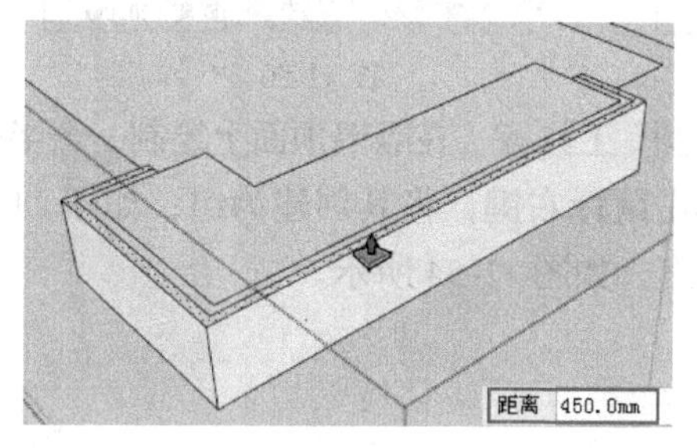

图 11-43

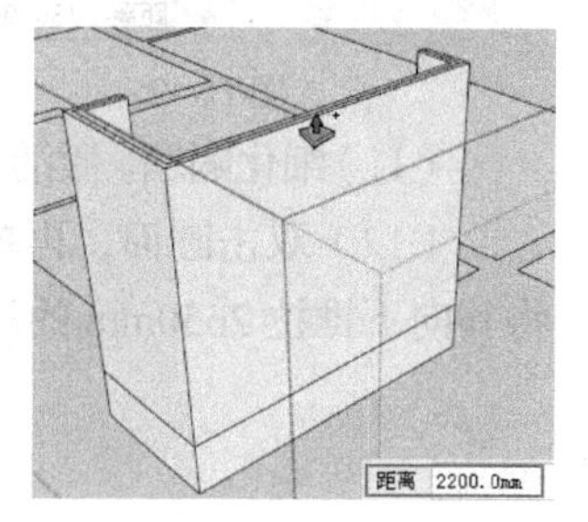

图 11-44

（5）绘制窗户。激活“偏移”工具，将窗户的 4 个面分别向内偏移 60mm，如图 11-45 所示。

（6）激活“推 / 拉”工具，对窗户面进行挖空处理，借助 Delete 键，将窗台处理成如图 11-46 所示的效果。

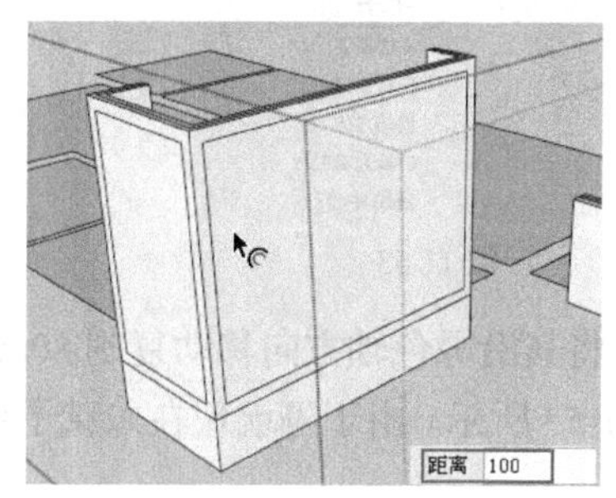

图 11-45

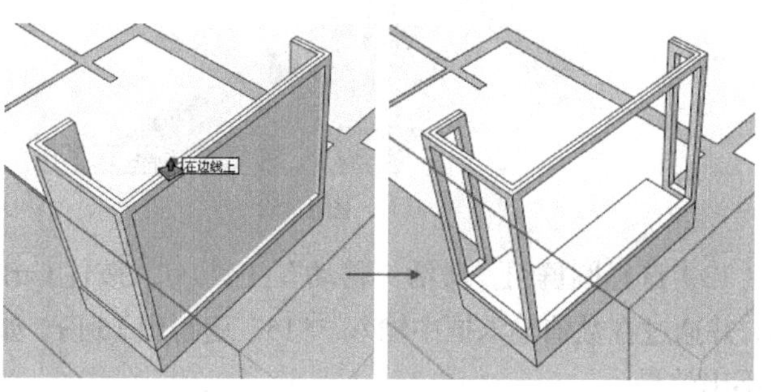

图 11-46

（7）用相同的方法绘制出次卧窗台、窗户，如图 11-47 所示。

（8）绘制客厅与餐厅隔墙。激活“推 / 拉”工具 ，按住 Ctrl 键，将隔墙平面向上推拉 2650mm 的高度，如图 11-48 所示。

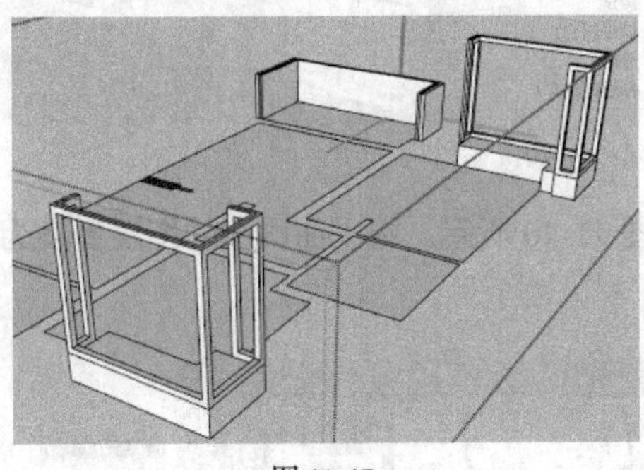

图 11-47

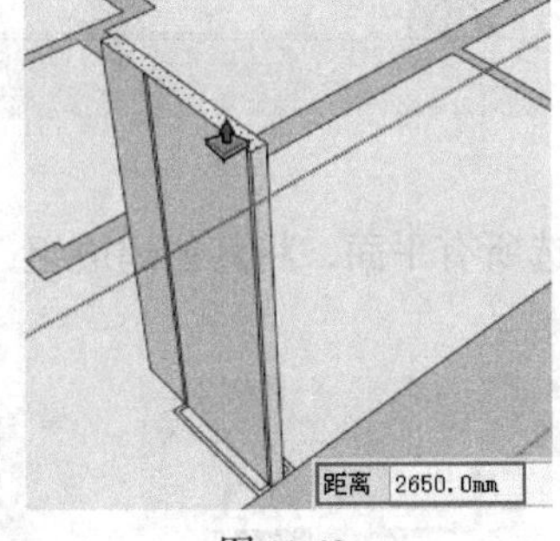

图 11-48

（9）继续使用“推 / 拉”工具 将鞋柜面向上推拉 780mm 的高度，按住 Ctrl 键，将鞋柜重复推拉 20mm 的高度，如图 11-49 和图 11-50 所示。

（10）激活“橡皮擦”工具 ，将隔墙上多余的线段擦除，如图 11-51 所示。

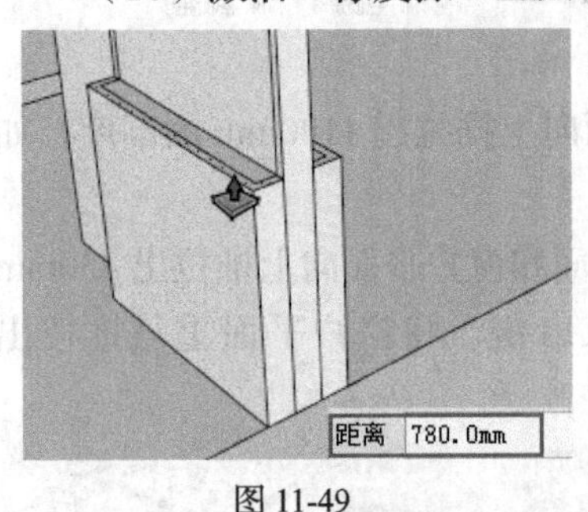

图 11-49

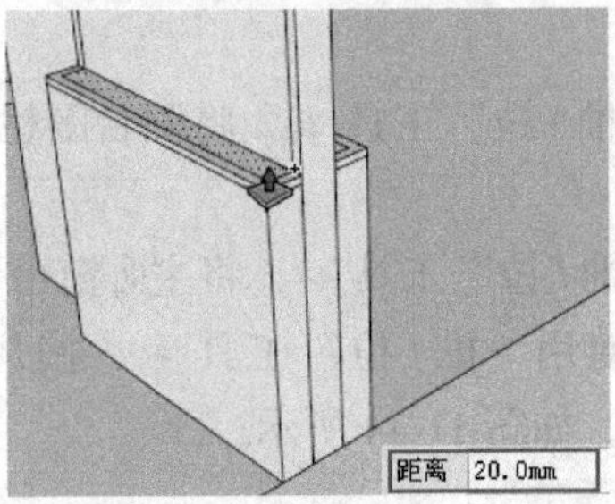

图 11-50

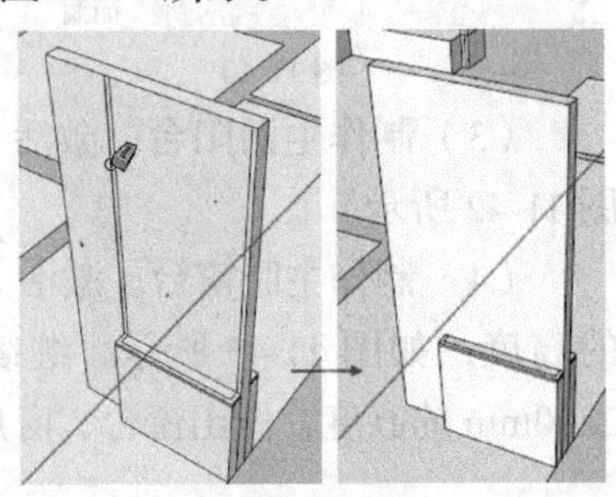

图 11-51

（11）细化隔墙。激活“圆”工具 ，在隔墙顶面上绘制一个半径为 17mm 的圆，如图 11-52 所示。

（12）双击圆面，再单击鼠标右键，将其创建为组，如图 11-53 所示。使用“推 / 拉”工具 将其向下推拉 2650mm 的深度，如图 11-54 所示。

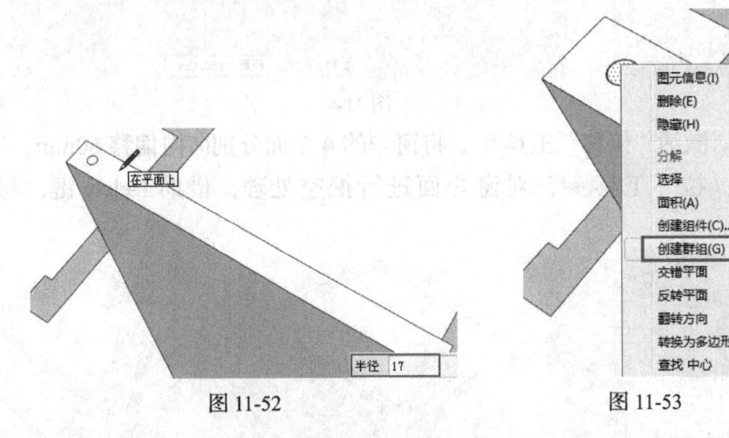

图 11-52　　图 11-53

（13）选择圆群组，激活“移动”工具 ，按住 Ctrl 键，将其沿绿色轴方向移动复制 80mm 的距离，并通过在数值输入框中输入“*15”复制出 15 份，如图 11-55 所示。由于隔墙现在未赋予材质，故看不出效果。

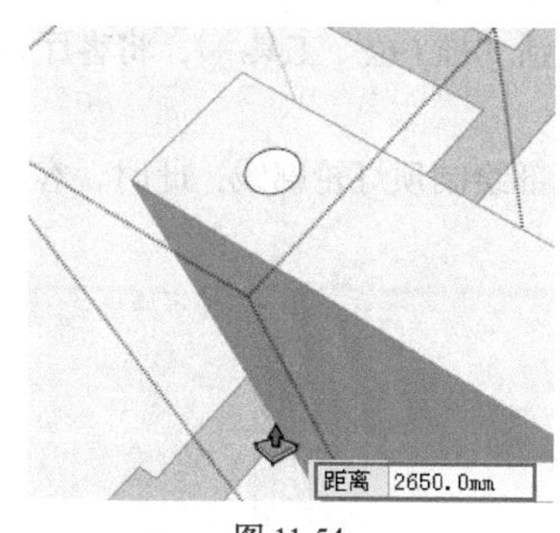

图 11-54

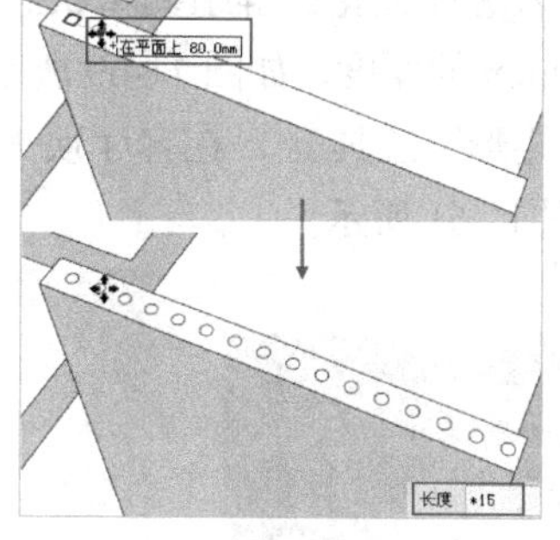

图 11-55

4. 绘制天花板

（1）采用导入“现代居室平面图导入 .dwg”文件的方法，将“现代居室天花板导入 .dwg”图形导入 SketchUp 场景中，导入后将其创建群组，如图 11-56 所示。

（2）在顶面布置图上单击鼠标右键，在快捷菜单中选择“图元信息”命令，将其所在图层更改为“天花板”图层，如图 11-57 所示。

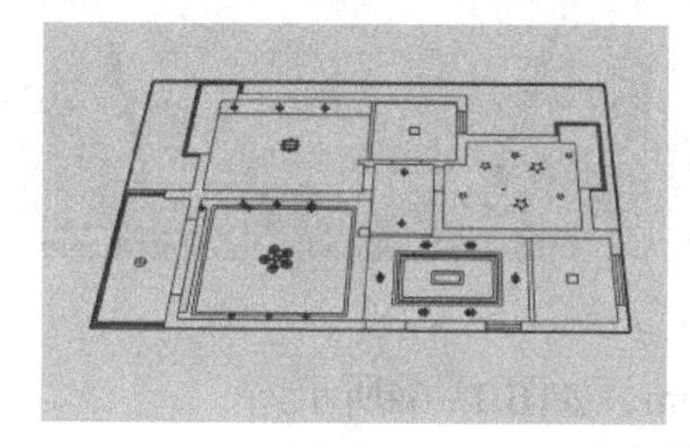
图 11-56

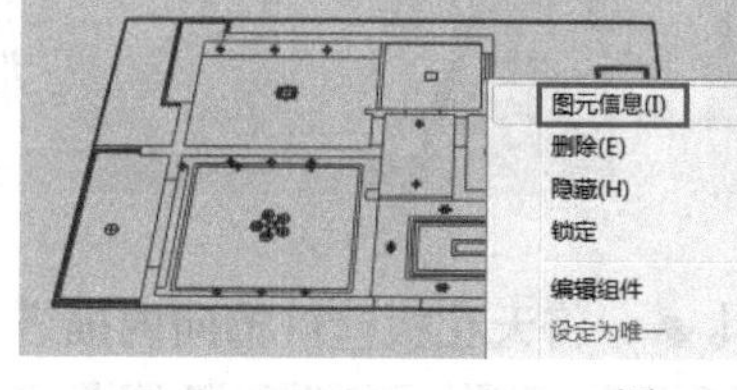
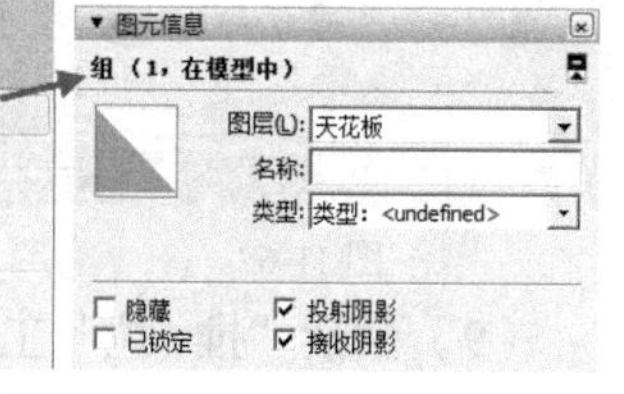

图 11-57

（3）激活“矩形”工具，将天花板平面沿 CAD 平面图进行封面处理，如图 11-58 所示。

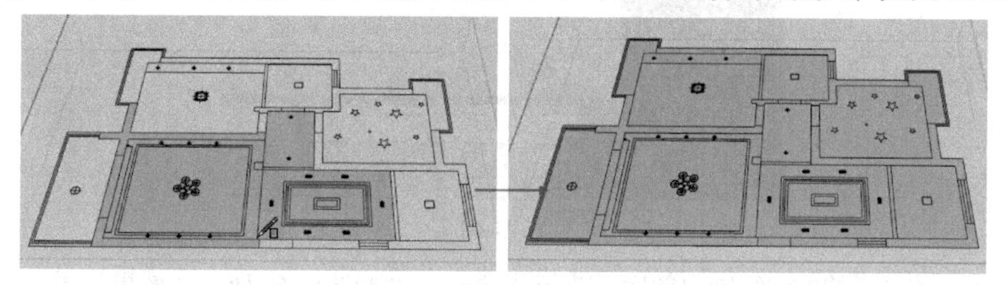
图 11-58

（4）制作客厅天花板。双击客厅天花板，将会选中天花板平面及其边线，单击鼠标右键，在快捷菜单中选择“创建群组”命令，将客厅天花板单独创建成组，如图 11-59 所示。

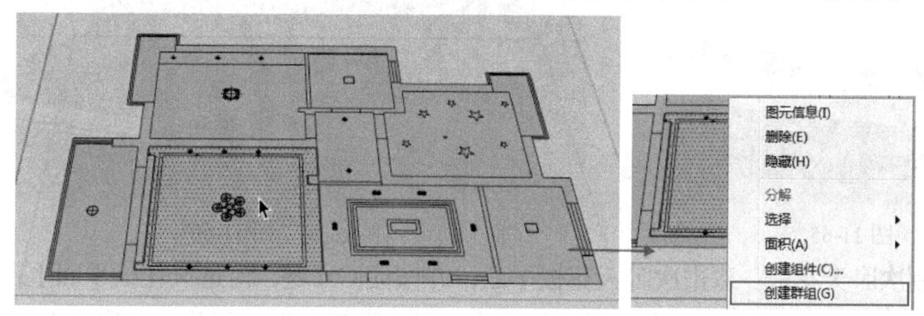

图 11-59

（5）双击进入客厅天花板群组编辑状态，激活“推 / 拉”工具，将客厅顶平面沿蓝色轴方向向上推拉出 120mm 的厚度，如图 11-60 所示。

（6）利用“矩形”工具，在客厅顶平面底部绘制顶灯轮廓线，此时，客厅天花板平面将变成独立平面，如图 11-61 所示。

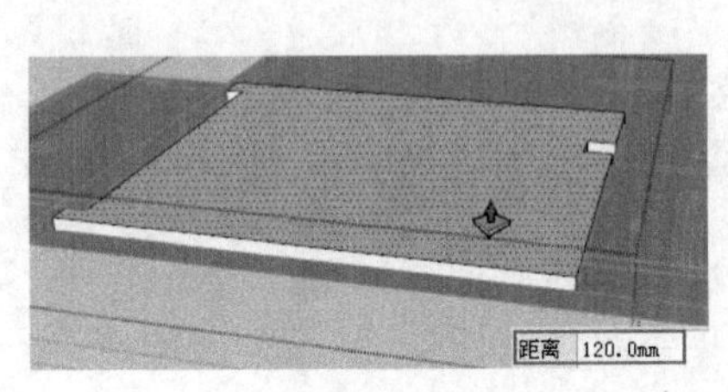

图 11-60

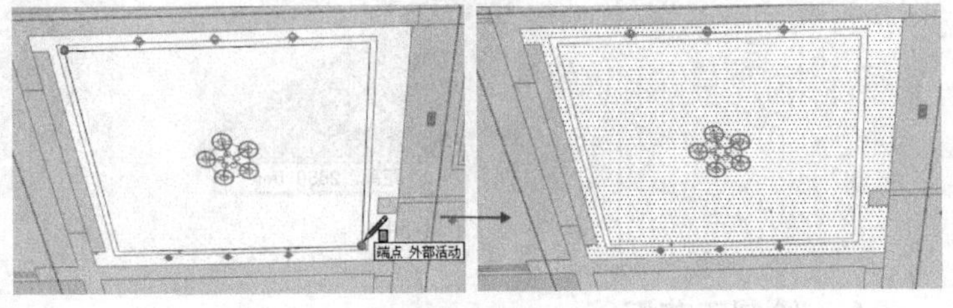

图 11-61

（7）将顶灯轮廓面分别向下推拉出 240mm 的厚度，如图 11-62 所示。

（8）选择内轮廓面边线，激活“移动”工具，按住 Ctrl 键，将其沿蓝色轴方向向上移动复制 60mm 的距离，如图 11-63 所示。

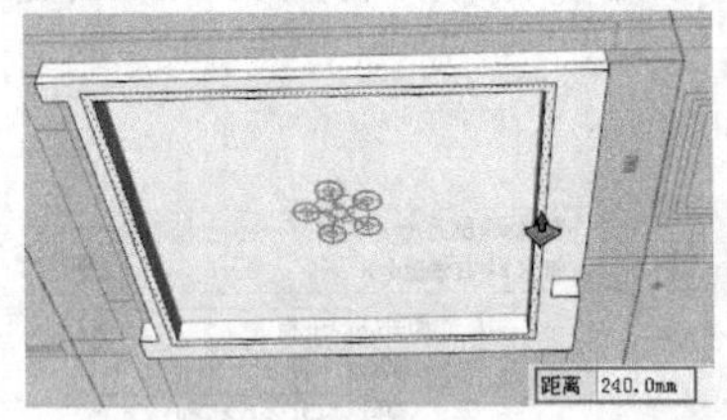

图 11-62

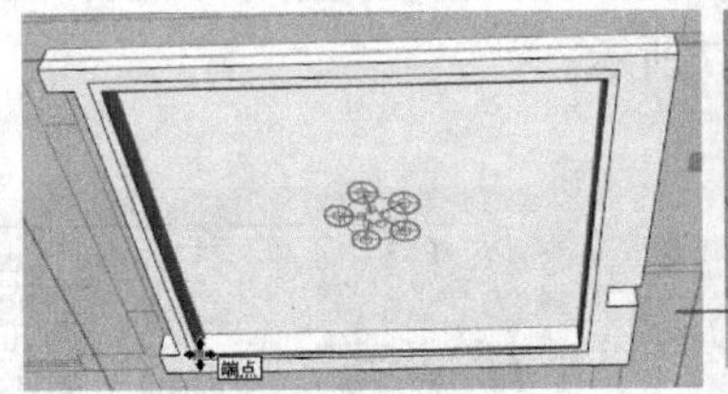

图 11-63

（9）激活“推 / 拉”工具，将天花板壁灯槽向内推进 80mm，如图 11-64所示。

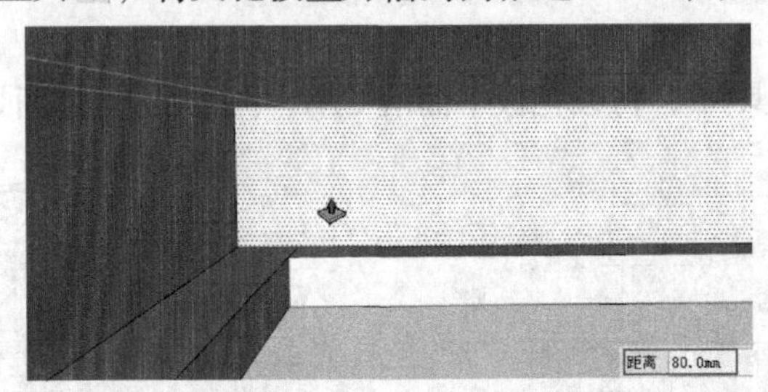

图 11-64

（10）用上述同样的方法绘制出餐厅天花板花样，尺寸如图 11-65 所示，效果如图 11-66 所示。

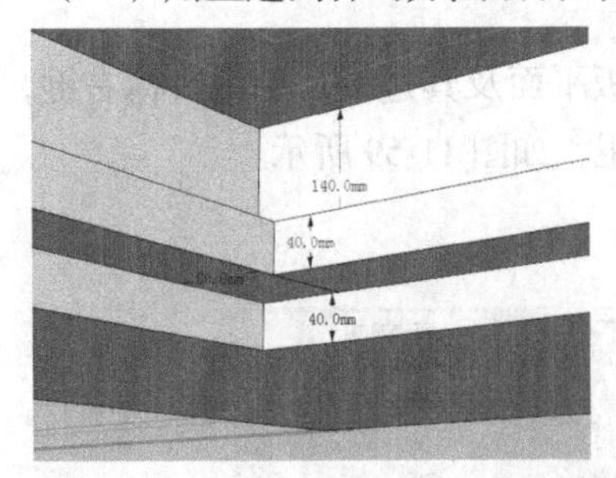

图 11-65

图 11-66

（11）绘制次卧天花板。双击次卧天花板平面，并按住 Ctrl 键，窗选天花板平面上所有五角星边线，单击鼠标右键，在快捷菜单中选择“创建群组”命令，将次卧天花板平面单独创建成组，如图 11-67 所示。

（12）双击进入群组的编辑状态，激活“推 / 拉”工具，将次卧天花板平面沿蓝色轴方向向上推拉 120mm 的厚度，如图 11-68 所示。

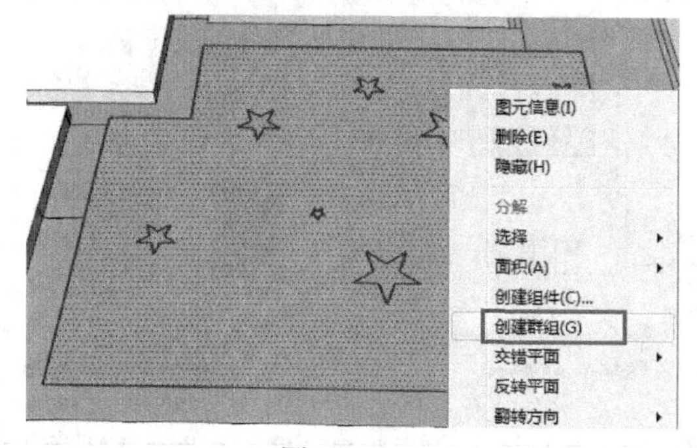

图 11-67

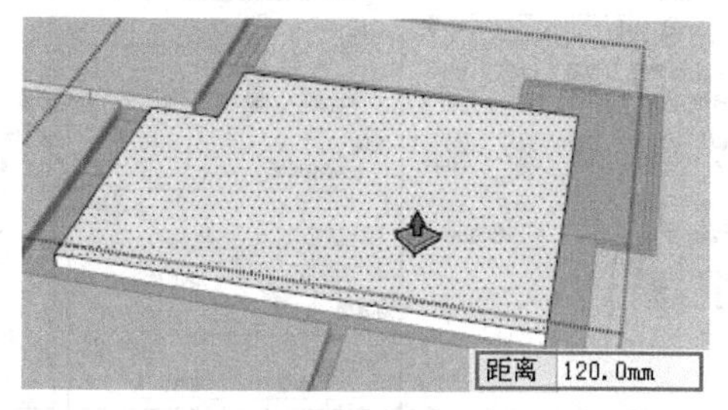

图 11-68

（13）激活“直线”工具，在次卧天花板群组底面上绘制五角星边线，将五角星图案平面单独划分出来，如图 11-69 所示。

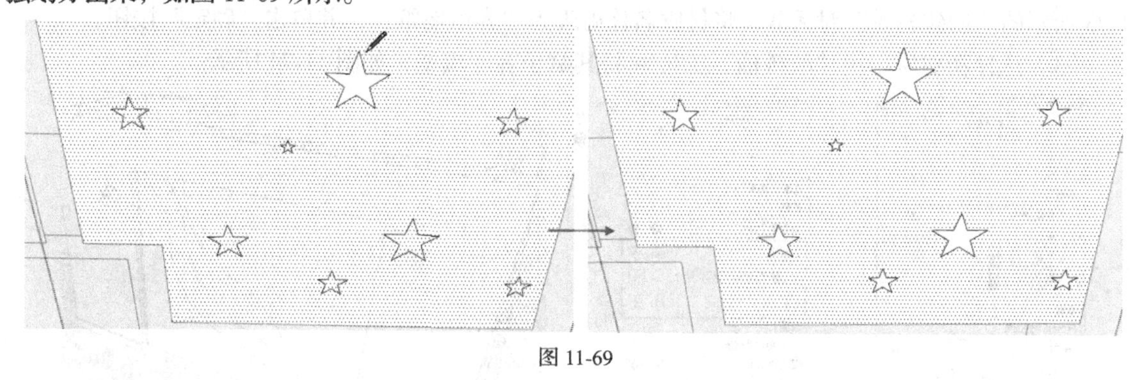

图 11-69

（14）将其他房间天花板平面、生活阳台天花板平面、主 / 次卧室窗台天花板平面分别创建群组，并分别推拉出 120mm 的厚度，如图 11-70 所示。

（15）使用“推 / 拉”工具，并按住 Ctrl 键，将墙体部分的天花板也沿蓝色轴方向向上推拉出 120mm 的厚度，完成效果如图 11-71 所示。

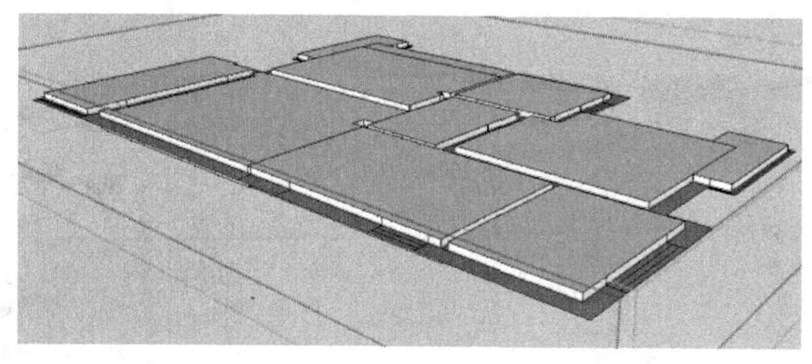

图 11-70

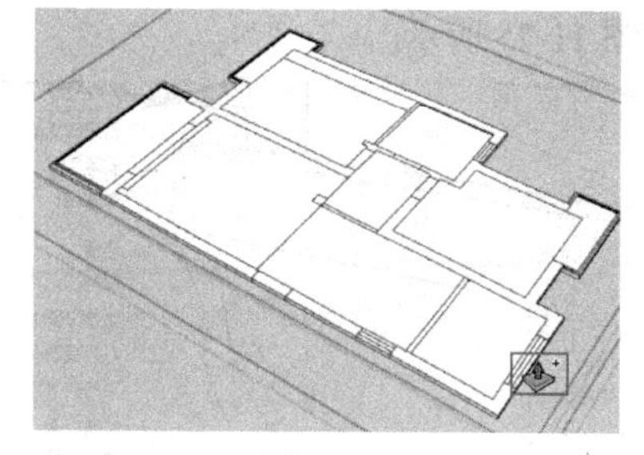

图 11-71

5. 赋予材质

（1）为客厅餐厅赋予墙纸。激活“颜料桶”工具，在打开的“材料”面板中，单击“创建材质”按钮，打开“创建材质”对话框，单击“浏览材质图像文件”按钮，在素材文件中选择“客厅墙纸 .jpg”文件，如图 11-72所示。

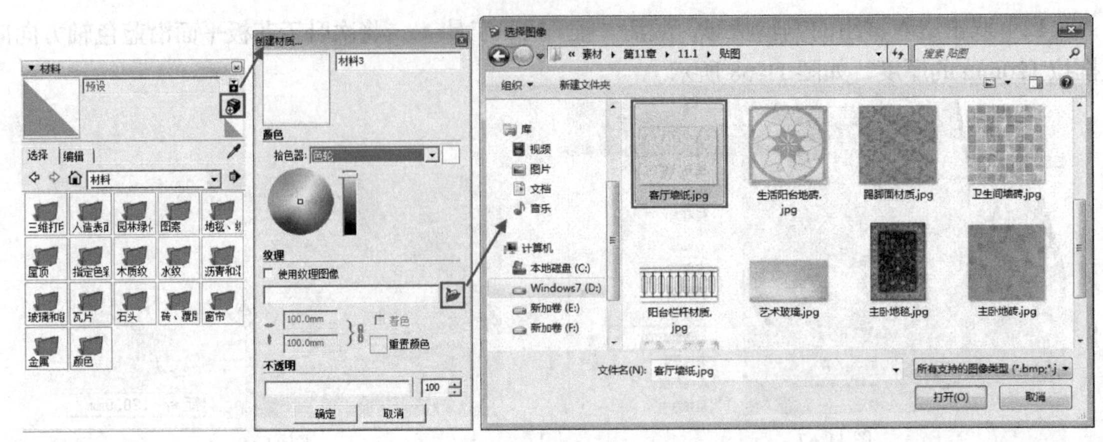

图 11-72

（2）单击“选择图像”对话框中的“打开”按钮，确认将新材质应用于场景中，返回到如图 11-73 所示的“创建材质”对话框，将材质名称更改为“客厅墙纸”，并单击“确定”按钮。

（3）选择新材质，用“颜料桶”工具将其赋予客厅墙壁，如图 11-74 所示。

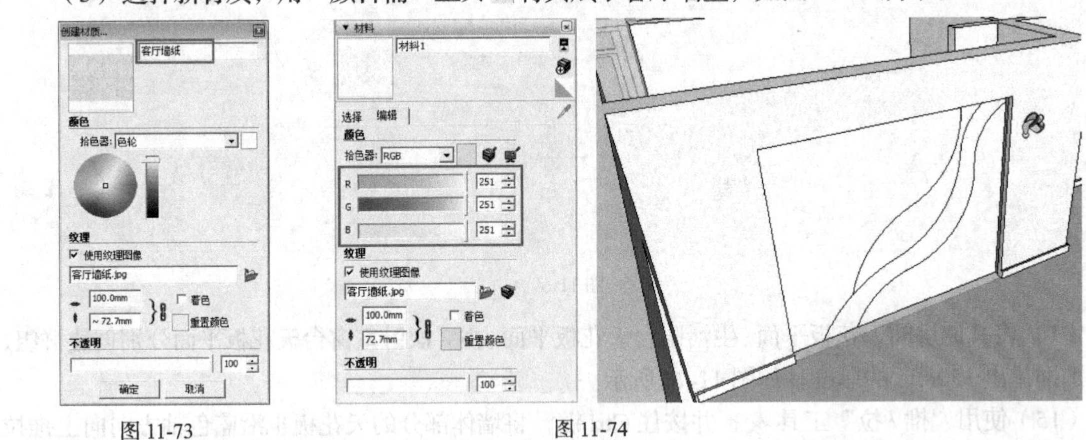

图 11-73　　图 11-74

（4）选择贴图，单击鼠标右键，在快捷菜单中选择“纹理”→“位置”命令，调整贴图大小，如图 11-75 所示。

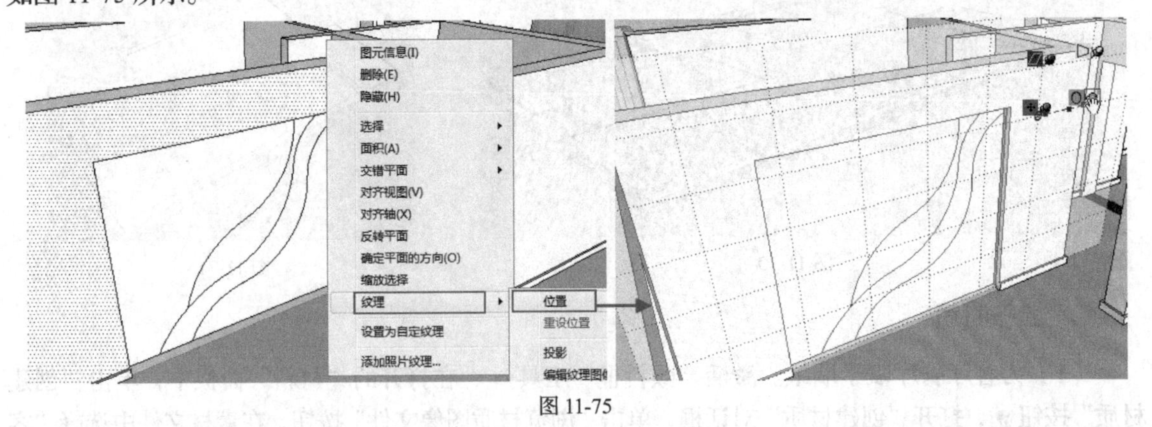

图 11-75

（5）用吸管工具在贴图上单击，吸取材质，在相邻墙面上继续赋予材质，此时材质将具有连接性，如图 11-76 所示。

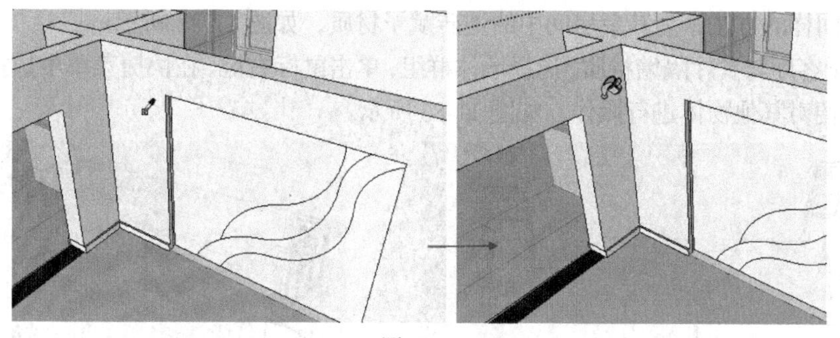

图 11-76

（6）用相同的方法，将公共部分的所有墙面全都赋予该材质，如图 11-77 所示。

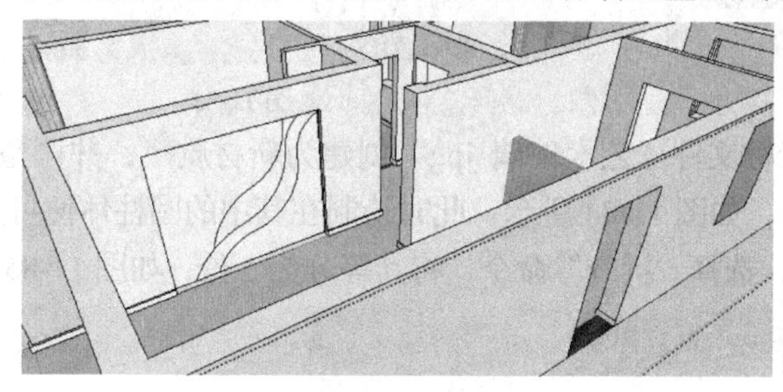

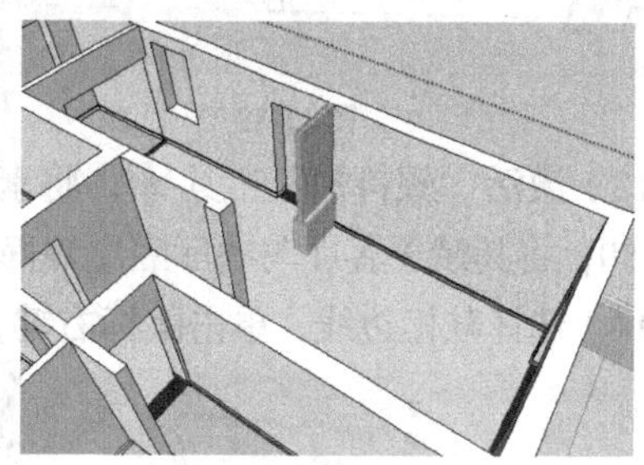

图 11-77

（7）赋予电视机背景材质。将“浅灰”“炭黑”“烟白”材质分别赋予背景墙，如图 11-78 所示。

（8）分别将主 / 次卧室、厨房、卫生间墙面、踢脚面及门基处赋予学习资源中提供的相应材质，如图 11-79 所示。

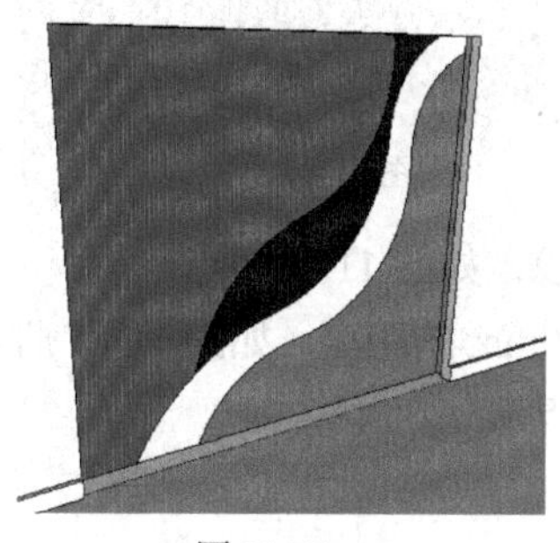

图 11-78

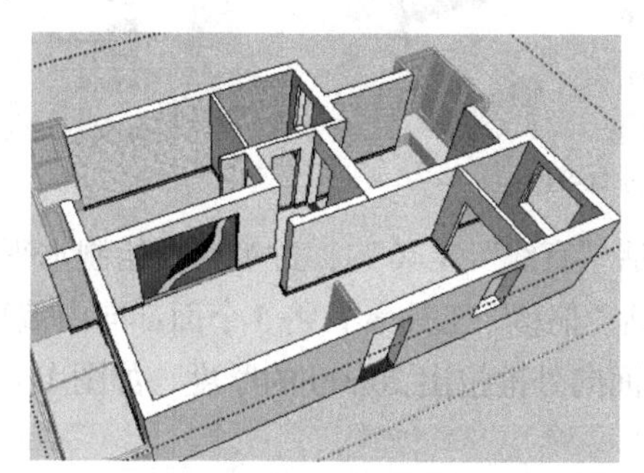

图 11-79

（9）赋予地板材质。用上述创建材质的方法，将素材文件“客厅地板砖 .jpg”文件创建为新材质，赋予客厅与餐厅地板，如图 11-80 所示。

（10）通过贴图纹理位置调整，将地板砖调整为适当大小，如图 11-81 所示。

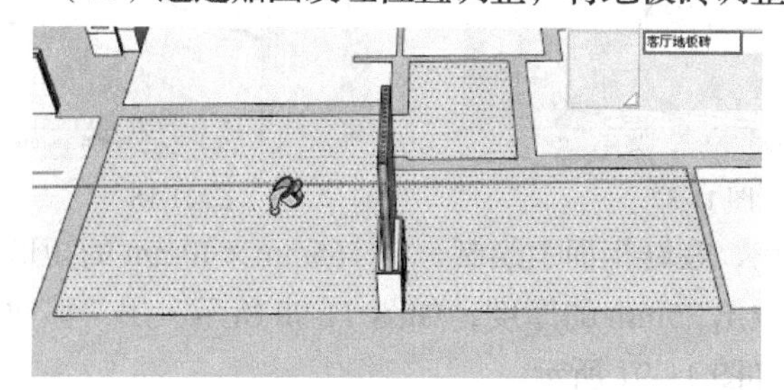

图 11-80

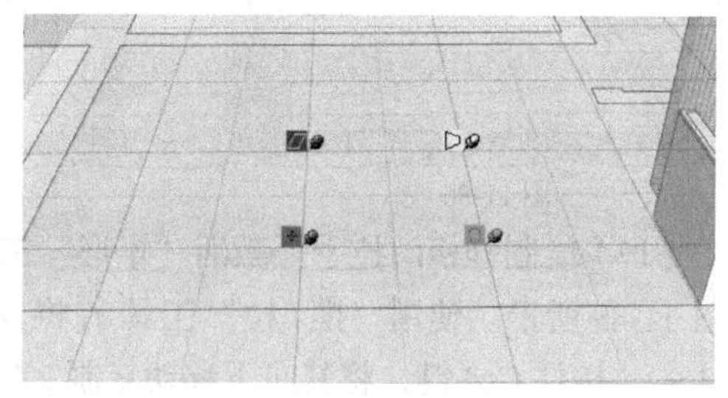

图 11-81

（11）用同样的方法，为其余房间中的地砖赋予材质，如图 11-82 所示。

（12）赋予客厅与餐厅隔墙材质。选择墙体群组，单击鼠标右键，在快捷菜单中选择“隐藏”命令，将其隐藏，以便对其他物体进行操作，如图 11-83 所示。

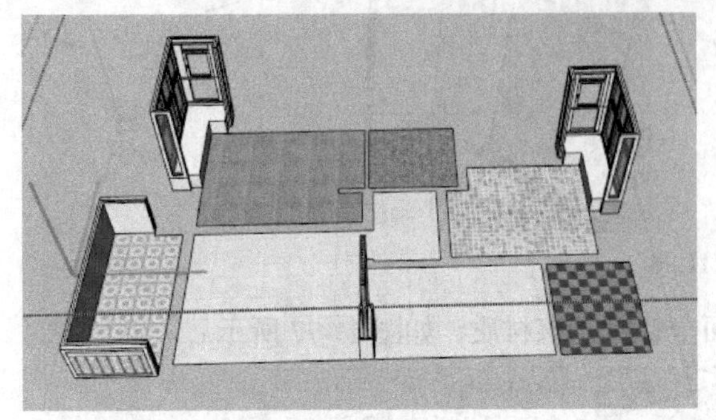

图 11-82

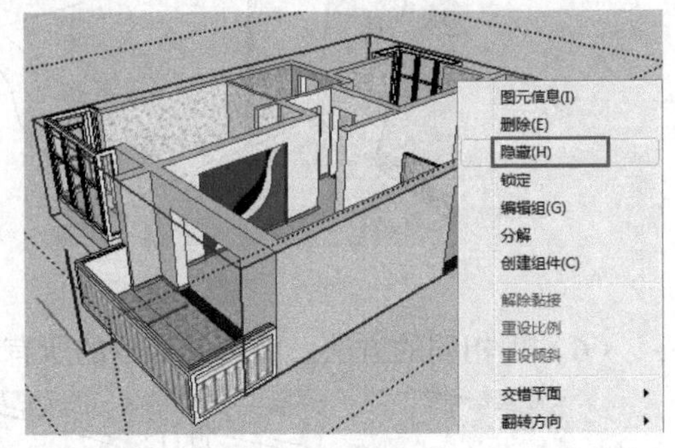

图 11-83

（13）激活“颜料桶”工具，将素材文件“艺术玻璃 .jpg”创建为新材质，并调整其不透明度为 50，将其赋予客厅与餐厅隔墙墙面，如图 11-84 所示。此时绘制在其中的圆柱体便可见。

（14）选择鞋柜边线，单击鼠标右键，选择“拆分”命令，将其等分为 3 份，如图 11-85 所示。

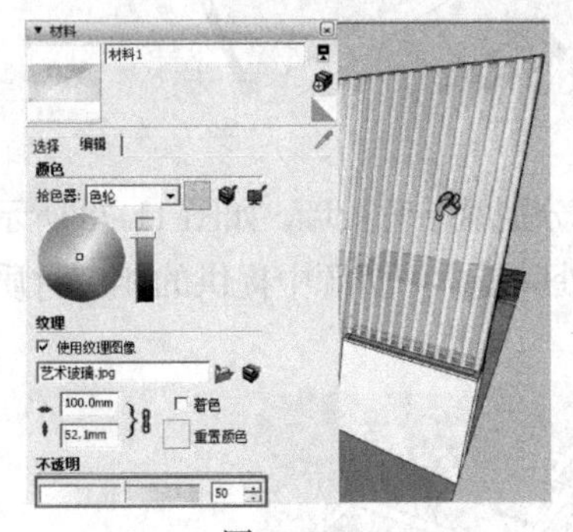

图 11-84

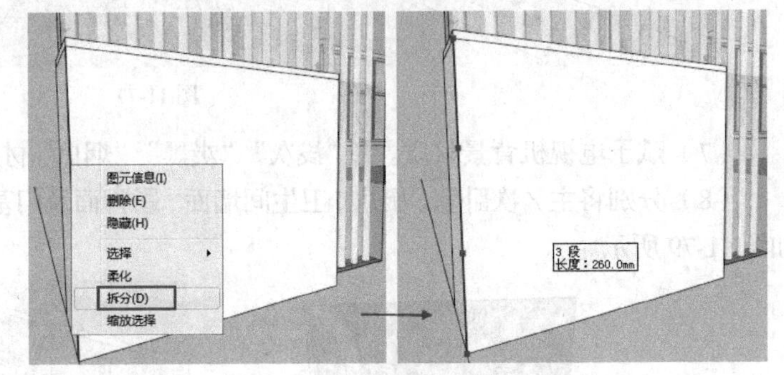

图 11-85

（15）激活“直线”工具，过等分点绘制水平线段，如图 11-86 所示。

（16）激活“偏移”工具，将 3 个面都向内偏移 20mm 的距离，如图 11-87 所示。用“推 / 拉”工具将偏移面向外推拉出 20mm 的厚度，如图 11-88 所示。

图 11-86

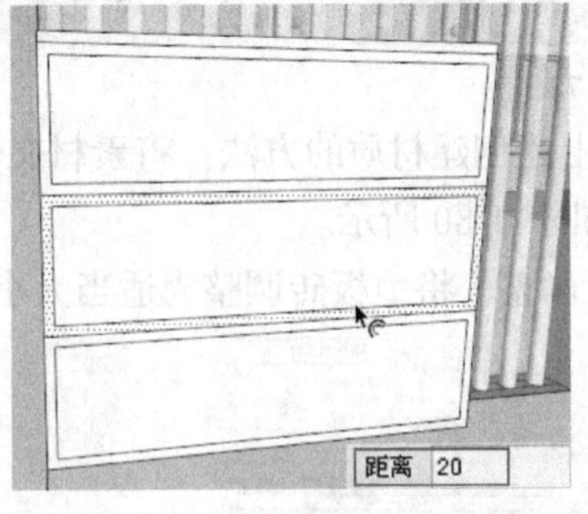

图 11-87

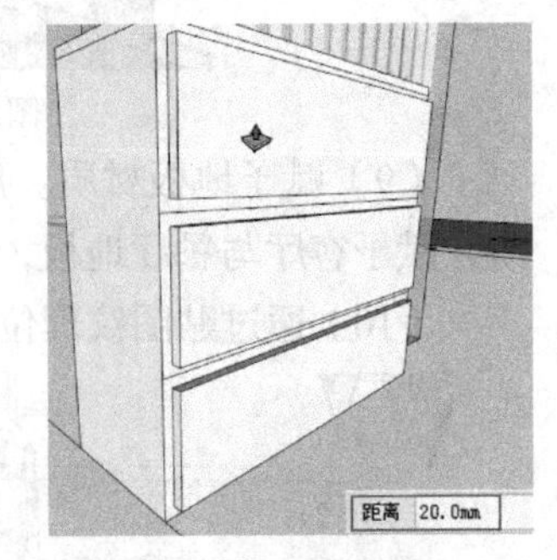

图 11-88

（17）绘制鞋柜门拉手。激活“矩形”工具，在鞋柜面上绘制一个 165mm × 40mm 的矩形，如图 11-89 所示。使用“推 / 拉”工具将其推拉出 25mm 的厚度，如图 11-90 所示。用“移动”工具，按住 Ctrl 键，将其向下移动复制 2 份，如图 11-91 所示。

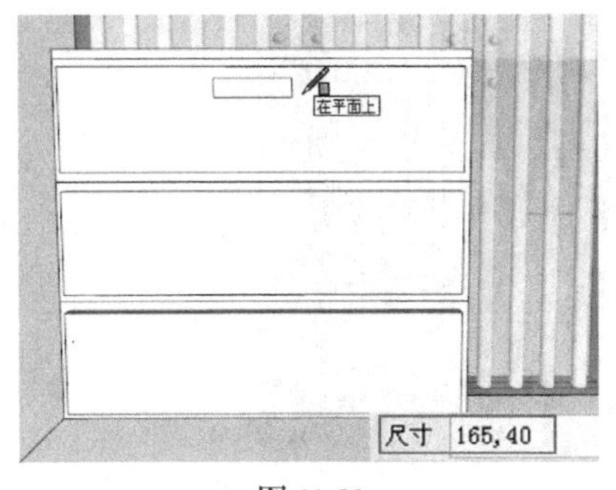

图 11-89

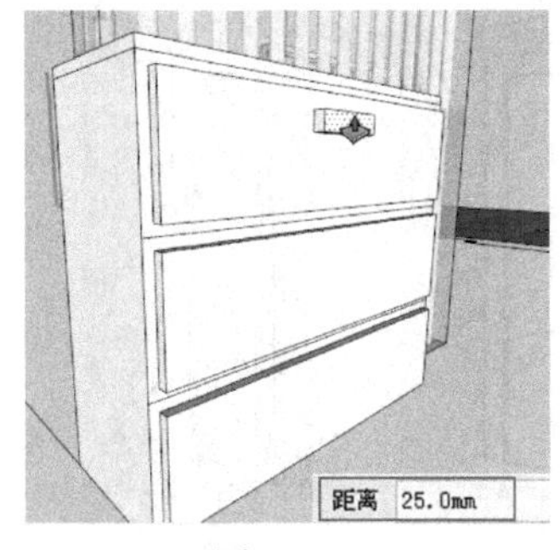

图 11-90

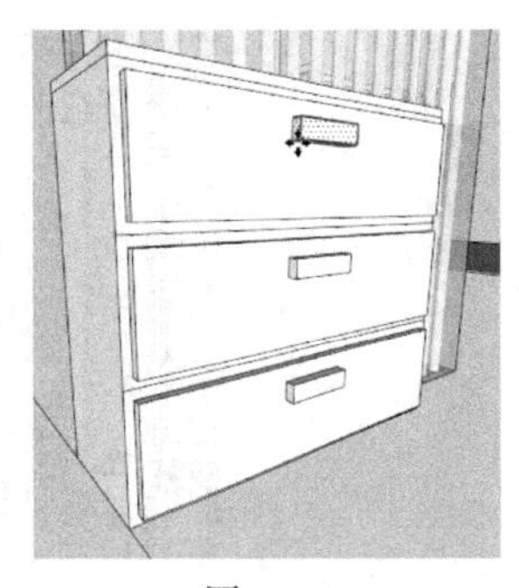

图 11-91

（18）激活“颜料桶”工具，为鞋柜和鞋柜拉手分别赋予“象牙色”和“金属铝阳极化处理效果”材质，如图 11-92 所示。

（19）赋予生活阳台围栏材质。激活“偏移”工具，将生活阳台围栏 3 个立面向内偏移 90mm，如图 11-93 所示。

（20）采用第（1）步创建材质的方法，将学习资源中的“阳台围栏材质 .jpg”文件创建为新材质，并赋予围栏偏移面，如图 11-94 所示。

图 11-92

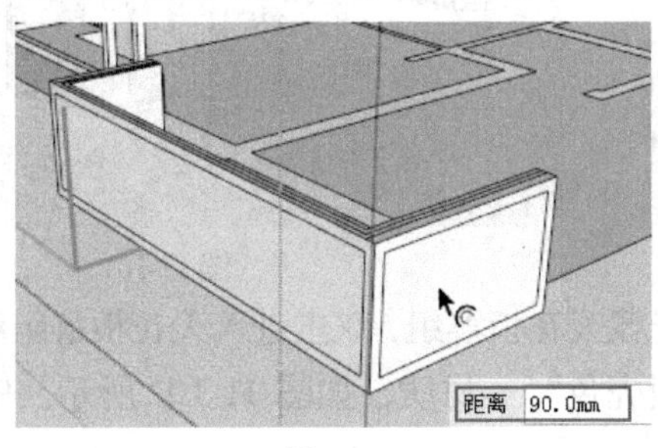

图 11-93

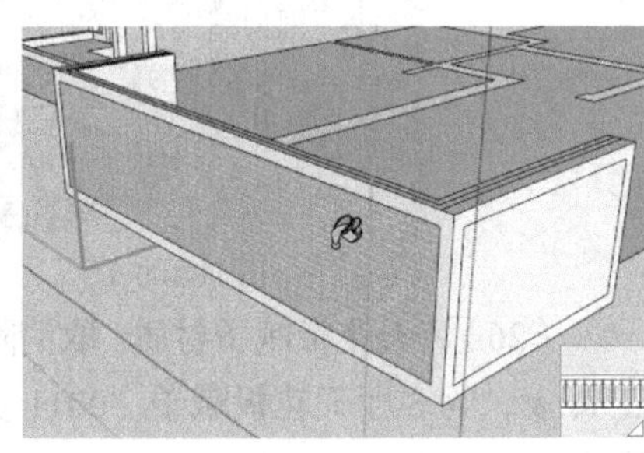

图 11-94

（21）绘制主次卧室窗台、窗户。主次卧室窗台、窗户有两个面宽度较小，只安装玻璃。选择主卧窗台窄窗户面，如图 11-95 所示，激活“移动”工具，将其沿窗沿方向向内移动复制至中点处，如图 11-96 所示。

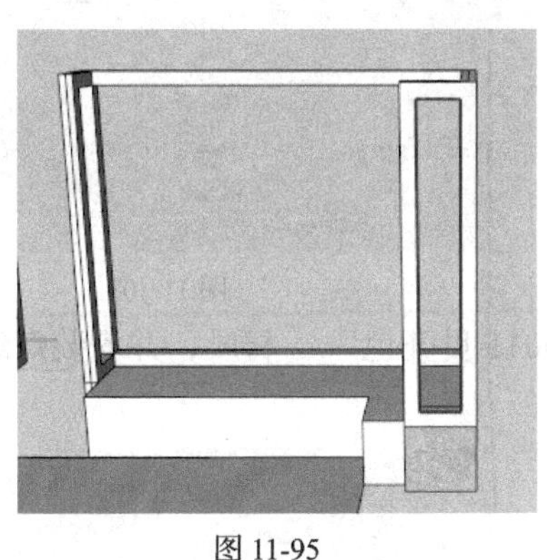

图 11-95

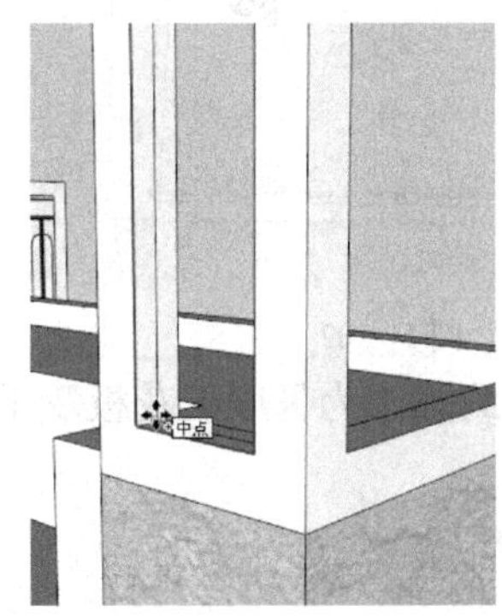

图 11-96

（22）激活“矩形”工具，将复制的线段连接成面，如图 11-97 所示。

（23）激活“颜料桶”工具，为该面赋予“半透明安全玻璃”材质，如图 11-98 所示。

（24）使用同样的方法绘制另一个窗户，如图 11-99 所示。

图 11-97　　图 11-98　　图 11-99

（25）对次卧中两面窄窗户进行相同的处理，如图 11-100 所示。为主卧、次卧分别安装窗台、窗户组件，如图 11-101 所示。

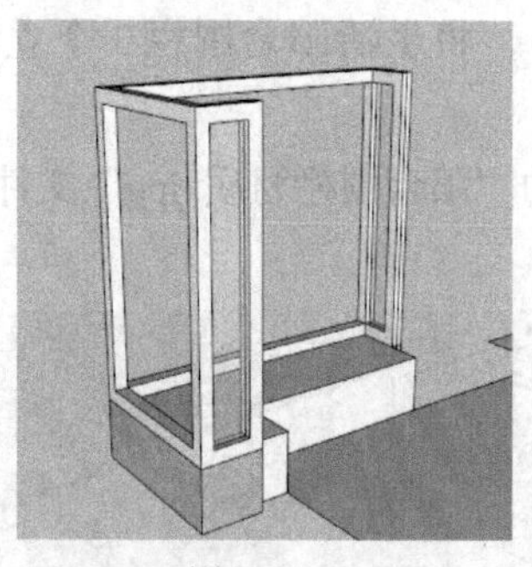

图 11-100

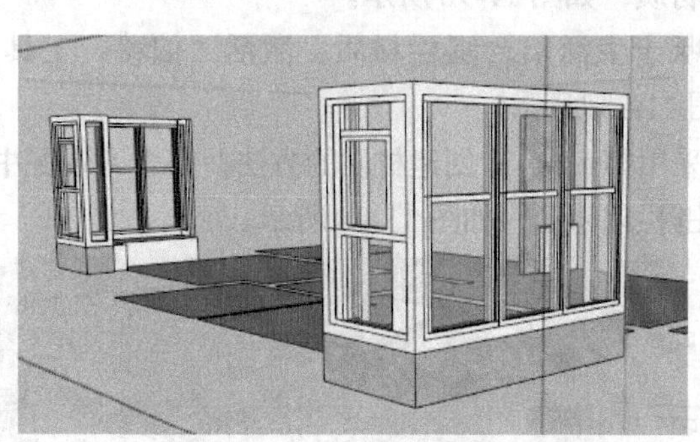

图 11-101

（26）为天花板赋予材质。取消隐藏天花板群组，双击进入天花板群组编辑状态。激活“颜料桶”工具，为客厅天花板赋予“0011 贝壳色”材质，如图 11-102 所示。安装灯组件，如图 11-103 所示。

图 11-102

图 11-103

（27）用同样的方法为餐厅天花板赋予“0011 贝壳色”材质，并安装灯组件，如图 11-104 和图 11-105 所示。

图 11-104

图 11-105

（28）用同样的方法为其余房间赋予材质，并安装灯组件，如图 11-106~ 图 11-108 所示。

图 11-106

图 11-107

图 11-108

（29）赋予次卧天花板材质。双击次卧天花板群组进入编辑状态，用“推 / 拉”工具将五角星面沿蓝色轴方向推拉出 50mm 的厚度，如图 11-109 和图 11-110 所示。

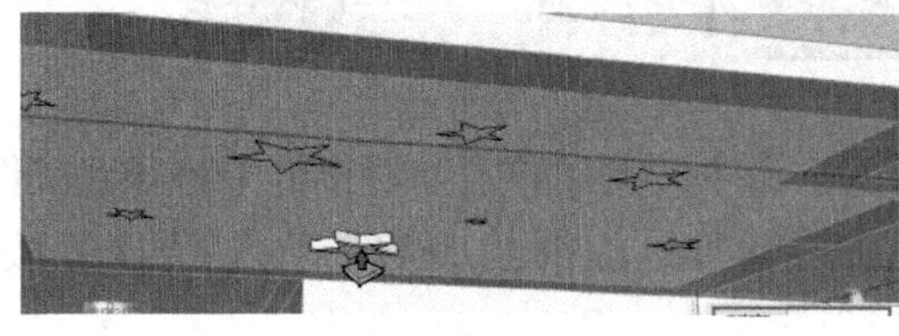

图 11-109

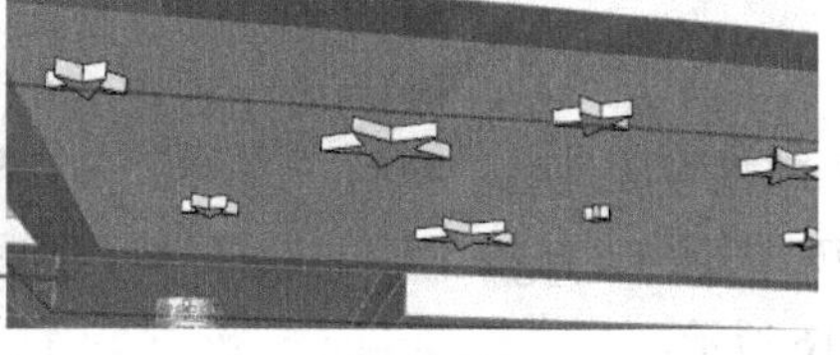

图 11-110

（30）用“颜料桶”工具为五角星赋予“0046 金黄色”材质，并将材质的不透明度调整为 70，如图 11-111 所示。

（31）继续使用“颜料桶”工具为次卧天花板赋予与其墙纸一样的材质，并为次卧窗台天花板也赋予该材质，如图 11-112 所示。

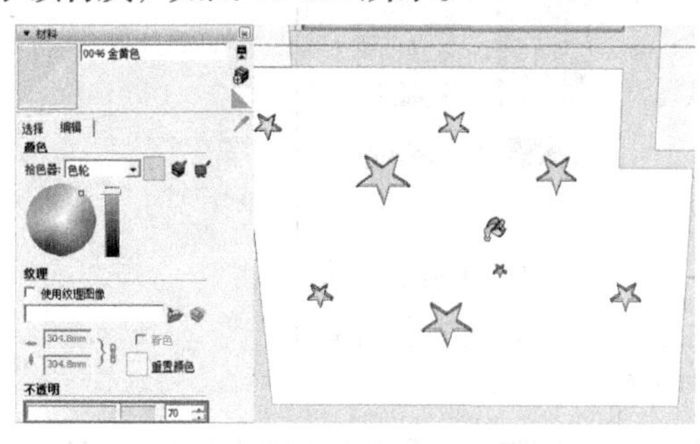

图 11-111

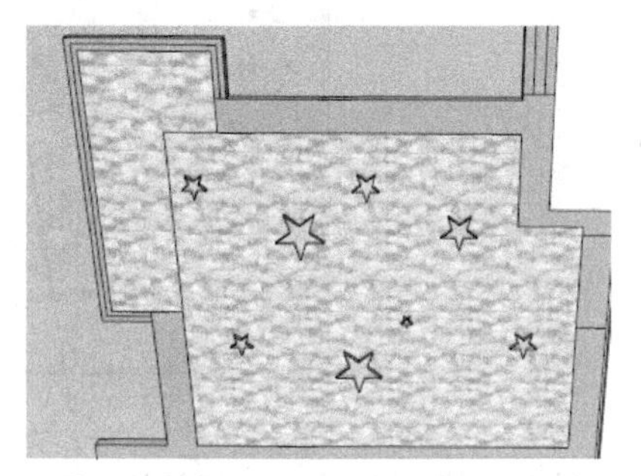

图 11-112

（32）所有房间天花板及其灯组件绘制完成，如图 11-113 所示。

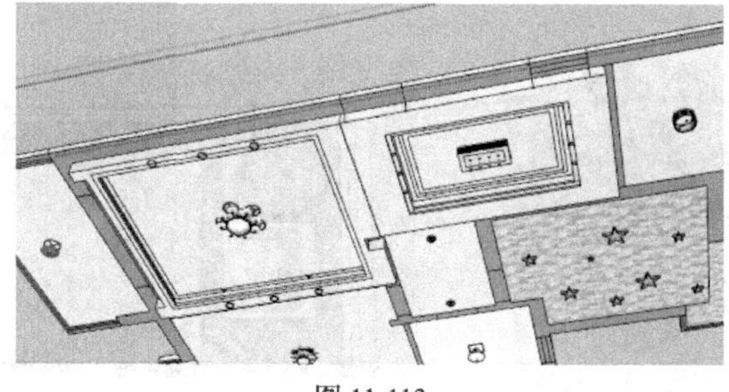

图 11-113

6. 安置家具

（1）布置客厅。执行“窗口”→“图层”命令，打开“图层”面板，单击“添加图层”按钮，添加一个名为“家具”的图层，如图 11-114 所示。将当前图层切换为“家具”。

（2）将电视机组件、沙发组件、空调组件、壁画组件安置在相应位置，如图 11-115 所示。

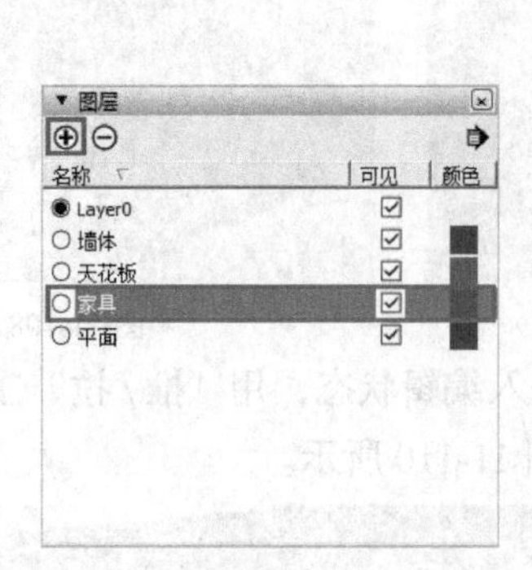

图 11-114

图 11-115

（3）放置客厅地毯。执行“文件”→“导入”命令，在“导入”对话框中将导入文件类型更改为“JPEG 图像（*.jpg）”，并选择学习资源中的“客厅地毯 .jpg”图像，单击“导入”按钮导入，如图 11-116 所示。

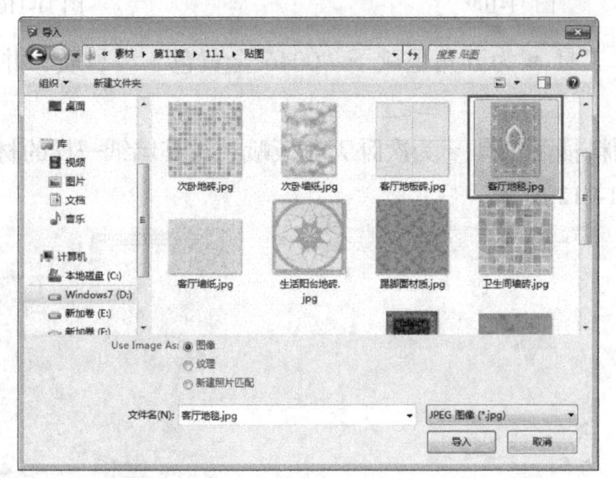

图 11-116

（4）导入二维图像后，将其放置在客厅茶几下，并调整颜色和尺寸，如图 11-117 所示。

（5）布置生活阳台。在生活阳台中放置洗衣机组件、洗手池组件、烘衣架组件及盆栽，如图 11-118 所示。

图 11-117

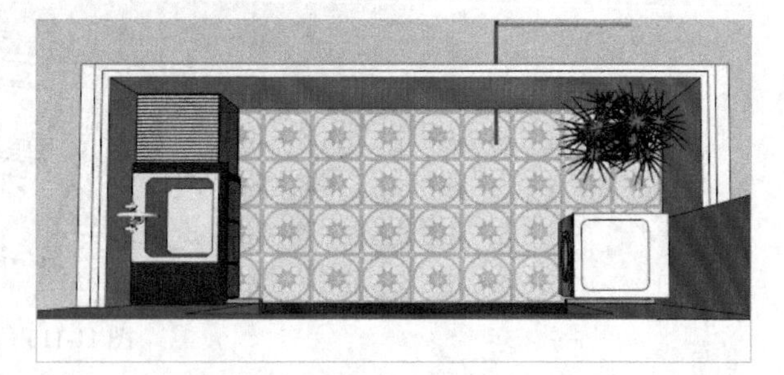

图 11-118

（6）在生活阳台与客厅之间安置隔门组件，并在客厅内放置窗帘，利用“缩放”工具拉伸至合适大小，如图 11-119 所示。

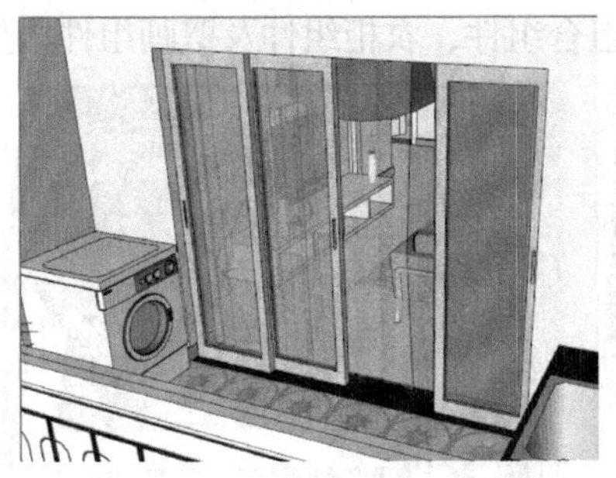

图 11-119

（7）布置餐厅。在餐厅中安置餐桌椅组件、冰箱组件、时钟组件，如图 11-120 所示。

（8）布置厨房。在厨房中安置灶台组件、抽油烟机组件，如图 11-121 所示。

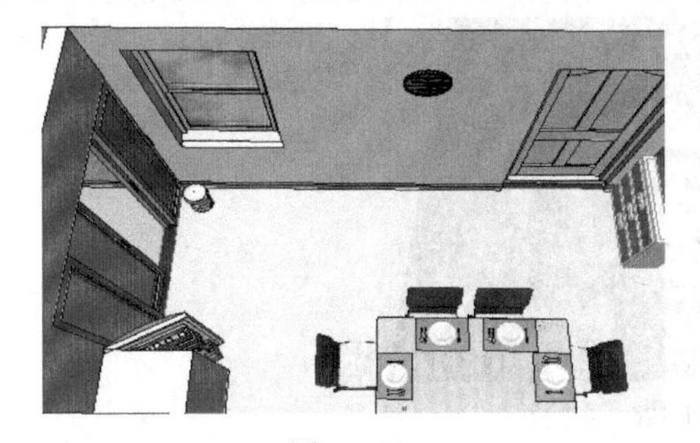

图 11-120

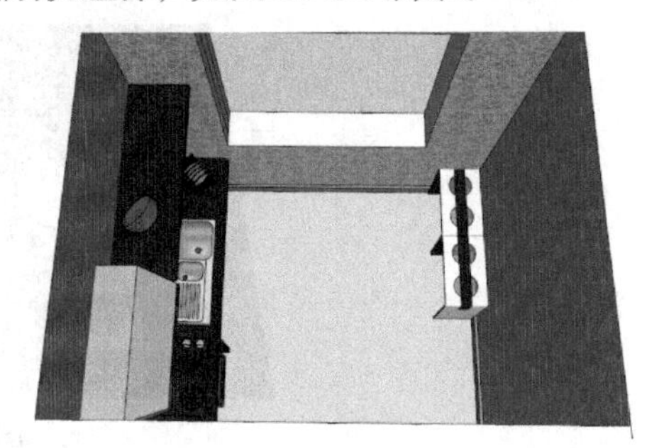

图 11-121

（9）在餐厅和厨房之间安置推拉门组件，如图 11-122 所示。

（10）布置过道。在客厅过道墙壁上放置壁画，并在角落处放置盆栽，如图 11-123 所示。

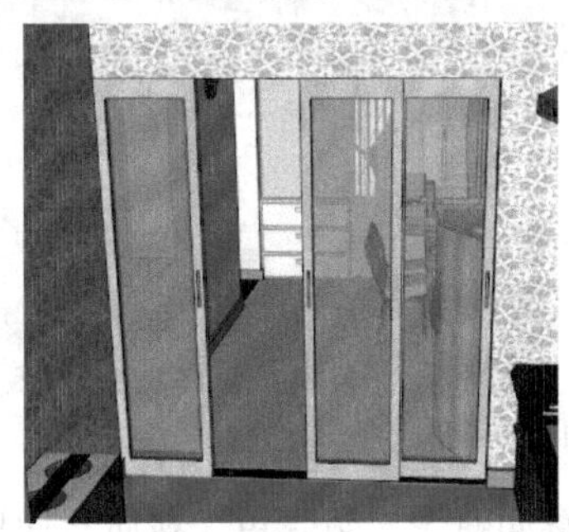

图 11-122

图 11-123

（11）布置主卧。在主卧中相应位置放置床组合组件、电视机组件、衣柜组件及壁画组件，如图 11-124 所示。

图 11-124

（12）布置次卧。在次卧相应位置放置床组合组件，衣柜组件及壁画组件，如图 11-125 所示。

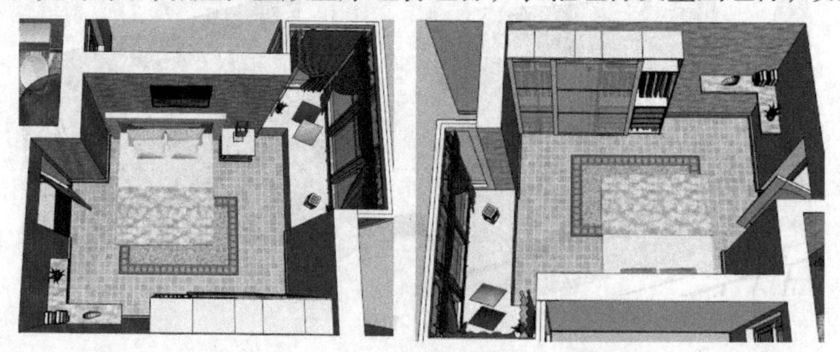

图 11-125

（13）布置卫生间。在卫生间相应位置安置淋浴喷头组件、洗脸池组件、毛巾架组件，如图 11-126 所示。

图 11-126

（14）在洗脸池所在墙壁上，绘制一个 550mm × 2170mm 的矩形，并用“偏移”工具将矩形面向内偏移 90mm，如图 11-127 所示。

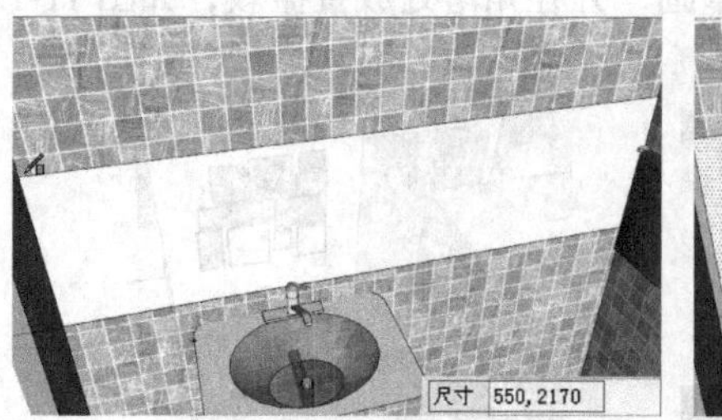

图 11-127

（15）激活“颜料桶”工具，为镜子外轮廓面赋予“贝壳色”材质，使用“推 / 拉”工具将其向外推拉 50mm 的厚度，再将学习资源中的“镜面材质 .jpg”文件创建为新材质，将新材质赋予偏移面，并调整贴图大小，如图 11-128 所示。

图 11-128

（16）所有房间布置完成后，效果如图 11-129 所示。

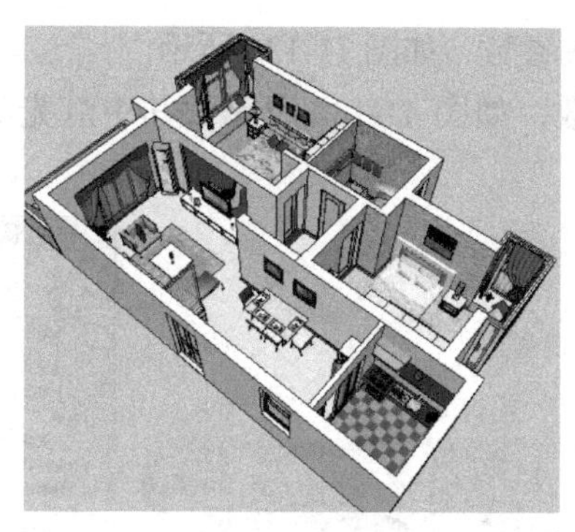
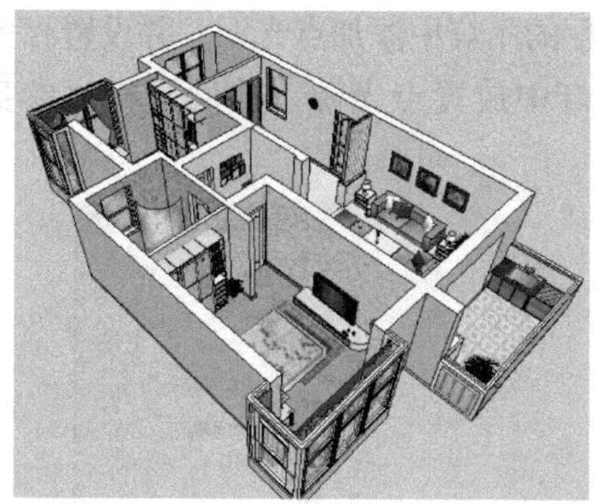

图 11-129

7. 渲染

（1）利用“相机”工具栏中的“缩放”工具 调整视图的视角和焦距，并用“环绕视察”工具 和“平移”工具 将场景调整至合适位置，再执行“视图”→“动画”→“添加场景”命令，将调整好的场景进行固定，如图 11-130 所示。

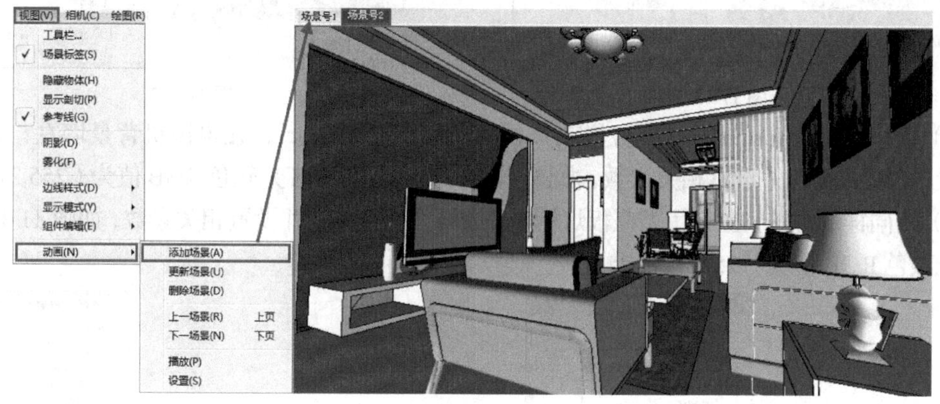

图 11-130

（2）选择 V-Ray for SketchUp 灯光工具栏中的“点光源” ，在客厅吊灯上添加点光源，并在点光源上单击鼠标右键，在快捷菜单中选择“V-Ray for SketchUp”→“编辑光源”命令，打开“V-Ray 光源编辑器”对话框设置相关参数，如图 11-131 所示。

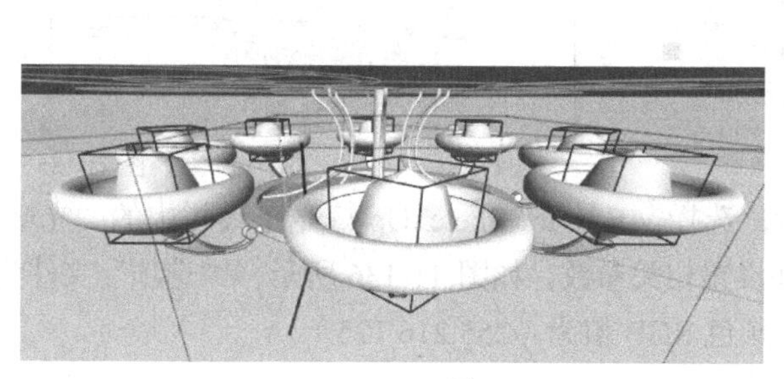
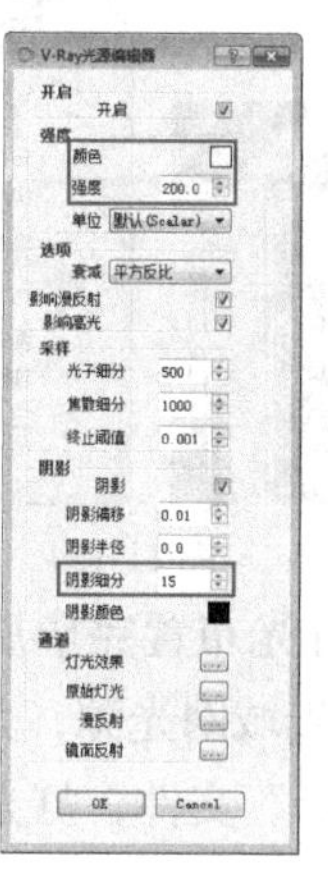

图 11-131

（3）在餐厅的吊灯中添加点光源，并设置相关参数，如图 11-132 所示。

（4）在台灯中放置点光源，并设置相关参数，如图 11-133 所示，其中灯光颜色 RGB 值为（255,216,125）。

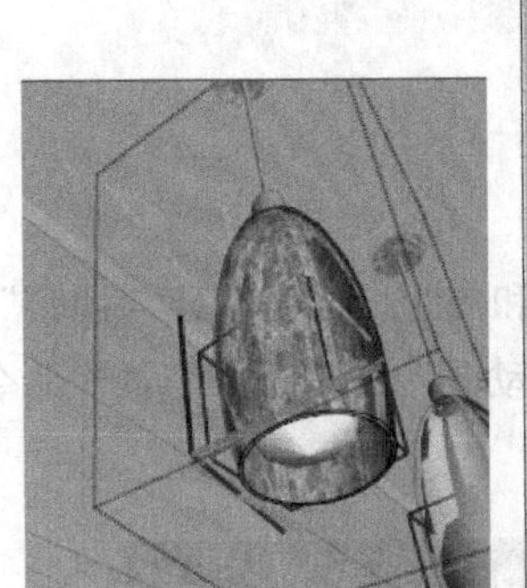

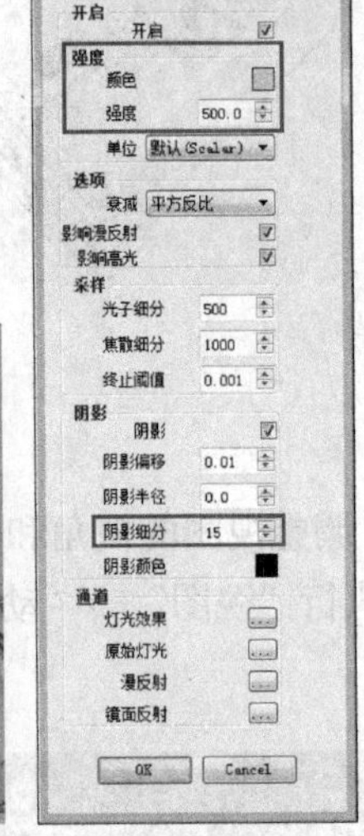

图 11-132

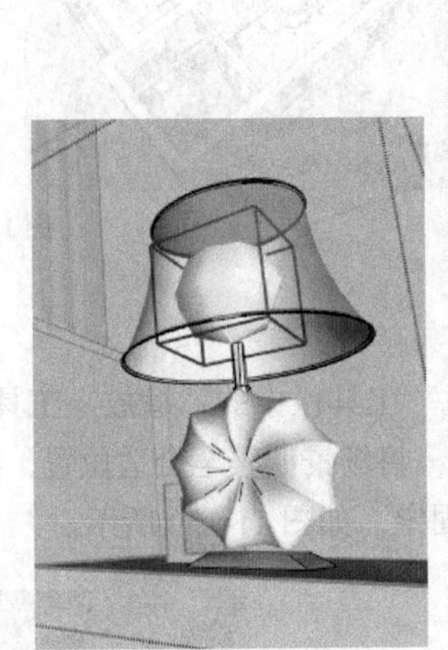

图 11-133

（5）选择 V-Ray for SketchUp 灯光工具栏中的“面光源”，在电视机背景墙左、右、上灯槽中放置 3 个面光源，并设置相关参数，如图 11-134 所示，其中灯光颜色 RGB 值为（255,216,125）。

（6）用同样的方法，在餐厅天花板灯槽中添加 4 个面光源，并设置相关参数，如图 11-135 所示，其中灯光颜色 RGB 值为（255,216,125）。

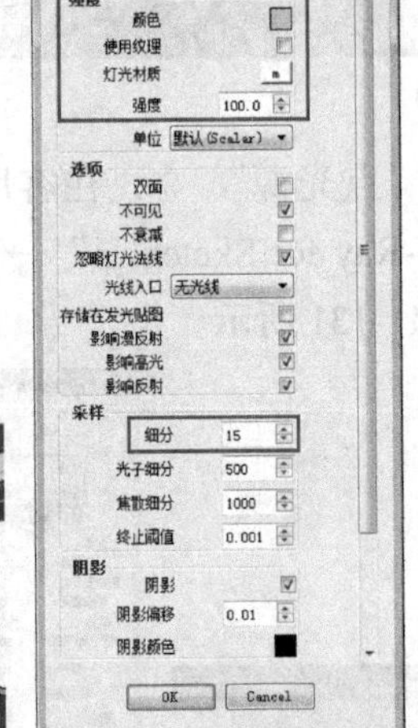

图 11-134

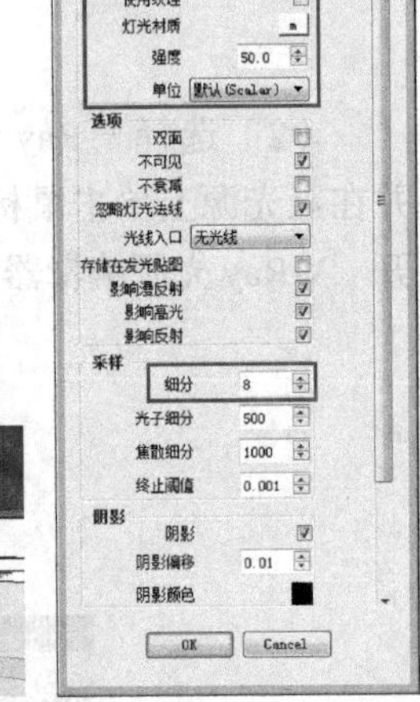

图 11-135

（7）基本灯光布置完毕后，选择 V-Ray for SketchUp 灯光工具栏中的“光域网光源”，在客厅顶灯中添加光域网光源，并设置相关参数，如图 11-136 所示，“选项”文件为学习资源中提供的“经典筒灯 .ies”文件，灯光颜色 RGB 值为（255,216,125）。

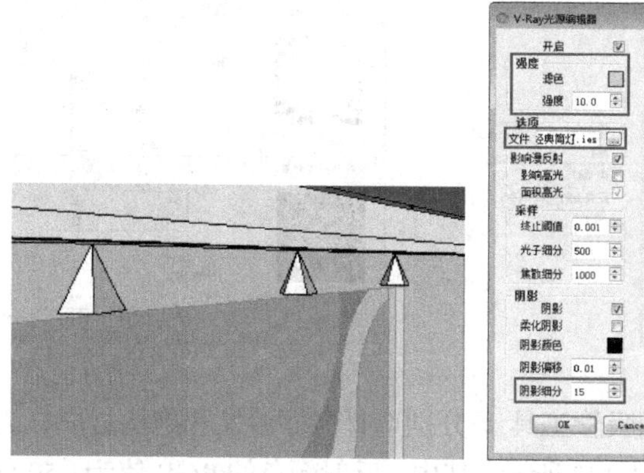

图 11-136

（8）用同样的方法，在客厅沙发茶几组件上方和餐厅壁画上方分别添加两个光域网光源，并设置相同的参数，如图 11-137 所示。

图 11-137

（9）室内灯光设置完成后，继续使用面光源，在渲染场景中所有门窗处分别添加一个面光源补光，如图 11-138 所示。

（10）设置用于补光的面光源参数，如图 11-139 所示，其灯光颜色的 RGB 值为（199,255,255）。

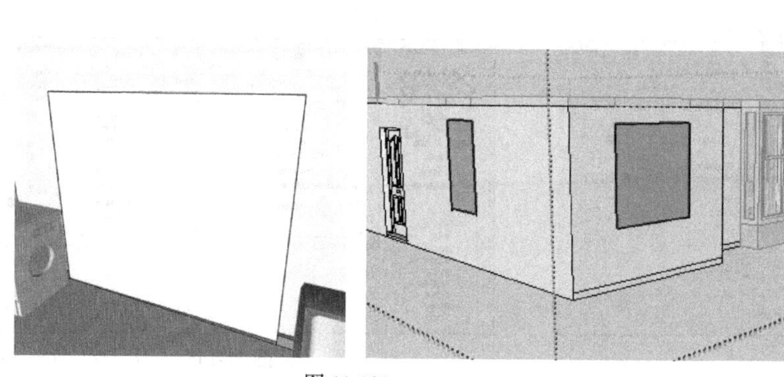

图 11-138

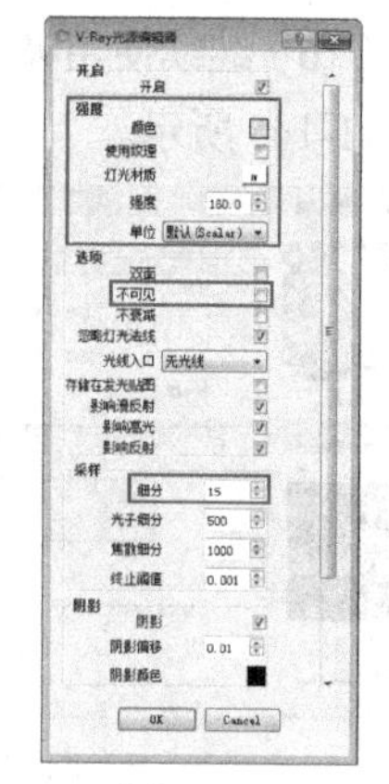

图 11-139

（11）单击 按钮打开 V-Ray for SketchUp 材质编辑器，用吸管工具 吸取客厅地板材质，在材质名称上单击鼠标右键，选择“创建材质层”→“反射”命令，为该材质添加一个反射层，如图 11-140 所示。

（12）设置反射层相关参数，为反射层添加“TexFresnel（菲涅耳）”纹理贴图，如图 11-141 所示。其中，反射颜色的 RGB 值为（100,100,100），“TexFresnel（菲涅耳）”垂直颜色 RGB 值为（124,124,124）。

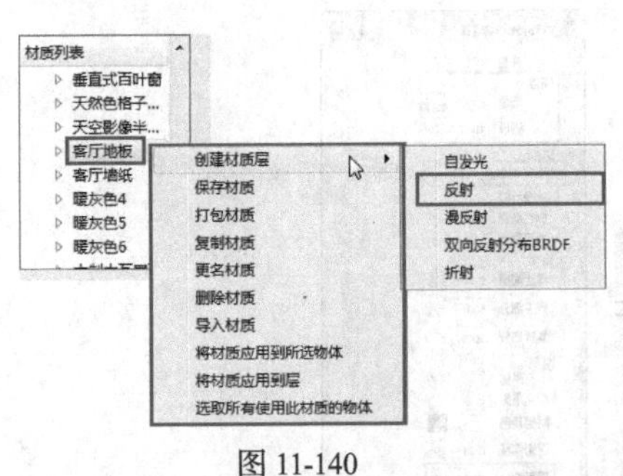

图 11-140

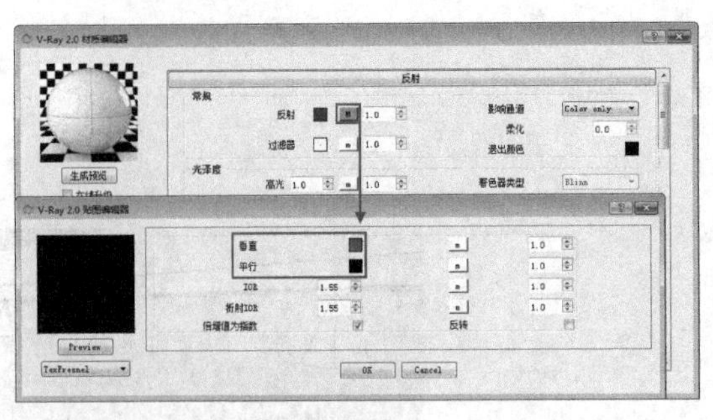

图 11-141

（13）用同样的方法，用吸管工具分别选择客厅沙发和抱枕材质，为其添加反射层，并设置相关参数，如图 11-142 和图 11-143 所示。其中，反射颜色的 RGB 值为（50,50,50），“TexFresnel（菲涅耳）”纹理贴图垂直颜色 RGB值为（60,60,60）。

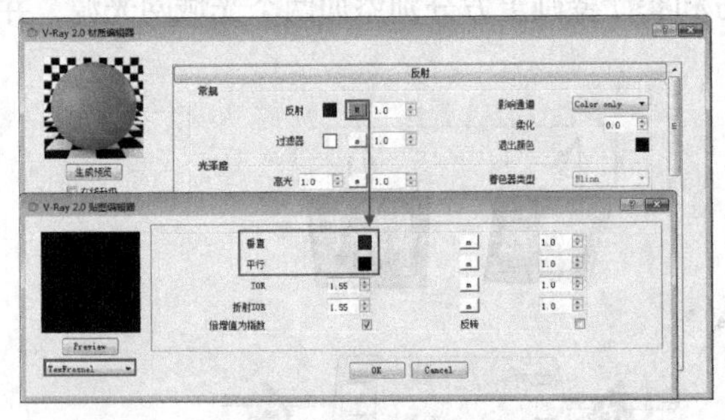

图 11-142

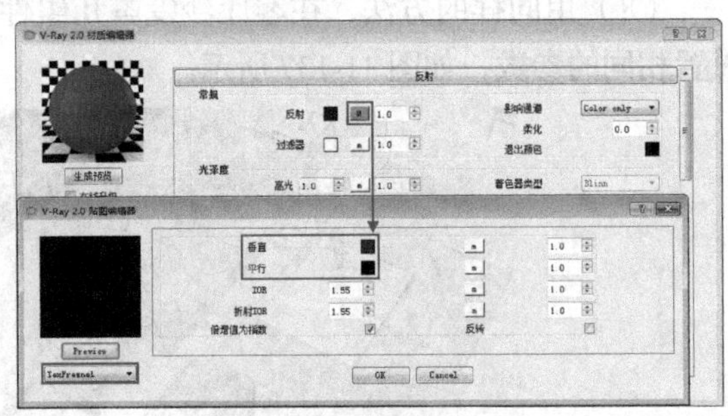

图 11-143

（14）用吸管工具选择客厅金属架材质，为其添加反射层，并设置相关参数，如图 11-144 所示。其中，反射颜色 RGB 值为（100,100,100），“TexFresnel（菲涅耳）”纹理材质垂直颜色 RGB 值为（125,125,125）。

（15）同样用吸管工具选择电视柜和茶几材质，为其添加反射层，并设置相关参数，反射颜色和“菲涅耳”纹理材质正视方向颜色 RGB 值均为（100,100,100）。

（16）继续使用吸管工具选择客厅地毯材质，在材质编辑器“选项”卷展栏中设置相关参数，如图 11-145 所示。

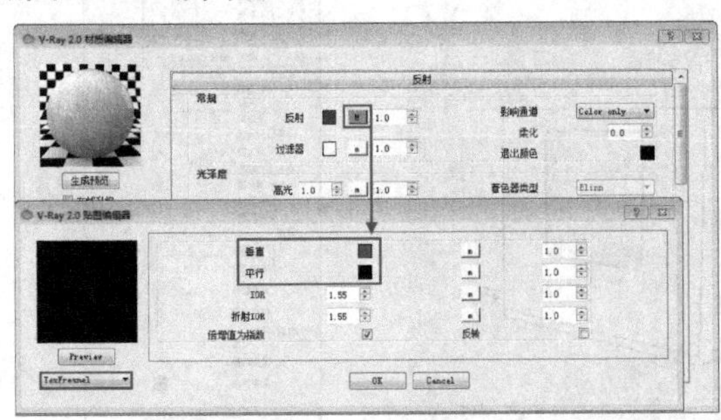

图 11-144

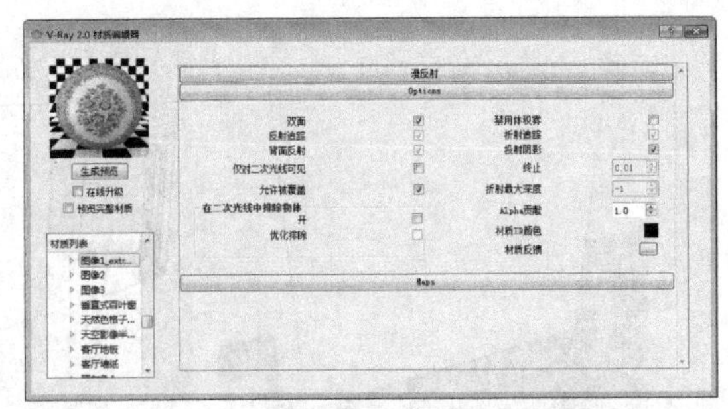

图 11-145

（17）设置厨房推拉门玻璃材质参数。用吸管工具选择推拉门玻璃材质，并设置相关参数，如图 11-146 所示。

（18）用吸管工具选择电视机柜子上装饰植物叶片材质“模糊效果的植被 7”，并设置相关参数，如图 11-147 所示。

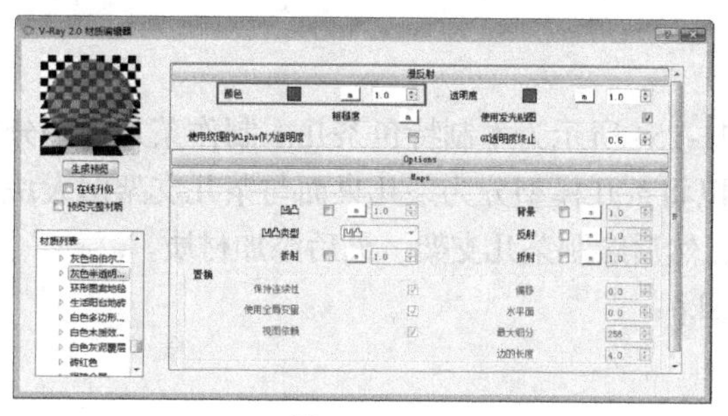
图 11-146

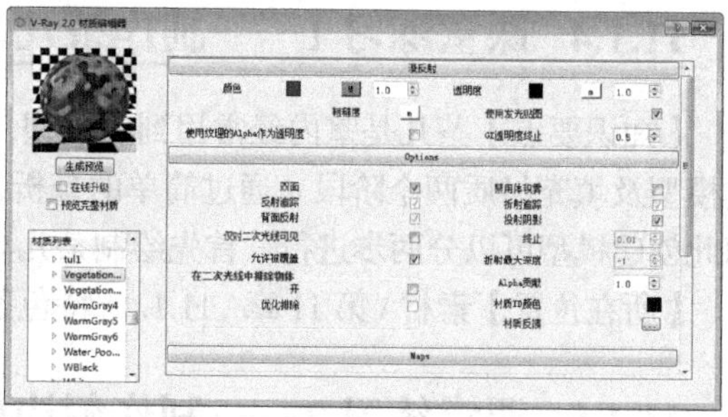

图 11-147

（19）单击 V-Ray for SketchUp渲染面板中的“V-Ray for SketchUp 设置”按钮 ，打开渲染设置面板。

（20）设置“环境”渲染参数。在本案例中，利用面光源补天光，可以关闭天光颜色和背景颜色，以免造成光线干扰，如图 11-148 所示。

（21）设置“输出”渲染参数。输出图纸大小可视自己喜好而定，在本实例中选择输出尺寸为 2048mm × 1536mm，如图 11-149 所示。

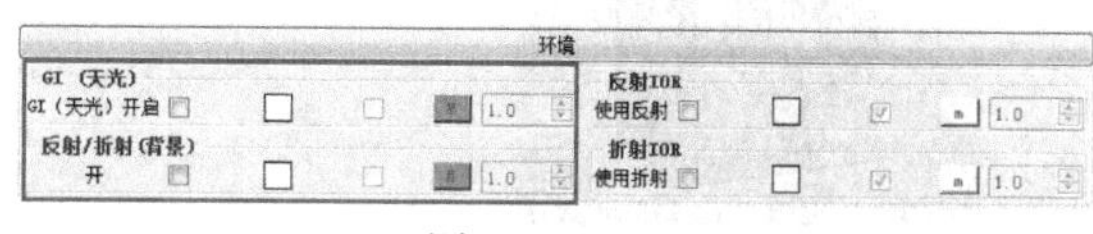

图 11-148

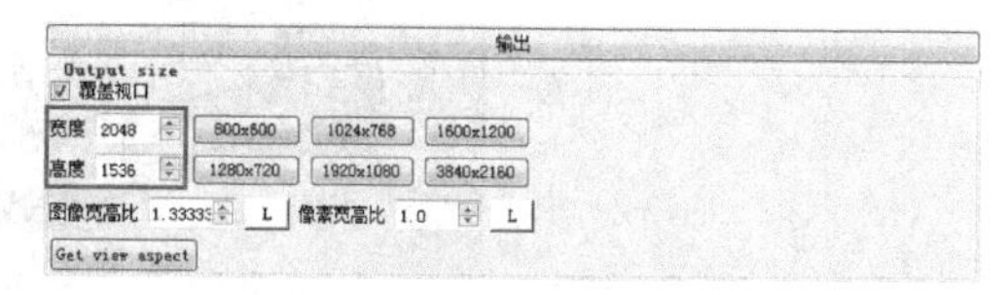

图 11-149

（22）设置“图像采样器（抗锯齿）”参数，在渲染室内模型时，宜将采样器类型设置为“自适应细分”，可将细节表现得更好，“抗锯齿过滤器”应选择 Catmull Rom 类型，可得到锐利的图像边缘，如图 11-150 所示。

（23）设置“颜色映射”渲染参数，将颜色映射类型设置为“指数曝光”，如图 11-151 所示。

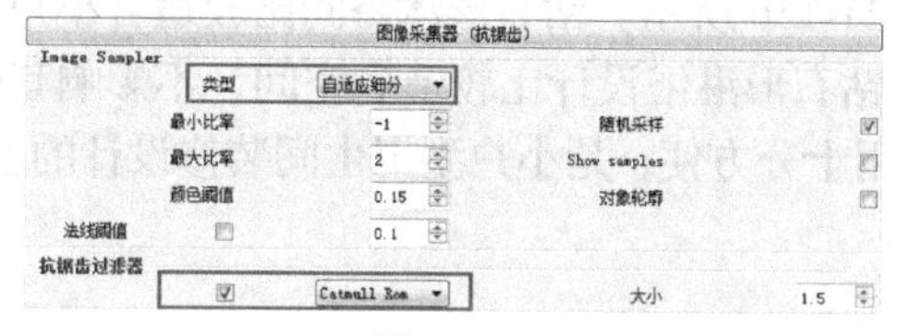

图 11-150

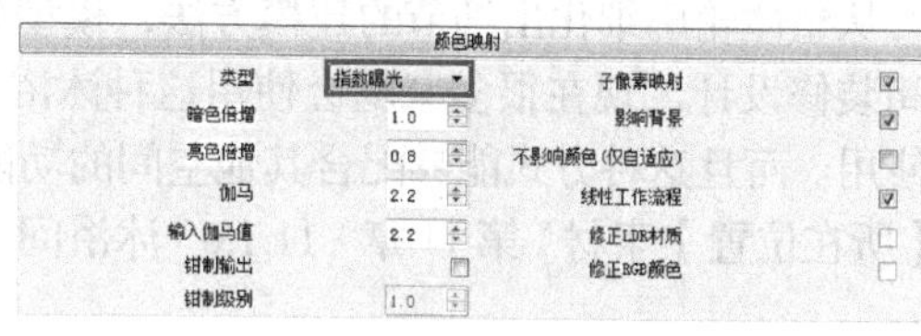

图 11-151

（24）设置“灯光缓存”渲染参数，在最终渲染时，可将计算参数细分值设置得高一些，可以提高出图质量，如图 11-152 所示。

（25）其余渲染参数选项保持默认即可，单击“开始渲染”按钮，开始渲染场景，渲染完成后的效果如图 11-153 所示。

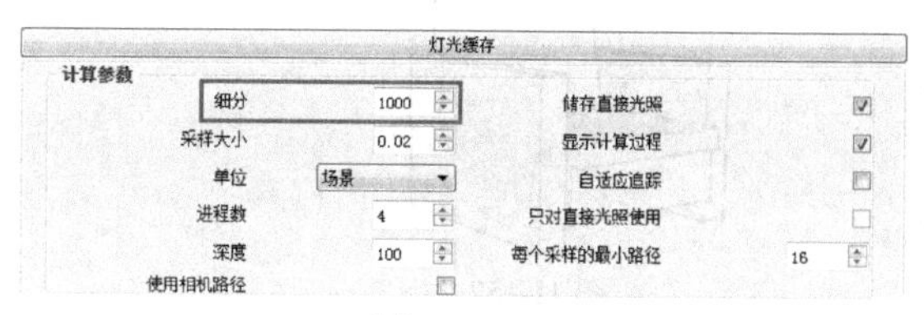

图 11-152

图 11-153

11.1.4 课堂练习 1——制作茶几

【知识要点】茶几是室内经常用到的模型，图 11-154 所示为木制特色茶几。制作茶几模型分创建模型及填充材质两个阶段。通过简单的分析，可以将茶几模型分为茶几桌面与茶几支架两大块，因此创建模型可以分两步进行，首先绘制茶几桌面，然后绘制茶几支架，最后添加材质。

【所在位置】素材 \ 第 11 章 \ 11.1.4 \ 特色茶几 .skp。

11.1.5 课堂练习 2——制作餐边柜

【知识要点】餐边柜是用在饭厅的一种多用家具，在满足收纳功能的同时可以作为隔断和装饰使用，以提升家居的品位，增加空间层次。本练习即要求制作一款精美的古典餐边柜模型，如图 11-155 所示。首先使用“矩形”工具绘制边柜的平面，再使用“推 / 拉”工具、“缩放”工具等编辑工具，以及其他绘图工具，制作完整的餐边柜模型。

【所在位置】素材 \ 第 11 章 \ 11.1.5 \ 古典餐边柜 .skp。

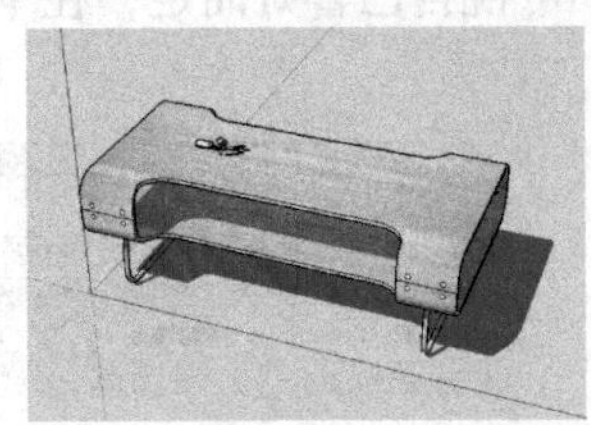

图 11-154

图 11-155

11.1.6 课后习题 1——制作沐浴间

【知识要点】练习沐浴间模型的制作，主要使用“直线”“圆”“推 / 拉”等工具或命令，初步学习从整体轮廓细化出细节的建模方法，模型如图 11-156 所示。钻石形沐浴间比较适合小户型的卫生间装修设计，现在很多家庭会使用这种沐浴间。钻石形淋浴设计比较节省空间，不影响其他空间的使用。而且这种方式能够配合其他空间的功能使用十分方便，是小户型卫生间装修设计的首选。

【所在位置】素材 \ 第 11 章 \ 11.1.6 \ 沐浴间 .skp。

11.1.7 课后习题 2——制作沙发

【知识要点】练习现代简约沙发模型的制作，主要用到“矩形”工具、“直线”工具、“旋转”工具、“推 / 拉”工具及“缩放”工具。在模型创建的过程中，注意“推 / 拉”工具的灵活应用，模型如图 11-157 所示。

【所在位置】素材 \ 第 11 章 \ 11.1.7 \ 简约沙发 .skp。

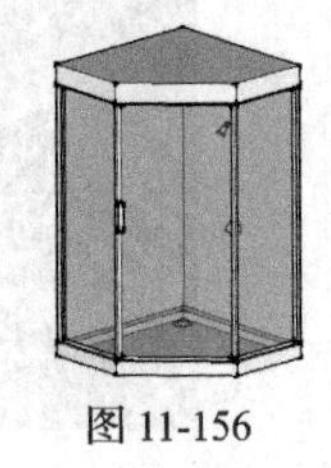

图 11-156

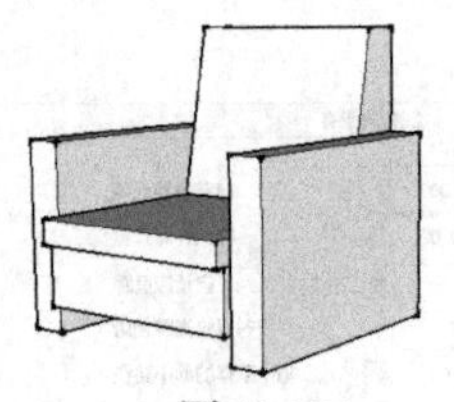

图 11-157

11.2 小区景观设计

11.2.1 案例分析

本案例制作的是小区景观模型，人居环境最根本的要求是生态结构健全，适于人类生存和可持续发展。小区景观的规划设计，应首先着眼于满足生态平衡的要求，为营造良好的小区生态系统服务。

构思是景观设计前的准备工作，是景观设计不可缺少的一个环节。首先将小区的整体结构都规划出来，然后要考虑满足其使用功能，充分为地块的使用者创造、安排出满意的空间场所，又要考虑不破坏当地的生态环境，尽量减少项目对周围生态环境的干扰等。

11.2.2 案例设计

本案例的设计制作流程如图 11-158 所示。

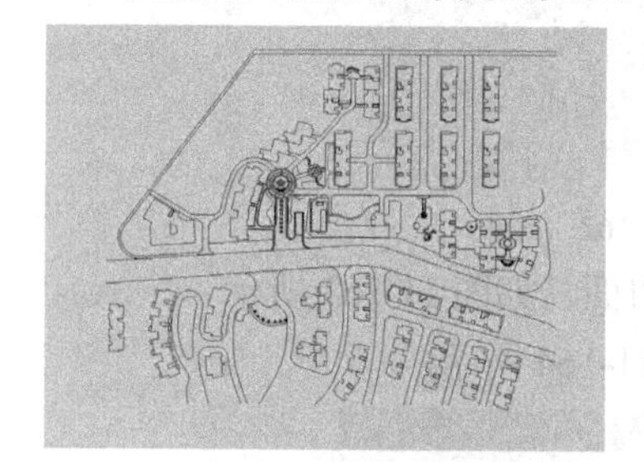

导入图纸并分割区域

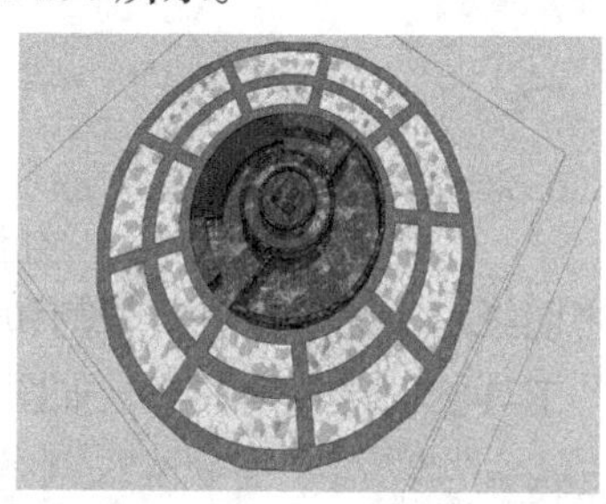

制作水景模型

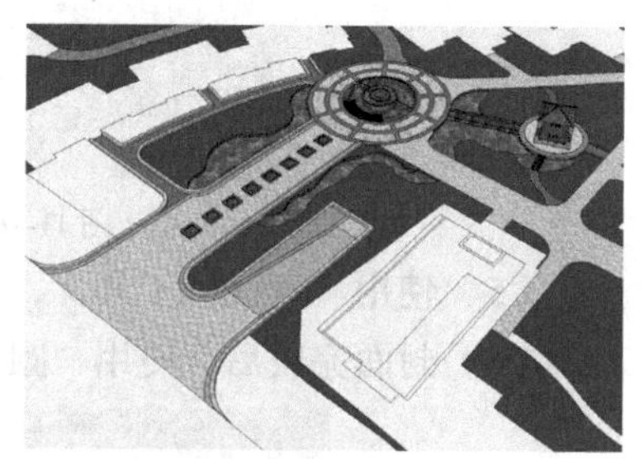

制作主要园林模型

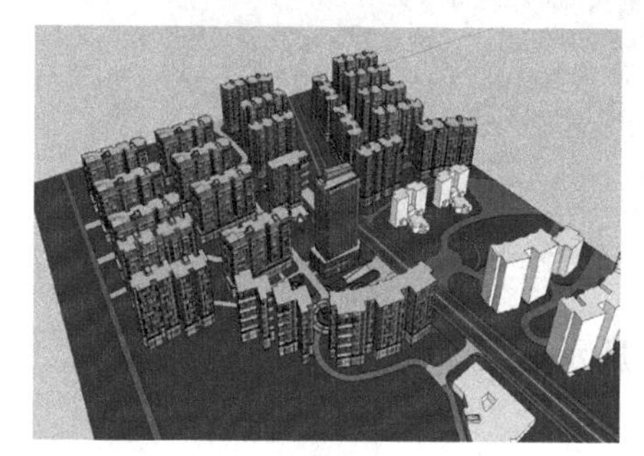

完成房屋细节

最终效果

图 11-158

11.2.3 案例制作

1. 导入 CAD 图形

（1）打开 SketchUp 后进入“模型信息”面板，选择“单位”选项，在“长度单位”选项组中进行设置，如图 11-159 所示。

（2）执行“文件”→“导入”命令，在弹出的“导入”对话框中选择“AutoCAD 文件”类型，并设置导入选项，如图 11-160 所示。

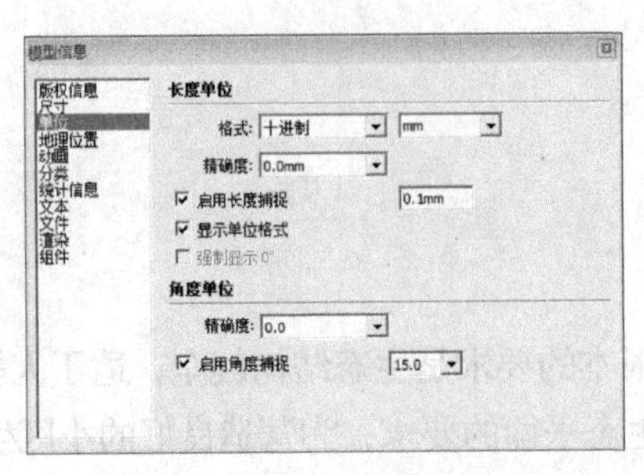

图 11-159

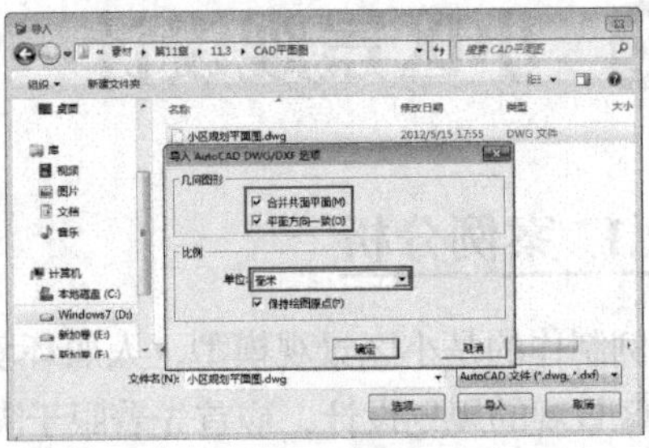

图 11-160

（3）选择小区规划平面图并导入，如图 11-161 所示。

（4）使用“矩形”工具，绘制一个矩形以封闭各个面，如图 11-162 所示。

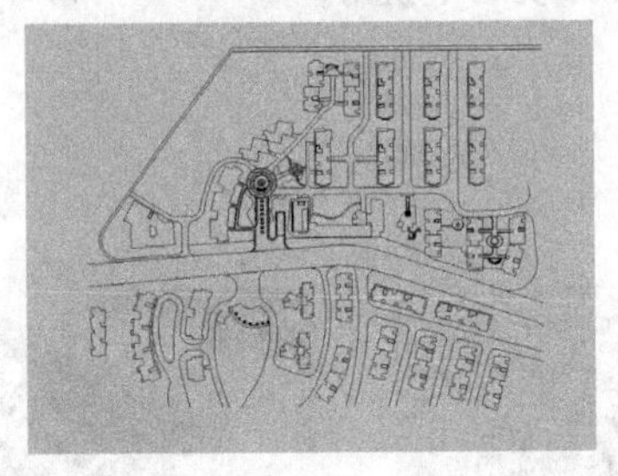

图 11-161

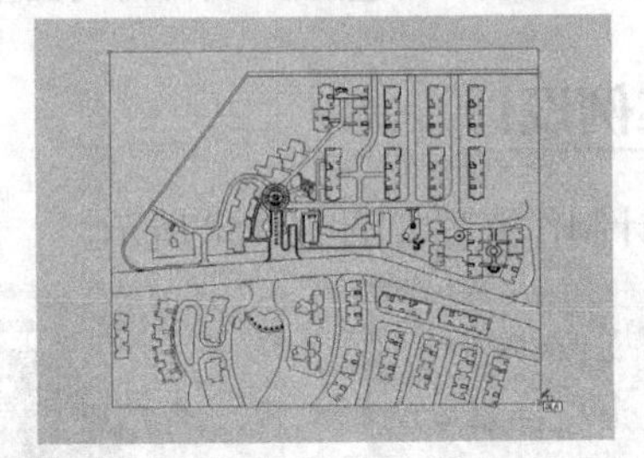

图 11-162

（5）使用“直线”工具，参考图纸对小区道路进行分割和封面，如图 11-163 所示。

（6）封面完成后，使用“圆弧”工具创建转角细节，如图 11-164 所示。

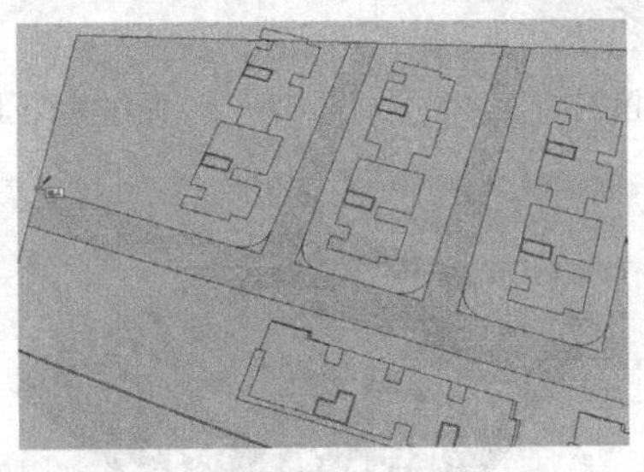

图 11-163

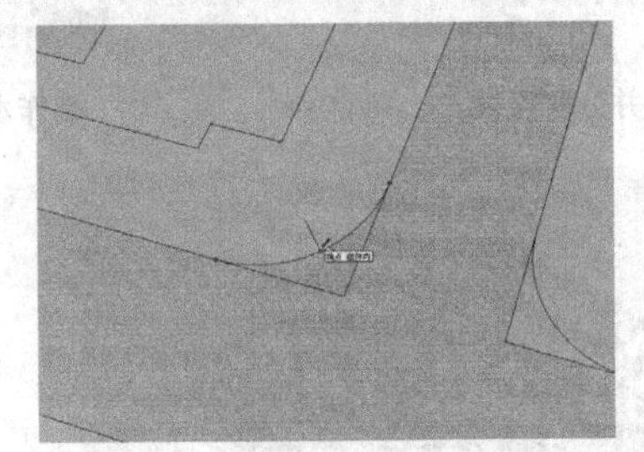

图 11-164

（7）按上述方式完成其他主要道路，如图 11-165 所示。

（8）按图纸分割出建筑平面，如图 11-166 所示。

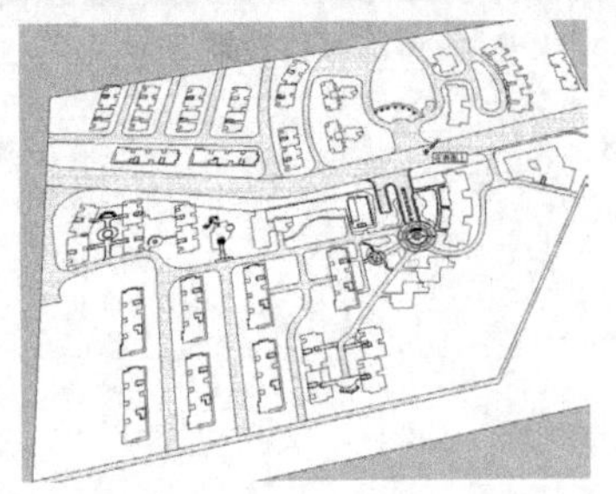

图 11-165

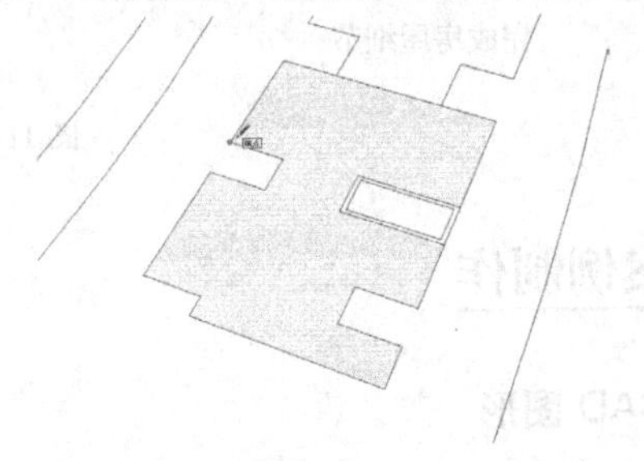

图 11-166

（9）按图纸绘制出各个区域，最终完成效果如图 11-167 所示。

2. 制作水景模型

（1）按照 CAD 图纸绘制出水景平面图，如图 11-168 所示。

（2）绘制如图 11-169 所示的平面图。

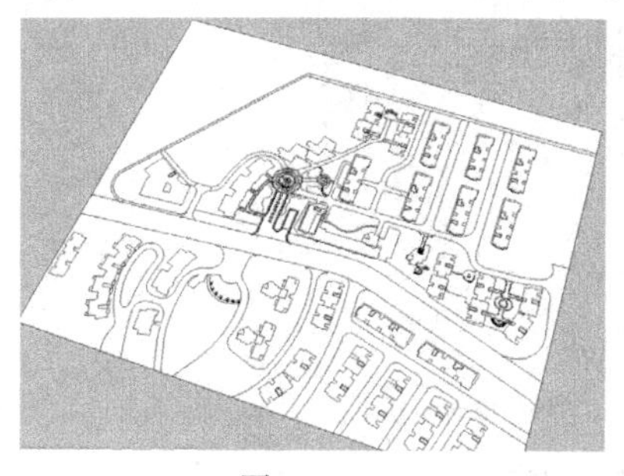

图 11-167

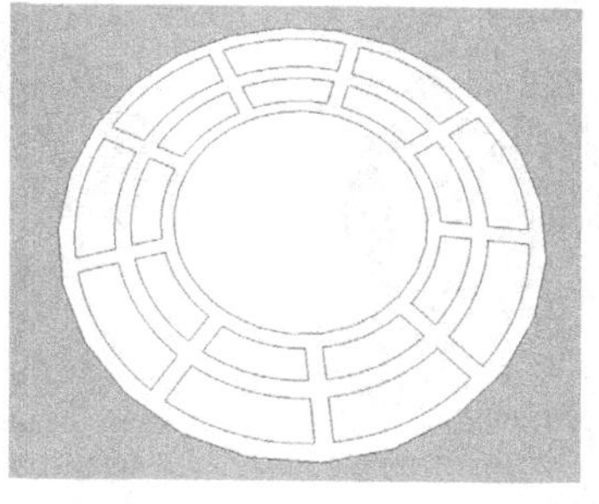

图 11-168

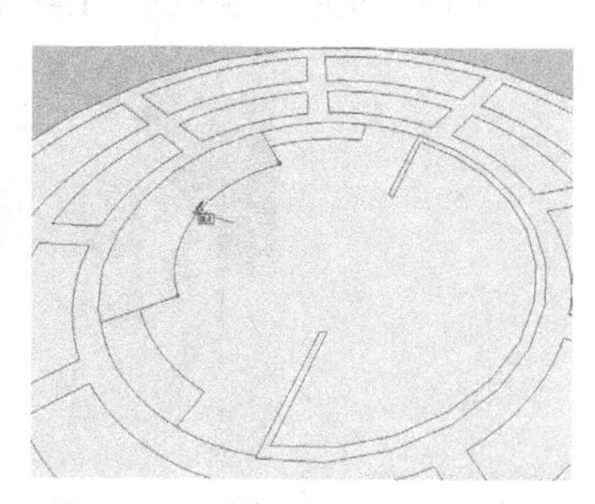

图 11-169

（3）使用“推 / 拉”工具，拉伸平面，如图 11-170 所示。

（4）将池底向下推入 700mm，如图 11-171 所示。

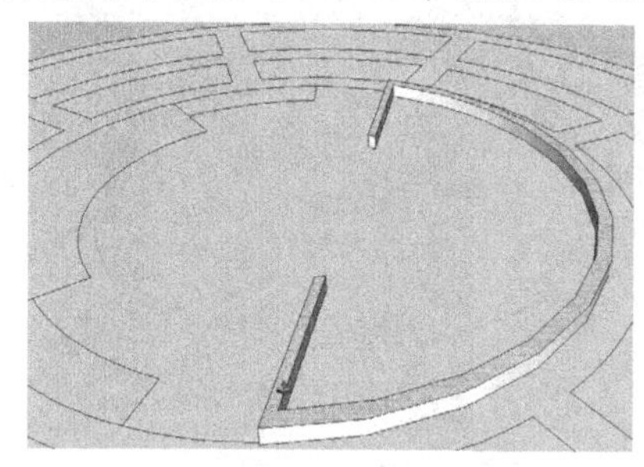

图 11-170

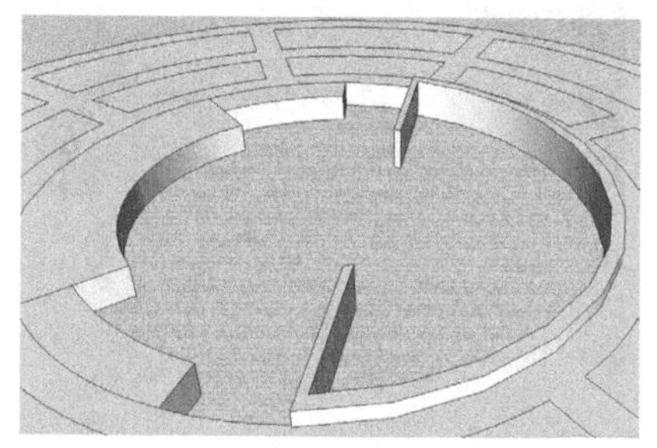

图 11-171

（5）使用“跟随路径”工具，绘制出沿边，如图 11-172 所示。

（6）绘制半圆，如图 11-173 所示。

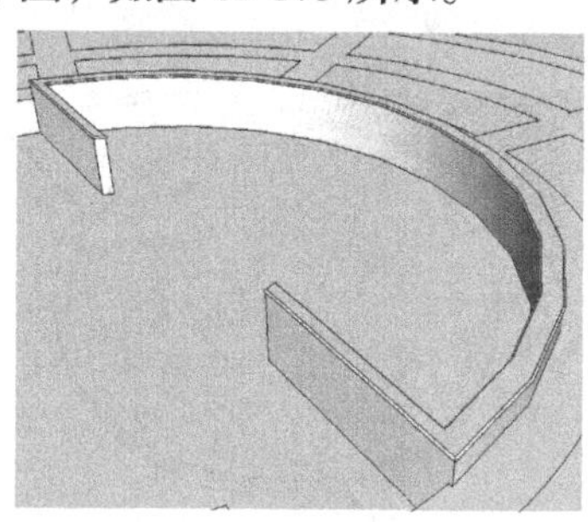

图 11-172

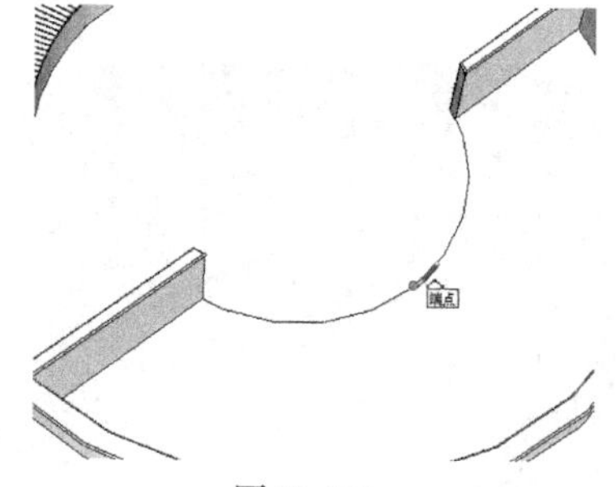

图 11-173

（7）按住 Ctrl 键，将平面拉伸 900mm，如图 11-174 所示。

（8）合并“木栈道”组件，并绘制一个半圆，如图 11-175 所示。

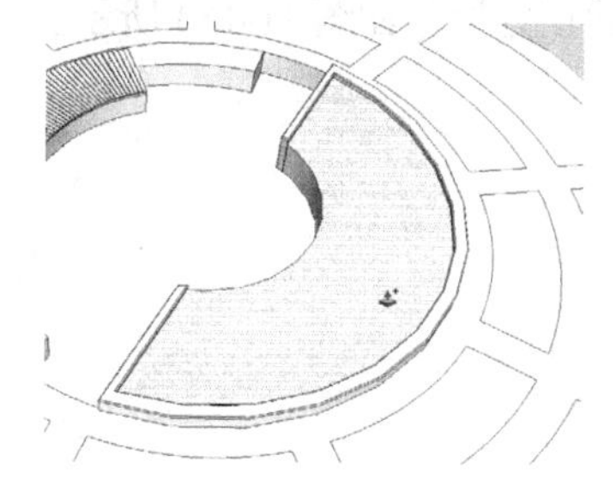

图 11-174

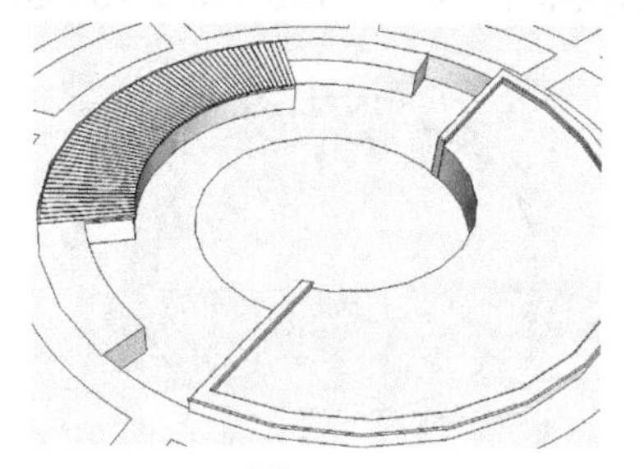

图 11-175

（9）使用“推 / 拉”工具，将中心的圆拉伸 490mm，如图 11-176 所示。

（10）使用“推 / 拉”工具，按住 Ctrl 键，将池底拉伸 490mm，如图 11-177 所示。

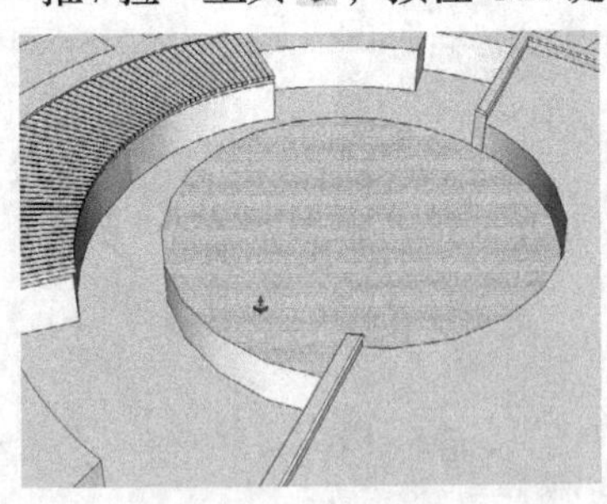

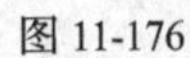
图 11-176

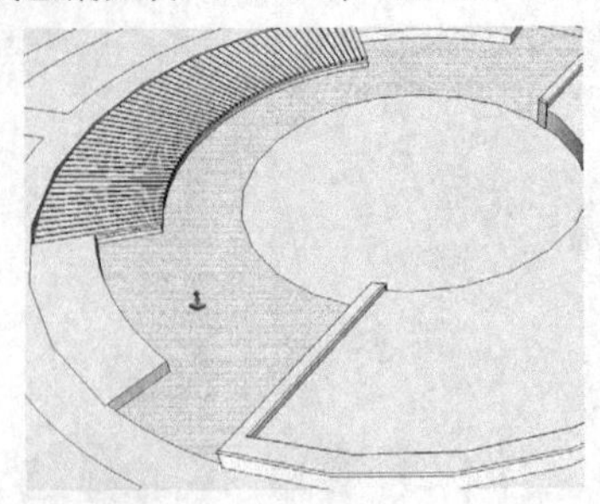
图 11-177

（11）使用“偏移复制”工具，将圆向内复制偏移 180mm，如图 11-178 所示。

（12）使用“推 / 拉”工具，将池壁向上推拉 380mm，如图 11-179 所示。

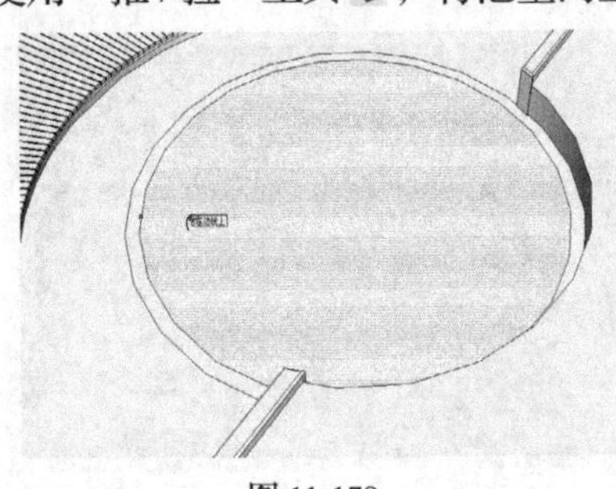
图 11-178

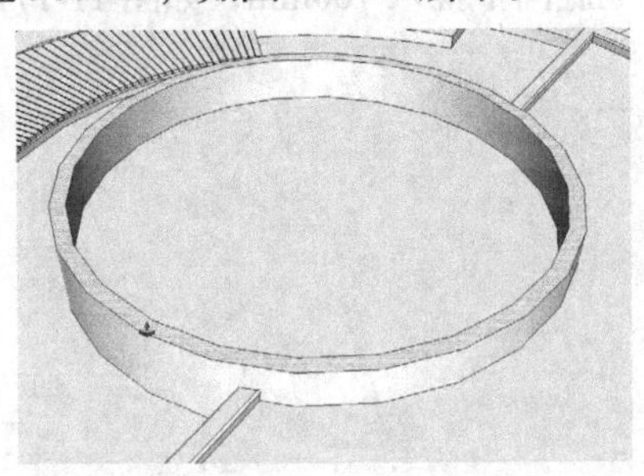
图 11-179

（13）使用上述方法绘制沿边，如图 11-180 所示。

（14）使用“推 / 拉”工具，按住 Ctrl 键，将圆池底向上拉伸 600mm，与池壁持平，如图 11-181 所示。

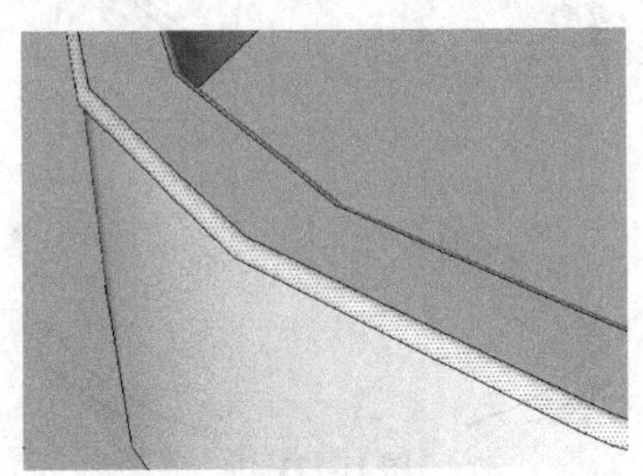
图 11-180

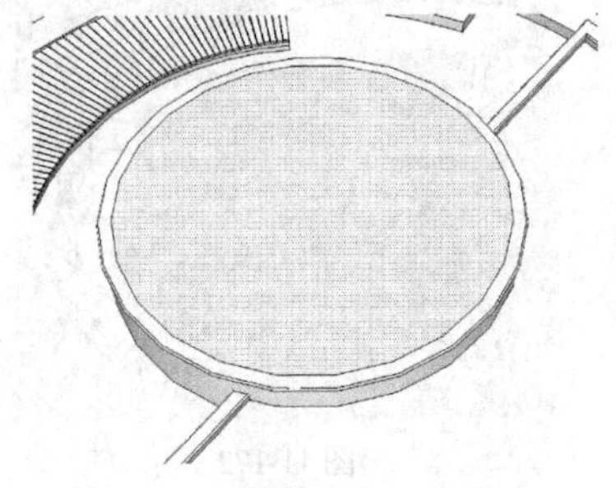
图 11-181

（15）使用上述方式在圆池中间绘制一个圆池，如图 11-182 所示。

（16）在圆池中间绘制一个 1500mm × 1500mm 的正方形，如图 11-183 所示。

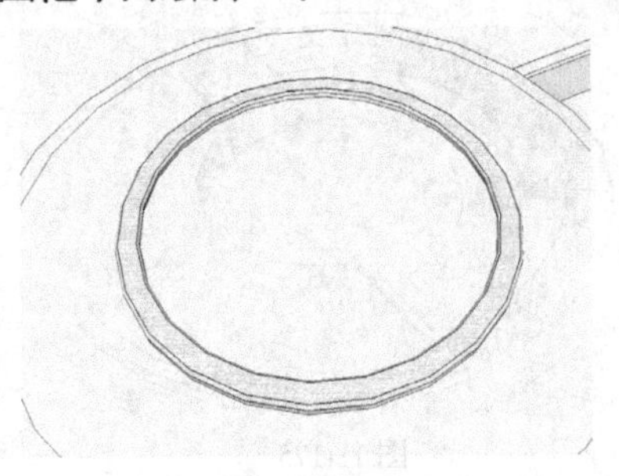
图 11-182

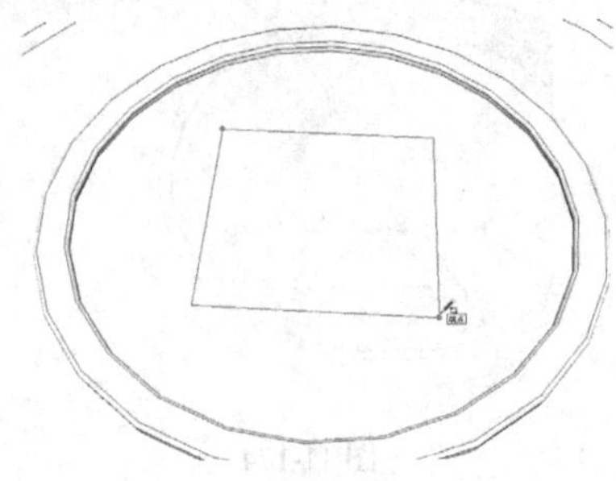
图 11-183

（17）使用“推 / 拉”工具，将正方形向上推拉 100mm，如图 11-184 所示。水景模型完成效果如图 11-185 所示。

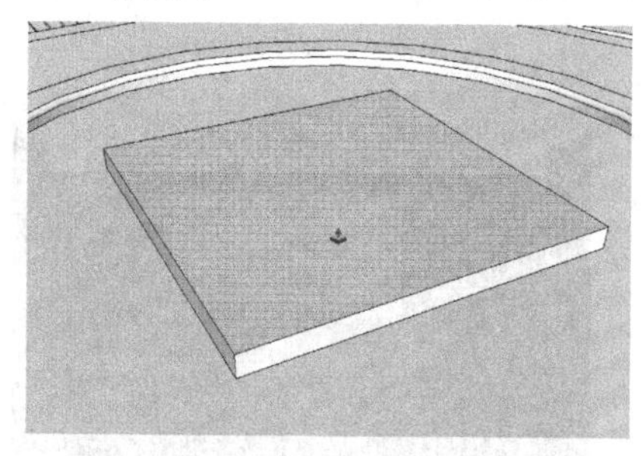
图 11-184

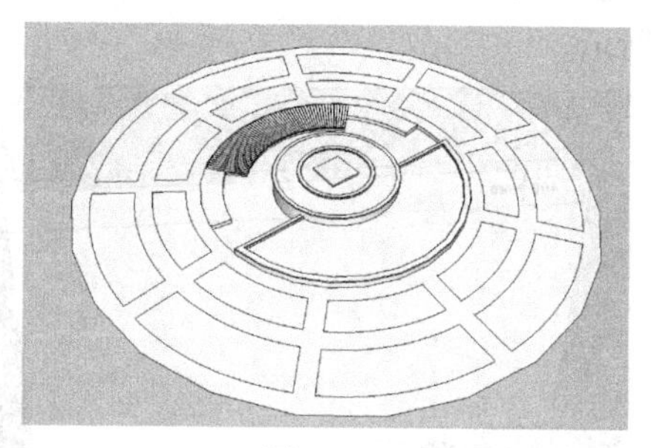
图 11-185

（18）为水景模型赋予材质，如图 11-186 所示。

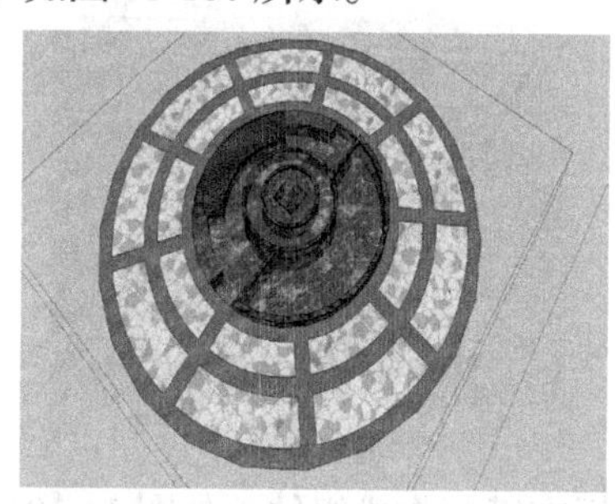
图 11-186

3. 制作主要园林模型

（1）使用“推 / 拉”工具，将道路两边的绿篱拉伸 300mm，如图 11-187 所示。

（2）将石板路向上拉伸 50mm，如图 11-188 所示。

图 11-187

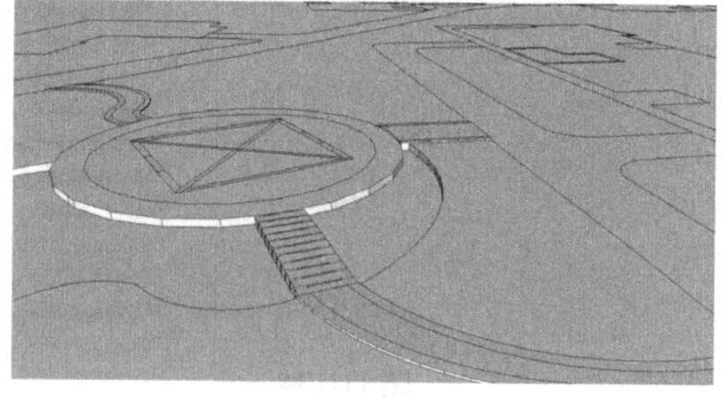
图 11-188

（3）使用“推 / 拉”工具，将地下停车场入口下推 3000mm，如图 11-189 所示。

（4）使用“直线”工具，绘制下坡，如图 11-190 所示。

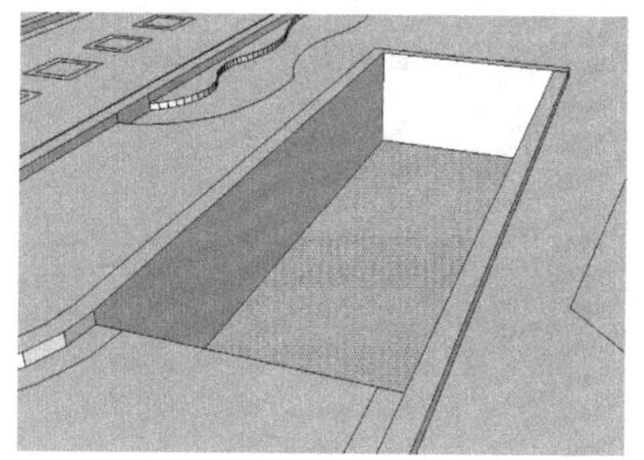
图 11-189

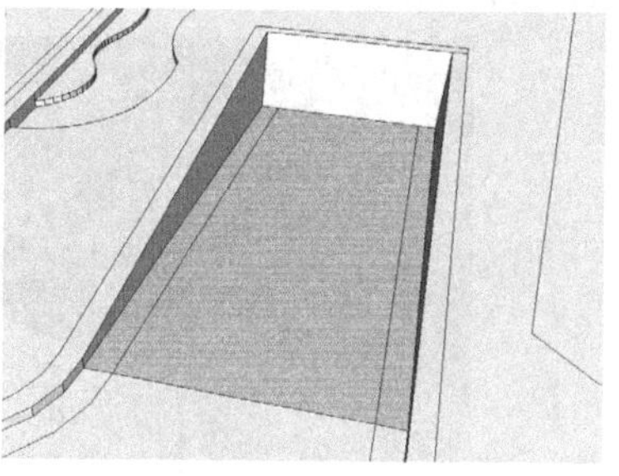
图 11-190

（5）使用“直线”工具绘制出入口，如图 11-191 所示。

（6）使用“推/拉”工具，将入口推入 10000mm，如图 11-192 所示。停车场完成效果如图 11-193 所示。

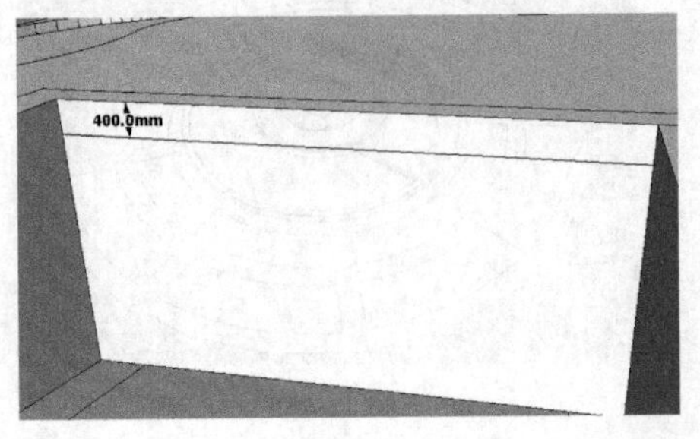

图 11-191

图 11-192

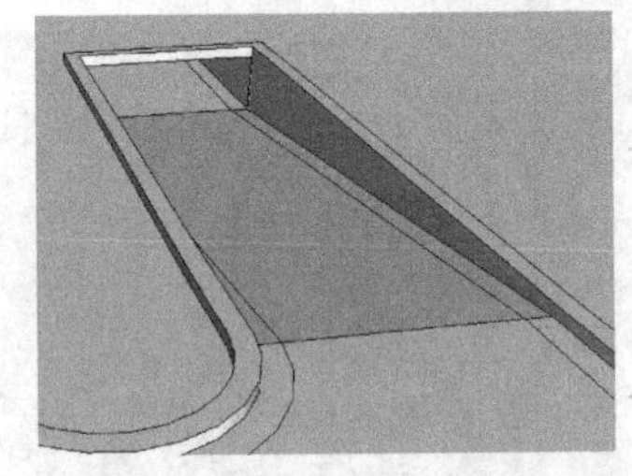

图 11-193

（7）选择木桥平面，单击鼠标右键制作成组件，如图 11-194 所示。

（8）双击组件进入编辑模式，如图 11-195 所示。

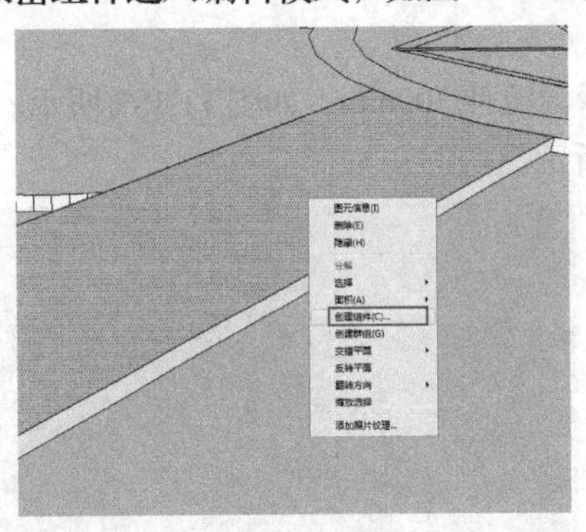

图 11-194

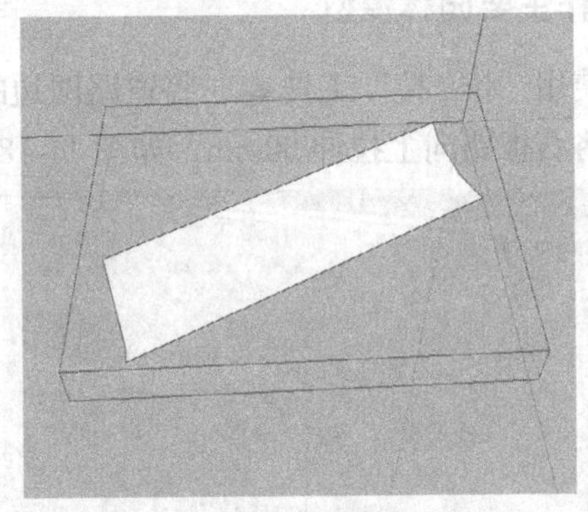

图 11-195

（9）使用“推/拉”工具，将平面向上拉伸 45mm，做出桥面木板厚度，如图 11-196 所示。

（10）在桥面底部，绘制出桥墩和龙骨的平面图，因为木桥的一部分与地面相接，所以没有绘制桥墩，如图 11-197 所示。

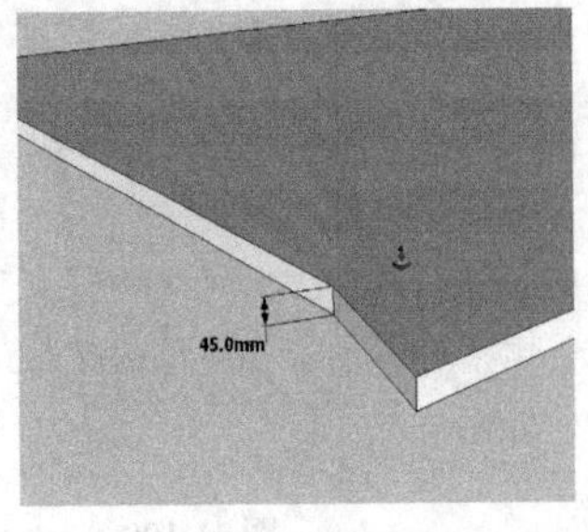

图 11-196

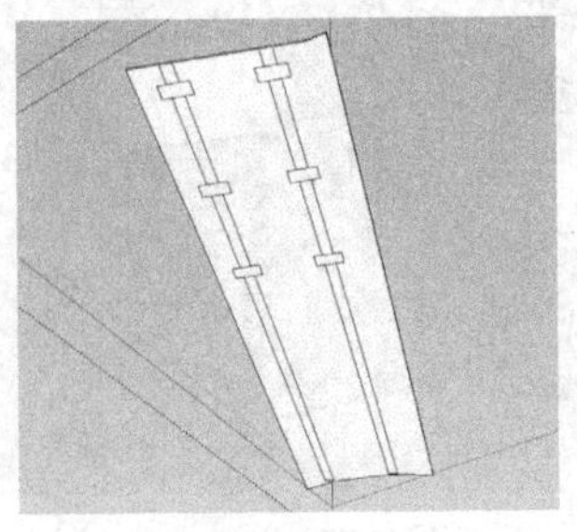

图 11-197

（11）使用“推 / 拉”工具，将桥墩拉伸 450mm，如图 11-198 所示。

（12）使用“推 / 拉”工具，将龙骨拉伸 250mm，如图 11-199 所示。

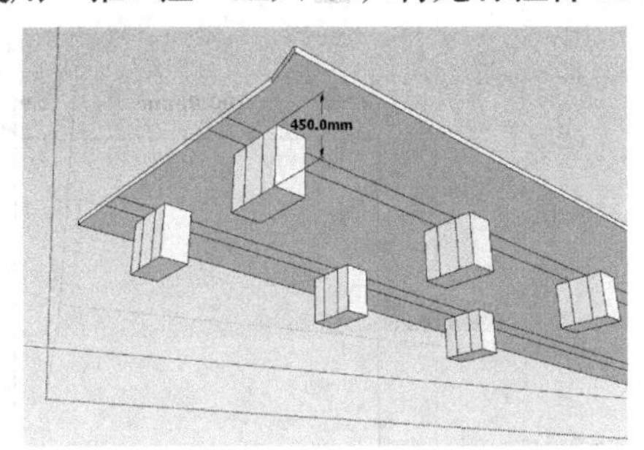

图 11-198

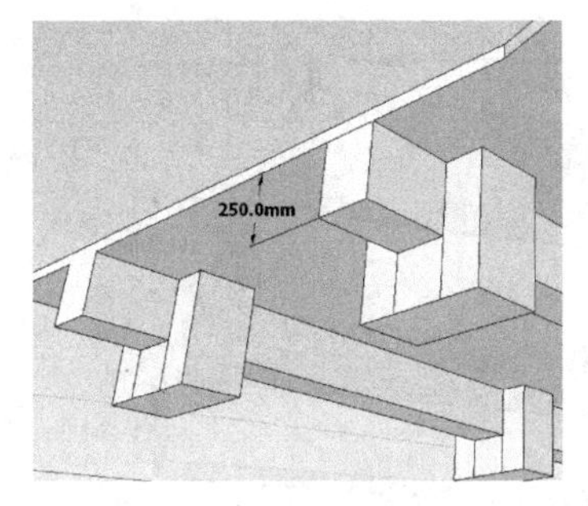

图 11-199

（13）删除多余的线面，如图 11-200 所示。

（14）赋予材质，完成效果如图 11-201 所示。

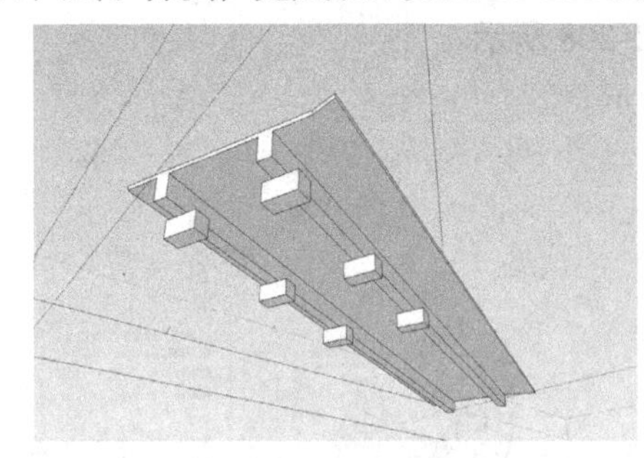

图 11-200

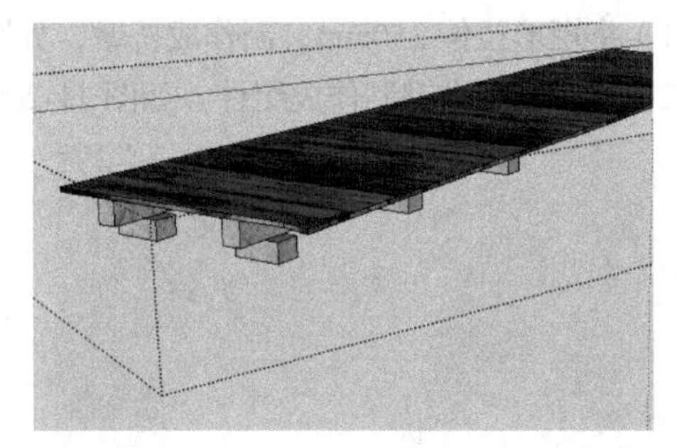

图 11-201

（15）以同样的方式，将木栈道的平面制成组件，如图 11-202 所示。

（16）双击进入组件编辑状态，如图 11-203 所示。

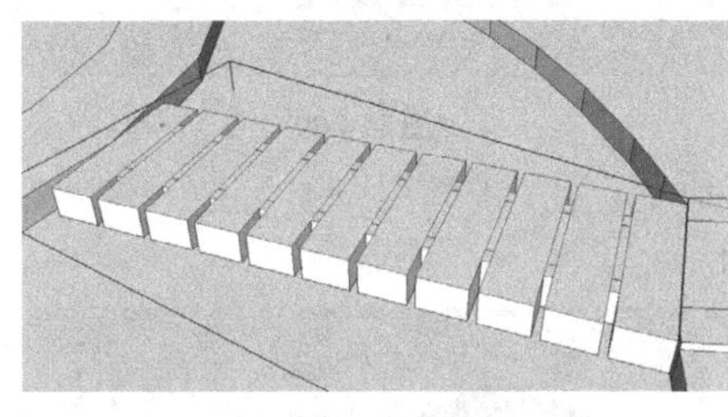

图 11-202

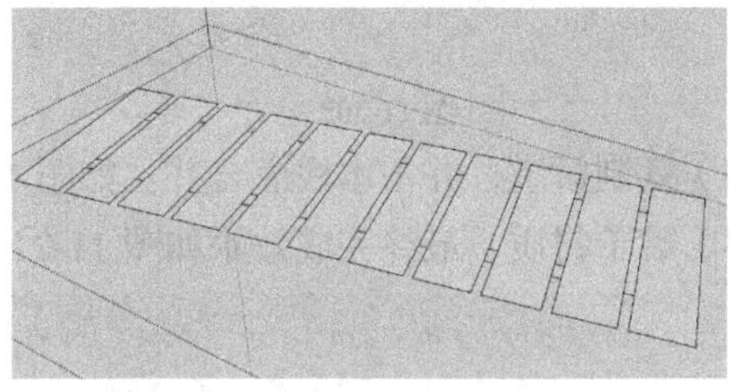

图 11-203

（17）使用“推 / 拉”工具，将木桥桥面拉伸 45mm，如图 11-204 所示。

（18）在底面绘制出龙骨的平面，如图 11-205 所示。

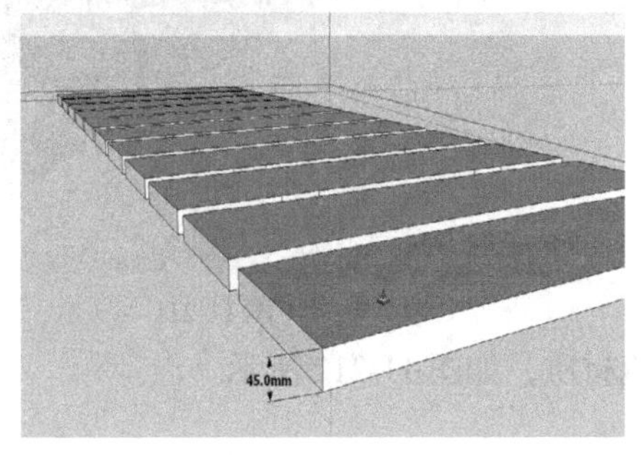

图 11-204

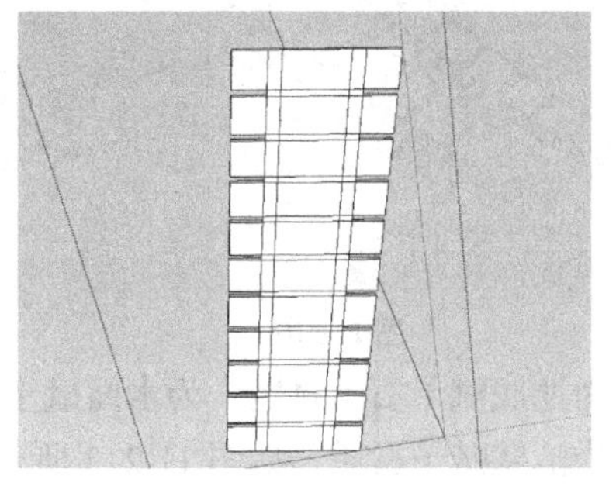

图 11-205

（19）将龙骨向下拉伸 150mm，如图 11-206 所示。

（20）绘制一个矩形，如图 11-207 所示。

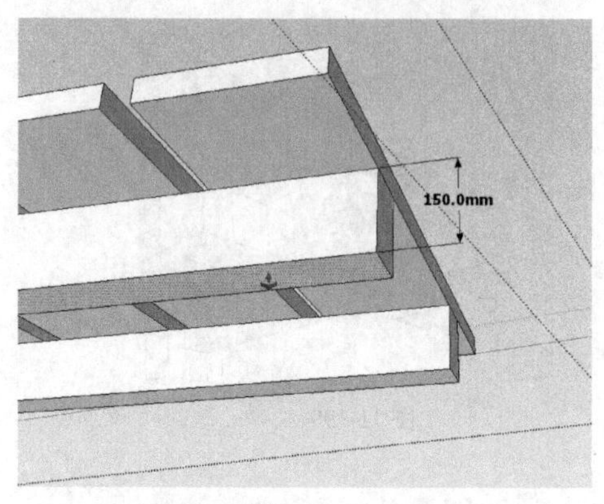

图 11-206

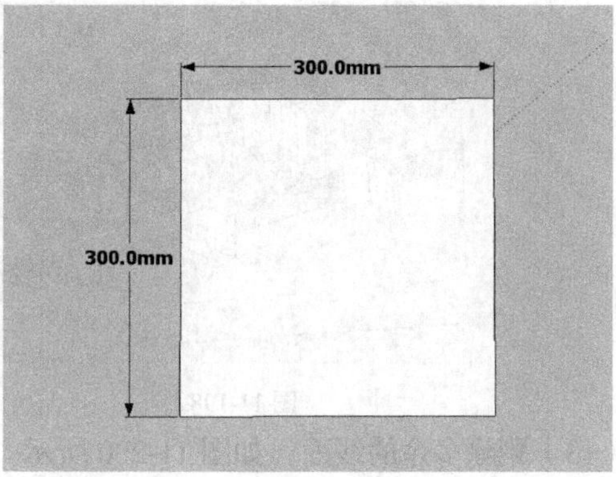

300.0mm

300.0mm

图 11-207

（21）将矩形拉伸 350mm，制作成桥墩，如图 11-208 所示。

（22）单击鼠标右键制作成组件，如图 11-209 所示。

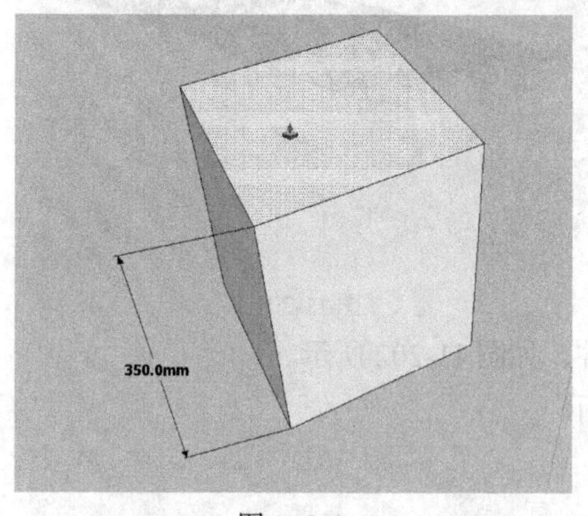

图 11-208

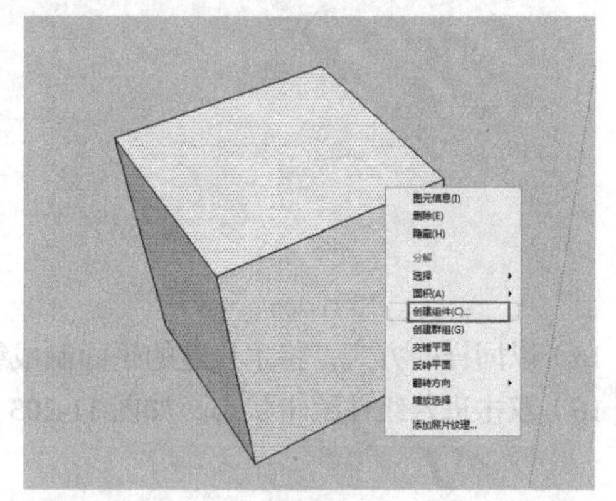

图 11-209

（23）复制桥墩，并与木栈道合并。如图 11-210 所示。

（24）赋予材质，最终完成效果如图 11-211 所示。

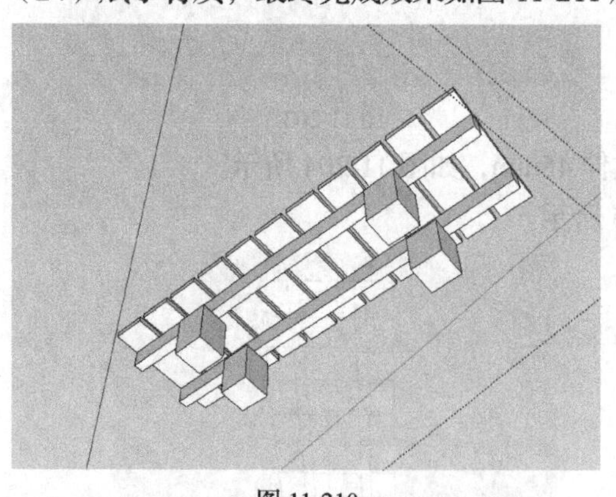

图 11-210

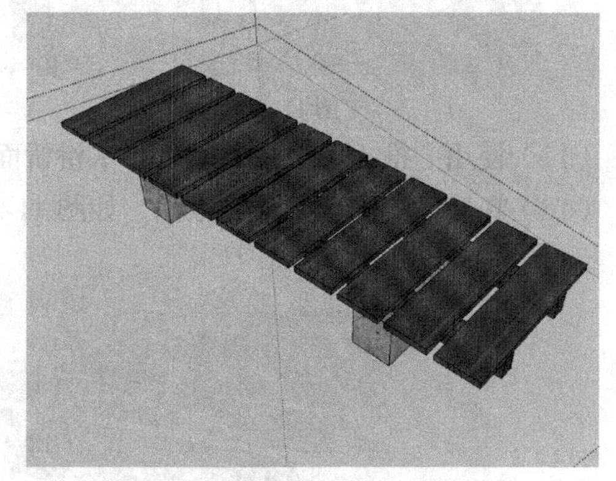

图 11-211

（25）为池底赋予石子材质，为水面赋予水流材质，如图 11-212 所示。

（26）为池壁赋予材质，如图 11-213 所示。

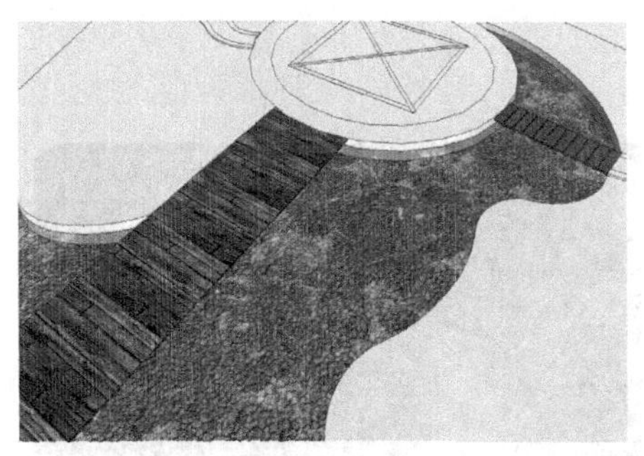

图 11-212

图 11-213

（27）为草地暂时赋予单一的绿色，如图 11-214 所示。

（28）为小区入口地面赋予材质，如图 11-215 所示。

图 11-214

图 11-215

（29）为绿篱赋予材质，如图 11-216 所示。

（30）为其他道路赋予材质，如图 11-217 所示。

（31）为石板路赋予材质，如图 11-218 所示

图 11-216

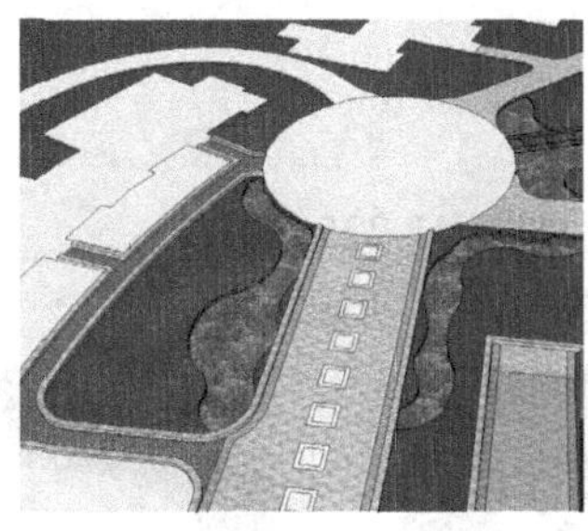

图 11-217

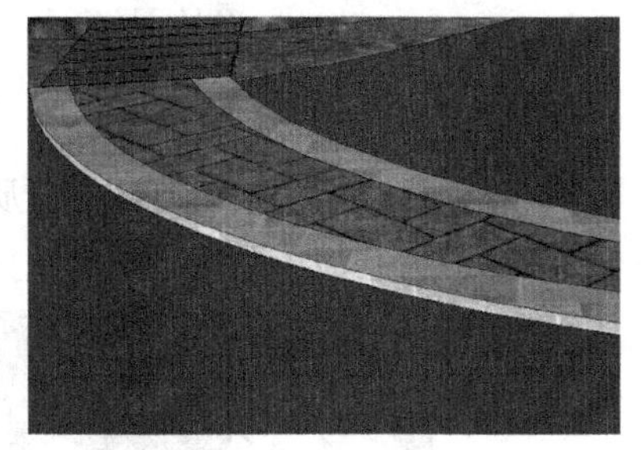

图 11-218

（32）删除水景处的圆，如图 11-219 所示。

（33）合并“水景”模型，如图 11-220 所示。

图 11-219

图 11-220

（34）删除木亭处的圆，如图 11-221 所示。

（35）合并“木亭”组件，如图 11-222 所示。

图 11-221

图 11-222

（36）合并“树池”组件，如图 11-223 所示。最终完成效果如图 11-224 所示。

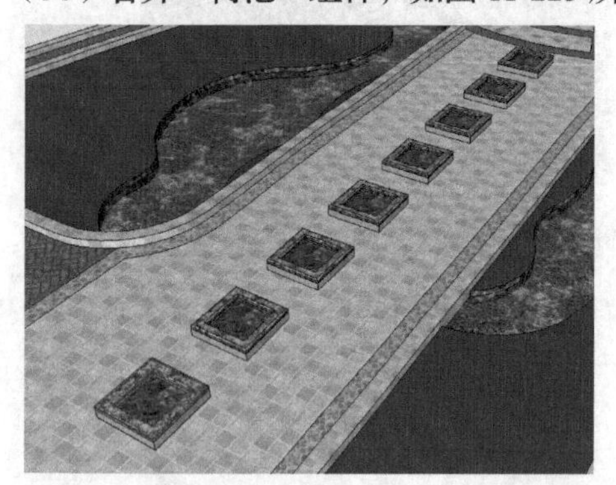

图 11-223

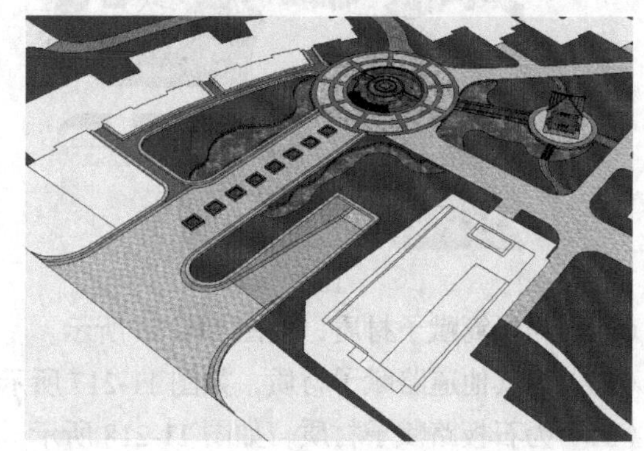

图 11-224

4. 完成其他景观细节

（1）为小区外主车道赋予材质，如图 11-225 所示。

（2）为其他小路赋予材质，如图 11-226 所示。

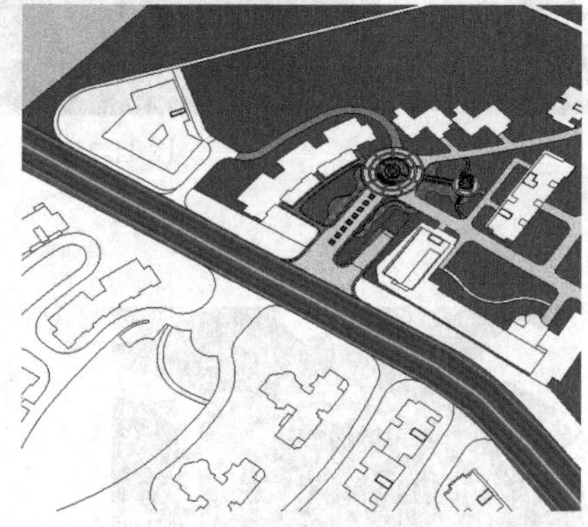

图 11-225

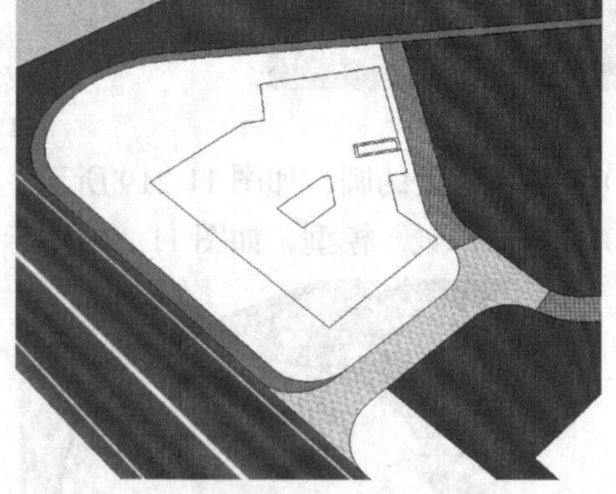

图 11-226

（3）为小区商业广场地面赋予材质，如图 11-227 所示。

（4）为周边其他道路和绿地赋予材质，最终完成效果如图 11-228 所示。

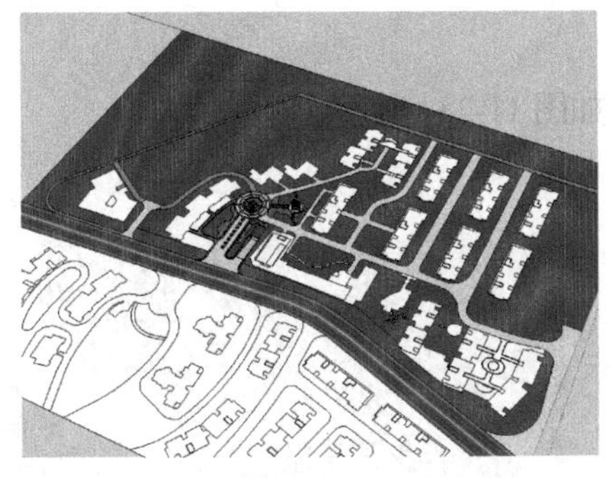

图 11-227

图 11-228

（5）合并“小品 1.skp”模型，如图 11-229 所示。

（6）合并“小品 2.skp”模型，如图 11-230 所示。

图 11-229

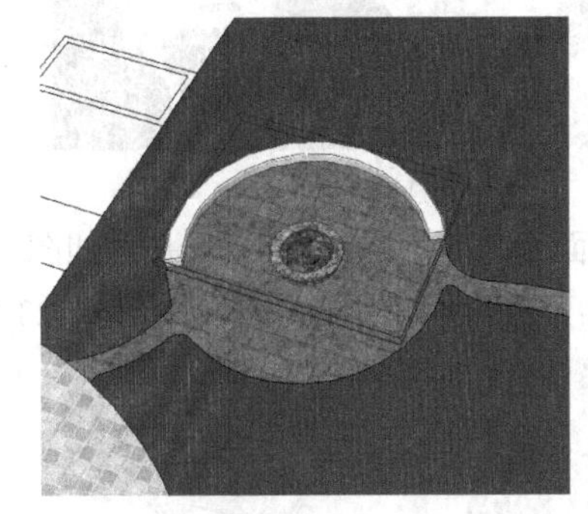

图 11-230

（7）合并“小品 3.skp”模型，如图 11-231 所示。

（8）合并“小品 4.skp”模型，如图 11-232 所示。最终效果如图 11-233 所示。

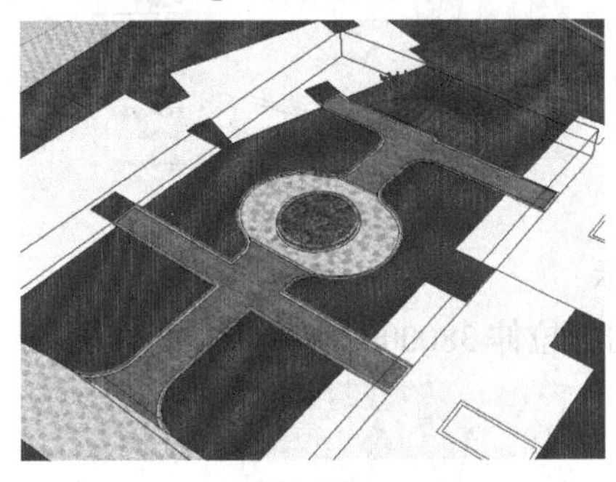

图 11-231

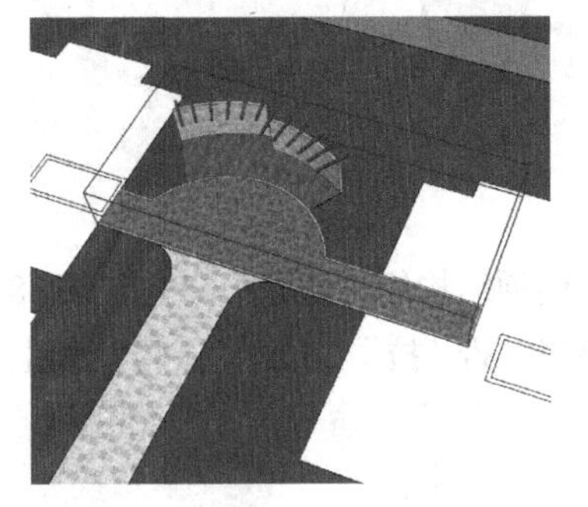

图 11-232

图 11-233

5. 制作建筑模型

（1）选择商场的平面图，将其制作成组件，如图 11-234 所示。

（2）双击组件进行编辑，如图 11-235 所示。

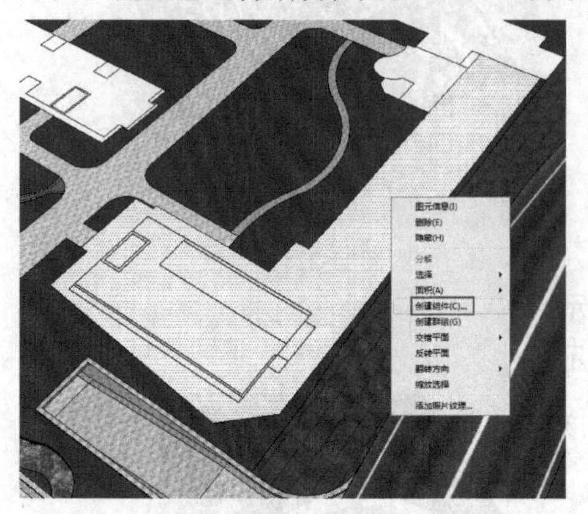

图 11-234

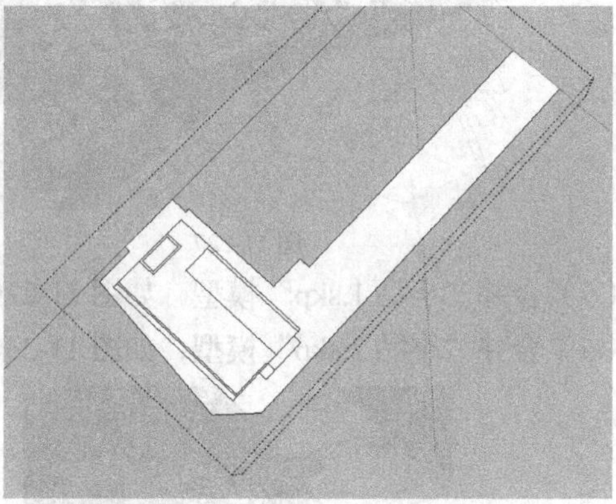

图 11-235

（3）将各面全部向上拉伸 10000mm，如图 11-236 所示。

（4）将楼顶各结构制作成群组，如图 11-237 所示。

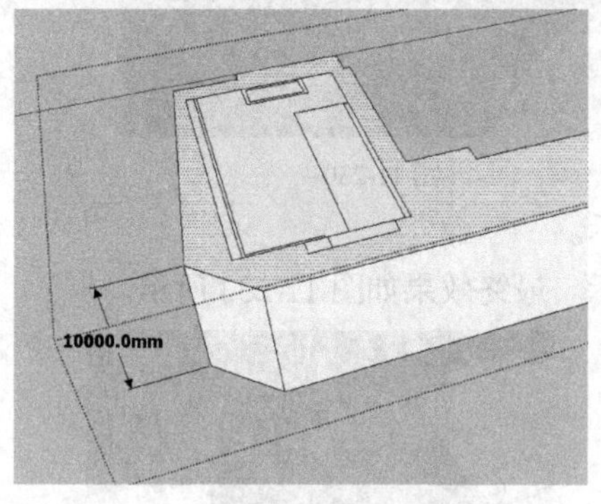

图 11-236

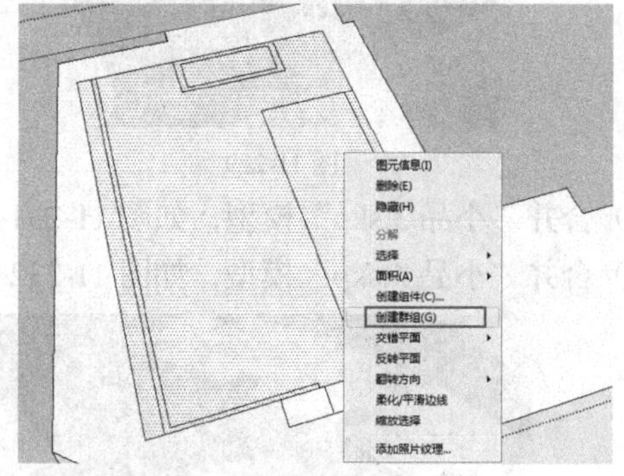

图 11-237

（5）将楼顶结构组件隐藏，如图 11-238 所示。

（6）使用“推 / 拉”工具，将大楼主体向上拉伸 38000mm，如图 11-239 所示。

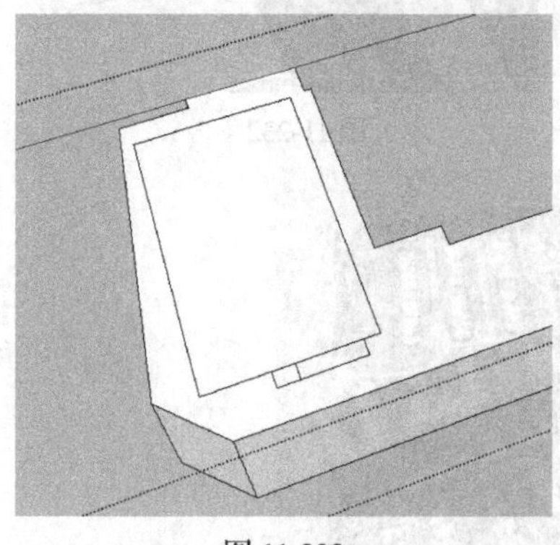

图 11-238

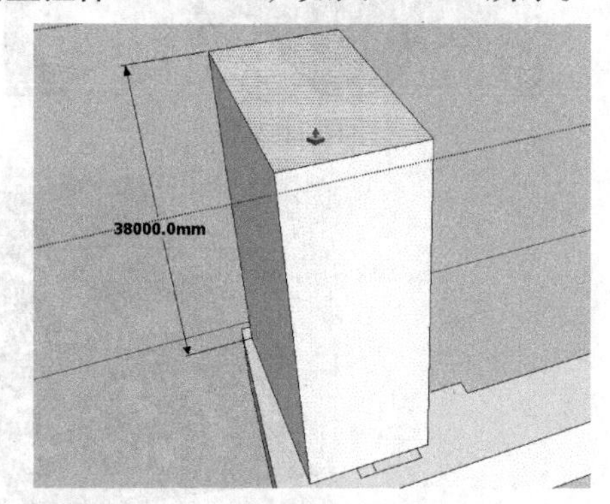

图 11-239

（7）将另外两个小矩形分别拉伸 37000mm 和 38500mm，如图 11-240 所示。

（8）显示隐藏的楼顶结构，并移动至楼顶，如图 11-241 所示。

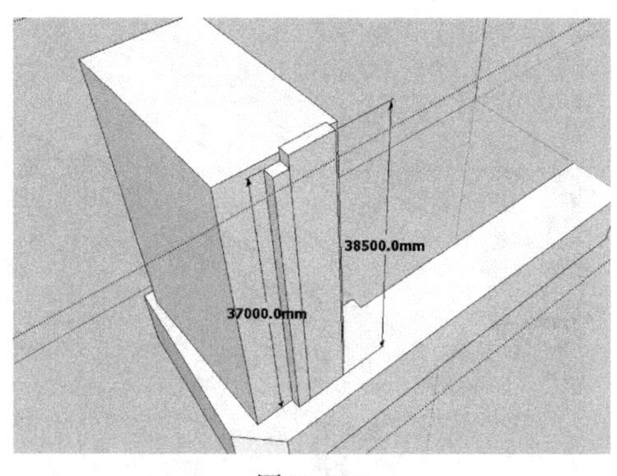

图 11-240

图 11-241

（9） 分解群组，并拉伸各结构，如图 11-242 所示。

（10）赋予材质，效果如图 11-243 所示。

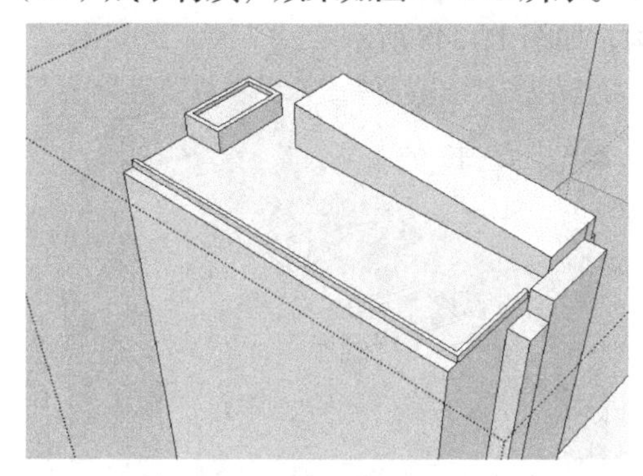

图 11-242

图 11-243

（11）观察模型发现，除了配景用的楼房以外，居民楼大致分为 4 个楼型，如图 11-244 所示。

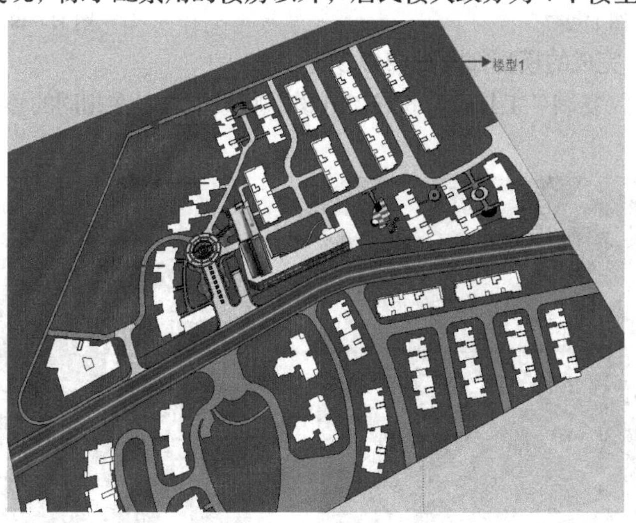

图 11-244

（12）制作楼型 1，按上述方式，将楼型 1 的平面图制作成组件，并双击进行编辑，如图 11-245 所示。

（13）使用“推 / 拉”工具，将各面拉伸 7000mm，如图 11-246 所示。

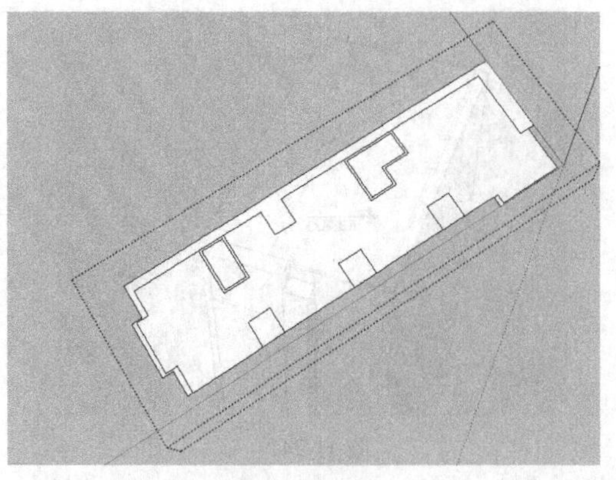
图 11-245

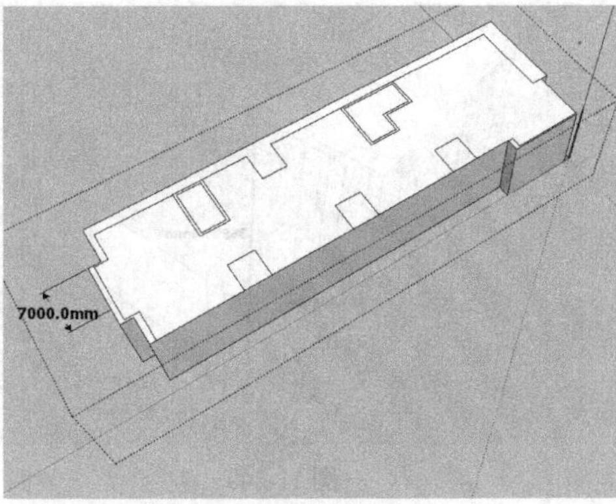

图 11-246

（14）使用“推 / 拉”工具，将主体建筑拉伸 22000mm，如图 11-247 所示。

（15）使用“推 / 拉”工具，拉伸出屋顶结构，如图 11-248 所示。

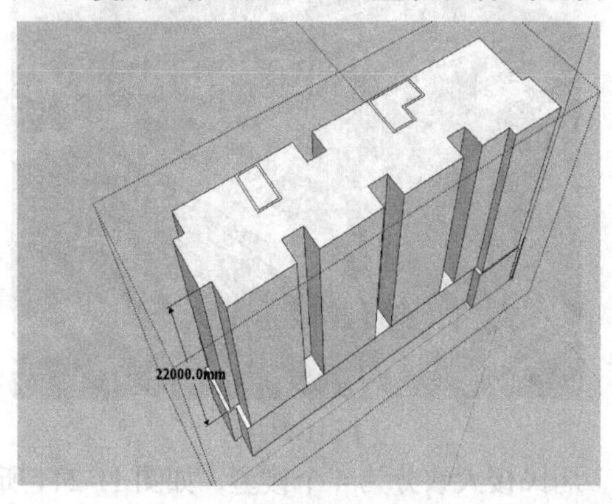

图 11-247

图 11-248

（16）赋予材质，完成的模型如图 11-249 所示。

（17）使用“移动 / 复制”工具，按住 Ctrl 键，将模型放置在相同的楼型平面上，如图 11-250 所示。

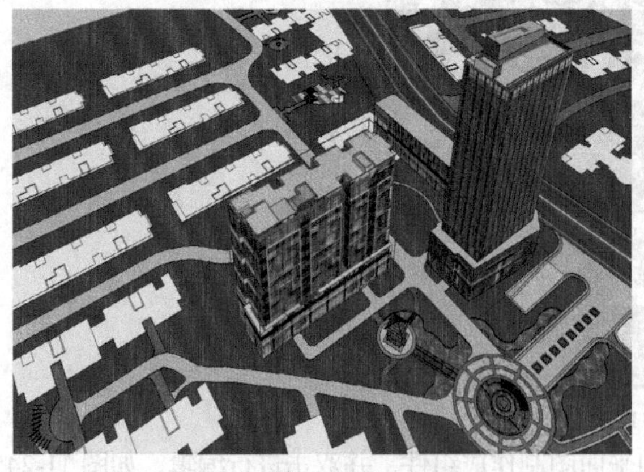
图 11-249

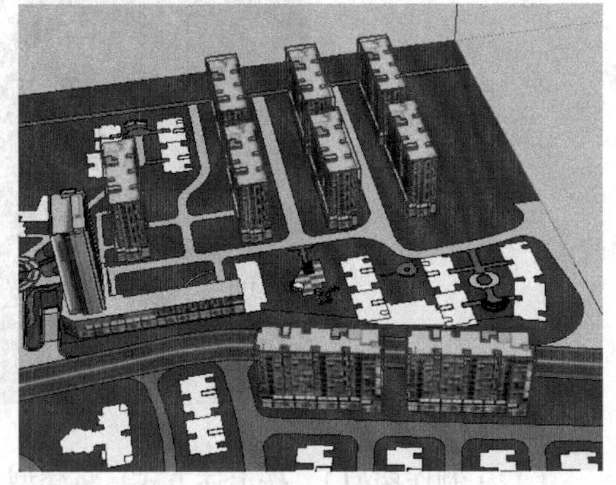
图 11-250

（18）使用相同的方式完成楼型 2，如图 11-251 所示。

（19）使用相同的方式完成其他居民楼，如图 11-252 所示。

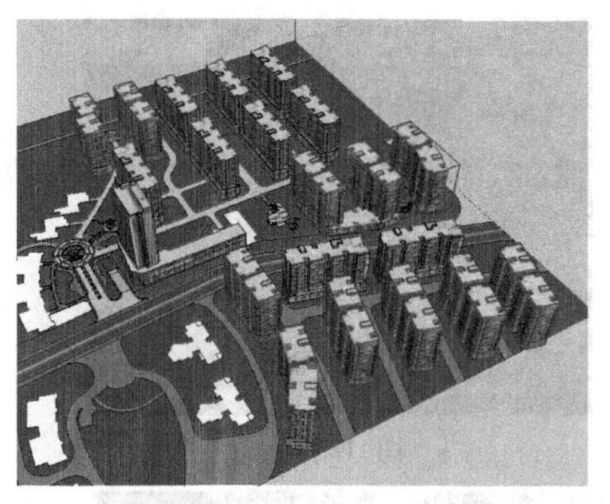

图 11-251

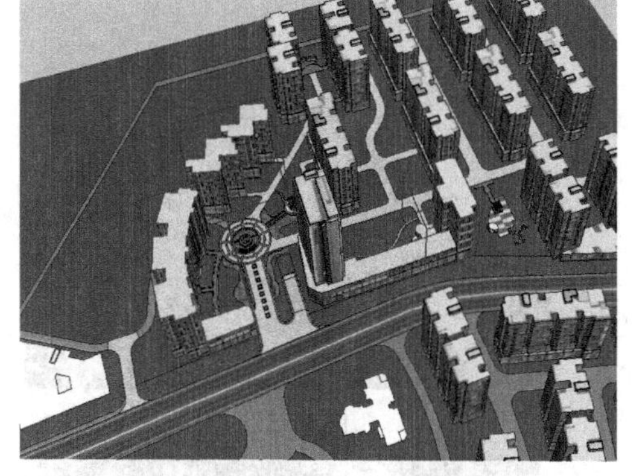

图 11-252

（20）使用相同的方式完成配景用楼，只是不需要赋予材质，如图 11-253 所示。最终完成效果如图 11-254 所示。

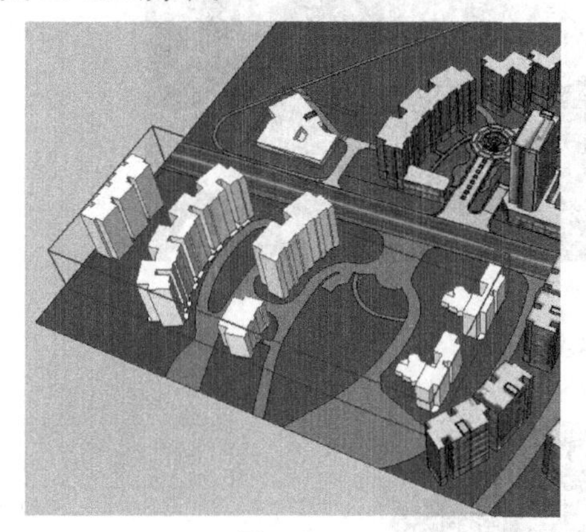

图 11-253

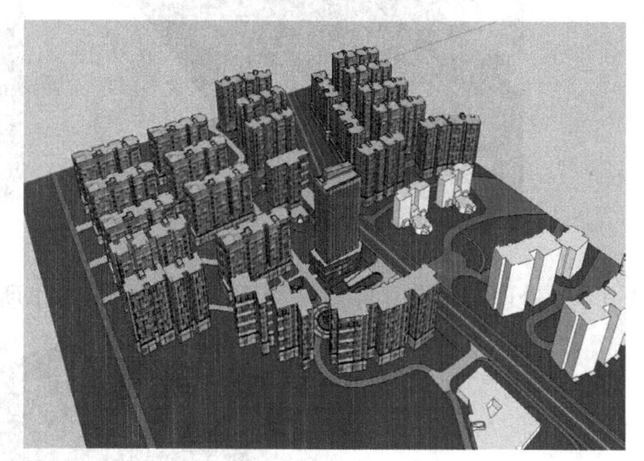

图 11-254

6. 完成细节

（1）将场景中的绿地替换成草地材质，如图 11-255 所示。

（2）为主干道添加道旁树，如图 11-256 所示。

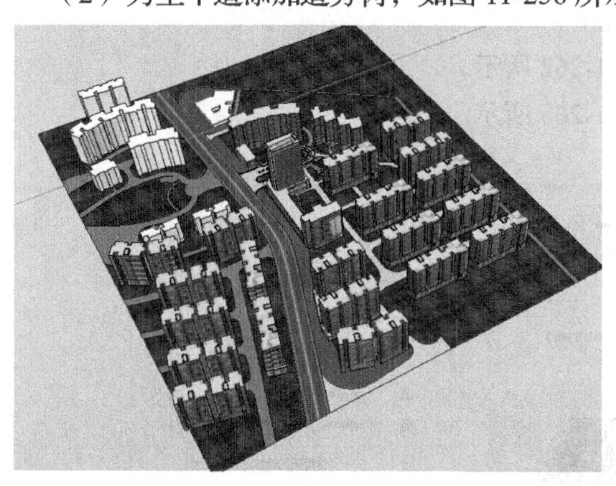

图 11-255

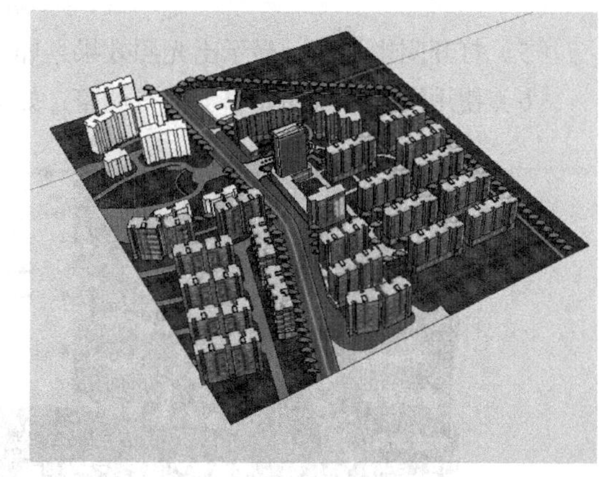

图 11-256

（3）分区域在草地上添加各种灌木，如图 11-257 ~图 11-260 所示。

图 11-257　　图 11-258

图 11-259　　图 11-260

（4）处理好细节，完成植物添加，如图 11-261 所示。

图 11-261

（5）打开阴影显示，显示出光照效果，如图 11-262 所示。

（6）使用滑块对时间和季节进行调整，如图 11-263 所示。

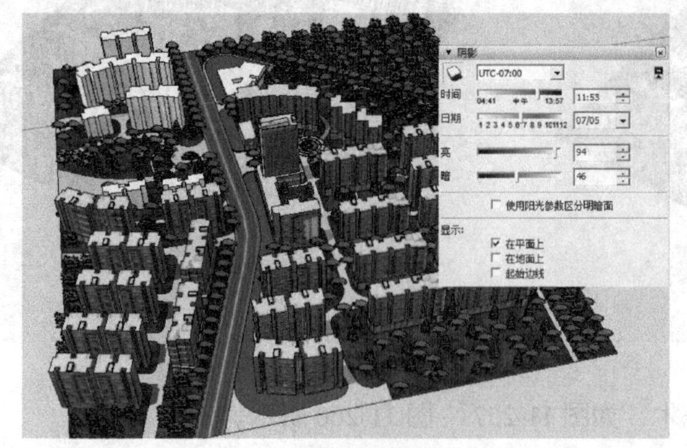

图 11-262

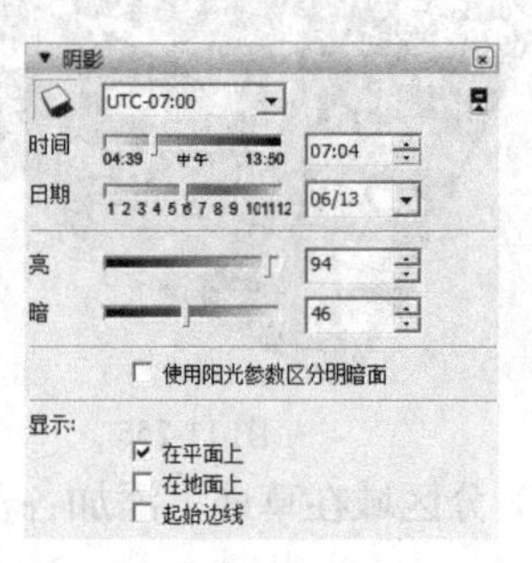

图 11-263

最终完成效果如图 11-264 所示。

图 11-264

11.2.4 课堂练习 1——制作别墅

【知识要点】通过一个复杂的欧式时尚别墅建筑的绘制，了解 SketchUp 欧式建筑的绘制方法和流程。由设计定位可知，双拼别墅坐北朝南，别墅南面临城市道路，建筑四面绿化率较高，且建在坡上，环境优良。由于有较多的华丽装饰和精美造型，因此建模有一定的难度，需要掌握一定的方法和技巧。时尚别墅的最终效果如图 11-265 所示。

【所在位置】素材 \ 第 11 章 \11.2.4 \ 别墅模型 .skp。

11.2.5 课堂练习 2——制作垃圾桶

【知识要点】主要学习室外基础模型的创建方法，除了进一步熟悉相关的命令与操作外，还应重点掌握室外模型的特点、建模思路与创建技巧。本练习将制作垃圾桶模型，主要用到“圆”工具、“推 / 拉”工具、“偏移”工具及“路径跟随”工具等，重点掌握多重旋转复制与模型交错的使用技巧，最终模型如图 11-266 所示。

【所在位置】素材 \ 第 11 章 \ 11.2.5 \ 公园垃圾桶 .skp。

图 11-265

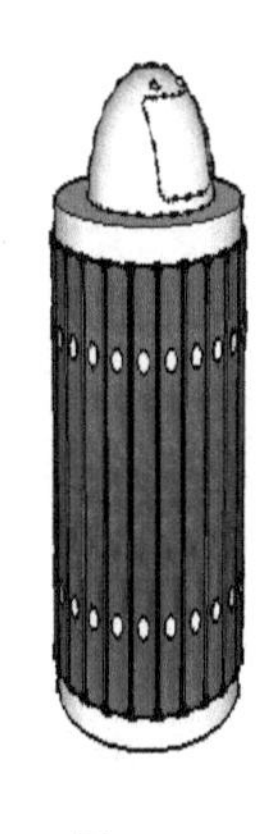

图 11-266

11.2.6 课后习题 1——制作信箱

【知识要点】学习小区信箱模型的制作，主要用到“矩形”工具、“直线”工具、“缩放”工具、“偏移”工具、“推 / 拉”工具及“三维文字”工具等，在模型的制作过程中，重点掌握模型的复制与文字应用的技巧，最终模型如图 11-267 所示。

【所在位置】素材 \ 第 11 章 \ 11.2.6 \ 小区信箱 .skp。

11.2.7 课后习题 2——制作喷泉

【知识要点】制作图 11-268 所示的喷水池模型，主要使用“圆”工具、“圆弧”工具、“直线”工具、“推 / 拉”工具和“路径跟随”工具等，其中“圆”工具和“路径跟随”工具是学习重点。住宅水景喷泉设计是现代城市水环境设计中的一个重点，喷泉给人美的享受和无限的联想。

【所在位置】素材 \ 第 11 章 \ 11.2.7 \ 喷泉 .skp。

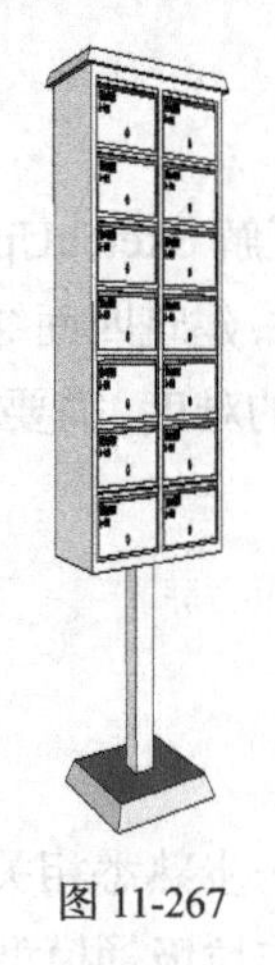

图 11-267

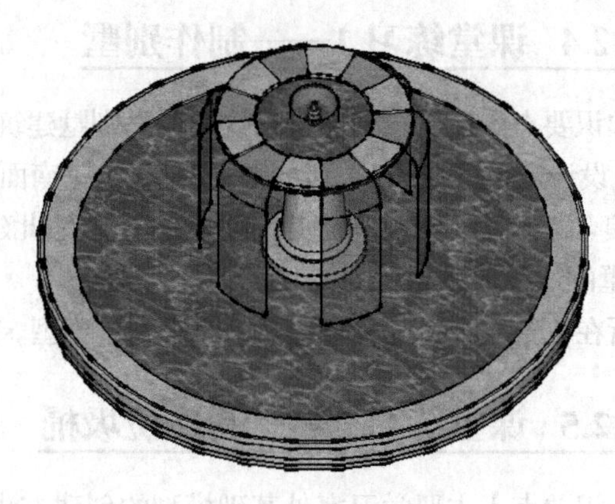

图 11-268